食品科学与工程系列教材

园艺产品贮藏加工学

秦 文 主编

科学出版社

北 京

内 容 简 介

　　本教材融园艺产品的贮藏与加工于一体，系统介绍园艺产品的采后生理病理及贮藏保鲜原理与技术、加工原料辅料的要求及各类产品的加工原理与工艺、副产物综合利用、质量安全控制等内容。全书共15章，包括园艺产品的品质特性、采后生理与保鲜、商品化处理与运输、园艺产品贮藏各论、加工保藏对原料的要求及预处理、干制品加工、罐头加工、发酵加工、腌制加工、冷冻加工、鲜切加工、花卉食品加工、副产物综合利用等内容。

　　本教材可作为高等院校食品、园艺及各相关专业的教材，也可作为相关行业从业人员的参考资料。

图书在版编目(CIP)数据

园艺产品贮藏加工学 / 秦文主编.—北京：科学出版社，2012.7
(2024.7 重印)
（食品科学与工程系列教材）
ISBN 978-7-03-034531-8

Ⅰ.①园…　Ⅱ.①秦…　Ⅲ.①园艺作物—贮藏—高等—学校—教材
②园艺作物—加工—高等学校—教材　Ⅳ.①S609

中国版本图书馆 CIP 数据核字（2012）第 205100 号

责任编辑：刘　琳 / 责任校对：彭　映
责任印制：罗　科 / 封面设计：墨创文化

科 学 出 版 社 出版

北京东黄城根北街16号
邮政编码：100717
http://www.sciencep.com

成都锦瑞印刷有限责任公司 印刷
科学出版社发行　各地新华书店经销
*

2012 年 7 月第 一 版　　开本：787×1092 1/16
2024 年 7 月第十四次印刷　　印张：25 3/4
字数：620 000

定价：44.00 元
（如有印装质量问题，我社负责调换）

《园艺产品贮藏加工学》编委会

前　言

我国地域辽阔，果蔬花卉资源丰富，是世界上许多果蔬的发源中心之一。目前我国水果产量约占世界总产量的 14%，蔬菜产量占世界蔬菜总产量的 49%，是世界果蔬第一生产大国。我国园艺产品贮藏加工业迅猛发展，已成为我国农村经济的重要增长点，但仍存在采后贮藏加工能力不足、综合利用率不高、技术创新能力低、技术储备欠缺、加工设备及制造技术水平低等问题，由此造成的采后损失已成为制约产业健康发展的瓶颈。

加强该专业的课程体系改革、师资队伍建设和教学提升条件，以适应现代经济社会发展需要的人才培养模式，对我国园艺产品贮藏加工业输送高素质的人才和全面提高果蔬加工学科水平具有重要意义，其中，教材是提高教学质量的重要保障。本教材正是在这样的背景下重新构思编写的。

本教材由四川农业大学的秦文教授担任主编，并负责全书的统稿工作和编写绪论、第 4 章；第 1 章由四川农业大学的陈安均编写；第 2 章由河南农业大学李瑜编写；第 3 章由塔里木大学向延菊编写；第 5 章和第 13 章由新疆农业大学武运教授编写；第 6 章由西华大学李明元教授编写；第 7 章由四川农业大学李莹露编写；第 8 章由西南大学曾凡坤教授编写；第 9 章福建师范大学林清强编写；第 10 章福建师范大学黄鹭强编写；第 11 章由北京农学院韩涛教授编写；第 12 章由四川农业大学李素清编写；第 14 章由福建农林大学庞杰编写；第 15 章由河南农业大学李梦琴编写。

本教材的编写得到西南大学、四川农业大学、河南农业大学、塔里木大学等高校师生的热情帮助。在编写和审稿过程中，编者听取了不少同行专家、学者和在读学生的宝贵意见，同时得到了中国农业大学薛文通教授的悉心指导，在此表示衷心感谢。

编者尽管有多年的教学和实践经验，编写过程中倾注了大量心血，但本书涉及的学科多、内容广、产业发展快，加之时间仓促和编者水平所限，书中难免存在疏漏、错误和不妥之处，恳请使用本教材的师生及同行专家批评指正。

编　者

2012.6

目　　录

绪　论

园艺产品包括果品、蔬菜和花卉，它们在人们的日常生活中扮演着非常重要的角色。其中，果蔬是人类食物的重要组成部分，含有人体需要的碳水化合物、维生素、矿物质、蛋白质和可食性纤维等，有很高的营养价值，而且对于丰富人类食物种类，满足人们的各种食物喜好，增加食物的美学价值都有非常重要的意义。花卉在美化环境、美化生活方面有着举足轻重的作用。随着人们生活水平的不断提高和对身体健康的日益重视，园艺产品的生产量和消费量也在逐年增加。

一、园艺产品贮藏加工的概念与意义

我国地域辽阔，果蔬花卉资源丰富，是世界上许多果蔬的发源中心之一。改革开放以来，我国的果蔬生产速度急剧递增，1978 年我国水果总产量为 6.57 Mt，占世界总产量的 2.8%；2007 年上升到 88.355 Mt，约占世界总产量的 14%。1978 年我国蔬菜总产量约为 60 Mt，2007 年上升到 560 Mt，占世界蔬菜总产量的 49%。果蔬总产值目前超过4000 亿元，成为世界果蔬第一生产大国，蔬菜人均占有量达到世界经济发达国家的水平。从 20 世纪 80 年代初，我国的花卉栽培面积逐年增长，从 1980 年的约 $1×10^4$ hm^2 发展到 2007 年的 $75×10^4$ hm^2，发展速度惊人，花卉产业成为前景广阔的新兴产业。

园艺产品贮藏就是根据园艺产品自身的耐贮性、抗病性等生物学特性，通过贮藏技术控制贮藏环境的温度、湿度、空气组成等，调节园艺产品采后的生命活动，尽可能延长产品的寿命，同时保持其鲜活性质。园艺产品贮藏方法有很多，一般是利用降低贮藏环境的温度、提高湿度、控制气体组成，并结合辐射处理、减压处理、负离子处理、保鲜剂的应用来保持产品的生命活力，抵御和抑制微生物的侵染和繁殖，推迟产品品质劣变，达到保鲜的目的。

园艺产品加工就是以果品、蔬菜、花卉为原料，根据其理化特性，利用物理、化学、生物等方法，采用不同的加工工艺与设备，杀灭或抑制微生物，保持或一定程度改变原料原有的品质，制成各种加工制品的过程。园艺产品通过各种加工工艺方法进行处理后，其原有的生命力已经全部或部分丧失，并且很多加工措施可以灭活酶与微生物，或者钝化酶与微生物，采取适当的保藏方式，可使制品得以长期保藏。

园艺产品贮藏加工的重要目的之一是防止产品败坏，延长产品的供应期。园艺产品败坏的原因主要是微生物引起的腐烂变质和由产品自身生命活动产生的各种生化变化及理化变化引起的品质下降。园艺产品贮藏加工就是要采取一定的方法控制和防止产品的腐败变质，同时改善产品的品质。

　　针对目前中国的优势和特色农业产业，积极发展园艺产品贮藏与加工业，不仅能够大幅度地提高其产后附加值，增强出口创汇能力，还能够带动相关产业的快速发展，增加就业机会，大量吸纳农村剩余劳动力，促进地方经济和区域性高效农业产业的健康发展。对实现农民增收，农业增效，促进农村经济与社会的可持续发展，从根本上缓解农业、农民、农村"三农"问题，均具有十分重要的战略意义。

二、果蔬贮藏加工现状及存在的问题

1. 贮藏与加工能力低，加工专业品种缺乏，综合利用率不高，产品附加值低

　　美国等发达国家重视农业与食品工业的关系，将果蔬贮藏加工作为引导果蔬种植业发展的重要保证，而不是作为解决农产品过剩问题的方式。其果蔬采后损失率低于5%，果蔬加工转化能力达总产量的40%左右，而我国过去由于技术及设备落后，果蔬采后损失率高达30%左右，缺乏加工专用品种，很难生产出高质量产品。另外，发达国家优质高档果蔬比例高达85%以上，其中40%～60%为加工专用品种，而我国优质高档果蔬比例不到30%，加工专用品种低于5%，果蔬加工转化能力仅分别为6%和10%左右。我国果蔬加工业每年要产生数亿吨下脚料，基本上没被开发利用，既浪费资源又污染环境。然而，皮渣等下脚料中仍然含有丰富的营养成分。因此，怎样使果蔬加工副产品变废为宝，提高综合利用率，增加产品附加值，也是我国果蔬加工业降低成本与提高经济效益所亟待解决的主要问题。

　　长期以来，我国农业发展强调数量和高产，对提高农产品品质和发展加工专用型农产品的研究、开发和生产的投入严重不足，造成我国普遍缺乏加工专用的原料品种和原料基地。尽管我国在果蔬加工原料的选育和引进方面取得了一定的进步，但是适合加工的果蔬品种仍然很少，现有的原料大多不符合加工产品的要求，从而影响了加工产品的品质，且多数加工企业没有自己的优质果蔬加工原料基地，不能从根本上保证产品的质量和安全。

　　我国已成为世界果蔬及其加工品的最大出口国，但我国果蔬加工业中普遍存在着粗加工产品多而高附加值产品少、中低档产品多而高档产品少、老产品多而新产品少等弊端，尤其是特色资源的加工程度很低，且很多是以原料或半成品的形式出口，加工程度低，到国外后仍然要进行深加工或灌装，产品附加值较低。

2. 果蔬加工业基础薄弱，加工技术相对落后

　　我国农产品加工企业数量超过世界上任何一个国家，但我国的果蔬加工企业，除少数浓缩果汁、罐头厂外，大多规模小、技术水平低、综合利用差、能耗高，加工出成品品种少、成本高、质量差，很难与发达国家竞争。发达国家的农产品加工业已经是一个技术密集型的高科技集约配置体系。中国现阶段农产品加工业还基本上是劳动密集型的诸多分散的中小实体的集合，农产品加工企业的技术装备水平80%处于20世纪70～80

年代的世界平均水平，15％左右处于 20 世纪 90 年代的世界平均水平，只有 5％左右达到世界先进水平，这直接导致产品质量不高，国际竞争力不足。

3. 技术创新能力低技术储备明显不足

我国果蔬加工整体上处于初加工多、水平低、规模小、综合利用差、能耗高的初级阶段，其主要原因是技术及装备水平低。我国科技工作的重点在产中领域，80％以上的科研经费和研究力量投入在产中，对产后领域的科研工作一直忽视，造成果蔬加工领域技术创新能力较低，技术储备，特别是基础性的技术储备严重缺乏，导致我国果蔬加工业的发展靠技术创新上水平的动力不足，技术水平落后，发展只能依赖硬件进口，拼设备，以致出现国内一些大的食品行业被国外品牌"一统天下"的局面，其核心原因还是整体技术创新能力低下。许多发达国家的食品企业拥有自己的研发机构和研发队伍，公司内极强的创新能力使得他们可以根据市场变化，利用科研院所的先进成果，开发成实用的技术或有前途的产品。我国无论是企业还是科研单位和大专院校，普遍缺乏适应果蔬加工业发展的技术支撑和储备。技术创新能力低下，特别是拥有自主知识产权的技术缺乏，是我国果蔬加工业落后于发达国家的根本原因。与发达国家相比，目前我国果蔬加工领域的科技成果数量较少，而且初级加工的科技成果比重大，深加工的科技成果明显不足，特别是能够进行产业化的高新技术成果非常缺乏，且科技成果转化率低，而发达国家科研成果转化率一般为 60％～80％。

4. 果蔬加工设备及制造技术水平低

我国果蔬加工机械行业在短短的 20 年取得了很大的进步，技术水平有很大的提高，可以向果蔬加工企业提供一大批水平较高的成套设备或单机，但因起步晚、基础差，特别是大型、智能型果汁加工设备及关键零部件制造技术，与发达国家相比仍有很大差距，目前达到或接近世界先进水平的加工机械仅占 5％～10％，整个行业落后 20～25 年。我国果蔬加工机械的产品质量与发达国家相比，其不足主要表现在品种少，稳定性和可靠性差，造型落后，外观粗糙，基础件和配套件寿命短，无故障时间短，大修期短，高新技术应用少，自控技术差，生产线自动程度低，绝大多数产品还没有制定可靠性标准，少数较好的产品制定的可靠性标准无故障时间比发达国家低得多，是发达国家的 1/3～1/2。

5. 质量保障体系不完善，安全问题日益突出

尽管我国大部分果蔬的加工产品已有国家或行业标准，但普遍存在质量标准大量分布、相互重复，标准老化、更新缓慢，结构失衡、存在空白，水平偏低、操作性差，指标不足、实施困难等问题，不适应果蔬加工业发展需要，与国际不接轨，造成行业标准管理、制定、检测的不规范。同时，加工产品质量控制体系还不够完善，严重影响产品质量和国际竞争力。

三、我国果蔬贮藏加工业未来几年的战略需求和重点发展方向

　　我国果蔬贮藏加工业遇到了前所未有的发展机遇，但也面临巨大的挑战。未来5～10年，我国果蔬贮藏加工业要在保证果蔬供应量的基础上，努力提高其品质并调整品种结构，加大果蔬采后贮运、加工力度，使我国果蔬贮藏加工业由数量效益型向质量效益型转变，既要重视鲜食品种的改良与发展，又要重视加工专用品种的选育、引进与推广，保证鲜食与加工品种合理布局的形成，并依托优势果蔬资源区域，逐步增加果蔬加工业的比重。培育果蔬加工骨干企业，加速果蔬产、加、销一体化进程，形成果蔬生产专业化、加工规模化、服务社会化和科工贸一体化的新格局；按照国际质量标准和要求规范果蔬加工产业，在"原料－加工－流通"各个环节中建立全程质量控制体系，用信息、生物等高新技术改造、提升果蔬加工业的工艺水平。同时，要加快我国果蔬深加工和综合利用的步伐，重点发展果蔬贮运保鲜、果蔬汁、果酒、果蔬粉、切分蔬菜、脱水蔬菜、速冻蔬菜、果蔬脆片等产品及果蔬皮渣的综合利用，加大提高果蔬资源利用率的力度，力争果蔬加工处理率由20％～30％增加至40％～45％，采后损失率从25％～30％降低至15％～20％。我国果蔬贮藏加工产业发展的关键领域应包括：

　　1）果蔬优质贮藏、加工专用型品种选育引进及原料基地的建设。
　　2）我国优势特产果蔬资源贮藏加工技术及产业化。
　　3）果蔬采后防腐保鲜与商品化处理技术及产业化。
　　4）切割果品蔬菜加工技术与产业化。
　　5）果蔬中功能成分的提取、利用与产业化。
　　6）果蔬汁饮料加工与产业化。
　　7）果酒等发酵制品与产业化。
　　8）果蔬速冻加工与产业化。
　　9）果蔬脱水、果蔬脆片及果蔬粉加工与产业化。
　　10）现代果蔬加工新工艺、关键新技术及产业化。
　　11）传统果蔬加工（罐藏、糖制及腌制）的工业化、安全性控制与产业化。
　　12）果蔬节能减排生产技术及原料的综合利用；果蔬贮藏加工的产品标准和质量控制体系。
　　13）果蔬快速检测和无损伤检测技术与产业化。
　　14）果蔬加工机械设施与包装。
　　15）果蔬贮藏加工业信息体系建设。

四、园艺产品贮藏加工产业发展对策

1. 建立园艺产品产、贮、运、销配套服务流通体系

　　国外园艺产品流通全过程的冷链是依靠消费市场的高价位支撑的，因此，冷链附加

值高。我国照搬国外的冷链流通和设施保鲜的技术路线在相当长的时间内是有困难的。适合中国国情的流通体系，应是以利益机制为基础建立起来的一种组织，如专业合作组织、专业协会等。该组织承担对园艺产品从种到销的全程技术服务、配套生产资料的供应、产品的市场化运作。实现产品的种植与采后的经营独立运行，以及管理的高度专业化和规模化，从而产生良好的经济效益。例如，辽宁省北镇市的葡萄产业，部分采取"公司＋农户""公司＋协会"的形式，统一建冷藏库或租赁冷藏库，统一贮藏技术和统一销售，建立了产、贮、运、销流通服务体系；国家农产品保鲜工程技术研究中心，在全国葡萄分会的支持下，正在建立全国性的鲜食葡萄联合体，对产前品种、优质栽培技术指导，采后贮运、销售实行统一管理，较大程度上减轻了农民面临的市场风险，这也是园艺产业应对国际市场的一种积极措施。

2. 贮藏保鲜以小型节能贮运设施为基础，以材料保鲜为主体

我国农户多为小规模分散生产，户均产品数量有限，产品集中贮藏于大型冷藏库，会出现生产者与贮藏者断裂现象，产品质量无法保证。建立小型冷藏库是设施贮藏的发展趋势，可实现分散生产、分散贮藏和集中销售的协调统一。国家农产品保鲜工程技术研究中心设计的一座节能冷藏库占地只有 40 m^2，而库容量为 100 m^3，贮藏能力为 2×10^4 kg，设备投资成本仅为 2 万元。高气密性、高投入和高能耗的大型冷藏库是由贮藏后园艺产品的高价值支撑的，可用于名、优、特产品及高档鲜切花的贮藏保鲜。受农村体制、经济水平、城乡消费差别、流通规模等的限制，在相当长的时间内，大规模的设施贮藏均不可能成为园艺产品贮藏的主体，材料气调才是未来园艺产品贮藏的一种简便、经济、实用的方式。目前，科研单位研制的苹果、蒜薹、辣椒等专用气调保鲜膜的保鲜效果已达到气调冷藏库的贮藏效果。

3. 贮藏保鲜技术区域化、多样化发展

我国地域辽阔，区域生产力水平发展不平衡，打破地域格局的、规模化的保藏产业组织还未形成，必然使得园艺产品的贮藏保鲜技术向多元化发展，出现从简单到复杂，多种形式共存的局面。在生产力水平较低、经济欠发达地区，以传统的简易设施和化学贮藏保鲜方式为主，而在经济发达、生产力水平高、组织化程度高的地区，则以大型设施和新材料保鲜技术为主，如气调冷藏库、可食涂膜果蔬保鲜、纳米硅基氧化物采蜡保鲜、微波保鲜、冷湿保鲜、空气放电保鲜、超强紫外线光照射保鲜等。

4. 增加园艺产品的科技含量

科学技术是第一生产力，科技对我国园艺产品产业的发展及走向国际化是极为重要的。随着人们生活水平的提高，有机或绿色食品备受青睐。我国有机或绿色果菜的比重低，绿色食品蔬菜种植面积仅占全国蔬菜种植面积的 10.19%。据农业主管部门植保部门抽样调查显示，在所调查的 8 种蔬菜 81 个样品中，农药残留超标率超过 11%。因此，无论是从保护国内消费者，还是从进一步扩大园艺产品出口考虑，我国都需依靠科学技术，尽快采取有效措施，解决园艺产品的品质问题。总之，应增加科技含量、大力发展

绿色无公害产品，依靠科技创名牌，增强市场竞争力。这样才能使我国具有强大基础与规模的园艺产业跃上一个新的台阶，达到生产与国际市场接轨的目的。

5. 进一步加强科技支撑体系及学科平台建设

在加大政府政策、资金支持力度，创造良好机制、体制、政策环境的同时，要特别加强地方在科技支撑平台建设中的作用。目前，国家科技支撑平台建设已达到一个较完善的程度，各地方政府可以根据自身产业优势，以国家科技支撑体系为基础，大力引导和建设果蔬加工科技创新平台。第一，以国家农产品加工布局战略为方向，给予相应的资金支持和保障，尽快组建和建设一批农产品加工重点实验室和农产品加工工程中心，共同构筑区域科技创新载体。第二，发挥各省的行政职能作用，建立和完善更加有效的科技创新机制。要建立以企业为主体，政府宏观指导、社会中介组织参与以及各方协同配合的科技进步和技术创新体系及运行机制。倡导产学研联合，推动企业成为技术创新主体，组建产学研创新技术联盟，引进国内外高新科技企业和高校科研单位共建研发生产基地，加快新型产学研一体化进程。第三，要大力加强科技创新环境建设，积极构建各地大型科学仪器设备、科技文献信息、产业共性技术、知识产权等具有基础性、公益性、开放性等特点的科技公共服务平台。

企业建立相应的政策机制，为企业服务，建立企业吸引人才、凝聚人才、培养人才、善用人才，提高人员素质等方面的机制，稳定和培育一支高水平、高素质、专业化的科技队伍。强化企业研发中心建设、加快产学研一体化建设。倡导产学研联合，推动企业成为技术创新主体，推进产业化，为农业发展、产业结构调整、培育和发展新兴产业以及人才培养和基地建设等作出重要贡献，为促进社会协调可持续发展及人民生活质量提高提供强有力的科技支撑。吸引人才、凝聚人才、稳定科技队伍，培养人才、善用人才，提高人员素质，稳定和培育一支高水平、高素质、专业化的科技攻关队伍，为增强国家科技开发实力奠定基础。

6. 注重食品安全

目前我国农产品质量问题，特别是农产品污染问题已经引起了政府有关部门的高度重视。提高农产品质量、发展无污染的绿色食品已成为当前农业产业结构调整的主要目标。国家八部委针对食品种养、加工、流通、消费过程中存在的食品污染等"不绿色"因素，提出在"十五"时期实行"三绿工程"，即"提倡绿色消费、培育绿色市场、开辟绿色通道"，实行"从田野到餐桌"的全程质量控制；"十五"期间"三绿工程"的工作目标是创建出十条绿色通道、百家绿色批发市场、千家绿色零售门店、万种绿色品牌。将 ISO 9000、GMP、HACCP 等系统引入我国食品行业中，使食品质量管理真正进入标准化、法治化、国际化的轨道，将有助于保证我国食品绿色，并可加快与国际食品质量标准接轨的步伐。

第1章 园艺产品的品质特性

园艺产品种类和品种繁多，其品质也千差万别，园艺产品的品质就是园艺产品满足某种使用价值的全部有利特征的总和，主要指其外观、风味和营养价值的优越程度。园艺产品品质评价包括感官指标和理化指标两个方面，前者主要指色、香、味、形和质地等，后者主要包括碳水化合物、脂肪、蛋白质、维生素、矿物质等营养成分的质和量。

园艺产品的品质特性和其所含化学成分的种类和多少有着密切的关系。尽管水果和蔬菜千姿百态，经化学分析，其主要成分还是由碳、氢、氧和氮等元素组成的，这几种元素在水果和蔬菜中以不同比例、不同的结构相互结合形成复杂的具有不同化学性质的化合物。水果和蔬菜的物理、化学性质，就是由这些化合物存在的状态和含量所决定的。果蔬中所含的化学成分较为复杂，一般可用两种方法分类：一种是按其元素组成状况分，可分为碳水化合物、含氮化合物、有机酸、苷和多酚类、脂肪、挥发油和树脂物六大类；另一种是按各种化合物的功能分，可分为营养素，色、香、味感物质及与工艺、制品质量的相关物质三类。

园艺产品的品质特性在其加工过程中起着至关重要的作用，从根本上来说是果蔬化学成分在加工过程中的变化直接影响着果蔬加工制品的品质。根据化学成分功能的不同，通常将其分成四类，即风味物质（包括糖、酸、单宁、糖苷、氨基酸和辣味物质）、营养物质（包括维生素、矿物质、水分、糖类、脂肪、蛋白质和氨基酸等）、色素类物质（包括叶绿素、类胡萝卜素、花色苷和类黄酮等）、质地因子（包括果胶类物质、纤维素和水分等）。此外，果蔬中还含有许多性质各异的酶，这些酶对果蔬加工制品也起着重要的作用。

1.1 风 味 物 质

果蔬的风味是构成果蔬品质的主要因素之一。果蔬因其独特的风味而备受人们的青睐。不同果蔬所含有的风味物质的种类和数量各不相同，因此风味各异，但构成果蔬的基本风味只有香、甜、酸、涩、苦、辣、鲜等。

1.1.1 香味物质

水果、蔬菜中普遍含有挥发性芳香油，芳香油在水果、蔬菜中含量很少，主要存在于水果、蔬菜的皮中，其化学结构很复杂。不同的水果、蔬菜中所含芳香味的成分不同，所以各种水果、蔬菜表现出自身特有的香味。

醇、酯、醛、酮和萜等化合物是形成果蔬香味的主要物质,它们大多是挥发性物质,且多具有芳香气味,故又称为挥发性物质或芳香物质。正是这些物质的存在赋予了果蔬特定的香气和味感,它们的分子中都含有一定的基团,如羟基、羧基、醛基、羰基、醚基、酯基、苯基、酰胺基等,这些基团称为"发香团","发香团"的存在与香气的形成有关,但是与香气种类无关。

果品的香味物质多在成熟时开始合成,进入完熟阶段时大量形成,产品风味也达到最佳状态。但这些香气物质大多不稳定,且在加工过程中很容易受热氧化或在酶的作用下挥发或分解。

果蔬的风味物质是多种多样的(表 1-1),据分析,苹果含有 100 多种芳香物质,香蕉含有 200 多种,草莓中已经分离出 150 多种,葡萄中现已检测出 78 种。但与其他成分相比,果蔬中的芳香物质含量甚微,除柑橘类果实外,其他果实中芳香物质的含量通常为百万分之几。水果的芳香物质以酯类、醇类和酸类物质为主,而蔬菜中则主要是一些含硫化合物和高级醇、醛和萜等。

表 1-1   部分果蔬的主要香味物质

名称	香味主要成分	名称	香味主要成分
苹果	乙酸异戊酯	叶菜类	叶醇
香蕉	乙酸异戊酯、异戊酸异戊酯	萝卜	甲硫醇、异硫氰酸烯丙酯
梨	甲酸异戊酯	花椒	天竺葵醇、香茅醇
桃	乙酸乙酯、γ-癸酸内酯	蘑菇	辛烯醇
柑橘	乙酸、甲酸、乙醇、甲酯、乙酯丙酮和苯乙醇	蒜	二烯丙基二硫化物、甲烯丙基二硫化物、烯丙基

1.1.2   甜味物质

糖及其衍生物糖醇类物质是形成果蔬甜味的主要物质,一些氨基酸、胺等非糖物质也具有甜味。蔗糖、果糖、葡萄糖是果蔬中主要的糖类物质。此外,还含有半乳糖、木糖、核糖以及山梨醇、甘露醇和木糖醇等。

果蔬的含糖量差异很大,其中水果含糖量较高,而蔬菜中除番茄、胡萝卜等含糖量较高外,大多数都很低。大多水果的含糖量均为 7%~15%,而蔬菜含糖量大多在 5% 以下。常见果蔬的种类及含量见表 1-2(叶兴乾,2002)。

表 1-2   常见果蔬糖的种类及含量   (单位:g/100 g 鲜重)

名称	蔗糖	转化糖	总糖
苹果	1.29~2.99	7.35~11.61	8.62~14.61
梨	1.29~2.99	6.52~8.00	8.37~10.00
香蕉	1.29~2.99	10.00	17.00

名称	蔗糖	转化糖	总糖
草莓	1.85～2.00	5.56～7.11	7.41～8.59
桃	7.0	1.77～3.67	10.38～12.41
杏	1.48～1.76	3.00～3.45	8.45～11.90
白菜	—	—	5.00～17.00
胡萝卜	—	—	3.30～12.00
番茄	—	—	1.50～4.20
南瓜	—	—	2.5～9.00
甘蓝	—	—	1.50～4.20
西瓜	—	—	5.50～11.00

　　果蔬的甜味不仅与糖的含量有关,还与所含糖的种类相关。各种糖的相对甜味差异很大(表1-3),若以蔗糖的甜度为100,则果糖为173,葡萄糖为74。不同果蔬所含糖的种类及各种糖之间的比例各不相同,甜度与味感也各不相同,仁果类果实果糖含量占优势,核果类、柑橘类果实蔗糖含量较多,而成熟浆果类(如葡萄、柿果)以葡萄糖为主。

　　果蔬甜味的强弱除与食糖种类及含量有关外,还受含糖量与含酸量之比(糖酸比)的影响,糖酸比越高,甜味越浓,反之酸味增强,如红星、红玉苹果的含糖量基本相同,红玉苹果含酸量约为0.9%,而红星苹果的含酸量约为0.3%,故红玉苹果食用时有较强的酸味。

表 1-3　几种糖的相对甜度

名称	相对甜度	名称	相对甜度
果糖	173	木糖	40
蔗糖	100	半乳糖	32
葡萄糖	74	麦芽糖	32

　　在较高的pH或温度下,蔗糖会生成5-羟甲基糠醛、焦糖等物质;还原糖则易与氨基酸及蛋白质发生美拉德反应,对产品的颜色和风味有影响。

　　在加工过程中,当糖的含量大于70%时,黏度较高,生产过程中的过滤和管道运输都会有较大阻力,在温度低时容易产生结晶析出。但在糖的含量较低时,由于渗透压较小,在暂存或保存时容易遭受微生物侵染,故在生产过程中,配料之前的糖液含量一般控制在55%～65%。

1.1.3　酸味物质

　　果蔬的酸味主要来自有机酸,包括柠檬酸、苹果酸和酒石酸等,它们统称为果酸。除此之外,果蔬中还含有少量的草酸、琥珀酸、苯甲酸和水杨酸。蔬菜的含酸量相对较少,除番茄外,大多感觉不到酸味存在。但有些蔬菜,如菠菜、茭白、苋菜、竹笋含有较多的草酸，由于草酸会刺激腐蚀人体消化道内的黏膜蛋白，还可与人体内的钙盐结合形成不溶性的草酸钙，降低人体对钙的吸收利用，故不宜多食。不同种类和品种的果蔬，有机酸种类和含量不同，如苹果含酸量为 0.2%～1.6%，梨为 0.1%～0.5%，葡萄为 0.3%～2.1%。常见果蔬中的主要有机酸含量见表 1-4。

表 1-4 主要果蔬组织中主要有机酸含量（%）

种类	柠檬酸	苹果酸	种类	柠檬酸	苹果酸
草莓	0.91	0.10	菠萝	0.84	0.12
苹果	0.03	0.02	桃	0.37	0.37
葡萄	—	0.65	梨	0.24	0.12
橙	0.98	痕量	杏（干）	0.35	0.81
柠檬	3.84	痕量	洋李	0.03	0.92
香蕉	0.32	0.37	荚豌豆	0.03	0.13
甘蓝	0.14	0.10	南瓜	—	0.15
胡萝卜	0.09	0.24	菠菜	0.08	0.09
洋葱	0.02	0.17	花椰菜	0.21	0.39
马铃薯	0.51	—	番茄	0.47	0.05
红薯	0.07	—			

仁果类和大多数核果类果实主要含苹果酸，浆果类和柑橘类果实主要含柠檬酸，但葡萄中主要含酒石酸。蔬菜中的总酸量较低，有些蔬菜中的有机酸主要是草酸，但大多数蔬菜是以苹果酸和柠檬酸为主。分析果蔬中酸含量时，多以果蔬中所含的主要有机酸为计算标准，如柠檬酸表示柑橘类酸含量，仁果类、核果类则以苹果酸表示，多数蔬菜以草酸表示。

1. 苹果酸

苹果酸广布于自然界中，而且存在于许多果实的酸汁液中，特别是在酸苹果中含量较高，并因此而得名。果蔬中含有左旋苹果酸，且易溶于水。

花楸、刺梨和山茱萸中仅含有苹果酸，而柑橘果实和蔓越橘中则不含苹果酸。苹果酸与柠檬酸并存于大部分果实中。仁果类果实（苹果、梨）和核果类果实（桃、梅、李和杏等）以苹果酸含量为多，而浆果中则以柠檬酸为多，番茄中既含有苹果酸，又含有柠檬酸。

2. 柠檬酸

柠檬酸同样广泛地分布在自然界中，在柠檬中含量特别高（6%～7%），与苹果酸并存于大部分果实中。柑橘果实和蔓越橘中含有柠檬酸。柠檬酸容易失去一个分子水而变为不饱和酸，称为顺乌头酸。柠檬酸含于石榴、树莓、草莓、菠萝和番茄等果蔬中。

有机酸的酸感也不完全一样。在有机酸中，酒石酸的酸性最强，并有涩味，其次是苹果酸和柠檬酸。酸感的产生除与酸的种类和浓度有关外，还与体系的温度、缓冲效应和其他物质（主要是糖和蛋白质）的含量有关。体系缓冲效应增大，可以增大酸的柔和性。在饮料及某些产品的加工过程中，使用有机酸的同时加入该酸的盐类，其目的就是形成具有一定缓冲能力的体系，以改善酸感。

酸与加工工艺的选择和确定有十分密切的关系。酸含量对褐变和非褐变有很大的影响；酸还能影响花色素、叶绿素及单宁色泽的变化；酸能与铁、锡反应，对设备和容器产生腐蚀作用；在加热时，酸能促进蔗糖和果胶等物质的水解。酸是确定罐头杀菌条件的主要依据之一，低酸性食品一般要采用高压杀菌，酸性食品则可以采用常压杀菌。另外，果蔬中有机酸的存在，对微生物的活动非常不利，它可降低微生物的致死温度，这也是水果和蔬菜罐头杀菌温度有区别的主要原因。在某些加工过程，如长时间的漂洗等加工过程中，为了防止微生物繁殖和色泽变化，往往也要进行适当的调酸处理。因此，掌握酸的加工特性是非常重要的。

1.1.4 涩味物质

果蔬的涩味主要来自单宁类物质和其他的多酚类物质。单宁是一种多酚类化合物，易溶于水，有涩味，大多数水果、蔬菜中都含有单宁。水果、蔬菜种类不同，其含量差异很大。同一品种的果蔬未成熟时单宁物质含量比不成熟时要高。未熟果蔬的单宁含量较高，食之酸涩，难以下咽，但一般成熟果中可食部分的单宁含量通常为 0.03％～0.1％，食之具有清凉的口感。除单宁类物质外，儿茶素、无色花青素以及一些羟基酚酸等也具涩味。

单宁又称鞣质，为高分子聚合物，组成它的单体主要有邻苯二酚、邻苯三酚。根据单体间的连接方式与其化学性质的不同，可将单宁物质分为两大类，即水解单宁和缩合单宁。水解单宁也称为焦性没食子酸类单宁或可溶性单宁，其组成单体间通过酯键连接。它们在酸、酶、煮沸等温和条件下水解为单体。缩合单宁也称为儿茶酚类单宁或不溶性单宁，是通过单体芳香环上 C—C 键连接而形成的高分子聚合物，但与稀酸共热时，进一步缩合成高分子无定形物质。它们在自然界中的分布很广，果蔬中的单宁就属于此类。

涩味是由于可溶性的单宁使口腔黏膜蛋白质凝固，使之发生收敛性作用而产生的一种味感。单宁含量高时会给人带来很不舒服的收敛性涩感，但适量的单宁可以使人产生清凉的感觉，也可起到强化酸味的作用。随着果蔬的成熟，可溶性单宁的含量降低。当人为采取措施使可溶性单宁转变为不溶性单宁时，涩味减弱，甚至完全消失，无氧呼吸产物乙醛可与单宁发生聚合反应，使可溶性单宁转变为不溶性酚醛树脂类物质，涩味消失，所以生产上人们往往利用温水浸泡、乙醇或高浓度的二氧化碳等诱导柿果产生无氧呼吸，而达到脱涩的目的。

单宁与水果加工品的色泽有着密切的关系，它在有氧的条件下极易氧化发生酶促性褐变，尤其在遇到铁等金属离子后，会加剧色变。此外，单宁遇碱很快变成黑色，因此在进行果蔬碱液去皮处理后，一定要尽快洗去碱液。

在果汁加工过程中常利用单宁与蛋白质的反应，产生凝絮类物质来对果汁进行澄清。

1.1.5　苦味物质

　　果蔬中的苦味主要来自一些糖苷类物质，该类物质由糖基与苷配基通过糖苷键连接而成。当苦味物质与甜、酸或其他味感恰当组合时，就会赋予果蔬特定的风味。果蔬中的苦味物质组成不同，性质也各异。下面简单介绍几种常见的糖苷类物质。

1. 苦杏仁苷

　　苦杏仁苷是苦杏仁素（氰苯甲醇）与龙胆二糖结合形成的苷，具有强烈苦味，在医学上具有镇咳作用。普遍存在于桃、李、樱桃、苦扁桃和苹果等果实的果核及种仁中。苦杏仁苷本身无毒，但生食桃仁、杏仁过多，会引起中毒，这是因为同时摄入的苦杏仁苷酶使苦杏仁苷水解，产生剧毒的氢氰酸。因此，加工时要先进行脱毒去苦处理，以防中毒。苯甲醛是重要的食品香料之一，工业上常用苦杏仁来提取苯甲醛，其反应式如下：

$$C_{20}H_{27}NO_{11}+2H_2O\longrightarrow 2C_6H_{12}O_6+C_6H_5CHO+HCN$$
　　苦杏仁苷　　　　　　　　　葡萄糖　　苯甲醛　　氢氰酸

2. 黑芥子苷

　　黑芥子苷本身呈苦味，普遍存在于十字花科蔬菜中。在芥子酶作用下水解生成具有特殊辣味和香气的芥子油、葡萄糖及其他化合物，使苦味消失（其反应式如下）。这种变化在蔬菜的腌制中很重要。

$$C_{10}H_{16}NS_2KO_9+H_2O\longrightarrow CSNC_3H_5+C_6H_{12}O_6+KHSO_4$$
　　黑芥子苷　　　　　　　　　芥子油　　葡萄糖

3. 茄碱苷

　　茄碱苷又称龙葵苷，主要存在于茄科植物中，以马铃薯块茎中含量较多。茄碱苷含量超过 0.01％时就会感觉到明显的苦味。其分解后产生的茄碱是一种有毒物质（其反应式如下）；超过 0.02％时即可使人食用后中毒。马铃薯所含的茄碱苷集中在薯皮及萌发的芽眼部位，当马铃薯块茎受日光照射表皮呈淡绿色时，茄碱含量显著增加，根据科学分析，可由 0.006％增加到 0.024％。因此，发芽和发绿的马铃薯应将皮部和芽眼削去后方可食用。在未熟的绿色茄子中，茄碱苷的含量也较多，成熟后含量减少。

$$C_{45}H_{73}O_{15}N+3H_2O\longrightarrow C_{27}H_{43}ON+C_6H_{12}O_6+C_6H_{12}O_6+C_6H_{12}O_5$$
　　茄碱苷　　　　　　　　茄碱　　葡萄糖　　半乳糖　　鼠李糖

4. 柚皮苷和新橙皮苷

　　柚皮苷和新橙皮苷存在于柑橘类果实中，尤其是白皮层、种子、囊衣和轴心部分为多，具有强烈的苦味。在柚皮苷酶的作用下，它们可水解成糖基和苷配基，使苦味消失，这就是果实在成熟过程中苦味逐渐变淡的原因。据此，在柑橘加工业中常利用酶制剂来使柚皮苷和新橙皮苷水解，降低橙汁的苦味。

1.1.6 辛辣味物质

适度的辛辣味具有增进食欲、促进消化液分泌的功效。辣椒、生姜、葱、蒜等蔬菜含有大量的辛辣味物质，它们的存在与这些蔬菜的食用品质密切相关。

生姜中辛辣味的主要成分是姜酮、姜酚和姜醇，它们是由 C、H、O 所组成的芳香物质，其辛辣味有快感。辣椒中的辣椒素是由 C、H、O、N 所组成的，属于无臭性的辣味物质。

葱、蒜等蔬菜中辛辣味物质的分子中含有硫，有强烈的刺鼻辣味和催泪作用，其辛辣成分是硫化物和异硫氰酸酯类，它们在完整的蔬菜器官中以母体的形式存在，气味不明显，只有当组织受到挤压破碎时，母体才在酶的作用下转化成具有强烈刺激性气味的物质。大蒜中的蒜氨酸本身并无辣味，只有在蒜组织受到挤压破坏后，蒜氨酸才在蒜酶的作用下分解生成具有强烈辛辣气味的蒜素。

芥菜中的刺激性辛辣味成分是芥子油，为异硫氰酸酯类物质。它们在完整组织中以芥子苷的形式存在，本身并不具辛辣味，只有当组织破碎后，才在酶的作用下分解为葡萄糖和芥子油，芥子油具有强烈的刺激性辛辣味。

1.1.7 鲜味物质

果蔬中的鲜味物质主要来自一些具有鲜味的氨基酸、酰胺和肽，其中以 L-天门冬氨酸、L-谷氨酰胺和 L-天门冬酰胺最多，它们广泛存在于果蔬中。在梨、桃、葡萄、柿子、番茄中含量较为丰富。此外，竹笋中含有的天门冬氨酸钠也具有天门冬氨酸的鲜味。另一种鲜味物质——谷氨酸钠是我们熟知的味精，其水溶液有浓烈的鲜味。

1.2 营 养 物 质

果蔬是人体所需维生素、矿物质和膳食纤维的重要来源。此外，有些果蔬还含有大量淀粉、糖、蛋白质等维持人体正常生命活动所必需的营养物质。随着人们健康意识的不断增强，果蔬在人们膳食营养中所占的比例也在日益增加。

1.2.1 维生素

维生素是一类人体不能合成，但机体正常生理代谢所必需的、功能各异的微量低分子有机化合物，是维持人体正常生命活动不可缺少的营养物质，它们大多是以辅酶或辅因子的形式参与生理代谢。维生素的种类很多，化学结构差异很大，按照其溶解性质将其分为脂溶性和水溶性两大类。脂溶性维生素包括维生素 A、维生素 D、维生素 E、维生素 K；水溶性维生素包括 B 族维生素和维生素 C。维生素缺乏会引起生理代谢的失调，诱发生理病变。果蔬中含有多种维生素（表 1-5），但与人体关系最为密切的主要有维生素 C 和类胡萝卜素（维生素 A 原）。据相关报道，人体所需维生素 C 的 98％、维生素 A 的 57％左右来自果蔬。

表 1-5　果蔬中的主要维生素含量　　　　　　　　（单位：mg/kg）

种类	胡萝卜素	维生素 B_1	维生素 C	种类	胡萝卜素	维生素 B_1	维生素 C
苹果	0.8	0.1	50	番茄	3.1	0.3	110
葡萄	0.4	0.4	40	冬笋	0.8	0.8	10
菠萝	0.9	0.9	70	青椒	15.6	0.4	1050
柑橘	5.5	0.8	300	西瓜	1.7	0.2	80

1. 维生素 C

所有绿色植物都能合成维生素 C，它是植物体自身代谢过程中必不可少的物质，在植物体的抗氧化系统中起着重要的作用。由于人类自身不能合成所需的维生素 C，因此人类所需的维生素 C 主要来源于新鲜水果和蔬菜（表 1-6）。水果中维生素 C 含量以刺梨最高，每 100 g 含 2088 mg，有 "维生素 C 王" 之称，然后是猕猴桃（420 mg）、鲜枣（280 mg），草莓、柑橘也较高；蔬菜中维生素 C 含量以花椰菜最高，荠菜、菠菜、辣椒等深色蔬菜中含量也较高，蔬菜的叶部比茎部含量高，新叶比老叶高，光合能力强的叶部含量高，露地蔬菜比温室大棚蔬菜含量高。

表 1-6　主要鲜果、蔬菜和粮食可食部分的维生素 C 含量　　　（单位：mg/100 g）

名称	维生素 C 含量	名称	维生素 C 含量
刺梨	2088	番茄	40
猕猴桃	420	草莓	35
鲜枣	280	柑橘	34
花椰菜	240	西瓜	25
辣椒	185	香蕉	15
香瓜	90	玉米、谷物	10
荠菜	80	葡萄	9
菠菜	59	胡萝卜	8
马铃薯	50	苹果	6
柠檬	45	梨	4

维生素 C 有还原型和氧化型两种形态，氧化型维生素 C 的生理活性仅为还原型维生素 C 的 1/2，两者之间可以相互转化。还原型维生素 C 在抗坏血酸氧化酶的作用下，被氧化成氧化型维生素 C；而氧化型维生素 C 在低 pH 和还原剂存在的条件下，能可逆地转变为还原型维生素 C。维生素 C 在 pH 小于 5 的溶液中比较稳定，当 pH 增大时，氧化型维生素 C 可继续氧化，生成无生理活性的 2，3-二酮古洛糖酸，此反应为不可逆反应。

维生素 C 为水溶维生素，在人体内无积累作用，因此人们需要每天从膳食中摄取大量的维生素 C，而果蔬是人体所需维生素 C 的主要来源。果蔬中的维生素 C 的形态也不尽相同，柑橘中大部分是还原型维生素 C，而在苹果、柿中氧化型维生素 C 占优势，所以在比较不同果蔬的维生素 C 营养价值时，仅仅以含量为标准是不准确的。

维生素 C 极易氧化，尤其与铁等金属离子接触会加剧氧化作用，在光照和碱性条件下也易遭破坏，低温、低氧可有效防止果蔬贮藏中维生素 C 的损耗。在加工过程中，切分、漂烫、蒸煮和烘烤是造成维生素 C 损耗的重要原因，应采取适当措施尽可能减少维生素 C 的损耗。此外，在果蔬加工中，维生素 C 还常常用作抗氧化剂，防止加工产品的褐变。

2. 维生素 A

新鲜果蔬中含有大量的类胡萝卜素，它本身不具有维生素 A 的生理活性，但在人和动物的肠壁以及肝脏中能转变为具有生物活性的维生素 A，因此类胡萝卜素又被称为维生素 A 原。β-胡萝卜素是一类含己烯环的异戊二烯聚合物，含有两个维生素 A 的结构部分，理论上可生成 2 分子的维生素 A，但 β-胡萝卜素在体内的吸收率、转化率都很低，实际上 6 μg β-胡萝卜素只相当于 1 μg 维生素 A 的生物活性。除 β-胡萝卜素外，α-胡萝卜素、γ-胡萝卜素和羟基 β-胡萝卜素在体内也能转化为维生素 A，但它们分子中只含有一个维生素 A 的结构，功效也只有 β-胡萝卜素的一半。

维生素 A 和类胡萝卜素比较稳定，但由于其分子的高度不饱和性，在果蔬加工中容易被氧化，加入抗氧化剂可以使其得到保护；维生素 A 对高温和碱性条件相当稳定。在果蔬贮运时，冷藏、避免日光照射有利于减少类胡萝卜素的损失。绿叶蔬菜、胡萝卜、南瓜、杏、柑橘、黄桃、芒果等黄色、绿色的果蔬含有较多量的类胡萝卜素。

3. 维生素 P

维生素 P 是一组与保持血管壁正常通透性有关的黄酮类物质，它最早从柠檬中提取得到，具有调节毛细血管透性、预防血管性紫斑病和溢血症的功效。

维生素 P 的有效成分是芸香苷、橙皮苷和圣草苷，其通常与维生素 C 并存。维生素 P 在柑橘和芹菜中含量富足，尤其是在温州蜜柑的幼果中含量特别高，但含量随成熟度增加而减少。工业中常用柑橘皮来提取维生素 P。

果蔬中的维生素无论是含量还是种类都是十分丰富的，除上述几种外，还有少量的维生素 B_1、维生素 B_2 和维生素 PP 等。

1.2.2　矿物质

矿物质是人体结构的重要组成部分，同时是维持体液渗透压和 pH 不可缺少的物质。许多矿物离子还直接或间接地参与体内的生化反应。当人体缺乏某些矿物元素时，就会产生营养缺乏症，因此矿物质是人体不可缺少的营养物质。

矿物质在果蔬中分布极广，占果蔬干重的 1%～5%，平均值为 5%。而一些叶菜的矿物质含量可高达 10%～15%，是人体摄取矿物质的重要来源。常见果蔬中主要矿物质含量见表 1-7。

表 1-7　常见果蔬中主要矿物质含量　　　　　　　　　　　　（单位：mg/kg）

种类	钙	磷	铁	种类	钙	磷	铁
苹果	110	90	3.0	番茄	80	370	4.7
葡萄	40	150	6.0	甘蓝	620	280	7.0
香蕉	100	350	8.0	芹菜（茎）	1600	610	85.0
草莓	320	410	11.0	豌豆	130	900	8.0

果蔬中矿物质的 80% 是钾、钠、钙等成分，其中钾元素可以占其总量的 50% 以上。它们进入人体内后，与呼吸释放的 HCO_3^- 离子结合，可调节血液 pH，使血浆的 pH 上升。因此，果蔬食品在营养学中又被称为"碱性食品"。相反，谷物、肉类、鱼、蛋等食品中，磷、硫、氮等非金属成分含量很高，它们的存在会提高体内的酸性物质含量。同时，这些食品富含淀粉、蛋白质与脂肪，它们经消化吸收，其最终氧化产物为 CO_2，CO_2 进入血液会使血液 pH 降低，所以它们在营养学中又被称为"酸性食品"。过多食用酸性食品，会使人体血液的酸性增强，易造成体内酸碱失衡，甚至引起酸性中毒，因此，为了保持人体血液、体液的酸碱平衡，在鱼、肉等动物性食品消费量不断增加的同时，更需要增加果蔬的摄入量。

在食品矿物质中，钙、磷、铁与身体健康的关系最为密切，人们通常以这三种元素的含量来衡量食品的矿物质营养价值。果蔬含有较多的钙、磷、铁，尤其是有些蔬菜的含量很高，是人体所需钙、磷、铁的重要来源。

1.2.3　淀粉

淀粉是植物体贮藏物质的一种形式，属多糖类。水果、蔬菜在未成熟时含有较多的淀粉，但随着果实的成熟，淀粉水解成糖，其含量逐渐减少。贮藏过程中淀粉常转化为糖类，以供应采后生理活动能量的需要，随着淀粉水解速度的加快，水果、蔬菜的耐贮性也减弱。果蔬不是人体所需淀粉的主要来源，但某些未熟的果实，如香蕉、苹果以及地下根茎菜类产品（如红薯、马铃薯）均含有大量淀粉。成熟的香蕉中，淀粉几乎全部转化为糖，在非洲及亚洲的一些国家与地区，香蕉常常作为主食来消费，是人获取膳食能量的重要渠道，马铃薯在欧洲一些国家与地区也是不可缺少的食品，更是当地居民膳食淀粉的重要来源之一。

淀粉不仅是人类膳食的重要营养物质，其含量及其采后变化还直接关系到果蔬自身的品质与贮运性能。富含淀粉的果蔬，淀粉含量越高，其耐贮性越强；而对于地下根茎菜，淀粉含量越高，其品质与加工性能也越好。对于青豌豆、菜豆、甜玉米等以幼嫩的豆荚或籽粒供鲜食的蔬菜，淀粉含量的增加意味着品质的下降，而加工用马铃薯则不希望淀粉过多转化，否则过多的转化糖会引起马铃薯制品的色变。

一些富含淀粉的水果，如香蕉、苹果，在后熟期间淀粉会不断地水解为低聚糖和单糖，因而其食用品质得到提高。但是采后的果蔬光合作用停止，淀粉等大分子贮藏性物质不断地消耗，最终会导致果蔬品质及贮藏、加工性能的下降。

淀粉的上述性质和代谢特征与加工及原料的品质有关，如豌豆、甜玉米、青刀豆等必须在淀粉含量较低时采收，否则品质低下。而洋梨、香蕉等则需先采后熟，以降低淀粉的含量。

1.2.4 含氮物质

果蔬中的含氮物质主要是蛋白质和氨基酸，蛋白质是同生命及各种形式的生命活动联系在一起的物质，是一切生命的物质基础。蛋白质的功能概括起来主要有三个方面：①人体组织的构成成分；②构成体内各种重要物质；③供给热能。此外，果蔬中还含有少量的酰胺、肽、铵盐及亚硝酸盐等。同其他食品相比较，果蔬中含氮物质的含量较少。

蛋白质和氨基酸的存在是美拉德反应的基础，美拉德反应是果蔬加工过程中非酶促褐变的主要反应。酪氨酸不参与美拉德反应，是酶促褐变的重要底物。蛋白质在加工过程中易发生变性而凝固、沉淀，因此在饮料和清汁类罐头加工中通常加入适当的稳定剂和乳化剂。

含氮物质在果蔬贮藏加工过程中对产品品质的影响如下：

1）马铃薯、甜菜去皮后容易变黑，这是因为它们含有酪氨酸，酪氨酸在酶的作用下氧化生成黑素。去皮切块后将其放在一定量的食盐水中，即可防止黑色物质产生。

2）在罐头生产中，含氮物质的食品经高温长时间的杀菌后，蛋白质分解为硫化氢，硫化氢和罐头中的金属元素发生作用，产生金属硫化物，使罐头的内容物变色。

3）蛋白质和单宁结合生成沉淀，有助于果汁澄清。

4）氨基酸产生香味，谷氨酸、天冬氨酸有鲜味。谷氨酸钠常被加入番茄汁以及一些果汁饮料中作调味剂。

1.2.5 脂质

脂质是人体需要的产热营养物质，也是体内主要的储能物质，包括脂肪、蜡脂、磷脂、萜类化合物等，其中与果蔬加工类关系密切的有脂肪和蜡脂。脂肪中含有人体必需的脂肪酸。油脂主要存在于含油的果实和果蔬种子中，果蔬的蜡脂和角质存在于果蔬表面，是一种保护组织，利于贮藏保鲜。类脂则是一类在某些理化性质上与脂肪类似的物质，包括磷脂、胆固醇、脂蛋白等，它们是构成细胞膜的重要成分，也是合成人体类胆固醇的原料。

1.3 色素类物质

果蔬的色泽是构成产品品质的重要因素，是检验果蔬成熟度的依据，色泽不仅反映果蔬的新鲜度，还可影响人们的食欲，美丽天然的食品颜色是优质果蔬的一个重要特征。果蔬的色泽是其在生长过程中由各种色素变化而成的，随着果蔬成熟度的增加其色素也不断变化。因此，色素的种类和特性成为果蔬新鲜度和成熟度的感官鉴定指标。色素的种类很多，按照其溶解性及在植物体内存在的状态可大致分为两类：一类是脂溶性色素，如叶绿素和类胡萝卜素；另一类是水溶性色素，如花青素和黄酮类物质。

1.3.1　叶绿素

果蔬的绿色主要来源于叶绿素，它决定了产品的品质特征，同时还具有改善便秘、降低胆固醇、抗突变等生理功能。叶绿素在果蔬贮藏、加工和货架期极易褪色或者变色，严重影响产品质量，大大降低其商品价值。因此，叶绿素稳定性研究对果蔬产业化应用变得越来越重要，同时也是食品科学、医药保健领域的重要研究方向。

叶绿素是高等植物进行光合作用的重要物质，同时也是绿色植物的主要色素，主要有叶绿素 a 和叶绿素 b 两种，在一些藻类中还有叶绿素 c 和叶绿素 d。叶绿素是脂溶性色素，不溶于水，可溶于丙酮、乙醇和石油醚等有机溶剂，在颜色上，叶绿素 a 呈蓝绿色，叶绿素 b 呈黄绿色，它们的含量之比约为 3∶1。在食品加工和贮藏中，叶绿素变化后会产生几种重要的衍生物，其中脱镁叶绿素就是叶绿素中心的镁被氢取代，变成了橄榄绿，但仍然是脂溶性的。脱植叶绿素就是叶绿素中的植醇被羟基取代，为绿色，是水溶性的。焦脱镁叶绿素是脱镁叶绿素中的甲酯基脱被去，同时该环上的酮基也转换为烯醇式，颜色较暗的脱镁脱植叶绿素即是无镁无植醇的叶绿素，颜色为橄榄绿，是水溶性的。焦脱镁脱植叶绿素是比焦脱镁叶绿素颜色更暗的水溶性色素。叶绿素分子中的镁离子被铜、铁等离子取代而成为叶绿素衍生物，这些衍生物对光、热、酸的稳定性大大提高，性质也更加为稳定。

叶绿素在酸性介质中形成脱镁叶绿素，绿色消失，呈现褐色；在碱性介质中分解生成叶绿酸、甲醇和叶绿醇，叶绿酸呈鲜绿色，较稳定。叶绿酸与碱进一步结合可生成绿色的叶绿酸钠（或钾）盐，盐的性质更稳定，绿色保持得更好，这也是加工绿色蔬菜时，加小苏打护绿的依据。此外，在绿色蔬菜加工时，为了保持加工品的绿色，人们还常用一些盐类，如 $ZnCl_2$、$MgSO_4$ 及 $CaCl_2$ 等进行护绿。叶绿素不稳定，在有氧或见光的条件下，极易遭受破坏而失绿。

在正常生长发育的果蔬中，叶绿素的合成作用大于分解作用，而果蔬进入成熟期和采收以后，叶绿素的合成停止，原有的叶绿素逐渐减少或消失，从而导致绿色消退，表现出果蔬的特有色泽。而对绿色果蔬来讲，尤其是绿叶蔬菜，绿色的消退代表其品质的下降，在低温、气调贮藏的条件下可有效抑制叶绿素的降解。

1.3.2　类胡萝卜素

类胡萝卜素广泛地存在于果蔬中，其颜色主要表现为黄、橙、红。果蔬中类胡萝卜素有 300 多种，但主要有胡萝卜素、番茄红素、番茄黄素、辣椒红素、辣椒黄素和叶黄素等。胡萝卜素在胡萝卜、南瓜、番茄、绿色蔬菜等中含量较多，果品中的杏、黄色桃等黄色的果实也含有。番茄红素是胡萝卜素的同分异构体，呈橙红色，是番茄中的主要色素，西瓜、柿子、柑橘、辣椒、南瓜等果蔬中也含有，但无维生素 A 的功效。

类胡萝卜素分子中都含有一条由异戊二烯组成的共轭多烯链，β-胡萝卜素在多烯链的两端分别连有一个 α-紫罗酮环和 β-紫罗酮环。从理论上讲，1 分子的 β-胡萝卜素在人或动物肝脏和肠壁细胞中可转化为 2 分子的维生素 A，而 α-胡萝卜素、γ-胡萝卜素的分子结构中只有一个紫罗酮环，故只能转化为 1 分子的维生素 A。除胡萝卜素外，其他色素分子结构中由于没有紫罗酮环，故不具维生素 A 的生物活性。

胡萝卜素常与叶黄素、叶绿素同时存在，果蔬中胡萝卜素的 85% 为 β-胡萝卜素，是人体膳食维生素 A 的主要来源。由于胡萝卜素分子的高度不饱和性，近年来有报道说胡萝卜素具有抗癌、防癌等营养保健功能。番茄红素的最适合成温度为 16～24℃，29.4℃以上的高温会抑制番茄的番茄红素的合成，这也是炎夏季节番茄着色不好的原因。

类胡萝卜素的耐热性强，即使与锌、铜、铁等金属共存时也不易破坏，遇碱稳定，但在有氧条件下，易被脂肪氧化酶、过氧化物酶等氧化脱色，紫外线也会促进其氧化。完整的果蔬细胞中的类胡萝卜素比较稳定。

各种果蔬中均含有叶黄素，它与胡萝卜素、叶绿素共同存在于果蔬的绿色部分中，当叶绿素分解后，才表现出黄色。

1.3.3 花青苷

花青苷是花青素的糖苷，为一类水溶性色素，存在于植物细胞液中，是植物体花、叶、果实和蔬菜呈现一系列颜色，特别是红、紫、蓝等色的物质基础，同时也是用有色植物基料制作产品（如红酒）颜色的体现者，是自然界中广泛存在的一种天然水溶性色素。此外，花青苷的另一个重要的性质是抗氧化活性，这在预防神经元、心血管类疾病和糖尿病中起着重要作用。同时，花青苷也被应用在癌症治疗及人类营养学、生物活性研究。花青素的基本结构是一个 2-苯基苯并吡喃环，随着苯环上取代基的种类与数目的变化，其颜色也随之发生变化。当苯环上羟基数目增加时，颜色向蓝紫方向移动，而当甲氧基数目增加时，颜色向红色方向改变。

由于花青苷在不同 pH 条件下的分子结构不同，因此其颜色随 pH 不同而不同。通常情况下，pH 小于 7.0 时显红色，pH 为 8.5 时显紫色，pH 大于 8.5 时显蓝色。因为在不同 pH 条件下，花青素的结构也会发生变化。因此，同一种色素在不同果蔬中可以表现出不同的颜色，而不同的色素在不同的果蔬中，也可以表现出相同的色彩。

花青素是一种感光色素，充足的光照有利于花青素的形成。因此，山地、高原地带果品的着色一般都好于平原地带。此外，花青素的形成和累积还受植物体内营养状况的影响，营养状况越好，着色也就越好，同时着色越好的水果风味品质也往往越佳。因此，着色状况也是判断果蔬品质和营养状况的重要参考指标之一。

花青素很不稳定，加热对它有破坏作用，与铁、铜、锡等金属离子结合则呈现蓝色、蓝紫色或黑色，并能发生色素盐的沉淀，在加热时又能分解而褪色，从而使制品色泽暗淡。日晒也能促使其发生色素沉淀。但花青素可与钙、镁、锰、铁、铝等金属结合生成蓝色或紫色的络合物，色泽变得稳定而不受 pH 的影响，所以果蔬在加工时应避免与锰、铁、铝等金属结合。

花青素是人体所需的一类重要的功能性物质，果蔬是其重要来源（表 1-8）。花青苷的结构中有多个酚羟基，属于羟基供体，它在植物组织中的主要作用是保护植物中易氧化的成分。科学研究表明，花青苷类色素对羟自由基、超氧自由基、ABTS+ 等均有很好的清除作用，可防止大分子物质的氧化损伤，同时能激活抗氧化防御体系，对超氧化物歧化酶、谷胱甘肽酶等的活性有明显的促进作用。蓝莓提取物中的花青苷成分可促进视紫红质在暗处的再合成，而视紫红质受到光线对视网膜的刺激时可瞬间分解，并将该化学变化传送至脑部，因而产生"可见物"，提高视网膜对光的感受性。同时花青苷对健康人眼睛疲劳也有良好的改善作用，这可能与其对毛细血管的保护作用有关。

表 1-8　几种主要果蔬的花青素含量　　　　　　　　（单位：mg/100 g）

种类	矢车菊素	飞燕草素	锦葵素	天竺葵素	芍药素	牵牛色素
香蕉	0.0	7.4	0.0	0.0	0.0	0.0
冷冻蓝莓	4.4	21.6	49.6	0.0	0.5	18.2
蔓越橘	39.8	9.5	16.6	3.9	0.0	0.0
红色葡萄	0.4	2.6	48.6	0.0	1.6	2.3
草莓	1.3	0.0	—	19.3	—	—
红色杨梅	60~130.0	—	—	—	—	—
粉红杨梅	30.4	—	—	—	—	—
白杨梅	0.0	—	—	—	—	—
甘蓝	8.2	0.1	—	0.0	—	—
豇豆	94.7	94.6	34.3	—	11.1	27.8

1.3.4　黄酮类色素

黄酮类色素又称花黄素，多呈白色至浅黄色，是广泛存在于果蔬中的一种水溶性色素，也是一种糖苷，其化合物的基本结构是苯及苯吡咯酮，主要有黄酮、黄酮醇、黄烷酮和黄烷酮醇。黄酮、黄酮醇为黄色，黄烷酮和黄烷酮醇为无色，其中最重要的是黄酮和黄酮醇的衍生物，它们具有维生素 P 的生理功效，是目前开发食品资源的研究热点之一。由于结构不同，黄酮类色素遇铁离子可呈现蓝、蓝黑、紫、棕等颜色。在碱性介质中可呈深黄色、橙色或褐色，在酸性条件下无色。当用碱处理某些（如洋葱、马铃薯等）含黄酮类色素的果蔬时，往往会发生变黄现象，影响产品质量，加入少量酒石酸氢钾即可消除。黄酮类色素对氧敏感，在空气中长时间放置会产生褐色沉淀，因此，一些富含黄酮类色素的果蔬加工制品过久贮藏会产生褐色沉淀。此外，黄酮类色素的水溶液呈涩味或苦味。

1.4 果 蔬 质 地

果蔬是比较典型的鲜活易腐产品，它们含水量高，细胞膨胀压大。对于此类产品，消费者总是希望它们新鲜饱满、脆嫩可口。而对于叶菜、花菜等，除脆嫩饱满外，组织致密、紧实也是其重要品质指标。因此，果蔬的质地主要体现为脆、绵、硬、软、细嫩、粗糙、致密、疏松等，它们与品质密切相关，是评价品质的重要指标。在生长发育不同阶段，果蔬质地会有很大变化，因此质地又是判断果蔬成熟度，确定加工适性的重要参考依据。

果蔬质地取决于组织的结构，而组织结构与其化学组成密切相关。因此，化学成分是影响果蔬质地的最基本因素。

1.4.1 水分

水分是影响果蔬新鲜度、脆度和口感的重要成分，与果蔬的风味有着密切关系。新鲜果品、蔬菜的含水量很高，大多在 75%～95% 的范围内，少数蔬菜，如黄瓜、番茄、西瓜等含水量可高达 96%，甚至 98%。含水量高的果蔬，细胞膨压大、组织饱满脆嫩、食用品质好、商品价值高。但采后由于水分的蒸发而导致果蔬大量失水，失水后的果蔬会变得疲软、萎蔫，品质下降。另外，很多果蔬采后一旦失水，就难以再恢复新鲜状态。因此，为了有利于加工，一定要控制好采后果蔬进厂后的失水率。

果蔬产品因为含水量高，所以其生理代谢非常旺盛，物质消耗很快，极易衰老败坏；同时，微生物也因为含水量高而极易生长繁殖，导致果蔬产品腐烂变质。为了减少损耗，一定要将加工厂建在原料基地附近，并且原料进厂后应立即作相应的处理。

1.4.2 果胶物质

果胶物质在果蔬中以原果胶、果胶及果胶酸三种形态存在。原果胶存在于未成熟果蔬的细胞壁内的中胶层中，不溶于水，常和纤维素结合使细胞黏结，所以未成熟的果蔬组织坚硬。随着果蔬的成熟，原果胶在原果胶酶和有机酸的作用下水解为纤维素和果胶。果胶可溶于水，使细胞结合松弛，且具有一定黏性，所以成熟后的果蔬质地变软。成熟的果蔬向过熟转化时，果胶在果胶酶的作用下水解为果胶酸，果胶酸无黏性，在水中溶解度很小，因而过熟果蔬呈软烂状态。

果胶物质（果胶酸）可与钙盐、铝盐生成不溶性盐，所以在果蔬的生产贮藏过程中常用钙盐和铝盐来对果蔬进行硬化保脆。

果胶物质形态的变化是导致果蔬组织硬度下降的主要原因，在生产中，硬度是影响果蔬贮运性能的重要因素。人们常常借助硬度来判断某些果蔬，如苹果、梨、桃、杏、柿果、番茄等的成熟度，从而确定其采收期，同时，硬度也是评价贮藏效果的重要参考指标之一。

　　果蔬及其皮、渣等下脚料均含有较多的果胶（表 1-9）。一般水果的果胶含量为
0.2%～6.4%，山楂的果胶含量最高，可达 6.4%，并富含甲氧基，具有很强的凝胶能
力。人们常常利用山楂的这一特性来制作山楂糕。有些蔬菜果胶含量很高，但由于甲氧
基含量低，或其结构上为乙氧基，导致凝胶能力很弱，故不能形成胶冻，当其他果蔬与
山楂混合后，可利用山楂果胶中甲氧基的凝胶能力，制成混合山楂糕，如胡萝卜山楂糕。

表 1-9　几种常见果实的果胶含量（%）

种类	果胶含量	种类	果胶含量
山楂	3.0～6.4	橘皮	20～25
柚皮	6.0	苹果芯	0.45
梨	0.5～1.2	苹果渣	1.5～2.5
桃	0.6～1.3	苹果皮	1.2～2.0
李	0.6～1.5	柠檬皮	4.0～5.0
杏	0.5～1.2	鲜向日葵托盘	1.6

　　果胶在果汁及果酱类制品加工中具有重要意义，可作为胶凝剂、增稠剂和稳定剂使
用。果酱类产品是利用果胶的胶凝作用制取的。生产混浊果汁时，可利用果胶作为稳定
剂防止果肉微粒沉淀，保持果汁混浊稳定。在生产澄清果汁时，需要去除果胶，使果汁
澄清。

1.4.3　纤维素和半纤维素

　　纤维素和半纤维素在植物界分布极广，数量众多。果实中纤维素含量在 0.5%～2%，
半纤维素含量在 0.3%～2.7%。它们都是植物的骨架物质，是细胞壁和皮层的主要成分，
对果蔬形态起支持作用。其含量与存在状态，决定着细胞壁的弹性、伸缩强度和可塑性。
幼嫩果蔬中的纤维素多为水合纤维素，组织质地柔韧、脆嫩，老熟时纤维素会与半纤维
素、木质素、角质、栓质等形成复合纤维素，组织变得粗糙坚硬，食用品质下降。角质
纤维素具有耐酸、耐氧化、不易透水等特性，主要存在于果蔬表皮细胞内，可保护果蔬，
减轻机械损伤，抑制微生物侵染，增加果蔬耐贮藏性。

　　纤维素是由葡萄糖分子通过 β-1，4 糖苷键连接而成的长链分子，主要存在于细胞壁
中，有保持细胞形状、维持组织形态的作用，并具有支持功能。它们在植物体内一旦形
成，就很少再参与代谢，但是对于某些果实，如番茄、荔枝、香蕉、菠萝等，在其成熟
过程中，需要有纤维素酶、果胶酶及多聚半乳糖醛酸酶等共同作用才能软化。半纤维素
是由木糖、阿拉伯糖、甘露糖、葡萄糖等五碳糖和六碳糖组成的大分子物质，它们很不
稳定，在果蔬体内可分解为单体。刚采收的香蕉中，半纤维素含量为 8%～10%，随着果
实的成熟，其含量逐渐降至 1% 左右，因此，半纤维素既具有纤维素的支持功能，又有
淀粉的贮藏功能。半纤维素具有很大韧性，不溶于水、稀酸、稀碱，但能溶于浓硫酸。

　　纤维素和半纤维素是影响果蔬质地与食用品质的重要物质，同时也是维持人体健康
不可缺少的成分。纤维素、半纤维素和木质素统称为粗纤维，虽然它们不具有营养功能，

但是可刺激肠胃蠕动，促进消化液的分泌，提高蛋白质等营养物质的消化吸收率，同时还可防止或在一定程度上减轻肥胖、便秘等许多现代"文明病"的发生，是维持人体健康必不可少的物质。

第 2 章 采后生理与保鲜

园艺产品在田间生长发育到一定阶段，达到人们鲜食、贮藏、加工或观赏的要求后，就需要进行采收。采收后，产品器官失去了来自土壤或母体的水分和养分供应，成为一个利用自身已有贮藏物质进行生命活动的独立个体。园艺产品采收后的生命活动既是采前田间生长发育过程的继续，与采前的新陈代谢有着必然的联系，又由于采后的生存环境条件发生了根本改变，而发生一系列不同于采前生命活动的变化，生命活动进行了重新组织和调整，以便在贮藏条件下保存生命活力和延长寿命。

2.1 呼吸作用与保鲜

呼吸作用是基本的生命现象，也是植物具有生命活动的标志。水果、蔬菜和花卉等园艺产品采后同化作用基本停止，呼吸作用成为新陈代谢的主导，它直接联系着其他各种生物生化过程，也影响和制约着产品的寿命、品质变化和抗病能力。因此，控制和利用呼吸作用这个生理过程对延长贮藏期是至关重要的。

2.1.1 呼吸作用的概念

呼吸作用是在许多复杂的酶系统参与下，经由许多中间反应环节进行的生物氧化还原过程，能把复杂的有机物逐步分解成简单的物质，同时释放能量。呼吸途径有多种，主要有糖酵解、三羧酸循环和磷酸戊糖支路等。

有氧呼吸通常是呼吸的主要方式，是在有氧气参与的情况下，将本身复杂的有机物（如糖、淀粉、有机酸及其他物质）逐步分解为简单物质（水和 CO_2），并释放能量的过程。葡萄糖直接作为底物时，分解 1 mol 葡萄糖可释放能量 2817.7 kJ，其中的 46% 以生物能的形式（38 个 ATP）贮藏起来，为其他的代谢活动提供能量，剩余部分以热能的形式释放到体外。

无氧呼吸是指在无氧气参与的情况下将复杂有机物分解的过程。这时，糖酵解产生的丙酮酸不再进入三羧酸循环，而是脱羧成乙醛，然后还原成乙醇。

园艺产品采后的呼吸作用与采前基本相同，在某些情况下又有一些差异。采前产品在田间生长时，氧气供应充足，一般进行有氧呼吸。而在采后的一些贮藏条件下，如当产品放在容器和封闭的包装中，埋藏在沟中的产品积水时，通风不良或在其他氧气供应不足时，都容易产生无氧呼吸。无氧呼吸对于产品贮藏是不利的。一方面无氧呼吸提供的能量少,以葡萄糖为底物,无氧呼吸产生的能量约为有氧呼吸的 1/32。在需要一定能量的生理过程中,无氧呼吸消耗的呼吸底物更多,使产品更快失去生命力。另一方面,无氧呼吸生成的乙醛、乙醇和其他有害物质会在细胞内积累,造成细胞死亡或腐烂。因此,在贮藏期应防止产生无氧呼吸。但当产品体积较大时,内层组织气体交换差,部分无氧呼吸也是对环境的适应,即使在外界氧气充分的情况下,果实中进行一定程度的无氧呼吸也是正常的。

2.1.2 呼吸与耐贮性和抗病性的关系

由于园艺产品在采后仍是生命活体,具有抵抗不良环境和致病微生物的特性,使其损耗减少,品质得以保持,贮藏期延长。产品的这些特性被称为耐贮性和抗病性。耐贮性是指在一定贮藏期内,产品能保持其原有的品质而不发生明显不良变化的特性;抗病性是指产品抵抗致病微生物侵害的特性。生命终结,新陈代谢停止,耐贮性和抗病性也就不复存在。新采收的黄瓜、大白菜等产品在通常环境下可以存放一段时间,而炒熟的菜的保质期则明显缩短,说明产品的耐贮性和抗病性依赖于生命。

呼吸作用是采后新陈代谢的主导,正常的呼吸作用能为一切生理活动提供必需的能量,还能通过许多呼吸的中间产物使糖代谢与脂肪、蛋白质及其他许多物质的代谢联系在一起,使各个反应环节及能量转移之间协调平衡。维持产品其他生命活动能有序进行,保持耐贮性和抗病性。通过呼吸作用还可防止对组织有害中间产物的积累。将其氧化或水解为最终产物,进行自身平衡保护,防止代谢失调造成的生理障碍,这在逆境条件下表现得更为明显。

呼吸与耐贮性和抗病性的关系还表现在,当植物受到微生物侵袭、机械损伤或遇到不适环境时,能通过激活氧化系统,加强呼吸而起到自卫作用,这就是呼吸的保卫反应。呼吸的保卫反应主要有以下几个方面的作用:采后病原菌在产品有伤口时很容易侵入,呼吸作用为产品恢复和修补伤口提供合成新细胞所需的能量和底物,加速愈伤,不利于病原菌感染;在抵抗寄生病原菌侵入和扩展的过程中,植物组织细胞壁的加厚、过敏反应中植保素类物质的生成都需要加强呼吸,以提供新物质合成的能量和底物,使物质代谢根据需要协调进行;腐生微生物侵害组织时,要分泌毒素,破坏寄主细胞的细胞壁,并透入组织内部,作用于原生质,使细胞死亡后加以利用,其分泌的毒素主要是水解酶。植物的呼吸作用有利于分解、破坏、削弱微生物分泌的毒素,从而抑制或终止侵染过程。

呼吸作用虽然有上述的这些重要作用,但同时也是造成产品品质下降的主要原因。呼吸旺盛造成营养物质消耗加快,这是贮藏中发生失重和变味的重要原因,表现为使组织老化,风味下降,失水萎蔫,导致品质劣变,甚至失去食用价值。新陈代谢的加快将缩短产品寿命,造成耐贮性和抗病性下降,同时释放的大量呼吸热使产品温度升高,容易造成腐烂,对产品的保鲜不利。

因此,延长果蔬贮藏期首先应该保持产品有正常的生命活动,不发生生理障碍,使其能够正常发挥耐贮性、抗病性的作用。在此基础上,维持缓慢的代谢,延长产品寿命,从而延缓耐贮性和抗病性的衰变,延长贮藏期。

2.1.3　影响呼吸强度的因素

1. 内在因素

(1) 种类与品种

园艺产品种类繁多,被食用部分各不相同,包括根、茎、叶、花、果实和变态器官。这些器官在组织结构和生理方面有很大差异,采后的呼吸作用有很大不同。在蔬菜的各种器官中,生殖器官新陈代谢异常活跃,呼吸强度一般大于营养器官,所以通常以花的呼吸作用最强,叶次之。这是因为营养器官的新陈代谢比贮藏器官旺盛,且叶片有薄而扁平的结构并分布大量气孔,气体交换迅速。散叶型蔬菜的呼吸强度要高于结球型,因为叶球变态成为积累养分的器官。根茎类蔬菜,如直根、块根、块茎、鳞茎的呼吸强度相对最低,除受器官特征的影响外,还与其在系统发育中形成的对土壤或盐水环境中缺氧的适应特性有关。有些产品采后进入休眠期,呼吸强度更弱。果实类蔬菜介于叶菜和地下贮藏器官之间,水果中以浆果呼吸强度最高,其次是桃、李、杏等核果,苹果、梨等仁果类和葡萄呼吸强度较低。

同一类产品,品种之间呼吸强度也有差异。一般来说,由于晚熟品种生长期较长,积累的营养物质较多,其呼吸强度高于早熟品种;夏季成熟品种的呼吸强度比秋冬成熟品种高;南方生长品种的呼吸强度比北方的品种要高。

(2) 成熟度

在产品的系统发育过程中,幼嫩组织处于细胞分裂和生长代谢旺盛阶段,且保护组织尚未发育完善,便于气体交换而使组织内部供氧充足,呼吸强度较高,随着生长发育,呼吸强度逐渐下降。成熟产品表皮保护组织(如蜡质、角质)加厚,新陈代谢缓慢,呼吸强度就较弱。在果实发育成熟过程中,幼果期呼吸旺盛,随果实长大而减弱,跃变型果实在成熟时呼吸强度升高,达到呼吸高峰后又下降,非跃变型果实成熟衰老时呼吸作用一直缓慢减弱,直到死亡。块茎、鳞茎类蔬菜田间生长期间呼吸强度一直下降,采后进入休眠期,呼吸强度降到最低,休眠期后更新上升。

2. 外在因素

(1) 温度

呼吸作用是一系列酶促生物化学反应过程,在一定温度范围内,随温度的升高而增强。一般在 0℃左右时,酶的活性极低,呼吸很弱,跃变型果实的呼吸高峰得以推迟,甚至不出现呼吸峰;在 0~35℃,如果不发生冷害,多数产品温度每升高 10℃,呼吸强度增大 1~1.5 倍,高于 35℃时,呼吸强度经初期的上升之后就大幅度下降。

为了抑制产品采后的呼吸作用,常需要采取低温措施贮藏,但贮藏温度并非越低越好。一些原产于热带、亚热带的产品对冷敏感,在一定低温下会发生代谢失调,失去耐贮性和抗病性,反而不利于贮藏。因此,应根据产品对低温的忍耐性,在不破坏正常生命活动的条件下,尽可能维持较低的贮藏温度,使呼吸强度降到最低。

贮藏期温度的波动会刺激产品体内水解酶活性，如 5℃恒温下贮藏的洋葱、胡萝卜、甜菜的呼吸强度分别为 9.9、7.7、12.2 mg CO_2/（kg·h），若是在 2℃和 8℃隔日互变而平均温度为 5℃的条件下，呼吸强度则分别为 11.4、11.0、15.9 mg CO_2/（kg·h）。因此，在贮藏中要避免库体温度的波动。

（2）**气体成分**

贮藏环境中影响果蔬、花卉等产品的气体主要是 O_2、CO_2 和乙烯。一般空气中 O_2 是过量的，在 O_2 浓度高于 16％而低于大气中的含量时，对呼吸无抑制作用；在 O_2 浓度低于 10％时，呼吸强度受到显著的抑制；O_2 浓度为 5％～7％时，呼吸强度受到较大幅度的抑制，但在 O_2 浓度低于 2％时，常会出现无氧呼吸。因此，贮藏中 O_2 浓度常维持在 2％～5％，一些热带、亚热带产品需要在 5％～9％范围内。提高环境 CO_2 浓度对呼吸也有抑制作用，对于多数果蔬来说，适宜的 CO_2 浓度为 1％～5％，过高会造成生理伤害，但产品不同，差异也很大，如鸭梨在 CO_2 浓度高于 1％时就受到伤害，而蒜薹能耐受 8％以上，草莓耐受 15％～20％而不发生明显伤害。

O_2 和 CO_2 有拮抗作用，CO_2 伤害可因提高 O_2 浓度而有所减轻，而在低 O_2 环境中，CO_2 伤害会更为严重。当较高浓度的 O_2 伴随着较高浓度的 CO_2 时，对呼吸作用仍能起明显的抑制作用。低 O_2 和高 CO_2 不但可以降低呼吸强度，还能推迟果实的呼吸高峰，甚至使其不发生呼吸跃变。

乙烯气体可增强园艺产品采后的呼吸作用，加速衰老。

（3）**相对湿度**

湿度对呼吸的影响还缺乏系统研究，在大白菜、菠菜、温州蜜柑中已经发现轻微的失水有利于抑制呼吸。一般来说，在相对湿度高于 80％的条件下，产品呼吸基本不受影响；相对湿度过低则影响很大。如香蕉在相对湿度低于 80％时，不产生呼吸跃变，不能正常后熟。

（4）**机械损伤和微生物侵染**

在采收、分级、包装、运输和贮藏过程中，产品常会受到挤压、震动、碰撞、摩擦等损伤，产品受损伤后都会引起呼吸加快以促进伤口愈合，损伤程度越高，呼吸越强。产品受损伤后造成开放性伤口，使产品可利用的氧增加，在受伤部位生成创伤乙烯，也加速其呼吸。产品感染微生物后，因抗病的需要，呼吸速率也很快升高。因此，在采后的各环节中都要避免机械损伤和微生物侵染，在贮藏前要进行严格选果。

（5）**其他**

对果蔬采取涂膜、包装、避光等措施，均可不同程度地抑制产品的呼吸作用。

2.2　采后失水与保鲜

水分是生命活动必不可少的物质，是影响园艺产品新鲜度的重要物质。园艺产品在田间生长时不断从地面以上部分，特别是叶子，向大气中蒸腾水分，带动根部不断吸收水分和养分，便于体内营养物质的运输和防止体温异常升高，因此，对于生长中的植物，蒸腾是不可缺少的、具有重要意义的生理过程。采收后产品断绝了水分的供应，这时水分从产品表面的丧失并不能形成蒸腾流，也失去了原来的积极作用，将使产品失水，造成失鲜，对贮藏不利。采后贮运中园艺产品失水的过程和作用与采前的蒸腾截然不同，且不单纯是像蒸发一样的物理过程，它与产品本身的组织细胞结构密切相关，因而称之为水分蒸散。

2.2.1　水分蒸散对园艺产品贮藏的影响

1. 失重和失鲜

园艺产品的含水量很高，大多在 65%～96%，某些瓜果类（如黄瓜）高达 98%，这使得这些鲜活园艺产品的表面具有光泽并有弹性，组织呈现坚挺脆嫩的状态，外观新鲜。水分散失主要造成失重（即自然损耗，包括水分和干物质的损失）和失鲜。水分蒸散是失重的重要原因。例如，苹果在 2.7℃ 冷藏时，每周由水分蒸散造成的质量损失约为果品质量的 0.5%，而呼吸作用仅使苹果失重 0.05%；柑橘贮藏期失重的 75% 由失水引起，25% 是呼吸消耗干物质所致。失鲜是产品品质的损失，许多果实失水高于 5% 就引起失鲜，表面光泽消失、形态萎蔫，失去外观饱满、新鲜和脆嫩的质地，甚至失去商品价值。不同产品失鲜的具体表现有所不同，如叶菜和鲜花失水很容易萎蔫、变色、失去光泽；萝卜失水易造成糠心，从外观上不易察觉；苹果失鲜不十分严重时，表现为果肉变沙，外观变化也不明显；而黄瓜、柿子椒等幼嫩果实失水造成外观鲜度下降。

2. 对代谢和贮藏的影响

多数产品失水都对贮藏产生不利影响，失水严重还会造成代谢失调。萎蔫时，原生质脱水，会促使水解酶活性增强，加速水解。例如，风干的红薯变甜，就是水解酶活性增强，引起淀粉水解为糖的结果，甜菜根脱水程度越严重，组织中蔗糖酶的合成活性越低，水解活性越高。水解加强一方面使呼吸基质增多，促进了呼吸作用，加速营养物质的消耗，削弱组织的耐贮性和抗病性；另一方面营养物质的增加也为微生物活动提供方便，加速腐烂，如萎蔫的甜菜腐烂率大大增加，萎蔫程度越高，腐烂率越大。失水严重还会破坏原生质胶体结构，干扰正常代谢，产生一些有毒物质，同时，细胞液浓缩，某些物质和离子（如 NH_4^+、H^+）浓度增高，也能使细胞中毒；过度缺水还使脱落酸（abscisic acid，ABA）含量急剧上升，有时增加几十倍，加速脱落和衰老。例如，大白菜晾晒过度，脱水严重时，NH_4^+、H^+ 等离子浓度增高到有害的程度，引起细胞中毒，ABA 积累，加重脱帮；花卉失水后易脱落，失去观赏价值。

一般情况下，由于失水萎蔫破坏了园艺产品的正常代谢，导致耐贮性和抗病性下降，缩短贮藏期。但某些园艺产品采后适度失水可抑制代谢，并延长贮藏期。如有些果蔬产品（大白菜、菠菜以及一些果实类），收获后轻微晾晒，使组织轻度变软，利于码垛、减少机械损伤。适度失水还有利于降低呼吸强度（在温度较高时这种抑制作用表现得更为明显）。洋葱、大蒜等采收后进行晾晒，使其外皮干燥，也可抑制呼吸，有时，采后轻度失水还能减轻柑橘果实的生理病害，使"浮皮"减少，保持好的风味和品质。

2.2.2 水分蒸散的影响因素

蒸散失水与园艺产品自身特性和贮藏环境有关。

1. 内部因素

水分蒸散过程是先从细胞内部到细胞间隙，再到表皮组织，最后从表面蒸散到周围大气中的。因此，产品的组织结构是影响水分蒸散的直接的内部因素，包括以下几个方面。

1）比表面积。比表面积是指单位质量或体积的果蔬具有的表面积。由于水分是从产品表面蒸散的，因此表面积越大，蒸散就越强。

2）表面保护结构。水分在产品的表面的蒸散有两个途径：一是通过气孔、皮孔等自然孔道，二是通过表皮层。气孔的蒸散速度远大于表皮层，表皮层的蒸散因表面保护层结构和成分的不同差别很大。角质层不发达，保护组织差，极易失水；角质层加厚、结构完整，有蜡质、果粉则有利于保持水分。

3）细胞持水力。原生质亲水胶体和固形物含量高的细胞有高渗透压，可阻止水分向细胞壁和细胞间隙渗透，利于细胞保持水分。此外，细胞间隙大，水分移动的阻力小，也会加速失水。

除组织结构外，新陈代谢也影响产品的蒸散速度，呼吸强度高、代谢旺盛的组织失水较快。不同种类和品种的产品、不同成熟度的同一产品，在组织结构和生理生化特性方面都不同，蒸散的速度差别也很大。叶菜的比表面积其他器官大许多倍，主要是气孔蒸散，其组织结构疏松、表皮保护组织差，细胞含水量高而可溶性固形物少，且呼吸速率高，代谢旺盛，所以叶菜类在贮运中最易脱水萎蔫。果实类的比表面积相对较小，且主要是表皮层和皮孔蒸散，一些果实表面有角质层和蜡质层，同时多数产品代谢比叶菜相对弱，失水慢；同一种果实，个体小的比表面积大，失水较快。产品成熟度与蒸散有关是由于幼嫩器官是正在生长的组织，代谢旺盛，且表皮层未充分发育，透水性强，因而极易失水，随着产品成熟，保护组织完善，蒸散量即下降。

2. 贮藏环境

（1）空气湿度

空气湿度是影响产品表面水分蒸散的直接因素。表示空气湿度的常见指标有绝对湿度、饱和湿度、饱和差及相对湿度。绝对湿度是单位体积空气中所含水蒸气的量。饱和湿度是在一定温度下，单位体积空气中所能最多容纳的水蒸气量，若空气中水蒸气超过此量，就会凝结成水珠，温度越高，容纳的水蒸气越多，饱和湿度越大。饱和差是空气达到饱和还需要的水蒸气量，即绝对湿度和饱和湿度的差值，它直接影响产品水分的蒸散。贮藏中通常用空气的相对湿度来表示环境的湿度。相对湿度是绝对湿度与饱和湿度之比，反映空气中水分达到饱和的程度。一定的温度下，一般空气中水蒸气的量小于其所能容纳的量，存在饱和差，也就是其蒸汽压小于饱和蒸汽压；鲜活的园艺产品组织中充满水,其蒸汽压一般是接近饱和的,高于周围空气的蒸汽压,水分就蒸散,其快慢程度与饱和差成正比。因此,在一定温度下,绝对湿度或相对湿度大时,达到饱和的程度高、饱和差小,蒸散就慢。

(2) **温度**

不同产品蒸散的快慢随温度的变化差异很大。同时,温度的变化造成空气湿度发生改变而影响到表面蒸散的速度,环境温度升高时饱和湿度增高,若绝对温度不变,饱和差上升而相对湿度下降,则产品水分蒸散加快;温度降低时,由于饱相湿度低,同一绝对湿度下,水分蒸散下降甚至结露。库温的波动会在温度上升时加快产品蒸散,而降低温度时减慢产品蒸散。温度波动大就很容易出现结露现象,不利于贮藏。

(3) **空气流动**

在靠近园艺产品的空气中,由于蒸散而使水蒸气含量较多,饱和差比环境中的小,蒸散减慢,在空气流速较快的情况下,这些水分被带走,饱和差又升高,就不断蒸散。在一定空气流速下,贮藏环境中空气湿度越低,空气流速对产品失水的影响越大。

(4) **气压**

气压也是影响蒸散的一个重要因素,在一般贮藏条件之下,气压是正常的一个大气压,对产品影响不大。采用真空冷却、真空干燥、减压预冷等减压技术时,水分沸点降低,很快蒸散,此时要加湿,以防止产品失水萎蔫。

2.2.3　抑制蒸散的方法

通过改变产品组织结构来抑制产品蒸散失水是不可能的,但了解各种产品失水的难易程度,能为保鲜提供参考。对于容易蒸散的产品,更要用各种贮藏手段防止水分散失。生产中常采取以下措施。

1. 直接增加库内空气湿度

贮藏中可以采用地面洒水、库内挂湿帘的简单措施,或用自动加湿器向库内喷迷雾和水蒸气的方法,以增加环境空气中的含水量,达到抑制蒸散的目的。

2. 增加产品外部小环境的湿度

最普遍且简单有效的方法是用塑料薄膜或其他防水材料包装产品,在小环境中产品可依靠自身蒸散出的水分来提高绝对湿度,起到减轻蒸散的作用。用塑料薄膜或塑料袋包装后的产品需要在低温贮藏时,包装前一定要先预冷,使产品的温度接近库温,然后在低温下包装。这是因为一方面高温下包装时带有的空气在降温后,易达到过饱和;另一方面,产品温度高,呼吸旺盛,蒸散出大量的水分在塑料袋中,将会造成结露,加速产品腐烂。用包裹纸和瓦楞纸箱包装也比不包装堆放失水少得多,一般不会造成结露。

3. 采用低温贮藏

一方面,低温抑制代谢,对减轻失水起一定作用;另一方面,低温下饱和湿度小,产品自身蒸散的水分能明显增加环境相对湿度，失水缓慢。但低温贮藏时，应避免温度较大幅度的波动，因为温度上升，蒸散加快，环境绝对湿度增加，在此低温下（特别是包装于塑料袋内的产品），本来空气中相对湿度就高，蒸散的水分很容易使其达到饱和，这样，当温度下降，空气湿度达到过饱和时，就会造成产品表面结露，引起腐烂。

4. 打蜡或涂膜

用给果蔬打蜡或涂膜的方法在一定程度上可阻隔水分从表皮向大气中蒸散。打蜡或涂膜是常用的采后处理方法。

2.3　成熟、衰老及其调控

园艺产品采后仍然在继续生长、发育，最后衰老死亡。果实在开花受精后的发育过程中，完成了细胞、组织、器官分化发育的最后阶段。充分长成时，达到生理成熟，也称为"绿熟"或"初熟"。果实停止生长后还要进行一系列生物化学变化，逐渐形成本产品固有的色、香、味和质地特征，然后达到最佳食用阶段，称完熟。我们通常将果实达到生理成熟到达到最佳食用品质的过程都称为成熟（包括生理成熟和完熟）。有些果实，如巴梨、猕猴桃等虽然已完成发育达到生理成熟，但果实很硬，风味不佳，并没有达到最佳食用阶段，完熟时其果肉变软、色香味达到最佳实用品质，才能食用。产品达到食用标准的完熟过程既可以发生在采摘前，也可以发生在采摘后，采后的完熟过程称为后熟。生理成熟的果实在采后可以自然后熟，达到可食用品质，而幼嫩果实则不能后熟，如绿熟期番茄采后可达到完熟以供食用，如果采收过早，果实未达到生理成熟，则不能后熟而达到可食用状态。

衰老是植物的器官或整体生命的最后阶段，此阶段产品开始发生一系列不可逆的变化，最终导致细胞崩溃及整个器官死亡。成熟、完熟、衰老三者不容易划分出严格界限。果实中最佳食用阶段以后的品质劣变至组织崩溃阶段称为衰老。成熟是衰老的开始，两个过程是连续的，二者不易分割。

2.3.1　成熟和衰老期间果蔬的变化

1. 外观品质

产品外观最明显的变化是色泽，色泽常作为产品成熟的指标。果实未成熟时叶绿素含量高，外观呈现绿色，成熟期间叶绿素含量下降，果实底色显现，同时色素（如花青素和胡萝卜素）积累，呈现本产品固有的特色。成熟期间果实产生一些挥发性的芳香物质，使产品出现特有的香味。茎、叶菜衰老时与果实一样，叶绿素分解，色泽变黄并萎蔫，花则出现花瓣脱落和萎蔫现象。

2. 质地

果肉硬度下降是许多果实成熟时的明显特征。此时一些能水解果胶物质和纤维素的酶类活性增强，水解作用使中胶层溶解，纤维分解，细胞壁发生明显变化，结构松散失去黏结性，造成果肉软化。有关的酶主要是果胶甲酯酶、多聚半乳糖醛酸酶和纤维素酶。

3. 口感风味

采收时不含淀粉或含淀粉较少的果蔬（如番茄和黄瓜等），随贮藏时间的延长，含糖量逐渐减少。采收时淀粉含量较高（1%～2%）的果蔬，采后淀粉水解，含糖量暂时增加，果实变甜，达到最佳食用阶段后，含糖量因呼吸消耗而下降。通常果实发育完成后，含酸量最高，随着成熟或贮藏期的延长逐渐下降。因为果蔬贮藏过程中更多地利用有机酸为呼吸底物，其消耗比可溶性糖更快，贮藏后的果蔬糖酸比增加，风味变淡。未成熟的柿、梨、苹果等果实细胞内含有单宁物质，使果实有涩味，成熟过程中单宁物质被氧化或凝结成不溶性物质，果实涩味消失。

4. 呼吸跃变

一般来说，受精后的果实在生长初期呼吸急剧上升，呼吸强度最大，是细胞分裂的旺盛期，然后随果实的生长而急剧下降，逐渐趋于缓慢、生理成熟时呼吸平稳。有呼吸高峰的果实当达到完熟时呼吸急剧上升，出现跃变现象，果实进入完全成熟阶段，品质达到最佳食用状态。香蕉、洋梨最为典型，收获时，充分长成，但果实硬、糖分少，食用品质不佳，在贮藏期间后熟达呼吸高峰时风味最好。跃变期是果实发育进程中的一个关键时期，对果实贮藏寿命有重要影响，既是成熟的后期，同时也是衰老的开始，此后产品就不能继续贮藏。生产中要采取各种措施来推迟跃变型果实的呼吸高峰以延长贮藏期。

不同种类的跃变型果实呼吸高峰出现的时间和峰值不完全相同。一般原产于热带、亚热带的果实，如油梨和香蕉，跃变高峰的呼吸强度分别为跃变前的3～5倍和10倍，且跃变时间维持很短，很快完全成熟而衰老。原产于温带的果实，如苹果、梨等，跃变高峰的呼吸强度只比跃变前增加1倍左右，跃变时间维持也长，成熟比前一类型慢，因而更耐贮藏。有些果实，如苹果，留在树上也可以出现呼吸跃变，但比采摘果实出现得晚，峰值高。另外，一些果实，如油梨，只有采后才能成熟而出现呼吸跃变，若留在植株上可以维持不断的生长而不能成熟，当然也不出现呼吸跃变。

某些幼果（如苹果、桃、李）采摘或脱落后，也可发生短期的呼吸高峰，甚至某些非跃变型果实的幼果采后也出现呼吸速率上升的现象，而长成的果实反而没有，这些果实的呼吸上升并不伴有成熟过程，因此称伪跃变现象。

在某些蔬菜和花卉的衰老中，发现有类似果实呼吸跃变的现象。嫩茎花椰菜采后的呼吸漂移呈现高峰型变化，某些叶菜的幼嫩叶片呼吸快，长成后呼吸速率降低，衰老变黄阶段里先上升，然后又降低，唇香石竹采切后呼吸速率急剧下降，花瓣枯萎时，再度上升，有典型跃变现象。但玫瑰切花衰老期间呼吸速率逐渐下降。

5. 乙烯合成

乙烯属植物激素，是一种化学结构十分简单的气体。几乎所有高等植物的器官、组织和细胞都具有产生乙烯的能力，一般生成量很少，不超过 0.1 mg/kg，在某些发育阶段（如果实成熟期）急剧增加，对植物的生长发育起着重要的调节作用。乙烯对园艺产品保鲜的影响极大，主要是它能促进成熟和衰老，使产品寿命缩短，造成损失。

6. 细胞膜

果蔬采后劣变的重要原因是组织衰老或遭受环境胁迫时，细胞的膜结构和特性将发生改变。膜的变化会引起代谢失调，最终导致产品死亡。细胞衰老时普遍的特点是正常膜的双层结构转向不稳定的双层和非双层结构，膜的液晶相趋向于凝胶相，膜透性和微黏度增加，流动性下降，膜的选择件和功能受损，最终导致死亡。这些变化主要是膜的化学组成发生变化造成的，多表现在从磷脂含量下降，固醇/磷脂、游离脂肪酸/酯化脂肪酸、饱和脂肪酸/不饱和脂肪酸等物质比上升，过氧化脂质积累和蛋白质含量下降几个方面。衰老中膜损伤的重要原因之一是磷脂的降解。细胞衰老中，50%以上的膜磷脂被降解，积累各种中间产物。

2.3.2 乙烯对成熟和衰老的影响

1. 乙烯对成熟和衰老的促进作用

（1）乙烯与成熟

许多园艺产品采后都能产生乙烯。跃变型果实成熟期间自身能产生乙烯，只要有微量的乙烯，就足以启动果实成熟，随后内源乙烯迅速增加，达到释放高峰，此期间乙烯累积在组织中的浓度可高达 $10\sim100$ mg/kg，虽然乙烯释放高峰和呼吸高峰出现的时间有所不同，但就多数跃变型果实来说，乙烯释放高峰常出现在呼吸高峰之前，或与之同步。因此，对于跃变型果实来说，只有在内源乙烯达到启动成熟的浓度之前采取相应的措施，抑制内源乙烯的大量产生和呼吸跃变，才能延缓果实的后熟，延长产品贮藏期。非跃变型果实成熟期间自身不产生乙烯或产量极低，因此后熟过程不明显。

外源乙烯处理能诱导和加速果实成熟，使跃变型果实呼吸速率上升和内源乙烯大量生成，乙烯浓度对呼吸高峰的峰值无影响，但浓度大时，呼吸高峰出现得早。乙烯对跃变型果实呼吸强度的影响只有一次，且只有在跃变前处理才起作用。对非跃变型果实，外源乙烯在整个成熟期间都能促进呼吸速率上升，在很大的浓度范围内，乙烯浓度与呼吸强度速率成正比，当除去外源乙烯后，呼吸速率下降，恢复到原有水平，不会促进内源乙烯增加。

（2）其他生理作用

伴随对园艺产品呼吸的影响，乙烯促进了成熟过程的一系列变化。其中最为明显的包括使果肉很快变软、产品失绿黄化和器官脱落。乙烯浓度为 0.2 mg/kg 时就能使猕猴桃冷藏期间的硬度大幅度降低，为 0.2 mg/kg 时就使黄瓜变黄，为 1 mg/kg 时使白菜和甘蓝脱帮，加速腐烂。植物器官的脱落，使装饰植物加快落叶、落花瓣、落果，如 0.15 mg/kg 的乙烯使石竹花瓣脱落，0.3 mg/kg 的乙烯使康乃馨败落，缩短花卉的保鲜期。此外，乙烯还加速马铃薯发芽，使萝卜积累异香豆素，形成苦味，刺激石刁柏老化合成木质素而变硬。乙烯也造成产品的伤害，使花芽不能很好地发育。

2. 影响乙烯合成和作用的因素

乙烯是果实成熟和植物衰老的关键调节因子。贮藏中控制产品内源乙烯的合成和及时清除环境中的乙烯都很重要。乙烯的合成能力及作用受产品种类和品种特性、发育阶段、外界贮藏环境条件的影响，了解了这些因素，才能从多途径对其进行控制。

（1）果实的成熟度

跃变型果实中乙烯的生成有两个调节系统：系统 I 负责跃变前果实中低速率合成基础乙烯，系统 II 负责成熟过程中跃变时乙烯自我催化大量生成，有些品种在短时间内系统 II 合成的乙烯可比系统 I 增加几个数量级。两个系统的合成都遵循蛋氨酸途径。不同成熟阶段的组织对乙烯作用的敏感性不同。跃变前的果实对乙烯作用不敏感，系统 I 生成的低水平乙烯不足以诱导成熟；随果实发育，在基础乙烯不断作用下，组织对乙烯的敏感性不断上升，当组织对乙烯的敏感性增加到能对内源乙烯（低水平的系统 I）作用起反应时，便启动了成熟和乙烯的自我催化（系统 II），大量生成乙烯，长期贮藏的产品一定要在此前采收。采后的果实随成熟度的提高，对乙烯越来越敏感。非跃变型果实乙烯生成速率相对较低，变化平稳，整个成熟过程只有系统 I 活动，缺乏系统 II，这类果实只能在树上成熟，采后呼吸一直下降，直到衰老死亡，所以应在充分成熟后采收。

（2）伤害

贮藏前要严格去除有机械损伤、病虫害的果实，因为这类产品不但呼吸旺盛，传染病害，还产生创伤乙烯，会刺激成熟度低且完好果实很快成熟衰老，缩短贮藏期。干旱、水淹、不适宜的温度等胁迫以及运输中的震动都会使产品形成创伤乙烯。

（3）贮藏温度

乙烯的合成是一个复杂的酶促反应，一定范围内的低温贮藏会大大降低乙烯合成。一般在 0℃ 左右乙烯生成很弱，后熟得到抑制，随温度上升，乙烯合成加速，如苹果在 10～25℃ 乙烯增加的 Q_{10} 为 2.8，荔枝在 5℃ 下，乙烯合成只有常温下的 1/10 左右，许多果实乙烯合成在 20～25℃ 时最快。因此，采用低温贮藏是控制乙烯合成的有效方式。一般低温贮藏的产品乙烯形成酶（ethylene-forming enzyme，EFE）活性下降，乙烯产生少，1-氨基环丙烷-1-羧酸（1-aminocylopropane-1-carboxylic acid，ACC）积累，回到室温下，乙烯合成能力恢复，果实能正常后熟。但冷敏感果实于临界温度下贮藏时间较长时，如果受到不可逆伤害，细胞膜结构遭到破坏，EFE 活性就不能恢复，乙烯产量少，果实不能正常成熟，使口感、风味或色泽受到影响，甚至失去食用价值。

此外，多数果实在 35℃ 以上时，高温抑制了 ACC 向乙烯的转化，乙烯合成受阻，有些果实如番茄则不出现乙烯释放高峰。近来发现用 35～38℃ 热处理能抑制苹果、番茄、杏等果实的乙烯生成和后熟衰老。

（4）贮藏气体条件

1）O_2：乙烯合成的最后一步是需氧的，低 O_2 浓度可抑制乙烯产生。一般 O_2 浓度低于 8%，果实乙烯的生成和对乙烯的敏感性下降，一些果蔬在 3% 的 O_2 中，乙烯合成能降到正常空气中的 5% 左右，如果 O_2 浓度太低或在低 O_2 浓度中放置太久，果实就不能合成乙烯或丧失合成能力。如香蕉在 O_2 浓度为 10%～13% 时乙烯生成量开始降低，空气中 O_2 浓度低于 7.5% 时，便不能合成乙烯，从 5% 的 O_2 浓度中移至空气中后，乙烯合成恢复正常，能后熟，若在 1% 的 O_2 中放置 11 天，移至空气中乙烯合成能力不能恢复，丧失原有风味。

2）CO_2：提高环境中 CO_2 浓度能抑制 ACC 向乙烯的转化和 ACC 的合成，CO_2 被认为是乙烯作用的竞争性抑制剂，因此，适宜的高 CO_2 从抑制乙烯合成及乙烯的作用两个方面都可推迟果实后熟。但这种效应在很大程度上取决于果实种类和 CO_2 浓度，3%～6% 的 CO_2 抑制苹果乙烯的效果最好，浓度在 6%～12% 时效果反而下降，在番茄、辣椒上也有此现象。用高 CO_2 作短期处理，也能大大抑制果实乙烯合成，如苹果上用高 CO_2（O_2 浓度为 15%～21%，CO_2 浓度为 10%～20%）处理 4 天，回到空气中乙烯的合成能恢复，处理 10 天或 15 天，转到空气中乙烯的合成回升变慢。

在贮藏中，需创造适宜的温度、气体条件，既抑制乙烯的生成和作用，也使实产生乙烯的能力得以保存，才能使贮后的果实能正常后熟，保持特有的品质和风味。

3）乙烯：产品一旦产生少量乙烯，会诱导 EFE 活性增强，造成乙烯迅速合成，因此，贮藏中要及时排除已经生成的乙烯。采用高锰酸钾等作乙烯吸收剂，方法简单，价格低廉，一般采用活性炭、珍珠岩、砖块和沸石等小碎块为载体以增加反应面积，将它们放入饱和的高锰酸钾溶液中浸泡 15～20 min，自然晾干。制成的高锰酸钾载体暴露于空气中会氧化失效，应晾干后应及时装入塑料袋中密封，使用时放到贮藏袋中。乙烯吸收剂用时现配更好。一般生产上采用碎砖块更为经济，用量约为果蔬的 5%，适当通风，特别是贮藏后期加大通风量，也可减弱乙烯的影响。使用气调库时，焦炭分子筛气调机进行空气循环可脱除乙烯，且效果更好。

对于自身产生乙烯少的非跃变型果实或其他蔬菜、花卉等产品，绝对不能与跃变型果实一起存放，以避免受到这些果实产生的乙烯的影响。同一种产品，特别是对于跃变型果实，贮藏时要选择成熟度一致的果实，以防止成熟度高的产品释放的乙烯刺激成熟度低的产品，加速后熟和衰老。

（5）化学物质

一些药物处理可抑制内源乙烯的生成。EFE 是一种以磷酸吡哆醛为辅基的酶，强烈受到磷酸吡哆醛酶类抑制剂 AVG 和 AOA 的抑制，Ag^+ 能阻止乙烯与酶结合，抑制乙烯的作用，在花卉保鲜中常用银盐处理。Co^{2+} 和 DNP 能抑制 ACC 向乙烯的转化。还有某些解偶联剂、铜整合剂、自由基清除剂，紫外线也可破坏乙烯并消除其作用。最近发现多胺也具有抑制乙烯合成的作用。

2.3.3　其他植物激素对果实成熟的影响

果实生长发育和成熟并非某种激素单一作用的结果，跃变型果实有明显的呼吸高峰，由乙烯调节成熟，非跃变型果实中很少生成乙烯，而是由内源脱落酸（ABA）调节成熟进程。

1. 脱落酸

许多非跃变型果实（如草每、葡萄、枣等）在后熟中 ABA 含量剧增，且外源 ABA 促进其成熟。而乙烯则无效。近来的研究对跃变型果实中 ABA 的作用较为重视。苹果、杏等跃变型果实中，ABA 积累发生在乙烯生物合成之前，ABA 首先刺激乙烯的生成，然后再间接对后熟起调节作用。果实的耐贮性与果肉中 ABA 含量有关。猕猴桃 ABA 积累后出现乙烯释放高峰，外源 ABA 促进乙烯生成，加速果实软化，用 $CaCl_2$ 浸果可显著抑制 ABA 合成的增加，延缓果实软化。还有研究表明，减压贮藏能抑制 ABA 积累。综上所述，贮藏中减少 ABA 的生成能更进一步延长贮藏期。如果能了解抑制 ABA 产生有关的各种条件，将会使贮藏技术更为有效。

2. 生长素

生长素可抑制果实成熟。吲哚乙酸（indole-3-acetic acid，IAA）必须先经氧化使浓度降低后果实才能成熟。它可能影响着组织对乙烯的敏感性。幼果中 IAA 含量高，对外源乙烯无反应。自然条件下，随幼果发育、生长，IAA 含量下降，乙烯增加，最后达到敏感点，才能启动后熟。同时，乙烯抑制生长素合成及其极性运输，促进吲哚乙酸氧化酶活性，使用外源乙烯（10~36 mg/kg）会引起内源 IAA 减少。因此，成熟时外源乙烯也使果实对乙烯的敏感性更大。

外源生长素既有促进乙烯生成和后熟的作用，又有调节组织对乙烯的响应及抑制后熟的效应。它在不同的浓度下表现的作用不同：1~10 μmol/L 的 IAA 能抑制呼吸速率上升和乙烯生成，延迟成熟；100~1000 μmol/L 的 IAA 刺激呼吸速率上升和乙烯产生，促进成熟，IAA 浓度越高，乙烯诱导就越快。外源生长素能促进苹果、梨、杏、桃等成熟，但却延缓葡萄成熟。可能是由于它对非跃变型果实（如葡萄）并不能引起乙烯生成，或者虽能增加生成乙烯，但生成量太少，不足以抵消生长素延缓衰老的作用，但对跃变型果实来说则能刺激乙烯生成，促进成熟。

3. 赤霉素

种子是赤霉素（gibberellin，GA_3）合成的主要场所，幼小的果实中赤霉素含量高，果实成熟期间水平下降。有很多生理过程中，赤霉素和生长素一样，与乙烯和 ABA 有拮抗作用，在果实衰老中也是如此。素花期、着色期喷施或采后浸入外源赤霉素可明显抑制一些果实（梨、香蕉、柿子、草莓）呼吸速率上升和乙烯释放。赤霉素还抑制柿果内 ABA 的累积。

外源赤霉素对有些果实的保绿、保硬有明显效果。GA_3 处理树上的橙和柿能延迟叶绿素消失和类胡萝卜素增加，还能使已变黄的脐橙重新转绿，使有色体重新转变为叶绿体。在番茄、香蕉、杏等跃变型果实中亦有效，但保存叶绿素的效果不如对橙的明显。GA_3 能抑制甜柿果顶软化和着色，大大延迟橙、杏和李等果实变软，显著抑制后熟。GA_3 推迟完熟的效果可被施用外源乙烯所抵消。

4. 细胞分裂素

细胞分裂素是一种衰老延缓剂，明显推迟离体叶片衰老，但外源细胞分裂素对果实延缓衰老的作用不如对叶片那么明显，且与产品有关。例如，它可抑制跃变前或跃变中苹果和鳄梨乙烯的生成，使杏呼吸下降，但均不影响呼吸跃变出现的时间；抑制柿子采后乙烯释放和呼吸速率上升，减慢软化（但作用均小于 GA_3），但却加速香蕉果实软化，使其呼吸速率上升和乙烯增加，对绿色油橄榄的呼吸速率、乙烯生成和软化均无影响。6-苄氨基腺嘌呤（6-benzylaminopurine，6-BA）和激动素（kinetin，KT）还可阻碍香石竹离体花瓣将外源 ACC 转变成乙烯。

细胞分裂素处理的保绿效果明显。6-苄氨基腺嘌呤或激动素处理香蕉果皮、番茄、绿色的橙，均能延缓叶绿素消失和类胡萝卜素的变化。甚至在高浓度乙烯中，细胞分裂素也延缓果实变色，如用激动素渗入香蕉切片，然后放在足以启动成熟的乙烯浓度下，虽然明显出现呼吸跃变、淀粉水解、果肉软化等成熟现象，但果皮叶绿素消失显著被延迟，形成绿色成熟果。

细胞分裂素对果实后熟的作用及推迟某些果实后熟的原因还不太清楚，可能主要是抑制了蛋白质的分解。

2.3.4 生物技术在控制园艺产品成熟衰老中的作用

1. 园艺产品采后生物技术

生物技术的内容包括基因工程、细胞工程、酶工程和发酵工程四个方面。在生物技术的四大组成部分中，园艺产品采后常用到的主要是基因工程和细胞工程，即对遗传物质和细胞等进行改造的生物技术，其中又以基因工程为主。

（1）基因工程

基因工程的基本过程就是利用重组 DNA 技术，在体外通过人工"剪切"和"拼接"等方法，对生物的基因进行改造和重新组合，然后导入受体细胞内进行无性繁殖，使重组基因在受体内表达，产生出人类需要的基因产物。基因工程常包括目的基因的分离以及外源基因的转化、筛选、鉴定等关键技术。

（2）反义基因技术

反义基因技术是 19 世纪 80 年代发展起来的一项基因表达调控技术，它为培育耐贮性强的园艺产品开辟了广阔的前景。反义基因技术是指将目的基因反向构建在一个启动子上，再转化给受体植物，通过培育形成转基因植物，这种植物可能产生与该基因的mRNA 互补结合的 RNA 链，成为反义 RNA，其结果是使植物中相应的 mRNA 的合成受阻。一般认为，反义 RNA 与靶 RNA 具有特异互补性，通过碱基配对结合的方式在复制、转录、翻译等过程中对目的基因起着负调控作用，但详细的机理还不清楚。

（3）细胞工程

细胞工程与基因工程一样，也是当今生物技术的重要组成部分。它主要是采用类似工程的方法，运用精巧的细胞学技术，有计划地改造细胞的遗传结构，从而培育出人们所需要的植物新品种。细胞工程所涉及的面很广，主要包括细胞培养、细胞融合、细胞重组及遗传物质转移四个方面。其中，遗传物质转移的方法和原理与基因工程相似。

2. 采后园艺产品成熟衰老相关酶

园艺产品的成熟衰老是一个十分复杂的发育调控过程，其间经历了一系列生理生化变化，从而导致园艺产品在颜色、质地和风味等方面的变化，参与这些变化的酶种类繁多，具有代表性的酶有以下几种。

（1）细胞壁降解相关酶

与植物细胞壁降解有关的酶主要有多半乳糖醛酸酶（polygalacturonase，PG）、果胶酯酶（pectinesterase，PE）、木葡聚糖内糖基转移酶（xyloglucan endotransglycosylase，XET）、β-半乳糖苷酶和纤维素酶。

对番茄、梨、芒果、香蕉、桃等果实 PG 活性变化与果实软化关系的研究表明，PG 与果实成熟软化密切相关。PE 的功能是脱去半乳糖醛酸羧基上的甲醇基，从而有利于 PG 分解多半乳糠醛酸链。由于 PG 是以脱去甲醇基的多半乳糖醛酸为作用对象，因此，PE 在决定 PG 降解果胶的程度上起重要作用，由于该酶的作用，使组织对 PG 更为敏感。可见 PE 的活动是 PG 发生作用的前提。XET 在果实成熟衰老过程的作用是使连接纤维素微纤丝间的木葡聚糖链解聚，进而使木葡聚糖链发生不可逆的破裂。β-半乳糖苷酶在某些种类，如苹果、芒果、木瓜、甜樱桃等果实的成熟软化过程起作用。β-半乳糖苷酶可以使细胞壁的一些组分变得不稳定，它可以通过降解具有支链的多醛酸促使果胶降解和溶解。在鳄梨和草莓果实软化进程中，纤维素酶的活性增强，并导致细胞壁膨胀松软。

（2）碳水化合物代谢相关酶

参与植物体内碳水化合物代谢的酶主要有淀粉酶和蔗糖磷酸合酶（sucrose phosphate synthase，SPSase）。

对于一些富含淀粉的果实而言，淀粉的积累和水解与果实后熟软化有着相关性。例如，猕猴桃果实发育后期，淀粉的积累可达果实干重的 50% 左右。淀粉作为细胞内含物对细胞起着支撑作用，并维持着细胞膨压。果实采后后熟和贮藏过程，淀粉被水解并转化为可溶性糖，从而引起细胞膨压的下降，导致果实软化。猕猴桃等果实成熟过程淀粉水解生成蔗糖和己糖，并伴随有 SPSase 活性增强，这种淀粉降解和糖含量的增加与 SPSase 最大活性值有关，因此认为 SPSase 是上述过程蔗糖合成所需要的。

（3）脂氧合酶

脂氧合酶（lipoxygenase，LOX）广泛存在于植物，特别是高等植物内，植物膜脂组分中的亚油酸和亚麻酸是其主要的反应底物。近年来有关该酶的研究备受关注，许多研究表明，LOX 在植物的生长、发育、成熟衰老以及机械损伤、病虫侵染等过程中起调节作用。但目前尚不完全清楚该酶的生理功能，尤其是该酶对果实成熟衰老的调控。

LOX 活性变化与果实成熟衰老密切相关。番茄果实从绿熟期到转红期的进程，伴随有 LOX 活性增强，外源 LOX 处理可增加果实组织的电导率，加速成熟衰老，番茄果实微粒体 LOX 活性从绿熟期到转红期增加了 48%，到红熟期其活性又降至绿熟期水平。

番茄采后初期 LOX 活性的增强与果实成熟的启动和成熟衰老伴随的膜功能丧失有关。

3. 生物技术在控制园艺产品成熟衰老中的应用及前景

在果实成熟复杂的生理生化中，最显著的是果肉的软化。由于多半乳糖醛酸酶（PG）是果实成熟软化过程中变化最明显的酶，因此，采用生物技术中的基因工程调节控制 PG 的基因表达来抑制果实硬度的下降，曾引起众多植物分子生物学家的兴趣。该酶曾被认为是对番茄软化起重要作用的酶，而有的转基因番茄植株中，虽然 PG 活性得到抑制而降至正常的 1‰，但这些低 PG 果实的软化仍以正常方式进行。对果胶酯酶的研究也得到类似的结果。这说明果实软化是一个非常复杂的过程，仅单独控制 PG 或 PE 的基因表达不能起到推迟成熟、保持果肉硬度的作用。

用生物技术调节乙烯的合成来调控果实成熟在番茄上已经取得成功。1990 年，英国人最早利用反义 RNA 技术获得反义 ACC 氧化酶（即 EFE）的 RNA 转化植株，乙烯合成被抑制，后来科学家又将 ACC 合成酶或两者的反义基因同时导入，得到转基因植株。

从果实生理来看，其他跃变型果实也应该能像番茄一样用反义 RNA 技术抑制乙烯合成而调节果实衰老和软化。ABA 在非跃变型果实衰老中是否起关键作用；通过生物技术调节 ABA 的生成已在烟草等植物上取得成功，是否今后也能用于果实，这些问题有待深入探讨。总之，生物技术的应用无论是对于研究果实成熟机理，还是对于解决贮藏的实际问题，都有重要的理论价值和美好的应用前景。

2.4 采 后 病 害

园艺产品采后在贮、运、销过程中要发生一系列的生理、病理变化，最后导致品质恶化。引起园艺产品采后品质恶化的主要因素有：生理变化、机械损伤、化学伤害和病害腐烂。新鲜的园艺产品品质恶化受诸多因素的影响，但病害是最主要原因。

园艺产品采后在贮藏、运输和销售期间发生的病害统称为采后病害。园艺产品的采后病害可分为两类：一类是由非生物因素，如环境条件恶劣或营养失调引起的非传染性生理病害，又称为生理失调；另一类是由于病原微生物侵染而引起的侵染性病害，也叫病理病害。

2.4.1 采后生理失调

园艺产品采后生理失调是由不良因子引起的不正常的生理代谢变化，常见的症状有褐变、黑心、干疤、斑点、组织水浸状等。果蔬产品采后生理失调包括温度失调、营养失调、呼吸失调和其他失调。

1. 低温伤害

园艺产品采后贮藏在不适宜的低温下产生的生理病变称为低温伤害，低温伤害可分为冷害和冻害两种。

（1）冷害

低温伤害是园艺产品贮藏中一种常见的生理病害。冷害是由于贮藏的温度低于产品最适贮温的下限所致，冷害发病的温度在组织的冰点之上，是指 0℃ 以上的不适低温伤害。冷害出现的温度范围因园艺产品的种类而异，一般出现在 0～15℃。冷害可能发生在田间或采后的任何阶段，不同种类的园艺产品对低温冷害的敏感性也不一样，一般说来，热带水果（如香蕉、凤梨等）对低温特别敏感，亚热带的果蔬产品（如柑橘、黄瓜、番茄等）次之，温带水果（桃和某些苹果品种）相对较轻。对低温敏感的产品，在不适合低温下存放的时间越长，冷害的程度就越重。

冷害发生的机理主要是由于果实处于临界低温时，其氧化磷酸化作用明显降低，引起以 ATP 为代表的高能量物质短缺，细胞组织因能量短缺而发生分解，使细胞膜透性增加，功能丧失，在角质层下面积累了一些有毒的能穿过渗透性膜的挥发性代谢产物，导致果实产生干疤、异味，增加对病害腐烂的易感性。另外，在冷害温度下，生物膜要出现相变，即生物膜由流动相转为凝胶相。这种相变引起生物膜透性增加，而出现代谢平衡破坏和生理失调。由于脂类是生物膜的重要组成成分，其不饱和与生物膜的稳定性密切相关。有研究表明，桃果实中较高的脂肪酸不饱和程度有利于在低温逆境下维持生物膜的稳定，从而避免冷害的发生。另外，冷害对生物膜的破坏会造成一系列级联反应，包括合成乙烯、增加呼吸作用、打乱能量代谢、积累有毒物质（如乙醇、乙醛），以及破坏细胞和亚细胞结构。

冷害除与果蔬种类、品种有关外，还受其成熟度的影响。一般成熟度低的果实对冷害更敏感，如绿色香蕉贮藏在 14℃ 下 16 天就会发生冷害，完熟期的番茄可以在 0℃ 下贮藏 42 天。这是因为成熟度较高的果实可溶性固形物含量较高，果实组织对低温的抵抗力较强。然而，为了避免冷害，最好将果蔬产品贮藏在其冷害的临界温度之上。另外，采后用某些外源化学物质处理，如水杨酸、茉莉酸甲酯、草酸处理可以提高桃、芒果、黄瓜等果实的抗冷性，通过打蜡或半透气性薄膜袋包装，以及分步降温、间隙式升温或变温贮藏等都有利于控制园艺产品的冷害。

（2）冻害

冻害发生在园艺产品的冰点温度以下，冻害主要是导致细胞结冰破裂，组织损伤，出现萎蔫、变色和死亡。蔬菜冻害后一般表现为水泡状，组织透明或半透明。有的组织产生褐变，解冻后有异味。园艺产品的冰点温度一般比水的（0℃）冰点温度要低，这是由于细胞液中有一些可溶性物质（主要是糖类物质）存在，所以越甜的果实其冰点温度就越低。含水量越高的园艺产品越易产生冻害。

2. 呼吸失调

园艺产品贮藏在不恰当的气体浓度环境中，正常的呼吸代谢受阻而造成呼吸代谢失调，又叫气体伤害。一般最常见是低氧伤害和高二氧化碳伤害。

（1）低氧伤害

在空气中 O_2 浓度约为 21%，园艺产品能进行正常的呼吸作用。当贮藏环境中 O_2 浓度低于 2% 时，园艺产品正常的呼吸作用就受到影响，导致产品无氧呼吸，产生和积累大量的挥发性代谢产物（如乙醇、乙醛、甲醛等），毒害组织细胞，产生异味，使产品风味品质恶化。

低氧伤害的症状主要表现为表皮局部组织下陷和产生褐色斑点，有的果实不能正常后熟，并有异味，如香蕉在低氧胁迫下产生黑斑，低氧条件下土豆的"黑心病"，苹果"乙醇积累中毒症"，番茄表皮凹陷、褐变，蒜薹褪色转黄或呈灰白色，蒜梗由绿变暗发软；柑橘果实产生苦味，浮肿，橙色变黄，呈水渍状等都是典型的低氧伤害。园艺产品对低氧的忍耐力也因种类和品种而异，一般情况下 O_2 浓度不能低于 2%。园艺产品在低氧条件下存放时间越长，伤害就越严重。

（2）**高 CO_2 伤害**

高 CO_2 伤害也是贮藏期间常见的一种生理病害。CO_2 是植物呼吸作用的产物，其在新鲜空气中的含量只有 0.03%。当环境中的 CO_2 浓度超过 10% 时，要抑制线粒体的琥珀酸脱氢酶系统，影响三羧酸循环的正常进行，导致丙酮酸向乙醛和乙醇转化。使乙醛和乙醇等挥发性物质积累，引起组织伤害，出现风味品质恶化。

果蔬产品的高 CO_2 伤害最明显的特征是表皮凹陷和产生褐色斑点。例如，某些苹果品种在高 CO_2 浓度下出现"褐心"；柑橘果实出现浮肿，果肉变苦；叶类菜出现生理萎蔫，细胞失去膨压，水分渗透到细胞间隙，呈现水浸状。不同果蔬品种和不同成熟度的果实对 CO_2 的敏感性也不一样，如李、杏、柑橘、芹菜、绿熟番茄对 CO_2 较敏感，而樱桃、龙眼、蒜对 CO_2 的忍耐力相对较强，如甜樱桃、龙眼果实在 10%~15% 的 CO_2 的气调环境下贮藏 1~2 个月不会产生任何伤害。

因此，气调贮藏期间，或运输过程中，或包装袋内，都应根据不同品种的生理特性，控制适宜的 O_2 和 CO_2 浓度，否则就会导致呼吸代谢紊乱而出现生理伤害。而这种伤害在较高的温度下会更为严重，因为高温加速了果实的呼吸代谢。

3. 其他生理失调

（1）**衰老**

衰老是果实生长发育的最后阶段，果实采后衰老过程中要出现明显的生理衰退，这也是贮藏期间常见的一种生理失调症。例如，苹果采收太迟，或贮藏期过长要出现内部崩溃；桃贮藏时间过长果肉出现木化、发绵和果肉褐变；花椰菜的包叶和茄子萼片脱落；有的蔬菜出现组织老化和风味恶化等。因此，根据不同果蔬品种的生理特性，适时采收，适期贮藏，对保持果蔬产品固有的风味品质非常重要。

（2）**营养失调**

营养物质亏缺也要引起园艺产品的生理失调。因为营养元素直接参与细胞的结构和组织的功能，如钙是细胞壁和膜的重要组成成分，缺钙要导致生理失调、褐变和组织崩溃，苹果虎皮病、水心病，以及番茄花后腐烂和莴苣叶尖灼伤等都与缺钙有关。另外，甜菜缺硼会产生黑心，番茄果实缺钾不能正常后熟。因此，加强田间管理，做到合理施肥、灌水，采前喷营养元素对防止果蔬产品的营养失调非常重要。同时，采后浸钙处理对防治苹果的苦痘病也很有效。

（3）SO₂ **毒害**

SO_2通常作为一种杀菌剂被广泛地用于水果、蔬菜的采后贮藏，如库房消毒、熏蒸杀菌或浸渍包装箱内纸板防腐。但处理不当则容易引起果实中毒，被伤害的细胞内淀粉粒减少，干扰细胞质的生理作用，破坏叶绿素，使组织发白。

（4）**乙烯毒害**

乙烯是一种催熟激素，能增加呼吸强度，促进淀粉水解和糖类代谢过程，加速果实成熟和衰老，被用作果实（番茄、香蕉等）的催熟剂。乙烯如果使用不当，也会出现中毒，表现为果色变暗，失去光泽，出现斑块，并软化腐败。

2.4.2　侵染性病害

1. 病原菌种类

引起新鲜园艺产品采后腐烂的病原菌主要有真菌和细菌两大类。其中，真菌是最重要和最流行的病原微生物。它侵染广，危害大，是造成水果在贮藏运输期间损失的重要原因。水果贮运期间的侵染性病害几乎都是由真菌引起的，而叶用蔬菜的腐烂则主要是由细菌引起的。

2. 发病原因

侵染性病害的发生是寄主和病原菌在一定的环境条件下相互斗争，最后导致园艺产品生病的过程，并经过进一步的发展而使病害扩大和蔓延。病菌的发生与发展主要受三个因素的影响或制约，即病原菌、寄主和环境条件。当病原菌的致病力强，寄主的抵抗力弱，而环境条件又有利于病菌生长、繁殖和致病时，病害就严重；反之，病害就受到抑制。因此，认识病害的发生发展规律，必须了解病害发生发展的各个环节，并深入分析病原菌、寄主和环境条件三个因素在各个环节中的相互作用，认识病害发生发展的实质，才能有效地制定其防治方法。

（1）**病原菌**

引起园艺产品采后腐烂的病原菌（真菌和细菌）属于异养生物。它们自己不能制造营养物质，必须依赖自养生物供给现成的有机化合物来生活。异养生物获得营养物质的方式又分为腐生和寄生两种。靠腐生生活的称为腐生生物，靠寄生生活的称为寄生生物。腐生生物一般不是病原物，因为它们只能利用其他生物的尸体或由其分解出来的有机物和无机物作为营养物质。寄生物有从其他生物的活体内取得营养的寄生能力，必然对寄主产生不良影响，因此寄生生物一般是病原物。

根据寄生生物对寄主的寄生能力，又将其分为专性寄生生物和非专性寄生生物两大类。专性寄生生物的寄生能力很强，只能从活的寄生细胞中获得养分。当寄主细胞和组织死亡后，病原物也停止生长和发育。这类植物病原物主要包括病毒、部分真菌（如霜霉菌、白粉菌和锈菌）、寄生性种子植物和大部分植物病原线虫。非专性寄生生物既能进行寄生生活，也能进行腐生生活，而且它们寄生性的强弱有很大差别。引起园艺产品采后腐烂的主要病原菌都属于这一类寄生生物，如引起柑橘腐烂的青、绿霉菌的寄生性极弱，一般靠腐生生活，当果实成熟并具有伤口的情况下才能侵入，引起果实发病腐烂。

（2）**寄主的抗性**

植物对病菌进攻的抵抗能力叫抗病性或忍耐力。植物的抗病性与品种种类、自身的组织结构和生理代谢有关。采后园艺产品的抗性主要与成熟度、伤口和生理病害等因素有关。一般来说，没有成熟的果实有较强的抗病性，如未成熟的苹果不会感染焦腐病和疫病，但随着果实成熟度增加，感病性也增强。伤口是病菌入侵园艺产品的主要门户，有伤的产品极易感病。果实产生生理病害（冷害、冻害、低氧或高二氧化碳伤害）后对病菌的抵抗力降低，也易感病，发生腐烂。

（3）**环境条件**

影响采后园艺产品发病的环境条件主要有温度、湿度和气体成分。

1）温度。病原菌孢子的萌发力和致病力与温度极为相关，病原菌生长的最适温度一般为 $20\sim25℃$，温度过高、过低对病原菌都有抑制作用。在病原菌与寄主的对抗中，温度对病害的发生起着重要的调控作用。温度一方面要影响病原菌的生长、繁殖和致病力；另一方面影响寄主的生理、代谢和抗病性，从而制约病害的发生与发展。一般而言，较高的温度加速果实衰老，降低果实对病害的抵抗力，有利于病原菌孢子的萌发和侵染，从而加重发病；相反，较低的温度能延缓果实衰老，保持果实抗病性，抑制病原菌孢子的萌发和侵染。因此，贮藏温度一般以不引起果实产生冷害的最低温度为宜，这样能最大限度地抑制病害发生。

2）湿度。湿度也是影响采后园艺产品发病的重要环境因子，如果温度适宜，较高的湿度将有利于病原菌孢子的萌发和侵染。尽管在贮藏库里的相对湿度达不到饱和，但贮藏的果品上常有结露，这是因为当果品的表面温度降低到库内露点温度以下时，果实表面就形成了自由水。在这种高湿度的情况下，许多病原菌的孢子就能快速萌发，直接侵入果实引起发病。要减少果蔬产品表面结露，则贮藏前应充分地预冷。

3）气体成分。低氧和高 CO_2 对病菌的生长有明显的抑制作用。果实和病原菌的正常呼吸都需要氧气，当空气中的 O_2 浓度降到 5％或以下时，对抑制果实呼吸、保持果实品质和抗性非常有用。空气中 2％的 O_2 对灰霉病、褐腐病和青霉病等病原菌的生长有明显的抑制作用。高 CO_2 （10％～20％ 的 CO_2）对许多采后病原菌的抑制作用也非常明显，当 CO_2 浓度高于 25％时，病原菌的生长完全停止。由于果蔬产品在高 CO_2 下存放时间过长要产生毒害，因此一般采用高 CO_2 短期处理以减少病害发生。另外，果实呼吸代谢产生的挥发性物质（乙醛等）对病原菌的生长也有一定的抑制作用。

3. **防治措施**

（1）**物理防治**

园艺产品采后病害的物理防治主要包括控制贮藏温度、气体成分以及采后热处理或辐射处理等。

1）低温处理。低温可以明显地抑制病原菌孢子萌发、侵染和致病力，同时还能抑制果实呼吸和生理代谢，延缓衰老，提高果实的抗病性。因此，果实、蔬菜采后及时降温预冷和采用低温贮藏、冷链运输和销售，对减少采后病害的发生和发展都极为重要，但是，园艺产品采后贮藏温度的确定应以该产品不产生冷害的最低温度为宜。

2）气调处理。园艺产品采后用高 CO_2 短时间处理和采用低 O_2 和高 CO_2 的贮藏环境条件对许多采后病害都有明显的抑制作用。高 CO_2 处理对防止某些贮藏病害和杀死某些害虫都十分有效。如用 30% 的 CO_2 处理柿果 $24h$ 可以控制黑斑病的发生，板栗用 $60\%\sim75\%$ 的 CO_2 处理 $48\sim72\ h$ 可减少贮藏期间的黑霉病。

3）热处理。采后热处理是近年来发展起来的一种非化学药物控制果蔬采后病害的方法。大量的试验证明，它可以有效地防治果实的某些采后病害，利于保持果实硬度，加速伤口的愈合，减少病原菌侵染。同时，在热水中加入适量的杀菌剂或 $CaCl_2$ 还有明显的增效作用。热处理的方法分为热水浸泡和热蒸汽处理。使用的温度和时间因品种和处理方法不同而不同。

4）辐射处理。辐射处理是利用 γ 射线、β 射线、X 射线对农产品进行照射，进行杀菌的一种物理方法。由于 ^{60}Co 或 ^{137}Cs 产生的 γ 射线可以直接作用于生物体大分子，产生的电离能激发化学键断裂，使某些酶活性降低或失活，膜系统结构破坏，从而可以抑制或杀死病原菌。电离辐射还能够通过破坏活细胞的遗传物质导致基因突变而引起细胞死亡，其主要作用位点是细胞核 DNA。电离辐射对病原物菌落生长、孢子萌发、芽管伸长和产孢能力均具有一定的影响。病原物对辐射的反应受诸多因素影响，不同病原菌的遗传特异性决定其抗辐射能力的差异。辐射处理对病原菌的抑制作用将随剂量的增加而增强，对于相同处理剂量，辐射频率对孢子的存活和菌落的生长也具有一定的影响。一般而言，高频率可以提高辐射的处理效果，因此，通常采用低剂量高频率来处理农产品。

5）紫外线处理。紫外线处理是一种常用的杀菌消毒方法，一船分为短波紫外线（UV-C，波长小于 $280\ nm$），中波紫外线（UV-B，波长为 $280\sim320\ nm$）和长波紫外线（UV-A，波长为 $320\sim390\ nm$）三种。许多研究表明，低剂量的短波紫外线（UV-C）照射果蔬产品后，贮藏期间的腐烂率可明显降低。目前，UV-C 处理已经广泛应用于许多果蔬产品（如柑橘、苹果、桃、葡萄、芒果、草莓、蓝莓、番茄、辣椒、洋葱、胡萝卜、甘草、马铃薯、蘑菇等）的采后防腐，用 $254\ nm$ 的短波紫外线处理苹果、桃、番茄、柑橘等果实，可降低其对灰霉病、软腐病、黑斑病等的敏感性。但是，UV-C 的处理效果受果蔬种类、品种、成熟度、病原物种类、剂量、辐照后贮藏温度等因素的影响，照射剂量也因产品种类和品种而异。

（2）化学防治

化学防治是通过使用化学药剂来直接杀死园艺产品上的病原菌。化学药剂一般具有内吸或触杀作用，使用方法有喷洒、浸泡和熏蒸。目前生产上常用的化学杀菌剂主要有以下几种。

1）碱性无机盐。例如，如四硼酸钠和碳酸钠溶液。用 $6\%\sim8\%$ 的硼砂溶液可控制有色二孢和拟茎点霉引起的橘柄果实蒂腐病。

2）氯、次氯酸和氯胺。氯对真菌有很强的杀伤力，氯和次氯酸被广泛用于水的消毒和果蔬表面杀菌。

3）硫化物。只有少数几种水果蔬菜能够忍耐达到控制病害的 SO_2 浓度，如葡萄、荔枝和龙眼等。

4）脂肪胺。常用的有仲丁胺，是一种脂肪族胺，仲丁胺既可作为熏蒸剂，也可用仲丁胺盐溶液浸淋，或加入蜡制剂中使用。仲丁胺对青霉菌有强烈的抑制作用。

5）酚类。邻苯酚是一种广谱杀菌剂，利用邻苯酚浸纸包果，可抑制多种采后病害。

6）联苯。用联苯浸渍包装纸单果包装，或在箱底部和顶部铺垫联苯酚纸来控制柑橘的果实青霉病已有 40 多年的历史，但长期使用联苯也出现了抗性菌株，从而降低了杀菌效果。

7）苯并咪唑及其衍生物。主要有苯来特、托布津、多菌灵、噻苯达唑等，这类药物具有内吸性，对青霉菌、色二孢、拟茎点霉、刺盘孢、链核盘菌都具有很强的杀死力，被广泛地用作控制苹果、梨、柑橘、桃、李等水果采后病害的杀菌剂。

8）新型杀菌剂。抑菌唑，是第一个麦角甾醇（$C_{28}H_{44}O$）的生物合成抑制剂，从 20 世纪 80 年代开始在世界许多柑橘产区用作杀菌剂，对苯来特、TBZ、SOPP 及仲丁胺产生抗性的青霉菌株和链格孢菌有很强的抑制作用。双胍盐，对青绿霉菌、酸腐菌，以及对苯并咪唑产生抗性的菌株有强抑制作用。米鲜安，又叫扑菌唑，抗菌谱与抑霉唑相似。但它对青霉菌及苯来特和 TBZ 产生抗性的菌株有很好的抑制效果。抑菌脲，可抑制根霉和链格孢等苯并咪唑类药剂所不能抑制的病菌，同时，还可抑制灰霉葡萄孢和链核盘菌，而对青霉菌的抑制效果与抑菌唑相同。瑞毒霉，有较强的内吸性能，对鞭毛菌亚门有特效，可控制疫霉引起的柑橘褐腐病。还可与三唑化合物混合使用，能有效地防治青霉菌、酸腐和褐腐等多种采后病害。乙膦铝，是良好的内吸药剂，对人畜基本无毒，对植物也安全。

（3）生物防治

生物防治是利用微生物之间的拮抗作用，选择对园艺产品不造成危害的微生物来抑制引起产品腐烂的病原菌的致病力。由于化学农药对环境和农产品的污染直接影响人类的健康，世界各国都在探索能代替化学农药的防病新技术。生物防治是近年来被证明的很有成效的新途径。生物防治的研究主要包括以下三个方面。

1）拮抗微生物的选用。许多研究都证明利用拮抗微生物来控制病害是一项具有很大潜力的新兴技术。目前已经从植物和土壤中分离出许多具有拮抗作用的细菌、小型丝状真菌和酵母菌。这些微生物对引起苹果、梨、桃、甜樱桃、柑橘、枣等果实采后腐烂的许多病原菌都具有明显的抑制作用。尽管它们的作用机理还不完全清楚，但一般认为有的细菌是通过产生一种抗生素来抑制病原菌的生长，如枯草芽孢杆菌产生的伊枯草菌素对引起核果采后腐烂的褐腐病菌、草莓灰霉菌和柑橘青霉菌有抑制作用；而酵母菌则主要是通过在伤口处快速繁殖和进行营养竞争来抑制病菌的生长，达到控制病害发生的目的。另外，酵母拮抗菌还具有直接寄生，以及产生抑菌酶（如细胞壁水解酶）和抑菌物质的作用。由于大多数果蔬产品采后都是低温贮藏，有的采后病原菌在 0℃ 以下的低温环境也能生长、繁殖和致病。但是，在低温下有的抗生菌的生活力和拮抗力降低。由此可见，生物防治的有效性和应用前景还取决于拮抗菌对果蔬产品采后贮藏环境（如低温、低 O_2 和高 CO_2）的适应性，并且最好能与果蔬采后商品化处理相配合。

2）自然抗病物质的利用。近年来，由于化学药剂（如滴滴涕）残毒对人类健康的影响，科学家开始利用植物产生的自然抗性物质来杀虫，经过多年的努力研制出了除虫菊酯等有效的杀虫剂。植物群体是一个含有自然杀菌物质成分的巨大资源库，许多研究都表明一些植物的根和叶的提取物对病菌有明显的抑制作用，有的国家传统地利用植物自然抗病物质来控制病虫害，到目前为止已证明至少有 2% 的高等植物具有明显的杀虫作用。植物产生的一些油和挥发性物质对产品的采后病害也有明显的抑菌功效。另外，果实成熟过程中产生的一些挥发性代谢产物也能抑制病原菌的生长，苹果和桃果使用苯甲醛处理后贮藏期间的发病率明显降低，且不伤害果肉组织。近年来人们发现动物产生的一种聚合物——脱乙酰几丁质是很好的抗真菌剂。它能形成半透性的膜，抑制许多种病原菌的生长。同时，还能激化植物组织内一系列的生物化学过程，包括几丁质酶的活性、植物防御素的积累、蛋白质酶抑制剂的合成和木质素的增加，脱乙酰几丁质中的多聚阳离子被认为是提供该物质生理化学和生物功能的基础。

3）采后产品抗性的诱导。植物对病原菌的侵染有着天然的防御反应，这些反应伴随着一系列的生理生化过程，植物在遭到病原菌侵染时，常常是通过体内的木质素、胼胝体和羟脯氨酸糖的沉积，植物抗生素的积累，蛋白质酶抑制剂和溶菌酶（几丁质酶和脱乙酰几丁质酶等）的合成来增强细胞壁的保卫反应，采用生物和非生物的诱导剂处理也能够刺激这些生物化学过程的防御反应。近年来，许多研究都致力于提高植物的免疫力和诱导产品的抗性，并以此作为增强植物抗病性的一个重要途径。

（4）**综合防治**

果蔬产品采后病害的有效防治是建立在综合防治措施的基础上的，它包括了采前田间的栽培管理和采后系列化配套技术处理。采前的田间管理包括合理的修剪、施肥、灌水、喷药、适时采收等措施，这对提高果实的抗病性，减少病原菌的田间侵染十分有效。采后的处理则包括及时预冷，病、虫、伤果的清除，防腐保鲜药剂的应用，包装材料的选择，冷链运输，选定适合于不同水果蔬菜生理特性的贮藏温度、湿度、O_2 和 CO_2 浓度，以及确立适宜的贮藏时期等商品处理配套技术，这对延缓果蔬产品衰老，提高抗性，减少病害和保持风味品质都非常重要。

第3章 园艺产品商品化处理和运输

3.1 采 收

采收是园艺产品生产中的最后一个环节，同时也是影响园艺产品贮藏品质的关键环节。采收的目标是使园艺产品在适当成熟度时转化为商品。采收时速度要尽可能快，同时力求做到最小的损伤和损失，以及最低的花费。

据联合国粮农组织的调查报告显示，发展中国家在采收过程中造成的园艺产品损失为 8%～10%，其主要原因是采收成熟度不适当，田间采收工具不适当，采收方法不当而引起机械损伤严重，在采收后的贮运到包装处理过程中缺乏对产品的有效保护。园艺产品一定要在其适宜的成熟度时采收，采收过早不仅使产品的大小和质量达不到标准，而且导致产品的风味、色泽和品质不佳，耐贮性差；采收过晚，产品已过熟，开始衰老，不耐贮藏和运输。在确定产品的成熟度、采收时间和方法时，应该根据产品的特点并考虑产品的采后用途、贮藏期的长短、贮藏方法和设备条件等因素。一般就地销售的产品，可以适当晚采，而用作长期贮藏和远距离运输的产品，应当适当早采，对于有呼吸高峰的产品，应该在达到生理成熟或呼吸发生跃变前采收。

园艺产品的表面结构是良好的天然保护层，当其受到破坏后，组织就失去了天然的抵抗力，容易受病原菌的感染而造成腐烂。因此，园艺产品的采收应避免一切机械损伤。

3.1.1 采收成熟度的确定

园艺产品的采收应根据产品种类、用途而确定适宜的采收成熟度和采收期。判断园艺产品成熟度的方法有以下六种。

1. 园艺产品表面色泽的显现和变化

许多果实在成熟时果皮都会显示出特有的颜色变化，色泽是判断园艺产品成熟度的重要标志，如甜橙由绿色变成橙黄色，红橘由绿色变成橙红色，柿子由青绿色变成橙红色，番茄由绿色变成红色，苹果中红果系列，如红富士、红元帅、红星、红玉等果皮着色面积至少在 85%以上，草莓着色面积要求在 75%以上。

根据不同的目的选择不同的成熟度采收。例如，番茄，作为远距离运输或贮藏的，应在绿熟时采收，就地销售的，可在半红期采收；加工用的，在全红期采收；甜椒一般在绿熟时采收；茄子应在明亮而有光泽时采收；黄瓜应在果皮深绿色尚未变黄时采收。

2. 饱满程度和硬度

饱满程度一般用来表示产品发育的状况。有些蔬菜的饱满程度大表示发育良好、充分成熟或达到采收的质量标准，如结球甘蓝、花椰菜应在叶球或花球充实、坚硬时采收，耐贮性好。但有一些蔬菜的饱满度高则表示品质下降，如莴笋、芥菜、芹菜应该在叶变得坚硬前采收。黄瓜、茄子、豌豆、菜豆、甜玉米等都应该在果实幼嫩时采收。对于其他果实，一般用质地和硬度表示。通常未成熟的果实硬度大，达到一定成熟度时才变得柔软多汁。只有掌握适当的硬度，在最佳质地时采收，产品才能够耐贮藏和运输。

3. 果实形态

园艺产品成熟后，无论是其植株或产品本身都会表现出该产品固有的生长状态，根据经验，可以将其作为判别成熟度的指标。例如，香蕉未成熟时果实的横切面呈多角形，充分成熟后，果实饱满、浑圆，横切面呈圆形。

4. 生长期和成熟特征

不同园艺产品由开花到成熟有一定的生长期，各地可以根据当地的气候条件和多年的经验得出适合当地采收的平均生长期，如山东元帅系列苹果的生长期为 145 天，国光苹果的生长期为 160 天，四川青苹果的生长期为 110 天。不同产品在成熟过程中会表现出很多不同的特征，一些瓜果类可以根据其种子的变化程度来判断其成熟度，种子从尖端开始由白色逐渐变褐、变黑是瓜果类充分成熟的标志之一。豆类蔬菜应该在种子膨大硬化之前采收，这时其食用和加工品质均较好，但作种用的应在充分成熟时采收。另外，黄瓜、丝瓜、茄子、菜豆应在种子膨大、硬化之前采收，品质较好，否则木质化、纤维化，品质下降。南瓜应在果皮形成白粉并硬化时采收，冬瓜在果皮上的茸毛消失，出现蜡质白粉时采收，可长期贮藏。洋葱、大蒜、芋头、姜等蔬菜，在地上部枯黄时采收，耐贮性强。

5. 果梗脱离的难易程度

有些种类的果实，成熟时果柄与果枝间常产生离层，稍一振动果实就会脱落，所以常根据其果柄与果枝脱离的难易程度来判断果实的成熟度。离层形成时是果实品质较好的成熟度，此时应及时采收，否则果实会大量脱落，造成经济损失。

6. 主要化学物质的含量

园艺产品在生长、成熟过程中，其主要的化学物质如糖、淀粉、有机酸、可溶性固形物的含量都在发生着不断的变化。根据它们的含量和变化情况可以作为衡量产品品质和成熟度的标志。可溶性固形物中主要是糖分，其含量高标志着含糖量高、成熟度高。总含糖量与总酸含量的比值称为糖酸比，可溶性固形物与总酸的比值称为固酸比，它们不仅可以用来衡量果实的风味，还可以用来判断果实的成熟度。例如，四川甜橙采收时以固酸比为 10：1，糖酸比 8：1，作为最低采收成熟度的标准；而苹果和梨糖酸比为

30∶1 时采收,果实品质风味好;猕猴桃果实在果肉可溶性固形物含量为 6.5%~8.0% 时采收较好。

园艺产品由于种类繁多,收获的产品是植物的不同器官,其成熟采收标准难以统一,所以在生产实践中,应根据产品的特点、采后用途进行全面评价,以判断其最适的采收期,达到长期贮藏、加工和销售的目的。

3.1.2 采收工具

常用的采收工具有采果剪、采果梯、采果筐、采果袋、采果箱及运输车等。

采果剪:采收柑橘、柿子、葡萄等果实时应使用特制的采果剪,圆头而刀口锋利,避免刺伤果实。

采果篮、采果袋:采果篮是用细柳条编制或钢板制成的无底半圆形筐,筐底用布做成;采果袋完全用布做成。

采果筐、采果箱:采果筐是用竹篾或柳条编制的,要求轻便牢固;采果箱有木箱、纸箱、塑料箱等,一般装量以 10~15 kg 为宜。

3.1.3 采收方法

园艺产品的采收方法可分为人工采收和机械采收两种。在发达国家,由于劳动力比较昂贵,在园艺产品生产中千方百计地研究用机械的方式代替人工进行采收作业。但是,到目前为止,真正在生产中得到应用的大都是其产品以加工为目的的园艺产品,如用于制造番茄酱的番茄、制造罐头的豌豆等是进行机械采收。以新鲜产品的形式进行销售的产品,基本都是人工采收的。

1. 人工采收

用于鲜销和长期贮藏的园艺产品最好采用人工采收。人工采收有两个主要优点:一是其灵活性很强,机械损伤少,可以针对不同的产品、不同的形状、不同的成熟度,及时进行采收和分类处理;二是只要增加采收工人就能加快采收速度,便于调节控制。

在我国园艺产品的采收绝大部分可采用人工采收,但是目前国内的人工采收仍然存在很多问题。主要表现为缺乏可操作的园艺产品采收标准,工具原始,采收粗放。有效地进行人工采收需要进行非常认真的管理,对新上岗的工人需进行培训,使他们了解产品的质量要求,尽快达到应有的水平和采收速度。

具体的采收方法应根据各类园艺产品来定。柑橘、葡萄等果实的果柄与枝条不易分离,需要用采果剪采收,多用复剪法进行采收,即先将果实从树上剪下,再将果柄齐萼片剪平。苹果和梨成熟时,果柄与果枝间产生离层,采收时以手掌将果实向上一托,果实即可自然脱落。桃、杏等果实成熟后果肉特别柔软,容易造成损伤,人工采收时应剪平指甲或戴上手套,小心用手掌托住果实,左右轻轻摇动使其脱落。采收香蕉时,应先用刀切断假茎,紧护母株让其轻轻倒下,再按住蕉穗切断果轴,注意不要使其擦伤、碰伤。同一棵树上的果实采收时，应按由外向内、由下向上的顺序进行。对于一些产品，常使用机械辅助人工采收以提高采收效率，如在采收莴苣、甜瓜等果蔬时，常用皮带传送装置传送已采收的产品到中央装载容器或田间处理容器；在采收番木瓜或香蕉时，采收梯旁常安置有可升降的工作平台用于装载产品。

2. 机械采收

机械采收适于那些成熟时果梗与果枝间形成离层的果实，一般使用强风或强力振动机械，迫使果实从离层脱落，在树下铺垫柔软的帆布垫或传送带承接果实并将果实送至分级包装机内。机械采收的主要优点是采收效率高，节省劳动力，降低采收成本，可以改善采收工人的工作条件以及减少因大量雇佣工人所带来的一系列问题。但由于机械采收不能进行选择采收，造成产品的损伤严重，影响产品的品质、商品的价值和耐贮性，所以大多数新鲜园艺产品的采收，目前还不能完全采用机械采收。

目前机械采收主要应用在用于加工的园艺产品或能一次性采收且对机械损伤不敏感的产品上，如美国使用机械采收番茄、樱桃、葡萄、苹果、柑橘、坚果类等。机械采收前也常喷洒果实脱落剂，如放线菌酮、维生素 C、萘乙酸等以提高采收效果。机械采收需要可靠的、经过严格训练的技术人员进行机械操作，不恰当的操作将带来严重的设备损坏和大量的机械损伤，机械设备必须进行定期的保养维修，采收时产品必须达到机械采收的标准，如蔬菜采收时必须达到最大的坚实度，结构紧实。

3.1.4　采收时应注意的事项

为了达到较好的园艺产品采收质量，在采收时应采取以下措施：

1）戴手套采收。戴手套采收可以有效减少采收过程中人的指甲对产品所造成的划伤。

2）选用适宜的采收工具。针对不同的产品选用适当的采收工具，如果剪、采收刀等，防止从植株上用力拉、扒产品，可以有效减少产品的机械损伤。

3）用采收袋或采收蓝采收。采收袋可以用布缝制，底部用拉链做成一个开口，待采收袋装满产品后，把拉链拉开，让产品从底部慢慢转入周转箱中，这样可以大大减少产品之间的相互碰撞所造成的伤害。筐或蓝用布包上，内衬柔软的物质，要求无刺、光滑、柔软、卫生，防止扎伤和碰伤产品。

4）周转箱大小适中。周转箱过小，容量有限，加大运输成本；周转箱过大容易造成底部产品的压伤。一般以装载 15~20 kg 为宜。同时周转箱应光滑平整，防止对产品造成扎伤。我国目前采收的周转箱主要有柳条箱、竹筐和塑料周转箱。用柳条箱、竹筐作为周转箱时，为防止对产品造成伤害，常用布进行包裹。

5）采收时间适宜。一般地，要求采前 3~7 天不能下雨，不能灌水。采收时最好是在晨露干后的晴天上午进行，因为阴雨、露水未干或浓雾时采收会使果皮细胞特别膨胀，易造成机械损伤，并且果实表面潮湿，便于病原菌侵染。采前灌水，使产品含水量大，干物质含量低，不耐贮运。如果在晴天的中午或午后采收，果实体温过高，田间热不易散发，促进果实腐烂而造成损失。

6）采收顺序。从成熟度上，由于同一植株上花期的参差不齐或者生长部位不同，不能同时成熟，要分期采收。从同一棵果树上采收时，应先外围后内部，先树下后树上，以防止将树上果实震落。

3.2 分级与包装

3.2.1 分级

1. 分级的目的

分级是根据产品本身的特点，按照一定的项目内容及其标准要求将产品分为若干等级的过程。项目内容通常有园艺产品的大小、质量、色泽、形状、成熟度、新鲜度、清洁度、营养成分以及病虫害和机械损伤等情况。分级是使园艺产品商品化、标准化的重要手段，目的是使之达到商品标准化，实现产品优级优价，亦利于根据产品品质，进行包装、贮藏、运输、销售和加工利用，实现产品的最佳经济效益；剔除有病虫害和机械损伤的产品，可以减少贮藏中的损失，减轻病虫害的传播，并可进一步推动园艺产品栽培管理技术的发展和提高产品品质。

2. 分级标准

分级标准分为国际标准、国家标准、协会标准和企业标准。水果的国际标准是1954年在日内瓦由欧共体制定的《水果、蔬菜标准化日内瓦议定书》。该议定书于1964年和1985年进行过两次修订。议定书中规定了产品的定义、质量分级、大小规格、允许误差的范围、包装、标记等的定义及各国政府应采取措施把标准纳入各国的法律法规中。《水果、蔬菜标准化日内瓦议定书》为UN/ECE开展标准化工作奠定了牢固基础，成为东欧和西欧（包括经济合作与发展组织、欧盟）所有易腐产品国际贸易标准的依据。国际标准属非强制性标准，一般标龄长，要求较高。国际标准和各国的国家标准是世界各国均可采用的分级标准。

美国园艺产品的分级标准由美国农业部（USDA）等制定。目前美国对园艺产品的正式分级标准如下：特级，质量最佳的产品；一级，主要贸易级，大部分产品属于此范围；二级，产品介于一级和三级之间，质量明显优于三级；三级，产品在正常条件下包装，是可销售的质量最次的产品。此外，加利福尼亚州等少数几个州设立有自己的园艺产品分级标准。在美国有一些行业还设立了自己的质量标准或某一产品的特殊标准，如杏、加工番茄和核桃，这些标准是由生产者和加工者协商制定的。检查工作由独立部门（如加州干果协会和国际检查部门）进行。

在我国，以《中华人民共和国标准化法》为依据，将标准分为四级：国家标准、行业标准、地方标准和企业标准。国家标准是由国家标准化主管机构批准颁布，在全国范围内统一使用的标准。我国现有的果品质量标准有 30 个，其中对鲜苹果、鲜梨、柑橘、香蕉、鲜龙眼、核桃、板栗、红枣等都制定了国家标准。对香蕉的销售质量、梨销售质量、出口鲜苹果检验方法、出口鲜甜橙、鲜柠檬等制定了行业标准。蔬菜产品上，已经对一些蔬菜等级及鲜蔬菜的通用包装技术制定了国家或行业标准，如大白菜、花椰菜、青椒、黄瓜、番茄、蒜、芹菜、菜豆和韭菜等。由于供食用的部分不同，成熟标准不一致，因此蔬菜产品没有统一的品质标准，只能按照各种蔬菜品质的要求制定个别的品质标准。现在已为大白菜、花椰菜、辣椒、黄瓜、番茄等 20 余种新鲜蔬菜从有害金属含量、农药残留、硝酸盐含量等方面制定了蔬菜产品品质标准。

　　水果的分级标准，因种类、品种而异。我国目前的做法是，在果形、新鲜度、颜色、品质、病虫害和机械损伤等方面符合要求的基础上，再根据大小（果实横径的最大部分直径）或质量（单果重）分为若干等级。例如，苹果、梨、柑橘等大多按横径大小，每相差 5 mm 为一个等级，分为 3~4 级；猕猴桃则按单果重，每相差 20 g 为一个等级，分为 2~3 级；葡萄分级主要以果穗为单位，同时考虑果粒的大小，一般分为 3 级。蔬菜由于食用部分不同，成熟标准不一致，很难有一个固定统一的分级标准，只能按照对各蔬菜品质的要求制定个别标准。蔬菜分级通常根据坚实度、清洁度、大小、质量、颜色、形状、鲜嫩度以及病虫害和机械损伤等分级，一般分为 3 个等级，即特级、一级、二级。特级品质最好，具有本品种的典型形状和色泽，不存在影响组织和风味的内部缺点，大小一致，产品在包装内排列整齐，在数量或质量上允许有 5% 的误差。一级产品与特级产品有同样的品质，允许在色泽和形状上稍有缺点，外表稍有斑点，但不影响外观和品质，产品不需要整齐地排列在包装箱内，可允许有 10% 的误差。二级产品可以呈现某些内部和外部缺点，价格低廉，采后适于就地销售或短距离运输。

　　花卉上，对于切花，国际上广泛流行的有欧洲经济委员会标准、美国花商协会标准、日本标准和荷兰标准。对于盆栽植物的质量，国际贸易中尚无统一的分级标准。有些国家的标准只限本国使用，并不要求其他国家遵守。我国农业部、国家林业总局于 1997 年、1998 年相继发布了鲜切花、盆花和盆栽观叶植物的等级标准。鲜切花从整体感、花形、花色、花枝、叶、病虫害、损伤、采切标准、采后处理 9 个方面进行综合评价，分特级、一级、二级、三级 4 个等级。除此之外，标准还对检验规则、包装、标志、运输和贮藏技术做了明确规定。盆花、盆栽观叶植物主要从整体效果、花部、茎部、叶部、有无病虫害和破损几个方面评价，分为特级、一级、二级、三级 4 个等级。由于分级标准颁布时间短，目前全国只有北京、广州、上海和云南的少数几家规模较大的花卉批发市场参照执行，大多数批发市场既无专门的分级包装场所，也无质检人员，花卉产品大多数采取良莠不分的混装方式。花卉交易只能停留在现货交易阶段，拍卖方式难以进行，致使花卉市场混乱无序、流通不畅、损耗严重。

3. 分级方法

　　目前分级方法有人工分级和机械分级两种。

（1）人工分级

　　人工分级主要依靠人的视觉，同时借助一些简单的分级器具，将产品分为若干等级，其优点是可最大限度地减少机械损伤，适合于各种园艺产品，但工作效率低，分级标准不严，特别是对于颜色的判断等，往往偏差较大。在生产规模不大或机械设备配套不全时常用人工分级，同时可配备简单的辅助工具，如圆孔分级板、蘑菇大小分级尺等。分级板是在长方形板上开不同孔径的圆孔制成的，孔径大小视不同的果品种类而定，通过每一圆孔的为一级。但不应在孔内硬塞下去，以免擦伤果皮。另外，果实也不能横放或斜放，以免大小不一。除分级板外，有根据同样原理设计而成的分级筛。适用于果品，而且分级效率高，比较实用。

（2）机械分级

因园艺产品种类繁多，大小质地差异极大，很难设计出通用的机械分级设备，因此目前还不能对所有产品实现全部过程的自动化，多以人工与仪器结合的方法进行分选。具体方法如下：

1）按果实大小分级。按被选园艺产品的果实大小（如果实横径、长度等）分级，有机械式和光电式两种类型。机械式多以缝隙或筛孔的大小将产品分级，当产品经过由小逐级变大的缝隙或筛孔时，小的先分选出来，最大的最后分出。此法适用于球状或圆锥、圆柱状的园艺产品。光电式大小分级机械有多种，有的是利用产品通过光电系统时的遮光，测量其外径或大小，根据测得的参数与设定的标准值比较，进行分级。较先进的分级机是利用摄像机拍摄，经计算机进行图像处理，求出园艺产品的面积、直径、高度等，使分级的精度进一步提高。光电式果实大小分级机克服了机械式分选装置易损伤产品的缺点，适用于外形不太规则的园艺产品。

2）按果实质量分级。将被选产品的质量与预先设定级别的标准质量进行比较，按其恒重进行分级。质量分级装置有机械秤式和电子秤式等不同的类型。机械秤式分选机主要由固定在传送带上的回转托盘和设置在不同质量等级分界处的固定秤组成。运行时，将园艺产品逐个放入回转托盘，当其移动到固定秤，秤上产品的质量达到固定秤的设定质量时，盘即翻转，果实落下。此法适用于球状的园艺产品的分级，但容易造成产品的重力损伤，而且噪声很大。电子秤式质量分选机则改变了机械秤式分选设备每一质量等级的模式，设备大大简化，精度明显提高。

3）按颜色及内在品质分级。根据园艺产品的颜色及内在品质（如含糖量、维生素含量等）进行分级。采用特定波长的光经过成熟果实进行反射、借助光纤束导管使反射光经过干涉光镜后再由光敏晶体管鉴别，测出强度，根据原定级别，由分级自动线上的移位寄存器决定不同级别的排出通道。

目前常用的机械分级机械有滚筒式分级机、振动筛和分离输送机等。这些分级机的分级都是依据原料的体积和质量不同而设计的。随着计算机的发展，把计算机与分级机连接在一起，利用计算机鉴别被分离果品的色泽、质量或体积，这样使果品的分级可完全实行自动化分级，现已成功地用于苹果、猕猴桃等的分级。除各种通用机械外，果品加工中有许多专用的分级机械，如橘子专用分级机和菠萝分级机等。园艺产品机械分级设备主要有果径大小分级机、果实质量分级机和光学分级机三种。

1）果径大小分级机。仿照用筛子筛分粒状物质的原理，把小果实依次分开，最后把最大的果实留下来。选果机根据旋转摇动的类别分为滚筒式、传动带式和链条传送带三种。果径大小分级机有构造简单、故障少及容易提高工作效率等优点。缺点是精确度不够高。由于果实的纵径和横径大小不同，在运动过程中由于歪倒的缘故，也存在果实没有按照横径而是按照纵径来分级的情况。特别是果形不整齐时，更容易产生误差。由于在分级机上受摩擦的机会较多，所以对果皮不太耐摩擦的果实不宜使用。

　　2）果实质量分级机。果实质量分级机是根据果实的质量进行计量分级的机械。使用的机器按其恒重的原理分为摆杆秤式和弹簧秤式两种。这类选果机构造复杂，价格高，处理果实的能力也难以大幅度提高。以苹果为主的落叶类果树的果实、番茄、胡萝卜等园艺产品使用这种机械分级。

　　3）光学分级机。光学分级机又叫光线式分级机，不仅可对产品进行大小分级，还可对产品进行外观品质和颜色及内部品质和颜色的分级。光线式大小分级机根据光束遮断法分为两元件同时遮光式光学分级机、脉冲计数式光线分级机、屏障式光线分级机和复合式光线分级机四种。外观品质分级机的原理是用光束照射果实，通过光束反射率来判定果实的着色程度和伤痕等，用工业电视摄像机拍照并通过计算机对图像进行处理判别伤痕和形状等。内部品质分级机是用一定波长的光照射产品，在不破坏产品的情况下，通过测定透过光的强度来推断产品中的糖和酸及其他成分的含量，可用光反射和透射方法判断番茄外部和内部着色程度。

3.2.2　包装

　　为保证园艺产品的良好品质和鲜度，在包装时要求能充分利用各种包装材料所具有的阻气、阻湿、隔热、保冷、防震、缓冲、抗菌、抑菌、乙烯吸收等特性，设计适当的容器结构，采用相应包装方法对园艺产品进行内外包装，在包装内创造一个良好的微环境条件，降低园艺产品呼吸作用至维持其生命活动所需的最低限度，并尽量降低蒸发作用，防止微生物侵染与危害。同时，也应避免园艺产品在贮运中受到机械损伤。

1.　包装的作用

　　园艺产品包装是标准化、商品化，保证安全运输和贮藏的重要措施。有了合理的包装，就有可能使园艺产品在运输途中保持良好的状态，减少因互相摩擦、碰撞、挤压而造成的机械损伤，减少病害蔓延和水分蒸发，避免园艺产品散堆发热而引起腐烂变质，包装可以使园艺产品在流通中保持良好的稳定性，提高商品品质和卫生质量。同时包装是商品的一部分，是贸易的辅助手段，为市场交易提供标准的规格单位，免去销售过程中的产品过秤，便于流通过程中的标准化，也有利于机械化操作，适宜的包装不仅对于商品质量和信誉是十分有益的，而且对流通也十分重要。因此，发达国家为了增强商品的竞争力，特别重视产品的包装质量。而我国在商品，尤其是园艺产品等鲜活产品的包装方面不十分重视。

2. 包装材料及其辅助材料

（1）包装材料

包装材料是指用于制造包装容器、包装装潢、包装印刷等的有关材料和包装辅助材料的总称。它包括纸、金属、塑料、陶瓷、玻璃、天然纤维、化学纤维及复合材料等。

（2）包装辅助材料

为满足园艺产品及其加工品包装性能的要求，往往需要一些辅助包装材料，如密封材料、缓冲材料、金属包装容器的内外涂料、纸盒或标签的黏合剂等。园艺产品包装常用的各种支撑物或衬垫物见表 3-1（罗云波和蒲彪，2011）。

表 3-1　园艺产品包装常用支撑物或衬垫物

种类	作用
纸	衬垫、包装及化学药剂的载体，缓冲挤压
瓦楞插板	分离产品，增大支撑强度
泡沫塑料	衬垫，减少碰撞，缓冲挤压、碰撞
塑料薄膜	保护产品，控制失水

3. 包装容器

（1）园艺产品包装对包装容器的要求

园艺产品的包装容器除满足一般商品的包装容器美观、清洁、无污染、无异味、无有害化学物质，内壁光滑平整，卫生，质量轻、成本低、便于取材、易于回收及处理，规格大小适当，便于搬运和堆码，在包装外注明商标、品名、等级、质量、产地、特定标志及包装日期等基本特点外，还应具备以下特性：

1）保护性。具有足够的机械强度，质地坚固，可以承受重压而不致变形破裂，能够在装载、运输、堆码中保护商品，防止园艺产品受挤压碰撞而影响品质。

2）通透性。利于产品贮运中呼吸热的排出及氧气、二氧化碳、乙烯等气体的交换。

3）防潮性。防止由于包装容器吸水变形而造成其机械强度降低，导致产品受伤而腐烂。

（2）包装容器的种类和类型

园艺产品的包装可分为外包装和内包装。外包装又称为运输包装或大包装。内包装又称为销售包装。

1）外包装现在外包装材料已多样化，如高密度聚乙烯箱、聚苯乙烯箱、纸箱、塑料箱、木板条箱等都可用于外包装。包装容器的长宽尺寸在《硬质直方体运输包装尺寸系列》（GB/T 4892—2021）中可以查阅，高度可依据产品特点自行确定，而其具体形状则以利于堆码、运输和销售为标准。我国目前园艺产品外包装容器的种类、材料及适用范围见表 3-2。表 3-2 中的各种包装材料各有优缺点，如塑料箱轻便防潮，但造价高；筐价格低廉，大小却难以一致，而且容易刺伤产品；木箱大小规格便于一致，能长期周转使用，但较沉重，易致产品碰伤、擦伤等；纸箱的质量轻，可折叠平放，便于运输，且能印刷各种图案，外观美观，便于宣传与竞争。

表 3-2　包装容器种类、材料及适用范围

种类	材料	适用范围
塑料箱	高密度聚乙烯	任何园艺产品
泡沫箱	聚苯乙烯	高档园艺产品
钙塑箱	聚乙烯、碳酸钙	任何园艺产品
纸箱	板纸	任何园艺产品
板条箱	木板条	任何园艺产品
筐	竹子、荆条	任何园艺产品
加固竹筐	筐体竹皮、筐盖木板	任何园艺产品
网袋	天然纤维或合成纤维	不易擦伤、含水量少的园艺产品

2）内包装。内包装也称销售包装、小包装或商业包装，随商品一同出售给消费者，与消费者直接接触，其造型设计、包装装潢和文字说明必须经过精心设计。在良好的外包装条件下，内包装可进一步防止产品受震荡、碰撞、摩擦而引起的机械损伤，并具有一定的防失水、调节小范围气体成分的作用，而且便于零售。内包装一般为小包装，主要包装容器有纸盒、塑料盒、塑料框、纸或塑料托盘、塑料薄膜袋、塑料网眼袋等。内售包装的造型与结构有开窗式、果品组合式、礼品篮式。内包装的方法有罐头式包装、无菌包装、热收缩包装、气调包装等。

4. 包装方法与要求

园艺产品包装前应经过认真的挑选，做到新鲜、清洁、无机械损伤、无病虫害、无腐烂、无畸形、无冷害、无水浸，并按有关标准分等级包装产品。

包装方法可根据园艺产品的特点来决定。包装方法一般有定位包装、散装和捆扎后包装。不论采用哪种包装方法，都要求园艺产品在包装容器内有一定的排列形式，这样既可防止它们在容器内滚动和相互碰撞，又能使产品通风换气，并充分利用容器的空间，如苹果、梨用纸箱包装时，果实的排列方式有直线式和对角线式两种，用筐包装时，常采用同心圆式排列；马铃薯、洋葱、大蒜等蔬菜常常采用散装的方式等。

包装应在冷凉的环境下进行，避免风吹、日晒、雨淋。包装时应轻拿轻放，装量要适度，防止过满或过少，以减少损伤。不耐压的园艺产品包装时，包装容器内应添加支撑物或衬垫物，减少产品的摩擦、碰撞和震动。易失水的产品应在包装容器内加塑料膜衬垫。由于各种园艺产品抗机械损伤的能力不同，为了避免上部产品将下面的产品压伤，应注意最大装箱深度，如苹果为 60 cm，梨为 60 cm，柑橘为 35 cm，洋葱为 100 cm，甘蓝为 100 cm，胡萝卜为 75 cm，马铃薯为 100 cm，番茄为 40 cm。

园艺产品销售包装可在批发或零售环节中进行，包装时应剔除腐烂及受伤的产品。销售小包装应根据产品特点，选择透明薄膜袋、带孔塑料袋包装，也可放在塑料托盘上，再用透明薄膜包裹。销售包装应标明产品质量、品名、价格、日期。销售包装应具有保鲜、美观、便于携带等特点。

3.3 园艺产品的其他采后处理

3.3.1 预冷

园艺产品采收后，仍是有生命的活体，采后的主要生命活动是呼吸作用，呼吸代谢使园艺产品最终衰老、腐败。产品的温度是决定其呼吸强度的一个关键因素。因此，产品采后贮藏运输前应迅速散去其从田间携带的热量，降低产品温度，以降低园艺产品呼吸强度，减少商品损失。

1. 预冷的作用

预冷是将新鲜采收的产品在运输、贮藏或加工以前迅速散去田间热，将其品温降低到适宜温度的过程。预冷是散去田间热、减少呼吸热的有效方法。它与冷藏的区别是，预冷目的在于快速散去田间热，而不是简单地将产品置于温度适宜的贮藏室内降温。

大多数园艺产品都要进行预冷，恰当的预冷可以减少产品的腐烂，最大限度地保持产品的新鲜度和品质。预冷是创造良好温度环境的第一步。园艺产品采收后，高温对保持品质是十分有害的，特别是在热天或烈日下采收的产品，危害更大，所以，园艺产品采收以后在贮藏运输前必须尽快散去其所带的田间热。预冷是农产品低温冷链保藏运输中必不可少的环节，为了保持园艺产品的新鲜度、优良品质和货架寿命，预冷措施必须在产地采后立即进行。尤其是一些需要低温冷藏或有呼吸高峰的果实，若不能及时降温预冷，在运输贮藏过程中，很快就会达到成熟状态，大大缩短贮藏寿命。如黄桃在 25℃下贮藏 1 天的衰老程度，相当于在 1℃下贮藏 6 天的衰老程度，因此，园艺产品采后应及时进行预冷处理。由表 3-3 可见，预冷对保持甜玉米的全糖含量有明显效果。预冷对延长园艺产品的货架期很有效，特别是产品收获在高温季节，大批量产品集中采收，如果不进行预冷，将整捆、整箱的产品降至贮藏温度需要的时间将较长，这也将在一定程度上影响产品的贮藏效果。如将荔枝从广东运往上海，果温由 30℃降到 3~6℃需要制冷车连续制冷 36 h，若采用强风预冷只需 6 h。

表 3-3 预冷对甜玉米采收后全糖含量变化的影响 （单位:%）

处理	全糖含量		
	收获时	30 h	54 h
预冷	5.6	5.0	4.9
未预冷	5.6	3.7	3.7

2. 半冷却时间

冷却是去除产品热量的过程。半冷却时间是将产品降温前的温度与冷却介质（空气、水、冰）温度之差降低一半所需的时间。半冷却时间的长短表示预冷速度的快慢。对于采后要求尽快降温的产品，能将温度尽快降到一定范围对减少商品损失起很明显的作用。尽管有着多种预冷方法，仍需根据具体产品，选择适用的具体方法。根据产品特性不同，选择预冷方法时，必须考虑不同的因素（表3-4）（李喜宏等，2003）。产品的衰老速率与水接触的敏感性、冷藏的温度、冷却的温度、水分丧失的敏感性、经济性和期望贮存的周期有关。

表 3-4　不同果蔬的建议预冷方法

产品	预冷方法	产品	预冷方法	产品	预冷方法
苹果	RC、FA、HC	绿菜花	FA、HC、PI、LI	番茄	RC、FA
梨	FA、RC、HC	菠菜	HC、VC、PI	芜菁	RC、HC、VC、PI
桃类	FA、HC	茄子	RC、FA	大白菜	RC、FA、HC
李子	FA、HC	菜豆类	RC、FA、HC	大蒜	RC
无花果	RC、FA、HC	芜菁甘蓝	RC	洋姜	HC、FA、PI
葡萄	FA	花椰菜	HC、VC	甜菜	RC
杏类	RC、FA	黄瓜	RC、FA	芦笋	RC、PI
蜜桃	FA、HC	甜椒	RC、FA、VC	马铃薯	RC、FA
猕猴桃	FA、RC、HC	干辣椒	RC、FA、VC	西葫芦	RC、FA
甜樱桃	RC、FA	芹菜	FA、HC、VC	秋葵	RC、FA
草莓	FC、FA	球茎甘蓝	FA、HC、PI	甜玉米	HC、VC、LI
树莓	FA	甘蓝	RC、FA	绿豆	FA、HC
黑莓	FA、RC	葱类	HC、PI	花生	FA、HC
蓝莓	FA	莴苣	HC、PI、VC	萝卜	PI
罗马甜瓜	HC、FA、PI	蘑菇	FA、VC	胡萝卜	RC、PI
番茄	RC、FA				

注：RC为室内预冷；FA为强制通风预冷；HC为水预冷；VC为真空预冷；PI为冰预冷；LI为冰水预冷。

3. 预冷方法

（1）预冷方式

预冷方式分为自然预冷和人工预冷两种。人工预冷有冰接触预冷、风冷、冰冷和真空预冷等方式。

1）自然降温预冷。自然降温预冷是将采后园艺产品马上放在阴凉通风的地方使其自然冷却，让产品所带的田间热散去的方法。它是一种最简便易行的预冷方式，其缺点是冷却的时间较长，受环境条件影响大，而且难以达到产品所需要的预冷温度，但在没有更好的预冷条件时，自然降温预冷仍然是一种应用较普遍的好方法，如我国北方将采收后园艺产品在阴凉处放置一夜，利用夜间低温冷却产品后再入贮。

2）水预冷。水预冷是用冷水冲、淋产品，或者将产品浸在冷水中，使产品降温的一种冷却方式。由于产品的温度会使水温上升,因此,冷却水的温度在不使产品受冷害的情况下要尽量低一些,一般为 0~1℃。目前使用的水冷却方式有两种,即流水系统和传送带系统。水冷却器中的水通常是循环使用的,这样会导致水中病原微生物的累积,使产品受到污染。因此,应该在冷却水中加入一些化学药剂,减少病原微生物的交叉感染,如加入一些次氯酸或用氯气消毒。冷却后的产品要充分沥水,可借助风干处理设备,加快园艺产品表面水分干燥。水冷却器应经常用水清洗。用水冷却时,产品的包装箱要具有防水性和坚固性。流动式的水冷却常与清洗和消毒等采后处理结合进行,固定式则是产品装箱后再进行冷却。与其他方法相比,水冷的优点之一在于在处理过程中产品不会萎蔫。缺点是产品及其包装材料必须能够耐水、氯及水冲击。商业上适合于水冷却的园艺产品有胡萝卜、芹菜、甜玉米、菜豆、甜瓜、柑橘、桃等。直径为 7.6 cm 的桃在1.6℃的水中放置 30 min,可以将其温度从 32℃降至 4℃,直径为 5.1 cm 的桃在 15 min内可以冷却到 4℃。水预冷可分为浸泡式冷却法和喷淋式冷却法两种。

①浸泡式预冷法。浸泡式预冷法是把待冷却的园艺产品连同包装(防水的包装、木箱或塑料箱)投入水槽中,用传送带使产品从水槽一端向另一端徐徐移动,冷却后由传送带运出。该法的设备一般是在冷水槽底部设置冷却排管,上部是输送产品的传送带。冷却过程中,保持冷却槽中的水不断流动,以便将园艺产品传出的热量迅速带走,可以加快冷却速度。低密度产品,如黄瓜、南瓜和番茄都是采用此法冷却。要注意的是,用浸泡法冷却细菌容易侵入园艺产品组织,因为产品进入冷水后,产品内含的气体量下降,产生吸压。因此,保持循环水的清洁非常重要。

②喷淋式预冷法。喷淋式预冷法是将冷却水用泵抽到冷却通道的顶部,产品在冷却通道内的传送带上移动,冷却水从上向下喷淋到产品上以冷却产品。装置主要由冷却通道、冷却水槽、传送带、压缩机和水泵等部分构成。在冷却水槽中配置冷却盘管,由压缩机制冷使盘管周围的水结冰,使冷却水槽中的冷却水有冰混合,水温一般为 0~3℃。冷水喷头孔径依园艺产品种类、品种不同而设置。对耐压力强的产品,喷头的孔径可大些,即采用喷淋式;对较柔软不耐压的产品,为防止水的冲击造成产品组织损伤,孔径则应小些,即为喷雾式。要求水从上至下的落差在 15~20 cm,过高则易损伤产品。有些喷淋冷却采用循环水,称连续喷淋冷却,该方法是将带托盘的包装箱放在冷却槽上,水从上喷洒后被排入地上的排水沟或低于地面的水池,经冷却后再喷淋产品,循环往复直至完成冷却。连续喷淋时产品由传送设备运送,冷却产品的时间可通过调节传送设备的传运速度进行调整。冷却用水包括井水、自来水,循环水必须是清洁的。水中应添加氯气消毒,自由氯的含量应在 100~150 mg/L。水至少每天被排出冷却器,以保持系统清洁。较脏的产品在预冷之前要先经过清洗,以减少脏物进入冷却水。对单层摆放的产品来说,供水量可保持在 280~490 L/(min·m²)。

3)冷藏库空气预冷。冷藏库空气预冷是一种简单的预冷方法,它是将产品放在冷藏库中降温的一种冷却方法。苹果、梨、柑橘等都可以在短期或长期贮藏的冷藏库内进行预冷。当制冷量足够大及空气以 1~2 m/s 的流速在库内和容器间循环时,冷却的效果最好。因此,产品堆码时包装容器间应留有适当的间隙,保证气流通过。如果冷却效果不佳,可以使用有强力风扇的预冷间。目前国外的冷藏库都有单独的预冷间,产品的冷却时间一般为 18~24 h。冷藏库空气冷却时产品容易失水，95％或 95％以上的相对湿度可以减少失水量。

4）强制通风预冷。强制通风预冷就是在冷藏库中加强设备的制冷能力，配合鼓风机产生高速强制流动的冷空气，使产品包装箱两侧产生静态压差，压差使得空气能通过包装箱的气眼或堆码间，通过对流快速带走产品热量的冷却方法。强制通风冷却所用的时间比一般冷藏库预冷要快 4~10 倍，可以大大加快产品的冷却速度，但比水冷却和真空冷却所需的时间至少长 2 倍。大部分园艺产品适合采用强制通风冷却，在草莓、葡萄、甜瓜、红熟番茄上使用效果显著，0.5℃的冷空气在 75 min 内可以将品温 24℃的草莓冷却到 4℃。如采用强制通风预冷，流速 3~5 m/s 的冷风可使葡萄在 1~1.5 h 内冷却到 5℃，而冷藏库预冷却需费时 15~20 h。用 82 m/min 的−0.5~1℃的冷空气，使结球生菜的中心部位温度从 17~20℃降至 2.5℃只需 4 h，而冷藏库预冷需要 10 h。强大的流动气体易造成园艺产品失水，产生萎蔫，必要时采用加湿或喷雾的湿式送风可以改善水分的减少，但空气温度下降到 0℃以下较困难，湿冷循环的空气温度相对较高，产品冷却的速度会变慢。

5）冰预冷。冰预冷是利用碎冰放在包装的里面或外面，使产品降温的预冷方法。冰和产品的接触会促使其快速冷却。该方法是最古老、简易的冷却方法之一，它适于那些与冰接触不会产生伤害的产品或需要在田间立即进行预冷的产品，如菠菜、花椰菜、抱子甘蓝、萝卜、葱等。

这种冷却也常和产品运输一起进行。一般来说，把产品由 35℃降至 2℃，所需的冰质量为产品质量的 38％。用这种方法对保持产品品质的作用有限，一般只作为其他几种预冷方式的辅助措施。冰冷却所用的冰粒直径应小于 9.5 mm，使冰粒可以填进产品之间的孔隙，冰粒太大容易损伤产品；在冰水混合冷却中，为了使冰粒分布均匀，获得最好的冷却效果，使用的小冰粒的直径最好在 4.5~5.1 mm。冰预冷按加冰的方式可分为以下三种：

①接触加冰。在两层产品之间加碎冰，当冰融化时即以相当快的速度使产品温度降低，利用融化的冰水使产品保持新鲜、脆嫩。

②包装容器内加冰。在包装产品的容器内加入碎冰运输、销售。最简单的方法是在产品包装的上部加冰。由于冰只与上层接触，所以这种冷却方法降温非常缓慢，操作效率也较低，且包装箱中部温度较高。逐层加冰是顶部加冰的改良，将包装内的产品和冰交替放在一起，冰包围住产品，使产品降温更快、更均匀，但更费人工。

③包装容器内加冰水。将冰水混合液覆盖于产品包装上，或是采用液冰机或人工将冰水混合物注入产品包装内。产品在冰水混合物中浮动，直到水流排出箱底，冰就分布在整个包装内。这种方法使产品与冰很充分地接触，从而迅速地去除热量，因而比单一顶部加冰冷却得更快、更均匀，但需要更多的投资。所用设备包括碎冰机、冰水搅拌器、水泵和输送管材。利用人工，两个工人能够在 5 min 之内预冷一个装有 30 箱产品的托盘。利用自动化生产线，工作效率可提高 5 倍以上。

冰预冷采用的包装箱必须是防水的，能够容纳冷却产品所需的碎冰。涂蜡的纤维板包装箱和可回收的塑料包装箱都可以满足。但要注意纤维板包装箱经过长时间潮湿后，强度可能会下降。而塑料包装箱在非常潮湿的条件下仍可保持强度。

6）真空预冷。真空预冷是将产品放在真空室内，迅速抽出室内气体至一定真空度，利用园艺产品中的水在减压条件下的快速蒸发带走园艺产品组织中的热量，使产品迅速降温的预冷方法。该方法的原理在于利用压力降低时水的蒸发加快带走热量。水在 101325 Pa 的气压下达到 100℃时沸腾，气压下降时水的沸点也下降，当气压下降到 533.29 Pa 时，水在 0℃就可沸腾，因此真空冷却速度极快，是最快速的预冷方法之一。但真空预冷的产品失水较多，品温每下降 5.6℃失水约为质量的 1％；预冷过程每降温 6℃，需在产品表面喷水，防止失水造成萎蔫和品质下降。因此，产品在进行真空冷却之前应先预湿，或在真空罐内增加加湿加雾的装置，既起到冷却作用又能补充水分。此法适用于比表面积（表面积/体积）大、组织易于脱水的产品，如用于生菜、菠菜、莴苣和欧芹等叶菜类、结球菜类产品预冷效果最好，如用纸箱包装的莴苣从 17.5℃下降到 0～3.5℃只需 9 min，但一些比表面积小的产品，如水、根菜类和番茄不适合真空预冷。

真空冷却的速度和温度很大程度上受产品的表面积与体积之比、产品组织失水的难易程度和抽真空的速度等因素的影响，所以不同种类产品的真空冷却效果差异很大。商业上，将 27.22 kg/箱的纸箱包装生菜从 21℃预冷到 2℃所用的时间因生菜包心的紧实度不同而有所不同，包心不紧的生菜仅需 15 min，包心紧密的要用 50 min 或更长时间。还有一些蔬菜，如石刁柏、花椰菜、甘蓝、芹菜、蘑菇、甜玉米等也可使用真空预冷。莴苣等多叶蔬菜类主要采用真空预冷，由于重叠的叶子之间在冷却时产生隔热的空气囊，使用其他预冷方法冷却效率很低。真空冷却对产品包装有特殊要求，要求包装容器能够透气，便于水蒸气散发。

总之，这些预冷方法各有优缺点，在选择预冷方法时，必须根据产品的种类、现有的设备、包装类型、成本等因素选择使用。各类预冷方法的特点见表 3-5。

表 3-5 不同预冷方法的比较

预冷方法		优缺点
空气预冷	自然降温预冷	操作简单易行，成本低廉，适用于大多数园艺产品，但冷却速度较慢，效果较差
	强制通风预冷	冷却速度稍快，但需要增加机械设备，园艺产品水分蒸发量较大
水预冷	喷淋或浸泡	操作简单，成本较低，适用于表面积小的产品，但病原菌容易通过水进行传播
冰预冷	碎冰直接与产品接触	冷却速度较快，但需冷藏库采冰或制冷机制冰，碎冰易使产品表面产生伤害，耐水性较差的产品不宜使用
真空预冷	降温、减压，最低气压可达 613.29 Pa	冷却速度快，效率高，不受包装限制，但需要设备，成本高，局限于适用的品种，一般以经济价值较高的产品为宜

4. 预冷的注意事项

园艺产品预冷时受到多种因素的影响，为了达到预期效果，必须注意以下问题：

1）根据产品的形态结构选用适当的预冷方法，一般体积越小，冷却速度越快，并便于连续作业，冷却效果好。

2）预冷后处理要适当，园艺产品预冷后要在适宜的贮藏温度下及时进行贮运，若仍在常温下进行贮运，不仅达不到预冷的目的，甚至会加速腐烂变质。

3）预冷要及时，必须在产地采收后尽快进行预冷处理，故需建设降温冷却设备。一般在冷藏库中应设有预冷间，在园艺产品适宜的贮运温度下进行预冷。

4）掌握适当的预冷温度和速度，为了提高冷却效果，要及时冷却和快速冷却，冷却的最终温度应在冷害温度以上，否则造成冷害和冻害，尤其是对于不耐低温的热带和亚热带园艺产品，即使在冰点以上也会造成产品的生理伤害，所以预冷温度以接近最适贮藏温度为宜。预冷速度受多方面因素的影响。制冷介质与产品接触的面积越大，冷却速度越快；产品与介质之间的温差与冷却速度成正比，温差越大，冷却速度越快，温差越小，冷却速度越慢。此外，介质的周转率及介质的种类不同也影响冷却速度。

3.3.2　预贮和愈伤

刚采收的新鲜园艺产品含有大量的水分和热量，必须及时降温，排除田间热和过多的水分，愈合收获或运输过程中造成的机械损伤，才能有效地进行贮藏保鲜，所以采收后必须立即进行预贮和愈伤处理。预贮和愈伤的主要目的有：散发田间热，降低品温，使其温度尽快降低到适宜的贮运温度；愈合伤口，在适宜的条件下机械损伤能自然愈合，增强组织抗病性；适当散发部分表面水分，使表皮软化，以增强产品对机械损伤的抵抗力；表面失水后形成柔软的凋萎状态可抑制内部水分继续蒸发散失，而有利于保持产品的新鲜状态；经过适当预贮后，已受伤的去皮组织往往变色或腐烂，易于识别，便于挑选时剔除，可以保证商品质量。

1. 预贮

预贮是部分园艺产品采后重要的预处理环节。预贮一般用于含水量很高、生理作用旺盛的产品。此类产品一是采收时含水量很高，组织脆嫩，在贮运中很容易发生机械损伤；二是其呼吸作用和蒸散作用很旺盛，如不经过预贮而直接包装入库或运输，就会增大库内或车内相对湿度，有利于微生物的生长繁殖，从而导致产品大量腐烂。例如，柑橘果实采收时果皮新鲜饱满，细胞膨压大，很容易产生损伤，采收后经过通风预贮、释放田间热、当水分蒸散去 3% 左右时，表皮细胞膨压降低，果皮柔软有弹性，可以减少贮藏中的腐烂和生理病害。在北方，叶菜类在贮藏之前都要经适当预贮，从菜体内排出部分水分，使外叶适度萎蔫，以减少后续处理中的机械损伤，同时还可降低贮藏环境的湿度，从而可以获得较好的贮藏效果。

预贮通常是在采收后，将园艺产品松散地放置在冷凉干燥、通风良好的场所，经 3~5 天自然降温。预贮时应注意防止产品受冻，防止预贮过度，失水过多。产品受冻会使其内部细胞结构因结冰而破坏，使园艺产品的品质劣变，同时也使细胞内正常的生理代谢遭受破坏直至细胞死亡，使产品失去耐贮性和抗病性。如预贮过度，园艺产品失水达 5% 以上时就会出现萎蔫、皱缩，加速呼吸代谢过程，使产品品质和耐贮性能降低。这是因为失水过多引起产品内部细胞发生"水分胁迫"，引起呼吸代谢加快，养分消耗加剧，不利于贮藏。以大白菜为例，预贮失水超过 10％时，贮藏期间叶片就会很快黄化、衰老、脱落，自然损耗增大。一般产品预贮失水以 3％～5％为宜，所以，要根据收获时的气温、风速以及产品的含水量来确定预贮的时间，一般预贮以 1～2 天为宜。

葱蒜类产品在贮藏、运输前也要预贮。往往采用晾晒的方法，使外层鳞片充分干燥，形成膜质保护层，对贮藏运输十分有利。

2. 愈伤

园艺产品在采收过程中，很难避免各种机械损伤，即使很小的损伤，也会招致微生物侵染而引起腐烂。采收后的园艺产品若受到机械损伤，在预贮过程中，条件适宜，伤口会自然产生木栓愈伤组织，逐渐使伤口愈合，这是生物体适应环境的一种特殊功能。利用这种性能，对采后的园艺产品给予适当的条件，可以加速愈伤组织的形成，这就是愈伤处理。愈伤处理不仅能愈合伤口，防止病原菌侵入，而且能增强产品对低温的抗性和耐贮性。薯类和葱蒜类园艺产品，如马铃薯、洋葱、大蒜、芋、山药等采收后在贮藏前常进行愈伤处理来增强其耐贮性和抗病性，可以获得很好的贮藏效果。

大部分园艺产品在愈伤的过程中，要求有较高的温度、湿度和良好的通风条件，其中以温度影响最大。在适宜的温度下，伤口愈合快而且愈合面比较平整；低温下伤口愈合缓慢，愈伤的时间加长，有时伤口尚未愈合已遭受病原菌侵染；温度过高对愈伤也不利，高温加速伤口失水，造成组织下缩而影响伤口愈合。就大多数种类的园艺产品而言，愈伤的适宜条件为 25～30℃，空气相对湿度为 85％～90％，通气条件良好，环境中有充足的氧气，大约存放 4 天。适宜的愈伤温度因产品种类不同而不同，如马铃薯在 21～27℃下愈伤最快，甘薯的适宜愈伤温度为 32～35℃，木栓层在 36℃以上或低温下都不能形成。在愈伤过程中，周皮细胞的形成要求高温高湿的环境条件，如马铃薯块茎采后在 18.5℃以上环境下 2 天，而后在温度为 7.5～10℃和相对湿度为 90％～95％的条件下保持 10～12 天，可延长贮期，减少腐烂。山药在温度为 38℃和相对湿度为 95％～100％的条件下保持 24 h，可完全抑制表面微生物的生长，取得较好的贮藏效果。甘薯的愈伤处理一般是在温度为 32～35℃和相对湿度为 85％～90％的条件下预贮 4 天，这不仅能愈合伤口而且能增强抵抗力，防止病原菌侵染，温度过低或高于 36℃都不利于愈伤组织的形成，且会降低愈伤和贮藏的效果。愈伤时也有要求湿度较低的，如洋葱、蒜头，在收获后经过晾晒，使外部鳞片干燥，一方面可以减少微生物侵染，另一方面对鳞茎的伤口有愈合作用，对贮藏有利。

3.3.3 清洗

1. 清洗的目的

园艺产品由于受生长或贮藏环境的影响，表面常带有大量泥土等污物，严重影响其商品外观，同时，园艺产品在生产过程中常有许多来自土壤和植物器官的微生物，所以园艺产品在上市销售前常需进行清洗。清洗的目的在于洗去其表面附着的灰尘、泥砂和大量的微生物以及部分残留的化学农药，保证产品的清洁卫生，改善商品外观，从而提高商品价值。清洗对于减少园艺产品的带菌数，特别是耐热性芽孢的数量具有十分重要的意义。现代农业常大量使用农药，清洗对于除去果品表面的农药残留也有一定的意义。

2．清洗液的种类

清洗液的种类很多，可以根据条件选用。例如，去除表面污物及油脂常用浓度为 1%～2% 的碳酸氢钠或 1.5% 的碳酸钠溶液洗果，或用 1% 的稀盐酸加 1% 的石油浸洗 1～3 min，或用 0.2～0.5 g/L 的高锰酸钾溶液浸洗 2～10 min，或用 1.5% 的肥皂水溶液加 1% 的磷酸三钠（水温调至 38～43℃）洗果，可迅速除去果面污物。

杀菌防腐多用 0.5 g/L 的托布津或多菌灵。用 2 g/L 的二苯胺洗果，可防治苹果虎皮病；用 2%～3% 的氯化钙洗果可减少苹果果实的采后损失。此外，还可用配制好的水果清洁剂洗果，也能获得较好的效果。如果清洁剂和保鲜剂配合使用，还可进一步降低果实在贮运过程中的损失。

对于有农药残留的果品或如枇杷等要手工剥皮的果品，以及制取果汁、果酒、果酱、果冻等制品的原料，洗涤时常应在水中加化学洗涤剂（表 3-6）。常见的有盐酸、醋酸，有时用氢氧化钠等强碱以及漂白粉、高锰酸钾等强氧化剂，可除去虫卵、减少耐热菌芽孢。近年来，更有一些脂肪酸系的洗涤剂，如单甘油酸酯、磷酸盐、蔗糖脂肪酸酯、柠檬酸钠等应用于生产。

表 3-6　几种常用化学洗涤剂

药品种类	浓度	温度及处理时间	处理对象
盐酸	0.5%～1.5%	常温 3～5 min	苹果、梨、樱桃、葡萄等具蜡质果实
氢氧化钠	0.1%	常温，数分钟	具果粉的果实，如苹果
漂白粉	600 mg/kg	常温 3～5 min	柑橘、苹果、桃、梨等
高锰酸钾	0.1%	常温 10 min 左右	枇杷、杨梅、草莓、树莓等

在园艺产品的清洗过程中清洗用水必须清洁。产品清洗后，清洗槽中的水含有高丰度的真菌孢子，需及时对水进行更换。清洗槽的设计应做到便于清洗，可快速简便排出或灌注用水。另外，可在水中加入漂白粉或 50～200 mL 的氯进行消毒防止病原菌的传播。在加氯前应考虑不同产品对氯的耐受性。产品倒入清洗槽时应小心，尽量做到轻拿轻放，防止和减少对产品造成机械损伤，园艺产品经清洗后，可通过传送带将产品直接送至分级机进行分级，对于那些密度比水大的产品，一般采用水中加盐或硫酸钠的方法使其漂浮，然后进行传送。

3．清洗方法

果品的清洗方法多种多样，需根据生产条件、果品形状、质地、表面状态、污染程度、夹带泥土量以及加工方法而定。清洗方法可分为人工清洗和机械清洗。

（1）人工清洗

人工清洗是最简单的方法。所需设备只有清洗池、洗刷和搅动工具。在清洗池上方安装冷、热水管或喷淋设备，用以喷水洗涤果品，同时装有溢水管；池底装有重锤排污阀及排水管，以便排除污水，还可安装压缩空气管，通入压缩空气使水翻动，以提高清洗效果，有条件时，在池靠底部装上可活动的滤水板，清洗时，泥沙等杂质可随时沉入底部，使上部水较清洁。清洗池大小可按需要建造，也可以几个连在一起，可建成方形、长形或圆形，池体可用砖砌成，再铺磨石和混凝土或瓷砖，也可用不锈钢板单个制成。

（2）机械清洗

机械清洗是用传送带将产品送入清洗池中，在果面喷淋洗涤液，通过一排转动的毛刷，将果面洗净，然后用清水冲淋干净，并通过烘干装置将果实表面水分烘干。经过清洗的产品，虽然清洁度提高，但是对产品表面固有蜡层有一定的破坏作用，在贮运过程中容易失水萎蔫，所以常需涂蜡以恢复表面蜡被。用于果品清洗的机械多种多样，典型的有如下几种：

1）滚筒式清洗机。主要部分是一个可以旋转的滚筒，筒壁成栅栏状，与水平面成3°左右的倾斜，安装在机架上。滚筒内有高压水喷头，以300～400 kPa的压力喷水。原料由滚筒一端经流水槽进入后，即随滚筒的转动与栅栏板条相互摩擦至出口，同时被冲洗干净。此种机械适合于质地比较硬和表面不怕机械损伤的原料。李、黄桃等均可用此法。

2）喷淋式清洗机。在清洗装置的上方或下方均安装喷水装置，原料在连续的滚筒或其他传送带上缓缓向前移动，受到高压喷水的冲洗。喷洗效果与水压、喷头与原料间的距离以及喷水的水量有关，压力大，水量多，距离近，则效果好。此法常在柑橘制汁等连续生产线中应用。

3）压气式清洗机。其基本原理是，在清洗槽内安装有许多压缩空气喷嘴，通过压缩空气使水产生剧烈的翻动，物料在空气和水的搅动下清洗。在清洗槽内的原料可用滚筒、金属网、刮板等传递。此种机械用途广，常见的有草莓洗果机。

4）桨叶式清洗机。这是在清洗槽内安装有桨叶的装置，每对桨叶垂直排列，末端装有捞料的斗。清洗时，槽内装满水，开动搅拌机，然后可连续进料，连续出料。清洁的水可以从一端不断进入。

3.3.4 保鲜处理

园艺产品采后保鲜处理是园艺产品商品化处理流程中的重要环节，通过采用化学药剂处理、物理方法处理或表面涂被处理等方法来延缓园艺产品采后衰老，防止失水，控制采后病害的发生，达到尽量保持园艺产品品质的目的。

1. 化学药剂处理

为了抑制园艺产品采后病原微生物的生长繁殖，延缓园艺产品衰老，减少产品贮运损耗，通常采用一些化学防腐保鲜剂对园艺产品进行采后处理。园艺产品防腐保鲜剂的种类主要包括杀菌防腐剂、植物生长调节剂、气体调节剂等。生产中可以单独使用，也可以几种结合使用。

（1）杀菌防腐剂处理

杀菌防腐剂主要用于贮藏环境消毒及防止产品遭受微生物侵染。

1）氯气和漂白粉。氯气和漂白粉在采后保鲜处理中广泛用于清洗水的消毒，以减少水中微生物的数量，也用来清洗采果工具和装果的容器，或用来进行贮藏库消毒。氯气的杀菌原理是氯气在潮湿空气中与水反应生成次氯酸，次氯酸又生成具有强烈氧化作用的原子氧。漂白粉的主要成分为次氯酸钙，其抑菌效果受剂型、有效氯浓度、pH、处理时间和温度等因素的影响。这类含氯防腐剂主要是防止园艺产品表面的微生物繁殖，对包埋在伤口内部或潜伏侵染的病原菌无明显效果，使用后在产品中基本没有残留，对人体无毒副作用。生产上在大帐内用浓度为 0.1%～0.2% 的氯气熏蒸番茄、黄瓜等蔬菜，有较好的保鲜效果。漂白粉用来清洗园艺产品时一般浓度为 0.05%～0.1%，用于库房和工具消毒时浓度适当提高到 0.3%～0.4%。含氯化合物强氯精使用起来很方便，一般用 0.5%～1% 的浓度熏蒸或溶于水中使用。

2）苯并咪唑类防腐剂。苯并咪唑类防腐剂是 20 世纪 60 年代开发出来的以苯并咪唑为活性基团的一类广谱内吸性杀菌剂，主要有苯来特（苯菌灵），特克多（TBZ），噻菌灵，多菌灵（MBC，苯并咪唑 44 号），托布津及甲基托布津（TOPsin-M）。此类防腐剂多数具有高效、广谱、低毒的特性，广泛用于防治园艺产品的炭疽病、青绿霉病、黑星病、灰霉病等采后病害，但对黑腐病、酸腐病及软腐病没有防治作用。苯并咪唑类防腐剂不能长期连续使用，否则会产生抗性菌株，降低药效。一般与其他类型杀菌剂轮换使用或混合使用。

3）联苯。联苯能溶于酒精等多种有机溶剂，易升华，是一种低毒的广谱杀菌剂。联苯对柑橘的青绿霉病防治效果极好，并能抑制褐色蒂腐病、灰霉病和焦腐病等病害。1937 年英国就开始商业化应用。应用时可采用药纸和熏蒸两种方式。药纸是将联苯溶于石蜡后涂覆于 25.4 cm×25.4 cm 的牛皮纸上，制成"联苯垫"，在包装箱上下各铺一块，产生蒸气杀菌。一般一张纸上含 40～50 mg 联苯。但联苯在园艺产品采后应用中要注意对人体的安全性影响，用联苯处理的果实，要在空气中暴露数日让药物挥发后再食用。果肉中联苯不能超标，美国允许最高残留量为 110 mg/L，欧盟为 70 mg/L。研究发现，柑橘果实吸收的联苯几乎都在果皮中，果肉中含量甚微。

4）邻苯酚和邻苯酚钠。邻苯酚为广谱性杀菌剂，邻苯酚钠（SOPP）由邻苯酚加氢氧化钠制成，起杀菌作用的是邻苯酚。主要用于防治柑橘青绿霉病、褐色蒂腐病和焦腐病，还可以用于防治苹果、梨、桃、番茄、葡萄和辣椒等果实的腐烂。

5）扑海因。扑海因是一种对人畜低毒的广谱杀菌剂。扑海因对根霉、链格孢有特效，可控制较难防治的黑腐病、软腐病，这两种病害用苯并咪唑类药剂难以控制病情。扑海因还可抑制灰霉葡萄孢和链核盘菌。使用浓度一般为 0.5～1 g/L，若与 1 g/L 的特克多混配，防病效果更佳。

6）抑霉唑。抑霉唑又称伊迈唑，为抑制麦角甾醇生物合成的杀菌剂，防治对象与苯并咪唑类相同，但同等浓度下，防腐效果优于苯来特等苯并咪唑类防腐剂，对使用特克多、苯来特、邻苯酚钠和仲丁胺等防腐剂产生抗药性的青绿霉菌有防治效果。在美国，抑霉唑是防治柑橘酸腐病的主要药剂。常用浓度为 0.5～1 g/L。但目前销售价格较贵，为多菌灵的数十倍，影响推广使用。

7）咪鲜胺。咪鲜胺又称扑菌唑，防治对象与抑霉唑相似。对酸腐病有特效，但对疫霉导致的褐腐病无效。使用浓度一般为 1 g/L。

8）氯硝胺。氯硝胺是广谱性杀真菌保鲜剂，对其他各种化学处理都不能控制的伤夷菌黑根霉有特效。用 1 g/L 的氯硝胺浸蘸甜樱桃和桃可有效控制黑根霉腐。

（2）钙处理

钙在调节园艺产品组织的呼吸作用，延缓衰老，防治生理病害等方面效果显著。研究表明，园艺产品中钙含量高，呼吸强度低，生理病害少，贮藏时间长。园艺产品采后出现的许多生理病害均与果实组织中钙含量较低有关。由于缺钙所导致的园艺产品生理病害很多，如苹果的苦痘病、蜜果病、红玉斑点病，大白菜的干烧心病，莴苣的尖枯病，番茄和甜椒的脐腐病等。此外，园艺产品体内缺钙，还会增强冷敏园艺产品对低温的敏感性，在贮藏过程中容易出现冷害。因此，园艺产品采后进行钙处理，有助于提高其耐贮性和抗病性。钙的生理作用表现为，维持细胞较高的合成蛋白质的能力，保持细胞膜的完整性；减少乙烯的生物合成，推迟呼吸高峰的出现；抑制水解反应，防止果实软化，延缓后熟衰老进程。

在采前或采后利用钙处理园艺产品，增加果实组织钙的含量，可延缓果实衰老，提高果实抗病性，保持果实硬度。园艺产品采后钙处理常用的化学药剂有氯化钙、硝酸钙、过氧化钙和硬脂酸钙等。一般使用浓度为 3%～5% 的钙盐溶液进行采后常压浸果或减压浸果，也可将钙盐制成片剂装入果箱，保鲜效果都很好。

（3）植物生长调节剂处理

应用植物生长调节剂可延缓园艺产品衰老，从而保持园艺产品对病原微生物的抵抗能力，减少腐烂。表3-7列出了一些果蔬保鲜常用的生长调节剂。

表 3-7 果蔬保鲜常用的生长调节剂

作用类型	生长调节剂	适用作物	适用作物
促进型内源激素含量	防落素	荔枝、番茄、菠萝、香蕉、柑橘	延长保鲜期1～2倍
	2，4-D	柑、橙、芒果、葡萄、板栗	保蒂、保果，延长贮藏期
	吲哚乙酸	番茄、香蕉	
	萘乙酸	洋葱、菠萝、葡萄	
	6-BA	芹菜、甘蓝、黄瓜	延长保鲜期
	赤霉素	柑橘、葡萄	
	α-萘醌	芒果	
生长抑制剂	比久（B_9）	苹果、葡萄、莴苣、蘑菇	增加果实硬度，延长保鲜期
	青鲜素（MH）	洋葱、马铃薯、胡萝卜、番茄、甜菜	抑制发芽，延长保鲜期
	多效唑（PP_{333}）	苹果	增加果实硬度，延长保鲜期
	矮壮素	苹果、番石榴、柑橘	延长保鲜期
	二异苯基萘	马铃薯	抑制发芽，延长保鲜期

1）生长素类。常用的有 2，4-D（2，4-二氯苯氧乙酸）、IAA（吲哚乙酸）和 NAA（萘乙酸）等。柑橘采后立即用 0.1~0.2 mg/L 的 2，4-D 处理，可降低果实的呼吸强度，减少营养物质的消耗，保持果蒂新鲜不脱落，抑制蒂腐、黑腐等病原菌从果蒂侵入，减少腐烂损失，延长贮藏寿命。如果将 2，4-D 与杀菌剂混合使用，效果更佳。NAA 对香蕉、番茄等园艺产品具有抑制后熟的作用，用 0.1 mg/L 的 NAA 和 4% 的蜡乳浊液处理香蕉，对果实的完熟和衰老抑制作用显著。花椰菜和甘蓝用 0.05~0.1 mg/L 的 NAA 处理，可减少失重和脱帮。IAA 也有与 NAA 相似的作用。

2）细胞分裂素类。常用的有苄氨基腺嘌呤（BA）和激动素（KT），它们可以使叶菜类、辣椒、黄瓜等绿色蔬菜保持较高的蛋白质含量，从而延缓叶绿素降解和衰老，特别是在高温条件下贮藏时，效果更加明显。用 5~20 mg/kg 的 BA 处理花椰菜、嫩茎花椰菜、石刁柏、菜豆、结球莴苣、抱子甘蓝、菠菜等蔬菜，可明显延长其货架期。对刚采收的樱桃用 BA 处理，在常温下贮藏 7 天，果柄鲜绿，失重减少。有研究人员用 0.1 mg/kg 的 BA 处理石刁柏，降低了石刁柏的呼吸强度，延缓了叶绿素的降解和蔗糖的分解，保持了较好的外观质量。KT 也有类似的作用，而且延缓莴苣衰老的效果比 BA 更好。细胞分裂素与其他生长调节剂混合使用，可以加强延缓衰老的效果。BA 对延迟花椰菜黄化无效，但如果与 2，4-D 混合使用，则效果显著。

3）赤霉素（GA）。GA 能够抑制园艺产品的呼吸强度，推迟呼吸高峰的到来，延缓叶绿素降解。用 GA 处理的蕉柑和甜橙，果实的软化和果皮的退绿过程减慢，枯水率明显减少，抗病性增强。此外，GA 处理也可延缓采后的番石榴、香蕉、番茄等园艺产品色泽的变化，延长保鲜期。

4）青鲜素（MH）。青鲜素可以抑制板栗、洋葱、马铃薯、大白菜等园艺产品在贮藏期的发芽，延长某些园艺产品的休眠期，也可降低呼吸强度，延迟果实成熟，但一般都在采前应用。据报道，板栗、洋葱采后用 MH 溶液处理也有抑芽效果，如在板栗生理休眠结束之前，用浓度为 0.8% 的 MH 溶液浸渍，可使其休眠期延长，抑芽效果明显。用 1~2 g/kg 的 MH 处理采后的柑橘和芒果，可降低果实的呼吸强度，延迟成熟。

（4）短期高 CO_2 处理

研究表明，园艺产品贮前用高 CO_2 进行短期处理，可延缓叶绿素降解和果实软化，降低对乙烯的敏感性，抑制衰老。CO_2 处理浓度和处理时间随园艺产品种类不同而异，如苹果用 10%~20% 的 CO_2 处理 10~14 天为宜，嫩茎花椰菜用 20%~40% 的 CO_2 处理 24~48 h 为宜。番茄用 80% 的 CO_2 处理 24 h，在 20℃ 下贮藏，和对照相比延迟完熟 1 天。采后进行短期高 CO_2 处理，也有利于园艺产品的运输。

（5）气体调节剂的应用

随着气调技术的发展，许多可以用来创造适宜气体环境的气体调节剂得到发展和生产。气体调节剂主要是指乙烯吸收剂、脱氧剂、二氧化碳发生剂和脱除剂等可改变贮藏环境气体成分的物质。

1）乙烯吸收剂。乙烯是促进园艺产品成熟衰老的激素，园艺产品贮运过程中自身会产生乙烯，在贮藏环境中积累乙烯，对产品贮藏保鲜不利。因此，在园艺产品贮运中，采用乙烯吸收剂去除环境中的乙烯，有利于控制产品的完熟和衰老，保持产品的质量，延长园艺产品的保鲜期。近年来乙烯吸收剂在香蕉、芒果、猕猴桃、番茄、柑橘和黄瓜等园艺产品的贮运中应用，取得了明显的保鲜效果。乙烯吸收剂的类型主要有物理吸附型、氧化吸附型和媒触型三种。

①物理吸附型吸收剂。物理吸附型吸收剂是利用一些具有细微多孔结构的物质作为载体，如活性炭、沸石、硅藻土和氧化铝等，吸附乙烯等有害气体。此类吸附剂价格便宜，使用简单，但吸附有饱和性，对被吸附物无选择性，受潮及饱和时易解吸，贮藏实践中应用较少。

②氧化吸附型吸收剂。氧化吸附型吸收剂是利用乙烯易被氧化的特点，使用强氧化剂，如高锰酸钾、氧化钙等与乙烯发生化学反应，使乙烯失效。为了增加反应面积，一般是将氧化剂覆被于一些多孔的载体上，如膨胀珍珠岩、沸石、蛭石等。使用时将吸附剂装入透气性好的小袋，放入贮藏包装即可。用量依不同园艺产品而定，一般为园艺产品质量的 $0.5\%\sim2.0\%$。

③媒触型吸收剂。媒触型吸收剂是利用金属氧化物及其盐类为催化剂催化乙烯氧化分解，去除环境中的乙烯。其特点是反应速度快，作用持久，用量少，因此是一类应用前景广阔的乙烯吸收剂。将氧化锌、亚氯酸钠、三氧化二铁和活性炭以 $1:2:2:5$ 的比例混合制成的颗粒对大久保桃的保鲜效果很好，常温下保鲜 8 天，桃的品质几乎没有变化。

2）脱氧剂。贮藏环境中低氧或高 CO_2 浓度可以减少园艺产品的呼吸消耗、抑制病原菌繁殖并减少产品乙烯的生成量。脱氧剂主要是利用铁粉、连二亚硫酸盐等还原剂配合一些助剂，与氧反应，去除贮藏环境中的氧。常见的脱氧剂包括铁系脱氧剂和亚硫酸盐脱氧剂，分别以铁粉和亚硫酸盐为主要成分。铁系脱氧剂在脱除氧气时，还产生 CO_2，创造低氧、高 CO_2 的贮藏环境。亚硫酸钠脱氧剂与氧气反应后，释放出的 SO_2 气体可起到杀菌的作用。

3）CO_2 发生剂和脱除剂。CO_2 发生剂通过提高贮藏环境的 CO_2 浓度，延缓园艺产品的代谢，达到园艺产品保鲜的目的。例如，用碳酸氢钠、苹果酸和活性炭按 $73:82:5$ 的比例混匀制成的 CO_2 发生剂，其原理是苹果酸与碳酸氢钠反应可生成 CO_2 气体，通过活性炭调节湿度来调节二氧化碳的释放速度。园艺产品对 CO_2 浓度有一定的忍耐程度，当 CO_2 浓度达到一定程度时，会对产品造成生理伤害，产生异味，因此要除去贮藏环境中多余的 CO_2。一般用硅藻土、活性炭、蛭石等具有吸附特性的物质作载体，将 CaO、NaOH、Ca（OH）$_2$ 和 KOH 等物质吸附其上制成 CO_2 脱除剂。

2. 物理方法处理

（1）热处理

热处理是指对采收后的园艺产品在短时间内用一定温度的热蒸汽或热水等进行处理的方法。它是利用热能杀灭或抑制园艺产品表面及果皮组织中的虫和病原菌，降低酶的活性，从而达到防腐保鲜的目的。此外，热处理能降低园艺产品对低温的敏感性，减少低温贮藏过程中的低温伤害。热处理的方式有热空气、热蒸汽、热水浸泡、远红外线或微波处理。

热处理是一种简易、实用的园艺产品辅助保鲜技术，无残留、无污染，但对园艺产品也具有潜在的破坏性，不同园艺产品的处理时间有所不同，并且要求操作严格，处理不当会对园艺产品造成伤害，对园艺产品代谢产生不良影响。热处理技术始于20世纪30年代，当时主要用来杀灭果实检疫性害虫。后被高效、廉价且使用方便的化学杀菌剂取代。随着人类对自身健康和环境问题的日益重视，热处理作为替代化学杀菌药剂的一项有效措施，其技术也不断完善。自20世纪90年代起，在果业发达国家已经将热处理技术应用于芒果、番木瓜、荔枝等果实的采后处理。

热处理技术的关键是处理温度和时间。不同园艺产品的处理时间和处理温度不同，而且对热处理过程中温度的控制要求极为严格，温度过高、时间过长的热处理对园艺产品都会产生伤害。热处理的过程可以分为升温、恒温、降温三个阶段，通常所说的处理温度即恒温时的温度。对高温敏感的园艺产品，升温速度宜慢；反之，升温速度可以快些。降温可采用冷空气或冷水进行，用冷水降温较用冷空气降温速度快。热处理只是利用热能杀死园艺产品表面及表层细胞中的细菌，因此处理的温度一般为45~55℃，处理时间为几分钟至几十分钟。近年来也采用短时（10~60 s）、高温（60~70℃或更高）处理。一般地，处理温度越高，处理时间越短；反之，则越长。表3-8和表3-9列出了一些果实采后热处理的技术参数。

表 3-8 果实采后热水处理技术参数

产品	病原物	温度/℃	时间/min	可能伤害
苹果	刺盘孢菌 扩展青霉	45	10	缩短贮藏寿命
葡萄柚	疫霉	48	3	
柠檬	指状青霉疫霉	52	5~10	
芒果	炭疽菌	52	5	无法控制蒂腐
甜瓜	真菌	57~63	0.5	
甜橙	球二孢菌拟茎 点霉疫霉	53	5	褪绿差
番木瓜	真菌	48	20	
桃	核盘孢菌根霉	52	2.5	伤害果皮

表 3-9 果实采后热空气处理技术参数

产品	病原物	温度/℃	时间/min	相对湿度/%	可能伤害
苹果	刺盘孢菌 扩展青霉	45	15	100	变质
甜瓜	真菌	30~60	35	低	水烂
桃	链核盘菌 根霉	54	15	80	
草莓	链格孢菌 葡萄孢霉	43	30	98	

（2）**辐照处理**

利用同位素^{60}Co或^{137}Cs作为辐射源产生的γ射线辐照园艺产品，对园艺产品进行保鲜，称辐照处理。该处理可杀死水果产品深处的病原微生物和害虫，避免农药残留，延迟果实成熟，操作工序较简便。但辐照处理的成本较高，安全剂量问题还未得到很好的解决。目前，国际上已批准可以采用辐照处理进行保鲜的园艺产品有马铃薯、洋葱、大蒜、芒果、木瓜、草莓和蘑菇。γ射线辐射的剂量一般为$1000 \sim 1500$ Gy，产品采收后尽快进行辐照处理才能达到较好的效果。

（3）**紫外线处理**

20世纪80年代已开始有研究用紫外线处理采后果实进行防腐保鲜。研究指出，紫外线处理可以诱导果实对黑霉病、灰霉病和软腐病等病原菌的抗性，延缓果实成熟。现有很多报道指出，利用紫外线处理采后果实，如苹果、桃、番茄和柑橘等，可减少采后贮藏期间的腐烂。

（4）**臭氧处理**

臭氧是良好的消毒剂，对园艺产品表面的病原菌繁殖有一定的抑制作用，还可以抑制园艺产品的代谢，因此，采用适当的臭氧处理园艺产品可延长产品的保鲜期。臭氧处理的方式一般是通过一定的装置产生高压使空气放电、电离产生臭氧，因此臭氧保鲜有时也称为空气放电保鲜法。由于臭氧在不同的温度、环境、产品等条件下被吸收和分解的速率不同，因此臭氧处理技术的关键在于研究确定不同产品不同条件下所需要的臭氧浓度。臭氧处理一般作为园艺产品保鲜的辅助措施与其他措施结合使用。

3. 表面涂被处理

果实采收后人为地在果实表面涂上一层蜡质类等高分子化合物而形成被膜的方法称为涂被或涂膜处理，其中涂被蜡膜常称为打蜡、涂蜡或上蜡。

在国外，涂蜡技术已有70多年的历史。据报道，1922年美国福尔德斯公司首先在甜橙上开始使用涂蜡技术并获得成功。之后，世界各国纷纷开展涂蜡技术研究。20世纪50年代起，美、日、意、澳等国都相继对采后园艺产品进行涂蜡处理，使涂蜡技术得到迅速发展。目前，该技术已成为发达国家园艺产品商品化处理中的必要措施之一。

（1）**涂被的作用**

园艺产品表面有一层天然的蜡质保护层。一般地，角质层厚、含蜡质多的园艺产品品种，水分散失相对较少，抗划伤能力较强，其耐贮性也较强。在园艺产品采收及其采后处理和贮运过程中，这个天然保护层往往会受到损伤，在贮藏过程中，蜡质也易降解。

采用人工涂被是人为地为园艺产品创造一层保护结构。园艺产品打蜡后不仅增加表皮光泽，改善外观品质，提高商品价值，还可减少水分损失，防止表皮萎蔫皱缩，有利于保持新鲜状态。由于被膜的存在减少了产品与空气的接触，能在一定程度上抑制果实的呼吸作用，从而减缓养分损失，延缓后熟衰老，是延长货架期的有效方法之一。涂被还能减少病原菌的侵染，减少产品的腐烂，若在涂膜剂中加入杀菌剂则防腐效果更佳。涂被处理主要用于柑橘、苹果、香蕉、梨等水果和番茄、黄瓜、辣椒等蔬菜。涂被处理因为可以将杀菌剂、植物生长调节剂等加入涂料中，综合性强，可在一定时期内增进果实耐贮性，延长货架期。但打蜡的主要目的并不在于延长贮藏期，不是作为果实长期贮藏的手段，而是作为增加商品外观和延长货架期的措施，用于短期贮运。目前在园艺产品产业发达国家，打蜡处理已经成为园艺产品上市前必需的处理措施之一，并已实现打蜡处理的机械化。

（2）**涂料的种类、成分和应用效果**

涂料种类很多，一般由成膜剂、防腐剂、植物生长调节剂等组成，市场上绝大多数保鲜剂就属此类，如英国森柏生物工程公司生产的森柏保鲜剂，美国孟山都公司生产的雪鲜保鲜剂，中国林业科学研究院南京林产化工研究所生产的果蜡虫胶 2 号、3 号等。

目前商业上使用的成膜物质大多是蜡涂料，由石蜡和巴西棕榈蜡混合而成。石蜡可以很好地控制失水，而巴西棕榈蜡能使园艺产品产生诱人的光泽。随着科技的发展，成膜物质已经不仅仅局限于蜡液。近年来国内外用淀粉、蛋白质等高分子物质加上植物油制成的蜡剂，在苹果、柑橘上应用效果很好。此外，国外还研制用油型涂膜剂处理园艺产品，也取得了较好的效果。我国也研制了用蔗糖酯、淀粉、防腐剂和中草药等原料配制而成的涂膜剂。涂膜剂因其成分不同而种类很多，国内外都有多功能或专用的涂膜剂，有些则可根据需要自行配制涂膜剂。

质量好的涂膜剂应该具备下列特点：①熔点低，熔点为 35~40℃较为适宜，熔点过高的涂膜剂在处理时会灼伤园艺产品；②处理到园艺产品上的药膜易干，便于处理包装，但药膜不能蒸发，以免破坏膜结构而失去作用；③形成的孔隙度好，既能使园艺产品进行最低限度的呼吸，又能避免病原菌的侵入，从而达到保鲜防腐的目的；④对园艺产品光泽有改善作用，而不能破坏园艺产品颜色；⑤安全、无毒或低毒，价格低廉，最好是水溶性的，用有机溶剂则不够安全。

目前世界发达国家和地区，蜡液生产已商品化、标准化、系列化，涂蜡技术也实现了机械化和自动化。我国现在也有少量蜡液和涂蜡机械的生产，但质量和性能还有待于进一步提高。

（3）**涂被的方法**

涂被方法可分为浸涂法、刷涂法、喷涂法和起泡法四种。浸涂法即将料液配成一定浓度的溶液，把园艺产品浸入溶液中，一定时间后取出晾干、包装、贮藏和运输。此法消耗蜡液多，而且不易掌握涂膜厚度。刷涂法即用软毛刷或用柔软的泡沫塑料蘸上料液在果实表面涂刷以形成均匀的涂料薄膜，毛刷还可以安装在涂蜡机上使用。喷涂法是将果实从洗果机取出来干燥后，喷上一层均匀、极薄的被膜。起泡法是使蜡液形成泡沫，将产品放入泡沫中泡沫破裂在产品表面形成薄膜。

涂被可通过人工和机械两种方式完成，也可二者结合进行。

（4）**使用涂膜剂注意事项**

园艺产品涂膜在阻止园艺产品水分蒸发的同时，也易造成园艺产品缺氧而中毒败坏，产生异味，特别是对二氧化碳比较敏感的园艺产品品种，用涂膜处理保鲜效果会受到影响。因此，使用涂膜剂保鲜园艺产品时应该注意：

1）涂被厚度均匀、适量。涂膜的厚度应控制在 0.01 mm 左右，而且也因品种、涂料不同而有所不同。过厚会引起呼吸失调，导致一系列生理生化变化，果实品质下降，而且成本增加，太薄又起不到应有作用。具体商业应用时应先进行试验。

2）涂料本身必须安全、无毒、无损人体健康；成本低廉，材料易得，便于推广。

3）园艺产品涂被是园艺产品采后一定期限内商品化处理的一种辅助措施，从目前的许多试验结果来看，涂被只适宜于短期贮运或上市前处理，以提高产品的商品性，长期贮藏应慎重。甚至有些园艺产品不宜用涂膜保鲜。

4）虽然有的涂蜡液中加入防腐保鲜剂，但涂蜡并不等于防腐。贮藏过程中还应进行防腐保鲜处理。

4. 鲜切花保鲜剂

花卉产品在贮运过程中，由于自身生理代谢以及环境因素的影响，会出现劣变，因此，在采后处理中通常使用保鲜剂处理来减缓切花的采后损失。

鲜切花保鲜液是用来调节鲜切花生理代谢、开花和衰老进程，减少采后损失，提高观赏质量的化学药剂，国内外花卉市场上有多种通用型的保鲜剂和在此基础上研制的针对不同鲜花的特用型保鲜剂。鲜花保鲜剂主要包括水、碳水化合物（蔗糖等）、杀菌剂（8-羟基喹啉盐等）、无机盐类、有机酸（柠檬酸等）、乙烯抑制剂和拮抗剂、植物生长调节剂等成分。根据用途分为预处理液、催花液和瓶插保鲜液。

（1）预处理液

预处理液是在鲜切花采收后、贮藏运输或瓶插前进行预处理所用的保鲜液。根据预处理的目的可分为吸水或硬化处理液、茎端浸渗液和脉冲液等。

1）吸水或硬化处理液。主要作用是促进花枝吸水，此种处理液不必加糖。当鲜切花在采后处理过程或贮藏运输过程中发生一定程度失水时，用水分饱和方法使萎蔫的鲜切花恢复细胞膨压。具体做法是，用去离子水配制含有杀菌剂和柠檬酸的 pH 为4.5~5.0 的溶液，加入吐温-20（0.01%~0.1%），装在塑料容器内，溶液深 10~15 cm。先在室温下把切花茎放在 38~44℃的热水中呈斜面剪截，然后移至同一温度的处理液中，浸泡几个小时，再移至冷室中过夜（继续插在处理液中）。对于具有硬化木质茎的菊花和紫丁香等，可把茎末端插在 80~90℃的水中几秒，再转至冷水中浸泡，有利于恢复细胞膨压。

2）茎端浸渗液。为了防止鲜切花采后茎端导管微生物生长或茎端自身腐烂引起阻塞、吸水困难而配制的浸渗液。做法是把茎末端浸在高浓度硝酸银溶液（约 1000 mg/L）中 5~10 min，这种处理对延长紫菀、非洲菊、香石竹、菊花和金鱼草等切花的采后寿命很有效。

3）脉冲液。很多鲜切花采后贮运前要进行脉冲处理，目的是为切花补充外来糖源，以延长其在水中的瓶插寿命。脉冲处理就是把花茎下部置于含有较高浓度糖和杀菌剂的溶液（又称为脉冲液）中数小时至 2 天，脉冲处理可延长切花的采后寿命，促进切花花蕾开放更快，显色更佳，花瓣更大。脉冲处理的影响可持续切花的整个货架寿命，是一项非常重要的采后处理措施。尤其是对于计划进行长期贮藏或远距离运输的切花具有重要的作用。对多种切花（如唐菖蒲、微型香石竹、标准香石竹、菊花、月季、丝石竹和鹤望兰等）都有显著效果。脉冲处理液主要成分为蔗糖，其浓度高出一般瓶插保持液的数倍。最适浓度因种而异，如唐菖蒲、非洲菊和独尾属植物用20%或更高的糖浓度，香石竹、鹤望兰和丝石竹用10％的糖浓度，月季、菊花等用2％~5％的糖浓度。为了避免高浓度糖对叶片和花瓣的损伤，应严格控制处理时间。一般脉冲处理时间为12~24 h，光照强度为1000 lx，温度为20~27℃，相对湿度为35％~100％，在这样的条件下处理效果较佳。也有一些脉冲液主要成分为硫代硫酸银（STS），也称STS脉冲液，用STS对一些乙烯敏感型鲜切花（如香石竹、六出花、百合、金鱼草和香豌豆）进行脉冲处理，可有效抑制鲜切花中乙烯的产生和作用。STS脉冲处理方法是，配制浓度为0.2~4 mmol/L的STS溶液，把鲜切花茎端插入，一般在20℃温度下处理20 min。现在很多花卉业发达国家的花卉拍卖行都要求乙烯敏感的切花用STS处理，否则拒绝接受。

（2）催花液

催花液亦称花蕾开花液，是促使蕾期采收的切花开放所用的保鲜液，其成分和处理环境条件类似于脉冲处理，但因处理时间长，所使用蔗糖浓度比脉冲液低得多，温度要求也低些。催花液一般含有1.5％~2.0％的蔗糖、200 mg/L的杀菌剂和75~100 mg/L的有机酸。在室温和高湿度条件下将花蕾切花插在催花液中处理若干天，当花蕾开放后，应转至较低的温度下贮放。对每一种切花，掌握好花蕾发育阶段最适宜的采切时期十分重要。如果采切时花蕾过于幼小，那么即使用催花液处理，花蕾也不能开放或不能充分开放。

（3）瓶插保鲜液

瓶插保鲜液是在鲜切花观赏期为保持鲜切花品质而使用的保鲜液，其主要功能是提供营养和防止导管堵塞。瓶插保鲜液的种类繁多，不同鲜切花种类有不同的配方，其中糖浓度较低（0.5％~2％），还含有机酸和杀菌剂。由于一些切花从茎端和淹在水中的叶片分泌出有害物质，会伤害其自身和同一瓶中的其他切花，因此每隔一段时间，应更换新的保鲜液。

3.3.5　催熟与脱涩

1. 催熟

为了促使园艺产品上市前成熟度达到一致或符合上市要求所采用的促进产品成熟的措施叫作催熟。园艺产品在集中采收时，成熟度往往不一致，还有一些产品，如香蕉、洋梨、芒果、柿子、猕猴桃、番茄等，为了便于运输，在果实尚未完全成熟之前采收，此时，果实青绿、肉质坚硬、风味欠佳、缺乏香气，达不到消费者的要求。但这些产品只要达到生理成熟阶段，采后将其在自然条件下放置一段时间，也可完成后熟，达到其固有的风味和品质，只是速度慢、需时长，达不到提早上市的目的。因此，对这类园艺产品进行人工催熟是行之有效的措施。

催熟的基本条件是适宜的高温、充足的氧气和催熟剂处理。催熟应具备的条件有以下几个方面：①用来催熟的园艺产品必须达到生理成熟；②催熟时一般要求较高的温度、湿度和充足的氧气。不同的园艺产品最佳催熟温度和湿度不同，一般以温度为21~25℃，相对湿度为85％~90％为宜；③要有适宜的催熟剂，催熟过程中催熟剂应达到一定浓度；

④催熟环境应有良好的气密性。

国内外研究证明，乙烯、丙烯、丁烯、乙炔、乙醇、溴乙烷、四氯化碳等化合物对园艺产品均有催熟作用，而以乙烯及能够释放乙烯的化合物乙烯利应用最普遍。乙烯是一种气体，催熟处理必须在密闭环境中进行，如建立专用催熟室、塑料帐，以商用塑料帐比较普遍，其投资少，且处理方便。乙烯的浓度通常为 $0.05\%\sim0.1\%$，随园艺产品种类、温度等不同而有一定差异（表 3-10）。催熟室（帐）内的二氧化碳浓度过高会影响催熟效果，因此催熟室要定期通风，再密闭输入乙烯，待果实达到一定成熟度后取出。

表 3-10　乙烯催熟果实的条件

果实名称	温度/℃	乙烯浓度/(μg·L^{-1})	处理时间/h
鳄梨	18~21	100	24~72
洋梨	15~18	10	24
香蕉	15~21	10	24
柿子	18~21	10	24
中华猕猴桃	18~21	10	24
芒果	29~31	10	24
蜜露甜瓜	18~21	10	24
番茄	16~21	10	连续

乙烯利是一种比乙烯使用更方便的催熟剂。乙烯利是一种液体，使用时只要将其配成一定浓度的溶液，在果面上喷洒或浸渍即可催熟果实，因为产品处理后不用密闭，所以在生产上广泛使用。其使用浓度与园艺产品种类及温度等条件有关。一般使用浓度为 $0.1\%\sim0.3\%$，低温时浓度应大些。香蕉处理 3~5 天后即达到黄熟，柿子处理 4~5 天后即可成熟食用。贩运的番茄通常是在绿熟期采收，如果销售时未变红，可用 0.1% 的乙烯利溶液浸渍果实，3~5 天后即可变红，比自然变红的时间可缩短 1 周左右。

乙烯利除用于园艺产品采后浸渍或喷洒催熟处理外，也可在植株上喷洒催熟。但要注意不同种类园艺产品，催熟所用的乙烯利浓度不同。如果浓度过高，会使叶片发生药害。环境湿度在催熟处理中也是一个不可忽视的条件，湿度低时，产品易失水皱缩，果实催熟后外观不好看，影响催熟效果。湿度过高又易感病腐烂，以相对湿度为 $85\%\sim90\%$ 为宜。

2. 脱涩

脱涩主要是针对柿果而言。柿果分为甜柿和涩柿两大品种群，我国以涩柿品种居多，涩柿含有较多的单宁物质，成熟后仍有强烈的涩味，采收后不能立即食用，必须经过脱涩处理才能上市。

（1）脱涩机理

柿果涩味的产生主要是由于含有大量的可溶性单宁物质，该物质可与人口舌上的黏膜蛋白质结合，从而产生收敛性涩味。研究表明，乙醛与可溶性单宁结合，使其变为不溶性的树脂物质，使涩味消失。简单地说，柿果脱涩的机理就是将其体内可溶性的单宁物质，通过与乙醛缩合变为不溶性的单宁物质的过程。因此，可采用各种方法，使单宁物质变性而使果实脱涩。

（2）脱涩方法。

1）温水脱涩。将涩柿浸泡在 40℃左右的温水中，使果实产生无氧呼吸，经 20 h 左右，柿果即可脱涩。温水脱涩的柿果质地脆硬、风味好，方法简便，但产品的货架期短，容易败坏。

2）石灰水脱涩。将涩柿浸入 7％的石灰水中，经 3~5 天即可脱涩。果实脱涩后，质地脆硬，不易腐烂。但果面有石灰痕迹，影响商品外观，上市前最好用清水冲洗。

3）酒精脱涩。将 35％~75％的酒精或白酒喷洒在涩柿表面上，每千克柿果用 35％的酒精 5~7 mL，然后将果实密闭于容器中，在室温下经 4~7 天，即可脱涩。此法可用于运输途中，将处理过的柿果用塑料袋密封后装箱运输，到达目的地后即可上市销售。

4）高 CO_2 脱涩。将柿果装箱后，密闭于塑料大帐内，通入 CO_2 并保持其浓度为 60％~80％，在室温下经 2~3 天即可脱涩。如果环境温度升高，脱涩时间可相应缩短。用此法脱涩的柿果，质地脆硬，货架期较长，成本低，适于大规模生产。但有时如处理不当，脱涩后会产生 CO_2 伤害，使果心褐变或变黑。有研究人员提出的涩柿 CO_2 动态脱涩法，成功地解决了这一问题。

5）乙烯及乙烯利脱涩。将涩柿放入催熟室内，保持温度为 18~21℃、相对湿度 80％~85％，通入 1 g/m³ 的乙烯，2~3 天即可脱涩；或用 250~500 mg/kg 的乙烯利喷果或蘸果，4~6 天后可脱涩。果实脱涩后，质地软，风味佳，色泽鲜艳，但不宜长期贮藏和运输。

6）脱氧剂脱涩。把涩柿密封在不透气的容器内，加入脱氧剂后密封，使果实产生无氧呼吸而脱涩。脱氧剂的种类很多，可以用连二亚硫酸盐、硫代硫酸盐、草酸盐、活性炭、铁粉等还原性物质及其混合物。脱氧剂一般放在透气性包装材料制成的袋内，脱涩时间长短视脱氧剂的组成和柿果的成熟度而定。

7）干冰脱涩。将干冰包好放入装有柿果的容器内，然后密封 24 h 后将果实取出，在阴凉处放置 2~3 天即可脱涩。处理时不要让干冰接触果实，每千克干冰可处理 50 kg 果实。用此法处理的果实质地脆硬，色泽鲜艳。

8）混果脱涩。将涩柿与产生乙烯的果实，如苹果、山楂、猕猴桃等混装在密闭的容器内，利用它们产生的乙烯进行脱涩。在 20℃室温下，经 4~6 天即可脱涩。脱涩后，果实质地较软，色泽鲜艳，风味浓郁。

3.3.6　晾晒

园艺产品含水量较高，对于大多数产品而言，在采后贮藏过程中应尽量减少其失水，以保持新鲜品质，提高耐贮性。但对于某些园艺产品在贮藏前进行适当晾晒，反而减少贮藏中病害的发生，延长贮藏期，如柑橘（晾晒可减轻贮藏后期枯水病的发生）、哈密瓜、大白菜、洋葱、大蒜等。

3.4 园艺产品的运输

我国幅员辽阔，南北方园艺产品各有特色。随着人民生活水平的提高，对园艺产品营养和品种的要求越来越高，只有通过运输才能达到调剂市场、满足异地供应、互补余缺的目的。目前，世界上发达国家的园艺产品大多采取"适地生产，运输供应"的办法。

3.4.1 运输的目的和意义

由于受气候分布的影响，园艺产品的生产有较强的地域性，园艺产品采收后，除少部分就地供应外，大量产品需要转运到人口集中的城市、工矿区和贸易集中地销售。为了实现异地销售，运输在生产与消费之间起着桥梁作用，是商品流通中必不可少的重要环节。园艺产品包装以后，只有通过各种运输环节，才能达到消费者手中，才能实现产品的商品价值。

随着人民生活水平的提高，人们对园艺产品的数量、质量、花色品种的要求越来越高，同时园艺产品生产受地域限制，但又必须周年供应，均衡上市，调剂余缺，这样对运输就提出了更高的要求。良好的运输必将对经济建设产生重大影响。具体体现在：第一，通过运输满足人们的生活需要，有利于提高人民的生活水平和健康水平；第二，运输的发展也推动了新鲜园艺产品的生产增长；第三，对货畅其流，加速周转、提高流通效率，运输是一个重要的环节；第四，一部分园艺产品通过运输出口创汇，换回我国经济建设所需物资。园艺产品出口商品的质量和交货期，直接关系到我国对外信誉和外汇收入。

3.4.2 运输的基本要求

运输是园艺产品流通中的重要环节，与其他商品相比，新鲜园艺产品对运输要求更为严格。因此，在运输过程中，应根据园艺产品的生物学特性，尽量满足其在运输过程中所需要的条件，以减少损失。在运输中要做到"三快、两轻、四防"的基本要求。

1. 三快（快装、快卸、快运）

园艺产品采后仍然是一个活的有机体，其新陈代谢旺盛，呼吸作用越强，如果其营养物质消耗越多，则品质下降越快。一般地，运输过程中的环境条件，特别是气候的变化和道路的颠簸极易对园艺产品质量造成不良影响。因此，运输中的各个环节一定要快，使园艺产品迅速到达目的地。装车过程特别是搬运过程货物将直接暴露于大气之中，这必然引起货温升高，因此加快装卸速度、改善搬运条件、加大每次搬运的货物数量、采取必要的隔热防护措施，对减少货物温度升高非常必要。因此，应尽量缩短运输时间，要求快装、快运、快卸，尽量减少周转环节。积极采用机械装卸和托盘装卸是加快装卸速度的有效手段。积极推行汽车和铁路车辆的对装、对卸也是加快装卸速度的有效措施。

2. 两轻（轻装、轻卸）

因绝大多数的园艺产品含水量高（80%～90%），属于鲜嫩易腐性产品，因此合理的装卸直接关系到园艺产品运输的质量。如果装卸粗放，产品极易受损伤，导致腐烂，这是目前运输中存在的普遍问题，也是引起园艺产品采后损失的一个主要原因。因此，装卸过程中一定要做到轻装轻卸，防止野蛮装卸。如果有条件实现装卸工作自动化，则既可降低劳动强度，又可保证质量和缩短装卸时间。

3. 四防（防热、防冻、防晒、防淋）

任何园艺产品对运输温度都有严格的要求。如果温度过高，会加快园艺产品的腐败变质，加快新鲜果品蔬菜的衰老，使品质下降；如果温度过低，使产品容易产生冻害或冷害，所以要防热防冻。另外，日晒会使园艺产品温度升高，加快维生素的降解和损失，提高园艺产品的呼吸强度，加速自然损耗。雨淋则会影响产品包装的完整性，过多的含水量有利于微生物的生长和繁殖，会加速腐烂。现代很多交通工具都配备了调温装置，如冷藏卡车、铁路的加冰保温车和机械冷藏车、冷藏轮船以及近几年来发展的冷藏气调集装箱、冷藏减压集装箱等。然而，我国目前这类运输工具应用还不是很普遍，因此必须重视利用自然条件和人工管理来防热防冻。敞篷车船运输时应覆盖防水布或芦席以避免日晒雨淋，冬季应盖棉被进行防寒。

3.4.3　运输的环境条件及其控制

园艺产品运输可被看作是在特殊环境下的短期贮藏。在运输中温度、湿度、气体等环境条件对园艺产品品质的影响与在贮藏中的情况基本类似。然而，运输环境是一个动态环境，运输环境条件的调控是减少或避免园艺产品破损、腐烂变质的重要环节，所以在运输过程中要考虑以下几个环境条件。

1. 振动

振动是运输环境中最为突出的基本条件，它可直接造成园艺产品的物理性损伤，也可以发生由振动引起的品质劣化。振动的强度以普通振动产生的加速度（$g=9.8$ m/s^2）来计算，分为 1 级、2 级、3 级、4 级等。运输中产品的振动加速度长期高于 1 级以上时，就会产生物理性损伤。

不同的运输方式、运输工具、行驶速度及货物所处的位置，其振动强度都不相同。一般铁路运输的振动强度小于公路运输，海路运输的振动强度又小于铁路运输。铁路运输途中，货车的振动强度通常都小于 1 级。公路运输的振动强度则与路面状况、卡车车轮数有密切的关系，高速公路上一般不会超过 1 级；振动较大，路面较差以及小型机动车辆可产生 3～5 级的振动。就货物在车厢中的位置而言，以后部上端的振动强度最大，前部下端最小，因箱体的跳动还会发生二次相撞，使振动强度大大增强，对园艺产品造成损伤。海上运输的振动强度一般较小，但是，由于摇摆会使船内的货箱和园艺产品受压，而且海运一般路途时间较长，这些会对一些新鲜易腐园艺产品产生影响。此外，运输前后装卸时发生的碰撞、跌落等能够产生 10~20 级以上的撞击振动，对园艺产品的损伤最大。

不同类型的园艺产品对振动损伤的耐受力不同，表 3-11 列举出了不同类型的新鲜园艺产品对振动损伤的最大耐受力。因此，应该针对不同园艺产品种类因地制宜地选择运输的方式和路径，并做好园艺产品的包装作业和在运输中的码垛，尽量减少园艺产品在运输中的振动。另外，要杜绝一切野蛮装卸，以保持园艺产品品质和安全。

表 3-11　不同类型的新鲜园艺产品对振动损伤的最大耐受力

类型	种类	能够忍耐运输中振动加速度的等级
耐碰撞、耐摩擦果蔬	柿、柑橘类、绿熟番茄、根菜类、甜椒	3.0 级
不耐碰撞果蔬	苹果、红熟番茄	2.5 级
不耐摩擦果蔬	梨、茄子、黄瓜、结球类蔬菜	2.0 级
不耐碰撞、不耐摩擦果蔬	桃、草莓、西瓜、香蕉、柔软的叶菜类	1.0 级
易脱粒果蔬	葡萄	1.0 级

2. 温度

运输温度对园艺产品品质有着重要影响，采用适宜的低温流通措施对保持园艺产品的新鲜度和品质以及降低运输损耗十分重要。根据国际制冷学会规定，一般园艺产品的运输温度要等于或略高于贮藏温度，且对一些新鲜园艺产品的运输和装载温度提出了建议（表 3-12 和表 3-13），要求温度低而运输时间超过 6 天的园艺产品，要与低温贮藏的适温相同。

表 3-12　国际制冷学会推荐的新鲜蔬菜运输温度　　　　　　（单位：℃）

蔬菜种类	1~2 天的运输温度	2~3 天的运输温度	蔬菜种类	1~2 天的运输温度	2~3 天的运输温度
石刁柏	0~5	0~2	菜豆	5~8	—
花椰菜	0~8	0~4	食荚豌豆	0~5	—
甘蓝	0~10	0~6	南瓜	0~5	—
苔菜	0~8	0~4	番茄（未熟）	10~15	10~13
莴苣	0~6	0~2	番茄（成熟）	4~8	—
菠菜	0~5	—	胡萝卜	0~8	0~5
辣椒	7~10	7~8	洋葱	−1~20	−1~13
黄瓜	10~15	10~13	—	—	—

表 3-13　国际制冷学会推荐的新鲜果品运输与装载温度　　　　　　（单位：℃）

水果种类	2~3 天的运输条件		5~6 天的运输条件	
	最高装载温度	建议运输温度	最高装载温度	建议运输温度
杏	3	0~3	9	0~2
香蕉（大哈密）	≥12	12~13	≥2	12~13

水果种类	2~3 天的运输条件		5~6 天的运输条件	
	最高装载温度	建议运输温度	最高装载温度	建议运输温度
香蕉	≥15	15~18	≥15	15~16
樱桃	4	0~4	—	—
板栗①	20	0~20	20	0~20
甜橙	10	2~10	10	4~10
柑橘	8	2~8	8	2~8
柠檬	12~15	8~15	12~15	8~15
葡萄	8	0~8	6	0~6
桃	7	0~7	8	0~3
梨②	5	0~5	3	0~3
菠萝	≥10	10~11	≥30	10~11
草莓	8	−1~2	—	—
李	7	0~7	3	0~3

注：①我国板栗运输温度不高于 10℃；②我国鸭梨在 5℃时可能发生冷害。

　　理论上讲，把园艺产品放置在适宜的贮藏温度下运输最为安全，但在运输过程中由于运输时间相对短暂，略高于最适贮藏温度对园艺产品的品质影响不大。在目前我国低温冷链事业的发展还远不能满足园艺产品冷藏运输需要的情况下，采取略高的温度，在经济上有明显的好处，如可用保温车代替冷藏车。我国目前的实际情况是大部分园艺产品还需在常温下运输。现将在运输中应该注意的一些事项介绍如下。

　　（1）**常温运输**

　　在常温运输过程中，不论使用何种运输工具，其货箱和产品温度都会受到外界气温的影响，特别是在盛夏或严冬时，这种影响更为突出。如果只能采用常温运输时，对于卡车要采取遮阳和防雨措施，尽量减少外界环境对园艺产品的影响。

　　（2）**低温运输**

　　在低温运输过程中，由于增加了制冷设备，所以可以相对保证运输工具内园艺产品的温度，但要注意堆码方式，不要太紧密，否则冷气循环不好，造成车厢上下部位的温差较大，特别是对未经预冷的园艺产品更是如此。冷藏船的船舱仓容一般较大，进货时间延长必然延误货物的冷却速度和使仓内不同部位的温差增大。如以冷藏集装箱为货运单位，可避免上述弊端。

　　（3）**防止园艺产品在运输中受冻受热**

　　原产于寒温带地区的园艺产品适宜贮运温度为 0℃左右，而原产于热带和亚热带地区的园艺产品对低温比较敏感，应在较高温度下运输，如香蕉运输适温为 12~14℃，番茄（绿熟）、辣椒、黄瓜等运输适温为 10℃左右，低于 10℃就会导致冷害发生。易腐园艺产品最好采用冷藏运输，如果没有冷藏条件则需要有通风、遮阳等措施，否则运输不得超过 4h。寒区冬季运输蔬菜、水果等应有草帘、棉被等防冻覆盖物。

（4）防止运输中温度波动

要尽量维持在运输过程中的恒定适温，防止温度波动。运输过程中温度波动频繁或过大都不利于保持产品质量。生鲜园艺产品的呼吸作用涉及多种酶的反应，在生理温度范围内，这些反应的速度随着温度的升高以指数规律增大，并可以用温度系数 Q_{10} 来表示。Q_{10} 在 0~10℃ 范围内较高，最高可达 7，而在 10℃ 以上时可降到 2~3，所以在较低温条件下温度每波动 1℃，对园艺产品造成的品质下降要比较高温度下严重。总之，不论使用何种运输工具，都要尽量调节温度，使之达到或接近园艺产品的适宜贮运温度，以保证其质量和安全。

3. 湿度

园艺产品腐败变质与环境中的湿度条件有很大关系，运输中也要求保持适宜的湿度条件。若空气湿度过高，会使水分凝结在园艺产品的表面，引起霉菌生长；若空气湿度过低，则会导致园艺产品过度脱水。具体运输适宜相对湿度的选择可根据园艺产品贮藏的适宜湿度来选择。当运输环境中的空气相对湿度为 80%~95% 时，对大多数园艺产品的贮藏和运输是适宜的，而芹菜等鲜嫩蔬菜所需的相对湿度为 90%~95%，洋葱、大蒜要求相对湿度为 65%~75%，瓜类为 70%~85%。另外，要注意码垛方式，不要堆积过密，不要损坏园艺产品包装，以保持园艺产品包装内的湿度。如果需要，有条件的可以使用具有加湿装置的冷藏车。此外，包装纸箱吸潮后抗压强度下降，有可能使园艺产品受损伤。如采用隔水纸箱或在纸箱中用聚乙烯薄膜铺垫，则可有效防止纸箱吸潮；用塑料箱等包装材料运输时，可在箱外罩塑料薄膜以防止产品失水。

4. 气体

气体环境对园艺产品的腐败速度和腐败程度有很大影响。由好氧性细菌、霉菌等微生物引起的腐败，以及由有氧呼吸作用、脂肪氧化、色素褪色、非酶褐变等化学变化引起的园艺产品变质，都会受到其所处环境 O_2 浓度的影响。此外，CO_2 是园艺产品和微生物等呼吸生成的低活性气体，如果在贮运时，适当降低 O_2 浓度（2%~5%），提高 CO_2 浓度（5%~10%），可以大幅度降低园艺产品及微生物的呼吸作用，抑制催熟激素乙烯的生成，减少病害的发生，延缓园艺产品的衰老。运输中空气成分变化不大，但运输工具和包装不同，也会产生一定的差异，密闭性好的设备使 CO_2 浓度升高，振动使乙烯和 CO_2 浓度增高，所以要加强运输过程中的通风和换气，勿使有害气体积累产生伤害作用。另外，在运输过程中要轻装轻卸，防止园艺产品的包装破损，破坏包装物内的气体组分，从而引起园艺产品腐败变质。

5. 装载与堆码

园艺产品在运输车内正确地装载，对于保持其在运输中的质量有很大作用。易腐园艺产品在冷藏车低温运输时应当合理堆放，让冷却空气能够合理流动，使货物间温度均匀，防止因局部温度升高而导致腐败变质。园艺产品运输的装车与堆码方式基本上采用留间隙的堆码法，此法适用于冷却和未冷却的园艺产品运输，以及外包装为纸箱或塑料箱的普通园艺产品的装载码垛。采用这种码垛方法应当遵循堆垛稳固、间隙适当、通风均匀、便于装卸和清洁卫生等原则，使车内各货件之间都留有适当的间隙，保证各处温度均匀，这样可保持货物原有品质。这种堆码方法按所留间隙的方式及程度不同又可分为品字形、井字形、"一二三、三二一"法、筐口对装法码垛。目前国外运输易腐园艺产品时多使用托盘，在装车前将货物用托盘码好，用叉车搬运装载，各托盘之间留有间隙以供空气流通。这种方法简便易行而且堆码稳固。

6. 光照

光照可以催化许多化学反应，进而影响园艺产品的贮藏品质。光可引起园艺产品褪绿，发生变色；某些维生素对光敏感，如核黄素和抗坏血酸暴露在光下很容易失去其营养价值。为了抑制这些园艺产品的变质，可以采用避光包装，在运输中也要采取相应的措施，如采用密闭性较好的货箱，如果用敞篷车运输应该覆盖苫布。

3.4.4　运输方式及工具

1. 运输方式

从我国现有的情况来看，园艺产品运输形式通常有陆运（包括公路、铁路）、水运、空运以及以上几种方式的联运。各种运输方式都有自身的优缺点，所以要充分了解各种运输工具的优缺点，并加以选择利用。

（1）**公路运输**

公路运输是我国最重要、最常见的短途运输方式。公路运输具有机动方便、可实现直达上门服务、中间搬运少、距离短、运输成本低等优点，但存在振动大、运量小、能耗大的缺点。主要工具有各种大小型汽车、双挂车等。对需要保持低温的货物，可以使用保温车、冷冻车或冷藏车。

（2）**铁路运输**

铁路运输具有运载量大、速度快、效率高、不受季节影响等优点，但其机动性差，没有铁路的地方不能直接运达。运输的基本单元是货车或集装箱，货车的载重量为 $15\sim30$ t，集装箱为 5 t、10 t 或 20 t。运输量比较大时也可以专列为单位。对需要保持低温的货物，使用冷藏、冷冻车或冷冻、冷藏集装箱。

（3）**水路运输**

利用船舶运输运载量大、成本低（各种运输方式中最低）、行驶平稳，但受地理条件限制，运输速度慢，受季节影响运输连续性差。发展冷藏船、集装箱专用船和车辆轮渡是水路运输的发展方向。

（4）**航空运输**

航空运输的优点是不受地形条件限制，运行速度快、损伤少，但运量小、运费高，适于运输高档生鲜园艺产品。航空运输由于时间短，只要提前预冷并采取一定保温措施即可，一般不用制冷装置。

（5）联运

联运是指园艺产品从产地到目的地的运输全过程使用同一运输凭证，但采用两种或两种以上不同运输工具相互衔接的运送过程，如铁路公路联运、水陆联运、江海联运等。国外普遍采用的联运方式是把适用于公路运输的拖车装在火车的平板车上或轮船内，到达车站或港口时，把拖车卸下来，再挂在牵引车后面，进行短距离的公路运输，直达目的地。联运可以充分利用运输能力，简化托运手续，缩短途中滞留时间，节省运费。现在推行的集装箱运输，它是以集装箱为装卸容器，将园艺产品装进各种规格不同的集装箱内，直接送到目的地卸货，适用于多种运输工具，具有安全、迅速、简便、节省人力、便于机械化装卸等特点，有利于园艺产品质量的保持和联运的发展。

2. 运输工具

目前园艺产品公路运输所用的运输工具包括汽车、拖拉机、畜力车和人力拖车等。汽车有普通货运卡车、保温车、冷藏汽车、冷藏拖车和平板冷藏拖车。水路运输工具用于短途的一般为木船、小艇、拖驳和帆船；远途则用大型船舶、远洋货轮等，远途运输的轮船有普通舱和冷藏舱。铁路运输工具有普通篷车、通风隔热车、加冰冷藏车及冷冻冷藏车。集装箱有冷藏集装箱和气调集装箱。随着我国综合国力的增强，大市场、大流通体系的进一步完善，交通、装载设备的不断发展，我国的园艺产品运输业必将与发达国家接轨，逐步实现现代化。

3.4.5 园艺产品的冷链流通

对易腐园艺产品，从生产到消费的整个过程中要保持高品质就必须采用冷藏链。冷藏链是指园艺产品在生产、贮藏、运输、销售直至消费前的各个环节中始终处于适宜的低温环境中，以保证园艺产品品质、减少损耗的一项系统工程。在经济技术发达的某些国家，如日本、美国等，在园艺产品采后贮运中已实现冷链系统。

冷藏运输是冷藏链中十分重要且必不可少的一个环节，由冷藏运输设备完成。冷藏运输设备是指本身能创造并维持一定的低温环境，以运输冷藏冷冻园艺产品为主的设施及装置，包括冷藏汽车、铁路冷藏车、冷藏船和冷藏集装箱等。冷藏运输包括园艺产品的中长途运输及短途送货，它既应用于冷藏链中园艺产品从原料产地到加工基地到商场冷藏柜之间的低温运输，也应用于冷藏链中冷冻园艺产品从生产厂到消费地之间的批量运输，以及消费区域内冷藏库之间和消费店之间的运输。

1. 对冷藏运输设备的要求

主要要求如下：①产生并维持一定的低温环境，保持园艺产品的低温；②隔热性好，尽量减少外界传入的热量；③可根据园艺产品种类或环境的变化调节温度；④制冷装置在设备内所占用的空间尽可能小；⑤制冷装置质量轻，安装稳定，安全可靠，不易出事故；⑥运输成本低。

2. 几种常见的冷藏运输设备

(1) 冷藏汽车

冷藏汽车的制冷方式可以分为机械制冷、液氮制冷干冰制冷及蓄冷板制冷等。

1) 机械制冷。机械制冷冷藏汽车通常用于远距离运输,它的蒸发器通常安装在车厢的前端,采用强制通风方式。冷风贴着车厢顶部向后流动,从两侧及车厢后部流到车厢底面,沿底面间隙返回车厢前端。这种制冷方式使整个园艺产品货堆都被冷空气包围,外界传入车厢的热流直接被冷风吸收,不会影响园艺产品的温度。机械制冷冷藏汽车的优点是车内温度比较均匀稳定,温度可调且范围广,运输成本低。

2) 液氮制冷。液氮制冷冷藏汽车主要由液氮罐、喷嘴及温控器组成。液氮制冷时,车厢内的空气被氮气置换,而氮气是一种惰性气体,长途运输园艺产品时,不但可降低其呼吸作用,还可防止园艺产品被氧化,具有降温快、能较好保持园艺产品质量等优点,但成本高,液氮中途补给困难。

3) 干冰制冷。先使空气与干冰换热,然后借助通风机使冷却后的空气在车厢内循环,吸热升华后的二氧化碳由排气管排出车外。干冰制冷具有设备简单、投资少、无噪声等优点,但降温速度慢,车厢内温度不均匀。

4) 蓄冷板制冷。蓄冷板中充注有低温共晶溶液,使蓄冷板内共晶溶液冻结的过程就是蓄冷过程。将蓄冷板安装在车厢内,外界传入车厢的热量被共晶溶液吸收,共晶溶液由固态转变成液态。常用的低温共晶溶液有己二醇、丙二醇的水溶液及氯化钙、氯化钠的水溶液。共晶点应比车厢规定的温度低 $2\sim3℃$。蓄冷的方法通常有两种:一种是蓄冷板中装有制冷剂盘管,只要把蓄冷板上的管接头与制冷系统连接起来,就可以进行蓄冷;另一种是借助于装在冷藏汽车内部的制冷机组,停车时借助外部电源驱动制冷机组使蓄冷板制冷。蓄冷板冷藏汽车的蓄冷时间一般为 $8\sim12$ h,特殊的冷藏汽车可达 $2\sim3$ 天。

(2) 铁路冷藏车

陆路远距离运输大批园艺产品时,铁路冷藏车是冷藏链中最重要的环节,因为其运量大、速度快。铁路冷藏车的制冷方式可以分为冰制冷、液氮或干冰制冷、机械制冷及蓄冷板制冷等类型。

1) 冰制冷。1851 年美国将冰用于黄油的铁路冷藏运输,直到现在,冰仍然是铁路运输中一种常用的制冷介质。车厢内带有冰槽,冰槽可以设置在车厢顶部,也可以设置在车厢两端。设置在顶部时,一般车顶装有 $6\sim7$ 个马鞍形贮冰箱,$2\sim3$ 个为一组。为了增强换热,冰箱侧面、底面设有散热片。每组冰箱设有两个排水器,并保持冰箱内具有一定高度的盐水水位。

2) 机械制冷。机械制冷铁路冷藏车有两种结构形式:一种是每节车厢都备有制冷设备,用自备的柴油发电机组来驱动制冷压缩机,冷藏车可以单节与一般货物车厢编列运行;另一种铁路冷藏车的车厢中只装有制冷机组,没有柴油发电机,这种铁路冷藏车不能以单节与一般货物车厢编列运行,只能组成单一机械列车运行,由专用车厢中的柴油发动机统一供电,驱动制冷压缩机。

(3) 冷藏集装箱

冷藏集装箱是指具有一定的隔热性能、能保持一定低温、适用于各类园艺产品冷藏贮运而进行特殊设计的集装箱。冷藏集装箱具有钢质轻型骨架，内、外贴有钢板或轻金属板，两板之间填充隔热材料。常用的隔热材料有玻璃棉、聚苯乙烯、发泡聚氨酯等。

按照制冷方式，可将冷藏集装箱分为如下几类：

1）保温集装箱。无任何制冷装置，但箱壁具有良好的隔热性能。

2）外置式保温集装箱。无任何制冷装置，隔热性能很强，箱的一端有软管连接器，可以与船上或陆上供冷站的制冷装置连接，使冷气在集装箱内循环，达到制冷效果，一般能保持−25℃的冷藏温度。该集装箱中供冷，容积利用较高，自重轻，使用时机械故障少。但它必须由设有专门制冷装置的船舶装运，使用时箱内温度不能单独调节。

3）内藏式冷藏集装箱。箱内带有制冷装置，可自己供冷，制冷机组安装在箱体的一端，冷风由风机从一端送入箱内。如果箱体过长，则采用两端同时送风，以保证箱内温度均匀。

4）液氮和干冰冷藏集装箱。利用液氮或干冰制冷，以维持箱体内的低温。

按照运输方式，可将冷藏集装箱分为海运和陆运两种。它们的外形尺寸没有很大的差别。海运集装箱的制冷机组用电是由船上统一供给的，不需要自备发电机组，因此机组构造比较简单，体积较小，造价也较低。但海运集装箱卸船后，因失去电源就得依靠码头供电才能继续制冷，如转入铁路或公路运输时，必须增设发电机组，国际上一般的做法是采用插入式发电机组。陆运集装箱主要用于铁路、公路和内河航运船上，因此必须自备柴油或汽油发电机组，才能保证运输途中制冷机组用电。有的陆运集装箱采用制冷机组与冷藏汽车发电机组合在一起的机组，其优点是体积小，质量轻，价格低，缺点是柴油机必须始终保持运转，耗油量较大。

冷藏集装箱的尺寸和性能都已标准化，见表 3-14。

表 3-14 国际集装箱规格

类型	箱型	长/mm	宽/mm	高/mm	最大总质量/kg
	1A	12191	2438	2438	30480
	1AA	12191	2438	2591	30480
	1B	9125	2438	2438	25400
Ⅰ	1C	6058	2438	2438	20320
	1D	2991	2438	2438	10160
	1E	1968	2438	2438	7110
	1F	1450	2438	2438	5080
	2A	2920	2300	2100	7110
Ⅱ	2B	2400	2100	2100	7110
	2C	1450	2300	2100	7110
	3A	2650	2100	2400	5080
Ⅲ	3B	1325	2100	2400	5080
	3C	1325	2100	2400	2540

冷藏集装箱可广泛应用于铁路、公路、水路和空中运输,是一种经济合理的运输方式。使用集装箱运输的优点如下:

1) 减少和避免运输货损和货差。更换运输工具时,不需要重新装卸园艺产品,简化理货手续,可减少和避免货损和货差。

2) 提高了货物质量。箱内温度可以在一定范围内调节,箱体上还设有气孔,因此适用于各种易腐园艺产品的冷藏运输,而且温差还可以控制在±1℃范围内,避免了温差波动对园艺产品质量的影响。

3) 装卸效率高,人工费用低。采用集装箱简化了装卸作业,缩短了装卸时间,降低了运输费用。

第 4 章　贮藏技术与管理

4.1　常温贮藏

常温贮藏也称简易贮藏，是利用自然低温来维持和调节贮藏适宜温度的贮藏方式，包括堆藏、沟藏（埋藏）、窖藏、土窑洞贮藏和通风库贮藏五种基本形式。这类贮藏方式具有如下主要特点：贮藏场所因地制宜，设施结构简单，建造容易，费用低廉；利用当地气候条件，不人为控制温度，对耐贮藏性差的产品贮藏效果不佳；形式多样，规格不一。

4.1.1　堆藏

堆藏是将园艺产品直接堆积在地上或坑内的一种贮藏方法。根据气候变化情况，要在其表面用土壤、席子、秸秆等覆盖，以维持适宜的温湿度，保持产品的水分，防止受热、受冻和风吹、雨淋等。堆藏方法简单，北方常用此方法贮藏大白菜、甘蓝、洋葱等，在南方一些产区也用此方法贮藏柑橘类果实。

堆藏是将园艺产品直接堆积在地上，受地温影响较小，而主要受气温影响，当气温过高或过低时，覆盖物有隔热或保温防冻的作用，从而缓和不适气温对园艺产品的不利影响。另外，覆盖还能保持贮藏环境中一定的空气湿度，甚至能够积累一定的二氧化碳，形成一定的自发气调环境，故堆藏具有一定的贮藏保鲜效果。采用堆藏时，果蔬贮藏堆垛的宽度和高度应根据当地气候特点、果蔬种类和用途而定。堆垛不宜过高、过大。宽度过大，易造成通风散热不良，使堆垛中心温度过高而引起腐烂；堆垛过高则易倒塌，造成机械损伤。

4.1.2　沟藏

沟藏也称为埋藏，是将园艺产品（主要是果蔬产品）按一定层次堆放在泥、沙等埋藏物里以达到贮藏保鲜目的的一种贮藏方法。沟藏法在北方地区多用来贮藏萝卜、胡萝卜等根菜（图 4-1）和板栗、山楂、苹果等果实。江苏、浙江、安徽一带常用沟藏法贮藏生姜、沙藏法贮藏板栗。

沟藏法主要有以下特点：①构造简单、成本低；②土层温度稳定，可减少气温变化对贮藏的影响；③有一定的防冻、保湿作用。但是，沟藏也存在许多问题，如贮藏初期散热差，易产生高温，贮藏期间不易检查等。

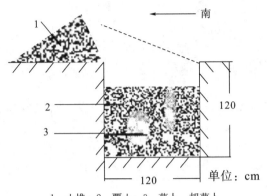

1. 土堆；2. 覆土；3. 萝卜、胡萝卜

图 4-1　萝卜、胡萝卜沟藏示意图

4.1.3　窖藏

窖藏与沟藏相似，是利用窖、窑来贮藏产品的一种方式。贮藏窖主要有棚窖和井窖两种类型，是根据当地自然地理条件的特点进行建造的，它既能利用变化缓慢的土温，又可以利用简单的通风设备来调节窖内的温度和湿度。其优点是可以自由进出和及时检查贮藏情况。窖藏适于贮藏多种果蔬，贮藏效果较好，因此在全国各地有广泛的应用。

1. 棚窖

棚窖是一种临时性的简易贮藏场所，分为地下式和半地下式两种，每年秋季贮藏前建窖，贮藏结束后填平。其形式和结构，因地区气候条件和贮藏产品的不同而不同。较寒冷的地区多采用地下式；温暖或地下水位较低的地方，多采用半地下式（图 4-2）。

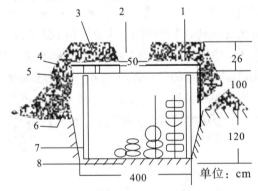

1. 秸秆；2. 天窗；3. 泥土；4. 枕木；5. 横梁；6. 窖眼；7. 支柱；8. 白菜

图 4-2　棚窖（白菜窖）示意图

建造棚窖时应选择高燥、地下水位较低和空气畅通的地方，在地面挖一长方形的窖身，以南北长为宜，窖顶用木料、秸秆、土壤做棚盖，并设置适宜的天窗和辅助通风孔。地下式棚窖一般入土深度为 2.5~3 m，半地下式的为 1~1.3 m，地上部分高 1 m 左右。窖的宽度一般为 3~5 m，长度不限。

窖内的温湿度通过通风换气来调节，因此建窖时需设天窗，而半地下式棚窖窖墙的基部及两端窖墙的上部也可开设天窗，起到辅助通风的作用。

产品入窖初期以降温为主。此时产品的温度高、呼吸快，秋季天气的昼夜温差大，应在夜间将天窗、窖门、辅助通气孔全部打开，排出大量呼吸热及产品所带的田间热，降低窖内温度，并带走水汽；白天关闭，保持温度不再上升。

寒冷季节以保温防冻为主，应将天窗关闭，用草或土堵塞辅助通气孔，窖门上也要挂上草帘或棉帘等物进行防寒。但冬季也必须要通风换气，以防窖内积累的二氧化碳、乙烯等造成气体伤害。通风时可在气温较高的中午将天窗打开进行短时间的通风换气，注意不能通风过量，以避免产品发生冻害。

翌年春季应保持窖内较低的温度，防止温度回升。随气温逐渐升高，此时应在夜间通风，白天关闭。

2. 井窖

井窖是固定建筑，一次建成后可连续使用多年。它能充分利用土壤的弱导热性和干燥土壤的绝缘作用，保持适宜的温湿度条件，适合贮藏生姜、甘薯、柑橘等要求较高温度的产品。其中，四川南充地区的甜橙地窖和山西井窖颇具代表。

井窖又可分为室内窖和室外窖。室内窖在园艺产品贮藏初期，窖温较高，贮藏产品比室外窖腐烂严重。不过在开春以后，窖内温度上升比室外窖慢，因此贮藏期要长。而室外窖正好相反，贮藏前期窖内温度比较低，冬季腐烂比较轻，但在开春后，窖内温度上升较快，从而使腐烂加重，致使园艺产品不能长久贮藏。为了提高贮藏效果，也可对室外窖进行改良，设计成双层窖。双层窖的窖颈比一般窖长15 cm，再设一井盖，以便隔热。贮藏时，冬季将果实贮存在上层，翌年开春后将果实移至下层，控制春季温度回升，延长贮藏期。

3. 窑窖

在陕西、山西等黄土高原地区，在土质坚实的山坡或土丘上向内挖窑洞进行果蔬贮藏（图 4-3）。窖身多是坐南朝北或坐东朝西，以避免阳光直射、保持窑窖内温度稳定。窑一般高 2~2.5 m、宽 1~2 m。窖顶呈拱形，上土层厚 5 m 以上，以保证结构稳定。窖的长度多为 6~8 m，窖门比窖身稍缩小。

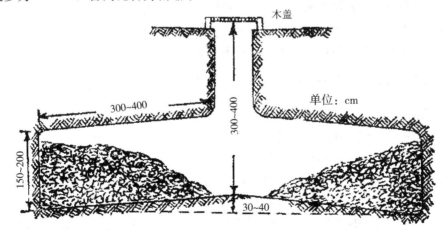

图 4-3 山西窑窖示意图

4.1.4　土窑洞贮藏

土窑洞贮藏是从窑窖发展来的，是我国华北和西北黄土高原地区特有的果蔬贮藏方式。土窑洞多建在丘陵山坡处，要求土质坚实，可作为永久性的贮藏场所，具有结构简单、造价低，不占或少占耕地，充分利用自然冷源，贮藏效果好等优点。与窑窖相比，土窑洞结构得到改善，不但充分发挥了深厚土层的隔热作用，还科学地设置了通风系统，提高了贮藏效果。在山西、陕西、河南等黄土高原地区多用于贮藏苹果、梨、大枣等产品。土窑洞主要有太平窑、子母窑两种类型。太平窑具有结构简单、建造容易、通风流畅、降温快等特点，但贮量较小，管理不太方便；子母窑的贮量大，管理相对方便，在翌年温度回升时能较好地保持窑内低温，但初期降温较慢，窑的结构较复杂。

4.1.5　通风库贮藏

通风库贮藏是利用通风贮藏库来保存园艺产品的一种贮藏方式。通风贮藏库是具有良好隔热性能的建筑，设置有灵活的通风系统。它以通风换气的方式，排除库内热空气，维持库内比较稳定、适宜的贮藏温度。通风贮藏库是棚窖的发展形式，设施比较简单、操作简便、贮藏量也较大。由于是依靠自然条件来调节库内温度，通风贮藏库仍属常温贮藏的范畴。在气温过高或过低的地方，则很难达到理想的贮藏温度，而且其中的湿度也较难控制，因此通风贮藏库在使用上受到一定的限制。

1. 通风贮藏库的类型和性能

通风贮藏库可分地上式、半地下式和地下式三种类型。地上式库体全部在地面上，受气温的影响最大。半地下式约有一半的库体在地面以下，因而增大了土壤的保温作用。地下式库体全部深入土层，仅库顶露出地面，保温性能最好。此外，地上式通风贮藏库可以把进气口设置在库墙的底部，在库顶设置排气口，两者有最大的高差，有利于空气的自然对流，所以通风降温效果好。地下式相反，进出气口的高差小，空气对流速度慢，通风降温效果差。由此可见，为了在秋季容易获得适当的低温，冬季又便于保温，在温暖地区宜用地上式，酷寒地区宜用地下式，半地下式介于两者之间。

2. 通风贮藏库的设计和建造

（1）库址选择

通风贮藏库要求建造在高燥、最高地下水位低于库底 1 m 以上、四周旷畅、通风良好、空气清新、交通便利、靠近产销地、便于安全保卫、水电畅通的地方。通风贮藏库要利用自然通风来调节库温，因此，库房的方位对能否很好地利用自然气流至关重要。在我国北方贮藏的方向以南北向为宜，这样可以减少冬季寒风的直接袭击面，避免库温过低；在南方则以东西向为宜，这样既可减少阳光的直射对库温的影响，也有利于冬季的北风进入库内而降温。在实际操作中，一定要结合地形地势灵活掌握。

（2）**库型设计**

通风贮藏库的平面库形通常为长方形，长度和宽度无一定规格，但库内高度应大于4 m，过低空气流通不畅，影响通风降温效果（图4-4）。在我国一般水果蔬菜通风贮藏库的库容为50～300 t。大型的通风贮藏库通常由若干个库房组成，中央设有走廊，主要起缓冲作用，防止冬季寒风直接吹入库内引起温度波动，同时可兼作贮前处理或预贮场所。在走廊的两侧分设库房。其库房的排列有两种形式：一种是分列式，即各库房各不相连，可在两侧的库墙上开设通风口，有利于提高通风效果；另一种是连接式，即相邻库房共用一道侧墙，这种排列方式可减少建筑材料，降低建设成本。

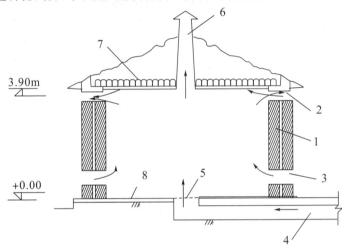

1. 绝热墙体；2. 上风窗；3. 进风窗；4. 进风地道；
5. 地面进风口；6. 抽风口；7. 300 mm 厚稻草；8. 混凝土地

图 4-4　通风贮藏库示意图

3. 通风贮藏库的库体结构

（1）**隔热结构**

为了维持库内稳定的贮藏适温，使其不受外界温度变动的影响，通风库应有适当的隔热结构。隔热结构主要设置在库的曝露面上，尤其是库顶、墙壁和门、窗等部分。通风库的隔热结构一般是在库顶和库墙敷衬隔热性好的材料构成的隔热层。建造库墙、库顶的砖、石、水泥等建筑材料，以及墙外护覆的土壤，隔热性都较差，只能作为库的骨架，用于支撑库顶，因此通风贮藏库主要依靠隔热层起隔热保温作用。

各种隔热材料的隔热性能常用导热系数（K）来表示（表4-1），即以隔板厚度为1 m，当内外温差为1℃时，每1 m在1 h内传热的量。建筑中通常将导热系数小于0.84 W/(m·K)的材料称为隔热材料。选用的隔热材料应具有导热性差，不易吸水霉烂，不易燃烧，无臭味和取材容易等特点。

由导热系数可以引出另一个概念——热阻率（R），它是导热系数的倒数，即$R=1/K$。用R来表示隔热材料的隔热性能更为直观，R越大，隔热性能越好。在有关隔热层的厚度计算方面，用R比较方便。

在选用不同隔热材料建造隔热层时，所要求隔热层的厚度也不一样。如要达到1 cm

厚的软木板的隔热效果，用锯末时，厚度应达到 1.3 cm 以上，用砖时厚度应达到 13 cm 以上。在建造隔热层时，除要考虑隔热材料的隔热性能外，还应考虑成本等因素。在生产实践中锯末、稻壳、炉渣等有较好的隔热性能，且成本低廉，易于就地取材，因而常被采用。为了便于使用这些材料建造隔热层，通常是将库墙建成夹墙，在两墙之间填充这些隔热材料。此外，也可在库墙内侧装置隔热性能更高的软木板、聚氨酯泡沫板等，由于水的导热性很强，材料一经受潮，其隔热性能就会大大降低，因此建库时所用隔热材料必须干燥，并要注意防潮。

表 4-1　各种材料的隔热性能

材料名称	导热系数/ [W/(m·K)]	热阻率/ [(m·K)/W]	材料名称	导热系数/ [W/(m·K)]	热阻率/ [(m·K)/W]
聚氨酯泡沫塑料	0.023	43.48	锯末	0.105	9.52
聚苯乙烯泡沫塑料	0.041	24.39	炉渣	0.209	4.78
聚氯乙烯泡沫塑料	0.043	23.26	木料	0.209	4.78
膨胀珍珠岩	0.035~0.047	28.57~21.28	砖	0.790	1.27
加气混凝土	0.093~0.140	10.75~7.14	玻璃	0.790	1.27
泡沫混凝土	0.163~0.186	6.13~5.38	干土	0.291	3.44
软木板	0.058	17.24	干沙	0.872	1.15
油毛毡	0.058	17.24	水	0.582	1.72
芦苇	0.058	17.24	冰	2.326	0.43
刨花	0.058	17.24	雪	0.465	2.15
铝瓦楞板	0.067	14.93	秸草秆	0.070	14.29

（2）**库顶结构**

库顶建造一般有三种形式，即人字形库顶、平顶和拱形顶。人字形库顶即在人字形屋架内，下设天花板吊顶，在吊顶上填放轻质高效的保温材料，如蛭石、锯末等，地下式或半地下式通风贮藏库多采用这种库顶。平顶则是将隔热材料夹放在库顶夹层间。一般大型通风库多采用这种库顶。拱形顶是用砖或混凝土砌成，然后在顶上覆土。地下式通风贮藏库常采用这种库顶。

4. **通风贮藏库的通风系统**

通风贮藏库以引入外界的冷空气，使其吸收库内的热再排出库而起降温作用，所以通风系统的效能直接决定着通风贮藏库的贮藏效果。显然，单位时间内进出库的空气量（通风量）越大，降温效果就越好。通风量取决于通风口（进气口和排气口）的面积和空气流动速度（风速），风速又受制于进、排气口的构造和配置。

（1）**通风量和通风面积**

设置的通风系统应能满足秋季产品入贮时所需的最大通风量。计算通风量，要先求得每天应从库内排除的总热量，并根据进出库 1 m³ 空气能够带走的热量，从而计算出每天应进出库的空气总体积。再根据通风口的风速和每天的通风时间，计算出应该设置的通风面积。

（2）进、排气口构造和配置

通风贮藏库的通风降温效能还与进、排气口的构造和配置是否合理密切相关。空气流经贮藏库，是一种自然对流作用，对流速度除受到外界风速的影响外，还受是否分别设置进气口和排气口，以及进、排气口的高度差的影响。分别设置进、排气口，空气沿着一定路线从进气口入库，再由排气口引出库外，进出通畅，互不干扰，就可增加流速。

要使空气自然形成一定的对流方向和路线，不致倒流混扰，就要使进、排气口具有气压差，而要形成气压差，就需保持进、排气口的高度差，增大高度差，就增大了气压差，因而也就增大了空气流速。因此，最好是把进气口开设在库墙的基部，排气口设于库顶，并建成烟囱状，这样可以形成最大的高度差。有的还在排气口的顶上安装风罩，当外界的风吹过风罩时，会对排气口造成一种抽吸力，可进一步增大气流速度。但墙底进风口只能建立在地上式库中，地下式和半地下式的分列式库群，可在每个库房的两侧墙外建造地面进气塔，由地下进气道引入库内，库顶设排气口。这样也可组成完整的通风系统，只是进气塔和排气口间高度差较小。

进、排气口的设置原则是，每个气口的面积不宜过大，气口的数量要多些，分布在库的各部。当通风总面积相等时，气口小而多的系统比大而少的系统易使全库通风均匀，消除死角。通风口应衬隔热层，以防结霜阻碍空气流动，设置活门以便能随意调节开放面积。

4.1.6 其他简易贮藏

1. 冻藏

冻藏是指利用自然低温条件，使耐低温的园艺产品在冻结状态下贮藏的一种方式。冻藏主要适用于耐寒性较强的蔬菜，如菠菜、芹菜等绿叶菜。用于冻藏的蔬菜在0℃时收获，然后放入背阴处的浅沟内（约20 cm），覆盖一层薄土，随着气温下降，蔬菜自然缓慢冻结，在整个贮藏期保持冻结状态，无须特殊管理。在出售前，则取出放在0℃下缓慢解冻，仍可恢复新鲜品质。

2. 假植贮藏

假植贮藏是一种抑制生长的贮藏方法，是把带根收获的蔬菜或园艺苗木密集假植在沟或窖内，使它们处在极其微弱的生长状态，但仍保持正常的新陈代谢过程。这一方法主要用于芹菜、莴苣等蔬菜的贮藏保鲜，园林苗木或果苗也可用假植方式来贮藏越冬。

假植贮藏蔬菜实际上是给蔬菜换了一个环境，强迫蔬菜处于极微弱的生长状态。这样，蔬菜能从土壤中吸收少量的水分和养料，甚至进行光合作用，能较长期地保持蔬菜的新鲜品质，随时采收，随时供应市场消费。

3. 干包装贮藏

干包装贮藏是许多切花长期贮藏的方法。而在水中或保鲜液中进行湿藏则是切花短期贮藏（几天）的常用方法。用于长期贮藏的切花必须质量好，因此包装干贮藏的切花常在清晨膨压高时采收，在出现萎蔫前迅速包在不透水的容器中，然后放在 0℃ 左右的环境下贮藏，这样可以贮藏较长时间。商业上为赶节日供应的切花一般采用干包装贮藏 1~3 周。另外，用于干包装的容器要求具有保湿功能，如用蜡或透明胶作衬里的纤维圆筒就较适用。而在常规花卉运输箱中则常采用分隔薄膜或塑料袋。容器中应尽可能装满切花，以减少自由空气的空间和避免相对湿度下降。不过包装不要太紧，以防压伤和发生褐色现象。

干包装贮藏切花时，要注意不同类型的切花有特殊的要求。例如，用此法贮藏月季时，可采用强风预冷，但不需要吸水处理，否则会增加"蓝变"现象发生。又如，像金鱼草、唐菖蒲等对重力敏感的花，必须直立贮藏，直立运输。

4.2 机械冷藏库贮藏

在我国北方农村，有传统冰窖贮藏新鲜果品、蔬菜和花卉的经验。不过由于冰窖贮藏劳动强度大，且受地域、气候和水源的限制，应用范围日益缩小。20 世纪 80 年代以来，随着机械冷藏设备和冷藏技术的发展及普及，机械冷藏已逐步取代冰窖贮藏。迄今为止，发达国家都将机械冷藏看作贮藏新鲜园艺产品的必要手段。

机械冷藏是指在一个适当建筑物中（机械冷藏库），借助机械冷凝系统的作用，将库内的热空气传送到库外，使库内温度降低并保持一定相对湿度的贮藏方式。机械冷藏的优点是受外界环境影响较小，可以终年维持库内需要的低温。库内温度、相对湿度及空气流量都可以控制调节，以适应产品的贮藏。

4.2.1 机械冷藏库的类型与特点

1. 机械冷藏库的类型

机械冷藏库属于人工降温库，生产上应用十分广泛，其建筑形式和类型因使用场合和用途有较大的差异。

1）按建筑形式分类，主要有土建冷藏库和装配式冷藏库两种。土建冷藏库的主体结构一般采用梁板式结构，施工方便，技术简单，但库容较小。装配式冷藏库是采用标准的金属夹心隔热板组装建造的，可以根据需要建成不同规格和要求的冷藏库，其特点是建库速度快，灵活多样，施工周期短，适应面广。

2）按设计温度分类，一般分为高温冷藏库（−2℃ 以上）和低温冷藏库（−15℃ 以下）两类。高温冷藏库统称冷藏库，适用于新鲜农产品及加工原料的贮藏；低温冷藏库也称冷冻库，多用于肉类、水产品和速冻加工产品的保藏。

3）按库容分类，目前冷藏库容量规模的划分尚未统一，在我国一般分为四类（表4-2）。

随着我国农村经济的快速发展，以农民个体经营方式建造的超小型冷藏库越来越多。因此，出现了国家标准中未统一规定的微型冷藏库。微型冷藏库一般是指库容在 200 m³ 以内、贮藏容量在 100t 以下的小型机械冷藏库。

表 4-2　机械冷藏库的容量分类

规模	贮藏容量/t	冻结能力/(t·d⁻¹)
大型冷藏库	>10000	120~160
大中型冷藏库	5000~10000	80~120
中型冷藏库	1000~5000	40~80
小型冷藏库	<1000	20~40

4）按使用性质分类，根据生产或流通的需要可分为生产性冷藏库、分配性冷藏库和零售性冷藏库。生产性冷藏库多建在主产地或货源比较集中的地区，用于长期贮藏产品，以满足市场和生产的需要。分配性冷藏库一般建在大中城市，主要用于调节市场供应和中转贮运。零售性冷藏库是建在较大的超市、副食品商店、菜场等，仅用于为消费者直接服务的冷藏库。

2. 机械冷藏库的特点

机械冷藏库的特点主要有：①具备良好保温隔热性能的库体结构，为永久性建筑；②装备完整的制冷设备和通风系统，能够提供稳定的低温条件；③易于操作管理和温湿度调控，保证适宜的贮藏条件；④利用率高，贮藏效果好；⑤建造投资较高，有一定的运行成本。

4.2.2　机械冷藏库的制冷原理

1. 制冷系统

机械制冷是利用气化温度很低的制冷剂气化，来吸收贮藏环境中的热量，使库温迅速下降，再通过压缩机的作用，使之变为高压气体后冷凝降温，形成液体后循环的过程。以制冷剂气化而吸热为工作原理的机械称为冷冻机，目前主要是压缩冷冻机，其组成有压缩机、蒸发器、冷凝器和调节阀（膨胀阀）四部分（图4-5）。制冷系统是冷藏库最重要的设备。

1）蒸发器。蒸发器是由一系列蒸发排管构成的热交换器，液态制冷剂由高压部分经调节阀进入低压部分的蒸发器时达到沸点而蒸发，吸收蒸发器所含的热。蒸发器可安装在冷藏库内，也可安装在专门的制冷间。

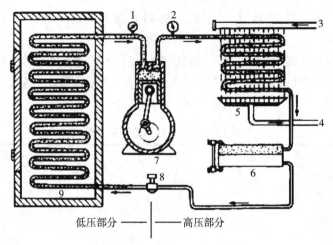

低压部分 —————|————— 高压部分

1. 回路压力；2. 开始压力；3. 冷凝水入口；4. 冷凝水出口；5. 冷凝器；
6. 贮液（制冷剂）器；7. 压缩机；8. 调节阀（膨胀阀）；9. 蒸发（制冷）器

图 4-5 冷冻机工作原理示意图（直辖蒸发系统）

2）压缩机。在整个制冷系统中，压缩机起着心脏的作用，是冷冻机的主体部分。目前常用的是活塞式压缩机。压缩机通过活塞运动吸进来自蒸发器的气态制冷剂，将制冷剂压缩成为高压状态而进入冷凝器中。

3）冷凝器。冷凝器有风冷和水冷两类，主要是通过冷却水或空气带走来自压缩机的制冷剂蒸汽的热量，使之重新液化。

4）调节阀。调节阀又叫膨胀阀，安装在贮液器和蒸发器之间，用来调节进入蒸发器的制冷剂流量，同时，起到降压作用。

2. 制冷剂

在制冷系统中，蒸发吸热的物质称为制冷剂，制冷系统的热传递任务是靠制冷剂来实现的。制冷剂要具备沸点低、冷凝点低、对金属无腐蚀作用、不易燃烧、无爆炸性、无刺激性、无毒、无味、易于检测、价格低廉等特点。

当前应用普遍的制冷剂是氨和卤代烃或氯氟碳化物。氨主要用于大、中型压缩冷冻机，其潜热比其他制冷剂高。在 0℃时，其蒸发热是 1260 kJ/kg。但氨有毒，若空气中含有 0.5 %（体积分数）时，人在其中停留 0.5 h 就会引起严重中毒，甚至有生命危险。若空气中含量超过 16%，则会发生爆炸性燃烧。另外，氨的比体积较大，其含水量不能超过 0.2%，且对钢及其合金有腐蚀作用。

氯氟碳化物使用较多的是二氯二氟甲烷（氟利昂），其蒸发热是 154.91 kJ/kg，是小型制冷设备中较好的制冷剂。但是氟利昂对臭氧层有破坏作用，目前已限制使用。许多国家在生产制冷设备时已采用了氟利昂的代用品，如溴化锂等制冷剂，我国也已生产出非氟利昂制冷的家用冰箱小型制冷设备，寻找和研究氟利昂代用品已经成为国际上极为关注的问题。

4.2.3 机械冷藏库的库内冷却系统

1. 直接蒸发系统

蒸发器直接安装于冷藏库中,利用制冷剂的蒸发降低库内温度。冷却系统降温迅速,但蒸发器上容易结霜,要经常冲霜,否则将会影响蒸发器的冷却效果,而且蒸发器运行会不断地降低库内湿度,使冷藏库内湿度比较低。同时,接近蒸发器处温度较低,远处则较高,库内温度不均匀。

2. 水冷却系统

蒸发器不直接安装在冷藏库内,而将其安装在盐水池内,将盐水冷却后,再输入安装在冷藏库内墙壁上的冷却管道,不断循环而降低库内温度。常用的盐水主要有食盐和氯化钙,20%的食盐水溶液可降至−16.5℃,20%的氯化钙溶液则可降至−23℃。盐水冷却系统可避免有毒及有臭味的制冷剂在库内泄漏而损害贮藏的产品和管理人员,但食盐和氯化钙溶液对金属都有腐蚀作用,并且必须在较低的温度下蒸发,从而增加了耗电量。

3. 鼓风冷却系统

蒸发器或者盐水冷却管装在空气冷却器(室内)内,借助鼓风机的作用,将库内的空气抽吸进入空气冷却器内而降温,将已冷却的空气通过鼓风机送入冷藏库内,如此循环降低库温。鼓风冷却系统冷却迅速,库内温湿度较为均匀一致,并能在空气冷却器内调节空气湿度。

4.2.4 冷藏库管理

1. 消毒

园艺产品腐烂的重要原因是有害菌类的污染,因此冷藏库在使用前必须进行全面的消毒。常用的消毒方法是将库内打扫干净,所有用具用 0.5% 的漂白粉溶液或 2%~5% 的硫酸铜溶液浸泡、刷洗、晾干。对冷藏库用下列方法进行消毒。

1)乳酸消毒。将浓度为 80%~90% 的乳酸和水等量混合,按库容用 1 mL/m³ 的乳酸比例,将混合液放于瓷盆内于电炉上加热,待溶液蒸发完后,关闭电炉。闭门熏蒸 6~24 h,然后开库使用。

2)过氧乙酸消毒。将 20% 的过氧乙酸按 5~10 mL/m³ 的比例,放于容器内于电炉上加热促使其挥发熏蒸,或按以上比例配成 1% 的水溶液全面喷雾。因过氧乙酸有腐蚀性,使用时应注意对器械、冷风机和人体的防护。

3)漂白粉消毒。将含 25%~30% 有效氯的漂白粉配成 10% 的溶液,用上清液按 40 mL/m³ 的比例喷雾。使用时注意防护,用后库房必须通风换气除味。

4）福尔马林消毒。在福尔马林中放入适量高锰酸钾或生石灰，稍加些水，待发生气体时，按 15 mL/m³ 的比例，将库门密闭熏蒸 6～12 h。开库通风换气后方可使用。

5）硫黄熏蒸消毒。用量为每立方米库容用硫黄 5～10 g，加入适量锯末，置于陶瓷器皿中密闭熏蒸 24～48 h 后，彻底通风换气。

2. 入库

园艺产品进入冷藏库之前要先预冷。由于园艺产品收获时田间热较高，增加了冷凝系统的负荷，若较长时间达不到贮藏低温，则会引起严重的腐烂败坏。进入冷贮的产品应先用适当的容器包装，在库内按一定方式堆放，尽量避免散贮。为使库内空气流通，以利降温和保证库内温度分布均匀，货物应离墙 30 cm 以上，与顶部约留 80 cm 的空间，而货与货之间应留适当空隙。

3. 温度管理

产品入库后应尽快达到贮藏适宜温度，在贮藏期间应尽量避免库内温度波动。园艺产品种类和品种不同，对贮藏环境的温度要求也不同。例如，有些切花（菊花、郁金香等）可在 0～0.5℃ 的条件下包装贮藏，而黄瓜、四季豆、甜辣椒等蔬菜在 0～7℃ 的温度条件下就会发生低温伤害。冷藏库的温度要求分布均匀，可在库内不同的位置安放温度表，以便观察和记录冷藏库内各部的温度情况，避免局部产品受害。另外，结霜会阻碍热交换，影响制冷效果，必须及时冲霜。

冷藏库内温度要保持稳定，库温较大幅度和频繁的波动对贮藏不利，这会加速产品品质的败坏。一般温度的波动不要超过 1℃，有的产品贮藏期间要求的温度范围更小。要防止库温波动，首先要求库体具有良好的隔热性能，以减少外界气温的影响；同时制冷机的工作效能要与库容量相适应，若贮藏量超过制冷机的负荷，则降温效果差，易引起库温波动。

冷藏库的温度分布也要均匀，不要有过冷或过热的死角，以避免局部产品受害。因此，要注意库内的通风和空气对流的情况。通风不好时，果蔬产品堆的呼吸热积累，局部温度上升；远离蒸发器处的空气温度会因外界传入的热量而升高；而蒸发器附近则有可能温度过低。

4. 湿度管理

冷藏库的湿度变化因贮藏产品和贮藏阶段的不同而不同。在贮藏初期，若入库果蔬的温度较高，则呼吸旺盛，水分蒸散较快，容易出现湿度过大的情况（特别是贮藏叶菜类产品时）；同时，货物的频繁出入，往往会将外界绝对湿度较高的暖空气带入库内，导致库内湿度增加。贮藏期间温度波动过大，容易结露，也使库内湿度过大。因此，要通过预冷、快速入库、防止温度波动等措施防止库内湿度过大，必要时用无水氯化钙吸湿。

贮藏园艺产品的相对湿度要求在 85%～95%。在制冷系统运行期间，湿空气与蒸发管接触时，蒸发器很容易结霜，而经常性的冲霜会使冷藏库内湿度不断降低，常低于贮藏果蔬对湿度的要求。因此，贮藏园艺产品时要经常检查库内相对湿度，采用地面洒水和安装喷雾设备或自动湿度调节器的措施来达到对贮藏湿度的要求。

一些冷藏库出现相对湿度偏高的现象,这主要是由于冷藏库管理不善,产品出入频繁,以致库外的绝对湿度较高的暖空气进入库房,在较低温度下形成较高的相对湿度,甚至达到"露点"而出现"发汗"现象,解决这一问题的方法在于改善管理。

5. 通风换气管理

园艺产品贮藏过程中,会放出二氧化碳和乙烯等有害气体,当这些气体浓度过高时不利于贮藏。冷藏库必须要适度通风换气,保证库内温度均匀分布、降低库内积累的二氧化碳和乙烯等气体浓度,达到贮藏保鲜的目的。冷藏库的通风换气要选择气温较低的早晨进行,当外界湿度过高时暂缓通风,为防止通风而引起冷藏库温、湿度发生较大的变化,在通风换气的同时应开动制冷机以减缓库内温湿度的升高。

通风类型有两种,一种是依靠通风机进行库内循环通风,其目的是增加蒸发器的热交换效率,使库内各部分的温湿度均匀一致。尤其在产品贮藏开始时,即使经预冷的产品,一般也比冷藏库的温度稍高,在冷藏库中堆码起来,如果没有适当的通风,冷却是很难均匀进行的。一般是把通风道安装在冷藏库的中部产品堆叠的上方,向两面墙壁方向吹出,转向下方通过产品行列,而回到中部上升,如此循环。通常在冷藏库中安装有冷却柜,库内空气由下部进此柜,上升通过蒸发管将空气冷却,再经上部鼓风机将其吹出,沿着天花板分散到产品堆的上面。另一种是以更新空气为目的的通风。由于产品经过一定时间的贮藏后,会产生一些不良气体,如 CO_2、乙烯等,为了保证产品的贮藏质量,需要定期将这些不良气体排出库外。排气主要靠通风窗或排风扇进行,排气时既要注意防冻,又要尽量少将库外的热空气引入库内,所以在温暖季节,排气一般在夜间或清晨进行,而在严冬季节应在气温较高时进行。

6. 产品码放

要使库内果蔬产品尽快降温、各部位的温度尽量一致,就要使库空气能够畅通循环,库内产品的堆码必须合理。堆垛之间,堆垛与墙壁、地面、库顶间均应留有适当的空间,果筐之间也要留有适当的缝隙,以利于空气的流通和循环。一般垛顶与天花板的间距要在 50 cm 以上,垛与库墙间应有 20 cm 风道,垛底用方木条或水泥条垫起以便底部通风。产品堆放要避开通风口,冷风口或蒸发器附近的果蔬应加以保护以防受冻。

7. 出库

一般根据产品的入库顺序进行出库,即最先入贮的应最先出库。高温季节出库时,应将库温先升高,再出库,以防产品直接从低温取出遇到外界高温出现结露现象。升温的程度需要根据出库时外界温度与库温相差的程度和外界的湿度而定,以产品出库后不结露为准。

8. 制冷系统的维护

为了保证良好的制冷效果,必须经常对制冷系统进行维护。其中对直接制冷式蒸发器则要经常冲霜，否则会影响冷却效果。另外，还要保证制冷剂不泄漏。

1）压缩机的油面及回油情况。运转机组要经常观察压缩机的油面、回油情况及油的清洁度，发现油脏或油面下降要及时处理，以免造成润滑不良。

2）清扫风冷器。风冷机组要经常清扫风冷器，使其保持良好的换热状态。对于水冷机组，要经常检查冷却水的混浊程度，如冷却水太脏，要进行更换；检查供水系统有无跑、冒、滴、漏问题；水泵工作是否正常，阀门开关是否有效，冷却塔、风机是否正常。对于冷风机组，经常检查冷凝器，出现结垢时要及时清除。

3）蒸发器除霜。风冷机的蒸发器要经常检查除霜情况，除霜是否及时有效会影响制冷效果，导致制冷系统回液。

4）压缩机运行状态。经常观察压缩机运行状态，检查其排气温度，在换季运行时，要特别注意系统的运行状态，及时调整系统供液量和冷凝温度。仔细听压缩机、冷却塔、水泵或冷凝器风机运转声音，发现异常应及时处理，同时检查压缩机、排气管及地脚的振动情况。

5）压缩机的维护。初期系统内部清洁度较差，在运行 30 天后要更换一次冷冻油和干燥过滤器，在运行半年之后再更换一次（要根据实际情况而定）。对于清洁度较高的系统，运行半年以后也要更换一次冷冻油和干燥过滤器，以后视情况而定。

4.3 气 调 贮 藏

气调贮藏是指在冷藏的基础上，将园艺产品贮藏于密闭的库房内，通过降低 O_2 浓度，适当提高 CO_2 浓度，抑制果蔬的各种代谢以及微生物的活动，达到延缓衰老、减少损失的贮藏方法。采用气调贮藏库对果蔬进行调节气体贮藏即为气调贮藏，它是当今国际上广为应用的果蔬贮藏方法，被视为继机械冷藏推广以后，果蔬贮藏上的一次重大革新。气调库用于商业贮藏在国外已有近 70 年的发展史，在某些发达国家已基本普及，世界上的气调库在果蔬贮藏中已占到 1/3，美国高达 75%，法国约占 40%，英国约占 30%。我国气调贮藏技术起步较晚，在商业上应用仅有约 10 年的历史，随着全球经济一体化和我国国民经济的发展，人们对果蔬保鲜的质量要求越来越高，果蔬气调贮藏将会在我国有更快的发展。

4.3.1 气调贮藏的原理、特点及类型

1. 气调贮藏的原理

气调贮藏是在特定气体环境中的冷藏方法。正常大气中 O_2 浓度约为 21%，CO_2 浓度约为 0.03%，而气调贮藏改变了贮藏环境的气体成分，把 O_2 浓度降低至 2%～5%，CO_2 浓度提高到 1%～5%，低 O_2 能够有效地抑制呼吸作用和乙烯产生，在一定程度上减少蒸散作用，抑制微生物生长；适当高浓度的 CO_2 可以减缓呼吸作用，对呼吸跃变型果蔬有推迟呼吸跃变启动的效应，可抑制乙烯的催熟作用，从而延缓后熟和衰老。实践表

明，采用气调贮藏法能有效抑制果蔬呼吸作用，延缓衰老及其有关的生理生化变化进程，达到延长果蔬贮藏保鲜的目的。因此，近二十年来气调贮藏保鲜技术越来越受人们重视，已成为世界上公认的最先进的商业化贮藏方法。

2. 气调贮藏的特点

1）保鲜效果好，推迟果蔬衰老。在贮藏过程中，果蔬的后熟和衰老与其本身的生理变化有着密切的关系。在气调贮藏环境中，通过调节 O_2 和 CO_2 的浓度，可以降低呼吸强度及乙烯的生成率，能够达到推迟果蔬后熟和衰老的目的。例如，冷藏苹果一般 4 个月后开始发绵，而采用气调贮藏 6 个月后的苹果仍可保持香脆。

2）减少贮藏损失。由于气调贮藏能有效降低果蔬的呼吸作用、蒸散作用和抑制微生物生长，使贮藏中的果蔬产品近似处于休眠状态，正常的生理活动降至最低程度。从而气调贮藏果蔬产品总损耗率明显下降。

3）减轻或缓和某些生理失调。气调贮藏在完全密闭的环境中采用低 O_2、高 CO_2 气体成分进行保鲜，对果蔬产品生理抑制作用明显，故贮藏环境温度可以适当提高，加之相对湿度较高，有利于减轻某些果蔬冷害的发生。例如，在 5℃ 的条件下，提高 CO_2 浓度至 10%～20%，能显著降低辣椒的冷害症状。降低 O_2 的浓度，使果蔬组织对乙烯的敏感性下降，在一定程度上阻止了苹果等果蔬褐斑病的发生。

4）保鲜期长。在达到相同保鲜质量的情况下，气调贮藏果蔬的保鲜期要比冷藏果蔬的保鲜期长得多。在气调贮藏中，由于低温、低氧、高湿、高二氧化碳的特殊环境，果蔬的生理代谢降至最低程度，营养物质和能量消耗最少，抗病能力较强，从而推迟了果蔬的后熟和衰老，贮藏保鲜期大大延长。同时在流通销售过程中，气调贮藏果蔬品质明显优于冷藏等其他贮藏方法，食品销售的货架期也较长。

5）安全性好，无任何污染。气调贮藏过程中不使用任何化学药物处理，贮藏环境的气体组成与空气相近，果蔬贮藏中不会产生对人体有害的物质。贮藏环境温度、湿度调节和机械冷藏一样，不会对果蔬造成任何污染。虽然气调贮藏法具有许多明显的优点，但是，当使用条件不适当时，不但达不到保鲜效果，反而有害于果蔬等食品保鲜。例如，O_2 的浓度过低会引起马铃薯出现黑心症状，当温度上升到 3℃ 以上，呼吸作用加强，需氧量增大，这种生理失调则更为明显。O_2 浓度为 2% 以下或 CO_2 浓度在 2% 以上时，会引起番茄后熟不均匀。O_2 分压低于 1% 时，由于产生无氧呼吸使果蔬失去正常风味。当 CO_2 浓度上升至 15% 以上时，香蕉、柑橘、苹果等水果会失去正常香气。所以，必须根据园艺产品固有的特性来选择合宜的贮藏工艺条件。

3. 气调贮藏的类型

气调贮藏主要有人工气调（controlled atmosphere，CA）贮藏和自发气调（modified atmosphere，MA）贮藏两种方式。CA 贮藏是根据产品的需要和人的意愿调节贮藏环境中各气体成分浓度并保持稳定的一种贮藏方法。CA 贮藏通过专用调气设备严格控制 O_2 和 CO_2 的浓度，并与贮藏温度和湿度密切配合，贮藏技术先进，贮藏效果好，是当前发达国家采用的主要类型，也是我国园艺产品贮藏业发展的主要目标。MA 贮藏是利用贮藏产品自身的呼吸作用来降低贮藏环境中 O_2 浓度,提高 CO_2 浓度的一种贮藏方法。MA 贮藏不需要专用调气设备,一般采用不同透气性的包装材料达到调节气体成分的目的,方法简单易行,因此,也称为简易气调贮藏。MA 贮藏可以结合机械冷藏库和其他低温贮藏条件灵活应用,并能取得较好的贮藏效果。这种贮藏方式的不足是调气速度慢,有时难以达到理想的气体浓度,贮藏期间难以控制气体浓度的稳定性,对果蔬释放出的乙烯无法排除。

4.3.2 气调贮藏的条件

气调贮藏法多用于果品和蔬菜的长期贮藏。因此,无论是外观还是内在品质都必须保证原料产品的高质量,才能获得高质量的贮藏产品,取得较高的经济效益。入贮的产品要在最适宜的时期采收,不能过早或过晚,这是获得良好贮藏效果的基本保证。

1. O_2、CO_2 和温度的配合

气调贮藏是在一定温度条件下进行的。在控制空气中的 O_2 和 CO_2 浓度的同时,还要控制贮藏的温度,并且使三者达到适当的配合。

1)气调贮藏的温度要求。实践证明,采用气调贮藏法贮藏果品或蔬菜时,在比较高的温度下,也可能获得较好的贮藏效果。新鲜果品和蔬菜之所以能较长时间地保持其新鲜状态,是由于人们设法抑制了果蔬的新陈代谢,尤其是抑制了呼吸代谢过程。这些抑制新陈代谢的手段主要是降低温度,提高 CO_2 浓度和降低 O_2 浓度等,可见,这些条件均属于果蔬正常生命活动的逆境,而逆境的适度应用,正是保鲜成功的重要手段。任何一种果品或蔬菜,其抗逆性都有各自的限度。譬如,一些品种的苹果常规冷藏的适宜温度是 0℃,如果进行气调贮藏,在 0℃ 下再加以高 CO_2 和低 O_2 的环境条件,则苹果会承受不住这三方面的抑制而出现 CO_2 伤害等病症。这些苹果在气调贮藏时,其贮藏温度可提高到 3℃ 左右,这样就可以避免 CO_2 伤害。绿色番茄在 20~28℃ 下进行气调贮藏的效果,与在 10~13℃ 下普通空气中贮藏的效果相仿。由此看出,气调贮藏法对热带、亚热带果蔬来说有着非常重要的意义,因为它可以采用较高的贮藏温度从而避免产品发生冷害。当然这里的较高温度也是很有限的,气调贮藏必须有适宜的低温配合,才能获得良好的效果。

2)O_2、CO_2 和温度的互作效应。气调贮藏中的气体成分和温度等条件,不仅个别地对贮藏产品产生影响,而且诸因素之间也会发生相互联系和制约,这些因素对贮藏产品产生综合的影响,即互作效应。气调贮藏必须重视这种互作效应,贮藏效果的好坏正是这种互作效应是否被正确运用的反映。要取得良好贮藏效果,O_2、CO_2 和温度必须有最佳的配合。而当一个条件发生改变时,另外的条件也应随之作相应的调整,这样才可能仍然维持一个适宜的综合贮藏条件。不同的贮藏产品都有各自最佳的贮藏条件组合。但这种最佳组合不是一成不变的。当某一条件因素发生改变时,可以通过调整其他因素来弥补由这一因素的改变所造成的不良影响。因此,同一种贮藏产品在不同的条件下或不同的地区,会有不同的贮藏条件组合。

在气调贮藏中，低 O_2 有延缓叶绿素分解的作用，配合适量的 CO_2 则保绿效果更好，这就是 O_2 与 CO_2 的正互作效应。当贮藏温度升高时，就会加速产品叶绿素的分解，也就是高温的不良影响抵消了低 O_2 及适量 CO_2 对保绿的作用，这就是各因素间的负互作效应。

2. CO_2 和 O_2 的调节管理

气调贮藏容器内的气体成分，从刚封闭时的正常气体成分转变到要求的气体指标，是一个降 O_2 和升 CO_2 的过渡期，可称为降 O_2 期。降 O_2 之后，则是使 O_2 和 CO_2 稳定在规定指标的稳定期。降 O_2 期的长短以及稳定期的管理，关系到果蔬的贮藏效果好坏。

1）放风法。每隔一定时间，当 O_2 降至指标的低限或 CO_2 升高到指标的高限时，开启贮藏容器，部分或全部换入新空气，而后再进行密封。自然降 O_2 法中的放风法，是简便的气调贮藏法。此法在整个贮藏期间 O_2 和 CO_2 的浓度总在不断变动，实际不存在稳定期。在每一个放风周期之内，两种气体都有一次大幅度的变化。每次临放风前，O_2 降到最低点，CO_2 升至最高点；放风后，O_2 升至最高点，CO_2 降至最低点，即在一个放风周期内，中间一段时间 O_2 和 CO_2 的浓度比较接近，在这之前是高 O_2、低 CO_2 期，之后是低 O_2、高 CO_2 期。

2）充 CO_2 自然降 O_2 法。封闭后立即人工充入适量 CO_2（10%～20%），O_2 仍自然下降。在降 O_2 期不断用吸收剂吸除部分 CO_2，使其浓度大致与 O_2 接近。这样 O_2 和 CO_2 同时平行下降，直到两者都达到要求指标。稳定期管理同前述调气法。这种方法是借 O_2 和 CO_2 的拮抗作用，用高 CO_2 来克服高 O_2 的不良影响，又不使 CO_2 过高造成毒害。据试验，此法的贮藏效果接近人工降 O_2 法。

3）充氮法。封闭后抽出容器内的大部分空气，充入氮气，由氮气稀释剩余的空气中的 O_2，使其浓度达到要求指标。有时充入适量 CO_2，使之也立即达到要求浓度。

4.3.3　气调库的结构及调气设备

1. 气调库的结构

气调库结构类型按库体建筑结构，可分为如下三种。

1）砖混式气调库。采用传统建筑材料和保温隔热材料砌筑而成，优点是建造费用低，为永久性建筑，但施工周期较长，库房气密性不高。

2）装配式气调库。装配式气调库是采用彩色夹心钢板作为围护材料，在设置了隔热层、防潮层和气密层的地坪上组装而成的库房。这种材料具有较好的隔热、防潮和高气密性，建造速度快，性能稳定可靠，美观大方，但造价较高。装配式气调库是目前国内外新建气调库的主流库型结构。

3）夹套式气调库。适用于传统冷藏库改建气调库，可在库内用柔性或刚性的气密材料围建一个密闭的贮藏空间，安装调气管路和气调设备，利用原有的制冷设备降温。这种气调库的优点是无须新建库体和制冷系统，造价低，建造工期短，使冷藏库性能提升，但夹套气密材料需定期更换，气调贮藏空间内外存在一定的温差。

2. 气调系统与设备

利用一定容量的气调库贮藏时，靠产品呼吸作用形成低 O_2、高 CO_2 的环境，往往需要较长的周期，有时甚至需要 2~3 周的时间。因而，通常是利用一定的设备制造氮气并通入气调库内置换其中的普通空气，达到降低库中 O_2 浓度的目的；库内 CO_2 浓度超过要求时，用清除 CO_2 的设备除去，形成适宜贮藏产品的 CO_2 和 O_2 浓度。

1) 碳分子筛气调机或制氮机。该制氮机有两个密封的吸附塔，塔内填充经特殊工艺制成的碳分子筛。塔与空气压缩机和真空泵连接，组成一种变压吸附系统。空气经压缩机加压后进入塔内，在高压下氧分子被吸附在碳分子筛上，空气变成高浓度的氮气之后被送入库内降低库中氧的浓度，吸附氧饱和后，机器会启动另一个吸附塔继续工作供氮，而另一个吸附塔中吸氧饱和后的分子筛经真空泵降压再生就又可以用于吸附氧分子。碳分子筛在吸附氧的同时，也吸附 CO_2 和乙烯。因此，无须另设清除 CO_2 和乙烯的装置。

2) 膜分离制氮机。膜分离制氮机的主要工作部分是一组中空纤维，将洁净的压缩空气通过中空纤维组件，将 O_2 和 N_2 分开。

4.3.4 气调贮藏的管理

1. 贮藏前的准备工作

气调库贮藏前必须检验库房的气密性，检修各种机器设备，发现问题及时维修、更换，以避免漏气而造成不必要的损失。

2. 选择适宜品种、适时采收

果蔬产品自身的生物学特性各异，对气调贮藏条件的要求也各不相同，只有选择适宜品种，适时采收，才能保证果蔬产品的原始质量。根据对气调反应的不同，果蔬产品可分为三类：第一类是对气调反应优良的，代表种类有苹果、猕猴桃、香蕉、草莓、蒜薹、绿叶蔬菜等；第二类是对气调反应不明显的，如葡萄、柑橘、萝卜、马铃薯等；第三类是对气调反应一般的，如核果类等。只有对气调反应良好和一般的果蔬产品才有进行气调贮藏的必要和潜力。气调贮藏对原料的成熟度和质量要求较为严格。贮藏用的产品最好在专用基地生产，加强采前管理。另外，要严格把握采收的成熟度，并注意采后商品化处理技术措施的配套综合应用，以利于气调效果的充分发挥。新鲜果蔬在田间早期的微生物侵染，一般不易被察觉，但在贮藏中却容易引起产品腐烂。因此，贮藏前对产品的早期侵染要心中有数，只有不受侵染的优质产品，才适于长期气调贮藏。气调贮藏的果蔬必须慎用各种激素。很多蔬菜和水果由于大量使用激素，或激素+化肥+灌水，致使产品质量大幅度下降。

3. 产品入库和堆码

入库时必须做好周密的计划和安排，尽可能做到分种类、品种、成熟度、产地、贮藏时间要求等分库贮藏，保证及时入库并尽可能地装满库，减少库内气体的自由空间，从而加快气调速度，缩短气调时间，使果蔬在尽可能短的时间内进入气调贮藏状态。果蔬产品采收后应立即预冷并一次入库。在气调间进行空库降温和入库后的预冷降温时，应注意保持库内外的压力平衡，不能封库降温，只能关门降温。当库内温度基本稳定后，就应迅速封库建立气调条件。

4. 贮期管理

气调贮藏不仅要分别考虑温、湿度和气体成分，还应综合考虑三者之间的配合。一个条件的有利影响可以结合其他有利条件作用进一步加强；反之，一个不适条件的不利影响可因结合另外的不适条件而变得更为严重。一个条件的不适状态可以使其他本来适宜的条件的作用减弱或不能表现出其有利影响；与此相反，一个不适条件的不利影响可因改变其他条件而使之减轻或消失。因此，生产实践中必须寻找三者之间的最佳配合。对每种果蔬都有一个最佳的条件配合，但这个配合并非固定不变的，同一种果品蔬菜，由于品种、产地、采收成熟度不同，以及在贮藏中的不同阶段，可有不同的适宜配合要求。气调贮藏管理主要有如下 4 个方面：

1）温度管理。与机械冷藏一样，气调贮藏不仅需要适宜的低温，而且要尽量减少温度的波动和不同库位的温差。一般在入库前 7～10 天即应开机进行梯度降温，至鲜果入贮之前使库温稳定保持在 0℃ 左右，为贮藏做好准备。入贮封库后的 2～3 天内应将库温降至最佳贮温范围之内，并始终保持这一温度，避免产生波动。气调贮藏适宜的温度略高于机械冷藏，约高 0.5℃。

2）相对湿度管理。气调贮藏过程中由于能保持库房内处于密闭状态，且一般不进行通风换气，能保持库房内较高的相对湿度，降低了湿度管理的难度，有利于产品新鲜状态的保持。气调贮藏期间可能会出现短时间的高湿情况，一旦发生这种现象即需除湿（如用 CaO 吸收等）。

3）O_2 和 CO_2 浓度。由于新鲜果蔬产品对低 O_2、高 CO_2 的耐受力是有限度的，产品长时间贮藏超过规定限度的低 O_2、高 CO_2 等气体条件下会受到伤害，导致损失。因此，气调贮藏时要注意对气体成分的调节和控制，并做好记录，以防止意外情况发生，有助于意外发生原因的查明和责任的确认。

4）乙烯的脱除。根据贮藏工艺要求，对乙烯进行严格的监控和脱除，使环境中的乙烯含量始终保持在阈值以下（即临界值以下），并在必要时采用微压措施，避免大气中可能出现的外源乙烯对贮藏构成的威胁。对于单纯贮藏产生乙烯极少的果蔬或对乙烯不敏感的果蔬，也可不用脱除乙烯。从封库建立气体条件到出库前的整个贮藏期间，称为气调状态的稳定期，这个阶段的主要任务是维持库内温、湿度和气体成分的基本稳定，保证贮藏产品长期保持最佳的气调贮藏状态。操作人员应及时检查和了解设备的运行情况和库内贮藏参数的变化情况，保证各项指标在整个贮藏过程中维持在合理的范围内。同时，要做好贮藏期间产品质量的监测。每个气调库（间）都应有样品箱（袋），放在观察窗能看见和伸手可拿的地方。一般每半月抽样检验一次。在每年春季库外气温上升时，也到了贮藏的后期，抽样检查的时间间隔应适当缩短。

除产品安全性之外，工作人员的安全性也不可忽视。气调库房中的 O_2 浓度一般不低于 10%，低于这一浓度对人的生命安全是危险的，且危险性随 O_2 浓度降低而增大，所以气调库在运行期间门应上锁，工作人员不得在无安全保证的情况下进入气调库。

5. 出库管理

气调库的产品在出库前一天应解除气密状态，停止气调设备的运行。

4.4　其他贮藏技术

4.4.1　减压贮藏

减压贮藏又称为低压贮藏（low pressure storage，LPS）、半气压贮藏、真空贮藏等。它是在冷藏和气调贮藏的基础上进一步发展起来的一种特殊的气调贮藏方法。将产品放置于密闭的贮藏室内，抽气减压，使其处于低于大气压力的环境条件下，并维持低温的贮藏方法即减压贮藏。1957 年，Workman 和 Hummel 等发现，一些果蔬在冷藏的基础上再降低气压，可进一步降低呼吸水平和乙烯的生成，从而明显延长贮藏寿命。1966 年 Burg 夫妇提出了完整的减压贮藏理论和技术。此后，国际上许多学者相继开展了广泛的研究，应用范围最先试用于苹果，后迅速扩大到其他果实、蔬菜、花卉、切花、苗木以及鱼、畜、禽等动物食品。

1. 减压贮藏的原理

减压贮藏是在降低气压的同时，空气中各种气体组成的分压也降低，如气压降低到正常的 1/10 时，空气中氧气的绝对含量也只有原来的 1/10，即约为 2.1%，所以减压贮藏创造了一个类似气调贮藏的低氧条件。减压处理能促进组织内气体向外扩散的速度，即能够促进组织体内产生的乙烯、乙醛、乙醇和芳香物质向外扩散，这种作用对防止园艺产品组织的完熟和衰老极其有利。另外，减压贮藏还具有保持绿色、防止组织软化、减轻冷害和一些贮藏生理病害的效应。简而言之，减压贮藏的原理是，一方面不断地保持低压条件，降低氧气的浓度，抑制园艺产品组织内乙烯的生成；另一方面则把释放出的乙烯从环境中排除，从而达到贮藏保鲜的目的。

2. 减压贮藏的主要设备

减压贮藏库主要由减压贮藏室（减压贮藏罐）、真空泵、加湿器、制冷机和空气流量计等部分组成，如图 4-6 所示。目前小规模的减压贮藏多采用钢制圆形罐或长方形贮藏箱，其贮藏容量较小。贮量较大的减压贮藏室设计建造要求高于气调库，除要有高度气密性外，库体结构必须能够承受高压强，所以库体建造成本较高。

减压条件下植物组织易蒸散失水，为保持很高的空气湿度（一般需在 95% 以上），必须通过加湿器增加贮藏时的相对湿度。

　　减压处理有两种方式,即定期抽气式和连续抽气式。前者是将贮藏容器抽气达到要求真空度后,便停止抽气,以维持规定的低压状态。这种方式虽可促进果蔬组织内乙烯等气体向外扩散,却不能使容器内的这些气体不断向外排除。连续抽气式是在整个装置的一端用抽气泵连续不停地抽气排空,另一端不断输入新鲜空气,进入减压室的空气经过加湿槽以提高室内的相对湿度。减压程度由真空调节器控制,气流速度同时由气体流量计控制,并保持每小时更换减压室容积的1~4倍,使产品始终在恒定低压低温的新鲜湿润气流中保鲜。

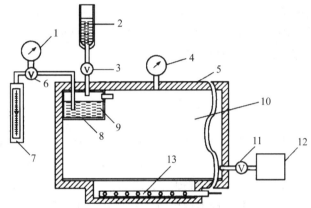

1. 真空表(指示真空调节器的下流压力);2. 加水器;3. 阀门(平时关闭,需补偿水时开启);
4. 湿度表;5. 隔热墙;6. 真空调节器;7. 空气流量计;8. 加湿器;9. 水(可加入挥发性
杀菌剂,如仲丁胺);10. 减压贮藏室;11. 真空节流阀;12. 真空泵;13. 制冷系统的冷却管

图 4-6　减压贮藏的基本设备

3. 减压贮藏的优缺点

(1) 减压贮藏的优点

1) 独具优势的气体成分控制技术。在减压条件下,贮藏室空气中各种组分的分压都同比下降,形成低 O_2、低 CO_2 环境,不仅有效地抑制了果蔬的呼吸作用,而且从根本上消除了 CO_2 中毒的危险。由于通过控制气压而形成低 O_2 条件,O_2 浓度可精确控制。

2) 促进入库产品快速降温。减压贮藏的低气压条件,使果蔬组织内的水分迅速蒸散吸热,因此可快速排出产品携带的田间热,降低呼吸强度,快速达到较稳定的代谢水平。

3) 库内形成高湿环境。在减压贮藏中不断地输入潮湿新鲜的空气,由于通过加湿器控制空气的载湿量,因此可使库内保持高湿,但精确地控制库内相对湿度还有一定难度。

4) 消除挥发性代谢产物的不利生理影响。在特定的气体环境内,组织内外气体交换速度受该气体在组织内外的浓度梯度、气体在空气中的扩散系数和组织自身特性的影响。对于同一种组织,在减压气流条件下,很容易推导出组织内部的气体浓度和环境气压呈正相关关系,组织内部气体向环境扩散的速度和环境气压呈负相关关系。因此,减压气流室中由于气压降低,内源乙烯及乙醇、乙醛、α-法尼烯等挥发性代谢产物均向外扩散,组织内部的气体浓度伴随环境压力下降而相应降低,由于同时还处于低 O_2 条件下,它们的合成也会受到抑制,从而有效地延缓了组织的后熟或衰老过程,防止产品品质风味劣变。

5）减压对病害的控制。减压条件下会干扰微生物正常的生长发育和孢子的形成，从而减轻病害发生。

（2）减压贮藏的缺点

减压贮藏的不足一是对减压贮藏库的要求较高，至少要求贮藏库能承受 1.01325×10^5 Pa 以上的压力，这在建筑上是极大的难题，且建筑费用比气调库和冷藏库要高；二是在减压条件下，组织极易散失水分而萎蔫，因此在管理上的第一个特点就是要注意经常保持高的相对湿度（95％以上），但是，高湿度又会加重微生物的危害，因此在管理上的第二个特点是减压贮藏时要配合应用消毒防腐剂；三是贮藏的园艺产品刚从减压室中取出来时，风味不佳，因此在减压贮藏后所取出的园艺产品要放置一段时间后再上市出售，这样可以部分恢复原有的风味和香气。

4.4.2　辐照处理

辐照保藏主要是利用 ^{60}Co 或 ^{137}Cs 产生的 γ 射线的作用对产品进行保藏的方法。γ 射线是穿透力极强的电离射线，当它穿过生活有机体时，会使其中的水和其他物质电离，生成游离基或离子，从而影响机体的新陈代谢过程，严重时则杀死细胞。电子流穿透力弱，但也能起到电离作用。辐射处理不仅可以干扰基础代谢过程，延缓果实的成熟衰老，还可以减少害虫滋生和抑制微生物引起的果实腐烂，从而延长贮藏期。

1. 射线种类

射线是指高速运动中的电磁波或粒子流，但应用在食品辐照中的射线主要是能使食品中的分子或原子离子化的射线，即电离射线。目前在农产品和食品上广泛应用的是放射性同位素在衰变过程中释放出的 γ 射线、β 射线和以人工方法用加速器产生的电子射线。

放射性同位素辐射的粒子流根据其特性可分为 α 射线、β 射线和 γ 射线。α 射线具有很强的电离作用，但由于通过物质时很容易使其中的原子电离失去能量，所以它的穿透能力很弱。β 射线由于电子的质量小，速度大，通过物质时不使原子电离，所以能量损失较慢，穿透物质的能力较强，而电离作用则较弱。γ 射线是波长非常短的电磁波束，它是原子核从高能态跃迁到低能态时放射出的一种光子流，能量较大，穿透能力较强，但电离作用较小。

原子核数目衰变到原来的一半所经历的时间称作该放射性同位素的半衰期。不同的放射性同位素，其半衰期可以相差很大，用作食品辐射源的 ^{60}Co 的半衰期为 5.27 年，^{137}Cs 为 30 年。半衰期越短的放射性同位素，衰变越快，即在单位时间内放射出的射线越多。

2. 辐照保鲜原理

辐射对生物体的作用方式有直接作用和间接作用两种。直接作用是指生物大分子直接吸收辐射能后引起辐射效应，产生电离、激发、化学键断裂、某些酶活性降低或失活、膜系统分子结构破坏等效应，导致辐射损伤。间接作用是生物体介质——水分子吸收辐射能后，引起电离、激发，形成各种活性自由基和分子产物，它们再与生物大分子作用，引起结构和功能破坏，导致辐射损伤。因此，农产品辐照保鲜的机理主要表现在以下三个方面。

1) 生物学效应。第一，射线处理使细胞分子产生辐射诱变，干扰微生物代谢，特别是使其脱氧核糖核酸的合成受影响；第二，破坏了微生物细胞内膜，引起微生物酶系统紊乱，导致微生物死亡；第三，水分子受辐射后离子化，形成—H、—OH、—H_2O_2 等基团，这些中间产物能在不同途径中参与化学反应，在水基团的作用下生物活性物质钝化，细胞受损，当损伤达一定程度后，微生物细胞生活机能完全丧失。

2) 生理学效应。通过辐射水平来抑制其后熟期，其机理主要是改变果蔬体内乙烯的生成率而影响其成熟过程。辐照可以改变果蔬的呼吸强度，防止细胞老化，其效果与辐射剂量有关。同时，也可延滞果蔬种子的萌发。

3) 化学效应。辐照对农产品品质一般无影响。用射线辐照新鲜甜玉米，结果表明辐照在延长甜玉米保质期的同时，对其可溶性固形物、蔗糖、淀粉和总糖均无影响，甜、香、味无异常变化。莱阳梨经 γ 射线照射后，维生素 C、糖及酸的含量均未受到影响。也有报道称柑橘经辐照保鲜后含糖量有所增加。但辐照剂量过高或超过其忍受极限，对农产品品质有一定的影响。高剂量辐照可使果蔬汁中含有不饱和脂肪酸的脂肪发生氧化变化；碳水化合物有可能因辐照使糖和淀粉氧化和降解；蛋白质中的部分氨基酸可能发生分解、氧化。由于辐照剂量不同，所起的作用也有差异，用于农产品保藏和品质改良为目的的辐照，均有其对应的辐照效应和使用剂量范围（表4-3）。

表 4-3　辐照在食品上的应用

辐照的目的与效果	适用剂量/kGy	被辐照食品
抑制发芽、生根	0.05~0.15	马铃薯、大蒜、葱
延缓成熟	0.2~0.8	香蕉、木瓜、番茄
防止开伞	0.2~0.5	蘑菇、松菇
特定成分的积累	0~5	辣椒的类胡萝卜素
杀灭贮藏谷物中的害虫	0.1~0.3	大米、麦、杂粮
水果虫害的驱除	0~0.25	橘、橙、芒果
杀灭寄生虫	0.5	猪肉（旋毛虫）
耐藏辐照杀菌	1~3	畜肉及制品、鱼贝类、果蔬
辐照巴氏杀菌	5~8	畜肉及蛋中沙门氏菌

3. 辐照处理对果蔬的效应

1) 抑制发芽。电离辐射可抑制器官发芽，这是由于分生组织被破坏，核酸和植物激素代谢受到干扰，以及核蛋白发生变性等。印度等国的试验表明，60~150 Gy 剂量照射马铃薯、洋葱，可使其在常温下保藏一年。大蒜在休眠期用 30~40 Gy 剂量照射就足以抑制发芽。

2）调节呼吸和后熟，延缓衰老。跃变型果实经适当剂量辐照后，一般都表现出后熟抑制，呼吸跃变延后，叶绿素分解减慢，如番茄、青椒、黄瓜和一些热带水果都有这种表现。可以用"修复反应"来解释辐照抑制后熟的作用，认为生物体要从辐照造成的伤害中恢复过来，这期间起着修复作用，后熟就被延迟了。非跃变型果实的反应则不同，如柑橘看不到辐照的修复反应，绿色柠檬和早熟蜜柑辐照后加速黄化。

3）抑制微生物引起的腐烂。杀菌是新鲜果蔬进行辐照处理的重要目的之一。辐照处理能否防腐，取决于以下几个方面的综合影响：①辐照剂量是否足以控制主要病原菌；②这种剂量和剂量率对产品的伤害和对产品抗性削弱的程度如何；③在贮藏过程中病原菌能否重复侵染。

4）减少害虫的危害。辐照可以破坏害虫正常的新陈代谢，中断其生长发育，停止其生命活动，甚至使其死亡。用 1680 Gy 剂量辐照砀山酥梨，会使钻心虫处于休眠状态，不能为害。

4．辐照在应用中存在的问题

1）辐照伤害和辐照味。果蔬经照射后都会产生一定程度的生理损伤，主要表现为变色和抗性下降，甚至细胞死亡。但不同作物辐照敏感性差异很大，因此致伤剂量和病情表现也各不相同。组织变褐是照射伤害最明显、最早表现的症状。果蔬经照射后也有异味产生。辐照伤害和辐照味，基本上是电离和氧化效应引起的，对此采取下列措施可减轻或防止：①尽可能降低辐照时的环境温度，辐照后也采用低温贮藏；②辐照时排除辐射源产生的 O_3；③产品在辐照时用不透气薄膜包装，抽除内部空气或代之以惰性气体；④应用抗氧化剂等。

2）安全性问题。考虑的问题主要有：食品有无放射性污染和产生感生放射性；辐照是否产生有毒、致癌、致畸、致突变的物质。具体测试和理论分析都表明，辐照食品不存在放射性污染和感生放射性问题，而且，迄今为止还未见到证实会产生有毒、致癌和致畸物质的报告。

4.4.3　电磁处理

电磁处理是利用果蔬本身的电荷特性，通过高压电场和磁场处理，使果蔬内部分子有规则地排列，从而增强果蔬抗衰老和抗病虫害的能力。

1．高压电场

利用高压直流电场放电产生的空气负离子和臭氧处理果蔬，空气负离子能钝化酶的活性，从而抑制果蔬的生理活性；臭氧具有灭菌消毒、抑制或延缓有机物质水解的作用，具有较好的防腐保鲜效果。

2．磁场处理

将产品放在通过电磁线圈的磁场中，果蔬受磁力线的影响，提高生命活力和抗病变能力。磁场强度越大，处理时间越长，灭菌效果越好，但由于目前磁场技术的局限，尚未用于生产。

4.4.4 臭氧处理

臭氧既是一种强氧化剂，又是一种良好的消毒剂和杀菌剂。O_3一般由专用装置对空气进行电离而获得。O_3很不稳定，易分解产生原子氧，而这种原子氧具有比普通O_2大得多的氧化能力。新鲜园艺产品经O_3处理后，表面的微生物在O_3的作用下发生强烈的氧化，使细胞膜破坏而休克，甚至死亡，从而达到灭菌、减少腐烂的目的。另外，O_3还能氧化分解果蔬释放出来的乙烯气体，使贮藏环境中的乙烯浓度降低，减轻乙烯对园艺产品贮藏的不利作用。此外，O_3还能抑制细胞内氧化酶的活性，阻碍糖代谢的正常进行，使产品内总的新陈代谢水平有所降低，综合地起到延长新鲜园艺产品贮藏期的作用。

第5章 贮藏各论

5.1 果品贮藏

果品种类繁多，生长发育特性各异，其中很多特性都与采后成熟衰老变化密切相关，因而对贮藏产生一定的影响。为了搞好果品的贮藏，首先要根据果树的生物学特性，选择优良的品种并创造适宜的栽培条件，以获得优质、耐藏的产品；其次要搞好采收、运输、商品化处理以及贮藏管理等各项工作，才能取得延缓衰老、降低损耗、保持质量的效果。

5.1.1 苹果贮藏

1. 品种及贮藏特性

我国苹果品种繁多，按成熟期不同可分为早熟、中熟、晚熟三类。不同品种间耐贮性差异很大。一般表现为晚熟品种的耐贮性最好，中熟品种的耐贮性次之，早熟品种的耐贮性最差。

早熟品种：采收期早，成熟期在6月至7月初。主要品种有辽伏、伏帅、甜黄魁、黄魁、红魁等。由于生长期短，果肉组织不够致密，肉质松软，味淡，不耐贮藏，一般采后立即销售或在低温下进行短期贮藏。

中熟品种：成熟期在8~9月。主要品种有金帅、元帅、红星、首红、魁红、华冠、伏锦、红玉等，贮藏性优于早熟品种，在常温下能存放15天左右，低温冷藏下可贮藏60天，气调贮藏时间更长一些。

晚熟品种：成熟期在10~11月初。主要品种有国光、青香蕉、倭锦、红富士、长富2号、秋富1号、鸡冠等，耐贮藏，在常温下一般可贮藏90~120天，在冷藏或气调贮藏条件下贮藏期可达150~240天。晚熟品种是贮藏的主要品种，其中红富士以其品质好、耐贮藏而成为我国苹果产区栽培和贮藏的主要品种。

苹果是典型的呼吸跃变型果实，果实适时采收是长期贮藏的基础。

2. 采收

苹果适时采收，关系到果实的质量和贮藏寿命。一般以果实充分发育、表现出品种应有的商品性状时采收为宜，即在呼吸高峰之前一段时间采收较耐贮藏。采收过晚，在贮藏中果实容易衰老，果肉发绵、褐变、发生斑点病、水心病等；采收过早，其外观色泽、风味都不够好，还容易发生虎皮病、苦痘病、褐心病、二氧化碳伤害和失水萎蔫等。贮藏时间越长，对采收成熟度的要求越严格。苹果早熟品种一般在盛花期后 100 天左右采收；中熟品种 100~140 天；晚熟品种 140~175 天。为了保证果实品质，提高贮藏质量，苹果的采收应分批采摘。采摘最好选晴天，一般在上午 9：00 以前或下午 16：00 以后采摘。采摘时要防止一切机械损伤，勿使果梗脱落和折断。

3. 贮藏条件及方法

（1）贮藏条件

1）温度。适宜的贮藏温度可以有效地抑制苹果的呼吸作用，延缓果实后熟衰老，抑制微生物活动及防止低温伤害。对于多数苹果品种，贮藏适温为 $-1~0℃$。气调贮藏的适温比一般冷藏高 $0.5~1℃$。苹果贮藏在 $-1℃$ 比在 $0℃$ 贮藏寿命约延长 25％，比在 $4~5℃$ 约延长 1 倍。即使是同一品种，在不同地区和不同年份生产的果实，对低温伤害的敏感性也不同，所以贮藏适温有所差异。例如，秋花皮苹果在夏季凉爽和秋季冷凉的年份生长的果实，会严重发生虎皮病，以在 $-2℃$ 条件下贮藏较好；而在夏季炎热和秋季温暖的年份生长的果实，易因低温而发生果肉褐变，以在 $2~4℃$ 条件下贮藏较好。有的苹果品种会发生几种生理病害，这就要以当地最易发生的病害为主要依据，采用适宜的贮藏温度。例如，元帅苹果虎皮病发病率因贮藏温度不同而异，贮藏温度为 $4℃$、$2℃$、$0℃$ 和 $-2℃$ 的病果率相应为 82％、74％、25％、18％，因此，元帅的贮藏温度以 $-2~0℃$ 较适宜。

2）湿度。贮藏环境中相对湿度的控制与贮藏温度有密切关系，贮藏温度较高时，相对湿度可稍低些，否则高温高湿易造成微生物引起的腐烂。贮藏温度适宜，相对湿度可稍高。

苹果贮藏的适宜相对湿度为 85％~95％，在较高的湿度下，果实水分蒸散会大大降低，从而减轻自然损耗，保持新鲜饱满状态。若失水达 5％~7％，果皮会皱缩并影响外观。

3）气体成分。适当地调节贮藏环境的气体成分，可延长苹果的贮藏寿命，保持其新鲜度和品质。一般认为，当贮藏温度为 $0~2℃$ 时，O_2 浓度为 2％~4％，CO_2 浓度为 3％~5％比较适宜。必须强调的是，不同品种、不同产地和不同贮藏条件下的气调条件，必须通过试验和生产实践来确定。盲目照搬必然会给贮藏生产造成损失。

（2）贮藏方法

1）冷藏。苹果采后要立即预冷，对于长期贮藏的苹果，应在产地进行预冷，充分散发田间热，减少乙烯释放量，抑制呼吸作用，减少水分蒸散和营养成分的消耗。常见预冷方式有水冷、冰冷、风冷等。入库前，库房和包装容器要消毒，先将库温降到 $0℃$。苹果垛的箱间、垛间以及垛周围要留间隙，以利通风。贮藏期间定时检测库内的温度和湿度并及时调控，适当通风，排除不良气体。及时冲霜，维持库温的恒定，湿度过低时可以人工加湿。

2）气调库贮藏。气调库是商业上大规模气调贮藏苹果的最好方式，掌握苹果品种所需要的气体成分，并通过调气保证库内所需要的气体成分，同时准确控制温度、湿度可使苹果的贮藏期长达 10 个月。气调贮藏的温度一般比冷藏的高 0.5~1℃。气调贮藏可以抑制苹果后熟，保持硬度，减轻生理病害和微生物病害，减少失水。贮藏过程中应该设法通过脱除乙烯或通风排除乙烯。

3）塑料薄膜大账气调贮藏。在冷藏库内，用 0.1~0.2 mm 厚的聚乙烯做成大帐，把苹果贮藏垛密封起来，容量可根据需要而定。贮藏期间每 7 天取气，分析帐内 O_2 和 CO_2 的浓度，若 O_2 浓度过低，要向帐内补充空气；若 CO_2 浓度过高，要设法脱除。可用二氧化碳脱除器或消石灰脱除 CO_2，消石灰用量为每 100 kg 苹果用 0.5~1 kg。

部分常见苹果品种的贮藏条件和贮藏期见表 5-1，供应用时参考。

表 5-1　部分常见苹果品种的贮藏条件和贮藏期

品种	温度/℃	相对湿度/%	O_2/%	CO_2/%	贮藏期/月
元帅	0~1	95	2~4	3~5	3~5
红星	0~2	95	2~4	3~5	3~5
金冠	0~2	90~95	2~3	1~2	2~4
旭	3.5	90~95	3	85	2~4
红玉	2~4	90~95		5	2~4
橘苹	3~4	90~95	2~3	1~2	3~5
赤龙	0	95	2~3	2~3	3~5
老特兰	3.5	95	3	2~3	3~5
国光	−1~1	95	2~4	3~6	5~7
富士	−1~1	95	3~5	1~2	5~7
青香蕉	0~2	90~95	2~4	3~5	4~6

4. 贮藏中存在的问题

1）苹果产地缺乏冷藏库设施。现在我国冷藏库大多集中在城市，主要用于贮运、营销的环节中，而苹果产地却十分罕见，使苹果采后损失较大。

2）贮藏期苹果的失水。苹果在贮藏期间会发生失水现象。由于苹果的呼吸代谢要消耗部分水分，因而，使苹果细胞的膨压降低，造成萎蔫现象。萎蔫使苹果外观品质下降，损耗增加，使正常的呼吸作用受到影响，促进酶的活性，加快组织衰老，大大削弱了苹果固有的耐贮性和抗病性。

3）冷藏气调集装箱不足。冷藏气调集装箱是联系苹果产、供、销冷链的中间环节，采用冷藏气调集装箱，不仅可以保证易腐苹果不受损坏，达到保鲜的目的，而且可使港口装卸效率提高 8 倍，铁路车站装卸率提高 3 倍，尤其是对于广东、香港来说，由于港口建设和铁路运输方面的有利条件，冷藏气调集装箱将是一个重点发展方向，也是现代化的冷链运输系统的核心部分。它依靠自身的机械设备制冷，不受外界气候条件的影响，温度稳定，贮运效果好。

4) 苹果保鲜果蜡新产品研发及应用落后。果蜡产品涂覆在苹果表面，将形成一层亮泽光滑的膜，构成果品内外气体、水分交流和微生物侵染的屏障，能够有效地提高贮藏性能，延长货架期。

5.1.2 梨贮藏

1. 种类、品种及其贮藏特点

我国栽培梨的种类及品种很多，其中作为经济作物栽培的有白梨、秋子梨、沙梨和西洋梨四大系统，白梨、秋子梨和砂梨属于中国梨，各系统及其品种的商品性状和耐贮性有很大差异。

（1）**白梨系统**

主要分布在华北和西北地区。果实多为近卵形或近球形，果柄长，多数品种的萼片脱落，果皮呈黄绿色，皮上果点细密，肉质脆嫩，汁多渣少，采后即可食用。生产中栽培的鸭梨、酥梨、雪花梨、长把梨、雪梨、秋白梨、库尔勒香梨等品种均具有商品性状好、耐贮运的特点，因而成为我国梨树栽培和贮藏运销的主要品系，其中许多品种在常温库可贮藏 4~5 个月，在冷藏库可贮藏 6~8 个月。

（2）**秋子梨系统**

主要分布在东北地区。果实近球形或扁圆形，果柄粗短，果皮黄色，果肉石细胞多，肉质硬，味酸涩，采后经过后熟方可食用。其中品质好的品种有京白梨和南果梨，其次为秋子梨、鸭广梨、香水梨、花盖梨、尖把梨等。此系统的大多数品种品质差，不耐贮，因而生产中很少进行长期贮藏。

（3）**沙梨系统**

主要分布在淮河流域和长江流域以南各省区。果实多为近球形或扁圆形，果柄较长，萼片脱落，果皮为浅褐、浅黄或褐色，果肉为乳白色，脆嫩多汁，石细胞较少，甜酸适口，采后即可食用。主要品种有早三花、苍溪梨、晚三吉、菊水等。此系统各品种的耐贮性较差，采后即上市销售或只进行短期贮藏。

（4）**西洋梨系统**

西洋梨原产欧洲中部、东南部以及中亚地区，1870 年前后引入我国栽培，目前主要在消费比较集中的城市郊区和工业区附近栽培。果实多呈葫芦形，果柄长而粗，果皮黄色或黄绿色，果皮细密，果肉质细多汁，石细胞少，香气浓郁，采后需经后熟软化方可食用。主要品种有巴梨（香蕉梨）、康德、茄梨、日面红、三季梨、考密斯等。该系统的品种一般具有品质好但不耐贮藏的特点，因而通常采后就上市销售，购买者在后熟过程中逐渐消费，或在低温下进行短期贮藏，待果实后熟至接近食用但肉质尚硬时上市。

根据果实成熟后的肉质硬度，可将梨分为硬肉梨和软肉梨两大类，白梨和沙梨系统属硬肉梨，秋子梨和西洋梨系统属软肉梨。一般来说，硬肉梨较软肉梨耐贮藏，但对 CO_2 的敏感性强，气调贮藏时易发生 CO_2 伤害。

国内外研究认为，西洋梨是典型的呼吸跃变型果实，随着呼吸跃变的启动，果实逐渐成熟软化。国内有关鸭梨、酥梨等品种采后生理特性的研究表明，白梨系统也具有呼吸跃变，但其呼吸跃变特征如乙烯发生、呼吸跃变趋势不像西洋梨、苹果、香蕉、猕猴桃那样典型，其内源乙烯产生量很少，果实后熟变化不甚明显。

2. 贮藏技术要点

(1) 采收期

采收期对梨的贮藏效果影响很大，"贮好的梨子采好的果"，足见采收技术对保证梨果贮藏品质是十分重要的。采收过早或者过晚的梨均不耐贮藏。采收过早，果肉中的石细胞多，风味淡，品质差，贮藏中易失水皱缩，贮藏后期易发生果皮褐变；采收过晚，秋子梨和西洋梨系统的品种采后会很快软化，不但不宜贮藏，甚至长途运输都很困难，往往由于软化变质而造成极大损失。白梨和砂梨系统的品种采收过晚，虽然肉质不会明显软化，但果肉脆度明显下降，贮藏中、后期易出现空腔，甚至果心败坏，同时对 CO_2 的敏感性增强。

确定适当的采收期，就白梨系统而言，有以下四个标准：一是种子的颜色由尖部到花粒变褐；二是果皮颜色黄中带绿；三是果实硬度达到 5.5×10^5 Pa；四是果实可溶性固形物含量大于 10%。当 80% 的果实达到上述采收标准时，即为适宜采收期。

(2) 产品处理

1) 分级。库尔勒香梨的分级、包装可参照表 5-2 进行。

表 5-2　库尔勒香梨等级指标

项目	特级	一级	二级
单果质量/g	120～160	100～120	80～100
果形	突顶果不超过 10%，无粗皮果、畸形果	突顶果不超过 20%，粗皮果不超过 5%，无畸形果	允许突顶果，粗皮果不超过 20%，畸形果不超过 15%
果梗	完整	完整	允许轻微损伤，但保留长度不少于 1.5 cm
色泽	黄绿或带片（条）红晕	黄绿或带片（条）红晕	允许有一定偏差
洁净度	果面洁净	允许少量污斑，总面积不超过 1.0 cm²	允许少量污斑，总面积不超过 2.0 cm²
缺陷果	不允许	不允许有碰压伤、刺划伤、灼伤、虫果；允许磨伤轻微存在，单果面积不超过 1.0 cm²，个数不高于 3%；允许轻微伤一处，单果面积不超过 0.5 cm²	不允许有碰压伤、刺划伤；允许磨伤轻微存在，单果面积不超过 2.0 cm²，个数不高于 5%；允许轻微伤 2 处，单果面积不超过 2.0 cm²；允许灼伤轻微存在，单果面积不超过 2.0 cm²，伤部果肉不得变软；允许干枯虫伤 1 处，总面积不超过 0.1 cm²，深度不超过 0.1 cm
果实去皮硬度/Pa	49～68	49～68	39～78
可溶性固形物/%	≥12.5	≥12.0	≥11.0
可滴定酸/%	≤0.09	≤0.09	≤0.10
固酸比	≥140∶1	≥130∶1	≥120∶1

2）包装。同一批货物应包装一致（有专门要求者除外），每一包装应是同一等级的产品，不得散装和混装。包装容器应清洁干燥，坚固耐压，无毒，无异味，无腐朽变质现象。包装内面没有造成果实损伤的尖突物，外部无钉头或尖刺，具有良好的保护作用。包装内果实须陈列美观，表层和底层果实的质量应一致，装果时不能混入树叶、枝条、尘土等物质。装箱操作人员应戴手套，装箱果实应逐层逐排摆放，松紧适度。装果时果梗应横向插空摆放，避免折损或损伤邻近果实。

3. 贮藏条件

（1）温度

一般认为略高于冰点温度是果实的理想贮藏温度。梨的冰点温度是$-2.1℃$，但是中国梨是脆肉种，贮藏期间不宜冻结，否则解冻后果肉脆度很快下降，风味、品质变劣。中国梨的适宜贮藏温度为$0\sim1℃$，气调贮藏可稍微高些。西洋梨系统的大多数品种适宜的贮藏温度为$-1\sim0℃$，只有在$-1℃$才能明显地抑制后熟，延长贮藏寿命。有些品种如鸭梨等对低温比较敏感，采收后立即在$0℃$下贮藏易发生冷害，因此要经过缓慢降温后再维持适宜的低温。

（2）相对湿度

冷藏条件下，贮藏梨的适宜相对湿度为$90\%\sim95\%$。大多数梨品种果皮薄，表面蜡质少，并且皮孔非常发达，在贮藏中易失水而造成萎蔫和失重，在较高湿度下，可以减少蒸散失水和保持新鲜品质。

（3）气体成分

许多研究表明，除西洋梨外，绝大多数梨品种不如苹果那样适于气调贮藏，它们对CO_2特别敏感，如鸭梨，当环境中CO_2浓度高于1%时，就会对果实造成伤害。因此，贮藏时应根据梨的品种特性，选取适宜的贮藏技术。

4. 贮藏方法

梨同苹果一样，短期贮藏可采用沟藏、窑窖贮藏、通风库贮藏，在西北地区贮藏条件好的窑窖，晚熟梨可贮藏$4\sim5$个月。拟中、长期贮藏的梨，则应采用机械冷藏库贮藏，这是我国当前贮藏梨的主要方法。

鉴于目前我国主产的鸭梨、酥梨等梨的品种对低温比较敏感，采后如果立即入$0℃$冷藏库贮藏，果实易发生黑心、黑皮，或者两者兼而发生的生理病变。根据目前的研究结果，采用缓慢降温法可减轻或避免上述病害的发生。以鸭梨的贮藏为例，具体做法如下：鸭梨采后应入$10\sim12℃$的库中，保持3天；然后3天降$1℃$，降至$10℃$，保持5天；又3天降$1℃$，降至$6℃$，保持10天；再3天降$1℃$，以后保持温度为$0\sim1℃$，相对湿度在95%以上，可长期贮藏。由于鸭梨对CO_2也很敏感，故采用普通冷藏库或常温库贮藏时，应加强库房通风换气，使库内CO_2浓度不大于1%。

如果采用气调贮藏，品种间适宜的气体组合差异较大，必须通过试验和生产实践来确定。国外一些国家气调贮藏多在西洋梨上应用。

5.1.3   哈密瓜贮藏

哈密瓜以其清香味美、甘甜多汁而享誉国内外。哈密瓜在植物学上属厚皮甜瓜，相传清代康熙时新疆哈密王曾以此瓜进贡朝廷，故将新疆产的厚皮甜瓜统称为哈密瓜。哈密瓜作为新疆的主要特产闻名于世，栽培历史悠久，资源丰富，质优味美，为新疆的经济发展起到了非常重要的作用。

新疆哈密瓜分布，因气候和生态条件的不同可划分成四个大的区域：①早熟商品瓜区，包括吐鲁番市全域，该区盛产优质哈密瓜，其中以鄯善县种植面积最大，上市最早，效益最高；②中早熟商品瓜区，主要分布在哈密盆地；③中熟及中晚熟商品瓜区，包括天山北麓中段的阜康、五家渠、昌吉、呼图壁、玛纳斯、石河子等地，该区栽培面积较大，生产水平也较高，是新疆最重要的商品瓜基地；④中熟及晚熟商品瓜区，包括塔里木盆地东部边缘的且末，西部边缘的喀什、和田、皮山、伽师，以及北部边缘的库尔勒、阿克苏等地。哈密瓜除新疆种植面积最大外，内蒙古巴盟每年种植 2700 ha[①]，甘肃 1300 ha，海南、山东、东北等地也有少量种植。

哈密瓜是新疆地区瓜果数量较大，经济效益较好，并且大量用于出口销售的一种果品。但是由于采后处理和贮运不当，哈密瓜在后熟过程中果皮极易发生霉变和腐烂并危及果肉，大大降低其商品价值。贮藏保鲜和防止霉变和腐烂是发展哈密瓜生产和提高甜瓜生产经济效益的重要保证。

1. 品种及贮藏特性

（1）品种

哈密瓜包含在第五亚种厚皮甜瓜内的栽培变种 5（夏甜瓜）和栽培变种 6（冬甜瓜）内。新疆哈密瓜有 180 多个品种及类型，瓜的大小、形状、皮色、肉色千差万别。大的像炮弹，重十几公斤；小的像椰子，重不足一公斤。瓜的形状多为椭圆，也有卵圆、扁圆的。皮色有黄、绿、褐、白等，皮上有各种斑纹、斑点。肉色为乳白、柑黄、橘红或碧绿；肉质有脆、有软等。哈密瓜果实的形状、大小、颜色、质地、含糖量、风味等特征因品种不同而显多样化，各具特色。

（2）贮藏特性

一般晚熟品种生长期长（120 天左右），瓜皮厚而坚韧，肉质致密而有弹性，含糖量高，种腔小，较耐贮藏，如黑眉毛密极甘、炮台红、青麻皮、伽师瓜等是用于贮藏或长途运输的主要品种。早熟品种不耐贮藏，采后立即上市销售。中熟品种只能进行短期贮藏。

哈密瓜具有后熟作用，低温可抑制后熟变化，并延长贮藏期。贮藏温度因品种的成熟期而有所不同，晚熟品种贮藏的适宜温度为 3~5℃，2℃以下易发生冷害；早、中熟品种贮藏的适宜温度为 5~8℃，相对湿度为 80%~90%，湿度过高会发生腐烂病害。气调

---

① 1 ha＝1 hm² ＝10⁴ m²

贮藏能抑制哈密瓜的呼吸代谢，延缓后熟衰老，但哈密瓜对 CO_2 比较敏感，适宜气体指标为 3％～5％ 的 CO_2 和 1％～2％ 的 O_2。

2. 贮藏方法

(1) 常温贮藏

在冷凉通风的地窖或其他场所可对哈密瓜进行短期贮藏。在地面上铺设约 10 cm 厚的麦秸或干草，将瓜按"品"字形码放 4～5 层，最多不超过 7 层，也可在瓜窖内采用吊藏或搁板架藏，这些方法可降低瓜的损伤和腐烂。

贮藏初期夜间多进行通风降温，后期气温低时应注意防寒保温，尽可能使温度降至 10℃ 以下，保持温度在 3～5℃，相对湿度在 80％ 左右，可贮藏 2～3 个月（哈密瓜晚熟品种）。

(2) 冷藏库贮藏

在冷藏库中控制适宜的温度和湿度条件，可使哈密瓜腐烂病害减少，糖分消耗降低，贮藏期延长。一般晚熟品种可贮藏 3～4 个月，有的品种可贮 5 个月以上。在冷藏库中贮藏时，可将瓜直接摆放在货架上，或者用箱、筐包装后堆码成垛，或者装入大木箱用叉车堆码。

(3) 气调库贮藏

由于哈密瓜不耐高 CO_2 和高湿度，在用塑料保鲜袋或者单瓜包贮藏时，不宜选用透气、湿性差的 PE 膜，而应选择透气、湿性好 PVC 膜，薄膜厚度约为 0.03 mm。一般气调贮藏时最好在气调库中进行，控制温度为 3～5℃，相对湿度为 80％～90％，O_2 浓度为 3％～5％，CO_2 浓度为 1％～2％，这种方法贮藏期比冷藏库延长 1 个月以上。

3. 贮藏技术要点

(1) 选择品种

选择品质优、耐贮运的黑眉毛密极甘、炮台红、青麻皮、伽师瓜等晚熟品种用于贮藏。

(2) 适时采收

哈密瓜具有后熟变化，用于贮藏或长途运输的瓜，应在八成熟时采收。判断其成熟度最科学的方法是计算雌花开放至采收时的天数，如晚熟品种一般约为 50 天。此外，可根据瓜的形态特征，如皮色由绿转变为品种成熟时固有的色泽，网纹清晰，有芳香气味。用手指轻压脐部有弹性，瓜蒂产生离层等都是成熟时表现的特征。

采前 5～7 天严禁灌水，这有利于提高瓜肉的可溶性固形物含量和瓜皮韧性，增强贮藏性。采收时避免机械损伤。

(3) 贮前处理

1) 晾晒。将瓜就地集中摆放，加覆盖物晾晒 3～5 天，使其散失少量水分，增进皮的韧性。如果不加覆盖物，只需晾晒 1～2 天，可有效降低哈密瓜的腐烂率，晾晒期间，要注意防止瓜被雨水淋湿。

2) 热处理。采后哈密瓜热处理可有效减少病虫害的发生，同时对果实的风味无明显影响。热处理的方式主要有热水处理、热蒸汽处理等。有研究表明，用 55℃ 的热水浸泡哈密瓜（西周密 25 号）3 min 和用 2％的壳聚糖涂膜均可有效降低其腐烂率。

　　3）药剂灭菌。用 0.2％的次氯酸钙或 0.1％的特克多、苯来特、多菌灵、托布津或 0.05％的抑霉唑等浸瓜 0.5～1 min，有一定的防腐效果。刘雪山等（1995）研究，用 0.05％和 0.075％的抑霉唑浸果 0.5 min，有明显的防腐效果，哈密瓜贮藏 3 个月，好瓜率达 90％左右。也有研究表明，用 250 mg/L 的嘧菌酯浸果 3 min，防腐效果较好。

　　4）辐照处理。用 β 射线进行辐照处理，剂量为 100～600 Gy，辐照后在温度为 0～14℃，相对湿度为 80％～90％的条件下贮藏，腐烂率明显降低，一般能贮藏 6 个月。

5.1.4　葡萄贮藏

　　葡萄是我国六大水果之一，主要产区在长江流域以北。葡萄晶莹剔透、营养丰富，是特别受消费者喜爱的一种果品。但葡萄柔软多汁，含水量高，采后易干枝、皱皮、掉粒和腐烂。十多年来葡萄生产发展很快，葡萄贮藏保鲜是各地果农普遍关心的问题。

1. 品种及贮藏特性

　　葡萄栽培品种很多，耐贮性较好。一般晚熟品种强于早、中熟品种，深色品种强于浅色品种。晚熟、皮厚、果肉致密、果面富集蜡质、穗轴木质化程度高、果刷粗长、糖酸含量高等是耐贮运品种应具有的性状。例如，龙眼、玫瑰香、红宝石、和田红葡萄、李子香、美洲葡萄和红香水等品种耐贮性均较好。近年来引进的红地球、秋黑宝、秋红宝、拉查玫瑰等已显露出较好的耐贮性，果粒大、抗病性强的黑奥林、夕阳红、巨峰葡萄、先锋、京优等耐贮性中等，而无核白、木纳格等在贮运中果皮极易擦伤褐变、果柄断裂、果粒脱落，耐贮性较差。

2. 贮藏技术要点

（1）采收

　　葡萄属非跃变型浆果，在成熟过程中没有明显的后熟变化。因此，在气候和生产条件允许的情况下，采收期应尽可能延迟。充分成熟的葡萄含糖量高，着色好，果皮厚且韧性强，果实表面蜡质充分形成，能耐久贮。果实糖分积累在迅速增长以后趋于稳定，可作为葡萄浆果充分成熟的一个判断标准。

　　供贮藏的葡萄必须在充分成熟后才能采摘，一般果实的可溶性固形物含量达到 16％～19％，可滴定酸含量（以酒石酸计）为 0.55％～0.7％，固酸比为 24～30 时可采收。采收前 1～2 周，停止浇水，提高葡萄的成熟度和含糖量。根据葡萄生长状况，临采前（10 天左右）喷施高效、低毒的杀菌剂，减少果实表面附着的病原菌。果穗要求新鲜健壮，无病虫害侵染，无水罐子病，无日灼病，无机械损伤，洁净，无附着外来水分和药物残留。严禁带有水迹和病斑的果穗入库。果粒在主梗上应具有均匀适当的间隙，不选过于紧密或排列不规则的果穗。主梗已木质化或半木质化，呈绿色或黄绿色。将果穗贴近母枝处剪下，要带尽量长的主梗。

　　果实随采、随运、避免日晒雨淋，采后在田间停留不超过 2 h，并加遮盖物，减少葡萄田间热。应选择天气晴朗、气温较低的上午或傍晚采收，阴雨、大雾天皆不宜采收。采收过程中，应手拿穗柄，轻放，做到无伤采收。

（2）**装箱**

剪取果穗后，对果穗进行修剪，然后将果穗平放在衬有 3~4 层纸或保鲜袋的箱或筐中。容器要浅而小，以能放 5~10 kg 为度，果穗装满后盖纸，预冷。

采装果实所用的容器必须清洁干燥，并垫纸或柔软缓冲材料。应一次性将葡萄装好箱，不能挤压，避免倒箱，产生伤口和擦去果粉。

（3）**预冷**

预冷是贮藏好葡萄的重要环节。其目的是迅速散去果实所带的田间热，抑制呼吸和水分蒸发，降低霉菌的滋生，防止结露。预冷要做好以下两点。

1）预冷要及时。葡萄采后应快预冷，采收到预冷在 15~24 h 内完成。

2）预冷的温度。葡萄预冷的温度为 −1~0℃。

（4）**防腐处理**

葡萄贮藏期间，由于湿度较高，灰霉菌容易繁殖，造成葡萄大量霉烂腐败。防腐保鲜处理是葡萄贮运保鲜的关键技术之一。目前国内外使用的葡萄保鲜剂主要有以下几种：

1）仲丁胺。研究表明，仲丁胺在宣化牛奶葡萄上保鲜效果较好。每千克果用仲丁胺原液 0.1 mL，用脱脂棉或珍珠岩等作载体，将药袋装入开口小瓶或小塑料袋内，装药前需将仲丁胺稀释，否则易引起药害。仲丁胺防腐保鲜剂的缺点是释放速度快，药效期只有 2~3 个月。

2）葡萄专用保鲜剂（片）。大连化工研究院、天津农产品保鲜研究中心生产的葡萄专用保鲜剂（片），使用十分方便。一般在葡萄入库预冷后，按其说明用量，在药包上用大头针扎 2~3 个针眼，放入内衬 PE 袋的箱中，封口包装。

3. 贮藏条件

（1）**温度**

通常葡萄的冰点为 −3~−2.2℃，葡萄成熟度越高，冰点越低。葡萄适宜的贮藏温度为 −1~0℃，欧美杂种葡萄适宜的贮温为 −0.5~0℃。

（2）**湿度**

葡萄贮藏适宜的空气湿度为 95%，湿度过低，失重增加，鲜度降低，当失水大于 2% 时，果柄萎蔫干枯，果粒果皮轻微发皱。

（3）**气体成分**

一般在气调贮藏中 O_2 浓度为 3%~5%，CO_2 浓度为 3%。

4. 葡萄贮藏保鲜工艺

葡萄无伤采收（充分成熟，饱满健壮，无病害），剔出烂、小、毒果粒 → 果实包装（0.03 mm 厚的 PVC 袋内衬）→ 快速预冷（10 h）→ 防腐处理（保鲜片、保鲜纸）→ 冷藏库码垛（套 0.08~0.1 mm 厚的 PVC 大帐）→ 精确控温（−1~0℃）→ 贮期管理（检查温度，检查保鲜剂浓度，检查湿度）。

5.1.5　桃、李、杏贮藏

桃、李和杏属核果类果实，果实色彩艳丽，营养丰富，深受消费者欢迎。但其皮薄、肉软、汁多，收获季节又多集中在气温较高的 5~8 月，采后果实呼吸十分旺盛，很快进入完熟衰老阶段。贮运中易受机械损伤，低温贮藏时易产生褐心，高温又容易软化腐烂。因此，桃、李和杏是适于短期贮藏的果实。

1. 品种及贮藏特性

（1）品种

桃、李和杏品种间耐贮性差异较大，早熟品种一般不耐贮运，离核品种、软溶质品种的耐贮性差，而晚熟、硬肉、黏核品种耐贮性较好。例如，早熟水蜜桃、五月鲜耐贮性差，而山东青州蜜桃、肥城桃，陕西冬桃、中华寿桃，河北晚香桃较耐贮运。此外，大久保、白凤、冈山白桃等桃种也有较好的耐贮性。李和杏的耐贮性与桃类似。牛心李、冰糖李等品种的耐贮性较强。杏以果汁中等或较少、果皮厚、质地稍硬的品种较耐贮藏，如新疆的赛买提、胡安娜，山东的红杏，河北的银白杏较耐贮藏。

（2）贮藏特性

1）呼吸强度与乙烯变化。桃、李和杏均属呼吸跃变型果实，低温、低 O_2、高 CO_2 都可以减少乙烯的生成量及其作用，从而延长其贮藏寿命。研究表明，桃采后具双呼吸高峰和乙烯释放高峰，呼吸强度是苹果的 3~4 倍，果实乙烯释放量大，果胶酶、纤维素酶、淀粉酶活性高，果实变软、败坏迅速，这是桃不耐藏的重要生理原因。

2）低温伤害。核果类果实对低温非常敏感，一般在 0℃贮藏 3~4 周即发生低温伤害，表现为果肉褐变、生硬、木渣化，丧失原有风味。低温褐变从果肉维管束和表皮海绵组织开始。Lee（1990）研究 Eden 等桃品种，发现褐变程度与总酚含量、多酚氧化酶活性呈正相关关系；木渣化与桃在 0℃贮藏 2 周后果实中内切多聚半乳糖醛酸酶（PG）活性受抑制有关。长期低温贮藏使桃丧失后熟能力，细胞壁结构物质代谢异常，进一步导致果实生硬，冷害加剧。同时乙酸、乙醛等挥发性物质在果实内积累，使果实产生异味。

研究发现冷害发生分两个阶段：第一阶段为入贮 15 天内，主要受品种、成熟度影响，可通过间歇升温来调节；第二阶段是第一阶段伤害积累造成的，果胶质代谢受干扰，难以控制，间歇升温（每隔 2 周进行 18~20℃升温）可减轻低温伤害的发生。

3）气体成分。桃、李和杏对低 O_2 的耐受度强于高 CO_2。吕昌文（1995）对大久保、绿化 9 号桃进行研究发现，在 0~1℃下控制 O_2 浓度为 2%~3%、CO_2 浓度为 3%~8%，贮藏 60 天后，果实未发现衰败症状。Kader（1982）、Smilanic（1989）研究表明，用浓度为 1%~5% 的 O_2 和 CO_2 可抑制桃果实软化，降低呼吸强度和乙烯生成，减轻果实褐变和腐烂。

2. 贮藏技术要点

（1）适时无伤采收

桃、李、杏的采收成熟度对耐贮性影响很大。采摘过早，产量低，果实成熟后风味差且易受冷害；采收过晚，果实过软易受机械损伤，腐烂严重不耐贮运。用于贮运的桃、杏应在果实生长充分，基本呈现本品种固有色香味且肉质尚紧密时采收。

一般用于贮运的桃应在七八成熟时采收。杏应在果皮由绿转为该品种特有颜色，果肉仍较硬时采收。李的果实在采收时常带 1~3 片叶子，以保护果粉，减少机械损伤。采收时应带果柄，减少病菌入侵机会。果实在树上成熟不一致时应分批采收。适时无伤采收是延长桃、李、杏贮藏寿命的首要措施。

（2）**预冷**

预冷是桃、李、杏采后的一项重要处理措施。桃、李、杏采收季节气温高，高温下果实软化腐烂很快，故采后要及时预冷尽快散去田间热。一般在采后 12 h 内、最迟 24 h 内将果实冷却到 5℃ 以下，可有效地抑制桃褐腐病和软腐病的发生。桃、杏预冷的方式有风冷和 0.5~1℃ 冷水冷却，后者效果更佳。迅速预冷可更好地保持果实硬度，减少失重，控制贮期病害。

（3）**包装**

桃、李、杏包装容器不宜过大，以防振动、碰撞与摩擦。一般是用浅而小的纸箱盛装，箱内加衬软物或格板，每箱装 5~10 kg。也可在箱内铺设 0.02 mm 厚低密度聚乙烯袋，袋中加乙烯吸收剂后封口，可抑制果实软化。

3. 贮藏方法

（1）**桃**

1）冷藏。桃在低温贮藏中宜遭受冷害，在 -1℃ 就有受冻的危险，其冰点为 -0.89℃ 左右。桃的适宜贮温为 0℃，相对湿度为 90%~95%，贮期可达 3~4 周。若贮期过长，果实风味变淡，产生冷害且移至常温后不能正常后熟。冷藏中采用塑料小包装，可延长贮期，获得更好的贮藏效果。

2）气调贮藏。国内推荐 0℃ 下，采用浓度为 1%~2% 的 O_2 及 3%~5% 的 CO_2，桃可贮藏 4~6 周，将气调或冷藏的桃贮藏 2~3 周后，移到 18~20℃ 的空气中放 2 天，再放回原来的环境继续贮藏，能较好地保持桃的品质，减少低温伤害。据报道，国外用此法贮藏桃耐藏品种，贮期可达 5 个月。这是目前桃贮期最长的报道，但贮藏条件及操作程序要严格掌握。

桃贮藏多采用专用保鲜袋进行简易气调贮藏。将八九成熟的桃采后装入内衬 PVC 或 PE 薄膜袋的纸箱或竹筐内，运回冷藏库立即进行 24 h 预冷处理，然后在袋内分别加入一定量的仲丁胺熏蒸剂、乙烯吸收剂及 CO_2 脱除剂，将袋口扎紧，封箱码垛进行贮藏，保持库温为 0~2℃。

（2）**杏**

杏的冰点为 -1.1℃，比桃稍能忍受低温，贮藏适温为 -0.5~0℃，相对湿度为 85%~90%，商业贮藏多以冷藏为主。在 -0.5~1℃、85%~90% 相对湿度条件下，贮期一般可达 20~30 天，若结合间歇升温处理，贮期可进一步延长。用 0.025 mm 厚聚乙烯薄膜袋包装，每袋装 5 kg，在 0~1℃、浓度为 1%~3% 的 O_2 及 5% 的 CO_2 条件下，贮期可延长 2~3 倍，腐烂率较低。

国内一般采用塑料薄膜袋简易气调贮藏。其工艺流程如下：适期无伤采摘→采后处理（挑选、分级）→快速预冷至 0℃→装入内衬 0.03 mm 厚的 PE 保鲜袋的箱子→放入乙烯吸收剂和防腐剂后将保鲜袋掩口→码垛或上架贮藏→定期检查→出库→冷链运输→上市销售。

注意：①杏防腐可使用仲丁胺液体熏蒸处理，具体方法是用脱脂棉或膨胀珍珠岩作吸附载体，装入开口小瓶或小塑料袋内，按 0.1~0.2 mL/kg 的用量注入 50%的仲丁胺液体，放入塑料小包装中扎口贮藏，注意药液不能与杏果接触；②杏对二氧化碳的忍耐力通常低于李，不同品种的杏对二氧化碳的忍耐力可能不同，用保鲜袋贮藏装量大于 2.5 kg 时最好采用掩口贮藏，也可在田间直接装入内衬薄膜袋的箱内，但必须敞口预冷至 0℃后再掩口。

（3）李

李采后软化进程较桃稍慢，果肉具有韧性，耐压性比桃强，商业贮藏多以冷藏为主。在温度为 0~1℃，相对湿度为 85%~90%的条件下，贮期一般可达 20~30 天，若结合间歇升温处理，贮期可进一步延长。用 0.025 mm 厚的聚乙烯薄膜袋包装，每袋装 5 kg，在温度为 0~1℃，浓度为 1%~3%的 O_2 及 5%的 CO_2 条件下，贮期可达到 10 周左右，腐烂率较低。

4. 贮藏病害及防治

桃、李、杏在贮藏期间发生的微生物病害主要有褐腐病和软腐病。褐腐病多在田间侵染果实，在贮藏期也可蔓延。软腐病是从伤口侵染传播的。通常采取如下防治措施：

1）加强田间病害防治及盛装容器等用具消毒。

2）在采收、分级、包装和贮运等一系列操作中，尽量避免造成机械损伤。

3）采后及时冷却。将果温尽快降到 4.5℃以下，能抑制褐腐病的发展。据报道，褐腐病在 24℃经 1 天，5℃经 7 天，0℃经 25 天的发展程度相近似。软腐病菌在 7.3℃以下即不能生长。

4）利用杀菌剂浸果。采后用 100~1000 mg/L 的苯来特和 450~900 mg/L 的二氯硝基苯胺合药液浸果。前者主要防褐腐病，后者主要对软腐病有特效。

5）热水浸果。果实在 52~53.8℃或 46℃的热水中浸 5 min，可杀死孢子和阻止初期侵染发展。

6）利用臭氧及负离子空气处理果实，可以起到杀菌及调节果实生化过程，延长贮藏期、降低腐烂损耗的作用。其处理方法是，用一定厚度的聚乙烯塑料薄膜帐密封后，自发气调，定时充进一定浓度的臭氧和负离子空气，在常温下贮藏 16 天，臭氧及负离子空气处理烂果率低于对照。

5.1.6 石榴贮藏

石榴原产于伊朗和阿富汗等中亚地区，我国自汉代引种以来，首先在新疆的叶城一带栽培，继之在陕西、河南、山东、安徽等地发展，后遍及我国亚热带及温带地区的二十多个省（自治区、市）。

石榴营养丰富，含有较多的有机酸和糖，果实中含糖 12%~15%，酸 0.4%~0.7%，还有钙、磷、铁等矿物元素及维生素 C。但石榴采后失水严重，导致果皮皱缩、鲜度丧失、腐烂率高，果实籽粒颜色加深，风味淡寡，大大影响果实的商品质量，这成为限制石榴外贸出口及市场销售的主要原因之一。

1. 品种及贮藏特性

(1) 品种

石榴晚熟品种有陕西的净皮甜、天红蛋、三白甜石榴，山东的大青皮甜、大马牙甜、钢榴甜、大青皮酸、马牙酸、钢榴酸、大红皮酸、玉皇殿石榴，山西的水晶姜、青皮甜石榴，云南的青壳石榴、江驿石榴、铜壳石榴，安徽的玛瑙籽石榴，南京的红皮石榴，四川的大青皮，新疆叶城的大籽石榴，广东的深澳石榴等。

(2) 贮藏特性

石榴果实的耐贮性因产地及品种不同而有较大差异。一般来说种植在冷凉地区的石榴，因为果实发育后期气温较低，昼夜温差大，成熟期相对较晚，营养物质积累较多，表现为低温的适应性较强，对病原菌的抗性较强，因此具有较好的耐贮性。新疆石榴的种植区主要在喀什的叶城及和田的皮山、策勒县，所产石榴果实硕大、外形美观、色泽靓丽、味道甘美、商品性好、耐贮运。

石榴为无呼吸高峰的非跃变型果实，采后果内乙烯水平极低，并呈现不连续的偶发性，对外源乙烯无明显反应。

2. 贮藏条件

(1) 温度

石榴在低温下易受冷害，故适宜的贮藏温度为5℃。石榴受冷害后表现为果皮褐变、凹陷，籽粒褪色，腐烂果增加，严重者汁液外流。但是石榴对冷害的敏感性因产地和品种有一定差异，对低温敏感性较低的品种可在一定时间内进行冷藏。新疆的石榴大多在10月采收，此时石榴的种植地昼夜温差较大，因此石榴的耐低温性较好，而且销售一般在来年的2~3月，温度也较低，所以推荐新疆石榴可在3~4℃下贮藏，且贮藏3~4个月没有冷害发生。

(2) 湿度

控制空气相对湿度是石榴贮藏的关键，因为果皮在低湿下易变干、变黑、变硬。新疆维吾尔族老乡贮藏的石榴，不能控制相对湿度，致使石榴果皮变干、变硬，影响石榴的商品性。推荐贮藏石榴的环境相对湿度为85%~90%。

(3) 气体成分

石榴是无呼吸高峰的果实，在整个贮藏期呼吸强度呈缓慢下降趋势，产生的乙烯量极低，并且在贮藏过程中无显著变化，在不产生低 O_2 或高 CO_2 的条件下，保鲜袋采用透气性稍大或挽口贮藏均可。

3. 贮藏技术要点

(1) 选择品种

选择商品性状好，耐贮藏的晚熟品种。石榴作为一种多用途的时令果品，贮藏时尤其要注意不可只追求品种的耐贮性而轻视其商品质量。

（2）适时采收

石榴的花期较长，整个坐果期约持续 50 天，开花与结果重叠现象很普遍，故同一棵树上果实的成熟期差异很大。一般以发育良好的头花果和二花果作为贮藏对象。根据品种特性、果实成熟度以及气候情况分期进行采收。采收过早风味欠佳，但采收过晚，石榴在树上充分成熟则易发生裂果，容易受病原菌侵染而造成腐烂。适宜的采收成熟度标志是果皮由绿变黄，有色品种充分着色，果面色泽新鲜，果棱明显，果肉细胞中的红色或银白色针芒充分显现，红粒品种达到固有的程度，籽粒饱满，含糖量达 10%～14%，含酸量达 0.4%～1.0%。北方秋分至寒露间为采收适期，过早风味差，过低的温度会引起冷害。

采收前 1 个月最好不要浇水，这时果实已进入成熟期，突然浇水形成对果皮较大的膨压，易造成果实开裂。雨前应及时采收，以免雨后果实大量裂果。阴雨天气应禁止采收，以防果内积水，引起贮藏期果实腐烂。

石榴外果皮虽厚，但内部籽粒极其娇嫩，不耐碰撞和挤压，受碰撞和挤压后外表看不出伤痕而内部籽粒已受伤破碎，此后在贮运过程中，破碎流出的汁液会影响其他未破碎的籽粒，并使之变质，在贮藏时容易从内部发生籽粒变色腐烂，因此采收时一定要轻摘轻放，采摘时最好用剪子一个个地轻轻剪下放在采果筐内。

（3）产品处理

产品处理主要包括分级和杀菌剂防腐处理等。根据单果重可将其分成五级，见表 5-3。

表 5-3　石榴果实的分级　　　　　　　　　　　　（单位：g）

等级	特级	一级	二级	三级	等外级
果实重	>350	250～350	150～250	100～150	<100

特级、一级果可供贮藏或外销，等外果及伤果只能就近销售，或者作为加工原料。

贮前用 50% 的多菌灵 1000 倍液或 45% 的噻菌灵悬浮剂 800～1000 倍液，浸果 3～5 min，晾干后贮存，有一定的防腐效果。贮量大时，把上述药液喷到果面上，晾干后贮藏。京 2B、北京 1 号保鲜、仲丁胺等用于石榴防腐保鲜的效果不理想。

（4）贮藏管理

贮藏期间应特别注意温度管理，石榴贮藏保鲜对温度的依赖性极强，温度大于 10℃ 呼吸作用旺盛，温度过低会有冷害发生，严重影响商品质量。受冷害果实在常温下（20℃ 左右）的货架寿命仅为 3～4 天。石榴一般在温度稍高、相对湿度稍低的条件下贮藏期较长，但贮藏期应适当，贮藏期过长，石榴干皮、褐变严重。

4. 贮藏方法

（1）聚乙烯塑料袋贮藏

将预冷并经杀菌处理的石榴，放入厚度为 0.03～0.05 mm 的聚乙烯塑料袋中，扎好袋口，置于冷凉的室内贮藏，贮藏 140 天，石榴仍新鲜如初。如将经杀菌剂处理过的石榴，用塑料袋单果包装，在 3~4℃ 条件下贮存 100 天，籽粒新鲜饱满，果皮褐变轻。塑料袋单果包装贮藏比其他方法的贮藏效果好。

（2）冷藏和气调贮藏

Segai（1981）首次提出石榴贮藏期间果皮褐变问题后，人们才关注到即使贮后石榴籽粒晶莹如初，但果皮产生褐斑，继而干缩，严重降低其商品质量。在以往采取的低温条件下，许多品种在贮后 4 周果皮即开始褐变，5℃ 和 10℃ 贮藏的石榴比 -1℃ 和 2.2℃ 的外观红色保持更佳。因此，初步断定褐变是一种低温伤害。

Ruth Ben-Arie 的研究表明，降低 O_2 浓度褐变被抑制，O_2 浓度降得越低，褐变发展越慢，但当 O_2 浓度低于 2% 时，果实内有乙醇的明显积累，再把温度降至 2℃，果实风味显著改善。于是认为，适当的温度和气体组合可以达到抑制果皮褐变而又不影响其原有风味的良好效果，这种组合为 2~4℃，浓度为 2%~4% 的 O_2。刘兴华等（1997~2000）对陕西临潼主栽的天红蛋、净皮甜等石榴品种采后贮藏研究表明，在（4±1）℃下，用 0.03 mm 厚的 PE 袋单果包，经过 4 个月贮藏，能有效保持果实的新鲜外观，控制果皮褐变发生。此法简便实用、效果显著。

除上述方法外，果农在长期的生产实践中还总结出了挂藏、堆藏、缸藏、井窖贮藏等适于农户小规模保藏石榴的方法，这些方法在注意通气、控温、保湿的条件下可贮藏 2 个月左右。

5.1.7 猕猴桃贮藏

猕猴桃是原产于我国的一种藤本果树，其他国家种植的猕猴桃都是直接或间接引自中国。近年来陕西、河南、四川、湖北等省猕猴桃人工栽培发展很快，在陕西秦岭北麓至渭河流域已建成全国规模最大的猕猴桃商品生产基地。猕猴桃属浆果，外表粗糙多毛，颜色青褐，但其风味独特，营养丰富，每 100 g 鲜果中含维生素 C 100~420 mg，是其他水果的几倍至数十倍，以富含维生素 C 而被誉为"水果之王"或"长生果"。

1. 品种及贮藏特性

猕猴桃种类很多，目前以中华猕猴桃（又称软毛称猴桃）和美味猕猴桃（又称硬毛猕猴桃）在我国分布最广，经济价值最高。目前国内主栽的秦美和海沃德品种属美味猕猴桃。中华猕猴桃的品种有魁蜜、庐山香、武植 3 号等。各品种的商品性状、成熟期及耐贮性差异较大，早熟品种 9 月初即可采摘，中、晚熟品种的采摘期在 9 月下旬至 11 月上旬。从耐贮性上看，晚熟品种明显优于早、中熟品种，其中秦美、海瓦德等是商品性状好、比较耐贮藏的品种，在最佳条件下能贮藏 5~7 个月。

猕猴桃是具有呼吸跃变的浆果，采后必须经过后熟软化才能食用。刚采摘的猕猴桃内源乙烯含量很低，一般在 1 μg/g 以下，并且含量比较稳定。经短期存放后，迅速增加到 5 μg/g 左右，呼吸高峰时达到 100 μg/g 以上。与苹果相比，猕猴桃的乙烯释放量是比较低的，但对乙烯的敏感性却远高于苹果，即使有微量的乙烯存在，也足以提高其呼吸水平，加速呼吸跃变进程，促进果实的成熟软化。因此，在贮藏过程中要采取相应措施降低乙烯的影响。

2. 贮藏技术要点

(1) 采收

用于贮藏的猕猴桃必须在完熟前采收，采收适期因品种、贮藏条件及贮藏期长短而异。用眼睛观察时，果皮褐色程度加深、叶片开始枯老时为采摘适期。但是，有些品种的猕猴桃成熟时果皮颜色变化不甚明显，故凭感官很难准确地判断其采收期。国内外普遍认为，以可溶性固形物含量作为判断猕猴桃采收成熟度的参数比较可靠。用于长期贮藏的猕猴桃，如秦美猕猴桃在可溶性固形物含量为 6.5%～7% 时采收比较适宜；对于短期（1 个月左右）和中期（2～3 个月）冷藏库贮藏的猕猴桃，在可溶性固形物含量小于10% 时采收，这样既有利于提高产量和果品质量，又能获得较好的贮藏效果。

(2) 预冷

猕猴桃采收后应及时入库预冷，最好在采收当日入库，库外最长滞留时间不要超过2 天，否则贮藏期将显著缩短。同一贮藏室应在 3～5 天装满，封库后 2～3 天将库温降至贮藏适温，然后将果实装入 0.05～0.07 mm 厚的 PE 袋或其他保鲜袋中，封口后进行贮藏。同一贮藏室从开始入库到装载结束并达到降温要求，应在 1 周左右完成。采用塑料薄膜袋或帐贮藏时，必须在果实温度降低到或接近贮藏要求的温度时，才能将果实装入塑料袋或者罩封塑料帐。

(3) 分级、包装

猕猴桃分级主要是按果实体积大小划分，依照品种特性，剔除过大过小、畸形、有伤以及其他不符合贮藏要求的果实，一般将单果重为 80～120 g 的果实用于贮藏。贮藏果用木箱、塑料箱或者纸箱装盛，每箱容重为 7.5～10 kg。也可在箱内铺设塑料薄膜保鲜袋，将预冷后的果实逐果放入保鲜袋。

3. 贮藏条件

(1) 温度

温度对猕猴桃的内源乙烯生成、呼吸水平及贮藏效果影响很大，乙烯产生量和呼吸强度随温度上升而增大，贮藏期相应缩短。秦美猕猴桃在 0℃ 条件下能贮藏 3 个月，而在20～30℃ 条件下放置 7～10 天即进入最佳食用状态，10 天之后进一步变软，进而衰老腐烂。大量研究和实践表明，−1～0℃ 是贮藏猕猴桃的适宜温度。

(2) 湿度

空气湿度是贮藏猕猴桃的重要条件之一，适宜湿度因贮藏温度的不同而稍有不同，冷藏条件下相对湿度为 90%～95% 较为适宜。

(3) 气体

对猕猴桃贮藏而言，控制环境中的气体成分能明显使内源乙烯的生成受到抑制，呼吸水平下降，果肉软化速度减慢，贮藏期延长。猕猴桃气调贮藏的适宜气体组合是浓度为 2%～3% 的 O_2 和 3%～5% 的 CO_2，CO_2 伤害阈值为 8%。

4. 贮藏方法

猕猴桃的贮藏方法目前以机械冷藏库贮藏、塑料薄膜封闭贮藏和气调库贮藏为主。

（1）机械冷藏库贮藏

对计划贮藏期较长（3~4 个月，即春节前上市）的猕猴桃，只要控制库温在 0℃左右，相对湿度为 90%~95%，再加上适宜的采收期和果实完整无伤，就会使晚熟品种获得满意的贮藏效果。这种方式的贮藏期虽然比气调贮藏短一些，但是却具有贮藏费用低、管理简便、无气体伤害等优点。

（2）塑料薄膜封闭贮藏

在机械冷藏库内用塑料薄膜袋或帐封闭贮藏猕猴桃，是当前生产中应用最普遍的方式。晚熟品种可贮藏 5~6 个月，果实仍然新鲜并保持较高的硬度。塑料薄膜袋用 0.03~0.05 mm 厚的聚乙烯袋，每袋装果 5~10 kg。塑料薄膜帐用厚 0.2 mm 左右的聚乙烯或者无毒聚氯乙烯制作，每帐贮量为 1 t 至数吨。贮藏中应控制库温为 -1~0℃，库内相对湿度在 85% 以上，并使塑料袋、帐中的气体达到或接近猕猴桃贮藏要求的浓度（2%~3% 的 O_2 和 3%~5% 的 CO_2）。

（3）气调库贮藏

气调库贮藏猕猴桃是当前最理想的贮藏方式，在严格控制温度（0℃左右）、相对湿度（90%~95%）、气体（浓度为 2%~3% 的 O_2 和 3%~5% 的 CO_2）的条件下，晚熟品种的贮藏期可达到 6~8 个月，果实新鲜，硬度高，贮藏损耗在 3% 以下。如果气调库配置有乙烯脱除器，贮藏效果会更好。

5. 贮藏期间应注意的问题

1）由于猕猴桃对乙烯非常敏感，故不能与乙烯产生量大的苹果等进行混存，以免其他果实产生的乙烯诱导猕猴桃成熟软化，气调贮藏中脱除乙烯是一项很重要的措施，可用吸附有 $KMnO_4$ 饱和溶液的保鲜剂来脱除乙烯，有条件时可在气调库配置乙烯脱除器。控制软化并减少机械损伤，可用 0.02% 的 2，4-D 和 0.005% 的甲基托布津浸果 1 min，或用 0.2 mL/kg 的仲丁胺进行熏蒸处理。

2）用于贮藏的猕猴桃，生产中严禁使用果实膨大剂，以免降低其固有的品质和耐贮性。

5.1.8 柑橘贮藏

柑橘是世界上重要的水果之一，在我国的长江流域及其以南地区普遍栽培，其产量和面积仅次于苹果。柑橘的贮藏保鲜在延长柑橘果实的供应期上占有重要地位。分类学中柑橘是芸香科，柑橘亚科的一群植物的总称，共有 6 个属。柑橘属果实主要可分为甜橙类、宽皮柑橘类、柚类等。目前，甜橙类的优良品种达 400 种以上，又可分为普通甜橙、脐橙、血橙和糖橙四类，较著名的品种有柳橙、锦橙、伏令夏橙、哈姆林甜橙、红玉血橙等。宽皮柑橘类是我国产量和品种最多的柑橘类果品，较著名的品种有芦柑、红橘、蕉柑、温州蜜柑等。

1. 贮藏特性

不同种类的柑橘贮藏性差异很大。一般来说，柠檬最耐贮藏，贮藏到第二年夏季，果实仍可保持较好的食用品质。其余种类的贮藏性依次为柚类、橙类、柑类和橘类。但是有的品种并不符合这一排列次序，如蕉柑就比橙耐贮藏。同种类不同品种的贮藏性差异也很大，如蕉柑较温州蜜柑耐贮藏。品种间的贮藏性常可按成熟期早晚来区分，通常是晚熟品种较耐贮藏，中熟品种次之，早熟品种不耐贮藏。一般认为，晚熟、果皮致密且油胞含油丰富、瓣瓣中糖和酸含量高、果心维管束小等是耐贮品种的共同特征。蕉柑、甜橙、脐橙等是我国目前商业化贮藏的主要品种。

2. 贮藏条件

（1）温度

柑橘类果实原产于气候温暖地区，长期的系统发育决定了其果实容易遭受低温伤害的特性，所以柑橘贮藏的适宜温度必须与这一特性相适应。一般而言，橘类和橙类较耐低温，柑类次之，柚类和柠檬则适宜在较高温度下贮藏。

华南农业大学等对广东主要柑橘品种甜橙、蕉柑和椪柑的研究结果表明，甜橙采用 $1 \sim 3 \degree C$，蕉柑采用 $7 \sim 9 \degree C$，椪柑采用 $10 \sim 12 \degree C$ 温度条件比较适宜，贮藏 4 个月皆无生理失调现象。蕉柑贮温低于 $7 \degree C$，椪柑低于 $10 \degree C$ 易患水肿病。同时对广东产的伏令夏橙和化州橙进行贮藏适温试验，结果表明这两种橙亦是适宜贮藏在 $1 \sim 3 \degree C$ 条件下，推荐柠檬的贮藏适温为 $12 \sim 14 \degree C$，如果长时期贮藏在 $3 \sim 11 \degree C$，则易发生瓣瓣褐变。

同一品种由于产地或采收期不同，贮藏适温就有很大不同。因此，生产上确定柑橘的贮藏适温时，除考虑种类和品种外，还必须考虑到产地、栽培条件、成熟度、贮藏期长短等因素。

（2）湿度

不同种类的柑橘对湿度的要求不同，甜橙和柚类要求较高的湿度，最适相对湿度为 $90\% \sim 95\%$；宽皮柑类在高湿环境中易发生枯水病（浮皮），故应控制较低的湿度，最适相对湿度为 $80\% \sim 85\%$。

（3）气体成分

对柑橘的气调贮藏尚没有统一的观点，一般认为柑橘对 CO_2 很敏感，不适宜气调贮藏，也有的认为适宜的高 CO_2，可减少冷藏中的果皮凹陷病。因此，柑橘是否适于气调贮藏，必须针对各品种进行试验后再下结论。国内推荐几种柑橘的气体条件如下：甜橙要求 O_2 浓度为 $10\% \sim 15\%$，CO_2 浓度在 3% 以下；温州蜜柑要求 O_2 浓度为 $10\% \sim 15\%$，CO_2 浓度在 1% 以下。如果环境中 O_2 过低或 CO_2 过高，则果实组织中的乙醇和乙醛含量增加，引发水肿病；如果环境中低 O_2 和高 CO_2 同时共存，就会加重果实的生理病害。

3. 贮藏技术要点

(1) 适时无伤采收

柑橘为典型的非跃变型果实，应在成熟时采收。此时采收的柑橘对于贮藏期的生理病害和微生物侵染都有较高的抗性。据报道，黄色的甜橙比半黄色的甜橙对生理病害有较高的抗性，四川红橘 11 月下旬比 11 月中旬采收的枯水率大大降低。柑橘采收要用专门的采果剪，采果剪必须是圆头且刀口锋利、合缝，以利剪断果柄，又不刺伤果皮。通常采用两剪法剪果，第一剪剪下果实，第二剪齐果蒂剪平，以免果蒂刺伤其他果实。雨、雾、露水未干或中午光照强烈时均不宜采收。

(2) 预贮

新采下的柑橘果实，含水量高，果皮鲜脆，容易受伤，必须先经过预贮，主要目的是散去田间热，避免入贮后温度过高导致呼吸消耗加剧。果实初选后，放在通风良好、干燥的室内，装筐或摊放在稻草上，日夜开窗通风。一般控制宽皮柑橘失重率为 3%～5%，甜橙失重率为 3%～4%，果实经预贮后再转入低温贮藏。

(3) 及时防腐处理

采收后应马上进行药剂防腐处理，最好在采收当天浸药处理完毕。目前，防腐处理常用 200 mg/L 的 2, 4-D 混合类杀菌剂。常用杀菌剂有苯并咪唑类，如特克多、苯来特等，参考用药量为 500～1000 mg/L，抑霉唑为 500～1000 mg/L。

(4) 涂蜡

一般将蜡制成溶液，配制浓度为 1∶1～1∶1.5，每千克涂料液可涂果 750 kg 左右。需要注意的是，上蜡后的柑橘只适合短期贮藏，贮藏期不宜超过 2～3 个月，时间过长，果实风味会减淡，并产生酒味，品质变劣。因此，上蜡处理最好在柑橘上市前进行。

(5) 选果、包装

严格剔除机械损伤、病虫害、脱蒂、干蒂等果实后，按分级标准进行分级、包装。

虽然柑橘 CA 贮藏和 MA 贮藏有风险，但塑料薄膜单果包装已经被实践证明是柑橘定期运输、销售过程中简便易行且行之有效的一种保鲜措施，对减少果实失水，保持外观新鲜饱满，控制褐斑病（干疤）均有很好的效果，目前在柑橘营销中广泛应用。作为甜橙的内包装，塑料薄膜厚度为 0.015 mm，一袋一果进行包装，袋口用手拧紧或者折口，折口朝下放入包装箱中，有防止果实水分蒸散和产生自发性气调贮藏的作用，薄膜袋内 O_2 浓度为 9%～20%，CO_2 浓度为 0.2%～0.8%，塑料薄膜单果包装对橙类、柚类和柑类的效果明显好于橘类，适宜低温条件下的效果明显好于较高温度。外包装形式主要有纸箱和竹箩，以塑料薄膜单果包装结合纸箱外包装的商品档次较高。

4. 贮藏方法

(1) 常温贮藏

通风库贮藏是目前我国柑橘的主要贮藏方法。常温贮藏受外界气温影响较大，因此，温度管理非常关键。根据对南充甜橙地窖内温度和湿度的调查资料，整个贮藏期的平均温度为 15℃，12 月以前为 15℃，1~2 月最低为 12℃，3~4 月一般在 18℃左右。不难看出，各时期的温度均高于柑橘贮藏的适温，故定期开启窖口或通风口，让外界冷凉空气进入窖（库）内而降温，是贮藏中一项非常重要的工作。需要指出的是，通风库贮藏柑橘常常是湿度偏低，为此，有条件时可在库内安装加湿器，通过喷布水雾提高湿度，也可通过向地面、墙壁上洒水，或者在库内放置盛水器，通过水分蒸发增加库内湿度。

（2）冷藏库贮藏

柑橘类果实不耐低温，易产生冷害，故冷藏库贮藏的温度应依贮藏的种类和品种而定。库内相对湿度也应适当，不可过高或过低，一般保持在 85%~90%（表 5-4）。冷藏库要注意定期换气，以防 CO_2 积累，对柑橘类果实产生伤害。

表 5-4　柑橘果实冷藏条件

品种	贮藏适温/℃	相对湿度/%	贮藏寿命/月
甜橙	1~3	90~95	4
伏令夏橙	1~3	90~95	4
化州橙	1~3	90~95	4
蕉柑	7~9	80~90	4
椪柑	10~12	80~90	4

5.1.9　番木瓜贮藏

番木瓜又称木瓜、乳瓜、万寿果、蓬生果，属番木瓜科番木瓜属，热带常绿果树。原产美洲热带地区，是我国南方常见果树，在我国主要产于广东、广西、福建、海南、云南及台湾等地区，从播种至采收，只需 1 年左右的时间，大面积产量在 2500 kg 以上。生产上采用"冬育春种秋收"的措施，改多年生栽培为一年生栽培。

番木瓜果实含丰富的维生素 A、维生素 B、维生素 C 以及糖类和无机盐类，既可鲜食还可加工成果酱、果脯、饮料等。番木瓜中的木瓜蛋白酶还广泛应用于工业生产。但番木瓜在贮藏运输过程中软化成熟很快，极易腐烂，采后损失严重。

1. 贮藏特性

番木瓜是呼吸跃变型果实。果皮较薄，采后易失水，严重时果皮出现凹陷，影响商品品质。番木瓜对低温敏感，易发生冷害，发生冷害后，果实后熟推迟，易感染微生物而发生腐烂，严重的着色呈斑点状，有些点呈烫伤状，不能正常后熟，味道极差，冷害严重时表皮也凹陷。温度低于 10℃时 2~3 天就出现冷害症状。

2. 贮藏技术要点

（1）采收

番木瓜以果皮颜色来划分成熟度，在成熟绿色（即深绿色）变为淡绿色时采收，此时，整个果实的绿色稍有变浅，并在果顶处有些微黄色。用针划破果皮，流出的汁液是接近透明的就表示该果实将要成熟，可以采收。采收过早，经过长途冷藏运输之后，这些果实不能后熟。番木瓜的后熟期很短，一般只有 3～5 天。但是冬季气温较低，后熟速度较慢，所以要在果皮变色较为明显时才能采收。采收最好用刀割断果柄，比直接扭断果柄的贮藏效果好。采后将番木瓜的果蒂向下，放在有垫纸或木屑的箱子或箩筐里，以防止撞击和擦伤。番木瓜果皮非常薄，运输时摩擦和撞击，能使脆弱的果皮损伤，导致病原菌入侵，引起果实腐烂，因此番木瓜在采收后必须进行处理，才能在销售期间保证果实品质。采后处理还可以杀灭果蝇，以免再次遭受感染。防治果蝇也可以在运输容器内，用隔板或帐帘遮挡。

（2）**采后处理**

1）热处理。采后可用热水浸果或蒸汽热处理。热水处理是将番木瓜置于 48℃的热水中浸泡 20 min，再放在流水中冷却 20 min，风干后进行贮藏，以控制果蝇并减少贮藏期间炭疽病引起的腐烂。番木瓜在进行热水处理时，热水的温度和浸泡的时间一定要严格控制，否则易产生热伤害，热伤害导致果实不能褪绿，严重的在果顶处引起腐烂。蒸汽热处理是把果实放入温度为 44℃，相对湿度为 40% 的房间内，接受 6～8h 升温处理后，房间升温至 48℃，在相对湿度为 100% 的高湿空气中处理 4 h，处理后立即用冷空气吹凉。

2）防腐处理。在常温下普克唑（1000 mg/L）对炭疽病和蒂腐病有显著控制效果。熏蒸应在不低于 21℃的熏蒸室内进行。果实在室内所占空间不超过 75%，如果熏蒸是与热水浸果相结合的，其所用二溴化乙烯的熏蒸剂量为 8 g/m³，不与热水处理相配合的熏蒸剂量要增加为 16 g/m³，熏蒸时间均为 2 h。

热水浸果处理后再进行熏蒸，应有足够的时间使番木瓜果皮干燥，并使果温降至26.7℃，两个处理之间的最大间隔时间为 6 h。如果熏蒸后再进行热水处理，则两个处理之间至少需要有 1h 的通风时期。

3）其他处理。采后处理还可用⁶⁰Co 产生的 γ 射线，对番木瓜果实进行辐照。例如，用 270～750 Gy 的辐射剂量，对苏罗等品种的番木瓜果实进行处理，对控制真菌和果蝇有效，后熟推迟，果皮颜色正常，贮藏寿命延长。

（3）**包装**

番木瓜在包装时要求选择成熟度一致、质量为 0.5～1 kg 的果实，采用瓦楞纸箱包装，每个果实均需套袋，果蒂朝下，中间用纸纤维或木纤维作填充物。大批包装时，也可以采用有衬垫的木箱或坚实竹筐包装。

（4）**催熟**

催熟方法是在每一包装箱内放入用纸包好的少量电石，滴上水后，密封包装，经 1～2 昼夜，果皮转为黄色，即可食用。冬季气温较低，有利于冬季采收的番木瓜的贮藏，若运输到北方气温低于 12℃以下的地区，则要求运输车厢具备防冷设施，以避免果实发生冷害。

3. 贮藏方法

(1) **常温贮藏**

常温贮藏是经营者销售成熟的番木瓜时,采取的临时贮藏方式。应根据番木瓜在温度高时后熟快、容易腐烂,而温度低时后熟慢的特点,合理组织销售。在秋季、冬季采收的番木瓜果实,有时还需要进行人工催熟以加速果实后熟,以便应市。在产区番木瓜的包装房和贮藏库都是临时的,库房达到通风良好,清洁卫生即可。因为贮藏期短,可没有低温条件。

(2) **冷藏**

用于冷藏的番木瓜在开始变黄的成熟阶段采收,此时番木瓜对低温不敏感。低温贮藏是把经热水浸果、熏蒸或辐照处理后的番木瓜,置于 13℃ 的贮藏库内进行贮藏,保持相对湿度在 85%~90%,在这个温湿度下,番木瓜一般能够贮藏 2~3 周。以后移至室温下后熟,能够正常出售,保持果实品质。

(3) **气调贮藏**

在番木瓜的气调贮藏中,不同的品种、产地,其所要求的贮藏条件不同,如夏威夷番木瓜的适宜条件为 13℃,1%~1.5% 的 O_2,无 CO_2;而佛罗里达番木瓜的适宜贮藏条件为 13℃,1% 的 O_2,3% 的 CO_2。因此在实际生产中,要根据不同的品种、成熟度、产地等选择适宜的贮藏条件。气调贮藏延长番木瓜的贮藏寿命,超过热水处理和辐照处理的作用。先经热水处理和辐照的果实,在温度为 10℃,O_2 浓度为 1%~4% 的条件下,可贮藏 6~12 天,而同样处理的果实在冷藏的条件下,只能保存 5~10 天。因此,气调贮藏结合热水、辐照处理,可延长番木瓜的贮藏时间,如 50℃ 热水处理后用 750~1000 Gy 剂量的 γ 射线照射,可延长贮藏期 5 天。

5.1.10　枇杷贮藏

枇杷为蔷薇科常绿乔木,原产于我国,主要分布在长江以南的浙江、安徽、江苏、福建和四川等省。我国拥有丰富的枇杷种类资源和大量的优良品种,产量占世界总产量的 70%。枇杷秋冬开花,初夏成熟,果实色泽橙黄或洁白,果肉柔软多汁,酸甜适度,风味佳,是润肺、止咳、健胃和清热的良药,深受人们喜爱,但初夏高温多湿,果实生理活性旺盛,含水量多,极易腐烂变质。

1. 品种及贮藏特性

枇杷品种很多,按果肉颜色一般分红肉和白肉两大类,红肉品种有大红袍、宝珠、山里本、大钟、梅花霞和车本;白肉品种有照种、青种、白梨、软条白沙。红肉类枇杷果皮较厚,肉质较粗糙,耐贮运,晚熟品种耐贮性较好。

枇杷是非呼吸跃变型果实,又是冷敏性果实。枇杷头花果生长期长,果实发育充实,品质良好,可用于贮藏,其果实在成熟过程中果皮由黄绿转至黄色,最后转成橙黄或橙红色,同时果肉逐渐由硬变软。

2. 贮藏技术要点

（1）采收

枇杷果实在成熟前 15~20 天时膨大最快，糖分迅速提高，酸度下降，并逐渐着色，采后无后熟作用，要在基本完熟时才可采收，提早采收会降低果实品质，同时也会降低产量。一般把果实充分着色时作为采收期，如远销可适当早采，约九成着色时采收。同一穗上的果实成熟度不一致，要采熟留青。采收时用手捏住果柄或一个支轴取下，用剪刀剪断果柄，勿用手捏果实，果柄要短些，剪口要光滑，以免造成伤害。由于枇杷果实皮薄，皮上有一层蜡粉茸毛，易受机械损伤和病原菌侵染，伤口易腐烂，果皮易变色，所以采果篮内壁应平整光滑，用软纸衬垫，防止果实碰伤。采摘时，要轻拿轻放，尽量不碰压果面，否则枇杷在室温下 2 天内全部腐烂，失去食用价值，较难贮藏。

（2）防腐

枇杷采收后要进行防腐保鲜处理，用 1000 mg/L 的多菌灵浸果 4 min，或1000 mg/L 的多菌灵和 200 mg/L 的 2，4-D 药液混匀后浸果 2 min，或 0.5％的氯化钙溶液浸果能降低枇杷果实的腐烂率；用 0.1％的魔芋甘露聚糖和 200 mg/L 的 2，4-D 溶液混匀后浸泡，进行涂膜，能有效延长贮藏期。

3. 贮藏条件

枇杷的最适贮藏温度为 0℃，相对湿度为 90％，O_2 浓度为 2％~5％，CO_2 浓度低于 1％，在此条件下可贮存 3 周。

4. 贮藏方法

（1）冷藏

将用防腐剂处理后的枇杷预冷至 0℃后，用 0.02 mm 厚的聚乙烯薄膜袋进行包装，袋口进行折叠后，在 0~1℃的冷藏库中堆码成垛，库内的相对湿度为 90％，可以贮藏 25 天。

（2）气调贮藏

可用薄膜袋、塑料帐、硅窗袋等自发气调或人工气调技术，结合化学药剂防腐杀菌后低温贮藏更好。将防腐处理后的果实装入包装箱或筐内，用 0.02 mm 厚的聚乙烯薄膜袋包装，扎紧袋口，O_2 浓度为 2％~5％，CO_2 浓度低于 1％，置于 0℃冷藏库内，可贮藏 3~4 周。贮藏 1 个月，虽然腐烂率较低，但品质下降，风味变淡。

（5）家庭贮藏

枇杷整穗拿下，铺摊在楼板上或先放新鲜松枝，再摊枇杷；用小竹篮装枇杷，每篮 5~7 kg，挂于房内；用罐、缸、坛、小食品袋均可贮藏。

5.1.11 荔枝贮藏

荔枝原产于我国，是我国南方的一种名特优果品，是驰名中外的美味佳果。荔枝主要分布在广东、广西和福建三省。其果实色泽红艳，肉质洁白晶莹，汁多味甜，营养丰富，深受消费者喜欢。但荔枝果实成熟于高温的夏季，采后生理代谢旺盛，果实极不耐贮运，所以有"一日而色变，二日而香变，三日而味变，四五日外，色、香、味尽去矣"之说。

1. 品种及贮藏特性

目前我国荔枝的主栽品种有三月红、白腊子、白糖罂、圆枝、妃子笑、状元红、大造、黑叶、桂味、糯米糍、淮枝、挂绿等，其中淮枝、桂味、白腊子、状元红等耐贮性较好。

荔枝具有如下特点：原产亚热带地区，但对低温不太敏感，能忍受较低温度；属非跃变型果实，但呼吸强度比苹果、香蕉、柑橘大 1~4 倍；外果皮松薄，表面覆盖层多孔，内果皮是一层比较疏松的薄壁组织，极易与果肉分离，这种特殊的结构使果肉中水分极易散失；果皮富含单宁物质，在 30℃ 下荔枝果实中的蔗糖酶和多酚氧化酶非常活跃，因此果皮极易发生褐变，导致果皮抗病力下降，色、香、味衰败，容易滋生病害。因此，抑制失水、褐变和腐烂是荔枝保鲜的主要问题。

2. 采后生理

荔枝属于无呼吸高峰型果实，成熟期间果实不表现明显的跃变期。采后的荔枝初期呼吸作用较强，随后逐渐降低，最后又会上升。贮藏后期呼吸的上升与采后病原菌的侵染和果实腐烂有关。有研究表明，适宜的低温可以有效地降低荔枝的呼吸速率，延长其贮藏期，在 1~5℃ 下，荔枝可贮藏 1 个月，色、香、味基本不变。

3. 贮藏条件

荔枝的贮藏条件品种间有一定的差异，但适宜的贮藏温度为 1~3℃，相对湿度为 85%~90%，气体成分为浓度为 5%~6% 的 O_2 和 3%~5% 的 CO_2，在这样的贮藏条件下一般可贮藏 15~45 天。

4. 贮藏技术要点

(1) 采收

掌握适宜的采收成熟度是荔枝贮藏的关键技术之一。荔枝的采收期因品种而异，一般可从 5 月初持续到 8 月中旬。荔枝的采收时间根据贮藏、运销的条件而定。一般低温贮藏，应在荔枝充分成熟时采收，果皮越红越鲜艳保鲜效果越好。但若低温下采用薄膜包装或成膜物质处理等，则以果面 2/3 着色、带少许青色（约八成熟）时采收为好。立即销售的果实以九成熟采收为好，用于远途运输或贮藏的果实可在八成熟时采收。成熟度的确定是依据果实的表面色泽，或内果皮的颜色，以及果实的含糖量，如八成熟的果实，其果皮基本转红，龟裂纹嫩绿或稍带黄绿色，内果皮仍为白色。荔枝的采收应选择早、晚或阴天为好，避免雨天和炎热的中午采收。采收时遵循正确的采收方法，在结果枝与果穗之间的"龙头丫"处，用修枝剪剪下果枝，然后在果柄处逐个将果实摘下以作贮藏。采收时要轻拿轻放,尽量避免人为损伤。

(2) 采后处理

采下的荔枝果实要进行修枝选果,去掉病虫害果、裂果和伤果,并尽快预冷,降低田间热。

1) 预冷。预冷的方式有:①水冷,在水中加入冰块,使水温在 5℃ 左右,将果实放在冰水中浸泡 10～15 min;②风冷,将荔枝果实装入塑料箱内,在 2～5℃ 冷藏库中预冷 5～10 h,以降低果实温度。

另外,荔枝果实采后入库越快其贮藏效果越好,而且最好实行冷链运销,可抑制果实褐变,减少腐烂和延长销售期。

2) 防腐处理。由于荔枝采后极易褐变发霉,因此,无论采用哪种保鲜法,都需要进行杀菌处理。杀菌后待液面干后包装贮运,一般采用 0.25～0.5 kg 小包装比 15～25 kg 的大包装好。采收到入贮一般在 12～24 h 完成最好。

目前用于荔枝杀菌的主要方式如下:中国科学院植物所研制的 LS 保鲜剂 1000 μL/L 或北京营所研制的 GS 生物药剂 100 μL/L 喷果或浸果 3～5 min;乙磷铝 1000 μL/L ＋特克多 1000 μL/L,在 10℃ 冰水中浸果 10 min;德国产的施保克 1000～2000 倍冰水溶液 (10℃) 浸果 0.5 min,美国生产的特克多 300～450 倍溶液浸果 1 min;法国产的扑海因 250 倍液浸果 1 min,捞取晾干后,用保鲜膜包装低温冷藏,对防治霜疫霉病非常有效;在 50～52℃ 的莱来特溶液中浸果 2 min,可有效防止荔枝贮藏病害的发生;固体保鲜剂 (活性炭:氯酸钠:硫酸亚铁:氧化锌=6:2:1:1 制成 2～3 cm 大小的颗粒),使用量为荔枝果的 2%～4%,该药除具有杀菌作用以外,还能分解和吸收荔枝贮藏期间放出的有害气体。

3) 防褐变处理。荔枝采后应立即进行护色处理,防止果色褐变。荔枝的防褐方法主要有:中国科学院植物所研制的荔枝护色剂 LS-1,使用浓度为 2%,浸果 5 min;用 2% 的亚硫酸钠＋1% 的柠檬酸＋2% 的氯化钠溶液浸果 2 min;用 N-二甲胺琥珀酸(比久) 100～1000 μL/L 溶液浸果 1 min;用 SO_2 熏蒸后再用稀盐酸溶液浸果 2 min;SO_2 熏蒸后再用 10% 的柠檬酸＋2% 的氯化钠液浸果 2 min,都能较好地保持果实颜色;将果实在沸水中烫 7 s,再用 5%～10% 的柠檬酸＋2% 的氯化钠溶液浸果 2 min,可抑制果皮褐变,达到保持红色的目的。由于荔枝变色与果皮失水有关,采后将果实迅速预冷降温,实行冷链运输和低温贮藏也可阻止荔枝褐变。

5.1.12 板栗贮藏

板栗在我国栽培范围较广,北京、河北、河南等省均有大量栽培,其营养丰富,种仁肥厚甘美,是我国特产干果和传统的出口创汇果品,在国际市场上有"中国甘栗"的美称。因板栗采收季节气温较高,呼吸作用旺盛,导致果实内淀粉糖化,品质下降,大量板栗因生虫、发霉、变质而损失掉。因此,做好板栗贮藏保鲜十分必要。

1. 品种及贮藏特性

板栗品种对其贮藏性影响很大。一般中、晚熟品种较耐贮藏,北方栗较南方栗耐贮藏，板栗果面带毛的较光滑的耐贮藏，大果较小果耐贮藏。例如，山东薄壳板栗、红栗、陕西镇安大板栗、明拣栗，湖南虎爪栗，河南油栗等品种耐贮性好。

板栗有外壳涩皮包裹种仁，但其对水分的阻隔性很小，又由于呼吸热较多，扩散时促进了水分的散失，因而在贮藏中易失水，尤其是在温度高、湿度低、空气流动快的情况下，栗实很快干瘪、风干。有研究发现，板栗刚采收时含水量较高，一般为 47%～56%。在通风良好的环境中，24h 内失水率可达 2%～3.2%，贮藏 1 个月，失水率达到 50%。失水是板栗贮藏中质量减轻的主要原因。板栗自身的抗病性较差，当其在采前及采收后的商品化处理中受到微生物侵染后，易发霉腐烂。板栗上常带有如栗实象鼻虫的虫卵，贮藏期间会发生因虫卵生长而蛀食栗实的情况。此外，板栗虽有一定的休眠期，但当贮藏到一定时期会因休眠的打破而发芽，缩短贮藏寿命而造成损失。

2. 采收期

适时采收是保证板栗贮藏效果的关键措施。当栗苞颜色由绿变蓝，有 1/3 的栗苞开裂，栗果呈棕褐色时为适宜采收期。采收过早，未成熟的栗果含水量高，气温也高，不耐贮藏。采收不宜在雨天、雨后或露水未干时进行，最好在晴天采收。采收方法有自然落果和人工打栗法两种，栗苞自然开裂，落地拾取的栗子，风味和外观品质好，耐贮藏，但此法采收的时间长；打栗法一次将栗子打落，由于苞果采后温度高，水分多，呼吸旺盛，所以要选择凉爽、通风的地方，将苞果摊成薄层，堆放数天，待栗苞开裂后取果，此法采收集中，但成熟度不一致。

3. 贮藏条件

板栗贮藏的适宜条件如下：温度为 $-2\sim0℃$，相对湿度为 90%～95%，O_2 浓度为 3%～5%，CO_2 浓度为 1%～4%，在这样的贮藏条件下一般可贮藏 8～12 个月。

4. 贮藏方法

目前以简易贮藏和机械冷藏为主。简易贮藏的方法多种多样，最常用的是沙藏法。

(1) 沙藏法

选择适当场所，用湿沙（含水量以用手捏沙能成团，落到地上能散开为合适）将板栗分层堆埋起来。湿沙的用量为板栗的 2～3 倍。具体做法是在地面或沙坑底部先铺一层秸秆再铺一层 7～10 cm 的湿沙，其上加一层板栗，然后一层沙一层板栗相间堆高，至总高度达 60～70 cm 时，再覆一层沙，厚 7～10 cm。为防止堆中的热不能及时散失出来和加强通风，可扎草把插入板栗和沙中。管理上注意表面干燥时要洒水，底部不能有积水。为防止日晒水淋需用覆盖物（草帘、塑料薄膜等）覆盖。当外界温度低于 0℃ 时要增加覆盖物的厚度。为了提高沙藏的效果，可在沙中加大少量松针以利通气，同时松针能散发出抑菌物质而起防腐作用。由于蛭石、锯木屑等保湿性较好，生产实际中以它们取代沙子可提高板栗的贮藏效果。

(2) 机械冷藏

将处理并预冷好的板栗装入包装袋或箱等容器，置于冷藏库中贮藏。堆放时要注意留有足够的间隙，或用贮藏架架空，以保证空气循环畅通，使果实的品温迅速降低。贮藏期间库温应保持在−2℃左右，相对湿度为85％～90％。板栗包装时在容器内衬一层薄膜或打孔薄膜袋，对于减少失重效果较好。贮藏期间要定期检查果实质量变化情况。

（3）气调贮藏

气调技术用于板栗贮藏时 O_2 浓度为3％～5％，CO_2 浓度不超过5％，在以上气体条件下贮藏良好。有人用浓度为1％的 O_2，不加二氧化碳也取得了成功。方法多是用0.06 mm以上的塑料薄膜包装板栗，结合机械冷藏进行简易气调。

5. 贮藏中易发生的问题及解决方法

板栗是种子，贮藏过程中容易发芽、霉烂、风干、生虫和黑心，造成采后损失和品质下降。

（1）**防霉烂**

提高板栗的成熟度，增加其抗病性，采后创造低温条件和适当降低湿度，并使用500 mg/kg的2，4-D和2000 mg/kg的托布津浸果，或用1～10 Gy剂量的γ射线进行辐照处理可以控制栗果的霉烂。

（2）**防虫**

板栗的主要害虫为栗实象鼻虫，用40～60 g/m³的溴甲烷熏蒸4～10 h，或用18～20 g/m³的磷化铝熏蒸都有效。此外，将板栗在50℃的温水中浸45 min，取出晾干后贮藏，也可杀死蛀虫。

（3）**失重风干**

板栗的失重风干主要是由于贮藏环境湿度太低和温度过高造成的，在0℃下提高贮藏环境的湿度，沙藏时保持沙子有一定的湿度，或在麻袋内用打孔塑料薄膜包装，都可减少板栗的失水风干。

（4）**发芽**

板栗在休眠期后遇到适宜的温湿度条件就会发芽，采后50～60天用γ射线辐照，或用浓度为2％的盐水和2％的碳酸钠溶液浸洗板栗1 min，或用1000 mg/kg的2，4-D（或萘乙酸）浸果，可抑制发芽。

5.2 蔬 菜 贮 藏

5.2.1 菜豆贮藏

菜豆又叫四季豆、扁豆、豆角等，属豆科蔬菜，原产于中美洲热带地区。供食用的嫩豆荚，蛋白质含量较高，其中富含赖氨酸、精氨酸、维生素、糖和矿物质。但在贮藏中表皮易出现褐斑，俗称锈斑；老化时豆荚外皮变黄，纤维化程度增高，种子膨大硬化，豆荚脱水，较难贮藏。

1. 贮藏技术要点

(1) **品种选择**

菜豆属热敏性植物，分为两个种，即大菜豆和小菜豆，其中每个种又分为蔓生型和矮生型两种。用于贮藏的菜豆，一般选用早菜豆的晚熟品种或秋菜豆，在种子未充分发育之前采摘。选择荚肉厚、纤维少、种子小、锈斑轻、适合秋茬栽培的品种作贮藏用。据报道，北京地区以青岛架豆、短豇豆、法国地芸豆和丰收 1 号较适宜贮藏，青岛架豆锈斑发生较轻。

(2) **采收**

菜豆采收一般在早霜到来之前进行，采收时应轻拿轻放，避免挤压，防止折断菜豆尖端。收获后把老荚及带有病虫害和机械损伤的菜豆挑出，选鲜嫩完整的豆荚进行贮藏。

(3) **预冷**

采收后菜豆应迅速散去田间热，可采用真空预冷、强制通风预冷或水冷法，其中以水冷法效果最好，它冷却速度快，还可防止菜豆的萎蔫和皱缩。

2. 贮藏条件

(1) **温度**

菜豆适宜的贮藏温度为 (9±1)℃。温度低于 8℃时易发生冷害，出现凹陷斑，有的呈现水渍状病斑，甚至腐烂。高于 10℃时容易老化，腐烂也严重，所以贮藏中严格控制温度，防止出现温度波动过大。

(2) **湿度**

菜豆贮藏的适宜相对湿度为 95％左右。湿度过低则很快造成菜豆失水萎蔫，营养价值和商品价值下降，湿度过大，容易形成凝结水，加重锈斑和腐烂。

(3) **气体成分**

菜豆对 CO_2 较为敏感，浓度为 1％～2％的 CO_2 对锈斑产生有一定的抑制作用，但 CO_2 浓度超过 2％时会使菜豆锈斑增多，甚至发生 CO_2 中毒。O_2 浓度为 5％，在这种低氧浓度下，有利于抑制呼吸作用，延缓菜豆的后熟老化，同时对微生物的生长也有一定的抑制效果。也有将氧气浓度降至 2％～3％取得良好的贮藏效果而无明显副作用的报道。

3. 贮藏方法

(1) **窖藏**

菜豆入窖后装入荆条筐或塑料筐，为了防止失水，可用塑料薄膜垫在筐底及四周，塑料薄膜应长出筐边，以便装好后能将豆荚盖住。在筐四周的塑料薄膜上打 20～30 个直径为 5 mm 左右的小孔，小孔的分布应均匀。在菜筐中间应放通气筒，以利通风换气，防止 CO_2 积累。豆荚装入筐内密封后还需要 1.5～2.0 mL/L 的仲丁胺熏蒸防病。

菜豆入窖初期要注意通风，以调节窖内温度，使窖温控制为 (9±1)℃。夜间通风降温，白天关闭通风口。贮藏期间定期检查，发现问题及时处理。此法一般可贮藏 30 天左右。

（2）气调贮藏

在（9±1）℃的冷藏库中先将菜豆预冷，待品温与库温基本一致时，用厚度为 0.015 mm 的 PVC 塑料袋包装，袋内装入消石灰吸收凝结水，用 0.01 mL/L 的仲丁胺熏蒸防腐，两周左右检查 1 次，贮藏期可达 1 个月，好荚率为 80%～90%。有研究发现，将预冷的菜豆装入衬有塑料袋的筐或箱内，装入 1/2 左右的菜豆，外套 0.1 mm 厚的聚乙烯塑料袋，袋上半部装有调气孔；或者用工业氮气输入密封筐内，使 O_2 浓度降至 5%，当 O_2 浓度低于 2% 时，从气孔中放入空气提高 O_2 浓度至 5%。CO_2 浓度超过 5% 时，用氮气调节至 1%。每垛之间应留间隙，以利通风散热。库房温度保持在 13℃ 左右，这两种方法贮藏期可达 30～50 天。

5.2.2　花椰菜贮藏

花椰菜为十字花科芸薹属甘蓝种中以花球为产品的一个变种，一二年生草本植物，别名花菜、菜花，供食器官是花球，花球质地嫩脆，营养价值高，味道鲜美，食用部分粗纤维少，深受消费者的喜爱。

1. 贮藏特性

花椰菜属于半耐寒性蔬菜，喜冷冻温和湿润的环境，忌炎热，不耐干旱，对水分要求严格。花椰菜的花球由肥大的花薹、花枝和花蕾短缩聚合而成。贮藏期间，外叶中积累的养分能向花球转移而使之继续长大充实。花椰菜在贮藏过程中有明显的乙烯释放，这是花椰菜衰老变质的重要原因。花球外部没有保护组织，而有庞大的贮藏营养物的薄壁组织，故花椰菜在采收和贮运过程中极易失水萎蔫，并易受病原菌感染引起腐烂。

2. 贮藏技术要点

（1）采收

1）采收成熟度。从出现花球到采收的天数，因品种、气候而异。早熟品种在气温较高时，花球形成快，20 天左右即可采收；中晚熟品种，在秋、冬季节需 1 个月左右。花球硕大，花枝紧凑，花蕾致密，表明圆正，边缘尚未散开，收获期较晚的品种适合贮藏；球小松散，收获期较早的品种，收获后气温较高，不利于贮藏。

2）采收方法。用于假植贮藏的花椰菜要连根带叶采收，用于其他方法贮藏的花椰菜，要选择花球直径在 15 cm 左右，表明圆整光洁，边缘尚未散开，没有病虫害的植株，保留距离花球最近的三四片叶子，连同花球割下，将菜头朝下，放入筐中。因为花球形成不一致，所以要分批采收。

（2）防腐

为了防止叶片黄花和脱落，可用 50 mg/kg 的 2，4-D 或 5～20 mg/kg 的 6-BA 溶液浸蘸花球根部。为减轻腐烂，可在入贮前给花球喷洒 3000 mg/kg 的苯来特、多菌灵或托布津药液，其中苯来特效果更为明显。

3. 贮藏条件

（1）温度

花椰菜适宜的贮藏温度为 0～1℃。温度过高会使花球变色，失水萎蔫，甚至腐烂，但温度小于 0℃，花椰菜容易受冷害。

（2）湿度

花椰菜贮藏适宜的相对湿度为 90％～95％。湿度过低，花球易失水萎蔫；湿度过高，有利于微生物生长，容易发生腐烂。

（3）气体成分

花椰菜在 O_2 浓度为 3％～5％，CO_2 浓度为 0％～5％的条件下，一般可贮藏 1～3 个月。低氧对抑制花椰菜的呼吸作用和延缓衰老有显著作用，且花球对 CO_2 有一定的忍耐力。

4. 贮藏方法

（1）假植贮藏

冬季温暖地区，入冬前后，在土壤保持湿润的情况下，将尚未成熟的幼小花球带根拔起假植于棚窖、贮藏沟、阳畦等场所。用稻草等物捆绑叶片使之包住花球，适当加以覆盖防寒，适时放风，最好让花椰菜稍能接受光线。假植贮藏时鸡蛋大小的花球，到春节时可增到 0.5 kg 左右。也有些地区假植稍大一些的花球。

（2）冷藏库贮藏

1）单花球套袋贮藏法。据北京市农林科学院蔬菜研究中心（1986）报道，用 0.015～0.04 mm 厚的聚乙烯塑料薄膜，制成 30 cm×35 cm 大小的袋（规格可视花球大小而定），将选好预冷后的花球装入袋内，然后折口，装筐（箱）码垛或直接放菜架上，贮藏期可达 2～3 个月。上市连袋一同出售，保鲜效果好。

2）气调贮藏法。在冷藏库内，将菜花装筐码垛用塑料薄膜封闭，控制 O_2 浓度为 2％～4％，CO_2 适量，则有良好的保鲜效果。入贮时喷洒 3000 mg/kg 的苯来特有减轻腐烂的作用。菜花在贮藏中释放乙烯较多，在封闭帐内放置适量乙烯吸收剂对外叶有较好的保绿作用，花球也比较洁白。要特别注意避免帐壁的凝结水滴落到花球上，否则会造成花球霉烂。

5.2.3 蒜薹贮藏

蒜薹是大蒜的幼嫩花茎，在我国南北各地都有栽培，其营养价值很高，所含大蒜素可促进食欲，是天然的杀菌剂，被誉为"土中长出的抗生素"。蒜薹鲜绿细嫩，味道鲜美，是一种优质高档蔬菜，为广大消费者所喜爱，是我国目前蔬菜保鲜业中贮藏量最大、贮藏供应期最长、经济效益颇佳和极受消费者欢迎的一种蔬菜。

1. 贮藏特性

蒜薹为大蒜的幼嫩花茎，采收时正值春夏高温季节，采后新陈代谢旺盛，表面缺少保护层，所以在常温下极易脱水、老化和腐烂。蒜薹在25℃以上放置15天即老化，老化的蒜薹表现为黄化、纤维增多、条软发糠、薹苞膨大开裂，长出气生鳞茎，失去食用品质。

2. 贮藏条件

（1）温度

蒜薹比较耐寒，其冰点为$-0.8 \sim 1℃$，因此贮藏温度控制在$-1 \sim 0℃$。温度是贮藏的重要条件，温度过高，蒜薹的呼吸强度增大，贮藏期较短；温度太低，蒜薹出现冻害；贮藏温度要保持恒定，否则会影响贮藏效果。蒜薹老化除因呼吸作用消耗营养外，营养物质向薹苞转移也是一个重要的原因。

（2）湿度

蒜薹对湿度要求较高，湿度过低，易失水变糠，过高有易腐烂，相对湿度以$90\% \sim 95\%$为宜。

（3）气体成分

蒜薹对低浓度O_2和高浓度CO_2也有较强的忍耐力，短期贮藏时，可忍耐浓度为1%的O_2和13%的CO_2。对于长期贮藏的蒜薹，适宜的贮藏条件如下：温度为$-0.7 \sim 0℃$，O_2浓度为$2\% \sim 3\%$，CO_2浓度为$5\% \sim 7\%$。在上述条件下，蒜薹可贮藏$8 \sim 9$个月。

2. 贮藏技术要点

（1）采收

蒜薹的产地不同，采收期也不尽相同，我国南方蒜薹采收期一般在$4 \sim 5$月，北方一般在$5 \sim 6$月，但在每个产区的最佳采收期往往只有$3 \sim 5$天。一般来说，在适合采收的3天内采收的蒜薹质量好，稍晚$1 \sim 2$天采收的蒜薹薹苞偏大，质地偏老，入贮后效果不好。

采收时应选择病虫害发生少的产地，在晴天时采收。采收前$7 \sim 10$天停止灌水，雨天和雨后来收的蒜薹不宜贮藏。采收时以抽薹最好，不得用刀割或用针划破叶鞘抽薹。采收后应及时迅速地运到阴凉通风的场所，散去田间热，降低品温。

贮藏用的蒜薹应质地脆嫩、色泽鲜绿、成熟适度、无病虫害、无机械损伤、无杂质、无畸形，薹茎粗细均匀，长度大于30 cm。

（2）挑选和预冷

经过高温长途运输后的蒜薹体温较高，老化速度快。因此，到达目的地后，要及时卸车，在阴凉通风处进行挑选、整理，有条件的最好放在$0 \sim 5℃$的预冷间，在预冷过程中进行挑选、整理。在挑选时要剔除过细、过嫩、过老、带病和有机械损伤的薹条，剪去薹条基部老化部分（约1 cm长），然后将蒜薹薹苞对齐，用塑料绳在距离薹苞$3 \sim 5$ cm处扎把，每把质量为$0.5 \sim 1.0$ kg。扎把后放入冷藏库，上架继续预冷，当库温稳定在0℃左右时，将蒜薹装入硅窗保鲜袋，并扎紧袋口，控制库温为$-1 \sim 0℃$，定期检测袋内O_2和CO_2浓度，进行长期贮藏。

（3）**防腐**

为防止蒜薹霉腐，在预冷和贮藏期间，定期用液体保鲜剂喷洒薹梢，或用防霉烟剂进行熏蒸，烟剂使用量为每克处理库容 4~5 m³，当烟剂完全燃烧后，恢复降温，待蒜薹温度降至 0℃时装袋封口，再进行贮藏管理。

（4）**分级标准**

蒜薹的分级标准见表 5-5。

表 5-5 蒜薹的分级标准

等级	规格	限度
特级	1. 质地脆嫩，色泽鲜绿，成熟适度，不萎蔫糠心，去两端，保留嫩茎，每批样品整洁均匀 2. 无虫害、损伤、划薹、杂质、病斑、畸形、霉烂等现象 3. 蒜薹嫩茎粗细均匀，长度为 30~45 cm 4. 扎成 0.5~1.0 kg 的小捆	不合格率不超过 1%，以质量计
一级	1. 质地脆嫩，色泽鲜绿，成熟适度，不萎蔫糠心，嫩茎基部无老化，薹苞绿色，不膨大，不坏死，允许顶尖稍有黄色 2. 无明显的虫害、损伤、划薹、杂质、病斑、畸形、霉烂等现象 3. 蒜薹嫩茎粗细均匀，长度不小于 30 cm 4. 扎成 0.5~1.0 kg 的小捆	每批样品不合格率不得超过 10%，以质量计
二级	1. 质地脆嫩，色泽淡绿，不脱水萎蔫，嫩茎基部无老化，薹苞稍大，允许顶尖稍有黄色干枯，但不分散 2. 无严重虫害、斑点、损伤、腐烂、杂质等现象 3. 薹茎长度不小于 20 cm 4. 扎成 0.5~1.0 kg 的小捆	每批样品不合格率不得超过 10%，以质量计

3. 贮藏方式

（1）**冷藏**

将选好的蒜薹经过充分预冷后装入筐、板条箱等容器内，或直接在贮藏货架上堆码，将库温控制在 0℃左右。该方法适合对蒜薹进行短期贮藏，贮藏期一般为 2~3 个月。

（2）**气调贮藏**

实践表明，在 0℃条件下蒜薹气调贮藏能达到 8~10 个月，商品率达 85%。目前，气调贮藏蒜薹发展较快，通常有以下几种方法：

1）小包装气调贮藏。将蒜薹装入长 100 cm，宽 75 cm，厚 0.08~0.1 mm 的聚乙烯袋内，每袋重 15~25 kg，扎住袋口，放在冷库内的菜架子上。此时应按存放位置的不同，选定代表袋，安上采气的气门芯以进行气体成分分析。每隔 1~2 天测定一次，如 O_2 浓度降到 2% 以下，应打开所有的袋换气 30~60 min，换气结束时袋内 O_2 浓度恢复到 18%~20%，残余的 CO_2 浓度为 1%~2%。如发现有病变腐烂蒜薹应立即剔除，然后扎紧袋口。换气的周期为 10~15 天，相隔时间太长，易引起 CO_2 伤害。温度高时换气的间隔应短些。

2）大帐气调贮藏。将整理好的蒜薹放到帐内码成垛，垛底垫衬底膜，把码好的垛用塑料帐子罩住。垛的顶部或菜架的上端用支撑物把帐子撑开，并在其间加衬一层吸水物，以防止贮藏中产生的凝结水滴到蒜薹上。用 0.1~0.2 mm 厚的聚乙烯塑料帐密封。帐上应设有采气和充气的管子。采用快速降氧法将 O_2 浓度控制在 2%~29%，CO_2 浓度在 5% 以下。同时在帐内按 40:1 放置蒜薹和消石灰，消石灰放置在密封帐的底部，把袋子两端的口扎住。当降 CO_2 时，松开袋子，使消石灰吸收账内的 CO_2；停止吸收时，重新扎紧袋口。已有研究确定了蒜薹气调贮藏中温度、O_2 和 CO_2 浓度的变化对贮藏效果的影响，即温度为 0℃，O_2 浓度为 2%~5%，CO_2 浓度为 0~5%，CO_2 浓度超过 5% 时，一级蒜薹率显著下降，叶绿素含量也比 CO_2 浓度为 0~5% 时减少，所以 CO_2 浓度不可过高，O_2 浓度不可过低，否则会造成低 O_2 伤害或高 CO_2 伤害。同时，应严格控制库温，波动幅度不宜超过 ±0.5℃。

5.2.4 番茄贮藏

番茄别名西红柿、洋柿子，为茄科番茄属草本植物，食用器官为浆果，在我国已有近 100 年的历史，栽培种包括普通番茄、大叶番茄、直立番茄、梨形番茄和樱桃番茄 5 个变种，后两个变种果形较小，产量较低。果实形状有圆球形、扁圆形、卵圆形、梨形、桃形等。

番茄果实色彩鲜艳，营养丰富，含有糖、酸、蛋白质、多种维生素和矿物质，所含的维生素 C 较稳定，不易破坏，所以番茄是深受人们喜爱的食品，也是全世界栽培面积最为普遍的果菜之一，其贮运保鲜已越来越受到重视。

1. 品种及贮藏特性

番茄原产于南美洲热带地区，性喜温暖，不耐 0℃ 以下的低温。不同品种的番茄耐贮性差异很大，用于贮藏的番茄首先要选择耐贮的品种。凡果实的干物质含量高、果皮厚、果肉致密、种腔小的品种较耐贮藏，如特洛皮克、强力米寿、橘黄嘉辰、台湾红等品种均较耐贮。

番茄属于跃变型果实，用于长期贮藏的番茄一般选用绿熟果，其适宜的贮藏温度为 10~13℃，温度过低，则易发生冷害，不仅影响质量，而且也缩短了贮藏期限；用于鲜销或短期贮藏的选用红熟果，其适宜的贮藏温度为 0~2℃，相对湿度为 85%~90%，O_2 和 CO_2 浓度均为 2%~5%。当 O_2 浓度过低或 CO_2 浓度过高时会产生伤害。

2. 贮藏技术要点

(1) 采收

番茄的采收成熟度与耐贮性有着十分密切的关系。采收的果实成熟度过低，积累的营养物质不足，贮后品质不良。果实过熟，则很快变软，而且容易腐烂，不能久藏。番茄果实的成熟过程可分为如下五个时期。

绿熟期：其果实叫绿熟果，这个时期果实已充实长大，内部果肉已经变黄，外部果皮泛白，果实坚硬。

微熟期：果实表面开始转色，果顶微显红晕，称顶红果。

半熟期：果实叫半红果，即果实约有半个表面变为红色。

坚熟期：即红熟的硬果，除果肩部还有残留的绿色外，其余已经变红，但仍保持一定的硬度。

完熟期：又叫软熟期，果实全部变红且变软。

贮藏用的番茄，在采收前 2~3 天不应浇水，一般在绿熟期或微熟期采收。采收时果实不应带果柄，且要轻拿轻放，避免机械损伤。果实经过严格挑选后，装入筐内或箱内，每筐装 3~4 层果实。预冷后，再进行贮藏。另外，植株下层和植株顶部的果不宜贮存，前者接近地面易带病原菌，后者果实的固形物含量少，果腔不饱满。

（2）**预冷**

番茄采收后应及时运往冷藏库，经过洗涤、打蜡、包装等一系列处理后，及时进行预冷处理。用强制通风预冷效果较好，但室内预冷更重要，番茄预冷温度最低为 12.5℃。

3. **贮藏方法**

（1）**常温贮藏**

利用常温库、地下室、土窑洞、地窖、通风库、防空洞等阴凉场所进行贮藏。番茄装在浅筐或木箱中平放于地面，或将果实堆放在菜架上，每层架放 2~3 层果。要经常检查，随时挑出已成熟或不宜继续贮藏的果实供应市场。此法可贮 20~30 天。

（2）**冷藏库贮藏**

不同成熟度的果实对贮藏温度要求不同。绿熟果的最适贮藏温度范围为 12.5~15℃，顶红果为 10~12.5℃，红熟果为 7~10℃。绿熟番茄在 12.5℃下可贮藏两周，两周后出现腐烂。库内相对湿度一般控制在 85%~90%。冷藏要注意及时通风换气，及时排出呼吸产物，以降低番茄的成熟速度。冷藏适用于短期贮藏，长期贮藏要结合气调贮藏。

（3）**气调贮藏**

1）塑料薄膜帐贮藏。塑料帐内气调容量多为 1000~2000 kg。由于番茄自然完熟速度很快，因此采后应迅速预冷、挑选、装箱、封垛。最好用快速降氧气调法，但生产厂常因费用等原因，采用自然降氧法，用消石灰（用量为果重的 1%~2%）吸收多余的二氧化碳。氧不足时从帐的管口充入新鲜空气。塑料薄膜封闭贮藏番茄时，垛内湿度较高，易感病。为此需设法降低湿度，并保持库内稳定的库温，以减少帐内凝水。另外，可用防腐剂抑制病原菌活动，通常应用较为普遍的是氯气，每次用量约为垛内空气体积的 0.2%，每 2~3 天施用一次，防腐效果明显。但氯气有毒，使用不方便，过量时会产生药伤。可用漂白粉代替氯气，一般用量为果重的 0.05%，有效期为 10 天，用仲丁胺也有良好效果，使用浓度为 0.05~0.1 mL/L（以帐内体积计算），过量时也易产生药害。有效期为 20~30 天，每月使用一次。

2）硅窗气调法。采用硅窗气调法免除了一般大帐补 O_2 和消除 CO_2 的烦琐操作，而且还可排除果实代谢中产生的乙烯，对延缓后熟有较显著的作用。硅窗面积要根据产品成熟度、贮温和贮量等条件计算确定。

5.2.5 马铃薯贮藏

马铃薯又名土豆，由于地下茎形似山芋，故在南方有些地区又称其为洋芋，北方地区也有称山药蛋、地蛋等。它是茄科、茄属，一年生草本，原产于南美高山地区，喜凉爽、忌高温，但又不耐严寒霜冻，以地下块茎供食用。目前，马铃薯在我国种植面积很广，其中以山西、黑龙江、甘肃、内蒙古等地产量较大。

1. 种类及贮藏特性

马铃薯种类很多，按块茎皮色分有白皮、黄皮、红皮和紫皮等品种；按块茎颜色分有黄肉种和白肉种；按块茎形状分有圆形、椭圆形、长筒形和卵形品种；按块茎成熟期分早熟种、中熟种和晚熟种。

马铃薯含淀粉量较高，我国现有品种的淀粉含量为12%~20%。马铃薯块茎收获后具有明显的生理休眠期，一般为2~3个月。在休眠期，马铃薯的新陈代谢过程减弱，抗性增强，即使处于适宜的条件下，也不萌芽生长，所以马铃薯是较耐贮藏和运输的一种蔬菜。选择休眠期长的品种，贮藏期创造适宜的环境条件，以延长马铃薯的休眠期，并防止腐烂，是贮藏成功的关键。

2. 贮藏技术要点

（1）采收

在植株枯黄时，地下块茎进入休眠期，此时薯块发硬，周皮坚韧，淀粉含量高，采收后容易干燥，是收获的最佳时间，此时收获的马铃薯的耐贮性好。收获应选在霜冻到来之前，并同时要求在晴天和土壤干爽时进行。收获时先将植株割掉，深翻出土后，应放在阴凉通风处晾晒几天，至表皮干燥时即可进行贮藏，一般晾晒4 h，就能明显降低贮藏发病率，晾晒时间过长，薯块将失水萎蔫不利贮藏。同时应注意深挖，不能伤及薯块，注意轻拿轻放，防止机械损伤，因为马铃薯表皮薄，肉质嫩，含水量大，易被病原菌感染和腐烂，造成大量损失。用于贮藏的马铃薯宜选沙壤土栽培，增强有机肥，控制氮肥用量，收获前10~15天控制浇水。采收时如遇高温和大雨，薯块易腐烂。

收获后进行分级，剔除有病虫害及机械损伤的块茎。

（2）贮前处理

1）预贮。对于夏季收获的马铃薯，将薯块放在阴凉通风的室内、窖内或荫棚下堆放预贮是必不可少的环节。薯堆一般不高于0.5 m，宽不超过2 m，时间一般不超过10天。在堆中放置通风管以便通风降温，并用草苫遮光。预贮期间要视天气情况，不定期地检查倒动薯堆以免伤热。倒动时要轻拿轻放和避免人为损伤。

2）药物处理。南方各地夏秋季不易创造低温环境，薯块休眠期过后，萌芽损耗甚重，可采取药物处理，抑制萌芽。常用的药物是α-萘乙酸甲酯或乙酯，每吨马铃薯用药40~50 g，加1.5~3 kg细土制成粉剂撒在块茎堆中即可，施药应在生理休眠即将结束之前进行。在采前2~4周用浓度为0.2%的MH（青鲜素）进行叶片喷施，也有抑芽作用。

3）辐照处理。用 $8\times10^{-2}\sim15\times10^{-2}$ Gy 的 γ 射线辐照马铃薯，有明显的抑芽作用，是目前贮藏马铃薯抑芽效果最好的一种技术。试验证明，在剂量相同的情况下，剂量率越高效果越明显。马铃薯在贮藏中易因晚疫病和环腐病造成腐烂。较高剂量的 γ 射线照射能抑制这些病原菌的繁育，但会使块茎受到损伤，抗性下降。这种不利的影响可因提高贮藏温度而得到弥补，因为在提高温度的情况下，细胞木栓化及周皮组织的形成加快，从而减少病原菌侵染的机会。

3. 贮藏条件

马铃薯贮藏的适宜温度为 3~5℃，相对湿度为 80%~85%。温度过低，将导致低温甜化现象。另外，光线能诱导马铃薯缩短休眠期而引起萌芽，并使芽眼周围组织中对人畜有毒害作用的茄碱苷含量急剧增加，大大超过中毒阈值 0.02%。因此，马铃薯贮藏时应尽量避免光照。

4. 贮藏方法

（1）**堆藏**

选择通风良好、场地干燥的库房，用福尔马林和高锰酸钾混合后进行喷雾消毒，2~4 h 后即可将预贮过的马铃薯进库堆藏。一般每 10 m² 堆放 7500 kg，四周用板条箱、箩筐或木板围好，中间可放一定数量的竹制通气筒，以利通风散热。这种堆藏法只适于短期贮藏和秋马铃薯的贮藏。生产中应用较多的堆藏法是以板条箱或箩筐盛放马铃薯，采用品字形堆码在库内贮藏。板条箱的大小以 20 kg/箱为好，装至离箱口 5 cm 处即可，以防压伤，且有利于通风。

（2）**窖藏**

西北地区土质黏重坚实，适合建窖贮藏。通常用来贮藏马铃薯的是井窖和窑窖，每窖的贮藏量可达 3000~3500 kg。由于只利用窖口通风调节温度，所以保温效果好。缺点是不易降温，使薯块入窖的初温较高，呼吸消耗大。因此，在这类窖中，薯块不能装得太满，并注意初期应敞开窖口降温。窖藏过程中，由于窖内湿度较大，容易在马铃薯表面出现"发汗"现象。为此，可在薯堆表面铺放草毡，以转移出汗层，防止萌芽和腐烂。

窖藏马铃薯入窖后一般不倒动，但在窖温较高、贮期较长时，可酌情倒动 1~2 次，去除病烂薯块以防蔓延。倒动时必须轻拿轻放，严防造成新的机械损伤。

（3）**沟藏**

东北地区的马铃薯一般在 7 月下旬收获，收获后预贮在荫棚或空屋内，直到 10 月下沟贮藏。沟深 1~1.2 m，宽 1~1.5 m，长度不限。薯块堆至距地面 0.2 m 处，上面覆盖挖出来的新土，覆土厚约 0.8 m。覆土要随气温的下降分次覆盖。

（4）**冷藏**

马铃薯经过严格挑选和适当预冷后，装箱入库。库温应维持在 3~5℃的范围内。在贮藏过程中，通常每隔 1 个月检查一次，若发现变质者应及时拣出，防止感染。堆垛时垛与垛之间应留有过道，箱与箱之间应留间隙，以便通风散热和工作人员检查。

5.3 花 卉 贮 藏

狭义上，花卉是指有观赏价值的草本植物，广义的花卉除有观赏价值的草本植物外，还包括草本或木本的地被植物、花灌木、开花乔木以及盆景等。此外，分布于南方地区的高大乔木和灌木，移至北方寒冷地区，做温室盆栽观赏，也被列入广义花卉之内。对于被贮藏、保鲜的花卉产品，通常可以分为两类：一类是用来供引种或再生产使用的繁殖材料，如插条、种球、种子、果实等；另一类为直接供观赏、消费的盆花、切花等。由于使用目的不同，其在贮藏保鲜的管理上也有所不同。通常切花的贮藏保鲜较常见。

切花是指具有观赏价值的新鲜根、茎、叶、花、果，以及用于装饰的植物材料。切花主要用于插花、花篮、花圈、花环、襟花、头饰、新娘捧花、桌饰、商店、橱窗装饰及其他花卉装饰等。

切花保鲜是采用物理或化学方法延缓切离母体的花材衰老、萎蔫的技术。切花的水分平衡是指切花的水分吸收、运输以及蒸腾之间保持良好的状态。切花因种类和品种不同，采收时花朵的开放程度也不同。以月季为例，按照商业标准采收后瓶插时，都要经历蕾期、初开、盛开和衰老的过程。在这期间，花枝鲜重先是逐渐增加，达到最大值之后又逐渐降低。在正常情况下，切花从瓶插至盛开期间花瓣鲜重增加明显，花枝吸水速度大于失水速度，保持着较高的膨压，花枝充分伸展，花朵正常开放。但是如果水分供应不足，花朵就无法正常开放，出现僵蕾、僵花等现象。当花朵盛开后，花枝的吸水速率逐渐下降，水势降低，当失水明显大于吸水时，花朵便出现萎蔫。

离体切花与在体花枝的衰老现象有所不同。在体花枝的寿命是以花色变化、花朵闭合、花瓣萎蔫或者花瓣脱落等自然衰老而告结束。花枝一旦从母体采切、置入水中时，通常就观察不到上述自然衰老特征，取而代之的往往是水分胁迫的症状，比如花朵和叶片的未熟萎蔫。容易出现这一症状的较典型的花卉有月季、落新妇、满天星、金合欢等，而其他花卉，如郁金香、小苍兰、鸢尾等并不表现类似的早期水分胁迫症状。

切花花瓣发育来自细胞数量和体积的增加，其中主要是后者。花瓣细胞体积的增加通常是在很短的时间内实现的。花瓣细胞体积的增加需要两个方面的协同作用，一方面是由细胞壁机械特性的变化或新的细胞壁材料的合成引起的细胞壁膨大；另一方面是由渗透活性物质积累引起的渗透势下降，使水分进入细胞。除还原糖外，在花瓣伸长中也积累一些渗透物质，如无机离子、有机酸、氨基酸等。不良的水分平衡状况会通过影响膨压和渗透物质的浓度直接影响花瓣的伸长。

影响水分吸收的因子包括蒸腾拉力、温度、瓶插液中的离子组成等。温度影响溶质黏性，提高水温可以增加干藏后的茎秆的水合作用；硬水往往降低水分吸收速率，去除硬水中的离子可以改善月季切花的水分吸收，延缓萎蔫进程；浓度为 0.1%～0.2% 的硝酸钙溶液可以延长月季切花的瓶插寿命；降低溶液 pH 会明显促进花枝吸水，溶液里加入表面活性剂可以促进花枝吸水。

除蒸腾拉力外，水分主要靠渗透作用进入切花茎基部。切花花枝没有根压，水分向上运输的动力是叶面的蒸腾拉力，水分在切花花枝内的运输与有根植物一样经过质外体和共质体途径。

水分堵塞是切花瓶插过程中最常见的问题，往往导致切花不能够维持水分平衡。切花茎秆堵塞有以下几种情况：茎干基部创伤反应引起的堵塞；切面分泌乳汁或其他物质造成堵塞；采切时空气进入导管形成气栓；胶质软糖在木质部中沉积造成的堵塞；侵填体造成的堵塞；由于空气进入、切口基部细菌或大颗粒物质堵塞引起茎内大量导管空腔化。

切花蒸腾主要包括气孔蒸腾和皮孔蒸腾。气孔通常存在于所有的绿色表皮组织，如叶片，有时也存在于非绿色组织的表皮，如花瓣。叶片上的气孔通常对光照、水势、激素平衡以及 CO_2 浓度等都有反应，在一些植物中对空气的相对湿度也有反应。此外，切花气孔仍存在近似昼夜节律运动，月季切花采切后直接放置在水中，叶片气孔的开闭如同采收前呈现昼夜节律，这一节律性变化即使在黑暗条件下也能持续数日。

保鲜液中的各种有效物质，可以直接或间接地起到降低切花蒸腾的作用；除气孔因子外，界面层的阻力是叶片蒸腾速率的限制因子。一些切花即使气孔关闭水分损失依然很快，此时花朵表面蒸腾占据主导作用。例如，落新妇有很多小花，其叶片和茎秆的水分损失只占失水总量的约 40%。

花朵的瓶插寿命缩短百分率是衡量花朵水分胁迫程度的内在指标，10% 为轻度胁迫，50% 为重度胁迫，介于二者之间的为中度胁迫。

花枝水分状况通常用水分平衡值来表示。水分平衡值是花枝的吸水量与失水量之差，水分胁迫直接影响切花的水分平衡值，当这一指标为正值时表明吸水大于失水，并且数值越大表明花枝持水状况越好。一般花枝从蕾期到盛开期，水分平衡值为正值；盛开期以后转为负值。当切花遭到水分胁迫时，随着胁迫程度的加大，花枝水分平衡值逐渐减小，花枝的瓶插寿命亦缩短。

当植物遭受水分胁迫时，会引起气孔的收缩，气孔阻力加大，导致通过叶片气孔散失的水分减少。但是如果水分胁迫程度超过某一极限时，气孔阻力反而减小，甚至完全消失，气孔也就失去了对水分的调节能力。

当切花萎蔫衰老时，保护酶系统遭到破坏，花朵和叶片 SOD、CAT、POD 活性都下降，同时蛋白质水解有关的酶类活性增强，导致蛋白质大量降解，乙烯含量上升，进一步加剧了衰老进程。

根据乙烯含量变化及对开花衰老的调节作用，可将切花分为三个类型：乙烯跃变型切花、非乙烯跃变型切花和乙烯末期上升型切花。

乙烯跃变型切花（简称跃变型切花）：切花在开花和衰老进程中乙烯生成量有突然升高的现象；切花的开花和衰老能够由超过阈值的微量乙烯的处理而启动。诱导切花开花和衰老的阈值因切花的种类等略有差异，大多为 0.1～0.3 $\mu L/L$；在跃变前期除去切花环境中的微量乙烯则延缓切花的开花和衰老进程。代表种类如香石竹。

非乙烯跃变型切花（简称非跃变型切花）：切花的开花和衰老进程与乙烯没有直接的关联，在健全状态下切花开花衰老进程中并不生成具有生理意义的乙烯。但是，在遭到各种胁迫时，也会产生乙烯，并进而对切花的开花和衰老产生影响。代表种类如菊花。

乙烯末期上升型切花（简称末期上升型切花）：切花乙烯生成量随着开花和衰老的进程逐渐升高。代表种类如月季品种"黄金时代"。

切花的衰老与果实成熟类似，通常与乙烯的大量生成有关。与跃变型果实相同，多种切花在开花衰老进程中呼吸强度呈现典型的跃变上升现象。多数情况下，乙烯生成量的变化动态与呼吸强度的变化动态相一致，并且早已证明乙烯作为植物衰老激素，启动呼吸跃变和整个衰老过程。

切花的乙烯生物合成和其他高等植物组织一样，根据生成量和性质可以划分为微量乙烯（System Ⅰ 乙烯）和大量乙烯（System Ⅱ 乙烯）。ACC 合成酶在多数情况下为乙烯合成的限速酶。

影响乙烯生物合成的因素很多，在跃变型切花上，乙烯合成表现为自我催化；当切花遭到胁迫后，即使是通常只生成 System Ⅰ 乙烯的花卉，也能诱发产生 System Ⅱ 乙烯，进而促进衰老进程；在直接抑制乙烯的生物合成（Elyatem 等，1994）的同时，低浓度 O_2 也通过抑制呼吸间接影响乙烯生成；外源 CTK 能延缓乙烯跃变，分离的香石竹花瓣用 BA 处理，抑制了 ACC 转化成乙烯；ABA 处理能够促进花瓣衰老和乙烯跃变；高浓度 2, 4-D（500 mg/L）并不促进香石竹乙烯生成，相反有延缓衰老的效果。适当浓度生长素促进乙烯生成的原因已经明确，生长素能够诱导 ACC 合成酶的生物合成，但高浓度生长素抑制乙烯生成的机制尚不明确。

5.3.1 菊花

菊花别名秋菊、黄花、黄菊、菊华、帝女华等，为菊科菊属多年生宿根草本花卉，是我国的十大传统名花之一，其中切花菊有黄色、白色、淡紫粉及红色品种，花瓣质地厚，菊花耐瓶插，也耐冷藏。目前已育出一批光周期不敏感的品种，可周年生产切花菊，使菊花的供销期延长。切花菊茎秆粗壮、顺直，植株高大，通常可达 1 m 高。花柄短粗，不易发生弯颈现象。切花菊占世界鲜切花总量的 30%，位于五大切花产量之首。

1. 采切

于清晨或傍晚采切，切口距地面 10 cm 左右。这样既不影响地下部分生长，花茎也不过于木质化。采收前应喷一次杀虫剂，以防虫害在切花中滋生。切花应具 50～80 cm 的长度，除去花枝下部 1/3 左右的叶片，以减少水分蒸发。如果近处供应，可在花开四五成至盛开时采切；远途运输的可在花开两三成时采切。采收的花枝在冷凉处进行采后处理，用塑料薄膜将花头罩好，以防花朵挤压碰伤。

2. 分级

菊花切花产品质量分级标准见表5-6。

表 5-6　菊花切花产品质量分级标准

评价项目	等级			
	一级	二级	三级	四级
花枝的整体感	整体感、新鲜程度极好	整体感、新鲜程度好	整体感一般、新鲜程度好	整体感、新鲜程度一般

续表

评价项目	等级			
	一级	二级	三级	四级
花形	①花形完整，花朵饱满，外层花瓣整齐；②最小花直径 14 cm	①花形完整；②基部第一朵花径在 10 cm 以上	①略带损伤；②基部第一朵花径在 12 cm 以上	①略带损伤；②基部第一朵花径在 12 cm 以上
花色	鲜艳、纯正、带有光泽	鲜艳、无褪色	一般，轻微褪色	一般，轻微褪色
花枝	①粗壮、挺直、匀称；②长度在 130 cm 以上	①粗壮、挺直、匀称；②长度在 100 cm 以上	①挺直略有弯曲；②长度在 85 cm 以上	①略有弯曲；②长度在 70 cm 以上
叶	叶厚实鲜绿有光泽，无干尖	叶色鲜绿，无干尖	有轻微褪绿或干尖	有轻微褪绿或干尖
病虫害	无购入国家或地区检疫的病虫害	无购入国家或地区检疫的病虫害，有轻微病虫害斑点	无购入国家或地区检疫的病虫害，有轻微病虫害斑点	无购入国家或地区检疫的病虫害，有轻微病虫害斑点
损伤等	无药害、冷害、机械损伤等	几乎无药害、冷害、机械损伤等	有极轻度药害、冷害、机械损伤等	有轻度药害、冷害、机械损伤等
采切标准	适用开花指数为 1～3	适用开花指数为 1～3	适用开花指数为 2～4	适用开花指数为 2～4
采后处理	①立即入水保鲜剂处理；②依品种每 10 支、20 枝捆绑成一扎，每扎中花梗长度最长与最短的差别不可超过 3 cm；③每 10 扎、5 扎为一捆	①立即入水保鲜剂处理；②依品种每 10 支、20 枝捆成一扎，每扎中花梗长度最长与最短的差别不可超过 5 cm；③每 10 扎、5 扎为一捆	①依品种每 10 支、20 枝捆绑成一扎，每扎中花梗长度最长与最短的差别不可超过 10 cm；②每 10 扎、5 扎为一捆	①依品种每 10 支、20 枝捆绑成一扎，每扎基部切齐；②每 10 扎、5 扎为一捆

　　注：开花指数 1 为花序最下部 1～2 朵小花都显色而花瓣仍然紧卷时，适合于远距离运输；开花指数 2 为花序最下部 1～5 朵小花都显色，小花花瓣未开放，可以兼作远距离和近距离运输；开花指数 3 为花序最下部 1～5 朵小花都显色，其中基部小花略呈成展开状态，适合于就近批发出售；开花指数 4 为花序下部 7 朵以上小花露出苞片并都显色，其中基部小花已经开放，必须就近很快出售。

3. 包装贮运

　　包装时蓬蓬菊 250～300 g 一束，标准菊 10～12 支一束，飞舞型菊花花朵间填充薄纸防止花瓣绞缠。待叶片稍失水萎蔫后，1～2 束用纸包被入箱上市。若需贮运，花束要在 0～2℃低温下预冷，并置于保鲜液中充分吸水健壮花枝。

　　温度对切花菊的保鲜作用影响最大。切花菊适宜的贮藏温度为 2～4℃，相对湿度为 85%～90%。菊花的贮藏方式有干藏和湿藏两种。用 0.01 mm 厚的塑料薄膜包裹，于 0℃低温下可贮藏 1.5～2 个月；也可将花束茎基浸于 2% 的蔗糖＋200 mg/L 8-HQC（8-羟基哇啉硫酸盐）中湿藏，外罩塑料薄膜以减少水分蒸发。2～7℃贮藏易患灰霉病。贮后剪去茎基 1 cm，插入 38℃温水中会使之恢复生机，可在 2～3℃下再贮 3 周，长途运输温度为 2～4℃，菊花对乙烯不敏感。

4. 催花处理

　　把花放在 20～25℃的室温中，相对湿度在 85% 以上，1000 lx 连续光照 24 h。菊花预处理液（1000 mg/L 的 AgNO₃）处理 10 min。

催花液为 2% 的蔗糖 + 200 mg/L 的 8-HQC 或 2% ~ 3% 的蔗糖 + 25 mg/L 的 $AgNO_3$ + 75 mg/L 的柠檬酸。8-HQC 浓度不可过高，尤其是对白色菊花，过高的浓度可在花瓣上产生黄斑。上述催花液也可作瓶插液用。

5.3.2 月季

月季别名长春花、月月红、月月花、胜春，为蔷薇科蔷薇属木本花卉，色彩艳丽，是我国原产的传统名花，也是我国三十多个城市的市花。月季品种有数千种，是插花中的主要用材之一。切花月季的花枝和花柄硬挺直顺，支撑力强，花枝长度达 50 cm 以上，花瓣质地厚，耐瓶插。

1. 采切

月季对采切时间要求比较严格，采收过早，花枝发育不充实，易产生"弯颈"现象，影响切花质量。过晚采切则缩短切花寿命。通常以萼片向外反折到水平以下（即反折大于 90°），有一两个花瓣微展时采切为宜。采切时间和品种也有关系，如默西德斯，花萼反折时即可采切，"红成功"品种则需花萼反折到大于 90°时采切，而索尼亚则需花萼反折近 180°时采收，夏季花朵发育快，可比凉爽季节适当早采。用于贮藏的切花要早采 1 ~ 2 天，采后立即插入 500 mg/L 的柠檬酸溶液中，并在 0 ~ 1℃下冷藏分级，每 10 支一束捆扎。分级后的切花，剪裁并插入含有 1% ~ 3% 的蔗糖、100 ~ 200 mg/L 的 8-HQS 及硫酸铝、柠檬酸（CA）或硝酸银的溶液中 3 ~ 4 h，然后取出贮存。贮运前，应切除茎基部 1 cm，并插入含糖液处理 4 ~ 6 h，然后包装运输。

采切多在清晨天气凉爽，湿度大时进行，采后损失小。花的发育程度，红色、粉红色品种的花以萼片反卷为宜，头两片花瓣开始展开时采切最好，黄色品种略早于红色和粉红色品种，白色品种则要稍晚于红色和粉红色品种。

2. 分级

月季切花产品质量分级标准见表 5-7。

表 5-7　月季切花产品质量分级标准

评价项目	等级			
	一级	二级	三级	四级
整体感	整体感、新鲜程度极好	整体感、新鲜程度好	整体感、新鲜程度好	整体感、新鲜程度一般
花形	完整优美，花朵饱满，外层花瓣整齐，无损伤	花形完美，花朵饱满，外层花瓣整齐，无损伤	花形整齐，花朵饱满，有轻微损伤	花瓣有轻微损伤
花色	花色鲜艳，无焦边、变色	花色好，无褪色失水，无焦边	花色良好，不失水，略有焦边	花色良好，略有褪色，有焦边

评价项目	等级			
	一级	二级	三级	四级
花枝	①枝条均匀、挺直；②花茎长度在 65 cm 以上，无"弯颈"；③重量 40g 以上	①枝条均匀、挺直；②花茎长度在 55 cm 以上，无"弯颈"；③重 30g 以上	①枝条挺直；②花茎长度在 50 cm 以上，无"弯颈"；③重 25g 以上	①枝条稍有弯曲、挺直；②花茎长度 40 cm 以上，无"弯颈"；③重 20g 以上
叶	①叶片大小及分布均匀；②叶色鲜绿有光泽，无褪绿叶片；③叶面清洁、平整	①叶片 6 大小及分布均匀；②叶色鲜绿，无褪绿叶片；③叶面清洁、平整	①叶片分布较均匀；②无褪绿叶片；③叶面较清洁，稍有污点	①叶片分布不均匀；②叶片有轻微褪色；③叶面有少量残留物
病虫害	无购入国家或地区检疫的病虫害	无购入国家或地区检疫的病虫害，无明显病虫害斑点	无购入国家或地区检疫的病虫害，有轻微病虫害斑点	无购入国家或地区检疫的病虫害，有轻微病虫害斑点
损伤	无药害、冷害、机械损伤	基本无药害、冷害、机械损伤	有轻度药害、冷害、机械损伤	有轻度药害、机械损伤
采切标准	适用开花指数为 1~3	适用开花指数为 1~3	适用开花指数为 2~4	适用开花指数为 3~4
采后处理	①立即入水，保鲜剂处理；②依品种 12 支捆绑成扎，每扎中花枝长度最长与最短的差别不可超过 3 cm；③切口以上 15 cm 去叶、去刺	①保鲜剂处理；②依品种 20 支捆绑成扎，每扎中花枝长度最长与最短的差别不可超过 3 cm；③切口以上 15 cm 去叶、去刺	①依品种 20 支捆绑成扎，每扎中花枝长度最长与最短的差别不可超过 5 cm；②切口以上 15 cm 去叶、去刺	①依品种 30 支捆绑成扎，每扎中花枝长度的差别不可超过 10 cm；②切口以上 15 cm 去叶、去刺

注：开花指数 1 为花萼略有松散，适合于远距离运输和贮藏；开花指数 2 为花瓣伸出萼片，可以兼作远距离和近距离运输；开花指数 3 为外层花瓣开始松散，适合于近距离运输和就近批发出售；开花指数 4 为内层花瓣开始松散，必须就近很快出售。

3. 包装贮运

用塑料膜包好，以防花瓣受损。包好的月季可在低温下保存，这一过程既包含整枝分级，也包含去除切花的田间热。如有真空预冷设备，也可利用真空预冷设备降温。对田间采切的月季迅速降温，散去田间热可延缓衰老，这是保鲜工作的第一步。

月季切花最适贮藏温度为 1~3℃，相对湿度为 90%~95%，用于贮藏的切花要早采 1~2 天，采后立即插入 500 mg/L 的柠檬酸溶液中，并在 0~1℃下冷藏分级，每 10 支一束捆扎。分级后的切花，剪截并插入含有 1%~3% 的蔗糖、100~200 mg/L 的 8-HQS 及硫酸铝、柠檬酸（CA）或硝酸银的溶液中 3~4 h，然后取出贮存。贮运前，干贮的花应在切除茎基部 1 cm，并插入含糖杀菌剂中处理 4~6 h，然后包装运输。

4. 瓶插液

切花月季保鲜剂的研究报道很多，由于月季花品种繁多，其代谢类型也存在着一定的差异。因而尚无适于各类月季品种的普通瓶插液配方，下列配方仅供参考：

1）2% 的蔗糖+200 mg/L 的 8-HQC+200 mg/L 的硝酸钙；
2）4% 的蔗糖+200 mg/L 的 8-HQC+100 mg/L 的异抗坏血酸；

3）5％的蔗糖＋200 mg/L 的 8-HQC＋50 mg/L 的醋酸银；

4）2％～6％的蔗糖＋1.5 mmol/L 的硝酸钙；

5）3％的蔗糖＋130 mg/L 的 8-HQC＋200 mg/L 柠檬酸＋25 mg/L 的硝酸银；

6）10 mmol/L 的顺式丙烯基磷酸（PPOH）溶液浸泡茎基 12h，再移入 2％的蔗糖＋300 mg/L 的 8-HQC 中；

7）3％的蔗糖＋50 mg/L 的硝酸银＋300 mg/L 的硫酸铝＋250 mg/L 的 8-HQC＋100 mg/L 的 PBA。

月季易发生"弯颈"（花柄弯曲）现象，使花不能正常开放。品种的花茎细长，开花时花朵重量剧增易引起弯曲。氮肥使用过多，钾肥不足，水分控制不合理，致使枝条发育细弱，易"弯颈"。有报道，瓶插液中加入 360 mg/L 的硝酸钴［Co（NO₃）₂］或氯化钴（CoCl₂）可获得满意的效果，也有人建议在开花前半月喷施 1 mmol/L 的 α-萘醌可促进木质部形成，有利于花茎的发育，克服"弯颈"现象。

5.3.3　满天星

满天星别名霞草、小白花、小丽花、丝石竹，为石竹科丝石竹属一年生草本花卉。花序上的分枝繁多而且纤细，众多的小花着生于纤细小枝上，犹如满天繁星，故得名。以白色重瓣小花品种最为常见，也有鲜红色、玫瑰红色小花，为花卉作品中的重要背景花材，可使花束、花篮显得轻盈蓬松，更富立体感。它的应用极为广泛，对主体花材可以起到烘云托月的陪衬效果。

1. 采切

花枝上有半数小花开放即可采切，一般 10 支为一束，外用塑料薄膜包装上市。鲜切上市的切花，在花茎上 60％～70％花朵开放时采切；对于制作干花的切花，应在 80％～90％花朵开放时采切；在本市场上销售，80％～90％花朵开放时采切较好。紧实花蕾阶段（5％～10％花朵开放）采切的切花，采切后要放在花蕾开放液中处理。用水必须清洁，切花水（pH 为 3.5）中瓶插寿命为 5～7 天。满天星对乙烯和细菌性污染敏感，采切后易失水变干。因此，切花采切后应立即将花茎插入水中或保鲜液中，先在含有 STS 和杀菌剂的预处理溶液中预处理 30 min，再转入含有 1.5％的蔗糖和杀菌剂的保鲜液中，这对延长瓶插寿命有极好效果。

2. 贮运

湿贮于水中或保鲜液中，温度为 4℃，贮期为 1～3 周。运输前，切花用 400 mg/L 的季铵盐（QAS）＋100 g/L 的蔗糖溶液，在 24～28℃条件下水合处理 44 h。如切花有 20％花朵开放，采切后立即在含有 30 g/L 的蔗糖溶液中水合处理，然后干运或在 4～5℃下湿运。

3. 催花处理

对于只有 1％～5％花朵开放的切花可用 25 mg/L 的硝酸银＋50～100 g/L 的蔗糖溶液

或 300 mg/L 的 TBZ+100 g/L 的蔗糖溶液，在温度为 21℃，相对湿度为 50%，光照强度为 1000 lx 的条件下催开，再瓶插或直接插大瓶插溶液中。

4. 瓶插液

使用 2% 的蔗糖+200 mg/L 的 8-HQC。

5.3.4 郁金香

郁金香别名洋荷花、郁香，为百合科郁金香属多年生球根草本花卉，原产于伊朗、土耳其及我国新疆等地，16 世纪传入欧洲。郁金香优美华丽，高贵典雅，花色丰富，开花整齐，堪称"花中皇后"，是重要的切花材料。

1. 采切

郁金香大多数品种在整个花蕾基本显色时采切，杂交品种 50% 着色时采切。一天当中分批采切，保证切花整齐一致，具有最佳采后寿命。根据花莛长短及花朵大小分级，一般 10 支为一束。带球茎的花枝更好，耐贮耐开。郁金香切花易感染灰霉病。采后瓶插时瓶插液中要加杀菌剂和 25 mg/L 的嘧啶醇或 50 mg/L 的乙烯利等，防止切花感病和向光弯曲。

2. 贮运

郁金香切花不同品种、不同温度下的寿命不同。干藏温度为 0~2℃。湿藏时应摆放垂直，防止弯曲，湿藏液用蒸馏水。切花运输采用保湿干运，温度保持在 1℃ 左右。

3. 保鲜贮藏

10 支为一束，外包塑料袋，1℃ 下可贮藏 2~3 周。花瓣质地厚品种的比花瓣质地薄的更耐贮藏。

郁金香经 2 mmol/L 的 STS 预处理 0.5 h 后放入以下瓶插液中保鲜：
1) 3% 的蔗糖+100 mg/L 的硝酸银+10 mg/L 的苄氨基腺嘌呤；
2) 5% 的蔗糖+300 mg/L 的 8-HQC+50 mg/L 的矮壮素；
3) 10 mg/L 的杀藻铵+2.5% 的蔗糖+10 mg/L 的碳酸钙。

5.3.5 唐菖蒲

唐菖蒲为多年生球茎花卉，由于叶片硬挺且形如剑，又名剑兰、菖兰、十样锦等。穗状花序，通常应具花 13 朵以上，花从下向上依次开放，呈漏斗状。花大，质地如绢，花形美观，颜色娇媚，红、粉、紫、白、双色等一应俱全。常用作瓶插及各种插花艺术品，为世界五大切花之一。

1. 采切

采切时间一般在清晨,花穗基部1~5朵花蕾开始显色时采切。采切时,植株上应保留两三片叶,以保证新球茎的充分发育。如果需要外运,花序基部第一朵花显色时即可采切,但应进行预处理(用20%的蔗糖液浸泡茎基1天),否则花序上部花不能开放,花序易折。

2. 包装

采切的唐菖蒲应根据切花分级标准进行包装(表5-8),一般20支为一束。捆扎好的唐菖蒲宜置于保鲜液中低温冷藏。唐菖蒲平放易导致花序弯曲,因此宜立放,以保证切花质量。

表5-8 我国唐菖蒲切花质量分级标准

评价项目	等级			
	一级	二级	三级	四级
花枝的整体感	整体感、新鲜程度极好	整体感、新鲜程度好	一般,感新鲜程度好	整体感、新鲜程度一般
小花数	小花20朵以上	小花16朵以上	小花14多以上	小花12朵以上
花形	①花形完整优美;②基部第一朵花径在12 cm以上	①花形完整;②基部第一朵花径在10 cm以上	①略带损伤;②基部第一朵花径在12 cm以上	①略带损伤;②基部第一朵花径在12 cm以上
花色	鲜艳、纯正、带有光泽	鲜艳、无褪色	一般,轻微褪色	一般,轻微褪色
花枝	①粗壮、挺直、匀称;②长度在130 cm以上	①粗壮、挺直、匀称;②长度在100 cm以上	①挺直略有弯曲;②长度在85 cm以上	①略有弯曲;②长度在70 cm以上
叶	叶厚实鲜绿有光泽,无干尖	叶色鲜绿,无干尖	有轻微褪绿或干尖	有轻微褪绿或干尖
病虫害	无购入国家或地区检疫的病虫害	无购入国家或地区检疫的病虫害,有轻微病虫害斑点	无购入国家或地区检疫的病虫害,有轻微病虫害斑点	无购入国家或地区检疫的病虫害,有轻微病虫害斑点
损伤等	无药害、冷害、机械损伤等	几乎无药害、冷害、机械损伤等	有极轻度药害、冷害、机械损伤等	有轻度药害、冷害、机械损伤等
采切标准	适用开花指数为1~3	适用开花指数为1~3	适用开花指数为2~4	适用开花指数为2~4
采后处理	①立即入水,保鲜剂处理;②依品种每10支、20枝捆绑成一扎,每扎中花梗长度最长与最短的差别不可超过3 cm;③每10扎、5扎为一捆	①立即入水,保鲜剂处理;②依品种每10支、20枝捆成一扎,每扎中花梗长度最长与最短的差别不可超过5 cm;③每10扎、5扎为一捆	①依品种每10支、20枝捆绑成一扎,每扎中花梗长度最长与最短的差别不可超过10 cm;②每10扎、5扎为一捆	①依品种每10支、20枝捆绑成一扎,每扎基部切齐;②每10扎、5扎为一捆

注:开花指数1为花序最下部一两朵小花都显色而花瓣仍然紧卷时,适合于远距离运输;开花指数2为花序最下部1~5朵小花都显色,小花花瓣未开放,可以兼作远距离和近距离运输;开花指数3为花序最下部1~5朵小花都显色,其中基部小花略成展开状态,适合于就近批发出售;开花指数4为花序下部7朵以上小花露出苞片并都显色,其中基部小花已经开放,必须就近很快出售。

3. 贮运

贮运前用 10％的蔗糖＋STS 在 20℃下水合处理 24 h。贮运时包装于保湿箱内，在 4~5℃下可贮存 5~8 天，在 0℃下可贮存 15 天，切花应垂直放置，以防花序向地性弯曲。贮后，剪裁花茎并置于 200 mg/L 的 8-HQC＋200 mg/L 的柠檬酸＋30 g/L 的蔗糖的花蕾开放溶液中于 18~20℃催开。也可在 200 mg/L 的 8-HQC＋30 g/L 的蔗糖的保鲜液中湿贮，在 2~4℃下可贮存 1~2 周。切花对灰霉菌、含氟的水非常敏感。

第6章 加工保藏对原料的要求及原料预处理

6.1 加工保藏对原料的要求

园艺产品加工方法较多，其性质相差很大，不同的加工方法和制品对原料均有一定的要求，优质高产、低耗的加工品，除受工艺和设备的影响外，还与原料的品质好坏及其加工性有密切的关系，在加工工艺技术和设备条件一定的情况下，原料的好坏直接决定着制品的质量。

6.1.1 原料的种类和品种

园艺产品的种类和品种繁多，但不是所有的种类和品种都适合于加工，更不是都适合加工同一种类的加工品。就果蔬原料的特点而言，果品比较简单，除构造上有较大差别外，一般都是果实；而蔬菜则相对较复杂，所应用的器官或部位不仅不同，其特点和性质也相差很大。因此，正确选择适合于加工的种类和品种是生产品质优良的加工品的首要条件。而如何选择合适的原料，这就要根据各种加工品的制作要求和原料本身的特性来决定。

制作果汁及果酒类的产品时，原料的选择一般选汁液丰富、取汁容易、可溶性固形物含量高、酸度适宜、风味芳香独特、色泽良好及果胶含量低的种类和品种。果蔬理想的原料是葡萄、柑橘、苹果、梨、菠萝、番茄、黄瓜、芹菜、大蒜等。然而有的果蔬汁液含量并不丰富，如胡萝卜及山楂等，但它们具有特殊的营养价值及风味色泽，可以采取特殊的工艺处理将其加工成透明或混浊型的果汁饮料。葡萄是世界上制酒最多的水果原料，80%以上的葡萄用于制酒，并且已经形成了专门的酿酒品种系列，尤其是制作高档的葡萄酒，对原料品种的要求更为严格，如霞多丽是世界上公认的酿制高档白葡萄酒的优良品种，赤霞珠等为酿造高档红葡萄酒的优良品种，白玉霓是酿造高档白兰地酒的优良品种。一般酿造红葡萄酒的原料品种要求有较高的单宁和色素含量，除赤霞珠外，还常用黑比诺、品丽珠、蛇龙珠、晚红蜜、公酿一号等；酿造白葡萄酒的品种则有雷司令、白雅、贵人香、龙眼等。

干制品的原料要求干物质含量较高，水分含量较低，可食部分多，粗纤维少，风味及色泽好。果蔬较理想的原料是枣、柿子、山楂、苹果、龙眼、杏、胡萝卜、马铃薯、辣椒、南瓜、洋葱、姜及大部分的食用菌等。但某一适宜的种类中并不是所有的品种都可以用来加工干制品，如加工脱水胡萝卜制品，新黑田五寸就是一个最佳的加工品种。

对于罐藏、糖制及冷冻制品，其原料应该选肉厚、可食部分大、质地紧密、糖酸比适中、色香味好的种类和品种。一般大多数的果蔬均可适合此类加工制品的加工。而对于果酱类的制品，其原料应该含有丰富的果胶物质、有较高的有机酸含量、风味浓、香气足。例如，水果中的山楂、杏、草莓、苹果等就是最适合加工这类制品的原料种类。蔬菜类的番茄酱加工对番茄红素的要求甚为严格，因此，目前认为最好的番茄加工新品种有红玛瑙 140、新番 4 号等。

蔬菜的腌制加工相对其他加工类型对原料的要求不太严格，一般应以水分含量低、干物质较多、肉质厚、风味独特、粗纤维少的品种为好。优良的腌制原料有芥菜类、根菜类、白菜类、黄瓜、茄子、蒜、姜等。

6.1.2 原料的成熟度和采收期

果蔬原料的成熟度采收期适宜与否，将直接关系到加工成品质量的高低和原料损耗的大小。不同的加工品对果蔬原料的成熟度和采收期要求不同，因此，选择其恰当的成熟度和采收期，是各种加工制品对原料的又一重要要求。

在果蔬加工学上，一般将成熟度分为三个阶段，即可采成熟度、加工成熟度（也称食用成熟度）和生理成熟度。

可采成熟度是指果实充分膨大长成，但风味还未达到顶点的成熟度。这时采收的果实，适合于贮运并经后熟后方可达到加工的要求，如香蕉、苹果、桃等水果可以这时采收。一般工厂为了延长加工期常在这时采收进厂入贮，以备以后加工。

加工成熟度（也称食用成熟度）是指果实已具备该品种应有的加工特征，分适当成熟与充分成熟，加工类别不同对成熟度要求也不同。如制作果汁、果酒类，要求原料充分成熟（但制造白葡萄酒则要适当成熟），色泽好，香味浓，糖酸适中，榨汁容易，吨耗低；制作干制品类，果实要求充分成熟，否则缺乏应有的果香味，制成品质地坚硬，且有的果实如杏，若青绿色未退尽，干制后会因叶绿素分解变成暗褐色，影响外观品质；制作果脯、罐头类，要求原料成熟适当，这样果实因含原果胶类物质较多，组织比较坚硬，可以经受高温煮制；制作果糕、果冻类，要求原料具有适当的成熟度，这也是利用原果胶含量高，使制成品具有凝胶特性。

生理成熟度是指果实质地变软，风味变淡，营养价值降低的成熟度，一般称这个阶段为过熟。此期只勉强可做果汁和果酱（因不需保持形状），一般不适宜加工其他产品。即使要做上述制品，也必须通过添加一定的添加剂或加工工艺上的特别处理，方可制出比较满意的加工制品，这样势必要增加生产成本，因此，任何加工品均不提倡在这个时期进行加工，但制造红葡萄酒则应在这时采收，因此时果实含糖量高，色泽风味最佳。

蔬菜供食用的器官不同，它们在田间生长发育过程中的变化很大，因此，采收期选择得恰当与否，对加工至关重要。例如，青豌豆、菜豆等罐头用原料，以乳熟期采收为宜。青豌豆花后十七八天采收品质最好，糖分含量高，粗纤维少，表皮柔嫩，制成的罐头甜、嫩、不浑汤。如采收早，发育不充分，难以加工，亩产也低；若选择在最佳采收期后，则子粒变老，糖转化成淀粉，失去加工罐头的价值。

金针菜以花蕾充分膨大还未开放时做罐头和干制品为优，花蕾开放后，易折断，品质变劣。蘑菇子实体大，1.8~4.0 cm时采收做清水蘑菇罐头为优，过大、开伞后只可做蘑菇干，菌柄空心，外观欠佳。

青菜头、萝卜和胡萝卜等要在充分膨大，尚未抽薹时采收为宜，此时粗纤维少；过老，木质化或糠心，不堪食用。马铃薯、藕富含淀粉，则以地上茎开始枯萎时采收为宜，这时淀粉含量高。

叶菜类与大部分果实类不同，一般要在生长期采收，此时粗纤维少，品质好。对于某些果菜类，如进行酱腌的黄瓜，则要求选择以幼嫩的乳黄瓜或小黄瓜进行采摘。

蔬菜种类繁多，而用于加工的每种原料的最适宜的采收期均有特殊的要求，在此不一一列举。

6.1.3 原料的新鲜度

加工原料越新鲜，加工的品质越好，损耗率也越低。因此，从采收到加工应尽量缩短时间，这就是为什么加工厂要建在原料基地的附近。园艺产品多属易腐农产品，某些原料如葡萄、草莓及西红柿等，不耐重压，易破裂，极易被微生物感染，给以后的消毒杀菌带来困难。这些原料在采收、运输过程中，极易造成机械损伤，若及时进行加工，尚能保证成品的品质，否则这些原料很容易腐烂，从而失去加工价值或造成大批损耗，影响了企业的经济效益。

例如，蘑菇、芦笋要在采后2~6 h内加工，青刀豆、蒜薹、莴苣等不得超过1~2天；大蒜、生姜等在采后3~5天，发生表皮干枯，去皮困难；甜玉米采后30 h，就会迅速老化，含糖量下降近50%，淀粉含量增加近一倍，水分含量也大大下降，这势必影响到加工品的质量，因此自然条件下从采收到加工不得超过6 h。而水果（如桃）采后若不迅速加工，果肉会迅速变软，因此要求其采后在1天内进行加工；葡萄、杏、草莓及樱桃等必须在12 h内进行加工；柑橘、中晚熟梨及苹果应在3~7天内进行加工。

总之，园艺产品要求从采收到加工的时间尽量缩短，如果必须放置或进行远途运输，则应有一系列的保藏措施，如蘑菇等食用菌要用盐渍保藏；甜玉米、豌豆、青刀豆及叶菜类最好立即进行预冷处理；桃子、李子、番茄、苹果等最好入冷藏库贮存。同时，在采收、运输过程中一定要注意防止机械损伤、日晒、雨淋及冻伤等，以充分保证原料的新鲜。

6.2 加工用水的要求与处理

6.2.1 加工用水的要求

果品蔬菜加工厂的用水量要远远大于一般食品加工厂，如生产1 t果蔬类罐头需用水40~60 t；生产1 t糖制品需用水10~20 t。大量的水不仅要用于锅炉和清洁卫生（包括容器设备、厂房及个人卫生），更重要的是直接用来制造产品，贯穿于整个加工过程，如清洗原料、烫漂、配制糖液、杀菌及冷却等，所以水质、供水量、供水卫生等在加工过程中也占重要地位。因此，加工用水应符合《生活饮用水卫生标准》。如果水中铁、锰等盐类过多，不仅会引起金属臭味，而且还会与单宁类物质作用引起变色以及加剧维生素的分解；如果水中含有硫化氢、氨、硝酸盐和亚硝酸盐等过多，不仅产生臭味，而且也表明水中曾有腐败作用发生或被污染；如果水中致病菌及耐热性细菌含量太多，易影响杀菌效果，增加杀菌的困难；如果水的硬度过大，水中可溶性的钙、镁盐加热后生成不溶性的沉淀，钙、镁还能与蛋白质一类的物质结合，产生沉淀，致使罐头汁液或果汁发生混浊或沉淀。

另外，硬水中的钙盐还能与果蔬中的果胶酸结合生成果胶酸钙，使果肉表面粗糙，加工制品发硬。镁盐如果含量过高，如 100 mL 水中含 4 mg MgO 便会尝出苦味。除制作果脯蜜饯、蔬菜的腌制及半成品保存用水外，其他一切加工用水均要求水的硬度不宜超过 2.853 mg/L。水的硬度取决于其中钙盐、镁盐的含量。我国曾常用德国度（即以 CaO 含量）表示水的硬度，即 $1°$ 相当于 1L 水中含 10 mg CaO，但现在我国不推荐使用硬度这一名称，而是直接用钙、镁含量代替硬度作为水质的一个重要指标。

根据以上对用水的要求，来自地下深井或自来水厂的水，可直接作为加工用水，但不适宜作锅炉用水。如水源来自江河、湖泊，则必须经过澄清、消毒或软化才能使用。

6.2.2   加工用水的处理

一般加工厂均使用自来水或深井水，这些水源基本上符合加工用水的水质要求，可以直接使用，但在罐头及饮料等加工制造时，还需进行一定的处理，尤其是锅炉用水，必须经过软化方可使用。工厂中目前常见的水处理有过滤、软化、除盐及消毒。

1. 过滤

水的过滤不仅仅是只除去水中的悬浮杂质和肢体物质，采用最新的过滤技术，还能除去水中的异味、颜色、铁、锰及微生物等，从而获得品质优良的水。

含铁量偏高的地下水，可在过滤前采用曝气的方法，通过空气氧化二价铁，使之变成氢氧化铁沉淀，然后通过过滤除去。当原水中含锰量达 0.5 mg/L 时，水具不良味道，会影响饮料的口感，所以必须除去。除锰可以先用氯氧化，或者可添加氧化剂使锰快速氧化，使锰以二氧化锰的形式沉淀。如果水中含锰不太高时，可采用在滤料上面覆盖一层一定厚度的锰砂（即软锰矿砂）的处理方法，可获得很好的除锰效果。

常用的过滤设备有砂石过滤器和砂棒过滤器。砂石过滤是以砂石、木炭作滤层，一般滤层从上至下的填充料为小石、粗沙、木炭、细沙、中沙、小石等，滤层厚度为 70～100 cm，过滤速度为 5～10 m/h。砂棒过滤器是我国水处理设备中的定型产品，根据处理水量选择其适用型号，同时考虑到生产的连续性，至少有两台并联安装，当一台清洗时，可使用另一台。砂棒过滤器是采用细微颗粒的硅藻土和骨灰，经成型后在高温下焙烧而形成的一种带有极多毛细孔隙的中空滤筒。工作时具一定压力的水由砂棒毛细孔进入滤筒内腔，而杂质则被阻隔在砂棒外部，过滤后的水由砂棒滤筒底部流出，从而完成过滤操作。砂棒在使用前需进行消毒处理，一般用 75% 的酒精或 0.25% 的新洁尔灭或漂白粉注入砂棒内，堵住出水口。使消毒液和内壁完全接触，数分钟后倒出。安装时凡是与净水接触的部分都要消毒。

以上两种过滤器都需定期清洗，清洗时，借助于泵压将清洁水反向输入过滤设备中。利用水流的冲力将杂质冲洗下来。

2. 软化

一般硬水软化常用离子交换法进行，当硬水通过离子交换器内的离子交换剂层即可软化。离子交换剂有阳离子交换剂和阴离子交换剂两种，用来软化硬水的为阳离子交换剂。阳离子交换剂常用钠离子交换剂和氢离子交换剂。离子交换剂软化水的原理是，软化剂中 Na^+ 或 H^+ 将水中的 Ca^{2+}、Mg^{2+} 置换出来，使硬水得以软化。其交换反应如下：

$$CaSO_4 + 2R—Na \longrightarrow Na_2SO_4 + R_2Ca$$

$$Ca(HCO_3)_2 + 2R—Na \longrightarrow 2NaHCO_3 + R_2Ca$$

$$MgSO_4 + 2R—Na \longrightarrow Na_2SO_4 + R_2Mg$$

$$Mg(HCO_3)_2 + 2R—Na \longrightarrow 2NaHCO_3 + R_2Mg$$

式中，R—Na 为钠离子交换剂分子式的简写，R 代表其残基。

硬水中 Ca^{2+}、Mg^{2+} 被 Na^+ 置换出来，残留在交换剂中，当钠离子交换剂中的 Na^+ 全部被 Ca^{2+}、Mg^{2+} 代替后，交换层就失去了继续软化水的能力，这时就要用较浓的食盐溶液进行交换剂的再生。食盐中的 Na^+ 能将交换剂中的 Ca^{2+}、Mg^{2+} 交换出来，再用水将置换出来的钙盐和镁盐冲洗掉，离子交换剂又恢复了软化水的能力，可以继续使用。这一过程的反应如下：

$$R_2Ca + 2NaCl \longrightarrow 2R—Na + CaCl_2$$

$$R_2Mg + 2NaCl \longrightarrow 2R—Na + MgCl_2$$

同理，硬水通过氢离子交换剂（R—H），使水中 Ca^{2+}、Mg^{2+} 被 H^+ 置换，使水软化；氢离子交换剂失效后，用硫酸来再生。为了获得中性的软水或改变原来水的酸碱度，可用 H—Na 离子交换剂，将一部分水经钠离子处理生成相应的碱，另一部分水经氢离子处理生成相应的酸，然后再将两部分水混合，而得到酸碱适度的软水。

离子交换器的硬水由管引入，在交换器顶部经分配漏斗使水均匀分配，经离子交换层、砂层、泄水装置将硬水软化并过滤，由软化水出口排出而得到软水。再生时用浓盐水或硫酸溶液（相对密度大，送入速度小）送入环形管，经喷嘴使盐水分散。

离子交换法脱盐率高，也比较经济。但是，在脱盐中需要消耗大量的食盐或硫酸来再生交换剂，排出的酸、碱废液对环境会造成一定的污染，因此一定要将废液处理至符合排放标准，方可排出。

3. 除盐

（1）电渗析法

用电力把水中的阳离子和阴离子分开，并被电流带走，而得无离子中性软水。该法能连续化、自动化，不需外加任何化学药剂，因此它不带任何危害水质的因素，同时对盐类的除去量也容易控制。该法还具投资少、耗电少、操作简便、检修较方便、占地面积小等优点，因此近年来在软饮料行业中得到广泛应用。

（2）**反渗透法**

反渗透法的主要工作部件是一种半透膜，它将容器分隔成两部分。若分别倒入净水和盐水，两边液位相等，在正常情况下，净水会经过薄膜进入盐水中，使盐水浓度降低。如果在盐水侧施加压力，水分子便会在压力作用下从盐水侧穿过薄膜进入净水中，而盐水中的各处杂质便被阻留下来，盐水即得到净化，从而达到排除各种离子的目的。

反渗透法的关键是选择合适的半透膜。它要求有很高的选择性、透水性，有足够的机械强度，且化学性能稳定。用反渗透法可除去 90%～95% 的固形物、产生硬度的各种离子、氯化物和硫酸盐；可 100% 地除去相对分子质量大于 100 的可溶性有机物，并能有效地除去细菌、病毒等。同时，在操作时能直接从含有各种离子的水中得到净水，没有相变及因相变带来的能量消耗，故能量消耗少；在常温下操作，腐蚀性小、工作条件好；设备体积小，操作简便。但是，反渗透设备投资大，目前国内尚未普及。

4. 消毒

水的消毒是指杀灭水里的病原菌及其他有害微生物，但水的消毒不能做到完全杀灭微生物，只是防止传染病及消灭水中的可致病的细菌。消毒方法常见的有氯化消毒、臭氧消毒和紫外线消毒。

（1）**氯消毒**

这是目前广泛使用的简单而有效的消毒方法。它是通过向水中加入氯气或其他含有效氯的化合物，如漂白粉、氯胺、次氯酸钠、二氧化氯等，依靠氯原子的氧化作用破坏细菌的某种酶系统，使细菌无法吸收养分而自行死亡。氯的杀菌效果以游离余氯为主，游离余氯在水温为 20～25℃，pH 为 7 时，能很快地杀灭全部细菌，而结合型余氯的用量约为游离型的 25 倍。同一浓度氯杀菌所需的时间，结合型为游离型的 100 倍，但结合型的持续性比游离型好，经过一定时间后，杀菌效果与游离型相同。因微生物种类、氯浓度、水温和 pH 等因素的不同，杀菌效果也不同。因此，要综合考虑氯的添加量。饮料用水比自来水要求更为严格，一般要做超氯处理，应使余氯量达到数毫克每升以上，以确保安全。经氯化消毒后，应将余氯除去。因它会氧化香料和色素，且氯的异味也使饮料风味变坏。一般可用活性炭过滤法将其除去。不论采用哪种杀菌剂，都需加入足够的氯来达到彻底杀菌的目的。一般处理水时，氯的用量为 4～12 mg/kg，时间在 2 h 以上即可。

（2）**臭氧消毒**

臭氧（O_3）是氧的一种变体，由 3 个氧原子组成，很不稳定，在水中极易分解成氧气和氧原子。氧原子性质极为活泼，有强烈的氧化性，能使水中的微生物失去活性，同时，可以除水臭、水的色泽以及铁和锰等。臭氧具有很强的杀菌能力，不仅可杀灭水中的细菌，同时也可杀灭细菌的芽孢。它的瞬间杀菌能力优于氯，较之快 15～30 倍。由臭氧发生器通过高频高压电极放电产生臭氧，将臭氧泵入氧化塔，通过布气系统与需要进行处理的水充分接触、混合，当达到一定浓度后，即可起到消毒的作用。

（3）紫外线消毒

微生物在受紫外线照射后，其蛋白质和核酸发生变性，引起微生物死亡。目前使用的紫外线杀菌装置多为低压汞灯。实际应用中，应根据杀菌装置的种类和目的来选择灯管，才能获得最佳效果。灯管使用一段时间后，其紫外线的发射能力会降低，当降到原功率的70%时，即应更换灯管。用紫外线杀菌，操作简单，杀菌速度快，效率高，不会产生异味。因此，得到了广泛的应用。紫外线杀菌器成本较低，投资也小，但对水质的要求较高。待处理的水应无色、无混浊、微生物数量较少，且尽量少带气体。

6.3　原料的预处理

果品蔬菜加工前的处理，对其制成品的生产影响很大，如果处理不当，不但会影响产品质量和产量，而且会对以后的加工工艺造成影响。为了保证质量、降低损耗，顺利完成加工过程，必须认真对待加工前的预处理。

果品蔬菜加工前处理包括分级、清洗、去皮、切分、修整、烫漂、硬化、抽空等工序。在这些工序中，去皮后还要对原料进行各种护色处理，以防原料产生变色而品质变劣。

6.3.1　原料分级

原料进厂后首先要进行粗选，即要剔除霉烂及病虫害果实，对残、次及机械损伤类原料要分别加工利用。然后按大小、成熟度及色泽进行分级。原料合理的分级，不仅便于操作，提高生产效率，更重要的是可以保证提高产品质量，得到均匀一致的产品。

成熟度与色泽的分级在大部分果品蔬菜中是一致的，常用目视估测法进行。成熟度的分级一般是按照人为制定的等级进行分选，也有的如豌豆在国内外常用盐水浮选法进行分级，因成熟度高的淀粉含量较高，密度较大，在特定密度的盐水中利用其上浮或下沉的原理即可将其分开。但这种分级法也受到豆粒内空气含量的影响，故有时将此步骤改在烫漂后装罐前进行。色泽常按深浅进行分级，除目测外，也可用灯光法和电子测定仪装置进行色泽分辨选择。

大小分级是分级的主要内容，几乎所有的加工品类型均需进行大小分级，其方法有手工分级和机械分级两种。手工分级一般在生产规模不大或机械设备较差时使用，同时也可配以简单的辅助工具，以提高生产效率，如圆孔分级板、分级筛及分级尺等。而机械分级法常用滚筒分级机、振动筛及分离输送机，除上述各种通用机械外，果蔬加工中还有许多专用分级机，如蘑菇分级机、橘片专用分级机和菠萝分级机等。而无须保持形态的制品如果蔬汁、果酒和果酱等，则不需要进行形态及大小的分级。

6.3.2　原料清洗

原料清洗的目的在于洗去果蔬表面附着的灰尘、泥沙和大量的微生物及部分残留的化学农药，保证产品清洁卫生。

　　洗涤用水，除制果脯和腌渍类原料可用硬水外，其他加工原料最好使用软水。水温一般是常温，有时为增加洗涤效果，可用热水，但不适于柔软多汁、成熟度高的原料。洗前用水浸泡，污物更易洗去，必要时可以用热水浸渍。

　　原料上残留的农药，还需用化学药剂洗涤。一般常用的化学药剂有浓度为 0.5%～1.5% 的盐酸溶液、0.1% 的高锰酸钾等。在常温下浸泡数分钟，再用清水洗去化学药剂。清洗时必须用流动水或使原料振动及摩擦，以提高洗涤效果，但要注意节约用水。除上述常用药剂外，近几年来，还有一些脂肪酸系列的洗涤剂应用于生产，如单甘酸酯、磷酸盐、糖脂肪酸酯、柠檬酸钠等。

　　果蔬清洗方法多样，需根据生产条件、原料形状、质地、表面状态、污染程度、夹带泥土量及加工方法而定。

　　1）洗涤水槽。洗涤水槽呈长方形（图 6-1），大小随需要而定，可 3～5 个连在一起呈直线排列。用砖或不锈钢制成。槽内安置金属或木质滤水板，用以存放原料。在洗涤槽上方安装冷、热水管及喷头，用来喷水，洗涤原料，并安装一根水管直通到槽底，用来洗涤喷洗不到的原料。在洗涤槽的上方有溢水管。在槽底也可安装压缩空气喷管，通入压缩空气使水翻动，提高洗涤效果。

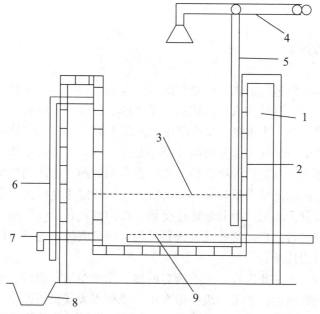

1. 槽身；2. 瓷砖；3. 滤水板；4. 热水器；5. 通入槽底的水管；
6. 溢水管；7. 排水管；8. 出水槽；9. 压缩空气喷管
图 6-1　洗涤水槽

　　此种设备较简易，适用于各种果蔬洗涤。可将果蔬放在滤水板上冲洗、淘洗，也可将果蔬用筐装盛放在槽中清洗。但不能连续化，功效低，耗水量大。

　　2）滚筒式清洗机。主要部分是一个可以旋转的滚筒，筒壁呈栅栏状，与水平面成 3° 左右倾斜安装在机架上。滚筒内有高压水喷头，以 0.3～0.4 MPa 的压力喷水。原料由滚筒一端进入后，即随滚筒的转动与栅栏板条相互摩擦至出口，同时被冲洗干净。此种机械适合于质地比较硬和表面不怕机械损伤的原料,李、黄桃、甘薯、胡萝卜等均可用此法。

3) 喷淋式清洗机。在清洗装置的上方或下方均安装喷水装置,原料在连续的滚筒或其他输送带上缓缓向前移动。受到高压喷水的冲洗。喷洗效果与水压、喷头与原料间的距离以及喷水量有关,压力大,水量多,距离近则效果好。此法常在番茄、柑橘汁等连续生产线中应用。

4) 压气式清洗机。其基本原理是在清洗槽内安装有许多压缩空气喷嘴,通过压缩空气使水产生剧烈的翻动,物料在空气和水的搅动下被清洗。在清洗槽内的原料可用滚筒(如番茄浮选机)、金属网、刮板等传递。此种机械用途广,常见的有番茄洗果机。

5) 桨叶式清洗机。清洗槽内安装有桨叶的装置,每对桨叶垂直排列,末端装有捞料的斗。清洗时,槽内装满水,开动搅拌机,然后可连续进料,连续出料。新鲜水也可以从一端不断进入。此种机械适合于清洗胡萝卜、甘薯、芋头等较硬的物料。

6.3.3　原料去皮

果蔬(除大部分叶菜类以外)外皮一般粗糙、坚硬,虽有一定的营养成分,但口感不良,对加工制品均有一定的不良影响。例如,柑橘外皮含有精油和苦味物质;桃、梅、李、杏、苹果等外皮含有纤维素、果胶及角质;荔枝、龙眼的外皮木质化;甘薯、马铃薯的外皮含有单宁物质及纤维素、半纤维素等;竹笋的外壳为纤维质,不可食用,因而,一般要求去皮。只有加工某些果酱、果汁和果酒时,因为要打浆、压榨或其他原因才不用去皮,加工腌渍蔬菜常常也无须去皮。

去皮时,只要求去掉不可食用或影响制品品质的部分,不可过度,否则会增加原料的损耗。果蔬去皮的方法有手工、机械、碱液、热力和真空去皮。此外,还有研究中的酶法去皮和冷冻去皮。

1. 手工、机械去皮

手工去皮是应用特别的刀、刨等工具人工削皮,应用较广。其优点是去皮干净、损失率少,并可有修整的作用,同时也可以将去心、去核、切分等工序同时进行,在果蔬原料质量较不一致的条件下能显示出其优点。但手工去皮费工、费时、生产效率低、大量生产时困难较多。此法常用于柑橘、苹果、梨、柿、枇杷、竹笋、瓜类等的去皮。

机械去皮采用专门的机械进行。机械去皮机主要有以下三大类。

1) 旋皮机。主要原理是在特定的机械刀架下将果蔬皮旋去,适合于苹果、梨、菠萝等大型果品。

2) 擦皮机。利用内表面有金刚砂,表面粗糙的转筒或滚轴,借摩擦力的作用擦去表皮。此法适用于马铃薯、甘薯、胡萝卜、荸荠、芋等原料,效率较高,但去皮后原料的表皮不光滑。该方法也常与热力方法连用,如甘薯去皮即可先行加热,再喷水擦皮。

3) 专用的去皮机械。青豆、黄豆等采用专用的去皮机来完成,菠萝也有专门的菠萝去皮、切端通用机。

机械去皮比手工去皮的效率高，质量好，但一般要求去皮前原料有较严格的分级。另外，用于果蔬去皮的机械，特别是与果蔬接触的部分应用不锈钢制造，否则会使果肉褐变，且由于器具被酸腐蚀而增加制品内的重金属含量。

2. 碱液去皮

碱液去皮是果蔬原料去皮中应用最广的方法。其原理是利用碱液的腐蚀性来使果蔬表皮内的中胶层溶解，从而使果皮分离。绝大部分果蔬如桃、李、苹果、胡萝卜等，皮是由角质、半纤维素组成的，较坚硬，抗碱能力也较强。有些种类果皮与果肉的薄壁组织之间是主要由果胶等物质组成的中胶层，在碱的作用下，此层易溶解，从而使果蔬表皮剥落。碱液处理的程度也由中胶层的性质决定，只要求溶解此层，这样去皮合适且果肉光滑，否则就会腐蚀果肉，使果肉部分溶解，表面毛糙，同时也增加原料的消耗。

碱液去皮常用氢氧化钠，此物腐蚀性强且价廉。也可用氢氧化钾或其与氢氧化钠的混合液，但氢氧化钾较贵，有时也用碳酸氢钠等碱性稍弱的碱。为了帮助去皮，可加入一些表面活性剂和硅酸盐，因它们可使碱液分布均匀，易于作用，在甘薯、苹果、梨等较难去皮的果蔬上常用。有报道，番茄去皮时在碱液中加入浓度为 0.3% 的 2-乙基己基磺酸钠，可降低用碱量。增加表面光滑性，减少清洗水的用量。碱液浓度、处理时间和碱液温度为碱液去皮的三个重要参数，应视不同的果蔬原料种类、成熟度和大小而定。碱液浓度高，处理时间长及温度高会增加皮层的松离及腐蚀程度。适当增加任何一项，都能加速去皮作用，如温州蜜柑去囊衣时，用酸处理后，需再用浓度为 0.3% 左右的氢氧化钠溶液在常温下处理 12 min 左右，而在 35~40℃ 时，只需处理 7~9 min，在 45℃ 时，仅需处理 1~2 min 即可。故生产中必须视具体情况灵活掌握，只要处理后经轻度摩擦或搅动能脱落果皮，且果肉表面光滑即为适度的标志。几种果蔬的碱液去皮条件见表 6-1。

表 6-1　几种原料碱液去皮的条件

原料种类	NaOH 浓度/%	液温/℃	处理时间/min
桃	1.5~3	90~95	0.5~2
杏	3~6	>90	0.5~2
李	5~8	>90	2~3
苹果	20~30	90~95	2~3
猕猴桃	5	95	2~5
梨	0.3~0.75	30~70	5~10
甘薯	4	>90	3~4
胡萝卜	3~6	>90	1~2
橘瓣	0.8~1	60~75	0.25~0.5

经碱液处理后的果蔬必须立即在冷水中浸泡、清洗、反复换水。同时，搓擦、淘洗，除去果皮渣和黏附余碱，漂洗至果块表面无滑腻感，口感无碱味。漂洗必须充分，否则会使罐头制品的 pH 偏高，导致杀菌不足，口感不良。为了加速降低 pH 和清洗，可用浓

度为 0.1％～0.2％的盐酸或 0.25％～0.5％的柠檬酸水溶液浸泡，并有防止变色的作用。盐酸比柠檬酸好，因盐酸离解的氢离子和氯离子对氧化酶有一定的抑制作用，而柠檬酸较难离解。同时，盐酸和黏附余碱发生反应可生成盐类，抑制酶活性。盐酸更兼有价格低廉的优点。

碱液去皮的处理方法有浸碱法和淋浸法两种。

1) 浸碱法。可分为冷浸与热浸，生产上以热浸较常用。将一定浓度的碱液装入特制的容器，将果实浸一定的时间后取出搅动，摩擦去皮、漂洗即成。简单的热浸设备常为夹层锅，用蒸汽加热，手工浸入果蔬，取出、去皮。大量生产可用连续的螺旋推进式浸碱去皮机或其他浸碱去皮机械。其主要部件均由浸碱箱和清漂箱两大部分组成，切半后或整果的果实，先进入浸碱箱的螺旋转筒内，经过箱内的碱液处理后，随即在螺旋转筒的推进作用下，将果实推入清漂箱的刷皮转筒内，由于螺旋式棕毛刷皮转筒在运动中边清洗、边刷皮、边推动的作用，将皮刷去，原料由出口输出。

2) 淋碱法。将热碱液喷淋于输送带上的果蔬上，淋过碱的果蔬进入转筒内，在冲水的情况下与转筒的边翻滚摩擦去皮。杏、桃等果实常用此法。

碱液去皮优点甚多。第一，适应性广，几乎所有的果蔬均可应用碱液去皮，且对表面不规则、大小不一的原料也能达到良好的去皮目的。第二，碱液去皮掌握合适时，损失率较少，原料利用率较高。第三，此法可节省人工、设备等。但必须注意碱液的强腐蚀性，注意安全，设备容器等必须由不锈钢制成或用搪瓷、陶瓷，不能使用铁或铝容器。

3. 热力去皮

果蔬先用短时高温处理，使之表皮迅速升温而松软，果皮膨胀破裂，与内部果肉组织分离，然后迅速冷却去皮。此法适用于成熟度高的桃、杏、枇杷、番茄、甘薯等。

热力去皮的热源主要有蒸汽（常压和加压）与热水。蒸汽去皮时一般采用近 $100℃$ 的蒸汽，这样可以在短时间内使外皮松软，以便分离。具体的热烫时间，可根据原料种类和成熟度而定。

用热水去皮时，少量的可用锅内加热的方法。大量生产时，采用带有传送装置的蒸汽加热沸水槽进行。果蔬经短时间的热水浸泡后，用手工剥皮或高压冲洗。例如，番茄可在 95～98℃的热水中浸泡 10～30 s，取出水冷水浸泡或喷淋，然后手工剥皮；桃可在 100℃的蒸汽下处理 8～10 min，淋水后用毛刷辊或橡皮辊冲洗；枇杷经 95℃以上的热水烫 2～5 min 即可剥皮。

除上方法述以外，科研上研究用火焰进行加温的火焰去皮法。红外线加温去皮也有一定的效果，即用红外线照射，使果蔬皮层温度迅速提高，皮层下水分汽化，因而压力骤增，使组织间的联系破坏而使皮肉分离。据报道，使番茄在 1500～1800℃的红外线高温下受热 4～20 s，用冷水喷射即可除去外皮，效果较好。

热力去皮原料损失少、色泽好、风味好，但只用于皮易剥离的原料，且要求原料充分成熟，成熟度低的原料不适用。

4. 酶法去皮

柑橘的瓤瓣，在果胶酶（主要是果胶酯酶）的作用下，可使果胶水解，脱去囊衣。如将橘瓣放在浓度为 1.5% 的果胶酶溶液中，在温度为 35~40℃，pH 为 2.0~1.5 的条件下处理 3~8 min，可达到去囊衣的目的。酶法去皮条件温和，产品质量好。其关键是要掌握酶的浓度及酶的最佳作用条件，如温度、时间、pH 等。

5. 冷冻去皮

将果蔬与冷冻装置表面接触片刻，其外皮冻结于冷冻装置上，当果蔬离开时，外皮即被剥离。冷冻装置温度为 -23~28℃，这种方法可用于桃、杏、番茄等的去皮。此法去皮损失率为 5%~8%，质量好，但费用高。

6. 真空去皮

将成熟的果蔬先行加热，使其升温后果皮与果肉易分离，接着进入有一定真空度的真空室内，适当处理，使果皮下的液体迅速"沸腾"，皮与肉分离，然后破除真空，冲洗或搅动去皮。此法适用于成熟的果蔬，如桃、番茄等。

图 6-2 所示为保加利亚开发成功的大容量番茄真空去皮装置示意图，其基本构造为一内空的倾斜圆筒，圆筒为一夹层结构，外层可用蒸汽来加热，番茄由带环式输送带强迫在圆筒内层移动；去皮时番茄由顶部进入，在移动过程中逐渐被加热，然后突然进入真空室，在此处受短时高真空处理，番茄外皮即开裂，然后从底部卸出，进行高压水冲击和振动作用后外皮即去除。其附属装置还有水环式真空泵、真空贮罐等，此机产量可达每小时 6000 kg。还适用于成熟的甜辣椒等去皮。

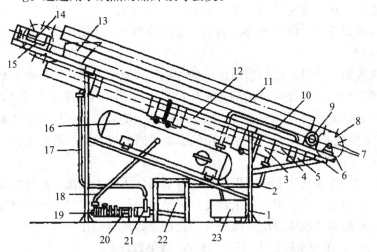

1. 支架；2. 水管；3. 水循环室；4. 主圆柱；5. 真空室；6. 隔板；7. 驱动轮；8. 驱动链；9. 调速电机；10、18. 真空管；11. 输送带；12. 加热室；13. 进料斗；14. 转动轮；15. 拉紧装置；16. 真空贮罐；17. 水管；19. 真空泵；20. 电机；21. 热水泵；22. 热槽；23. 水槽；

图 6-2　番茄真空去皮装置

7. 表面活性剂去皮

此法用于柑橘瓤衣去皮中取得明显的效果。用浓度为 0.05% 的蔗糖脂肪酸酯、0.4% 的三聚磷酸钠、0.4% 的氢氧化钠混合液在 50～55℃ 下处理柑橘 2 s，即可冲洗去皮。此法通过降低果蔬表皮的表面张力，再经润湿、渗透、乳化、分散等作用使碱液在低浓度下迅速达到很好的去皮效果，较化学去皮法更优。

综上所述，去皮的方法很多，且各有其优缺点，生产中应根据实际的生产条件、果蔬的状况来选用。而且，许多方法可以结合在一起使用，如碱液去皮时，为了缩短浸或淋碱时间，可将原料预先进行热处理，再进行碱处理。

6.3.4　原料切分、去心、去核及修整

体积较大的果蔬原料在罐藏、干制，加工果脯、蜜饯及腌制时，为了保持适当的形状，需要适当地切分。切分的形状则根据产品的标准和性质而定。核果类加工前需去核，仁果类则需去心。枣、金橘、梅等加工蜜饯时需划缝、刺孔。

罐藏加工时为了保持良好的形状外观，需对果块在装罐前进行修整，如除去果蔬碱液未去净的皮，残留于芽眼或梗洼中的皮，除去部分黑色斑点和其他病变组织。柑橘全去囊衣罐头则需去除未去净的囊衣。

上述工序在小量生产或设备较差时一般手工完成，常借助于专用的小型工具，如枇杷、山楂、枣的通核器；匙形的去核心器；金橘、梅的刺孔器等。规模生产常用的专用机械主要的有以下几种：

1）劈桃机。用于将桃切半，主要原理为利用圆锯将其锯成两半。

2）多功能切片机。为目前采用较多的切分机械，可用于果蔬的切片、切块、切条等。设备中装有快换式组合刀具架，可据要求选用刀具。

3）专用切片机。在蘑菇生产中常用蘑菇定向切片刀。除此之外，还有菠萝切片机、青刀豆切端机、甘蓝切条机等。

6.3.5　烫漂

在生产上也称预煮，这是许多加工品制作工艺中的一个重要工序，该工序的作用不仅是护色，而且还有其他许多重要作用。因此，烫漂处理的效果，将直接关系到加工制品的质量。

1. 烫漂处理的作用

1）破坏酶活性，减少氧化变色和营养物质的损失。果蔬受热后氧化酶类可被钝化，从而停止其本身的生化活动，防止品质进一步劣变，这在速冻和干制品中尤为重要。一般认为氧化酶在 71～73.5℃，过氧化酶在 90～100℃ 的温度下，5 min 即可遭受破坏。

2）增加细胞透性，有利于水分蒸发，可缩短干燥时间。同时，热烫过的干制品复水

性也好。

3）排除果肉组织内的空气，可以提高制品的透明度，使其更加美观，还可使罐头保持合适的真空度，减弱罐内残氧对马口铁内壁的腐蚀，避免罐头杀菌时发生跳盖或爆裂。

4）可以降低原料中的污染物，杀死大部分微生物。

5）可以排除某些果蔬原料的不良风味，如苦、涩、辣，使制品品质得以改善，

6）使原料质地软化，果肉组织变得富有弹性，果块不易破损，利于装罐操作。

2. 烫漂处理的方法

常用的烫漂处理方法有热水法和蒸汽法两种。

（1）热水法

热水法是在不低于 90℃ 的温度下热烫 2～5 min。但是某些原料，如制作罐头的葡萄和制作脱水菜的菠菜及小葱则只能在 70℃ 左右的温度下热烫几分钟，否则感观及组织状态会受到严重影响。其操作可以在夹层锅内进行，也可以在专门的连续化机械，如链带式连续预煮机和螺旋式连续预煮机内进行。有些绿色蔬菜为了保持绿色，常常在烫漂液中加入碱性物质，如小苏打、氢氧化钙等。但此类物质对维生素 C 的损失影响较大，为了保存维生素 C，有时也加用亚硫酸盐类。除此之外，制作罐头的某些果蔬也可以采用浓度为 2% 的食盐水或 0.1%～0.2% 的柠檬酸液进行烫漂。

热水烫漂的优点是物料受热均匀，升温速度快，方法简便；其缺点是部分维生素及可溶性固形物损失较多，一般损失 10%～30%。如采用烫漂水重复使用，可减少可溶性物质的流失，甚至有些原料的烫漂液可收集进行综合利用，如制成蘑菇酱油、健肝片等。

（2）蒸汽法

蒸汽法是将原料装入蒸锅或蒸汽箱中，用蒸汽喷射数分钟后立即关闭蒸汽并取出冷却，采用蒸汽热烫，可避免营养物质的大量损失。但必须有较好的设备，否则加热不均，热烫质量差。

果蔬热烫的程度，应据其种类、块形、大小及工艺要求等条件而定。一般情况烫至其半生不熟，组织较透明，失去新鲜状态时的硬度，但又不像煮熟后那样柔软即被认为适度。通常以果蔬中过氧化物酶活性全部破坏为度。

果蔬中过氧化物酶的活性检查，可用浓度为 0.1% 的愈创木酚或联苯胺的酒精溶液与浓度为 0.3% 的过氧化氢等量混合，将原料样品横切，滴上几滴混合药液，几分钟内不变色，则表明过氧化物酶已破坏；若变色（褐色或蓝色），则表明过氧化物酶仍在作用，将愈创木酚或联苯胺氧化生成褐色或蓝色氧化产物。果蔬烫漂后，应立即冷却，以停止热处理的余热对产品造成不良影响并保持原料的脆嫩，一般采用流动水漂洗冷却或冷风冷却。

6.3.6 工序间的护色处理

果蔬原料去皮和切分之后，放置于空气中，很快会变成褐色，影响外观品质，破坏产品的风味和营养价值。这种褐色主要是酶褐变，其关键作用因子有酚类底物、酶和氧

气。因为底物不能除去，一般护色措施均从排除氧气和抑制酶活性两个方面着手。在加工预处理中所用的方法有如下几种。

1. 食盐水护色

食盐溶于水中后，能减少水中的溶解氧，从而可抑制氧化酶系统的活性，食盐溶液具有高的渗透压也可使酶细胞脱水失活。食盐溶液浓度越高，则抑制效果越好。工序间的短期护色，一般采用浓度为 $1\%\sim2\%$ 的食盐溶液即可，浓度过高，会增加脱盐的困难。为了增进护色效果，还可以在其中加入浓度为 0.1% 的柠檬酸。食盐溶液护色常在制作水果罐头和果脯中使用。同理，在制作果脯、蜜饯时，为了提高耐煮性，也可用氯化钙溶液浸泡，因为氯化钙既有护色作用，又能增进果肉硬度。

2. 酸溶液护色

酸性溶液既可降低 pH、降低多酚氧化酶活性，又由于氧气的溶解度较小而兼有抗氧化作用。大部分有机酸均为果蔬的天然成分，优点甚多。常用的酸有柠檬酸、苹果酸或抗坏血酸，但后两种费用较高，故除了一些名贵的果品或速冻时加入果品内外，生产上多采用柠檬酸，浓度为 $0.5\%\sim1\%$。

3. 烫漂处理

见 6.3.5 节。

4. 抽空处理

某些果蔬，如苹果、番茄等内部组织较疏松，含空气较多（表 6-2），对加工特别是罐藏或制作果脯不利，需进行抽空处理，即将原料在一定的介质里置于真空状态下，使内部空气释放出来，代之以糖水或无机盐水等介质的渗入。

表 6-2 几种果蔬组织中的空气含量

种类	空气含量/%	种类	空气含量/%
桃	3～4	梨	5～7
番茄	1.3～4.1	苹果	12～29
杏	6～8	樱桃	0.5～1.9
葡萄	0.1～0.6	草莓	10～15

注：表中数据均为体积比。

果蔬的抽空装置主要由真空泵、气液分离器、抽空锅组成（图 6-3）。真空泵采用食品工业中常用的水环式，除能产生真空外，还可带走水蒸气；抽空锅为带有密封盖的圆形筒，内壁用不锈钢制造，锅上有真空表、进气阀和紧固螺钉。果蔬抽空的具体方法有干抽和湿抽两种。

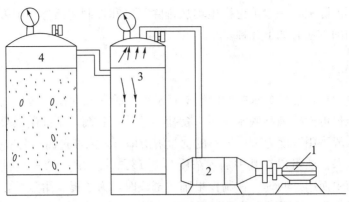

1. 电机；2. 水环式真空泵；3. 气液分离器；4. 抽空锅

图 6-3 抽空系统示意图

1) 干抽法：将处理好的果蔬置于 90 kPa 以上的真空室或锅内，抽去组织内的空气，然后吸入规定浓度的糖水或盐水等抽空液使之淹没果面 5 cm 以上，防止真空室或锅内的真空度下降。

2) 湿抽法：将处理好的果蔬，浸没于抽空液中，抽去组织内的空气，抽至果蔬表面透明。

果蔬常用的抽空液有糖水、盐水或护色液三种，果蔬因种类、品种和成熟度不同应选用不同的抽空液。原则上抽空液浓度越低，渗透越快。

影响抽空效果的因素如下：

1) 真空度。真空度越高，空气逸出越快，一般以 87~93 kPa 为宜。成熟度高，细胞壁较薄的果蔬真空度可低些，反之则要求高些。

2) 温度。理论上温度越高，渗透效果越好，但一般不宜超过 50℃。

3) 抽空时间。果蔬的抽气时间依品种或成熟度等情况而定，一般抽至抽空液渗入果块，果块呈透明状即可，生产时应先做小型试验。

4) 果蔬受抽面积。理论上受抽面积越大，抽气效果越好。小块比大块好，切开好于整果，皮核去掉的好于带皮核的。但这应据生产标准和果蔬的具体情况而定。

5. 硫处理

二氧化硫或亚硫酸盐类处理是果品蔬菜加工中原料预处理的一个重要环节，其作用除护色以外，还用于半成品保藏中，其用量和使用范围应严格按照 GB 2760—2011 执行。

(1) 亚硫酸的作用

1) 亚硫酸具有非常好的护色效果。因为它对氧化酶的活性有很强的抑制或破坏作用，故可防止酶促褐变。另外，亚硫酸能与葡萄糖起加成反应，其加成物也不酮化，故又可防止羰氨反应（即美拉德反应）的进行，从而可防止非酶促褐变。

2) 亚硫酸具有防腐作用。因为它能消耗组织中的氧气，能抑制好气性微生物的活动，并能抑制某些微生物活动所必需的酶的活性。亚硫酸的防腐作用随其浓度的提高而增强，它对细菌和霉菌作用较强，对酵母菌作用较差。

3) 亚硫酸具有抗氧化作用。这是因为它具有强烈的还原性，它能消耗组织中的氧，抑制氧化酶的活性，对防止果蔬中维生素C的氧化破坏很有效。

4) 亚硫酸还具有促进水分蒸发的作用。这是因为它能增大细胞膜的渗透性，因此不仅可缩短干燥脱水的时间，而且还使干制品具良好的复水性能。

5) 亚硫酸具有漂白作用。它与许多有色化合物结合而变成无色的衍生物。对花青素中的紫色及红色特别明显，对类胡萝卜素影响则小，但对叶绿素不起作用。二氧化硫解离后，有色化合物又恢复原来的色泽，所以用二氧化硫处理保存的原料，色泽变淡，经脱硫后色泽复显。

硫处理一般多用于干制和果脯的加工中，以防止在干燥或糖煮过程中的褐变，使制品色泽美观。在果酒酿造中，一般在人工发酵接种酵母菌前用硫处理，既可防有害微生物的生长发育，保证人工发酵的成功，又能加速果酒澄清，增进果酒色泽。

（2）**处理方法**

1) 熏硫法：将原料放在密闭的室内或塑料帐内，燃烧硫黄产生二氧化硫，将二氧化硫气体通入帐内，熏硫可以在室内进行，也可由钢瓶直接将二氧化硫压入。熏硫室或帐内二氧化硫浓度宜保持在 1.5%～2%，也可以根据每立方米空间燃烧硫黄200g计。所用硫黄必须纯净，不应含有其他杂质。熏硫程度以果肉色泽变淡，核窝内有水滴，并带有浓厚的二氧化硫气味，果肉内二氧化硫含量达 0.1% 左右为宜。熏硫结束，将门打开，待空气中的二氧化硫散尽后，才能入内工作。熏硫后，果品仍装在原盛器内，贮存于能密闭的低温贮藏室中，桃、李等果实熏硫后易破烂流汁，应装在不漏的容器中保存。保存期中，当果肉内二氧化硫含量降低到 0.02% 时，即需要进行加工处理或再熏硫补充。若不要求保持果蔬原形者，可将果肉破碎，装入能密闭的盛器中，通入二氧化硫，使之吸收，然后密闭保存。

2) 浸硫法：用一定浓度的亚硫酸盐溶液，在密闭容器中将洗净后的原料浸没。亚硫酸（盐）浓度以有效二氧化硫计，一般要求为果实及溶液总重的 0.1%～0.2%。各种亚硫酸盐含有效二氧化硫的量不同（表 6-3），处理时应根据不同的亚硫酸盐所含的有效二氧化硫计算用量。在果汁半成品和果酒发酵用葡萄汁或浆中，亚硫酸可直接按允许剂量加入。保藏葡萄酒原料的二氧化硫浓度为 300 mg/L 左右，而浓缩果汁等半成品，可以适当提高用量。

表 6-3　亚硫酸盐中有效二氧化硫含量

名称	有效 SO_2 含量/%	名称	有效 SO_2 含量/%
液态二氧化硫（SO_2）	100	亚硫酸氢钾（$KHSO_3$）	53.31
亚硫酸（H_2SO_3）	6	亚硫酸氢钠（$NaHSO_3$）	61.95
亚硫酸钙（$CaSO_3 \cdot 1.5H_2O$）	23	偏重亚硫酸钾（$K_2S_2O_5$）	57.65
亚硫酸钾（K_2SO_3）	33	偏重亚硫酸钠（$Na_2S_2O_5$）	67.43
亚硫酸钠（Na_2SO_3）	50.84	低亚硫酸钠（$Na_2S_2O_4$）	73.56

（3）**使用注意事项**

1) 亚硫酸和二氧化硫对人体有毒，人的胃中如有 80 mg 的二氧化硫即会产生有毒影响。国际上规定每人每日允许最大摄入量为 0～0.7 mg/kg（体重）。对于成品中的亚硫酸含量，各国规定不同，但一般要求在 20 mg/kg 以下。因此，硫处理的半成品不能直接食用，必须经过脱硫处理再加工制成成品。

　　2）经硫处理的原料，只适宜于干制、糖制、制汁、制酒或片状罐头，而不宜制整形罐头。这是因为残留过量的亚硫酸盐会释放出二氧化硫腐蚀马口铁，生成黑色的硫化铁或硫化氢。

　　3）因亚硫酸对果胶酶活性抑制甚小，一些水果经硫处理后果肉仍将变软。为防止这种现象的出现，可在亚硫酸中加入部分石灰，借以生成酸式亚硫酸钙，使之既具有钙离子的硬化作用，又具有亚硫酸的防腐作用。这对一些质地柔软的水果如草莓、樱桃等较适宜。

　　4）亚硫酸盐类溶液易于分解失效，最好是现用现配。原料处理时，宜在密闭容器中，尤其在半成品的保藏时，更应注意密闭，否则，二氧化硫挥发损失，会降低防腐力。

　　5）亚硫酸处理在酸性环境条件下作用明显，一般应在 pH 小于 3.5 的条件下，不仅发挥了它的抑菌作用，而且本身也不易被解离成离子降低作用。因此，对一些酸度偏小的原料进行处理时，应辅助加一些柠檬酸，其效果会更加明显。

　　6）硫处理时应避免接触金属离子，因为金属离子可以将残留的亚硫酸氧化，且还会显著促进已被还原色素的氧化变色，故生产中应注意不要混入铁、铜、锡等重金属离子。

6.4　半成品的保存

　　果蔬生产具有季节性的特点，采收期多数正值高温季节，成熟期比较短且产量集中，为延长加工期有必要进行原料储备，除有贮藏条件进行原料的鲜贮外，另一种方法就是将原料加工处理成半成品进行保存。半成品保存常用的方法有以下几种。

6.4.1　盐腌处理

　　某些加工产品，如生产一些凉果蜜饯所用的青梅、青杏等，采收之后不适宜用低温冷藏，在生产中一般先用高浓度的食盐将新鲜原料腌渍成盐坯，作半成品保存，加工时再进行脱盐、配料等后续工艺加工，制成成品。

　　食盐具有防腐作用，首先食盐溶液能够产生强大的渗透压使微生物细胞失水，处于假死状态、不能活动。其次食盐能使食品的水分活度降低。每一种微生物都有其适宜生长的水分活度范围，水分活度降低，其能利用的水分就少，活动能力减弱。另外，由于盐液中氧的溶解量很少，使许多好气性微生物难以滋生。食盐所具有的防腐能力使半成品得以保存不坏，食盐的高渗透压和降低水分活性的作用，也迫使新鲜果品的生命活动停止，从而避免了果品的自身败坏。

　　但是，在盐腌过程中，果品中的可溶性固形物要渗出损失一部分，半成品再加工成成品过程中，还需用清水反复漂洗脱盐，使可溶性固形物大量流失，使产品的营养成分保存不多，从而影响了产品的营养价值。

　　食盐腌制的方法有干腌和湿腌两种。干腌适于成熟度较高、水分含量多、易于渗入食盐的原料。一般用盐量为原料的 14%～15%，腌制时，宜分批拌盐，食盐要拌均匀，分层入池，铺平压紧，下层用盐较少，由下而上逐层加多，表面用盐覆盖隔绝空气，使果品保存不坏。也可在盐腌一段时间后取出晒干或烘干作成"干坯"保存。湿腌适于成熟度较低，水分含量少，不易渗入食盐的原料，一般是配制 10%～15% 的食盐溶液将果品淹没，使之短期保存。

6.4.2 硫处理

新鲜果蔬用二氧化硫或亚硫酸处理是保存加工原料的另一有效而简便的方法。硫处理的具体方法如前所述。

6.4.3 防腐剂的应用

在原料半成品的保存中，应用防腐剂或再配以其他措施来防止原料分解变质，抑制有害微生物的繁殖生长，也是一种广泛应用的方法。一般该法适合于果酱、果汁半成品的保存。防腐剂多用苯甲酸钠或山梨酸钾，其保存效果取决于添加量、果蔬汁的 pH、果蔬汁中微生物种类、数量、贮存时间长短、贮存温度等。贮存温度以 0～4℃ 为好，添加量按国家标准执行。目前，许多发达国家已禁止使用化学防腐剂来保存果蔬半成品。

6.4.4 无菌大罐保存

目前，国际上现代化的果蔬汁及番茄酱企业大多采用无菌贮存大罐来保存半成品，它是无菌包装的一种特殊形式，是将经过巴氏杀菌并冷却的果蔬汁或果浆在无菌条件下装入已灭菌的大罐内，经密封而进行长期保存。该法是一种先进的贮存工艺，可以明显减少因热贮存造成的产品质量变化，保存品风味优良。对于绝大多数加工工厂的周年供应具重要意义。虽然设备投资费用较高，操作工艺严格，操作技术性强，但由于消费者对加工产品质量要求越来越高，半成品大罐无菌贮存工艺的应用将会越来越广泛。我国对大容器无菌贮存设备进行了研制，对番茄酱半成品的贮存已取得了成功。相信通过不断完善和经验积累，很快会推广应用，这对于克服果蔬生产的季节性及区域性，增强企业竞争力都将具有重要意义。

第7章 干制品加工

果蔬的干制在我国历史悠久，源远流长。古代人们利用日晒进行自然干制，大大延长果蔬的保藏期限。如今，果蔬干制已经不仅仅为了满足保藏方面的需要，果蔬干制品已成为快节奏的社会中不可或缺的营养食品。随着社会的进步，科技的发展，人工干制技术也有了较大的发展，从技术、设备、工艺上都日趋完善。但自然干制在某些产品上仍有用武之地，特别是我国地域广，经济发展不平衡，因而自然干制在近期仍占重要地位。例如，在甘肃、新疆，由于气候干燥，葡萄干的生产采用自然干制法，不仅质量好，而且成本低。还有一些落后山区对野菜干制至今仍用自然干制法。

干制也称干燥、脱水，是指在自然或人工控制的条件下促使食品中水分蒸发，脱出一定水分，而将可溶性固形物的浓度提高到微生物难以利用的程度的一种加工方法。一般而言，干制包括自然干制和人工干制。自然干制包括晒干、风干等，人工干制包括烘房烘干、热空气干燥、真空干燥、冷冻升华干燥、远红外干燥、微波干燥等。其制品是果干或菜干，具有良好保藏性，能较好地保持果蔬原有风味。干制是一种既经济而又大众化的加工方法，其优点如下：

1）干制设备可简可繁，简易的生产技术较易掌握，生产成本比较低廉，可就地取材，当地加工。

2）干制品水分含量低，有良好的包装，则保存容易，而且体积小、质量轻、携带方便，较易运输贮藏。

3）由于干制技术的提高，干制品质量显著改进果蔬干的营养会接近鲜果和蔬菜，因此果蔬干制前景看好，潜力很大。

4）可以调节果蔬生产淡旺季，有利于解决果蔬的周年供应问题。

7.1 干制保藏理论

果品蔬菜含有大量的水分，富有营养，是微生物良好的培养基。果蔬的腐败多数是由微生物侵染繁殖引起的。微生物在生长和繁殖过程中离不开水和营养物质。只要果蔬受伤、衰老等，微生物就乘虚而入，造成果蔬腐烂。

经过干燥，提高了渗透压或降低了果蔬的活度，有效地抑制微生物活动和果蔬本身酶的活性，产品得以保存。

果蔬干制过程集中体现了热现象、生物和化学现象。

7.1.1 果蔬中的水分性质

1. 果蔬组织内部的水分状态及性质

果蔬中的水分是以游离水、胶体结合水和化合水三种不同的状态存在。果蔬的含水量很高，一般为70%~90%。

1）游离水。游离水（也称自由水或机械结合水）以游离状态存在于果蔬组织中，是充满在毛细管中的水分，所以也称为毛细管水。游离水是主要的水分状态，它占果蔬含水量的70%左右，如马铃薯总含水量为81.5%，游离水就占64.0%，结合水仅占17.5%；苹果总含水量为88.7%，其中游离水占64.6%，结合水占24.1%。游离水的特点是能溶解糖、酸等物质，流动性大，在冰点温度下很易结冰，所以当游离水含量很高时，很容易被微生物活动所利用，而且植物体内的许多生理活动过程和酶促反应都是在以水为介质的环境中进行的。因此，游离水含量高的产品很容易腐败变质。在加工过程中，游离水由于流动性大，不被环境束缚，可以借毛细管作用和渗透作用，依据组织内外的水蒸气分压向外或向内迁移，所以干燥时排除的主要是游离水。

2）胶体结合水。胶体结合水（也称束缚水、结合水或物理化学结合水）是被吸附于产品组织内亲水胶体表面的水分。由于胶体的水合作用和膨胀的结果，围绕着胶粒形成一层水膜，水分与其结合成为胶体状态，靠氢键和静电引力维系。胶体结合水不具备溶剂的性质，对那些在游离水中易溶解的物质不表现溶剂作用，冰点很低，干燥时除非在高温下才能排除部分胶体结合水。其相对密度约为1.02~1.45，比热容为0.7，比游离水小，在低温甚至−75℃下也不结冰。胶体结合水不易被微生物和酶活动所利用，在干制过程中自由水没有大量蒸发之前它不会被蒸发。

3）化合水。化合水（也称化学结合水）是存在于果品蔬菜化学物质中的水分，与物质分子呈化合状态，性质极稳定，一般不能因干燥作用而排除。

果蔬中的水分，还可根据干燥过程中可被除去与否而分为平衡水分和自由水分。在一定温度和湿度的干燥介质中，物料经过一段时间的干燥后，其水分含量将稳定在一定数值，并不会因干燥时间延长而发生变化。这时，果蔬组织所含的水分为该干燥介质条件下的平衡水分或平衡湿度。这一平衡水分就是果蔬在这一干燥介质条件下可以干燥的极限。产品中的平衡水分随干制介质温湿度的改变而变化。介质中湿度升高，平衡水分也升高；湿度降低，平衡水分也随之降低。若保持湿度一定，温度的升高或降低也会引起平衡水分的变化，温度升高，平衡水分下降；温度降低，则平衡水分升高。在干制过程中被除去的水分，是果蔬所含的大于平衡水分的部分，这部分水分称为自由水。自由水主要是果蔬中的游离水，也有很少一部分胶体结合水。

2. 水分活度

果蔬脱水是为了保藏，食品的保藏性不仅与水分含量有关，还与果蔬中水分的状态有关。

（1）水分活度的定义

水分活度又叫水分活性，是溶液中水的蒸汽压与同温度下纯水的蒸汽压之比，即

$$A_w = \frac{P}{P_0} = \frac{ERH}{100}$$

式中，A_w——水分活度；

　　　P——溶液或食品的蒸汽压；

　　　P_0——纯水或溶剂的蒸汽压；

　　　ERH——平衡相对湿度，即物料达平衡水分时的大气相对湿度。

水分活度可以用来表示食品中水分存在的状态，即水分与食品的结合程度（游离程度）。水分活度值越高，结合程度越低；水分活度值越低，结合程度越高。

（2）水分活度与微生物

水溶液与纯水的性质是不同的，在纯水中加入溶质后，溶液分子间引力增加，沸点上升，冰点下降，蒸气压下降，水的流速降低。游离水中的糖类、盐类等可溶性物质增加，溶液浓度增大，渗透压增高，造成微生物细胞壁分离而死亡，因而可通过降低水分活度，抑制微生物的生长，保存食品。虽然食品有一定的含水量，但由于水分活度低，微生物不能利用。

表 7-1 中列出了食品中重要的微生物类群生长的最低 A_w 值。由表可知，降低水分活度时，首先是抑制腐败性细菌，其次是酵母菌，然后才是霉菌。一般而言，$A_w < 0.9$ 时，细菌便不能生长；$A_w < 0.87$ 时，大多数酵母菌受到抑制；$A_w < 0.65$ 时，霉菌不能生长。

果蔬干制的原理是通过一定的加工处理，使果蔬的水分活度降低到微生物可以生活的值以下，果蔬干的 A_w 值在 0.80～0.85 时，在 1～2 周内，可以被霉菌等微生物引起变质败坏。若 A_w 保持在 0.70 以下，就可以较长期防止微生物的生长。A_w 为 0.65 的食品，仅有极为少数的微生物有生长的可能，即使生长，也非常缓慢，甚至可以延续两年还不引起食品败坏。由此可见，要延长干制品的保藏期，低的 A_w 值是很必要的。

表 7-1　食品中重要微生物类群生长的最低 A_w 值

微生物	发育所需要的最低 A_w 值	微生物	发育所需要的最低 A_w 值
普通细菌	0.90	嗜盐细菌	<0.75
普通酵母菌	0.87	耐干燥细菌	0.65
普通霉菌	0.80	耐渗透细菌	0.61

（3）水分活度与酶活性

不含任何物质的纯水 $A_w = 1$，如食品中没有水分，水蒸气压为 0，$A_w = 0$。A_w 值达到一定值时，酶的活性才能被激活，并随着 A_w 值增大，酶的活性增强，水分活度值越高酶促反应速度越快，生成物的量也越多。

干制时，果蔬中的水分减少，酶的活性也下降。但产品吸湿后，酶仍具有一定的活性，从而引起产品品质变劣。为了控制干制品中酶的活性，可将原料在干制前进行湿热或化学钝化处理，如酶在 100℃ 下瞬时就能失活。

7.1.2　干制机理

果品蔬菜在干制过程中，水分的蒸发主要是依赖两种作用，即水分外扩散作用和内扩散作用，果蔬干制时所需除去的水分，是游离水和部分胶体结合水。由于果蔬中水分大部分为游离水，所以蒸发时，水分从原料表面蒸发得快，称水分外扩散。水分外扩散的速度取决于物料的表面积、空气流速、温度和空气的相对湿度。物料表面积越大，空气流速越快，温度越高，空气相对湿度越低，则水分外扩散的速度越快。当水分蒸发至 $50\%\sim60\%$ 时，表面水分低于内部水分，造成物料内部与表面水分之间的水蒸气分压差，这时水分就会由内部向表面转移，称为水分内扩散。其干燥速度依原料内部水分转移速度而定。这种扩散作用的动力主要是湿度梯度，使水分由含水分高的部位向含水分低的部位移动。湿度梯度越大，水分内扩散的速度就越快。

由于外扩散的结果，造成原料表面和内部水分之间的水蒸气分压差，水分由内部向表面移动，以求原料各部分平衡。此时，开始蒸发胶体结合水，因此，干制后期蒸发速度明显较前期缓慢。另外，在原料干燥时，因各部分温差发生与水分内扩散方向相反的水分的热扩散，其方向从较热处移向不太热的部分，即由四周移向中央。但因干制时内外层温差甚微，热扩散作用进行得较少，主要是水分从内层移向外层的作用。因此，在果蔬干制过程中，有时采取升温、降温、再升温的升温方式，使得果蔬内部的温度高于表面温度，形成温度梯度，水分借助温度梯度沿热流方向由内向外移动而蒸发。为了使物料的水分由内部顺利地向表面扩散，再由表面蒸发，就必须使水分的内扩散与外扩散之间相互协调和平衡。当水分的内扩散速度大于外扩散速度时，物料干燥速度受水分在表面汽化速度的控制，这种干燥情况称为外扩散控制。可溶性固形物含量高的原料，水分内扩散速度小于外扩散速度，这时内部水分扩散起控制作用，这种情况称为内扩散控制。

在干燥过程中，如水分外扩散远远超过内扩散，则原料表面会过度干燥而形成硬壳，从而隔断水分外扩散与内扩散的联系，阻碍内部水分的继续蒸发延缓了干燥速度。这时由于内部水分含量高，蒸气压力大，原料较软部分的组织往往会被压破，使原料发生开裂现象，从而降低干制品的品质。干制品含水量达到平衡水分状态时，水分的蒸发作用就看不出来，同时原料的品温与外界干燥空气的温度相等。

食品干燥过程可由干燥曲线、干燥速率曲线和温度曲线来说明，如图 7-1 所示。其中，干燥曲线表示干制过程中物料的绝对水分含量与干燥时间的关系；干燥速率曲线是指单位时间内绝对水分含量降低的百分率；温度曲线就是干制过程中原料温度和干制时间的关系曲线。

从图 7-1 可以看出，干燥过程大致可以分为 4 个阶段：干燥初期、恒率干燥阶段、降率干燥阶段和干燥终结。恒率干燥阶段和降率干燥阶段的交界点的水分称为临界水分，这是每一种原料在一定干燥条件下的特性。

干燥初期：物料因受到干燥机的加热，温度由原来的 A' 上升到 B'，达到与干燥机内的湿球温度相同，物料水分下降，同时干燥速率由原来的零值 A'' 迅速上升到最高值 B''，食品中的绝对水分由 A 下降到 B。

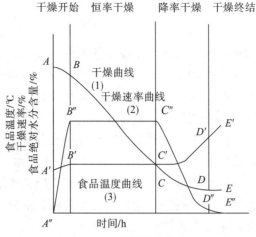

图 7-1　干制过程曲线

　　恒率干燥阶段：这时物料水分按直线规律下降，干燥速率不随干燥时间变化，干燥机向食品提供的热能全部消耗于游离水分的蒸发，而且食品内部水分向外输送的速度等于表面水分蒸发的速度。物料温度不再升高，维持在湿球温度。因此，曲线（2）中 $B''C''$ 段呈水平状，表示速率恒定；曲线（1）的 BC 段几乎为直线，表示水分降低和时间成正比；曲线（3）中 $B'C'$ 段也呈水平状，表示物料的温度也保持不变。对于多数园艺产品来说，此阶段蒸发的水分多为游离水，水分蒸发受外扩散作用控制。

　　降率干燥阶段：C 是由恒率干燥转向降率的临界点，当物料中水分蒸发掉 $50\% \sim 60\%$ 时，游离水大量减少，开始蒸发部分胶体结合水。食品内层水分向外扩散的速度落后于表面蒸发速度，水分内扩散对干燥作用起控制作用，曲线（2）干燥速度下降，$C''D''$ 向下倾斜；曲线（1）中 CD 渐趋平坦，说明水分的降低速度逐渐缓慢，同时食品的温度 $C'D'$ 因水分蒸发量的减少而急剧上升。

　　干燥终结：在干燥后期，当物料表面和内部水分达到平衡状态时，物料的温度与介质的干球温度相等，水分停止蒸发，干燥过程结束，即曲线（1）不再下降，曲线（2）所表示的干燥速率为零，食品的温度上升到 E'，即干燥机的干球温度。这时应将食品从干燥机中卸出，以减少热敏性物质的变化。

7.1.3　影响干制速度的因素

　　干燥速度的快慢，对果蔬干制品的好坏起着决定性作用。在其他条件相同的情况下，干燥越快，越不容易发生不良变化，成品的品质也越好。干燥速度受许多因素的影响，主要取决于干燥介质的特性与物料本身的特性。

1. 干燥介质的温度和湿度

　　在生产中，果蔬的干制多是把预热的空气作为干燥介质。它有两个作用，一是向原料传热，原料吸热后使它所含水分汽化，二是把原料汽化水气带到室外。要使原料干燥，就必须持续不断地提高干空气和水蒸气的温度，温度升高，空气的湿度饱和差随之增加，达到饱和所需水蒸气越多，空气的吸湿性增强，水分容易蒸发，干燥速度就越快。反之，温度低，空气的湿含量小，干燥速度就慢。空气中相对湿度每降低10%，饱和差增加100%，干燥速度越快，所以升高温度同时降低相对湿度是提高果蔬干制速度的最有效方法。

但在果蔬干制时，尤其在干制初期，一般不宜采用过高的温度，否则会产生以下不良现象：

第一，果蔬含水量很高，骤然和干燥的热空气相遇，则组织中汁液迅速膨胀，易使细胞壁破裂，内容物流失。

第二，原料中的糖分和其他有机物因高温而分解或焦化，有损成品外观和风味。

第三，干燥初期若高温低湿易造成原料表面结壳，而影响水分的散发。

因此，在干燥过程中，要控制干燥介质的温度稍低于致使果蔬变质的温度，尤其对于富含糖分和芳香物质的原料，应特别注意。具体所用温度，应根据干制品的种类来决定，一般为 $40 \sim 90 ℃$。

例如，红枣在干制后期，分别放在 $60 ℃$ 相对湿度不同的烘房中，一个烘房湿度为 65%，红枣干制后含水量是 47.2%；另一个烘房湿度为 56%，干制后的红枣含水量则为 34.1%。再如，甘蓝干燥后期相对湿度为 30%，则其最终含水量为 8.0%，而在相对湿度为 $8\% \sim 10\%$ 的条件下，其最终含水量为 1.6%。

2. 空气流速

干燥空气的流动速度越大，果蔬表面的水分蒸发也越快；反之，则越慢。据测定，风速在 $3 m/s$ 以下时，水分蒸发速度与风速大体成正比例地增加。流动的空气能及时将聚积在果蔬原料表面附近的饱和水蒸气空气层带走，防止其阻滞物料内水分的进一步外逸。若空气不流动，吸湿的空气逐渐饱和，呆滞在果蔬原料的周围，不能再吸收来自果蔬蒸发的水分而停止蒸发。为此，人工干制设备中，常用鼓风的办法增大空气流速，以缩短干燥时间。

3. 大气压力或真空度

大气压力为 $1.013 \times 10^5 Pa$ 时，水的沸点为 $100 ℃$。若大气压下降，则水的沸点也下降。气压越低，沸点也越低。若温度不变，气压降低，则水的沸腾加剧。果蔬干制的速度和品温取决于真空度和果蔬受热的强度。因而，在真空室内加热干制时，就可以在较低的温度下进行，既可缩短干制时间又可获得优良品质的干制品。如采取与正常大气压下相同的加热温度，不仅可以加速食品的水分蒸发，还能使干制品具有疏松的结构。云南昆明的多味瓜子质地松脆，就是利用这一原理在隧道式负压下干制机内干制而成的。对热敏性食品采用低温真空干燥，可保证其产品具有良好的品质。

4. 果蔬的种类和状态

果蔬的种类不同，所含化学成分及其组织结构也有差异，因而干燥速度也不相同。例如，在烘房干制红枣采用同样的烘干方法，河南灵宝产的泡枣由于组织比较疏松，经

24 h即可达到干燥，而陕西大荔县产的疙瘩枣则需 36 h 才能达到干燥。一般来说，果蔬的可溶性物质较多，水分蒸发的速度也较慢。此外，原料的切分与否以及切块大小、厚薄不一，干燥速度也不一样。切分越薄，表面积越大，干燥速度就越快。因为这种状态缩短了热量向物料中心传递和水分从物料中心向外扩散的距离，从而加速了水分的扩散和蒸发，缩短了干制的时间。显然，物料的表面积越大，干燥速度越快。例如，将胡萝卜切成片状、丁状和条状进行干燥，结果片状干燥速度最佳，丁状次之，条状最差，这是由于前两种形态的胡萝卜蒸发面大。

5. 原料的装载量

烘房单位面积上装载的原料量，对于果蔬的干燥速度也有很大影响。烘盘上原料装载量多，则厚度大，不利于空气流通，影响水分蒸发。干燥过程中可以随原料体积的变化，改变其厚度，干燥初期宜薄些，干燥后期可以厚些。

7.1.4　果蔬在干制过程中的变化

1. 质量和体积的变化

果蔬干制后，体积和质量明显减小。果品干制后的体积一般为原料的 20％～35％，蔬菜约为 10％；果品干制后的质量为原料的 10％～30％，蔬菜为 5％～15％。

2. 色泽的变化

果蔬在干制过程中（或干制品在贮藏中）色泽的变化包括三种情况：一是果蔬中色素物质的变化；二是褐变（酶褐变和非酶褐变）引起的颜色变化；三是透明度的改变。

（1）色素物质的变化

果蔬中所含的色素，主要是叶绿素（绿）、类胡萝卜素（红、黄）、黄酮素（黄或无色）、花青素（红、青、紫）、维生素（黄）等。普通绿叶中叶绿素含量为 0.28％，绿色果品蔬菜在加工处理时，由于与叶绿素共存的蛋白质受热凝固，使叶绿素游离于植物体中，并处于酸性条件下，这样就加速了叶绿素变为脱镁叶绿素，从而使其失去鲜绿色而形成褐色。将绿色蔬菜在干制前用 60～75℃热水烫漂，可保持其鲜绿色。但在加热达到叶绿素沸点时，叶绿素容易被氧化。将菠菜放在水中，经高温真空处理数分钟除去组织中的氧后，再经过烫漂，可使其绿色保持较好。烫漂用水最好选用微碱性，以减少脱镁叶绿素的形成，保持果蔬鲜绿色。用稀醋酸铜或醋酸锌溶液处理，能较好地保持其绿色，但铜的含量要控制在食品卫生许可的范围内。叶绿素在低温和干燥条件下也比较稳定。因此，低温贮藏和脱水干燥的果蔬都能较好地保持其鲜绿色。

花青素在长时间高温处理下，也会发生变化。例如，茄子的果皮紫色是一种花青素苷，经氧化后则变成褐色；与铁、铝等离子结合后，可形成稳定的青紫色络合物；硫处理会促使花青素褪色而漂白；花青素在不同的 pH 条件下会表现不同颜色；花青素为水溶性色素，在洗涤、预煮过程中会大量流失。

（2）**褐变**

果蔬在干制过程中（或干制品在贮藏中），常出现颜色变黄、变褐甚至变黑的现象，一般称为褐变。按产生的原因不同，又分为酶促褐变和非酶褐变。

1）酶促褐变。在氧化酶和过氧化物酶的作用下，果蔬中单宁氧化呈现褐色，如制作苹果干、香蕉干等在去皮后的变化。单宁是果蔬褐变的基质之一，其含量因原料的种类、品种及成熟度不同而异。就果实而言，一般未成熟的果实单宁含量远多于同品种的成熟果实。因此，在果品干制时，应选择含单宁少而成熟的原料。单宁氧化是在氧化酶和过氧化酶构成的氧化酶系统中完成的。如破坏氧化酶系统的一部分，即可终止氧化作用的进行。酶是一种蛋白质，在一定温度下可凝固变性而失去活性。酶的种类不同，其耐热能力也有差异。氧化酶在 $71\sim73.5℃$，过氧化物酶在 $90\sim100℃$ 的温度下，5 min 即可遭到破坏。因此，干制前，采用沸水或蒸汽进行热处理、硫处理，都可因破坏了酶的活性而抑制褐变。

此外，果蔬中还含有蛋白质，组成蛋白质的氨基酸，尤其是酪氨酸在酪氨酸酶的催化下会产生黑色素，使产品变黑，如马铃薯变黑。

2）非酶褐变。不属于酶的作用所引起的褐变，均属于非酶褐变。在果蔬干制或干制品的贮藏过程中均可发生。其中，羰—氨反应也称美拉德反应，是主要反应之一。非酶褐变的原因之一，是果蔬中氨基酸游离基和糖的醛基作用生成复杂的络合物。氨基酸可与含有羰基的化合物，如各种醛类和还原糖起反应，使氨基酸和还原糖分解，分别形成相应的醛、氨、二氧化碳和羟基呋喃甲醛，其中羟基呋喃甲醛很容易与氨基酸及蛋白质化合而生成黑蛋白素。这种变色的快慢程度取决于氨基酸的含量与种类、糖的种类以及温度条件。

黑蛋白素的形成与氨基酸含量呈正相关关系。例如，苹果干在贮藏时比杏干褐变程度轻而慢，是由于苹果干中氨基酸含量较杏干少的缘故；富含氨基酸（0.14%）的葡萄汁比氨基酸含量较少（0.034%）的苹果汁褐变迅速而强烈。在各种氨基酸中，以赖氨酸、胱氨酸及苏氨酸等对糖的反应较强。

糖类中，参与黑蛋白素形成反应的只是还原糖，即具有醛基的糖。蔗糖无醛基，因此不参与反应。据研究，糖类对褐变影响的顺序如下：五碳糖约为六碳糖的 10 倍；五碳糖中核糖最快，其次是阿拉伯糖，木糖最慢；六碳糖中半乳糖比甘露糖快，其次为葡萄糖；还原性双糖，则因其分子比较大，反应比较缓慢。其他羰基化合物中以 α-己烯醛褐变最快，其次是 α-双羰基化合物，酮的褐变速度最慢。抗坏血酸属于还原酮类，其结构中有烯二醇，还原力较强，在空气中易被氧化而生成 α-双羰基化合物，故易于褐变。

黑蛋白素的形成与温度关系极大，提高温度能促使氨基酸和糖形成黑蛋白素的反应加强。据实验，非酶褐变的温度系数很高，温度上升 $10℃$，褐变率增加 $5\sim7$ 倍，因此，低温贮藏干制品是控制非酶褐变的有效方法。

此外，重金属也会促进褐变，按促进作用由小到大的顺序排列为锡、铁、铅、铜。例如，单宁与铁生成黑色的化合物；单宁与锡长时间加热生成玫瑰色的化合物；单宁与碱作用容易变黑。而硫处理对非酶褐变有抑制作用，因为二氧化硫与不饱和的糖反应形成磺酸，可减少黑蛋白素的形成。

（3）透明度的改变

新鲜果蔬细胞间隙中的空气，在干制时受热被排除，使干制品呈半透明状态。因而干制品的透明度取决于果蔬中气体被排除的程度。气体越多，制品越不透明，反之，则越透明。干制品越透明，品质越高，这不只是因为透明度高的干制品外观好，而且由于空气含量少，可减少氧化作用，使制品耐贮藏。干制前的热处理即可达到这个目的。

3. 营养成分的变化

果蔬干制中，营养成分的变化虽因干制方式和处理方法的不同而有差异，但总的来说，水分减少较大，糖分和维生素损失较多，矿物质和蛋白质则较稳定。

（1）水分的变化

由于果蔬在干制过程中水分大量蒸发，干制结束后，水分含量发生了很大变化。一般水分含量按湿重所占的百分数表示。但在干燥过程中，原料质量及含水量均在变化，用湿重的百分数不能说明干燥速度。为了能够了解水分减少的情况或干制进行的速度，宜采用水分率表示。水分率就是一份干物质所含有水分的份数。干燥时，果蔬中的干物质是不变的，只有水分在变化。因此，当干制作用进行时，一份干物质中所含有水分的份数逐渐减少，可明显地表示水分的变化。水分率的计算公式如下：

$$M=\frac{m}{1-m}$$

式中，M——水分率；

m——湿重的含水量，%。

现举例计算水分率。如鲜果含水量为 72.0%，干燥后的含水量为 16.5%，则鲜果的水分率为

$$M_1=\frac{72\%}{1-72\%}=2.57$$

果干的水分率为

$$M_2=\frac{16.5\%}{1-16.5\%}=0.20$$

也就是说，3.57 kg（即 M_1+1）的鲜果中有水分 2.57 kg，果干重为 1.20 kg（即 M_2+1）中有水分 0.20 kg，所以由鲜果制成果干，每千克干物质蒸发掉的水分为 2.57－0.20＝2.37（kg）。

在果蔬干制中，用干燥率表示原料与成品间的比例关系。干燥率即生产一份干制品与所需新鲜原料份数的比例，也可折算成百分率表示，其计算公式如下：

$$D=\frac{1-m_2}{1-m_1}=\frac{S_2}{S_1}=\frac{M_1+1}{M_2+1}$$

式中，D——干制率（$X:1$）；

S_1——原料的干物质，%；

S_2——干制品的干物质，%；

m_1——原料的含水量，%；

m_2——干制品的含水量，%；

M_1——原料的水分率；

M_2——干制品的水分率。

（2）糖分的变化

糖普遍存在于果品和部分蔬菜中，是果蔬甜味的来源，它的变化直接影响到果蔬干制品的质量。

果蔬中所含果糖和葡萄糖均不稳定，易于分解。因此，自然干制的果蔬，因干燥缓慢，酶的活性不能很快被抑制，呼吸作用仍要进行一段时间，从而要消耗一部分糖分和其他有机物。干制时间越长，糖分损失越多，干制品的品质越差，质量也越轻。人工干制果蔬，虽然能很快抑制酶的活性和呼吸作用，干制时间短，可减少糖分的损失，但所采用的温度和时间对糖分也有很大的影响。一般说，糖分的损失随温度的升高和时间的延长而增加，温度过高时糖分焦化，颜色变成深褐直至黑色，味道变苦，变褐的程度与温度及糖分含量成正比。

（3）维生素的变化

果蔬中含有多种维生素，其中维生素 C（抗坏血酸）和维生素 A 原（胡萝卜素）对人体健康尤为重要。维生素 C 很容易被氧化破坏，因此在干制加工时，要特别注意提高维生素的保存率。维生素 C 被破坏的程度除与干制环境中的氧含量和温度有关外，还与抗坏血酸酶的活性和含量有关。氧化与高温的共同影响，往往可能使维生素 C 被全部破坏，但在缺氧加热的情况下，却可以大量保存。此外，维生素 C 在阳光照射下和碱性环境中也易遭受破坏，但酸性溶液或者浓度较高的糖液中则较稳定。因此，干制时对原料的处理方法不同，维生素 C 的保存率也不同。

另外，维生素 A_1 和 A_2 在干制加工中不及维生素 B_1（硫胺素）、维生素 B_2（核黄素）和烟酸稳定，容易受高温影响而损失。而某些热带果实中的 β－胡萝卜素经熏硫和干燥后却变化不大。

7.2 干制技术及设备

果蔬干制的方法，因干燥时所使用的热量来源不同，可分为自然干制和人工干制两类。现将这两种方法的技术及设备介绍如下。

7.2.1 自然干制技术及设备

1. 自然干制技术

利用自然条件，如太阳辐射热、热风等使果蔬干燥，称自然干燥。其中，原料直接受太阳晒干的，称晒干或日光干燥；原料在通风良好的场所利用自然风力吹干的，称阴干或晾干。

自然干制的特点是不需要复杂的设备、技术简单易于操作、生产成本低。但干燥条件难以控制、干燥时间长、产品质量欠佳，同时还受到天气条件的限制，使部分地区或季节不能采用此法，如潮湿多雨的地区，采用此法时干制过程缓慢、干制时间长、腐烂损失大、产品质量差。

自然干制的一般方法是将原料进行分级、清洗、切分等预处理后，直接铺在晒场晒干，或挂在屋檐下阴干。自然干制时，要选择合适的晒场，晒场要求清洁卫生、交通方便且无尘土污染、阳光充足、无鼠鸟家禽危害，并要防止雨淋，要经常翻动原料以加速干燥。

2. 自然干制设备

自然干制所需设备简单，主要有晒场和晒干用具，如晒盘、席箔、运输工具等，此外还有工作室、熏硫室、包装室和贮藏室等。

晒场要向阳，交通方便，远离尘土飞扬的大道，远离饲养场、垃圾堆和养蜂场等，以保持清洁卫生，避免污染和蜂害。

晒盘可用竹木制成，规格视熏硫室内的搁架大小而定，一般为长 90～100 cm，宽 60～80 cm，高 3～4 cm。

熏硫室应密闭，且有门窗便于原料取出前散发硫气，使工作人员能安全进入。

工作时应及时清除果皮菜叶等废弃部分，以免因其腐烂而影响卫生。

包装室和贮藏室应干燥、卫生、无虫鼠危害。

7.2.2 人工干制技术及设备

人工干制是人工控制干燥条件下的干燥方法。该方法可大大缩短干燥时间获得较高质量的产品，且不受季节限制，与自然干制相比，人工干制设备及安装费用较高，操作技术比较复杂，因而成本也较高。但是，人工干制具有自然干制不可比拟的优越性，随着国民经济的飞速发展，采用现代化的干燥设备和干燥技术，是果蔬干制的方向。

1. 人工干制技术

干制过程中，要掌握温度调节、通风排湿及倒换烘盘等技术，以较短的时间获得较高质量的产品。

1）对不同种类的果蔬采用不同的干制温度和升温方式。对红枣、柿饼等可溶性固形物含量高的果蔬可采用低—高—低的升温方式，即烘房的温度初期为低温、中期为高温、后期为低温。例如，干制红枣时，可用 6～8 h 将烘房温度升高至 55～60℃，再经过 8～10 h 将温度升高至 68～70℃，再经 6 h 将烘房温度逐步下降到不低于 50℃。整个烘烤时间共需 24 h，干制的品质好，成品率高，生产成本低。对可溶性固形物含量较低的果蔬，或切成薄片、细丝的果蔬，如黄花、辣椒、苹果片等，可采用由高到低的升温方式，即先将烘房温度升高到 95～100℃，原料进入后，烘房内温度会因原料吸热而迅速降低，此时应加大火力，将烘房温度维持在 70℃左右，然后根据干燥状态，逐步降温至烘干结束。大多数果蔬原料，都可采用 55～60℃的恒温干燥，直至烘干结束时，再逐步降温。

2）根据烘房内相对湿度的高低，适时通风排湿。果蔬干制时，水分的大量蒸发，使烘房内相对湿度急剧上升，要使原料尽快干燥，必须注意通风排湿工作。一般当烘房内相对湿度达到70%时，就应通风排湿。通风排湿的方法及每次通风的时间，要根据烘房内相对湿度的高低及外界风力来确定。当烘房内相对湿度高而外界风力又较小时，应将气窗及排气窗全部打开，进行较长时间的通风排湿；当烘房内相对湿度稍高而外界风力较大时，则可将进、排气窗交替开放，进行较短时间的通风排湿工作。排湿时间过长，烘房内温度会下降过多，但排湿不够时，室内相对湿度过高，影响干燥速度和产品品质。

3）及时倒换烘盘位置。烘房上部和靠近主火道及炉膛部位的温度往往比其他部位高，因而原料干燥较其他部位快。为了获得干燥程度一致的产品，应在干燥过程中及时倒换烘盘位置，并注意翻动烘盘内的原料。

4）掌握干燥时间。何时结束干燥取决于原料的干燥速度。要求烘至成品达到其标准含水量或略低于其标准含水量。

2. 人工干制设备

目前，国内外许多先进的干燥设备大都具有良好的加热及保温设备，以保证干制时所需的较高和均匀的温度；有良好的通风设备以及时排除原料蒸发的水分；有良好的卫生条件及劳动条件，以避免产品污染和便于操作管理。根据设备对原料的热作用方式的不同，可将人工干制设备分为传导、对流、辐射和电磁感应加热四类。习惯上分为空气对流干燥设备、滚筒干燥设备、真空干燥设备和其他干燥设备。

（1）烘灶

烘灶是最简单的人工干制设备，其形式多种多样，如广东、福建烘制荔枝干的焙炉，山东干制乌枣的熏窑等。有的在地面砌灶，有的在地下掘坑。干制果蔬时，在灶中或坑底生火，上方架木椽、铺席箔，将原料摊在席箔上干燥。通过控制火力来控制干制所需的温度。这种干制设备，结构简单，生产成本低，但生产能力低，干燥速度慢，工人劳动强度大。

（2）烘房

烘房建造容易、生产能力较大、干燥速度较快，便于在乡村推广。

目前国内推广的烘房，多属烟道内加热的热空气对流式干燥设备，其形式有一炉一囱直线升温式、一炉一囱回火升温式、一炉两囱直线升温式、一炉两囱回火升温式、两炉两囱直线升温式、两炉两囱回火升温式、两炉一囱直线升温式、两炉一囱回火升温式及高温烘房。下面对生产上广泛使用的两炉一囱回火升温式烘房进行简要介绍。

1）结构。这种烘房为土木结构，一般长6～8 m，宽3～3.4 m，高2～2.2 m（均指内径）。多数房顶采用平顶，在椽子上铺一层席箔，上置10～15 cm厚的三合土，其上再抹以3～5 cm厚的水泥，房顶中部稍隆起，两侧墙中部安装水管。

2）地点选择。宜选择地质坚实、空旷通风、交通方便、干净卫生、靠近产地处建筑烘房。

3）方位。视当地干制时期的主风向而定，要求烘房的长边与主风向垂直或基本垂直，以利于冷空气通过进气窗进入烘房内，易于通风排湿；同时可避免风对炉火燃烧的干扰，便于掌握烘房内的温度和操作管理。

4）升温设备。采用火坑面回火升温。于烘房后山墙一端设炉灶两个，每个灶膛长

85～90 cm，宽 45～50 cm，高 45 cm，呈椭圆形。炉条自前向后倾斜，高度差为 12 cm。炉门高 24 cm，宽 20 cm，灰门高 80 cm，宽 50 cm。在炉膛内左右两侧沿炉膛方向各设一火坑成为主火道。主火道上部高于室内地平 10 cm，下部低于室内地平 20 cm，宽 1～1.2 m。主火道内用土坯交错成雁翅形，靠近炉膛一端的土坯排列较另一端稀，土坯间距一般为 15～18 cm。土坯排列好后，从距炉膛 3m 处用干细土垫成缓坡至前山墙，靠前山墙处垫土 12 cm。主火道烟火从此处拐至墙火道，墙火道底线距主火道坑面 30 cm，呈缓坡至后山墙，距主火道 60 cm，在沿后山墙入烟囱。烟囱高 6.0～7.0 m，两烟囱用 12 cm 厚的墙隔开，筑于后山墙中间。

5）通风排湿设备。于两侧墙（距主火道 10 cm 处）各均匀设置 5 个进气窗，每个进气窗宽 20 cm，高 15 cm，内小外大呈喇叭状。于烘房房顶中线均匀设置排气筒 2～3 个，每个排气筒底部口径为 40 cm×40 cm，上部口径为 30 cm×30 cm。排气筒底部与房顶齐平，高 1 cm，底部设开关闸板，上设遮雨帽。

6）装载设备。主火道上设烘架 8 层，距主火道 25 cm，各层间距 20 cm。烘架、烘盘均用竹木制成，烘盘底有方格或条状空隙，以便透过热空气。

7）其他。走道宽度应便于烘盘的进出，一般为 80～100 cm 宽。门高 180 cm，宽 80～100 cm，朝外开启。于门的上方墙上砌筑朝内呈喇叭状的照明孔，内装电灯，孔外嵌以双层玻璃。电线和开关均安于室外。于烘房前、中、后部，选择具有代表性的地方安装干湿球温度表，以观测烘房内的温度和湿度。

这种烘房的主要缺点是干燥作用不均匀，因下层烘盘受热多和上部热空气积聚多，因而上下层干燥快，中层干燥慢，在干燥过程中需倒换烘盘，劳动强度大，工作条件差。近年来改用隧道式的活动烘架，使劳动条件得到改善。

（3）**隧道式干制机**

隧道式干制机是指干燥室为一狭长隧道形的空气对流式人工干制机。原料铺放在运输设备上通过隧道而实现干燥。隧道可分为单隧道式、双隧道式及多层隧道式。干燥间一般长 12～18 m，宽 1.8 m，高 1.8～2.0 m。在单隧道式干燥间的侧面或双隧道式干燥间的中央有一加热间，其内装有加热器和吸风机，推动热空气进入干燥间，使原料水分受热蒸发。湿空气一部分自排气孔排出，一部分回流到加热间使其余热得以利用。

根据原料运输设备及干燥介质运动方向的异同，可将隧道式干制机分为逆流式、顺流式和混合流式三种。

1）逆流式干制机。装原料的载车与空气运动方向相对，即载车沿轨道由低温高湿一端进入，由高温低湿一端出来。隧道两端温度分别为 40～50℃和 65～85℃。这种设备适用于含糖量高、汁液黏稠的果蔬，如桃、李、杏、葡萄等的干制。应当注意的是，干制后期的温度不宜过高，否则会使原料烤焦，如桃、李、杏、梨等干制时最高温度不宜超过 72℃，葡萄不宜超过 65℃。

2）顺流式干制机。装原料的载车与空气运动的方向相同，即载车从高温低湿（80～85℃）一端进入，从低温高湿端（55～60℃）出来。这种干制机，适用于含水量较多的蔬菜和切分的果品的干制。但由于干燥后期空气温度低且湿度高，因此有时不能将干制品的水分减少到标准含量，生产中应避免这种现象的发生。

3）混合式干制机。该机有两个加热器和两个鼓风机，分别设在隧道的两端，热风由两端吹向中间，湿热空气从隧道中部集中排出一部分，另一部分回流利用（图7-2）。混合式干制机综合了逆流式与顺流式干制机的优点，克服了二者的不足。果蔬原料首先进入顺流隧道，温度较高、风速较大的热风吹向原料，水分迅速蒸发。随着载车向前推进，温度渐低，湿度渐高，水分蒸发渐缓，不会使果蔬因表面过快失水而结成硬壳。原料大部分水分干燥后，被推入逆流隧道，温度渐升，湿度渐降，水分干燥较彻底。原料进入逆流隧道后，应控制好温度，过高的温度会使原料烤焦和变色。

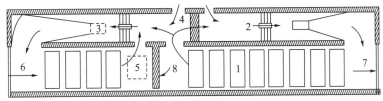

1. 运输车；2. 加热器；3. 电扇；4. 空气入口；5. 空气出口；

6. 原料入口；7. 干燥品出口；8. 活动隔门

图7-2　混合式干制机示意图

（4）滚筒式干制机

这种干制机的干燥面是表面平滑的钢质滚筒。滚筒直径为20～200 cm，中空。滚筒内部通有热蒸汽或热循环水等加热介质，滚筒表面温度可达100℃以上。使用蒸汽时，表面温度可达145℃左右，原料布满于滚筒表面。滚筒转动一周，原料便可干燥，然后由刮刀刮下并收集于滚筒下方的容器中。这种干制机适于干燥液态、浆状或泥状食品，如番茄汁、马铃薯片、果实制片等。

滚筒式干制机的常见类型有单滚筒、双滚筒和对装滚筒。单滚筒干制机是由独自运转的单一滚筒构成的；双滚筒干制机（图7-3）由对向运转和相互连接的滚筒构成，滚筒表面物料厚度可由双筒之间的距离加以控制；对装滚筒干制机是由相距较远、转向相反、各自运转的双滚筒构成的。

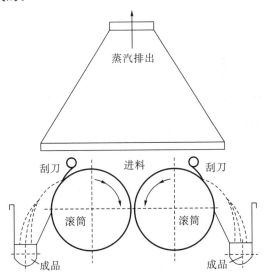

图7-3　双滚筒干燥机示意图

（5）**带式干制机**

传送带由金属网或相互连锁的漏孔板组成。原料铺在传送带上吸热干燥。这种干制机用蒸汽加热，暖管装在每层金属网的中间。新鲜空气从下层进入，通过暖气管被加热。原料吸热后，水分蒸发，湿气由出气口排出。图7-4所示为四层带式干制机，它能够连续转动，当上层温度达到70℃时，将原料从干制机顶部一端定时装入，随着传送带的转动，原料从最上层渐次向下层移动，干燥完毕后，从最下层的出口送出。

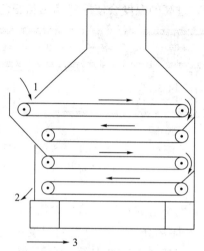

1. 原料进口；2. 原料出口；3. 原料运动方向

图7-4　四层带式干制机示意图

（6）**喷雾式干制机**

喷雾干燥就是将液态或浆质态食品喷成雾状液滴，悬浮在热空气气流中进行脱水干燥。喷雾式干制机由空气加热器、干燥室、喷雾系统、产品收集装置和鼓风机等组成（图7-5）。该法干燥迅速，可连续化生产，操作简单，适用于热敏性食品及易于氧化的食品的干制。番茄干制时，热空气在干燥间出口的适宜温度为70～80℃，菠菜及青豌豆为70～75℃，西葫芦为74～77℃。

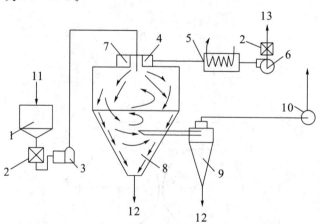

1. 料罐；2. 过滤器；3. 泵；4. 雾化器；5. 空气加热器；6. 鼓风机；7. 空气分布器；
8. 干燥室；9. 旋风分离器；10. 排风机；11. 进料；12. 产品；13. 空气

图7-5　喷雾式干燥机示意图

（7）流化床干制机

如图 7-6 所示，干燥用流化床呈长方箱型或长槽状。盛放物料的"床板"为不锈钢变质的网板、多孔不锈钢或氧化铝等烧结而成的多孔性陶瓷板。多孔板的下面为进空气用的强制通风室。颗粒状物料由设备的一端进入，散布在多孔板上，热空气由多孔板下送入，流经堆积在多孔板上的颗粒状物料层对其进行加热干燥。当热空气流速调节适宜时，干燥床上的物料则成流化状态，即保持缓慢沸腾状，所显示的物理特性有些类似于液体。流化将促使干燥物料向出口方向移动，通过调节出口处挡板的高度，保持干燥床物料层的厚度，就可以控制物料在干燥床的停留时间。物料的干燥完全可以连续地进行。流化床干燥机多用于颗粒状物料的干制，可以连续化生产，其设备设计简单，物料颗粒和干燥介质密切接触，并且不经搅拌就能达到干燥均匀的要求。

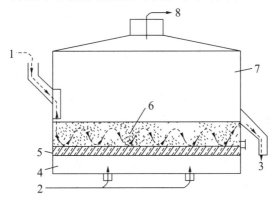

1. 物料入口；2. 空气入口；3. 出料口；4. 强制通风室；
5. 多孔板；6. 沸腾床；7. 干燥室；8. 排气窗

图 7-6　流化床干制机示意图

（8）冷冻升华干燥

冷冻升华干燥又称真空冷冻干燥或升华干燥，常被简称为"冻干"（FD），是使食品在冰点以下冷冻，其中的水分变成固态冰，然后在较高真空下使冰升华为蒸汽而除去，达到干燥的目的。

众所周知，空气压力为 1.013×10^5 Pa 时，水的沸点为 100℃。压力下降时，水的沸点也下降。当空气压力下降到 6.105×10^2 Pa 时，水的沸点就变为 0℃，而这个温度也同样是水的冰点，称为水的三相点（冰、水与汽共存）。若空气压力降低到 6.105×10^2 Pa 以下，水的沸点也下降到 0℃ 以下，水则完全变成冰，只有固、汽二态存在。它们在不同的温度下具有其相应的饱和蒸气压。

在相应的温度及饱和蒸气压下，冰、汽处于动态平衡状态。但若温度不变而压力减小，或者压力不变而温度上升，冰、汽平衡便被打破，冰就直接升华为汽，使水分得以干燥。由于物料中水分干燥是在低温下进行的，挥发性物质损失很少，营养物质不会因受热而遭到破坏，表面也不会硬化结壳，体积也不会过分收缩，使得果蔬能够保持原有的色、香、味及营养价值。

冷冻升华干燥装置的主要部分是一卧式钢质圆筒，另配有冰冻、抽气、加热和控制测量系统。

（9）远红外干燥

远红外干燥是远红外线辐射元件发生的远红外线被加热物料所吸收，直接转变为热能而使物料得以干燥。红外线波长在 0.72～1000 μm 范围的电磁波，一般把 5.6～1000 μm 区域的红外线称为远红外线，而把 5.6 μm 以下的称为近红外线。

远红外线在食品干燥中发展很快。此法具有以下优点：干燥速度快、生产效率高，干燥时间一般为近红外线干燥时的 1/2，为热风干燥的 1/10；节约能源，耗电量仅为近红外线干燥时的 1/2 左右；设备规模小；建设费用低；产品质量好，因为物料表面及内部的分子同时吸收远红外线。

（10）微波干燥

微波干燥指用微波加热的方法使物料得以干燥。微波是指频率为 300 MHz～300 GHz，波长为 1～1000 mm（不含 1000 mm）的高频交流电。常用加热频率为 915 MHz 和 2450 MHz。

微波干燥具有以下优点：干燥速度快，加热时间短；热量直接产生在物料的内部，而不是从物料外表向内部传递，因而加热均匀，不会引起外焦内湿现象；水分吸热比干物质多，因而水分易于蒸发，物料本身吸热少，能保持原有的色、香、味及营养物质；热效率高、反应灵敏等。此方法在欧美及日本已大量应用，我国正在开始应用。

（11）太阳能的利用

利用热箱原理建筑太阳能干燥室，将太阳的辐射能转变成热能，用以干燥物料中的水分，这种方法称做太阳能干燥。太阳能干燥室由一个空气加热器（热箱）和干燥室组成。热箱是用木板做成的一个有盖的箱子，箱子分为内外两层，中间填充隔热材料，箱的内部涂黑，箱子上装一层或两层平板玻璃，太阳光可透过玻璃进入箱内被箱子内壁吸收，将辐射能变为热能，使箱内温度升高。箱内温度一般为 50～60℃，最高可达 100℃以上。热箱内设有冷空气的进口和热空气的出口，将热空气出口通入干燥室。干燥室设有排气筒，以排除湿空气。利用太阳能进行干燥，具有十分重要的意义，既可节省能源，又不会对环境造成任何污染，还不需太复杂的设备。因此，太阳能是食品干燥中的一种很有潜力的新能源。

7.3 干制工艺技术

果蔬干制的一般工艺流程：原料选择 → 预处理（清洗、除杂、去皮、修整、切分、护色、脱蜡、预冻）→ 干制 → 后处理（均湿、挑选分级、防虫、压块、包装、贮藏）→ 成品。

7.3.1 原料处理

果蔬原料在进行干制前，不论是晒干还是人工干制，都要进行一些处理以利于原料的干制和产品质量的提高。原料的处理包括原料选择和原料预处理两个方面。

1. 原料选择

果蔬原料的品质好坏对干制品的出品率和质量影响很大，因此必须对果蔬原料进行精心选择。干制原料的基本要求如下：干物质含量高，风味、色泽好，不易褐变，可食部分比例大，肉质致密，粗纤维少，成熟度适宜，新鲜完整。通常大多数的蔬菜均可进行干制，只有少数品种的组织结构不宜于干制，如黄瓜干制后失去柔嫩松脆质地，芦笋干制后组织坚韧，不堪食用。

2. 原料预处理

对原料的预处理包括分级、清洗、除杂、去皮、修整、切分、烫漂（预煮）、护色等工序。已在第 6 章中述及，在此不再赘述。

7.3.2 干制过程中的管理

干制是将经预处理的原料依照不同种类和品种特性，采用适宜的升温、通风排湿等操作管理，在较短的时间内制成产品的工艺。干制方法很多，可以根据干制物料的种类、成品质量要求以及干制成本来选择不同的干制技术。无论哪种干制方法，干制过程大多数存在着升温技术、通风排湿、倒换烘盘、干燥时间和燃料用量等管理问题。

1. 升温技术

不同种类和品质的果蔬需要采用不同的升温方式。根据升温方式的不同，可以分为以下三种情形：

1) 在整个干燥期间，初期温度较低，中期较高，后期温度降低直至干燥结束。这种升温方式适宜于可溶性物质含量高或切分成大块以及需整形干制的果蔬，如红枣、柿饼等。原料进烘房后，升温 6～8 h 使烘房内温度平稳上升至 55～60℃，在此温度下维持 8～10 h，再将温度升至 65～70℃，维持 4～6 h，最后使温度逐步下降至 50℃，直到干燥结束。这种升温方式操作技术易掌握，干制后成品质量好，生产成本低，目前普遍采用。

2) 在整个干燥期间，初期急剧升高烘房温度，最高可达 95～100℃，然后放进原料，由于原料大量吸热，而使烘房温度很快下降，一般降温 25～30℃，此时继续加大火力，使烘房温度升至 70℃左右，并维持一段时间，根据产品干燥状态，逐步降温至烘干。这种生物方式适宜于可溶性物质含量低或者切成薄片、细丝的原料，如黄花菜、辣椒等的干制。干燥时间短，产品质量高，但技术较难掌握，且耗热量高，成本高。

3) 在整个干燥期间，温度维持在 55～60℃的恒定水平，直至烘干临近结束时再逐步降温。这种方式适宜大多数蔬菜的干燥，操作技术易于掌握，成品质量较好。对那些封闭不太严、升温设备差、升温比较困难的烘房最适用。但干燥时间过长，耗热量较高，成本较高。

采用第三种方式时，每批原料还要做预备试验来确定最佳加热温度，在此温度下才能获得最佳品质的干制品。

2. 通风排湿

含水量高的果蔬在干制过程中水分大量蒸发，使得干燥室内相对湿度急剧升高，甚至达到饱和的程度。因此，干燥室的通风排湿非常重要，否则会延长干制时间，降低干制品品质。一般当干燥室内湿度达到 70% 时，就要进行通风排湿。通风排湿的方法和时间，要根据烘房内的相对湿度和外界的风力来决定。一般每次通风时间以 10~15 min 为宜。过短，排湿不足；过长，则造成室内温度下降过多。通风排湿后，烘房内温度极易升高，应特别注意以防止产品焦化。

3. 倒换烘盘，翻动物料

多数烘房中，上部与下部、前部与后部的温差一般会超过 2~4℃。因此，不同位置上的物料干燥速度也不同。相对来说，上部、靠近主火道和炉膛部位的物料容易干燥。为了使成品干燥速度一致，应在干燥过程中倒换烘盘。采用其他受热均匀的干燥设备时，一般只需翻动物料即可。

倒换烘盘的时间取决于升温方式、原料的干燥程度等因素。采用第一种升温方式时，倒换烘盘的操作应在干燥中期进行，此时烘房内温度最高，原料迅速吸热而水分大量蒸发。采用第二种升温方式时，因干燥初期温度较高，水分蒸发快，故倒换烘盘的操作也应提前进行。

倒换烘盘的操作流程是将烘房内烘架最下部的第二层烘盘与烘架中部的第四层至第六层烘盘互换位置。在倒换的同时翻动原料，使之受热均匀。

4. 干燥时间

干燥时间的确定取决于原料的干燥程度。脱水蔬菜，如洋葱、豌豆和青豆等，最终残留水分为 5%~10%；水果干燥后含水量通常为 14%~24%。一般要求产品含水量应达到标准含水量或略低于标准含水量（通过回软使水分达到平衡，最后符合标准含水量）。几种菜干的含水量标准见表 7-2。产品含水量过少和过多都会影响成品的风味和品质。

表 7-2 几种菜干的含水量标准   （单位：%）

菜干名称	含水量	菜干名称	含水量
辣椒干	14~15	藕片	15
黄花菜	15	芥菜干	15
玉兰片	18	胡萝卜片	7~8
蘑菇	11.5	大蒜片	6~7
木耳	10~11	干姜	10

5. 干制所需热量及燃料用量计算

原料每蒸发一个单位质量水分所需热量会因干制品质、含水量以及烘烤升温方式、烘房温度的不同而有所区别。将 1 kg 水从 28℃ 升高到 70℃ 需要的热量为 176 kJ，变成水蒸气又需要 2330 kJ 热量，因此，要将果蔬中 1 kg 水全部蒸发，共需 2506 kJ 热量。实际上，燃料燃烧所产生的热，因逸散、辐射等损失，并不能全部用于水分蒸发，按平均值约为 45% 的普通燃烧效率来计算，蒸发 1 kg 水分实际需要热量为 2506÷45%＝5569（kJ）。若 1 kg 煤燃烧可产生 31380 kJ 热量，则蒸发 1 kg 水分需要燃烧 5569÷31380＝0.178（kg）煤。如鲜芥菜含水量为 85%，制成芥菜干后含水量为 14.5%，每 100 kg 芥菜要蒸发 70.5 kg，需煤量为 12.5 kg 左右。

7.3.3 干制品的包装

1. 包装前的处理

果蔬干燥完成后，一般要经过一些处理，如均湿、挑选分级、防虫、压块后才能包装和保存。

（1）**均湿**

均湿又称回软或水分的平衡。其目的是使制品变韧与水分均匀一致。经干制所得的干制品的水分含量并不是一致的，有一部分可能过干，也有一部分可能干制不够，若干燥完成后立即包装，则表面部分易从空气中吸收水汽使总含水量增加，有导致成品败坏的危险。因此，需在干燥后放冷产品，然后将干制品在密闭的室内或容器内堆放（或称短期贮藏），使干制品内、外部及干制品之间的水分进行扩散和重新分布，最后趋于一致，两三周后水分分布达到均衡状态，结束回软处理。

（2）**挑选分级**

挑选是提出产品中的杂质、褐变品、异形品和水分含量不合格品的操作。挑选操作应在干燥洁净的场所进行，不宜拖延太长时间，以防干制品吸潮和再次污染。分级应按照产品质量标准进行。通常采用振动筛进行筛选分级。但新疆葡萄干的分级主要以色泽来决定，一、二、三级产品分别要求绿色率为 90%、80% 和 75%。

（3）**防虫处理**

果蔬干制品中常会有虫卵混杂。虫害可能是原料携入或在干燥过程（自然干燥）中混入。为了保证贮藏安全，主要采取以下的防虫方法：

1）物理防治法。物理防治法是通过环境因素中的某些物理因子（如温度、氧、放射线等）的作用达到抑制或杀灭害虫的目的。

①低温杀虫。若要杀死害虫，有效的低温应在 -15℃ 以下，这种条件往往难以实现。可将干制品贮藏在 2～10℃ 的条件下，抑制虫卵发育，推迟害虫的出现。

②高温杀虫。将果蔬干制品在 75～80℃ 温度下处理 10～15 min 后立即冷却。对于干燥过度的果蔬，可用热蒸汽处理 2～5 min，既可杀虫，还可使产品肉质柔嫩，改善外观。

③高频加热和微波加热杀虫。这两种方法均属于电磁场加热，害虫因热效应同样会被杀灭。高频加热和微波加热杀虫操作简便、杀虫效率高。

④辐射杀虫。主要是用同位素 ^{60}Co 产生的 γ 射线照射产品，使害虫细胞的生命活动遭受破坏而致死。由于这种射线具有能量高、穿透力强、杀虫效果显著、比较经济等优

点，已被世界许多国家采用。

⑤气调杀虫。气调杀虫法不同于一般的果蔬气调贮藏法，后者常需要低温环境，而前者可在常温下进行。气调杀虫是利用降低氧的含量使害虫得不到维持正常生命活动所需的氧气而窒息死亡。试验证明，若空气中的氧浓度降到 4.5% 以下时，大部分仓储害虫便会死亡。采用抽真空包装、充氮气或充二氧化碳等办法可降低氧的浓度。气调杀虫法不具有残毒，也便于操作，因而是一种新的杀虫技术，有广阔的发展前景。

⑥化学药剂防治法。化学药剂防治法具有迅速、有效地杀灭害虫，并预防害虫再次侵害食品的作用，是目前应用最广泛的一种防治方法，但容易造成污染，影响食品的卫生质量。由于干制品本身的特点，适用水溶液的杀虫剂有造成增加湿度的危险，故干制品杀虫药剂多采用熏蒸剂杀虫，常用的有以下几种。

二硫化碳（CS_2）：沸点为 46.2℃，置于空气中可挥发，其气体比空气重，熏蒸时应置于室内高处，使其自然挥发，向下扩散。用量一般约为 $100g/m^3$，密闭熏蒸 24 h。

二氧化硫（SO_2）：最大用量为 0.2 g/kg。

氯化苦（CCl_3NO_2）：沸点为 112℃，相对密度为 1.66 g/cm^3，在空气中可挥发，有剧毒。杀虫力在 20℃ 以上最为有效。宜在夏秋季使用，使用量为 17 g/m^3，熏蒸 24 h。氯化苦忌与金属接触，应用陶瓷器具盛装。干制品未完全干制时易产生药害，故制品应在充分干制后再熏蒸。熏蒸时房屋必须严密不漏气，以免发生危险。

（4）**压块**

干制品的压块是指在不损伤（或尽量减少损伤）干制品品质的前提下，将干制品压缩成密度较高的块砖。经压缩的干制品可有效地节省包装与贮运容积（表7-3），降低成本；成品包装更紧实，有效降低了包装袋内的含氧量，有利于防止氧化变质。蔬菜干制品水分含量低，质脆易碎，压块前需经回软处理（如用蒸汽直接加热 20~30 s），以降低破碎率。如经蒸汽处理后水分含量超标，可与干燥剂（如生石灰）贮放一处，2~7 天后可降低水分含量。干制品压块工艺条件及效果见表7-4。

表 7-3　几种脱水蔬菜的压缩比例

脱水蔬菜名称	每千克体积/L		压缩比例
	压缩前	压缩后	
小白菜	11.6	2.2	5.3
甘蓝	8.6	1.7	5.1
青辣椒	10.0	1.7	5.8
胡萝卜（圆片）	6.6	2.4	2.7
菠菜	8.9	1.5	5.9

表 7-4　干制品压块工艺条件及效果

干制品	形状	水分/%	温度/℃	最高压力/MPa	加压时间/s	密度/(kg/m³)		体积缩减率/%
						压块前	压块后	
甜菜	丁状	4.6	65.6	8.19	0	400	1041	62

续表

干制品	形状	水分/%	温度/℃	最高压力/MPa	加压时间/s	密度/(kg/m³) 压块前	密度/(kg/m³) 压块后	体积缩减率/%
甘蓝	片	3.5	65.6	15.47	3	168	961	83
胡萝卜	丁状	4.5	65.6	27.49	3	300	1041	77
洋葱	薄片	4.0	54.4	4.75	0	131	801	76
马铃薯	丁状	14.0	65.6	5.46	3	368	801	54
甘薯	丁状	6.1	65.6	24.06	10	433	1041	58
苹果	块	1.8	54.4	8.19	0	320	4041	61
杏	半块	13.2	24.0	2.02	15	561	1201	53
桃	半块	10.7	24.0	2.02	30	577	1169	48

2. 包装

经过必要处理的干制品，宜尽快包装。包装是一切食品在运输、贮藏中必不可少的程序，脱水果蔬的耐贮性受包装的影响很大，故其包装应达到下列要求：能防止脱水果蔬的吸湿回潮，避免结块和长霉。对包装材料要求是，能使干制品在常温、90%的相对湿度环境中，6个月内水分增加量不超过1%；避光和隔氧；包装形态、大小及外观有利于商品的推销；包装材料应符合食品卫生的要求。

常用的包装材料有木箱、纸箱、金属罐等。纸箱和纸盒是干制品常用的包装容器。大多数干制品用纸箱或纸盒包装时还衬有防潮纸和涂腊纸以防潮。金属罐是包装干制品较为理想的容器，具有防潮、密封、防虫和牢固耐用等特点，适合果汁粉、蔬菜粉等的包装。塑料薄膜袋及复合薄膜袋由于能热合密封，适用于抽真空和充气包装，且不透湿、不透气，铝箔复合袋还不透光，适合各类干制品的包装，其使用日渐普遍。有时在包装内附干燥剂、抗结剂（硬脂酸钙）以增加干制品的贮藏稳定性。干燥剂的种类有硅胶和生石灰，可用能透湿的纸袋包装后放于干制品包装内，以免污染食品。脱气包装、充气包装和真空包装具有良好的包藏性能，目前在食品生产中已经得到广泛的应用。

7.3.4 贮藏

包装完善的干制品受贮藏环境的影响较小，但未经包装或包装破损的干制品在不良条件下极易变质。应保证良好的贮藏条件并加强贮藏期管理，才能保证干制品的安全贮藏。

贮藏温度越低，干制品的保质期越长。贮藏温度以0~2℃最好，一般不宜超过10~14℃。高温会加速干制品的变质，还会导致虫害及长霉等不良现象。

空气越干燥越好，贮藏环境中空气相对湿度最好在65%以下。高湿有利于霉菌的生长，还会增加干制品的水分含量，降低经过硫处理的干制品中二氧化硫的含量，提高酶的活性，引起抗坏血酸等的破坏。

光线会促使干制品变色并失去香味。因此，干制品应采用避光包装或避光贮藏。

空气的存在，会加速干制品的变色和维生素 C 的损失，还会导致脂肪氧化而使风味恶化，故对干制品常采用抽空或充氮（或二氧化碳）包装。在干制品贮藏中，采用抗氧剂也能获得保护色泽的效果。

应保持贮藏室的清洁；及时清除废弃物；对用具进行严格消毒，并进行防鼠、防潮等处理；贮藏期内定期进行熏蒸杀虫处理等。

此外，干制原料的选择及处理、干制品的含水量也是影响贮藏效果的重要因素。选择新鲜完整、充分成熟的原料，并经合理处理后加工成的干制品，具有较好的耐贮性。但未成熟的枣经干制后色泽发黄，不耐贮藏。经过热处理或硫处理的原料干制的产品，容易保色和避免生虫长霉。

在不影响成品品质的前提下，产品含水量越低，保藏效果越好。一般蔬菜干制品的含水量要求在 6% 以下，当含水量超过 8% 时，则保藏期大大缩短。少数蔬菜，如甜瓜、马铃薯的干制品，含水量可稍高。大多数果品，因组织较厚韧，可溶性固形物含量较高，所以干制后的含水量可较高，一般含 15%～20%，少数（如红枣等）可高达 25%。

原料经过严格选择和处理，含水量低的干制品，经妥善包装后贮藏在适宜的环境中，并加强贮藏期管理，可以较长期保持品质。

7.3.5　干制品的复水

脱水食品在食用前一般都应当复水。复水就是将干制品浸在水里，经过相当时间，使其尽可能地恢复到干制前的状态。脱水菜的复水方法如下：将干制品浸泡在 12～16 倍质量的冷水里，经半小时后，再迅速煮沸并保持沸腾 5～7 min。复水以后，再烹调食用。干制品的复水性就是新鲜食品干制后能重新吸回水分的程度，常用复水率（或复水倍数）来表示。复水率就是复水后沥干质量与干制品试样质量的比值。复水率大小依原料种类品种、成熟度、原料处理方法和干燥方法等不同而有差异，见表 7-5。

表 7-5　脱水菜的复水率　（单位:%）

脱水菜种类	复水率	脱水菜种类	复水率
胡萝卜	5.0～6.0	菜豆	5.5～6.0
萝卜	7.0	刀豆	12.5
马铃薯	4.0～5.0	甘蓝	8.5～10.5
洋葱	6.0～7.0	茭白	8.0～8.5
番茄	7.0	甜菜	6.5～7.0
菜豌豆	3.5～4.0	菠菜	6.5～7.5

复原性就是干制品复水后在质量、大小、形状、质地、颜色、风味、成分、结构以及其他可见因素恢复到原来新鲜状态的程度。脱水果蔬复水程度以及复水速度是衡量干制品质量的重要指标，不同干燥工艺的制成品的复水性存在明显的差异，真空冷冻干燥的蔬菜较普通干燥的蔬菜，复水时间短，复水率高。

　　复水时的用水量及水质也有影响，如用水量过多，花青素、黄酮类色素等易溶出而损失；水的 pH 对蔬菜的颜色特别是对花青素的影响较大，白色蔬菜中的色素主要是黄酮类色素，在碱性溶液中变为黄色，所以马铃薯、花椰菜、洋葱等不宜用碱性水处理；金属盐的存在，对花青素也不利；水中若有 $NaHCO_3$ 或 Na_2SO_3，易使组织软化，复水后组织软烂；硬水常使豆类质地变粗硬，含有钙盐的水还能降低干制品的吸水率。

第8章　罐头加工

果蔬罐藏是果蔬加工的一种主要保藏方法，是将果蔬原料经过预处理后，装入能够密封的容器内，添加或不添加罐液，经排气（或抽气）、密封，再经高温处理，杀死能引起食品腐败、产毒及致病的微生物，同时破坏果蔬原料的酶活性，维持密封状态，防止微生物（水分、空气等）再次污染，从而使容器中的食品在室温下长期保存的方法。凡是按照这种工艺方法（经排气、密封、杀菌）制造出来的产品就称之为罐藏食品（又称罐头）。

因普法战争法国军舰需在高温环境下长时间在海上运输的需要，法国人尼古拉斯·阿培尔（Nicholas Appert）发明了以广口玻璃瓶装食物，用软木塞轻塞瓶口，放入水浴锅中加热一段时间，再塞紧瓶口，继续加热蒸煮 30～60 min 的保藏方法。他于 1809 年发表了 *The Art of Processing Animal & Vegetable Food for Many Years* 一书，奠定了罐藏学的基础。1810 年，英国人彼得·杜兰德（Peter Durand）阅读了阿培尔的著作之后，发明了镀锡铁皮作为罐头容器和食品贮藏方法的专利。有了阿培尔的发明和杜兰德的坚固不易破碎的金属罐之后，罐头工业就一直稳定向前发展，如 1821 年，英国人 William Underwood 在英国波士顿设厂，生产制造水果瓶装罐头并出口。1825 年，Thomas Kensett 的"罐头加工法及容器"获得美国专利。但由于对引起食品变质的主要因素——微生物还没有被认识，在较长时间内技术上进展缓慢，直到 1864 年法国科学家巴斯德（Louis Pasteur）发现了微生物，才从理论上理解了罐藏食品的保藏原理。1874 年发明了从外界通入蒸汽并配有控制装置的高压杀菌锅；1877 年罐头接合机械发明，制罐业逐渐机械化。1896 年美国人阿姆斯兄弟（Chalres Ams 和 Max Ams）发明了以液体橡胶制成密封胶密封的方法，诞生了卷封罐（卫生罐），1897 年美国人 Julius Bren Zinger 发明了封口胶涂布机，为金属容器带来了技术上的革新，从此制罐工业和罐头工业开始分离而独立经营。1920—1923 年，比奇洛（Bigelow）和鲍尔（Ball）根据微生物的耐热性和罐内食品的传热性，提出了用数学公式来确定罐藏食品的杀菌温度和时间。1948 年，斯塔博（Stumbo）和希克斯（Hicks）进一步提出了罐头食品杀菌的理论基础 F 值，从而罐藏理论和技术趋于完善。由于生产机械设备的发展和罐藏工艺技术的不断进步，罐藏工业取得显著的进展，罐藏技术已经成为保藏食品的重要方法之一。目前，罐藏工业正在向连续化、自动化方向发展，容器也由玻璃罐、金属罐向蒸煮袋发展，制罐技术由焊锡罐变为了电阻焊接罐。

世界罐头年产量超过 40 Mt，其中 70% 以上是水果和蔬菜罐头，主要生产国和消费国有美国、日本、俄罗斯、澳大利亚、德国、英国、意大利、西班牙和加拿大等。在我国罐头食品作为工业规模的生产仅有百余年。1906 年上海泰丰公司首先设厂生产罐头食品。之后，沿海各省先后兴建了一批罐头厂，直到在新中国成立以后，特别是改革开放以来，罐藏工业才得到迅速发展，产品的产量和质量不断提高，品种逐年增加，在国际上具有一定信誉。目前我国果蔬罐头食品产量超过 2.5 Mt，出口超过 2 Mt（其中蔬菜罐头为 1.4 Mt，果品罐头为 0.6 Mt），远销 100 多个国家和地区。

罐藏食品具有营养丰富、安全卫生，且运输、携带、食用方便等优点，可不受季节和地区的限制，随时供应消费者，无须冷藏就可长期贮存，这对调剂食品的供应，改善和丰富人们的生活，以及促进农牧渔业生产发展都有重大作用，更是航海、勘探、军需、登山、井下作业及长途旅行者等的方便营养食品。

8.1 果蔬罐头食品的分类

根据中华人民共和国国家标准 GB/T 10784—2006，把罐头食品分为八大类，包括畜肉类、禽类、水产动物类、水果类、蔬菜类、干果和坚果类、谷类和豆类、其他类。涉及果蔬类的罐头产品分类如下。

8.1.1 水果类罐头

按加工方法不同，水果类罐头可分成下列种类。

1. 糖水类水果罐头

把经分级去皮（或核）、修整（切片或分瓣）、分选等处理好的水果原料装罐，加入不同浓度的糖水而制成的罐头产品，如糖水橘子、糖水菠萝、糖水荔枝罐头等。

2. 糖浆类水果罐头

处理好的原料经糖浆熬煮至可溶性固形物达 45%～55%后装罐，并加入高浓度糖浆等而制成的罐头产品，又称液态蜜饯罐头，如糖浆金桔等罐头。

3. 果酱类水果罐头

按配料及产品要求不同，果酱类水果罐头可分成下列种类。

（1）**果冻罐头**

将处理过的水果加水或不加水煮沸，经压榨、取汁、过滤、澄清后加入白砂糖、柠檬酸（或苹果酸）、果胶等配料，浓缩至可溶性固形物达 65%～70%并装罐等而制成的罐头产品。

1）果汁果冻罐头。以一种或数种果汁混合，将白砂糖、柠檬酸、增稠剂（或不加）等按比例配料后加热浓缩制成。

2）含果块（或果皮）的果冻。以果汁、果块（或先用糖渍成透明的果皮）、白砂糖、柠檬酸、增稠剂等调配而成，如马茉兰。

（2）**果酱罐头**

将一种或几种符合要求的新鲜水果去皮（或不去皮）、核（芯）并软化、磨碎或切块

（草莓不切），加入砂糖，熬制（含酸及果胶量低的水果需加适量酸和果胶）成可溶性固形物达 65％~70％和 45％~60％后，装罐而制成的罐头产品；分块状和泥状两种，如草莓酱、桃子酱等罐头。

4. 果汁类罐头

将符合要求的果实经破碎、榨汁、筛滤或浸取提汁等处理后制成的罐头产品。按产品品种要求不同可分为如下几种。

1）浓缩果汁类罐头。将原果汁浓缩成两倍以上（质量计）的果汁。

2）果汁罐头。由鲜果直接榨出（或浸提）的果汁或由浓缩果汁兑水复原的果汁，分为清汁和浊汁两种。

3）果汁饮料罐头。在果汁中加入水、糖液、柠檬酸等调制而成，其果汁含量不低于 10％。

8.1.2 蔬菜类罐头

按加工方法和要求不同，蔬菜类罐头可分成下列种类。

1. 清渍类蔬菜罐头

选用新鲜或冷藏良好的蔬菜原料，经加工处理、预煮漂洗（或不预煮），分选装罐后加入稀盐水或糖盐混合液等而制成的罐头产品，如青刀豆、清水笋、清水荸荠、蘑菇等罐头。

2. 糖醋类蔬菜罐头

选用鲜嫩或盐腌蔬菜原料，经加工、修整、切块、装罐，再加入香辛配料及醋酸、食盐混合液而制成的罐头产品，如酸黄瓜、甜酸薤头等罐头。

3. 盐渍（酱渍）蔬菜罐头

选用新鲜蔬菜，经切块（片）（或腌制）后装罐，再加入砂糖、食盐、味精等汤汁（或酱）而制成的罐头产品，如雪菜、香菜心等罐头。

4. 调味类蔬菜罐头

选用新鲜蔬菜及其他小配料，经切片（块）、加工烹调（油炸或不油炸）后装罐而制成的罐头产品，如油焖笋、八宝斋等罐头。

5. 蔬菜汁（酱）罐头

选用一种或几种符合要求的新鲜蔬菜榨成汁（或制酱），并经调配、装罐等工序制成的罐头产品，如番茄汁、番茄酱、胡萝卜汁等罐头。

8.1.3 干果和坚果类罐头

以符合要求的坚果或干果原料，经挑选、去皮（壳），油炸拌盐（糖或糖衣）后装罐而制成的罐头产品，如花生米、核桃仁等罐头。

8.1.4 其他类罐头

1. 汤类罐头

以符合要求的肉、禽、水产及蔬菜原料，经切块（片或丝）、烹调等加工后装罐而制成的罐头产品，如水鱼汤、猪肚汤、牛尾汤等罐头。

2. 调味类罐头

以发酵面酱或番茄等为基料，加入多种辅料及香辛料加工制成不同口味的调味料，经装罐制成的罐头产品，如香菇肉酱、番茄沙司等罐头。

3. 混合类罐头

将动物和植物类食品原料分别进行加工处理，经调配装罐而制成的罐头产品，如榨菜肉丝、豆干猪肉等罐头。

4. 婴幼儿辅食罐头

根据婴幼儿不同月龄对营养素的要求，将食品原料经加工、研磨等处理制成的泥状罐头食品，如肝泥、菜泥、肉泥等罐头。

随着科技、生产和市场的发展，果蔬罐头分类还会进一步细化或趋于多元化。

8.2 罐 藏 容 器

为了使罐藏食品能够在容器里保存较长的时间，并保持一定的色、香、味和原有的营养价值，同时又能适应工业化规模生产，罐藏容器需满足下列要求：①对人体无毒害，因罐藏容器的材料与食物直接接触，且食品需较长时间的贮存，因此容器应不与食品成分发生化学反应，不危害人体健康，不给食品带来污染，不影响食品风味；②具有良好的密封性能，使罐藏食品与外界隔绝，防止外界微生物的污染；③具有良好的耐高温、高压和耐腐蚀性能；④适合于工业化生产，随着罐头工业的不断发展，罐藏容器需要量与日俱增，因此，要求罐藏容器具有能适应工厂机械化和自动化生产，质量稳定，能够承受各种机械加工，材料资源丰富，成本低廉等特性。

目前生产上常用的罐藏容器，按照容器材料的性质大致可分为金属罐、玻璃罐和蒸煮袋三类。

8.2.1 金属罐

金属罐中目前使用最多的是镀锡铁罐和涂料罐。此外，还有铝罐和镀铬铁罐。在罐头生产中选用何种金属罐，应根据食品原料的特性、罐型大小、食品介质的腐蚀性能等情况综合考虑。

1. 镀锡铁罐

由两面镀锡的低碳薄钢板（俗称马口铁）制成，其构造如图 8-1 所示。镀锡薄钢板表面上的锡层能够经久地保持非常美观的金属光泽，锡有保护钢基免受腐蚀的作用，即使有微量的锡溶解而混入食品内，对人体也几乎不会产生毒害作用。锡呈稍带蓝色的银白色，在常温下有良好的延展性，在大气中不变色，但会形成氧化锡膜层，化学性质比较稳定。镀锡铁罐一般由罐身、罐盖和罐底三部分焊接密封而成，称为三片罐，也有采取冲压成罐身与罐底相连，封盖而成的冲拔罐，称作二片罐。

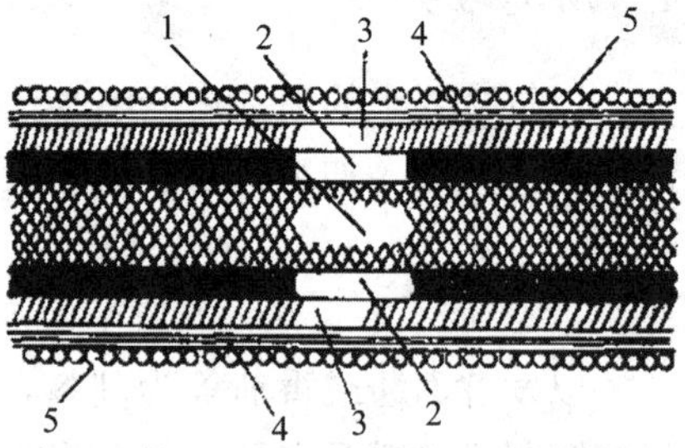

马口铁镀锡均匀与否直接影响其耐腐蚀性。镀锡方式有热浸法和电镀法，热浸法镀锡锡层厚，耗

1. 钢基；2. 合金层；3. 锡层；
4. 氧化膜；5. 油膜

图 8-1 镀锡薄钢板的构造

锡量较多；而电镀法镀锡层薄而均匀，不但能节约用锡量，而且耐腐蚀性能优于热浸法，故生产上大量使用。我国罐型分类编号见表 8-1。其中，圆罐编号由其内径和外高决定其罐号，常见的圆罐罐型规格见表 8-2；而异型罐编号由三位数组成，中间是 0，同类罐号数越大，体积越小，如方罐，其规格见表 8-3。

表 8-1 我国罐型分类编号

罐型	按内径和外高编排	罐型	按内径和外高编排
方底圆罐	200	冲底椭圆罐	600
方罐	300	梯形罐	700
冲底方罐	400	马蹄形罐	800
椭圆罐	500	—	—

表 8-2 常用的圆罐罐形规格

罐号	成品规格标准/mm				计算容积/cm³
	外径	外高	内径	内高	
539	55.5	39	52.5	33	71.44
5104	55.5	104	52.5	98	212.15
668	68.0	68	65	62	265.73
672	68.0	72	65	66	219.00

续表

罐号	成品规格标准/mm				计算容积/cm³
	外径	外高	内径	内高	
6101	68.0	101	65	95	315.23
761	77.0	61	74	55	236.54
787	77.0	87	74	81	348.37
7102	77.0	102	74	96	412.07
7114	77.0	114	74	108	404.49
8101	86.5	101	83.5	95	520.22
968	102.0	68	99	62	477.26
9116	102.0	116	99	110	846.75
9121	102.0	121	99	115	885.24
9124	102.0	124	99	118	908.32
15173	156.0	173	153	167	3070.35
15267	156.0	267	153	261	4798.59

表 8-3 方罐罐型规格

罐号	成品规格标准/mm						计算容积/cm³
	外长	外宽	外高	内长	内宽	内高	
301	103.0	91.0	113.0	100.0	88.0	107.0	941.6
302	144.5	100.5	49.0	141.5	97.5	43.0	593.24
303	144.5	100.5	38.0	141.5	97.5	32.0	441.48
304	96.0	50.0	92.0	93.0	47.0	86.0	375.91
305	98.0	54.0	82.0	95.0	51.0	76.0	368.22
306	96.0	50.0	56.5	93.0	47.0	50.5	220.74

2. 涂料镀锡铁罐

由于镀锡薄板尚有不足之处，如肉禽类、某些蔬菜等含硫的蛋白质食品在加热杀菌时会产生硫化物，以致罐壁上常产生硫化斑或硫化铁，使食品遭到污染；有色水果在罐内二价亚锡离子的作用下会发生褪色现象；高酸性食品装罐后常出现氢胀罐和穿孔现象，有的食品还会出现金属味；樱桃、葡萄、草莓、杨梅等含花青素水果罐头，花青素是锡、氢的接受体，加速马口铁腐蚀，同时导致水果褪色。这些罐头都需要在罐内壁上涂布一层涂料，把食品与马口铁分隔开（这种马口铁称为涂料铁），避免金属面和食品直接接触发生反应，达到保证食品质量和延长罐头保存期的目的。由于食品直接与涂料罐接触，所以对罐头涂料的要求比较高，首先，要求涂料膜与食品接触后对人体无毒害，无嗅，无味，不会使食品产生异味或变色（食品安全）。其次，要求涂料膜组织必须致密，基本无孔隙点，具有良好的抗腐蚀性能（功能）。此外，还要求能良好地附着在镀锡板表面，并有一定的机械加工性能，如弹性等，在制罐过程中能经受强力的冲击、折叠、弯折等而不致损坏脱落，焊锡和杀菌时能经受高温而膜层不致烫焦、变色或脱落，并无有害物质溶出；要求涂料使用方便，能均匀涂布，干燥迅速（加工特性）。涂料铁涂膜常具有一定的色泽，使之与镀锡表面有区别，不致混淆。涂膜价格便宜，原料来源广。有的罐头外壁也采取涂膜的方式达到彩印、美观、防腐蚀等目的。单一材料往往较难达到上述目的，常常采用油料、树脂、颜料、增塑剂、稀释剂和其他辅助材料共同组成涂料。

3. 铝罐

铝罐是由纯铝或铝镁、铝锰按照一定比例配合经过冶炼、压延、退火而成的常见的含气易拉罐。其优点如下：轻便（密度为镀锡薄钢板的三分之一）；加工性能良好，可以冲拔成深拔罐和易开盖，使用方便；可回收利用，且导热性好；有一定的耐腐蚀性能，有特殊的金属光泽，同时可结合使用彩印，图案吸引人。但存在价格贵，对酸、盐等耐腐蚀性差，容易变形，回收价值低，不宜低收入人群、农村消费等缺点。

4. 镀铬铁罐

镀铬铁罐又称无锡铁皮，采用金属铬代替价格昂贵的锡，在薄钢板表面镀有铬及其氧化物。镀铬薄钢板降低了成本，涂膜牢度和抗腐蚀性优于镀锡薄钢板和涂料铁，但由于铬的熔点（大于1000℃）大大高于锡（锡熔点为276℃），需采取高频电阻焊熔接法或黏结法焊接罐身，且外壁易生锈等。

8.2.2　玻璃罐

玻璃罐在罐头工业中应用之泛，其优点是化学性质稳定，与食品不起化学变化，不生锈，而且玻璃罐装食品与金属接触面小，不易发生反应，对食品保存性好；玻璃透明，可直接看见内容物，便于顾客选购；空罐可以重复使用，经济便利。其缺点是笨重而易破碎，运输和携带不便；内容物易褪色或变色；不耐机械操作，导热性和膨胀系数小，传热性和抗冷热性能差，在生产、运输、贮存过程中容易造成损失。目前，玻璃罐正向薄壁、高强度发展，新的瓶型不断问世，工业发达国家卫生部门已正式规定婴幼儿食品只能使用玻璃罐盛装。

食品用玻璃罐采用石英砂、纯碱和石灰石按照一定比例在1500℃高温下熔融，再经冷却成型、退火等过程制成。在冷却成型时使用不同的模具即可制成各种不同体积、不同形状的玻璃罐。原料成分影响到玻璃的性质和色泽。为了提高玻璃罐的热稳定性，满足罐头生产需要，一般需要再经过一次加热退火。玻璃罐的生产流程如下：原料磨细→过筛→配料→混合→加热熔融→成型→退火→检查。质量良好的玻璃罐应呈透明状，无色或微带青色、蓝色，罐身光滑平整，厚薄均匀，瓶口圆而平整，底部平坦，罐身无严重的气泡、裂纹、石屑及条纹等缺陷。

玻璃罐的关键是密封部分，包括金属罐盖和玻璃罐口。一般根据其封口形式而分为卷封式、旋钮式、螺旋式、抓式和套压式几种。

8.2.3 蒸煮袋

蒸煮袋是由一种耐高温杀菌的复合塑料薄膜制成的袋状或盘状、盒状包装容器，1956 年，美国伊利诺依大学的 Nelson 和 Seinberg 对包括聚酯薄膜在内的几种薄膜进行了试验。1958 年，美国陆军 Natick 研究所和 Swift 研究所开始从事供军队使用的软罐头食品的研究，为用蒸煮袋代替战场上用的马口铁罐头食品进行了大量的试制和性能试验。1969 年 Natick 研究所制成的软罐头食品受到信赖，成功地应用于阿波罗宇航计划。蒸煮袋具有质量轻，体积小，容易开启，携带和运输方便，耐高温，热传导快，可缩短杀菌时间，且不透气、水、光，内容物几乎不可能发生化学变化，能较好地保持食品色香味，可在常温下贮存，质量稳定，封口和成型等加工方便，柔软而包装美观，使用后废弃物少且容易处理等优点，现在生产上大量使用，有逐渐取代传统玻璃罐和金属罐的趋势。蒸煮袋也有其不足，主要是缺乏高速装填设备，给大批量生产带来一定影响，生产效率较低，包装材料费用较高，且不宜于生产带屑和坚硬食品。

蒸煮袋由外层保护层（印刷层）、中间隔绝层和内层保护层三个功能层组成，各层材料具有不同的性能。典型的采用三层塑料黏结或共同挤压而成。外层的聚酯或尼龙薄膜，起到加固和耐高温作用；中层的铝箔起防透气、透水和避光的作用；内层的聚烯烃/聚丙烯薄膜与食品接触，不起化学反应，且热封性能好。蒸煮袋的基础材料包括聚乙烯（PE）薄膜、聚丙烯（PP）薄膜、聚酯（PET）薄膜、铝箔（AL）、尼龙（PA）薄膜、聚偏二氯乙烯（PVDC）薄膜和黏合剂等。

蒸煮袋按其是否具有阻光性可分为带铝箔层的不透明蒸煮袋和不带铝箔层的透明蒸煮袋。按其耐高温程度分，有真空袋（耐 100℃以下杀菌温度），普通蒸煮袋（RP-F，耐 100~121℃杀菌温度），高温杀菌蒸煮袋（HIRP-F，耐 121~135℃杀菌温度）和超高温杀菌蒸煮袋（URP-T，耐 135~150℃杀菌温度）几类。

日本是世界上最早把软罐头食品作为商品大规模生产的国家。1968 年，日本大冢食品工业公司使用透明高温蒸煮袋包装咖喱制品，在日本最早实现了软罐头的商品化。1969 年，改用铝箔为原料以提高袋的质量，使市场销售量不断扩大；1970 年，开始生产用蒸煮袋包装的米饭制品；1972 年，开发了蒸煮袋的（包装）汉堡饼，并实现了商品化，后来蒸煮袋装的肉丸也投入市场。而美国从 1980 年后才开始大量生产软罐头食品。我国于 20 世纪 70 年代后期开始了蒸煮袋复合材料的研制工作；1983 年以后我国的蒸煮袋食品首次销往日本，开始进入国际市场，现已远销北美、欧洲等地。

8.3 果蔬罐头保藏理论

果蔬罐藏之所以能长期保藏果蔬这类易腐性农产品，是通过罐藏方法（排气、密封、杀菌），杀灭引起败坏、产毒、致病的微生物，破坏原料组织中酶的活性，并保持密封状态，使罐内食品不受二次污染来实现的。

8.3.1 罐头与微生物的关系

众所周知，微生物是引起果蔬罐头败坏的主要因素，很多微生物都能导致食品败坏，而各种微生物生长发育需要的条件不同，因此罐藏食品生产所涉及的微生物也有一定限度，主要是细菌。霉菌和酵母菌的败坏作用在食品原料装罐前较明显，但是这两种细菌一般都不能忍耐罐头的热处理，也不能在密封条件下活动，因此只有极少数特殊产品或密封有缺陷的罐头发生败坏。

1. 细菌的营养要求

大多数使罐藏食品腐败变质的细菌均属于异养型微生物，而果蔬罐藏原料恰好含有其生长活动所需的营养素，如碳、氮以及必要的盐类和微量元素等，是腐败、产毒、致病菌生长发育的良好场所。

2. 细菌对水分的要求

细菌对营养物质的吸收必须在水溶液状态下通过渗透、扩散作用穿过细胞壁、细胞膜而进入细胞内部，只有在水分充足的情况下，才能使其细胞所需的营养物质的吸收、代谢和残留有毒物质的排泄得以顺利进行，才能维持细胞体内的流体状态以及利于正常的生理活动。细菌对水分的需求情况以生长环境的水分活度来表示。若罐头中水分活度在 0.85 以下，大多数细菌均不能引起食品败坏、产毒或致病。

3. 细菌对氧气的要求

微生物对氧的需求有很大区别，霉菌一般都需要氧存在，而细菌生长对氧的要求有所不同，通常可依此将细菌分为如下三种：①需氧菌，如假单胞菌、产碱菌、微球菌、棒球菌等；②专性厌氧菌，如梭状芽孢杆菌等；③兼性厌氧菌，如大肠杆菌、沙门氏菌、变形杆菌、乳酸菌、葡萄球菌等。

在罐藏的排气密封条件下，需氧菌受到控制，专性厌氧菌和兼性厌氧菌是罐头中食品败坏的重要因子，若热处理条件不足，就会造成罐头的败坏。

4. 细菌对酸的适应性

与食品化学和食品微生物败坏密切相关的一个重要指标是产品酸度或 pH，即罐头中游离酸（而不是总酸量）对微生物产生影响，pH 大小影响比酸度高低的影响还要大。一般微生物能够繁殖的 pH 为 1~11，其中细菌生长的 pH 为 3.5~9.5（最适 pH 为 7.0），真菌为 2~11（最适 pH 为 6.0 左右）。到目前为止，还没有人发现肉毒梭状芽孢杆菌在 pH 低于 4.5 的厌氧环境中可以产生毒素，而且食品呈碱性的很少，因此一般都以酸性来研究微生物的繁殖界限。由于 pH 大小与罐头的杀菌和安全有密切关系，可以依 pH 大小把食品分成如下几类：①酸性食品，pH<4.5，如水果及少量蔬菜（番茄、食用大黄等）；②中低酸性食品：pH≥4.5，如大多数蔬菜、肉、蛋、乳、禽、鱼类等。食品的

pH 不同，细菌之间适应的 pH 不同，因而限制了细菌活动的范围。常见果蔬罐头的 pH 分类见表 8-4。

表 8-4　果蔬罐头的 pH 分类

分类	pH	果蔬种类	常见腐败菌	热杀菌条件
低酸性	5.0 以上	蘑菇、青豆、青刀豆、芦笋、笋、胡萝卜、花椰菜等	嗜热菌、嗜温厌氧菌、嗜温兼性厌氧菌	高温杀菌
中酸性	4.5~5.0	蔬菜肉类混合制品、汤类、沙司制品、无花果等		
酸性	3.7~4.5	荔枝、龙眼、桃、樱桃、李、枇杷、梨、苹果、草莓、番茄、什锦水果、番茄酱、荔枝汁、苹果汁、番茄汁、樱桃汁等	非芽孢耐酸菌、耐酸芽孢菌	沸水或 100℃以下介质中杀菌
高酸性	3.7 以下	菠萝、杏、葡萄、柠檬、葡萄柚、果酱、草莓酱、果冻、柠檬汁、醋栗汁、酸泡菜、酸渍食品等	酵母菌、霉菌	

5. 细菌对温度的适应性

细菌生长发育的适宜温度依种类而异。每种细菌都有独特的最适生长温度和可生长的温度范围，超过或低于此温度范围，就会影响它的生长活动甚至死亡。依细菌生长速度与温度的相互关系可将其分为如下几种：①嗜冷菌，生长最适温度为 10~20℃，霉菌和部分细菌可在此温度下生长；②嗜温菌，生长最适温度为 25~36.7℃；③嗜热菌，生长最适温度为 50~65℃，有的可以在 76.7℃下缓慢生长。一般在罐藏条件下，引起食品败坏、产毒和致病的细菌都属于嗜温性细菌，如肉毒梭状芽孢杆菌和生芽孢梭状芽孢杆菌，这类细菌对食品安全影响较大。一般细菌在较高温度下形成的芽孢具有较强的耐热性，耐热性强的细菌都属于高温芽孢形成菌，故在低酸性罐头食品中，因杀菌不完全所发生的腐败往往是嗜热高温腐败菌引起的，但高温腐败菌不产生毒素。

8.3.2　罐头杀菌理论依据

果蔬罐头食品杀菌的主要目的首先是杀死一切对罐内食品起败坏作用和产毒、致病的微生物，同时钝化能造成罐头品质变化的酶，使食品得以稳定保存；其次是起到一定的调煮作用，以改进食品质地和风味，使其更符合食用要求。但罐头食品的杀菌不同于微生物学上的杀菌。微生物学上的杀菌是指杀灭所有的微生物，达到绝对无菌状态；而罐头食品的杀菌是在罐藏条件下杀死造成食品败坏的微生物，即达到"商业无菌"状态，并不要求达到绝对无菌。所谓商业无菌，是指在一般商品管理条件下的贮藏运销等流通过程中，不因微生物败坏或产毒菌、致病菌的活动而影响人体健康。如果罐头杀菌也达到绝对无菌的程度，那么杀菌的温度和时间就要增加，这将影响食品的品质，使食品的色香味和营养价值大大下降。因此，罐头食品的杀菌，要尽量做到在保存食品原有色泽、风味、组织质地及营养价值等的条件下，消灭罐内能使食品败坏的微生物及可能存在的致病菌，以确保罐头食品的保藏效果。

对于一种罐头而言，杀菌的温度与时间等问题的答案是很复杂的，它既是食品工艺学家主要关心的问题，也是食品工业所有发展阶段的最重要的研究课题。杀菌计算的程序并不是一个简单的问题，它取决于一系列因素，包括产品的性质、稠度、颗粒大小，罐头的规格，所采用罐藏工序，污染细菌的来源、数量、生活习性和耐热性等，了解高温对微生物的影响以及在杀菌过程中热的传递情况，才能在任何给定的温度下，对于一定类型的产品，一定大小的罐头，制定出合理的杀菌条件，杀死引起产品败坏、产毒、致病的微生物，达到杀菌的目的。

1. 杀菌对象菌的选择

各种果蔬罐头食品，由于原料的种类、来源、加工方法和加工条件等不同，其在杀菌前存在不同种类和数量的微生物，生产上不可能也没有必要对所有的不同种类的微生物进行耐热性试验，而是选择最常见、耐热性最强并有代表性的腐败菌或引起食品中毒的微生物作为主要的杀菌对象菌。一般认为，如果热力杀菌足以消灭耐热性最强的腐败菌时，则耐热性较低的腐败菌很难残留，如芽孢的耐热性比营养体强，若有芽孢菌存在，则应以芽孢作为主要的杀菌对象。

果蔬罐头食品的酸度（或 pH）是选定杀菌对象菌的重要因素。不同 pH 的罐头食品中常见的腐败菌及其耐热性见表 8-5。在 pH<4.6 的酸性或高酸性食品中，以霉菌和酵母菌等耐热性低的细菌为主要杀菌对象，在杀菌中比较容易控制和杀灭。而在 pH≥4.6 上的中低酸性食品中，杀菌的主要对象是能在无氧或微量氧的条件下活动且产生孢子的厌氧性细菌，这类细菌的孢子耐热性强。罐头食品工业上，通常以能产生毒素的肉毒梭状芽孢杆菌的孢子为杀菌对象，后来又提出，以两种耐热性更强，能致败坏但不致病的细菌 Putrefactive Anaerobe 3679（P. A. 3679）和 *Bacillus stearothermophilus*（FS 1518）作为杀菌对象所得的数据更为可靠。在杀菌过程中，只要使对象菌被杀死，也就基本上杀灭了其他的有害菌类。

2. 微生物耐热性的常见参数值

研究罐头食品杀菌条件时，主要考虑该产品的主要败坏微生物的耐热性参数值——TDT 值、F 值、D 值和 Z 值。

（1）TDT 值

把细菌芽孢在 $1/15\,M$ 的中性磷酸缓冲溶液或食品中制成悬浮液，在某一致死温度下进行加热处理，其活菌残存数将随热处理时间增加而减少，如果以残存细菌数在纵坐标上用对数值表示，将加热时间在横坐标上用常数表示，可绘制腐败细菌的热力致死时间曲线，一般成一条直线，表明该菌耐热性的温度与时间的关系。TDT 值表示在一定的温度下，使微生物全部致死所需的时间，如 121.1℃下肉毒梭状芽孢杆菌的致死时间为 2.45 min。杀灭某一对象菌，使之全部死亡的时间随温度不同而不同，温度越高，时间越短。

表 8-5　按 pH 分类的果蔬罐头中常见的腐败菌及其耐热性

食品 pH	温度习性	细菌类型	腐败类型	腐败特征	耐热性	常见腐败对象
中低酸性食品（pH ≥ 4.6）	嗜热菌	嗜热脂肪芽孢杆菌	平盖酸败	产酸不产气或产微量气体，不胀罐，食品有酸味	$D_{121.1}=4.0\sim50$ min	青豆、青刀豆、芦笋、蘑菇
		嗜热解糖梭状芽孢杆菌	高温缺氧发酵	产 CO_2 和 H_2，不产 H_2S，胀罐；产酸（酪酸），有酪酸味	$D_{121.1}=30\sim40$（偶尔达 50）min	芦笋、蘑菇
		致黑梭状芽孢杆菌	致黑（或硫臭）腐败	产 H_2S，平盖或轻胖，有硫臭味，食品和罐壁有黑色沉积物	$D_{121.1}=20\sim30$（偶尔达 50）min	青豆、玉米
	嗜温菌	肉毒杆菌 A 型或 B 型	缺氧腐败	产毒、产酸（酪酸）、产 CO_2 和 H_2S、胀罐、有酪酸味	$D_{121.1}=6\sim12s$	青刀豆、芦笋、青豆、蘑菇
		生芽孢梭状芽孢杆菌		不产毒素、产酸、产 CO_2 和 H_2S、明显胀罐、有臭味	$D_{121.1}=6\sim40s$	肉类、鱼类（不常见）
酸性食品（pH < 4.6）	嗜温菌	耐酸热芽孢杆菌	平盖酸败	产酸（乳酸）、不产气、不胀罐、变味	$D_{121.1}=1\sim4s$	番茄及番茄制品（番茄汁）
		巴氏固氮梭状芽孢杆菌	缺氧发酵	产酸（酪酸）、产 CO_2 和 H_2、胀罐、有酪酸味	$D_{100}=6\sim30s$	菠萝、番茄
		酪酸梭状芽孢杆菌				整番茄
		多黏芽孢杆菌	发酵变质	产酸、产气、也产丙酮和酒精、胀罐	$D_{100}=6\sim30s$	水果及其制品（桃、番茄）
		软化芽孢杆菌				
	非芽孢嗜温菌	乳酸明串珠菌		产酸（乳酸）、产气（CO_2）、胀罐	$D_{65.5}=0.5\sim1$ min	水果、梨、果汁（黏质）
		酵母		产酒、产 CO_2、膜状酵母、有的食品表面形成膜状物		果汁、酸渍食品
		一般霉菌	发酵变质	食品表面上长霉菌	$D_{90}=1\sim2$ min	果酱、糖浆水果
		纯黄丝衣霉、雪白丝衣霉		分解果胶、至果实瓦解，分解产生 CO_2、胀罐		水果

（2）D 值

为了便于比较各微生物致死速率，把致死时间曲线穿过一个对数周期所需的时间称为 D 值，即在指定的温度条件下（如 121℃、100℃等），杀死 90% 原有微生物芽孢或营养体细菌数所需要的时间（min）。D 值大小与该微生物的耐热性有关，D 值越大，它的耐热性越强，杀灭 90% 微生物芽孢所需的时间越长。细菌的 D 值并不受原始菌数影响，但随加热温度不同而不同，所以常在右下角注明温度，如 D_{100}、$D_{121.1}$。

（3）Z 值

如将某一细菌芽孢的 D 值作为对数纵坐标，加热温度为横坐标，可绘制 D 值与温度的关系曲线，称为热力致死时间曲线（或耐热性曲线），大多数细菌在常用的杀菌温度范围内热力致死时间曲线为一直线。细菌致死时间曲线（或耐热性曲线）穿过一个对数周期的相应的温度变化值称为 Z 值（℃），它是表示每一微生物致死时间或 D 值变化 10 倍时的温度差。Z 值也可说是温度变化对细菌耐热性影响的估量。Z 值越大，说明该微生物的耐热性越强。

（4）F 值

F 值是指在恒定的加热标准温度下（121℃或 100℃），杀灭一定数量的细菌营养体或芽孢所需要的时间（min），也称为杀菌效率值、杀菌致死值或杀菌强度。在制定杀菌规程时，要选择耐热性最强的常见腐败菌或引起食品中毒的细菌作为主要杀菌对象，并测定其耐热性。计算 F 值的代表菌，国外一般采用肉毒梭状芽孢杆菌或 P. A. 3679，其中以肉毒梭状芽孢杆菌最常用。F 值通常以 121.1℃的致死时间表示，如 $F^{20}_{121.1}=5$，表示121.1℃时对 Z 值为 20 的对象菌，其致死时间为 5 min。F 值越大，杀菌效果越好。F 值的大小还与食品的酸度有关，低酸性食品要求 F 值为 4.5，中酸性食品 F 值为 2.45，酸性食品 F 值在 0.5～0.6。

F 值包括安全杀菌 F 值和实际杀菌条件下的 F 值两个方面的内容。安全杀菌 F 值是在瞬时升温和降温的理想条件下估算出来的，也称为标准 F 值，它被作为判别某一杀菌条件合理性的标准值。它的计算是通过杀菌前罐内食品微生物的检验，选出该种罐头食品常被污染的腐败菌的种类和数量并以对象菌的耐热性参数为依据，用计算方法估算出来的。但在实际生产的杀菌过程都有一个升温和降温过程，在该过程中，只要在致死温度下都有杀菌作用，所以可根据估算的安全杀菌 F 值和罐头内食品的导热情况制定杀菌公式来进行实际试验，并测定其杀菌过程中罐头中心温度的变化情况，算出罐头实际杀菌 F 值。有关罐头安全杀菌 F 值的估算和杀菌实际条件下的 F 值的计算可参考《罐头工业手册》等有关书籍。要求实际杀菌 F 值应略大于安全杀菌 F 值，如果小于安全杀菌 F 值，则说明杀菌不足，应适当提高杀菌温度或延长杀菌时间；如果远大于安全杀菌 F 值，则说明杀菌过度，应适当降低杀菌温度或缩短杀菌时间，以提高和保证食品品质。

3. 罐头食品杀菌时的传热

（1）传热方式与传热速度

杀菌时热的传递主要是以热水或蒸汽为介质，介质的热力由罐外表传于罐头中心的速度，对杀菌条件影响很大。热的传递方式有传导、对流和辐射几种。在罐头食品杀菌期间起作用的是传导和对流，而在某一种罐头食品中以哪种传热方式为主，取决于该食品的理化性质、装罐的数量与形式、固体和液体的比例、装排的情况、罐型的大小、在杀菌器中的位置及堆叠情况。通常液态食品以对流传热为主，固态食品以传导传热为主，如液态固态相混则两种方式并存。在杀菌中传导的传热速度比对流慢得多。而罐头容器的种类、罐型的大小、食品的种类和状态、杀菌前罐头的初温及罐头在杀菌过程中的状态等，都能影响到热的传递速度。金属容器、大型罐、液态食品、回转式杀菌等情况传热速度快，反之则慢。

在罐头食品杀菌时，不能立即使罐内各个部位的温度同时提高到要求的温度。由低温升高温有一个过程，要达到杀菌目的，就必须使罐内升温最慢的部位满足杀菌的要求。一般将罐内食品温度变化最缓慢的点称为罐头食品的冷点（图 8-2）。以传导方式传热的罐头食品的冷点一般在罐头的几何中心处，冷点温度变化缓慢，故加热杀菌时间较长；对流传热的罐头食品的冷点在罐头轴上离罐底 20~40 mm 的部位上，其冷点温度变化较快，杀菌的时间较短。罐头杀菌必须以冷点作为标准，杀菌所需时间从冷点温度（即罐头中心温度）达到杀菌所需温度时算起。

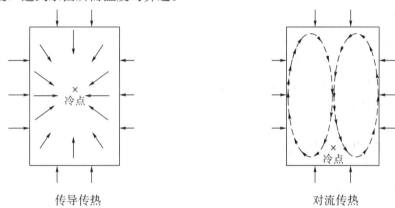

传导传热　　　　　　　　　　　　对流传热

图 8-2　罐头传热的冷点

（2）罐头冷点温度（即中心温度）的测定

为了确定罐头杀菌条件和计算 F 值，必须测定杀菌过程中罐内食品温度变化情况，即测定其传热最慢部分的冷点温度（即罐头中心温度）与时间的变化关系。

测定罐头食品冷点温度变化的装置，是由感温部件插入冷点处，将测得的温度转化为电流信号，以导线引出杀菌锅外，再转换成温度的显示装置。感温部件有两种：①把两种金属接合在一起（一般是铜与康铜），其接点处的电动势随着温度变化而成比例地变化，检测这种微小的电动势变化传往温度显示装置——温差温度计或热电偶温度计；②当电流通过电阻线时，流动的电流量随着温度变化成比例地变化，检测这种微小的电流变化传往温度显示装置——阻抗温度计或热敏电阻温度计。温度显示装置具有显示和自动记录功能，并有致死值的自动计算机构，这样既可以备查，又简化数据分析过程。通过测定冷点温度，可以了解罐头的传热状态，比较锅内各部位的升温情况，以改进工艺和操作技术。

4. 罐头杀菌规程

杀菌规程（也称为杀菌工艺表达式，在罐头厂通常简称"杀菌式"）用来表示杀菌操作的全过程，主要包括杀菌温度、杀菌时间和杀菌或冷却时的反压等。杀菌公式即把杀菌的温度、时间及所采用的反压力排列成公式的形式。一般杀菌式可以用下式表示：

$$\frac{t_1 - t_2 - t_3}{T}(P) \quad 或 \quad \frac{t_1 - t_2}{T}(P)$$

式中，t_1——从初温升到杀菌温度所需的时间，min；

　　　　t_2——保持恒定的杀菌温度所需的时间，min；

　　　　t_3——罐头降温冷却所需时间，min；

T——要求达到的杀菌温度，℃；

P——加热杀菌或冷却时杀菌锅内采用的反压，Pa。

大部分微生物在 t_2 内死亡，t_1 和 t_3 期间死亡较少。一个罐头所污染的细菌有许多种，需要选择一种数量大、最耐热、容易引起食品安全性的微生物作为杀菌的对象菌，并作为选择杀菌条件的依据。t_1 和 t_3 主要由杀菌设备的结构、特性（主要指传热性）而定，同时与食品的传热特性、食品在杀菌锅内的状态有关。对于一定的设备、一定种类的食品，t_1 和 t_3 基本上是确定的，且越短越好。

罐头杀菌条件确定的原则是在保证罐藏食品安全性的基础上，尽可能地缩短加热杀菌的时间，以减少热力对营养成分等食品品质的影响。也就是说，正确合理的杀菌条件是既能杀死罐内的致病菌和能在罐内环境中生长繁殖并引起食品变质的腐败菌，使酶失活，又能最大限度地保持食品原有的品质。

8.3.3　影响杀菌的因素

影响罐头杀菌效果的因素很多，主要有影响罐藏微生物耐热性的因素和罐头传热性的因素，包括微生物的种类和原始菌数、食品的性质和化学成分、传热的方式和传热速度、海拔等方面。

1. 微生物的种类和数量

不同的微生物耐热性差异很大，这在前面已有阐述，即嗜热性细菌耐热性最强，芽孢比营养体更耐热。而食品中微生物数量，尤其是芽孢数量越多，在同样致死温度下所需时间越长（表8-6）。

表 8-6　肉毒杆菌孢子数量与致死时间的关系　　　　　　　　　（单位：min）

每毫升的孢子数	在100℃下的致死时间	每毫升的孢子数	在100℃下的致死时间
7.2×10^{10}	230~240	6.5×10^5	80~85
1.64×10^9	120~125	1.64×10^4	45~50
3.28×10^7	105~110	328	35~40

食品中微生物的数量取决于原料的新鲜程度和杀菌前的污染程序，所以采用的原料要求新鲜清洁，从采收到加工要及时，加工的各工序之间要紧密衔接不要拖延，尤其装罐以后到杀菌之间不能积压，否则罐内微生物数量将大大增加而影响杀菌效果。工厂要注意卫生管理、用水质量及与食品接触的一切机械设备和器具的清洗和处理，使食品中的微生物减少到最低限度，否则都会影响罐头食品的杀菌效果。

2. 食品的性质和化学成分

微生物的耐热性，在一定程度上与加热时的环境条件有关。食品的性质和化学成分是杀菌时微生物存在的环境条件，因此食品的酸、糖、蛋白质、脂肪、酶、盐类等都能影响微生物的耐热性。

（1）**原料酸度（pH）**

原料酸度对微生物耐热性的影响很大。大多数产生芽孢的细菌在中性环境中耐热性最强，食品 pH 的下降可以减弱微生物的耐热性，甚至抑制它的生长，如肉毒杆菌在pH<4.5 的食品中生长受到抑制，也不会产生毒素，所以细菌或芽孢在低 pH 的条件下不耐热处理，因而在低酸性食品中加酸（如醋酸、乳酸、柠檬酸等，以不改变原有风味为原则）以提高杀菌和保藏效果。

（2）**食品的化学成分**

罐头内容物中的糖、盐、淀粉、蛋白质、脂肪及植物杀菌素等对微生物的耐热性有不同程度的影响，如装罐的食品和填充液中糖的浓度越高，杀灭微生物芽孢所需的时间越长，浓度很低时，对芽孢耐热性的影响很小。但糖的浓度增加到一定程度时，由于造成了高渗透压的环境又具有抑制微生物生长的作用。0~4% 的低浓度食盐溶液对微生物的耐热性有保护作用，而高浓度食盐溶液则降低微生物的耐热性。食品中的淀粉、蛋白质、脂肪也能增强微生物的耐热性。另外，某些含有植物杀菌素的食品，如洋葱、大蒜、芹菜、胡萝卜、辣椒、生姜等，则对微生物有抑制或杀菌的作用，如果在罐头食品杀菌前加入适量的具有杀菌素的蔬菜或调料，可以降低罐头食品中微生物的污染率，就可以使杀菌条件降低。

酶也是食品的成分之一。在罐头食品杀菌过程中，几乎所有的酶在 80~90℃ 的高温下，数分钟就被破坏。但如果没有完全破坏食品中的酶，则常常引起酸性和高酸性食品风味、色泽和质地的败坏。近年来采用的高温短时杀菌和无菌装罐等新技术，遇到罐头食品产生异味的现象，若检验没有细菌存在，则这种变质是由过氧化物酶引起的。过氧化物酶对高温有较大的抵抗力，它对高温短时杀菌处理的抵抗力比许多耐热细菌还强。因此，果品中过氧化物酶的钝化常被作为酸性罐头食品杀菌的指标。

3. 罐头传热的方式和传热速度

罐头杀菌时，热的传递主要是以热水或蒸汽为介质，因此杀菌时必须使每个罐头都能直接与介质接触，热量由罐头外表传至罐头中心的速度，对杀菌有很大影响。影响罐头食品传热速度的因素主要有如下几个：

1）罐头容器的种类和型式。罐头加热杀菌时，热量从罐外向罐内食品传递，因此罐藏容器的种类会影响传热速度。镀锡罐热导率为 602.5~677.8 W/(m·K)，而玻璃罐为7.53~12.05 W/(m·K)，故马口铁罐的传热快。容器厚度大，热阻大，传热慢而使时间延长。常见的罐藏容器中，传热速度蒸煮袋最快，马口铁罐次之，玻璃罐最慢。罐型越大，则热由罐外传至罐头中心所需时间越长，这对以传导为主要传热方式的罐头更为显著。

2）食品的种类和装罐状态。流质食品，如果汁、清汤类罐头等由于对流作用而传热较快，但糖液、盐水或调味液等的传热速度随其浓度增加而降低。块状食品加汤汁的比不加汤汁的传热快。果酱、番茄沙司等半流质食品，随着浓度的升高，其传热方式以传导占优势而传热较慢。糖水水果罐头、清渍类蔬菜罐头由于固体和液体同时存在，加热杀菌时传导和对流传热同时存在，但以对流传热为主，故传热较快。食品块状大小、装罐状态对传热速度也会直接产生影响，块状大的比块状小的传热慢，装罐装得紧的传热较慢。总之，各种食品的含水量多少、块状大小、装填松紧、汁液多少与浓度、固液体食品比例等都影响传热速度。

3）罐内食品的初温。罐头在杀菌前的中心温度（即冷点温度）叫初温。初温的高低影响到罐头中心达到所需温度的时间。通常罐头的初温越高，初温与杀菌温度之间的温差越小，罐中心加热到杀菌温度所需要的时间越短。因此，杀菌前应提高罐内食品初温（如装罐时提高食品和汤汁的温度、排气密封后及时杀菌），这对于不易形成对流和传热较慢的罐头更为重要。

4）杀菌锅的形式和罐头在杀菌锅中的位置。回转式杀菌比静置式杀菌效果好，时间短。因前者能使罐头在杀菌时进行转动，罐内食品形成机械对流，从而提高传热性能，加快罐内中心温度升高，因而可缩短杀菌时间。罐头在杀菌锅中远离进汽管路，在锅内温度还没有达到平衡状态时，传热较慢。锅内空气排除量、冷凝水积聚、杀菌篮的结构等均影响杀菌效果。

4. 海拔

海拔影响气压的高低，故能影响水的沸点温度。海拔高，水的沸点低，杀菌时间应相应增加。一般海拔升高 300 m，常压杀菌时间在 30 min 以上的，应延长 2 min。

8.4　罐藏工艺技术

根据果蔬罐头的定义，果蔬罐头是对果蔬进行预处理后装入能密封的容器内，注入罐液或不注罐液，经排气或抽气、密封、杀菌、冷却、检验等过程而制成的产品。任何一个具体的加工工艺的确定与执行，均需经过严格的试验并认真按照工艺规程进行。果蔬预处理在前面已有叙述，在此仅对果蔬罐头的基本工艺做介绍。

8.4.1　装罐

1. 装罐前容器的准备和处理

根据食品的种类、特性、加工方法、产品规格和要求以及有关规定，选用合适的容器。空罐在使用前首先要检查其完好性，对铁皮罐要求罐型整齐，缝线标准，焊缝完整均匀，罐口和罐盖边缘无缺口或变形，铁壁无锈斑和脱锡现象；对玻璃罐要求罐口平整光滑，无缺口、裂缝，玻璃壁中无气泡等。其次要进行清洗和消毒，空罐在制造、运输和贮存过程中，其外壁和罐内往往易被污染，在罐内会带有焊锡药水、锡珠、油污、灰尘、微生物、油脂等污物。因此，为了保证罐头食品的质量，在装罐前必须对空罐进行清洗和消毒，保证容器的清洁卫生。

（1）玻璃罐的清洗与消毒
玻璃罐容器上的油脂和污物常采用有毛刷的洗瓶机刷洗，或用高压水喷洗。方法是先将玻璃罐浸泡于温水中，然后逐个用转动的毛刷刷洗罐瓶的内外部，放入 0.01％的氯水中浸泡，取出后用清水洗涤数次，沥干水后倒置备用。

回收的旧瓶罐，常粘有食品碎屑和油脂，需用 2％～3％氯氧化钠溶液在 40～50℃温度下浸泡 5～10 min，除去脂肪和贴商标的胶水。有时碱液浓度可达 5％。最理想的洗涤剂既能去污，又能中和酸性，除尽有机和无机物，并消灭微生物。目前采用 70℃的 1％～4％的氢氧化钠、1.5％的磷酸三钠和 2％～2.5％的水玻璃组合而成的混合液，浸洗 8～10 min，效果很好。洗净的玻璃瓶，常在 90～100℃热水中短时消毒并除去碱液。洗净的玻璃瓶在使用前再用 95～100℃蒸汽或沸水消毒 10～15 min 备用。

胶圈需经水浸泡脱硫后使用。罐盖使用前用沸水消毒 3～5 min，沥干水分或用 75％的酒精浸泡消毒。

（2）马口铁罐的清洗与消毒

大型罐头厂大多用机械进行清洗、消毒。空罐清洗机的种类很多，常用的有旋转圆盘式洗罐机和直线型喷淋洗罐机等。在旋转圆盘式洗罐机中，空罐由高处沿着倾斜的槽进入，热水从各个喷嘴向罐内喷射进行清洗，接着用蒸汽进行喷射，最后空罐沿着滑道自洗罐机中输出。操作时空罐连续均匀进入洗罐机，其底部都朝一个方向，空罐口必须对着喷嘴。这种洗罐机效果较好，装置便利，体积较小，空罐进入清洗时间通常为 10～12 s，清洗时间长短可由变速装置加以调节。直线型喷淋洗罐机在一个长方形箱内，装有直线运动的链带，空罐在链带上（罐底向上）运行，箱子上部和下部装有热水喷射管，向罐内外喷射进行冲洗，这种洗罐机结构简单，容易制造，适合各种罐型。

在小型企业中多采用人工操作，即将空罐放在沸水中浸泡 30～60 s，取出倒置盘中沥干水分。

2. 罐注液的配制

果品蔬菜罐藏中，除液态食品（果汁）、糜状黏稠食品（果酱）或干制品外，一般要向罐内加注液汁，称为罐注液或填充液或汤汁。果品罐头的罐注液一般是糖液，蔬菜罐头的罐注液多为盐水。罐头加注汁液后有如下作用：增加罐头食品的风味，改善营养价值；有利于罐头杀菌时的热传递，升温迅速，保证杀菌效果；排除罐内大部分空气，提高罐内真空度，减少内容物的氧化变色；罐注液一般都保持较高的温度，可以提高罐头的初温，提高杀菌效率。

（1）罐注液配制要求

1）原料。砂糖色泽洁白发亮，具有纯净的甜味，清洁，不含杂质或有色物质，纯度在 99.0％以上。盐的纯度应不低于 98.0％，洁白，无苦味，无杂质，钙含量不超过 100 mg/kg，铅、铜含量不超过 1 mg/kg。水质清洁，无色透明，无杂质、无异味，符合生活饮用水卫生标准（GB 5749—2006）。

2）配罐注液的用具、容器忌用铁器。

3）浓度要准确，根据开罐糖度、原料的可溶性固形物含量、净重等因素准确配制罐注液。

4）随配随用，不宜放置过夜（低浓度罐注液），否则影响产品色泽，还增加杀菌难度。

（2）**配制方法**

盐水大多数采用直接配制法，配制时将食盐加水煮沸，除去泡沫，经过滤、静置，达到所需浓度即可。多数蔬菜罐头的盐水浓度为 1%～3%，有的加入 0.01%～0.05% 的柠檬酸。调味液的种类很多，但配制的方法主要有两种：一种是将香辛料先经一定的熬煮制成香料水，然后再与其他调味料按比例制成调味液；另一种是将各种调味料、香辛料（可用布袋包裹，配成后连袋去除）一起一次配成调味液。这里以糖液的配制为例进行介绍。

1）糖液浓度要求。我国目前生产的各类水果罐头，除个别产品（如杨梅、杏子）外，一般要求开罐时的糖液浓度为 12%～16%（折光计），每种水果及少数蔬菜罐头装罐的糖液浓度，可根据装罐前水果本身可溶性固形物含量、每罐装入的果肉量及每罐实际加入的糖液量，按下式计算：

$$Y = \frac{W_3 Z - W_1 X}{W_2}$$

式中，W_1——每罐装入果肉量，g；

W_2——每罐加入的罐注液量，g；

W_3——每罐净重，g；

X——装罐前果肉可溶性固形物含量，%；

Y——需要配制糖液的浓度，%；

Z——开罐时要求的糖液浓度，%。

实际生产中，经常遇到原料成熟度多变或预处理条件不一致的情况，其可溶性固形物含量不相同，罐注液浓度必须随之而变，否则，会导致成品糖度达不到标准要求。

2）罐注液的配制。罐注液的配制有直接法和间接法两种。

①直接法。根据装罐所需的糖液浓度，直接称取白砂糖和水，在溶糖锅内加热搅拌溶解，煮沸、过滤，除去杂质，排除部分 SO_2，校正浓度后备用。

②间接法。先配制高浓度的浓糖浆，装罐时根据装罐要求的浓度加水稀释。加水量按下式计算：

$$加水量 = \frac{浓糖浆浓度(\%) - 要求糖液浓度(\%)}{要求糖液浓度(\%)} \times 浓糖浆质量$$

③糖液温度。糖液配制时，必须煮沸。糖液有时要求加酸，应做到随用随加，防止加酸过早或糖液积压，以减少蔗糖转化，否则会促进果肉色泽变红、变褐。配制的糖液浓度一般采用折光计测定，也可采用贝利糖度表或保林表测定。

3. 装罐

（1）**装罐工艺要求**

空罐及原料准备好后，应迅速装罐，不能堆积过多，以减少微生物污染，否则轻则导致杀菌困难，重则影响产品质量，腐败变质，不堪食用。

每罐应保证质量和良好外观，力求大小、色泽、形态、成熟度大致均匀，有块数要求者，应控制每罐装入块数，净重和固形物含量必须达到要求，计量准确。

净重是指罐头容器和内容物总质量减去容器质量后所得的质量，包括液体和固形物在内。一般每罐净重允许公差为±3%（有的要求为±5%），对外出口罐头应无负公差。装罐量不足称为"伪装"，过多就浪费原料，还会造成"假胖听"。

固形物含量一般指固形物在净重中所占的百分比。一般要求每罐固形物含量为45%～65%，常见的为55%～60%。

装罐时应注意合理搭配，排列适当，使其色泽、成熟度、块形、大小、块数协调、美观，每罐的固形物及液体比值要保持一致，这样既改善品质，又提高原料利用率，降低成本。

装罐时要保持罐口清洁，不得有小片、碎块或糖液、盐液，以免影响封口的密封性。

留有适当的顶隙。顶隙是罐头内食品表面层或液面和罐盖（底）之间所留的空间，一般要求为3～8mm。顶隙大小影响罐内真空度、净重和排气效果。顶隙过小，即内容物多，在加热杀菌时，由于内容物受热膨胀而内压增大，可能造成罐头变形，密封不良，冷却时微生物会乘机侵入；顶隙过大，罐内食品装量不足，排气不充分，残留空气量多，促进罐头容器的腐蚀和引起食品变质、变色。热装果酱等浓稠食品是趁热装罐后立即密封的，可以不留顶隙，而含淀粉较多的产品，因受热容易膨胀，罐内顶隙可适当大点。

注意人员、用具、工作台卫生，各种物品放置适当，严格操作，防止草、昆虫、毛发、纤维、竹片、石子、油污等杂物混入，保证罐头质量。在装罐工作台上不要放置与装罐无关的小工具、手套等，生产工人要绝对禁止带首饰进行操作。

一般要求趁热装罐，且装罐后不要堆积太久，否则就会造成排气后罐内中心温度达不到要求，增加微生物侵染的机会，影响杀菌效果，促进氧化变色。

（2）**装罐方法**

装罐方法取决于食品类型和装罐要求，有人工和机械装罐两种。

对于经不起摩擦、要合理搭配和排列整齐的块片状食品，如大型软质果蔬块——桃、蘑菇等采用手工装罐，经装罐、称量、压紧和加汤汁或调味料等工序完成操作，具有简单、适应性广并能合理选择原料装罐等优点，但装量偏差大，生产效率低，清洁卫生条件差，不易实现连续生产。

对于颗粒体、半固态和液态食品常采用机械装罐，如青豆、玉米、果酱、果汁、糜状食品等。机械装罐具有准确、迅速、干净充填、自动控制充填量、可保证卫生条件、生产效率高等优点，适合于大规模的工业化生产，但适应性小，大多数产品均不能满足要求。

果品蔬菜罐头，因原料及成品形态不一，大小、排列方式各异，所以多采用人工装罐。对于流体或半流体制品（果汁、果酱、果泥等）可利用机械装罐。

（3）**注液**

除液体、糊状、酱状、泥状食品和干装食品外，一般都要向罐内注加液汁，称为注液。液汁能增进罐头风味，提高初温，促进对流传热，提高加热杀菌效果，排除罐内部分空气，降低杀菌时罐内的压力，防止罐头在贮藏过程中的氧化。

4．预封

预封是某些产品在进行加热排气，或加热某种类型的真空封罐机前，要进行的一道卷封工序，即将罐盖与罐身沿边缘稍稍弯曲勾连，松紧程度以能让罐盖沿罐身自由地回转但不脱开为度，以便排气或抽气时使罐内空气、水蒸气及其他气体自由地从罐内逸出。

对热力排气来说，预封可预防固体食品膨胀而出现汁液外逸的危险，并避免排气箱上蒸汽冷凝水落入罐内污染食品，同时还可防止从排气箱送至封罐机的过程中，罐头顶隙温度降低，避免外界冷空气窜入，保证罐头能在较高温度下封罐，提高罐头的真空度，减轻"氢胀"的可能。罐头经预封后，罐身、罐盖初步勾连，卷边外形呈光滑圆弧状，这可提高封口质量。采用高速旋转封罐机封口时预封可防止罐盖脱落。玻璃罐则无须预封。

预封机采用滚轮回转式预封机，若采用压头或罐身自转式预封机，转速应较缓慢。常见的有手扳式、阿斯托利亚型和 J 型。

8.4.2　排气

排气是将食品装罐后、密封前将罐头顶隙间的、装罐时带入的和原料组织内未排净的空气，尽可能从罐内排出，使密封后罐内形成真空的过程（或生产技术措施）。只有排除罐内的气体，才能在密封之后形成一定的真空度。操作中，虽然加注的是热糖液，但遇冷凉的果块，温度下降很快，罐头顶隙及原料组织中仍留有空气。通过加热排气，原料组织受热膨胀，空气逸出罐外，同时，顶隙中的空气被水蒸气所替代，因此，封罐、杀菌、冷却后，罐头内容物收缩，顶隙中的水蒸气凝为液体，因而罐内形成适度的真空状态，这是罐头制品得以保存的必备条件。

1. 排气的目的

排气可以达到以下目的：

1）可抑制好氧型细菌及霉菌的生长发育，减轻杀菌负担。

2）排除顶隙及内容物中的空气，可防止或减轻铁罐内壁的氧化腐蚀和内容物的变质，减少维生素 C 和其他营养物质的损失，较好地保持产品的色、香、味，减少或防止氧化变质，延长罐头制品的贮藏寿命。

3）可减轻加热杀菌时空气膨胀而使铁皮罐头变形和防止玻璃罐"跳盖"。由于杀菌温度高于排气温度，尤其是高压杀菌，杀菌时罐头的内压必然增大，若罐内没有适度真空，内压的增大，会使玻璃罐"跳盖"、铁皮罐膨胀变形，影响罐头卷边和缝线的密封性。反之，排气后形成的适度真空，可以防止上述现象的产生。

4）排气使罐头内保持一定的真空状态，罐头的底盖维持一种平坦或向内凹陷的状态，这是正品罐头的外部征象，便于成品检查。

5）因为容器内含有较多空气时，空气的热传导系数远小于水，传热效果差，加热杀菌过程中的传热就会受阻，所以排气可加速杀菌时热的传递。

2. 排气的方法

排气方法及其使用设备视不同产品及要求而异，主要有加热排气、真空封罐排气和蒸汽喷射排气三种。

（1）**加热排气法**

在罐头生产过程中，利用空气、蒸汽和内容物受热膨胀的原理，将罐内空气排除。

1）热罐装法。先将物料加热至一定温度，趁热装罐并密封，适于含空气不多的流体或半流体食品，或加热搅拌不影响其组织形态的食品，如果汁、果酱。此外，一些柔嫩果蔬和热敏性食品采用冷装后立即加入95℃以上热汤汁，使其平衡后温度在70~75℃，或适当加入使温度达到75℃以上，立即密封。应注意，装罐迅速，密封及时，立即杀菌，不能积压，才能保证真空度和防止微生物活动。

2）加热排气法。内容物装罐后，覆时罐盖在用蒸汽或热水加热的排气箱内，经一定时间加热使罐中心温度达到75~85℃，立即密封。排气箱温度、排气时间，视原理性质、装罐方式和罐型大小而定，一般以罐中心温度达到规定要求为原则。加热排气的温度越高，时间越长，则罐内及食品组织中的空气被排除越多。但过高的排气温度，易引起果蔬组织软烂及糖液溢出，同时造成密封后真空度过高，形成瘪罐。一般排气箱温度为82~98℃，排气时间为7~20 min，罐中心温度达75℃或75℃以上。加热排气法适于无真空封罐机或手扳式封罐机封口时采用，但应及时杀菌。

加热排气除具有排气充分的优点外，还有以下特点：①设备容量可按设计要求，且一次能容纳数量较多的罐头，同时对任何罐型都适用，特别适用于玻璃罐头的排气；②随时可以调节排气的温度和时间，以适应品种和罐型等不同的要求；③可以和半自动封罐机配套使用。

广泛采用的有链带式和齿盘式排气箱。罐头从排气箱一端进入，箱底有蒸汽喷射管，可由阀门调节蒸汽量，维持一定温度罐头通过的速度，即排气时间由电机及链条、齿带轮、变速箱调节来控制。链条式结构简单，制造方便，造价低廉，适于多种罐型，使用时依次前进，不易发生故障，但蒸汽损耗大，受热不及齿盘式均匀。齿盘式排气箱容量大，蒸汽损耗少，罐头受热均匀，但结构复杂，体积大，适于大型罐头。

（2）**真空封罐排气法**

真空封罐排气法即在真空封罐机内进行抽空排气密封。真空封罐是利用真空泵先将真空封口机密封室内空气抽出，形成一定的真空度，待罐头通过密封阀门送入已形成一定真空度的密封室时，罐内部分空气就在真空条件下被迅速抽出，同时，立即封口后，通过另一密封阀门送出。一般真空度以46662~59994 Pa为宜。适于汤汁少、空气含量较多和加热排气传导慢的果蔬，如苹果、梨、菠萝等，还应配合装罐前的抽空处理，或加入热糖液等方法，弥补封罐机真空度不能达到要求的缺陷，减少产品变色等问题。

（3）**喷蒸汽封罐排气法**

装好内容物的罐头用机械装置将内容物压实到预定的高度，以保证一定的顶隙，然后将罐头送到罐盖下部，保持一定的距离，罐与盖一起送入装有喷射蒸汽装置的封罐机中，具有一定温度和压力的蒸汽向罐内顶部喷射，由蒸汽取代顶隙中的空气，在罐身、罐盖接合处周围维持有大于大气压的蒸汽，并立即密封，这样在罐盖密封前能防止空气流入罐内，待冷却后蒸汽冷凝，罐内就产生了部分真空。

蒸汽喷射密封法要求有适当的顶隙，顶隙小，密封后几乎不能形成真空。如果操作和运行符合要求,则顶隙大,真空度大。由于蒸汽喷射时间短,仅表面受到轻微的加热,食品本身并未受到加热,无法将食品组织和间隙的空气排除,因此不适宜空气含量多的果蔬,如桃、梨。

3. 真空度

罐头经排气(或抽气)密封后,罐内残留空气压力低于罐外大气压力,其压力差即为罐头的真空度,用公式表示为

$$罐内真空度 = 大气压力 - 罐内残留气体压力$$

(1) 影响真空度的因素

1) 排气密封温度。排气密封温度是指罐内食品密封时的温度,提高排气温度可促使食品升温,罐内食品及气体膨胀将空气赶走。品温越高,罐内残留空气越少,真空度越大(表 8-7)。但排气后应及时密封,否则罐内食品温度下降,真空度也就下降。相同排气温度下,大型罐头密封冷却后形成的真空度大,反之,小型罐头真空度小。

表 8-7 **食品封口温度与真空度的关系**

封口温度 /℃	93.3	87.3	82.2	71.1	65.5	60.0	21.1
罐内真空度/Pa	54181	52154	44022	29263	27090	23717	3386

2) 顶隙大小。对热力排气来说,由于排气是在常压下进行的,排气温度低于 100℃,故总有部分空气残留下来。同一排气和密封温度,多数产品排气不完全,因而在一定顶隙范围内,顶隙越大,真空度越小,反之,真空度越大。不过这种情况只适于空气含量小的液体食品,对于空气含量多的罐头食品并不按照这一规律变化。对于真空密封来说,顶隙大,则真空度大,但顶隙容积超过一定范围真空度无明显增长。

3) 食品原料种类和酸度。各种原料都有一定量的空气,原料组织中的空气虽经加热排气,但不能完全排尽,杀菌冷却后,组织内残留空气在贮藏过程中逐渐释放出来,使罐内真空度降低,尤其是真空密封法,组织内的空气基本上未排除,因而真空度下降更为显著。果蔬组织内空气含量多,特别是成熟度低的果蔬组织坚硬,要排尽空气十分困难,目前生产上采用果蔬抽空或加热烫漂等工艺来解决这一问题。含酸量高低也影响罐头真空度。由于酸度高,H^+ 能将容器中的金属置换出来并生成 H_2,使罐内真空度下降,严重时可形成"氢胀罐"。

4) 食品原料的新鲜度和杀菌温度。不新鲜的原料会产生各种气体,如含硫蛋白分解产生 H_2S、NH_3 等,果蔬类食品会产生 CO_2。杀菌时由于反应速度加快,产气多,罐内真空度就降低。同一密封温度下,杀菌温度越高,冷却后形成的真空度越小。

5) 气温和气压。随着气温升高,罐内残留空气受热膨胀,压力增加,真空度降低。大气压对真空度的影响实质上是海拔对真空度的影响。海拔越高,气压越低,罐内外压力差缩小,真空度低。一般说来,海拔每升高 100 m,真空度下降 1066~1200 Pa。但这种真空度下降或消失并不影响罐头质量。

(2) 果蔬罐头对真空度的要求

从成品的质量和安全考虑,小型果蔬罐头应保持较高的真空度,一般为 50.65 kPa,

而大型果蔬罐头则应保持较低的真空度，一般为 39.99 kPa。

（3）检测真空度的方法

常用的有罐头真空测定计，或用人工打检棒敲击罐盖，从声音是否清脆来判断罐内真空度的大小。比较先进的还有自动打检机。

8.4.3 密封

罐藏食品能长期保持良好的品质，并为消费者提供卫生而营养的食品，主要依赖于成品的密封和杀菌。容器的密封可以断绝罐内外空气流通，防止外界细菌侵入污染，密封食品经杀菌后长期保藏不腐败。若密封性不好，产品预处理、排气、杀菌、冷却及包装等操作将变得毫无意义，故密封在罐头食品制造过程中是重要的操作之一。

1. 金属罐的密封

金属罐的密封都是通过封罐机来完成的。封罐机的类型很多，按使用动力可分为手动、半自动和全自动封罐机等；按封罐时罐头转动与否可分罐头旋转和封罐机机头旋转封罐机；按封罐机封罐时气压不同可分真空和常压封罐机；按所封产品不同可分金属罐、玻璃罐或饮料罐封罐机等。

（1）封罐机主要部件和作用

封罐机由：压头、托底板、第一道和第二道辊轮等部件组成。操作时，将罐头置于托底板上，运转时，托底板上升使罐盖正好套在压头上，托底板的压力使罐身和罐盖固定在托底板与压头之间，封罐时有两种类型：一种是罐身随压头轴旋转，头道辊轮把罐盖盖钩部分向内弯曲，卷入身钩内，二道辊轮把头道辊轮形成的松弛卷边向内挤压，构成紧密的二重卷边；另一种是罐身不旋转，密封时封罐机机头围绕罐身旋转，辊轮向内挤压，经头道辊轮卷曲后的卷边再由二道辊轮挤压密封。二重卷边过程如图 8-3 所示。

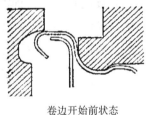  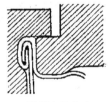

卷边开始前状态　　　　　　头道卷边完成时　　　　　　二道卷边完成时

图 8-3　封罐各阶段的状态

（2）卷边的结构和要求

要达到良好的密封，除要有良好的封罐机外，还需熟练的技术人员和对封罐机的正确调节。首先是根据罐的直径，更换机头上的压头；然后调节压头水平位置及其与辊轮的垂直位置；最后调节托底板与压头的距离，使罐头在封罐时不致动摇。根据制罐材料厚薄及罐型直径大小，调节辊轮与压头水平面及垂直位置，调节好后就可以进行试封，检查卷边是否符合规格要求，进行卷边解剖及内部技术规格检查，如正常时即可正式运转生产。在封罐过程中，必须定期抽查样品，观察和判断卷边是否正常。正常的二重卷边由五层马口铁皮和密封胶所组成，其结构名称和位置如图 8-4 所示。

二重卷边质量对罐头密封性能有重要的影响。卷边的外部和内部尺寸应符合下列要求：卷边宽度为 2.80～3.15 mm，埋头度为 3.05～3.30 mm，身钩长度为 1.5～2.2 mm，卷边厚度为 1.25～1.75 mm，盖钩长度为 1.8～2.2 mm。此外，还需检查叠接率、紧密度和接缝盖钩完整率，一般要求这三项指标应大于 50%。

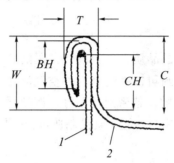

1. 罐身；2. 罐盖；T. 卷边厚度；W. 卷边宽度；C. 埋头度；BH. 身钩长度；CH. 盖钩长度

图 8-4　二重卷边结构图

1）卷边叠接率。卷边叠接率是指卷边内盖钩与身钩实际叠接长度与理论叠接长度的百分率，它表示了卷边内部身钩和盖钩相互叠接的程度。可由下列公式近似表示：

$$OL = \frac{BH + CH + 1.1T_c - W}{W - 2.6T_c - 1.1T_b} \times 100$$

式中，OL——卷边叠接率，%；

　　　BH——身钩长度，mm；

　　　CH——盖钩长度，mm；

　　　T_c——盖钩铁皮厚度，mm；

　　　T_b——身钩铁皮厚度，mm；

　　　W——卷边宽度，mm。

2）紧密度。紧密度是指卷边内部盖钩上平服部分占整个盖钩长度的百分比，即身钩与盖钩相互钩合紧贴的程度。一般以盖钩皱纹来衡量。皱纹是指卷边内部解体后，盖钩边缘上肉眼可见的凹凸不平的皱曲现象。盖钩皱纹度由盖钩上皱纹延伸程度占整个盖钩程度的比例确定。皱纹度与紧密度成对应关系，皱纹度小，表示紧密度高，其密封程度高。图 8-5 所示为皱纹分级示意图。

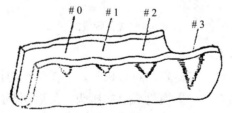

＃0 级：正常，密封性可靠，紧密度高；＃1 级：一般没有问题；

＃2 级：卷边较松，应注意；＃3 级：卷边松离，紧密度不合格，易于漏罐

图 8-5　皱纹分级示意图

3）接缝盖钩完整率。接缝盖钩完整率是指罐身接缝处的罐盖完整程度，即有效盖钩

占正常盖钩整个宽度的百分比。由于接缝处铁皮层数增加和接缝焊锡使接缝处往往比罐身的其他部位厚，在卷边时接缝处罐盖钩容易产生下垂现象。一般卷边不允许有下垂现象，而接缝处下垂不允许超过卷边宽度的 20%。图 8-6 所示为接缝盖钩完整率示意图。

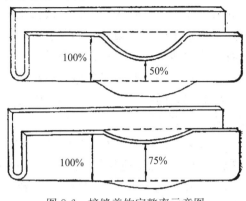

图 8-6　接缝盖钩完整率示意图

2. 玻璃罐的密封

玻璃罐与金属罐的结构不同，密封方法也不一样，玻璃罐本身因瓶口边缘造型不同，使用的盖子型式不一，因此密封方法也各有区别。

卷封式玻璃罐目前广泛用于生产，密封性能好，能耐高温杀菌，盖子采用镀锡薄板制成，盖的边缘黏附有橡胶垫圈，封口时利用封口机辊轮推压，使盖子与瓶口挤压密合，盖子钩边中垫圈紧压在瓶口凸缘上，从而达到密封的目的。

抓式玻璃罐密封时可用蒸汽喷射或抽真空的方法，使罐内顶隙形成一定的真空度。抓式封口机的机头，根据罐口、罐盖大小设计，机头为一圆柱体，周围嵌入一定长度的抓牙，抓牙的多少根据玻璃罐口大小而定，在抓牙外围套有一个与连杆相接的金属外壳，封罐时，外壳随连杆运动向下移动，将抓牙向内挤压，受压处形成有规则的内卷的凹槽，将罐盖与玻璃罐口紧密嵌合达到密封的目的。

套压式玻璃罐最适合于大规模生产，国外产量较大，密封时用自动封口机来封罐，将罐盖套压于罐口上，利用塑料与玻璃罐口紧密附着达到密封的目的。封罐时玻璃罐以一定的间距前进，通过自动加盖装置，把罐盖置于罐口上，经过蒸汽喷射，将罐口顶部空气排除，由封罐机头迅速将盖会压在罐口上。

3. 罐盖打代号

通常罐头罐盖上均要打上代号，用简单的字母或数字标明地区、生产厂名、产品品种、生产年月日、班组，以便作为检查和管理上的参考。打代号的设备，有的附设于封罐机上，在封罐的同时罐盖被打上代号，有的则事先用打代号机打印。

打代号时要注意字模应清晰、光洁，不得有缺口或高低不平。打代号前应严格校正字模，并仔细检查，避免造成表面损伤，影响产品品质。

除用机械在罐盖上打代号外，也可采用特制的印字液在灌盖上印字。

8.4.4 杀菌

果蔬罐头经排气和密封后，并未杀死罐内微生物，仅仅是排除罐内部分空气和防止微生物感染。杀菌的目的是杀死果蔬中所污染的致病菌、产毒菌以及能引起罐头食品变质的腐败菌，破坏果蔬自身的酶的活性，使密封在罐内的果蔬食品在一般贮藏条件下长期保存，同时起到一定的蒸煮调味作用，改善果蔬原料组织质地、风味，使其更符合食用要求。因此，杀菌是果蔬罐藏工艺的一道把关的工序，它关系到罐头生产的成败和罐头品质的好坏，必须认真对待，严格操作。

同其他罐头的杀菌一样，果蔬罐头杀菌属于商业灭菌，所以，在保证安全的情况下，要尽量保持果蔬原有的色泽、风味、组织质地及营养价值等。一般来说，杀菌是指罐头由初温升到杀菌所要求的温度，并在此温度下保持一定时间，达到杀菌之目的，立即冷却。

1. 杀菌方法

果蔬罐头常用的杀菌方法有常压杀菌、加压蒸汽杀菌和加压水杀菌。

（1）常压杀菌

将果蔬罐头放入常压的热水或沸水中进行杀菌，杀菌温度不超过水的沸点，杀菌操作和杀菌设备简便，适用于pH<4.5的酸性食品，如水果类、果汁类、酸渍菜类等。一般杀菌温度为80~100℃，时间为10~40 min，杀菌锅或池内盛水，用蒸汽加热，投入盛罐头的杀菌篮（注意玻璃罐投入时温差不得超过60℃），水必须淹没罐头10 cm，一般在70℃水温下预热10 min（从水温达到杀菌温度时计时）。另外，真空封罐罐头比加热排气罐头杀菌时升温时间延长3~5 min。杀菌完毕取出，迅速冷却，玻璃罐分段冷却。

需要注意的是，同一品种的罐头在海拔较高的地区进行杀菌时，其杀菌时间要适当延长，一般要求是海拔每升高300 m，需延长杀菌时间20%。一种水果罐头在海平面的杀菌时间是30 min，若在高300 m的地方杀菌，则需36 min。

（2）加压杀菌

此法适用于低酸性（pH≥4.5）果蔬罐头食品的杀菌。但有的果品罐头采用加压杀菌，可大大缩短杀菌时间。加压杀菌设备复杂，操作要精细。根据加压杀菌设备不同，可分以下两种类型：

1）加热蒸汽杀菌。将罐头放入卧式杀菌器内，通入一定压力的蒸汽，排除锅内空气，使锅内温度升至预定的杀菌温度，经过一定时间而达到杀菌的目的。加热蒸汽杀菌使用最广，其特点是费用经济合算，温度控制方便。蒸汽杀菌时，加压杀菌锅表压与温度的关系见表8-8。

表8-8 加压杀菌锅表压与温度的关系

表压/Pa	相当于饱和蒸汽温度/℃	表压/Pa	相当于饱和蒸汽温度/℃
6864.6	101.8	61781.9	114.0
13279.3	103.0	68646.5	115.2

续表

表压/Pa	相当于饱和蒸汽温度/℃	表压/Pa	相当于饱和蒸汽温度/℃
20593.9	105.3	75511.2	116.4
27458.6	106.9	82375.9	117.6
34323.2	108.4	89240.5	118.8
41187.9	109.9	96105.2	119.9
48052.5	111.3	102969.8	120.9
54917.2	112.6	—	—

2）加压水杀菌。多将罐头放入立式杀菌锅内进行高压杀菌。加压后锅内水的沸点可达100℃以上，并且随外部压力的不同而不同，如气压增至172.59kPa时，沸点可升至115℃，气压增高至206.91kPa时，沸点可升至121℃左右。可以根据果蔬罐头杀菌温度的要求，通过杀菌锅内气压的增高，使水达到要求的杀菌温度。不同大气压下水的沸点见表8-9。

表 8-9　不同大气压下水的沸点

大气压/kPa	相当于饱和蒸汽温度/℃	大气压/kPa	相当于饱和蒸汽温度/℃
98.066	100	206.920	121.29
102.969	100.53	241.244	126.25
138.274	108.86	275.567	130.68
172.597	115.58	—	—

加压杀菌按操作的连续性又分为间歇式杀菌和连续式杀菌，其中以间歇式杀菌为常用。连续式杀菌近年来发展较快，特点是价格较贵，处理能力大，适合于少数品种的大批量生产。

无论采用哪种加压杀菌法，其共同的操作均可分下面三个阶段。

①排气升温阶段，为达杀菌温度，首先将杀菌器内的空气排出，然后升温至杀菌温度。

②杀菌阶段，维持在一定杀菌温度下的杀菌阶段。

③消压降温阶段，罐头加压杀菌结束后，必须逐渐消除杀菌器内的压力并降温后方可将杀菌器的密封盖打开，而后进行罐头的冷却。

操作过程如下：罐头装入加压杀菌器后，将密封盖锁紧，打开排气阀和泄气阀，同时打开蒸汽阀并以最大的流量冲击以排出杀菌器内的空气。杀菌器内开始升温，升温的时间以短为宜，但要以排出杀菌器内的空气为前提。升温阶段特别需要注意的是，杀菌器内的温度和压力是否相符。如果杀菌器内的温度低于压力表上所示压力的相应温度，即说明空气未排净，应继续排气，直至温度与压力相符，关闭排气阀，停止排气，进行杀菌。

杀菌结束后，进行消压降温。消压降温操作至关重要，因为在加压高温条件下杀菌，罐头内容物膨胀，压力增大，如果消压过快，会使罐头变形、罐盖脱落，甚至爆破，所以杀菌器的上部常安装有压缩空气装置，以均衡罐头内外的压力，而维持罐盖的密封及安全。也可以利用冷水反压降温替代空气压缩机，改变过去的排气降压措施，这样，杀菌后的降压时间由原来的 20～30 min 缩短为 7～10 min，防止因消压过快而造成的物理性胀罐及罐瓶的破裂现象，降低了废品率。

冷水反压降温就是向杀菌器内注入高压冷水，以水的压力代替热蒸汽的压力，既能逐渐降低锅内的温度，又能使其内部的压力保持均衡的消减。冷水反压降温的操作步骤如下：①杀菌前，锅内加注冷水，加水量以吊入杀菌篮后，水面接近锅面为准；②打开蒸汽阀通入蒸汽，把水加热至沸腾；③吊入杀菌篮（若为玻璃罐需在温度较低时吊入）。④将密封盖锁紧；⑤打开排气阀进行排气，当温度达 121℃，压力为 206.92 kPa 时，即表示排气结束，关闭排气阀；⑥杀菌，在 121℃下按杀菌时间进行杀菌；⑦反压降温，杀菌结束，临近降温时，首先观察自来水的压力是否达 245.2 kPa 以上，若达此压，可将自来水阀门打开，通入杀菌器内降温，若水压不足，则开启水泵和回流阀，控制水压在 392.3～490.3 kPa，使高压冷水进入杀菌器内；⑧关闭蒸汽阀，调节排气阀，使锅内压力维持在 117.68～127.49 kPa，当排气阀排出的是水而不是蒸汽时，即表明锅内水温已降至 100℃，但此时还不能关闭冷水阀，因此时罐头内部温度仍可能在 100℃以上，应在排气阀连续喷水几分钟后，再关闭冷水阀，打开锅盖，吊出杀菌篮进行常压冷却。

2. 杀菌注意事项

杀菌操作是否正确，对产品质量有很大影响，因此必须正确操作，才能保持罐头品质。无论是高压杀菌，还是常压杀菌，杀菌时都应注意：

1）尽可能保持罐内食品初温，封好口的罐头不能久放，尤其是环境温度较低时。

2）目前罐头大多采用蒸汽作为热源杀菌，但杀菌器内如果空气排除不尽，由于空气的导热性差，就会影响蒸汽向罐头的传热，有时由于空气残留造成死空气袋，这样附近罐头不易与蒸汽接触，杀菌效果就会显著降低，因此充分排除杀菌器内残留的空气，在杀菌操作中相当重要，排气时间要充分，要迅速排出空气且越快越好。

3）罐头加热杀菌时要求要尽快地达到杀菌所需温度，在达到排气目的的前提下，尽可能缩短升温时间，使罐内温度上升，且送放蒸汽初期应加大蒸汽流量和流速，以减少锅内温度分布不均匀情况。

4）严格控制恒温时间和温度。

5）注意罐头放置在时间篮中的形式，应以有利于传热为佳。罐头在篮筐或杀菌车内排列位置与热的传导有关，通常多数呈直立排列，但某些罐头内容物呈层叠现象，层叠面与罐的中轴成垂直方向，如将罐头直立排列堆放，传热速度就会迟缓。罐头在杀菌器中的堆放，以蒸汽能充分流通为宜。

6）排除冷凝水，冷凝水太多会影响传热效果，降低时间效率。

7）罐头在杀菌过程中随着温度的上升，内压会有上升，如果罐内压力增加至一定程度，超过杀菌器内压力时，即会出现罐内外压力不平衡的现象，会破坏容器的形状和密闭性，这在玻璃罐中尤为明显，这就需要在杀菌时另外补充压力，这种外加的压力称为反压力，所需补充的反压力大小理论上应等于罐内外压力差与允许压力差之差，最好通过试验来确定。在罐头杀菌或冷却时都应使杀菌器内压力保持恒定，直至冷却结束。

8) 为了保证杀菌效果, 应经常检查杀菌器上各种仪表、阀门、管道是否正常。

8.4.5 冷却

1. 冷却的意义

罐头在杀菌完毕后, 必须迅速冷却, 否则罐内食品继续处于较高的温度, 会使色泽、风味发生变化, 组织软化。食品中的有机酸在较高温度下会加速罐头内壁的腐蚀, 并促进罐头中残留的嗜热菌的活动。罐头究竟以冷却至什么温度为宜? 一般认为可掌握在用手取罐不觉烫手 (即 38~40℃), 罐内压力已降至正常为宜, 此时罐头仍有一部分余热, 有利于罐面水分的继续蒸发, 结合人工擦罐, 防止罐身罐盖生锈。

2. 影响冷却的因素

罐头冷却时降温速度理论上与罐头杀菌时的升温速度是相当的, 升温快的罐头冷却也较快。

通常有汤汁的食品要比没有汤汁的食品冷却快些, 同一食品块形小的冷却较块形大的快些, 果酱类产品浓度低的比浓度高的冷却快些。由于所用容器不同, 冷却速度也不一样, 装入同一食品时, 铝罐比铁罐冷却快, 而铁罐又比玻璃罐冷却快, 这主要是由于不同材料传热系数不同的缘故。如采用同一种材料容器时, 罐型小的比罐型大的快些。

3. 冷却的方法

目前罐头生产普遍使用冷水冷却的方法, 极少采用空气冷却、常压杀菌的罐头可采用喷淋冷却和浸水冷却, 以喷淋冷却的效果较好, 喷淋的水滴与热的罐头接触时, 水滴遇到罐头热量蒸发变成水汽吸收大量潜热。加压水杀菌及加压蒸汽杀菌的罐头内压较大, 需采用反压冷却, 在冷却时补充杀菌器内压力, 如内压不高时, 也可在不加压的情况下进行冷却。

加压冷却因加压方法不同又可分为蒸汽加压冷却、空气加压冷却及加压水反压冷却等。冷却速度在保证容器不破损的条件下越快越好。但玻璃罐因温度急剧变化容易发生破裂, 应逐步冷却, 即按水温 80℃→ 60℃→ 40℃分段冷却。

目前有些罐头杀菌器已连接冷却装置, 如常压连续杀菌器、静水压杀菌器等, 生产效率较高。

4. 对冷却水的质量要求

对于冷却水的质量要求, 常常被生产单位忽视, 人们集中注意冷却水的温度和消耗量, 因为这直接影响到产品质量和成本。另外, 认为罐头已经密封, 罐外微生物不会通过冷却水再进入罐头内部。因此, 对水质的考虑就无足轻重, 实际上这是一种误解。罐头食品生产要经过许多工序, 有时在罐身卷边处会产生不易觉察的间隙, 在冷却时由于压力的变化, 可能会有冷却水渗入, 如果冷却水的质量不符合要求, 合较多微生物, 就易引起产品败坏变质。一般冷却水应符合国家饮用水卫生标准。如果水质不能达到标准，则冷却时必须进行处理，最经济而有效的方法是加氯处理，其中常用的为加入次氯酸钠（漂白粉），控制有效氯含量为 3~5 mg/L。

8.4.6　质量要求、检验与贮存

1. 质量要求

果蔬罐头食品的质量要求：一是罐体完好无损，即罐头容器不变形、不漏水、不透气、罐壁无腐蚀现象及罐盖不膨胀（胖听）；二是罐头内容物具正常的色、香、味、形和重量，无异常、无杂质；三是卫生指标符合国家有关标准，罐内食品中不能检出致病菌或腐败变质，重金属含量、农药残留量和防腐剂成分均应符合规定标准。

2. 检验

对果蔬罐头质量的检验，通常采用感官检验、理化检验和微生物、重金属检验。

（1）**感官检验**

罐头的感官检验包括容器的检验和罐头内容物质量检验。

1）罐头容器的检验。

①观察瓶与盖结合是否紧密牢固，胶圈有无起皱；罐盖的凹凸变化情况；罐盖打号是否合乎规定要求；罐体是否清洁及锈蚀等。

②对于罐盖外凸的（胖听罐），可用手指按压法，鉴别"胖听"的性质。手指按下罐盖稍下降的罐头为正常罐；若用力压才下陷的，内容物可能开始变质；若用大力压不下去或强行压下而又鼓起，说明是"胖听"罐头。

③用打检法敲击罐盖，以声音判定罐内的真空度，进而判断罐内食品的质量状况。一般规律是，凡是声音发实、清脆、悦耳的，说明罐内气体少，真空度大，食品质量没有什么变化，一般是好罐；若敲击声发空、混浊、噪耳，说明罐内气体较多，真空度小，罐内食品已在分解、变质。打检棒一般采用金属制成，重约 50 g，长 20~25 cm，头部呈一圆球形，圆球直径为 0.9~2.0 cm。

2）罐头内容物质量检验。主要是对内容物的色泽、风味，组织形态、汁液透明度、杂质等进行检验。开罐后，观察内容物的色泽是否保持本品种应有的正常颜色，有无变色现象，气味是否正常，有无异味。根据要求，果实是否去皮、除籽巢，果块软硬程度，块形是否完整，同一罐内果块大小是否均匀一致，有无病虫、斑点等。汁液的浓度、色泽、透明度、沉淀物和夹杂物是否合乎规定要求。品评风味是否正常，有无异味或腐臭味。

（2）**理化检验**

理化检验包括罐头的总重、净重、固形物的含量、糖水浓度、罐内真空度及有害物质等。

1）真空度的测定。正常的罐头，真空度应为 2937~5065 Pa。测定方法：①打检法，不够精确；②采用真空表测定，方法如前述，但需注意，一般真空表测出的数值，要比罐内实际真空度低 666~933 Pa，这是因为真空表内有一段空隙，接头部一般含有空气。

2）净重和固形物比例的测定。净重：罐头的毛重减去空罐的质量即为净重。净重的公差每罐允许为±3%。但每批罐头平均值不应低于净重。固形物占净重的比例：一般用筛滤去汁液后，称量固形物质量，按百分比计算。

3）可溶性固形物（泛指糖水浓度）的测定。最简单的测定方法是用折光仪（手持糖量计）测定。大厂可用阿贝折光计测定。测定时，应注意测定时的温度，一般在室温 20℃下进行，否则应记录测定时的室温，再根据温度校正表修正。

4）有害物质的检验。包括罐内重金属含量、防腐剂及农药残留量的测定。要求 1000 g 内容物中，锡不超过 250 mg，砷不超过 0.5 mg，铅不超过 1 mg。农药残留量，1000 g 内容物中"六六六"不得超过 0.05 mg，DDT 不得超过 0.05 mg。

（3）微生物检验

微生物检验是将罐头堆放在保温箱中，维持一定的温度和时间，如果罐头食品杀菌不彻底或再浸染，在保温条件下，便会繁殖使罐头变质。为了获得可靠数据，取样要有代表性。通常每批产品至少取 12 罐。抽样的罐头要在适温下培养，促使活着的细菌生长繁殖。中性和低酸性食品以在 37℃下培养 1 周为宜，酸性食品在 25℃下保温 7~10 天。在保温培养期间，每日进行检查，若发现有败坏现象的罐头，应立即取出，开罐接种培养，但要注意环境条件清洁，防止污染。经过镜检，确定细菌种类和数量，查找带菌原因并制定防治措施。

3. 贮存

罐头食品的贮存场所要求清洁、通风良好。罐头食品在贮存过程中，影响其质量的因素很多，但主要的是温度和湿度。

（1）温度

在罐头贮存过程中，应避免库温过高或过低以及库温的剧烈变化。温度过高会加速内容物的理化变化，导致果肉组织软化，失去原有风味，发生变色，降低营养成分，并会促进罐壁腐蚀，也给罐内残存的微生物创造发育繁殖的条件，导致内容物腐败变质。实践证明，库温在 20℃以上，容易出现上述情况。温度再高，贮期明显缩短。但温度过低（低于罐头内容物冰点以下）也不利，制品易受冻，造成果蔬组织解体，易发生汁液混浊和沉淀。果蔬罐头贮存适温一般为 10~15℃。

（2）湿度

库房内相对湿度过大，罐头容易生锈、腐蚀乃至罐壁穿孔。因此，要求库房干燥、通风，有较低的湿度环境，以保持相对湿度在 70%~75% 为宜，最高不要超过 80%。此外，罐瓶要码成通风垛；库内不要堆放具有酸性、碱性及易腐蚀的其他物品；不要受强日光曝晒等。

4. 贴标（商标）和包装

果蔬罐头标签符合《预包装食品标签通则》（GB 7718—2011）要求，即将印刷有食品名称、质量、成分、功能、产地、厂家等的商标，贴在罐壁上，便于消费者选购。优质产品应配以美丽的商标图案，以增加商品的竞争力。

罐头食品的贴标，目前多用手工操作。此外，也有的采用各种贴标机械，如半自动贴标机、自动贴标机等。

罐头贴标后，要进行包装，便于成品的贮存、流通和销售。包装作业一般包括纸箱成型、装箱、封箱、捆扎四道工序。完成这四道工序的机械分别称为成箱机、装箱机、封箱机和捆扎机。但目前国内前三道工序仍多为手工操作。

8.5　果蔬罐头食品常见质量问题及控制

果蔬罐头在生产过程中由于原料处理不当或加工工艺不够合理或操作不谨慎或成品贮藏条件不适宜等，往往会使罐头发生败坏。败坏的原因总的可以归纳为两类，即理化性败坏和微生物败坏。

8.5.1　理化性败坏

由物理的或化学的因素引起罐头或内容物的败坏，包括内容物的变色、变味、混浊沉淀和罐头铁皮的腐蚀等。

1. 硫化斑

在罐头内壁产生褐色的斑块和易于擦落的点状、条状的黑色物质，这是硫化氢与马口铁作用所致。因此，含蛋白质较多的果蔬，原料用亚硫酸保存或蔗糖中 SO_2 含量超标及马口铁擦伤的容器等均易发生此种现象。轻者产生硫化斑，严重的产生硫化铁，虽无损于人体健康，但硫化铁能污染内容物，故不允许存在。而硫化斑允许少量存在，但色泽较深而面积布满罐壁者也不允许存在。与硫化铁相似的硫化铜，呈绿黑色，这是果蔬食品受铜制设备的污染，进而与硫化氢作用所致。硫化铜有毒，故不允许存在。解决硫化斑问题的措施是采用抗硫涂料。

2. 氧化圈

罐头内壁液面处发生的暗灰色腐蚀圈。这是罐内顶隙中残存的氧气与马口铁皮作用的结果。允许轻度存在，但应尽量防止。可采用杀菌前后罐头倒置等方法来解决这一问题。

3. 变色

变色是由于内容物的化学成分之间或与罐内残留的氧气、包装的金属容器等的作用而造成的现象，如桃、杨梅等果实中的花色苷与马口铁作用而呈紫色，甚至可使杨梅褪色；荔枝、白桃、梨等的无色花色苷变色（变红）；绿色蔬菜的叶绿素变色；果蔬罐头中普遍存在的非酶褐变引起的变色等。这些情况都会影响产品的质量指标，虽然一般无毒，但直接影响到产品的外观色泽，故应尽量加以防止。

4. 变味

变味情况较多。微生物的生长繁殖可以引起变味，导致不能食用；加工过程中的热处理过度常会使内容物产生煮熟味；金属罐壁的腐蚀又会产生金属味（铁腥味）；原料品种的不合适会带来异味（如杨梅的松脂味、柑橘的苦味等）。对于这一类的变色应分别针对各种原因采取措施加以解决，如严格卫生制度、掌握热处理的条件和选择合适的罐藏原料等。

5. 涂料脱落

发生在采用涂料罐的产品中。罐头内壁马口铁上的涂料呈片状脱落或涂料与马口铁已局部分离但尚未脱落，允许少量发生，严重时不允许。原因是涂料有擦伤。从提高空罐制造机械的光洁度方面来解决这一问题。

6. 沉淀

内容物由于保藏过程中物理的或化学的影响而发生沉淀，如糖水桔子罐头和清渍笋罐头的白色沉淀，一些果汁和蔬菜汁罐头的絮状沉淀或分层等。这种情况如不严重影响产品外观品质，则允许存在。一般是由于工艺条件掌握不好造成的，如桔子罐头的白色沉淀主要是由于酸碱脱囊衣及漂洗时间等条件未达到工艺要求造成的。

7. 氢膨胀

氢膨胀是罐头内容物与金属包装容器相互作用，引起马口铁罐内壁腐蚀而产生氢气，造成罐头两端突起的现象。氢膨胀不是腐败菌引起的，因此轻度时无异味，但严重时能使制品产生金属味，致使重金属含量超标。高酸性的果蔬罐头常易出现此类败坏。一般要求使用抗酸涂料容器。

8.5.2 微生物败坏

果蔬罐头因微生物造成的败坏，其后果都是很严重的，不仅在经济上遭受很大的损失，有的甚至危及人身安全，必须认真对待。

1. 杀菌上的缺陷

杀菌不完全是造成微生物败坏的主要原因。杀菌不完全的情况下，某些耐热性微生物得以幸存，在适宜的条件下活动，产生气体而形成胀罐，这种情况还容易被发现，而某些嗜热性微生物存在时，它不产生气体只生成酸，这从罐头的外形上看不出来，但内容物味道已变酸，其pH常降至2.0以下，这种酸败现象称为不产气酸败（俗称平酸败坏），不产气酸败常在蔬菜罐头中出现。

导致平酸败坏的微生物称为平酸菌，它们大多数为兼性厌氧菌，在自然界中分布极广，果蔬罐头的平酸败坏需开罐或经细菌分离培养后才能确定，但其变酸过程中平酸菌常因受到酸的抑制而自然消失，不一定能分离出来。特别是在那些贮存期越长、pH低的罐头中平酸菌最易消失，这就需要做涂片仔细观察，寻找细胞残迹，以便获得确证。酸性食品中常见的平酸菌为嗜热酸芽孢杆菌，过去被称为凝结芽孢杆菌。它能在pH>4.0或略低的介质中生长。它在pH为4.5的番茄汁中生长时能使pH下降到3.5，但当pH下降到4.0或更低一些时，就不会再产生芽孢，并迅速自行消失。该菌的适宜生长温度为45℃或55℃，最高生长温度可达54~60℃，温度低于25℃时仍能缓慢生长。它是番茄制品中常见的重要腐败变质菌。低酸性食品中常见的平酸菌为嗜热脂肪芽孢菌和它的近似菌，它们的耐热性很强，能在49~55℃的温度下生长，最高生长温度为65℃。嗜温性平酸菌（如环状芽孢杆菌）的耐热性不强，故在低酸性食品中很少会出现由其引起的平酸变质问题。先后发现过发生平酸败坏的低酸性食品罐头有青豆、青刀豆、芦笋、蘑菇等。

2. 密封方面的缺陷

由于封罐机调节不当或没有及时检查调整，致使罐头密封不严，卷边松弛泄漏，造成微生物再污染而引起的败坏。这类败坏常造成漏罐或胀罐。

3. 杀菌前的败坏

杀菌前的败坏主要是原料在运输和加工过程中拖延时间过长，造成微生物大量繁殖，有的甚至产生毒素，若将这种原料用于加工，势必使罐头发生败坏，前几年发生的蘑菇罐头"肠毒素"事件就是很明显的例子。这说明对原料的处理必须引起充分重视。

8.5.3 罐藏容器的损坏和腐蚀

罐藏容器的损坏和腐蚀主要是马口铁罐外形的不正常现象和马口铁罐内外壁的各种腐蚀两种情况。

1. 罐藏容器的损坏

这类损坏现象常造成罐形异常，一般用肉眼就能鉴别。

(1) 胀罐

胀罐俗称"胖听"，是指罐头的一端或两端（底和盖）向外凸出的现象。根据凸的程度，可将其分为弹胀、软胀和硬胀三种。弹胀是罐头一端稍向外突，用手按压可使其恢复正常，但一松手又恢复原来突出的状态；软胀是罐头两端突出，如施加压力可以使其恢复正常，但一除去压力立即恢复外突状态；硬胀即使施加压力也不能使其恢复正常。胀罐的主要原因是微生物生长繁殖，尤其是产气微生物的生长，产生大量的气体而使罐头内部压力超过外界气压。这种胀罐除产生气体外，还常伴有恶臭味和毒素，已完全失去食用价值，应予废弃。低pH的酸性果蔬罐头也会形成化学性胀罐（俗称"氢胀"）。此外，还有物理性胀罐（又称假胀），其原因有以下几个方面：①罐内食品装量过多、没有顶隙或顶隙很小，杀菌后罐头收缩不好，一般杀菌后就会出现；②罐头排气不良，罐内真空度过低，因环境条件如气温、气压改变而造成，如低海拔地区生产的罐头运到高海拔地区或贮藏于高空飞行的飞机中，由寒带运往热带；③采用高压杀菌，冷却时没有反压或卸压太快，造成罐内外压力突然改变，内压远远超过外压，罐身不能复原，形成假胀现象。

（2）**漏罐**

漏罐是由于罐头内容物泄漏到罐外，在罐头外壁引起腐蚀和积垢的现象。这是由于卷边密封不严（尤其是接缝处的卷边）或铁皮腐蚀生锈穿孔或腐败微生物产气引起过大的内压而损坏卷边的密封等造成的。

（3）**瘪罐**

罐头外形明显瘪陷。这是由于罐内真空度过高，或过分的外力（如碰撞、摔跌、冷却时反压过大等）所造成的。此类损坏不影响内部品质，但已不能作为正常产品，应作次品处理。轻微的瘪陷若外贴商标后不影响外观者可不作瘪听论。

2. 罐藏容器的腐蚀

罐藏容器的腐蚀主要是指马口铁罐的腐蚀，可分为容器外壁的锈蚀和容器内壁腐蚀两种情况。容器外壁的锈蚀主要是由于贮藏环境中湿度过高而引起马口铁与空气中水汽、氧气作用，形成黄色锈斑，严重时不但影响商品外观，还会促进罐壁腐蚀穿孔而导致罐头变质和腐败。因此，贮存罐头的仓库温度以保持 20℃ 左右为宜，并避免库温的骤然升降，库内通风良好，相对湿度不高于 80%，在雨季应做好防潮、防锈和防霉工作；罐头成品不得在露天堆放或与地面直接接触，与墙壁之间应相距 20 cm 以上；不得接触和靠近潮湿、有腐蚀性物质的场所等。容器内壁的腐蚀情况较为复杂，现分述如下。

（1）**均匀腐蚀**

马口铁罐内壁在酸性食品的腐蚀下，常会全面地、均匀地出现溶锡现象，致使罐壁内锡层晶粒体全面外露，在表面呈现出鱼鳞斑纹或羽毛状斑纹，这种现象就是均匀腐蚀的表现。随着时间的延长，腐蚀继续发展，会造成罐内壁锡层大片剥落，罐内溶锡量增加，食品出现明显的金属味。同时，铁皮表面腐蚀时，会形成大量氢气造成氢膨胀。

（2）**集中腐蚀**

在容器内壁上出现有限面积的金属（锡或铁）溶解现象，称为集中腐蚀。表现出麻点、触孔、蚀斑，严重时能导致罐壁穿孔。常在酸性食品或空气含量较高的水果罐头中出现。溶铁常是集中腐蚀的主要现象。因而食品中的含锡量不会像均匀腐蚀时那样高，但其腐蚀速度快，造成的损失常比均匀腐蚀大得多。涂料擦伤和氧化膜分布不匀的马口铁罐极易出现集中腐蚀现象。

（3）**其他腐蚀现象**

除上所述外，氧化圈、硫化斑和硫化铁等也是罐内壁腐蚀的表现。另外，腐蚀还受其他因素的影响，如果蔬种类不同，腐蚀性不同，一般樱桃、酸黄瓜、菠萝、袖子、杨梅、葡萄等具有较强的腐蚀性，而桃、梨、竹笋等腐蚀性较弱。又如，在罐头中添加盐水、酱油、醋和各种香辛料等调味料，会使罐内壁的腐蚀进一步复杂化。再如，罐内硝酸根离子、亚硝酸根离子或铜离子含量较高时，易促进罐内壁的腐蚀。

3. 罐藏容器内壁腐蚀的原理及过程

用马口铁制成的罐藏容器装食品时，和食品接触的主要是镀锡面，如果镀锡面十分完整、均匀一致，则接触的部分仅是铁皮表面锡层，由于锡本身的活泼性很低，具有保护作用，相对来说造成腐蚀的作用就很小。但有时因为镀锡层不完整，必然会有一些露铁点存在，再加上在制罐过程中的机械冲击和擦伤，在铁皮表面某些部位会造成一些锡层损伤，露出钢基，由于铁和锡同时暴露在外，又与罐内食品直接接触，而果蔬罐头多呈酸性，就会发生化学变化和电化学反应形成短路电池，铁和锡作为原电池的两端，由铁皮本身连成电路，此种电偶的形成对罐头内壁的腐蚀是很重要的。当锡为阳极时，在铁皮上可以看到锡层的剥落，露铁点逐渐扩大而露出铁皮的钢基，当铁为阳极时，则表面的锡层较完整，而在露铁点的钢基被腐蚀，严重时可使罐壁穿孔，造成漏罐，同时产生氢气，发生氢胀罐现象。这种由铁皮和食品作用引起的容器内壁变化现象称为容器内部的腐蚀。

容器内壁的腐蚀，事实上就是内壁锡层和钢基与装入罐内的食品接触后，天长日久发生化学变化和电化学反应的结果。腐蚀过程大致可分三个阶段。

第一阶段是马口铁溶锡而钢基面上始终维持较完整的锡层覆盖的阶段，随着锡层的不断溶解逐渐扩大到钢基外露的过程。在本阶段中可以说露铁点的钢基或因溶锡而受到保护（这时钢基铁是阴极），果蔬罐头的耐藏期主要依靠延长这一阶段来保证。

第二阶段是马口铁上的露铁面积扩大到相当大的阶段，这一阶段中锡迅速溶解，因钢基外露面积已扩展到相当大的程度，因而也是锡、铁同时进行腐蚀的过程，并伴有大量氢气产生而发生"氢胀"罐。

第三阶段是马口铁上的锡层全部溶解完毕的阶段，整个罐内锡层几乎全部溶解，罐内聚集大量氢气，甚至还会有穿孔现象出现。

这些腐蚀过程完全是以溶锡来保护钢基为前提进行的，事实上这是大多数罐头腐蚀过程中常见的现象。一般在第二阶段结束时就积累了大量氢气，并形成相当的压力，从而促使底盖外凸，罐头已败坏。

第 9 章 酿造品加工

9.1 果酒的发展状况

9.1.1 世界果酒的发展

果酒是世界第二大饮料酒，年产量约为 300×10^8 L，其中葡萄酒产量最高，约为 260×10^8 L，苹果酒次之，约为 10×10^8 L，其他的为一些用当地水果酿造的小品种果酒。据考证，在各种果酒中，葡萄酒的历史最为悠久。

第一个进行葡萄酒酿造的最有力证据是 1923 年发现的 5000 多年前埃及乌吉姆统治时期表示葡萄酒压榨的象形文字。我国河南省舞阳县的贾湖遗址距今 9000~7500 年，是淮河流域迄今所知年代最早的新石器文化遗址。由河南省舞阳县的贾湖遗址发掘的陶片上的残留物中发现了与现代稻米、米酒、葡萄酒、蜂蜡、葡萄单宁酸、山楂以及一些古代和现代草药相同的某些化学成分。证明早在新石器时代早期，中国人就开始饮用发酵饮料，并可能在世界上最早酿制葡萄酒。此项发现将世界酿酒史向前推进 1000 多年，中国酿酒史向前推进 4000 年。

绝大多数研究者认为葡萄酒酿造发源于格鲁吉亚，至少发展于南高加索。这一地区包括土耳其西北部、伊拉克北部、阿塞拜疆地区，而葡萄树的驯化也始于该地区。该地区自然分布的葡萄与西方工艺的可能起源——底格里斯河和幼发拉底河非常接近。葡萄树的驯化可能在西班牙独立进行。

尽管葡萄富含可发酵性糖、容易发酵，葡萄酒酵母的原始菌株酿酒酵母并不是葡萄上原有的微生物。酿酒酵母的祖先最初发现于橡树的树皮与汁液中。因此，若葡萄藤善于爬树，如橡树，如收获的葡萄和橡子接触，酵母就会接种到葡萄果实表面或葡萄汁中。随着园艺技术北传到小亚细亚，酵母与葡萄树祖先的幸运接触促进了葡萄酒酿造技术的发明以及随后的发展与传播。这与绝大多数酵母发酵饮料与食品起源于近东不一致。

酿酒酵母与葡萄酒相关联的最早证据来自于埃及蝎子王（Scorpion）时期（大约公元前 3150 年）纳尔迈（Narmer）坟墓中的双耳细颈椭圆土罐。与贝酵母（*Saccharomyces bayanus*）、奇异酵母（*Saccharomyces paradoxus*）相比，该 DNA 与当今酿酒酵母的 DNA 更接近，人们认为这是奇异酵母的祖先。其他葡萄上原有的酵母，如柠檬克勒克酵母（*Kloeckera apiculata*）和各种假丝酵母（*Candida* spp.）容易启动发酵，但由于其发酵产物乙醇的抑制作用，这些酵母不能发酵彻底。

近东地区葡萄酒酿造技术的起源与传播可以由绝大多数印欧语系葡萄酒含义的文字的显著相似性得到证实。由此看来，葡萄酒酿造技术进入欧洲并传播与说印欧语系的高加索人的扩散有关。另外，大多数东地中海神话将葡萄酒酿造技术的起源定位于小亚细亚东北部。

葡萄酒酿造技术的起源可能发生在农业技术知识传入南高加索以后，由高加索大概往南传入巴勒斯坦、叙利亚、埃及及美索不达米亚。由此葡萄酒消费与社会宗教联系，葡萄酒酿造技术在地中海地区四处传播。1985 年在西班牙南部发现了几个世纪前腓尼基人建立的殖民地的庞大葡萄种植体系。然而，来自地中海东部的殖民者仍然被认为是早期葡萄种植与酿酒技术的主要发起者。近代，欧洲探险者与殖民者将葡萄种植技术传遍了地球上的温带地区。

古代的葡萄酒品质与现在有很大差别。古代及绝大多数中世纪的葡萄酒的风格可能与现代干至半干葡萄酒类似，春天出现醋味，没有防氧化措施，可能也不会延长葡萄酒的贮存期。但是古代有很多技术能够延长葡萄酒的保质期。多数双耳细颈椭圆土罐没有上釉且渗水，罐内常涂 1~2 mm 的树脂内衬用于防水。溶入水中的树脂可能均有温和的防腐作用。在酒中添加风味剂也能够部分掩盖败坏早期出现的味道。

到 17 世纪，葡萄酒有了现代的含义，那时，处理橡木桶时使用 SO_2 在西欧似乎相当普遍。这极大地增加了生产高质量葡萄酒、延长陈酿期的可能性。在 17 世纪中期，从匈牙利托卡伊葡萄酒（贵腐甜白葡萄酒）开始，能够陈酿数十年乃至数百年的品质稳定的葡萄酒出现了。17 世纪中期的英格兰出现了质地坚固的玻璃瓶，这使商业化生产起泡葡萄酒成为可能。用橡木塞作瓶塞，瓶子可以耐受 CO_2 产生的高压，起泡葡萄酒由此进入了商业开发的时代。工业革命的到来，使与便宜的瓶子出现有关的年份波特酒的发展成为可能。形状由球根状到圆柱状的革新，使瓶子能够卧放，如此橡木塞也依赖于葡萄酒蒸馏技术的完善。将蒸馏得到的酒精添加到发酵葡萄汁中提前终止发酵，保留葡萄糖分，浸出了足够的色素，生产出深色甜葡萄酒。

现代的雪莉酒也需要添加葡萄酒精。尽管酒精蒸馏最初是由阿拉伯人发明的，但是中世纪欧洲对该技术的应用却十分少。因此，加强葡萄酒是后来发展起来的。随着机械化生产的到来，玻璃瓶成为葡萄酒成熟与运输的标准容器。17 世纪，重新引入与广泛采用橡木塞提供了有利于现代葡萄酒生产的条件。19 世纪 60 年代，巴斯德发现了酵母和细菌对酵母的重要性，由此引发了一系列重大事件的发生，并出现了代表现代商业的纷繁多样的葡萄酒类型。

目前，葡萄酒为世界第一大果酒，在世界饮料酒中排第二位，在世界贸易中占有很重要的地位。世界葡萄产量约为 60 Mt，其中约 70% 的葡萄用于酿酒。欧洲是当今世界人均消费葡萄酒最多的地区，葡萄酒产量占世界葡萄酒总产量的 80% 以上。法国、意大利、西班牙为世界三大葡萄酒生产国。其中，法国的葡萄酒产量居世界首位，意大利葡萄产量居世界首位，西班牙葡萄种植面积居世界首位。法国与意大利的萄萄酒产量及出口量相近，产量在（60~70）$\times 10^8$ L，出口量在 1.2×10^8 L 以上。其他葡萄酒主要生产国有阿根廷、美国、葡萄牙、南非、德国、澳大利亚等。目前我国葡萄酒产量排在世界第六位，但与庞大的人口数量相比，人均消费量非常小。

苹果酒是世界第二大果酒。主要分布在不产葡萄的国家和地区，英国苹果酒产量居世界首位，年产量约为 5×10^8 L，法国居世界第二位，年产量为 1.25×10^8 L，其后是爱尔兰、西班牙、德国、瑞士、美国、加拿大、中国等国家，全球产量约为 10×10^8 L。苹果酒约出现于公元 1 世纪的地中海盆地，在中世纪早期（从公元 8 世纪起）的布列塔尼和诺曼底地区发展成现在的苹果酒，1205 年开始在英国生产。

9.1.2 我国果酒的发展

我国的葡萄酒酿造始于西汉。张骞出使西域带回了葡萄，并引进了酿酒艺人，当时在皇宫中种植葡萄并酿造葡萄酒。东汉（公元 220 年）以后，葡萄酒基本消失了。到了唐朝，葡萄酒在中国又开始兴盛起来，唐太宗李世民学习西域的葡萄酒酿造技术，在皇宫中酿造葡萄酒，同时也从西域进口葡萄酒。渐渐的长安城的居民开始喜欢喝葡萄酒，许多诗人也吟诗赋颂，赞美葡萄酒。元朝皇帝成吉思汗非常喜欢葡萄酒，因此当时国内葡萄酒的生产到了一个鼎盛时期，葡萄酒产量增加并成为重要的商品。意大利人马可波罗在其游记中提到山西清徐的李记作坊生产葡萄酒，这是有记载的中国古代唯一的一个葡萄酒作坊。相传当年唐太宗李世民曾在清徐学过葡萄酒酿造技术。到了明朝，国人掌握了粮食酒蒸馏技术，蒸馏出的酒酒精度高，更容易保存，所以人们热衷于酿造蒸馏酒，而不易贮存的葡萄酒的生产走向衰落。

到了清朝晚期，中国开始从欧洲进口葡萄酒。华侨富商张振勋于 1892 年投资 300 万两白银在山东烟台建立张裕葡萄酒公司，聘请奥地利人担任酿酒师，从欧洲引进了 120 多个酿酒葡萄品种，在东山葡萄园和西山葡萄园栽培，并引进国外的酿酒工艺和酿酒设备，由此标志着我国的葡萄酒生产走上工业化大生产的道路。1910 年，法国传教士在北京故宫附近建立了上义洋酒厂。1921 年 10 月，山西人张治平在山西清徐建立了新记益华酿酒公司，成为当时全国仅有的几家用机械设备大规模生产葡萄酒的酒厂之一。

新中国成立时，我国的葡萄酒产量只有 84.5×10^3 L。1966 年产量超过了 1×10^7 L。进入 20 世纪 70 年代，我国的葡萄酒厂家达到 100 多家，1978 年葡萄酒产量达到 6.4×10^7 L。1980 年突破 5×10^7 L，1981 年突破 1×10^8 L，1984 年突破 1.5×10^8 L。1985—1993 年，年产量约为 2.5×10^8 L，其中 1988 年产量最高，为 3×10^8 L，该阶段，葡萄酒产量最高，但质量低劣，许多葡萄酒是原酒中添加了糖、酒精、水调配而成的，确切地讲应称为特种葡萄酒或露酒。1994 年，我国对葡萄酒产品结构进行调整，促进葡萄酒产品质量向国际水平靠近，颁布了含汁量为 100% 的葡萄酒产品国家标准和含汁量在 50% 以上的优质葡萄酒行业标准，同时要求取消含汁量在 50% 以下的葡萄酒的生产。其后，葡萄酒年产量有所下降并保持在 2×10^8 L 左右，但是含汁量的 100% 和在 50% 以上的优质葡萄酒数量有了较大增长。为了规范葡萄酒酿酒技术，净化葡萄酒市场，2002 年 11 月 14 日，国家经贸委颁布了《中国葡萄酒技术法规》并于 2003 年 1 月 1 日正式实施。2004 年 6 月 30 日国家正式禁止含汁量在 50% 以下的葡萄酒的销售。2007 年国家颁布了新的葡萄酒标准 GB 15037—2006，并于 2008 年 1 月 1 日正式实施，标志着我国的葡萄酒酿造工业正式与世界同行业接轨。

除葡萄酒以外的其他果酒在我国曾有过辉煌的历史，早在 20 世纪 60~70 年代，果酒产量年增幅曾达到 30% 以上，当时产品以甜型酒为主，具北方特性的水果苹果、山楂、杏等和具有南方特性的水果广柑、荔枝、菠萝等都以酿制甜型酒为主，口感丰满，浓郁醇厚，有些品牌曾连续获得 1963 年、1979 年评酒会优质酒的称号，深受消费者欢迎，市场销售形势好，赢得了市场荣誉，那时的果酒处于辉煌时代。进入 20 世纪 80 年代以后，随着人们生活水平的提高，消费饮食习惯也不断发生变化，含糖高的食品普遍不受欢迎，果酒企业也做过一些调整产品结构的努力，但终因新产品研究力度不足，从此果酒业陷入了低谷。据行业内不完全统计，现在我国果酒年产量约为 1×10^8 L。

果酒产量虽小，但由于水果品种繁多、风味各异，酿酒品种也相差甚远。在所有的水果酒中，葡萄酒工艺技术最为成熟，这为发展其他果酒奠定了基础。由于原料的差异性，在生产其他果酒时，对葡萄酒的酿造工艺只能借鉴，不能盲目地照搬，应根据水果特性，确定适合的酒种、合理的工艺，酿出特色、酿出水平，生产出的产品才能有市场、有效益，产品才有生命力。

9.2　果酒的分类

果酒的分类方式很多，如按原料种类分类、按酒的色泽分类、按含糖量分类、按酒的饮用习惯分类、按二氧化碳（CO_2）含量分类、按酿造方法分类、按包装容器分类等。果酒一般以所用的原料来命名，如葡萄酒、苹果酒、猕猴桃酒、枣酒、梨酒、荔枝酒、山楂酒、橘子酒、番茄酒、草莓酒等。

1）按酿造方法分类，可分为以下四种：①发酵酒，用果浆或果汁经乙醇发酵而酿制成的果酒均属发酵酒；②蒸馏酒，水果发酵后，再经蒸馏所得的酒为蒸馏酒，如白兰地、水果白酒等；③露酒，用果实、果汁或果皮加入乙醇浸泡取其清液，再加入糖和其他配料调配而成的果酒称为露酒，也称配制酒；④汽酒，含有二氧化碳的果酒称为汽酒，也称为起泡果酒。

2）按含糖量分类，可分为如下四种：①干酒，含糖量在 4.0 g/L 以下；② 半干酒，含糖量为 4.0~12.0 g/L；③ 半甜酒，含糖量为 12.1~50.0 g/L；④甜酒，含糖量在50.0 g/L 以上。

3）按乙醇含量分类，可分为以下两种：①低度果酒，含酒度为 17% 及以下；②高度果酒，含酒度为 18% 及以上。

9.2.1　葡萄酒的分类

1. 按颜色分类

1）红葡萄酒：红葡萄酒用带色葡萄酿制而成。酒色为紫、深红、紫红或宝石红、红微带棕或棕红色，酒度为 7%~14%。干红葡萄酒具有浓郁醇和的果香和优雅的葡萄酒香，无涩味或其他刺激性异味。

2）白葡萄酒：用白葡萄或红皮白肉葡萄的果汁发酵而成，颜色有无色、淡黄绿色、浅黄、金黄色等，酒度与红葡萄相似，为 $7\%\sim14\%$。白葡萄酒具有新鲜怡人的果香和优美的酒香，口味淡雅爽口。

3）桃红葡萄酒：用红葡萄或红、白葡萄混合，带皮或不带皮发酵，或红、白葡萄酒混合而成。颜色介于红、白葡萄酒之间，有桃红色、淡玫瑰红色、浅红色及砖红色，颜色鲜明。酒度为 $7\%\sim14\%$，具有明显的果香及和谐的酒香，新鲜爽口，酒质柔顺。

2. 按含糖量分类

酿制半干、半甜、甜葡萄酒时，可将葡萄汁（浆）发酵成干酒，在调配时根据要求补加转化糖或浓缩葡萄汁来提高酒中的含糖量，也有采用终止发酵法，使糖分保留在酒中。

3. 按使用原料与酿造工艺分类

1）天然葡萄酒：仅以葡萄为原料发酵而成，在酿造过程中不添加糖、白兰地或精制乙醇，以及香料的葡萄酒。此类酒为真正的葡萄酒。在我国，《中国葡萄酿酒技术规范》对葡萄酒有明确的定义与限制。葡萄酒仅指用鲜葡萄或葡萄汁全部发酵或部分发酵而成的饮料酒，酒度不得低于 7%。其中酿制一般葡萄酒的葡萄含糖量不低于 150 g/L（可滴定糖）、酿制优质葡萄酒的葡萄含糖量不低于 170 g/L。若葡萄的含糖量不够，可以添加浓缩葡萄汁或白砂糖，但加入白砂糖的量产乙醇不得超过 2%。

2）加强葡萄酒：以葡萄为主要原料，在发酵过程中添加白砂糖或在发酵后添加白兰地及精制乙醇以提高酒度，或在调配时添加糖以提高糖度的葡萄酒称为加强葡萄酒。加糖、加乙醇提高葡萄酒的乙醇含量时称为加强干葡萄酒。加糖、加乙醇同时提高葡萄酒的乙醇含量与糖含量时称为加强甜葡萄酒，又称为浓甜酒。

3）加香葡萄酒：以葡萄原酒（完成发酵后进入贮存阶段的酒称葡萄原酒）为酒基，经浸泡芳香植物或芳香植物提取液（或蒸馏液）而制成的葡萄酒称为加香葡萄酒，酒度一般为 $14\%\sim24\%$。目前国内加香葡萄酒的酒度有下降的趋势。加香葡萄酒有优美、纯正的葡萄酒香与和谐的植物芳香，酒色呈浅黄至红棕色。根据含糖量也可将其分为干型与甜型。加香干型葡萄酒含糖量不大于 50.0 g/L，多用作开胃酒；加香甜型葡萄酒含糖大于 50.0 g/L，多用作餐后酒。

4. 按 CO_2 含量分类

1）平静葡萄酒：20℃时，CO_2 压力小于 0.05 MPa 的葡萄酒。

2）起泡葡萄酒：葡萄酒在 20℃时含有的二氧化碳压力等于或大于 0.05 MPa 时，称起泡葡萄酒，为 $0.05\sim0.25$ MPa 时，称为低起泡葡萄酒（或葡萄汽酒），等于或大于 0.35 MPa（对容量小于 250 mL 的瓶子压力等于或大于 0.3 MPa）时，称为高起泡葡萄酒。根据酿造技术的不同，高起泡葡萄酒中 CO_2 在瓶中（香槟法）或在密闭发酵罐中生成。根据含糖量高低，高起泡葡萄酒可分为干型与甜型。高起泡葡萄酒酒度为 $10\%\sim$

13%。起泡葡萄酒具有优美纯正、和谐悦人的口味和发酵起泡酒特有的香味与杀口力，注入洁净杯中有洁白的泡沫，并有一定的起泡特性。

3）葡萄汽酒：按照国际葡萄及葡萄酒组织（O. I. V）许可技术酿造的葡萄酒经再加工而成的起泡葡萄酒，具有同高起泡葡萄酒类似的物理特性，但所含 CO_2 部分或全部由人工添加。葡萄汽酒也有干型与甜型之分（表9-1）。

表 9-1   起泡葡萄酒按糖含量分类表

起泡葡萄酒	葡萄酒汽酒	总糖（以葡萄糖计）/(g·L^{-1})
天然起泡葡萄酒	天然葡萄酒汽酒	≤12.0
绝干起泡葡萄酒	绝干葡萄酒汽酒	12.1～17.0
干起泡葡萄酒	干葡萄酒汽酒	17.1～32.0
半干起泡葡萄酒	半干葡萄酒汽酒	32.1～50.0
甜起泡葡萄酒	甜干葡萄酒汽酒	≥50.1

5. 特种葡萄酒

用鲜葡萄或葡萄汁在采摘或酿造工艺中使用特定方法酿成的葡萄酒称为特种葡萄酒。冠以特种葡萄酒名称的酒必须由标准化部门制定标准并有相应的工艺。

1）利口葡萄酒：在葡萄生成的总酒度不低于12%的葡萄酒中，加入葡萄白兰地、食用乙醇或葡萄乙醇以及葡萄汁、浓缩葡萄汁、含焦糖葡萄汁或白砂糖等，使成品酒酒度为15%～22%的葡萄酒称利口葡萄酒。

2）冰葡萄酒：将葡萄推迟采收，当气温低于−7℃时，使葡萄在树枝上保持一定时间，结冰，然后采收、压榨，用此葡萄汁酿成的酒称为冰葡萄酒。冰葡萄酒酿造过程中不允许加糖。

3）贵腐葡萄酒：在葡萄成熟后期，葡萄果实感染了灰绿葡萄孢霉，使果实的成分发生了明显的变化，用这种葡萄酿成的酒称为贵腐葡萄酒。贵腐葡萄酒味甜，含有较多的甘油，全球产量低，且因气候原因产量和质量变化很大，因而价格昂贵。

4）产膜葡萄酒：葡萄汁经过全部乙醇发酵，在酒的自由表面产生一层典型的酵母膜后，加入葡萄白兰地、葡萄乙醇或食用精馏乙醇，酒度不低于15%的葡萄酒。目前此种葡萄酒国内尚无生产的报道。

5）低醇葡萄酒：采用鲜葡萄或葡萄汁经过全部和部分发酵，经特种工艺加工而成的饮料酒，酒度为1%～7%。

6）脱醇葡萄酒：采用鲜葡萄或葡萄汁经过全部和部分发酵，经特种工艺脱醇加工而成的饮料酒，酒度为0.5%～1.0%。

7）山葡萄酒：采用新鲜山葡萄或山葡萄汁经过全部或部分发酵而成的饮料酒。山葡萄酒是我国的特种葡萄酒品种。酿酒原料包括野生山葡萄与家植山葡萄。野生山葡萄包括山葡萄、毛葡萄、刺葡萄、秋葡萄。家植山葡萄包括选育山葡萄品种（如双庆、左山一、左山二、双丰、双红等）与杂交山葡萄品种如（公酿一号、左红一、北醇等），具体参见《中国葡萄酿酒技术规范》。

另外，起泡葡萄酒、葡萄汽酒、加香葡萄酒也属于特种葡萄酒。

6. 按是否蒸馏分类

按在生产过程中是否蒸馏，可分为葡萄发酵酒与葡萄蒸馏酒（白兰地）。葡萄发酵酒指葡萄经过乙醇发酵酿成的酒；葡萄蒸馏酒指葡萄酒或经发酵的葡萄皮渣经过蒸馏而获得的蒸馏液。

7. 按饮用习惯分类

1）餐前酒：又称开胃酒，餐前饮用具有开胃功能。除谐丽酒外都是加香葡萄酒。开胃酒酒度为 $16\%\sim20\%$。

2）佐餐酒：进餐时饮用的酒。差不多均为干型酒。干红葡萄酒多配以牛羊肉、烧烤野味等饮用；干白葡萄酒多配以海鲜及禽肉、兔肉等白肉饮用。

3）起泡葡萄酒：多在进餐、宴请高潮时饮用。用前先冰镇。

4）餐后酒：又称待散酒。在餐后饮完茶、咖啡或可可后，饮的一小杯浓甜葡萄酒或白兰地，借此说明宴会将要散席。在餐末或散宴前饮用。餐后酒多为中甜到浓甜的葡萄酒。

9.2.2 苹果酒的分类

苹果酒含有丰富的营养，适量饮用可舒筋活络，调节新陈代谢，促进血液循环。同时它还具有控制体内胆固醇水平、利尿、激发肝功能和抗衰老功效等。苹果酒种类繁多，生产也不像葡萄酒那样规范，各国的苹果酒有各自的特色，如法国苹果酒、英国苹果酒，采用集中分类方法很难将苹果酒的种类全部包括。在此，仅介绍几种主要的分类方法。

1. 按 CO_2 含量分类

（1）静苹果酒

用新鲜苹果或苹果浓缩汁酿成的不含 CO_2 的苹果酒称为静苹果酒。美国的市售苹果酒也称硬苹果酒，酒度不超过 13%；加拿大高度苹果酒酒度为 $10\%\sim13\%$；我国苹果酒酒度与白葡萄酒相近，目前多为 $11\%\sim12\%$。

静苹果酒也分为甜型与干型。在我国，静苹果酒按照糖含量的分类方法与葡萄酒相似。需要指出的是，用苹果浓缩汁酿酒或在鲜苹果汁中添加浓缩苹果汁酿酒时，有时测定酒中总糖的含量在 $4\ g/L$ 以上，酿酒酵母就停止发酵，品尝酒已经没有了甜味，此时应其视为干苹果酒。其中原因可以解释为，发酵果酒时最常用的酵母为酿酒酵母，酿酒酵母可以利用葡萄糖、果糖、蔗糖、麦芽糖等，不能利用戊糖，某些存在于苹果中的戊糖也有还原性，在果酒理化分析中，酒样酸解后，采用斐林试剂测定酒中的总还原糖量，将还原性戊糖等也计入了总糖中。这种现象在发酵其他类型的果酒，如樱桃酒、蓝莓酒的酿造过程中也有可能遇到。

（2）起泡苹果酒

根据酒中 CO_2 的来源。可分为天然起泡苹果酒与苹果汽酒。苹果汽酒是在静苹果酒中充入 CO_2 气体制成的。天然起泡苹果酒保留了发酵过程中产生的全部或部分 CO_2，根据酿造工艺又可分为甜起泡苹果酒、起泡苹果酒、香槟起泡苹果酒等。

1）甜起泡苹果酒。此类苹果酒的酒度不大于 1％，酒中的 CO_2 压力为 0.2～0.3 MPa。甜起泡苹果酒的生产方法如下：苹果汁在压力容器中密闭发酵，保留发酵产生的所有 CO_2，当发酵液刚刚起发时，终止发酵，保压过滤，灌装。

2）起泡苹果酒。起泡苹果酒的工艺与罐发酵的起泡葡萄酒工艺相近。用于二次发酵的苹果酒基应风味良好、澄清透明，酒度为 7％～10％。成品苹果酒酒度比酒基上升 1％左右，CO_2 压力为 0.2～0.3 MPa。

3）香槟型起泡苹果酒。酒基要求与起泡苹果酒相同。采用香槟酒酿造工艺，瓶内发酵或罐内发酵。CO_2 压力在 0.5～0.6 MPa。

2. 按原料特点分类

（1）天然苹果酒

在酿造过程中不外加糖或发酵后不往酒内补加酒精以提高酒度，由纯苹果汁自然发酵或酵母发酵酿造而成的苹果酒为天然苹果酒。法国苹果酒就属此类。

（2）加强苹果酒

以苹果为主要原料，加白砂糖、蜂蜜或其他可发酵性糖类辅料进行发酵或添加苹果酒精及中性谷物酒精以提高酒度的苹果酒统称为加强苹果酒。

美国市售苹果酒酒度为 13％，糖度为 10％。我国传统的苹果酒为 14％，目前为 11％～14％。苹果含糖平均为 110～120g/L，产酒量为 6％～7％，因此需要在发酵过程中加糖、苹果浓缩汁、淀粉浓缩汁、淀粉糖浆，或发酵结束后补加精制酒精至要求酒度，配酒时加糖至要求糖度。

（3）加香苹果酒

以苹果为原料，在发酵或贮存过程中添加芳香植物材料或风味物质，制成风味各异的苹果酒，如百里香型、薄荷型、丁香型及姜型等。

（4）复合苹果酒

许多苹果（中性）香气弱，特别是鲜食苹果品种。结合当地水果资源，与各种特色水果混用，可酿制出风味独特的复合苹果酒。如此，一来可增加水果酒的品种；二来某些特色水果果香浓郁，但价格贵或出汁率过低，与价廉的中性苹果汁混合后做酒可降低成本。欧美国家就用各种浆果与苹果，酿造复合苹果酒。

苹果酒与许多复合苹果酒并不能像葡萄酒那样能够进行长期贮存，并通过延长贮存时间来改善酒质。这些酒或干浸出物含量低，或易褪色、易褐变，或因贮存时间长而出现其他质量缺陷，所以不宜久贮。苹果酒生产周期一般为一年，有的为半年，有的甚至更短，专用苹果品种酿制的苹果酒贮存期会长一些。

3. 按酿造工艺分类

(1) 苹果发酵酒

由新鲜苹果或浓缩汁等经过酒精发酵而成。

(2) 冰苹果酒

冰苹果酒与冰葡萄酒相当,在美国以 apple ice wine 的名称出售。它有两种生产方法:低温浓缩法和低温浸提法。低温浓缩法是将苹果推迟采收并保鲜至 12 月下旬。压榨时,鲜汁留着自然冻结。到翌年 1 月份,将浓缩后的果汁进行低温发酵。低温浸提法与传统的生产冰葡萄酒的方法相同,将苹果留在树上至翌年 1 月份,在 $-8 \sim 15 \degree C$ 的低温下将苹果采下,压榨,低温发酵数月。

冰苹果酒由加拿大魁北可省小镇 Dunham 于 1990 年进行商业化生产,1996 年在商店销售。目前大约有 50 个厂家,绝大多数规模都非常小。

酿造冰苹果酒的苹果汁糖度不低于 $30 \degree Bx$,产品中含糖量不低于 130 g/L。酒度在 $1\% \sim 13\%$。另外,酿造冰苹果酒时还得满足如下要求:不能加糖;不能加酒精;不能使用非原产地的苹果汁;允许将酒人工冷冻至 $-4 \degree C$ 以沉淀苹果酸;不能添加风味剂和色素;除自然冷冻外,不能用其他的方法浓缩糖分;不能使用浓缩苹果汁,不管其来源如何;冰苹果酒的生产者同时也是苹果的种植户。

(3) 苹果白兰地

该酒起源于新英格兰北部的寒冷地区(加拿大)。苹果汁加糖、糖浆或其他可发酵性糖类物质进行发酵。发酵结束后,于寒冷的冬季(1~2 月份)置于室外。低温使酒中的部分水分结冰或结晶。气温越低,酒液内凝结的冰也就越多,分离冰晶后酒液的酒度也就越高。用此法得到的苹果酒干浸出物含量高,酒度高,口感厚实,丰满。但许多引起饮用者头晕的物质如醛类、酯类及杂醇油也留在了酒内,酒度越高,这些物质的含量也就相对越多,饮后给人带来的不适感也就越强烈。这一点与苹果蒸馏酒不同,蒸馏工序中的掐头去尾工序有效地除去了这些不良物质。

与冰苹果酒相比,苹果白兰地是酒精发酵结束的酒在气温低时自然冷冻、除冰晶以提高酒度,味甘;而冰苹果酒是酒精发酵前的苹果或果汁在气温低时自然冷冻、除冰晶以提高糖度,相应地提高了成品酒的酒度。虽然两种酒的酿造都利用了低气温这一自然条件,但由于低温处理的工序不同,酒的风格自然也不同。

(4) 苹果蒸馏酒

苹果汁或苹果皮渣发酵后的蒸馏产品统称为苹果蒸馏酒或苹果白兰地。蒸馏工艺包括简单蒸馏或连续蒸馏。苹果白兰地又有美国苹果白兰地(apple jack)、苹果渣白兰地(apple marc)及苹果白兰地(apple brandy)等多种。

1) 美国苹果白兰地。在美国的新泽西州,apple jack 与 apple brandy 的含义相同,统称为苹果白兰地,指硬苹果汁或发酵苹果皮渣蒸馏后得到的苹果酒精,经配置后得到酒度为 $50\% \sim 70\%$ 的苹果蒸馏酒。水果酒精的价格普遍比谷物酒精高。为了降低成本,有时也在调酒时兑入部分谷物酒精。

2）苹果白兰地。世界上最著名的苹果白兰地当数法国的 calvados，又称为苹果烧酒。不同国家、地区生产的苹果白兰地的发酵周期都在一个月以上，蒸馏得到 75％的酒精，再调整 40％～50％的产品投放市场。优质的 calvados 一般在橡木桶中贮存一年以上，不加糖或甜味剂，有的产品用焦糖调色，有的则不用。

9.3   果酒酿造原理

果酒酿造是利用酵母菌将果汁中的糖分经酒精发酵转变为酒精等产物，再在陈酿、澄清过程中经酯化、氧化及沉淀等作用，使之成为酒质清晰、色泽美观、醇和芳香的产品。

果酒酿造要经历酒精发酵、风味成型和陈酿三个阶段。在这三个阶段中发生着不同的生物化学反应，对果汁的质量起着不同的作用。

9.3.1   果酒发酵期中的生物化学变化

1. 酒精发酵

酒精发酵是果酒酿造过程中的主要生物化学变化。它是果汁中的己糖，经果酒酵母的作用，最后生成酒精和二氧化碳。果酒酵母细胞含有多种酶类，如转化酶能使蔗糖水解成葡萄糖和果糖，酒精酶使己糖分解成乙醇和二氧化碳，蛋白酶使蛋白质分解成氨基酸，氧化酶促进果酒陈酿，并使单宁、色素和胶体物质沉淀，还原酶能使某些物质与氢作用起还原作用，尤其是与含硫物质作用生成硫化氢而释放。

2. 酒精发酵过程中的其他产物

果汁经酵母菌的酒精发酵作用，除生成乙醇和二氧化碳外，还产生少量的甘油、琥珀酸、醋酸和芳香成分及杂醇油等，这些都有利于果酒的质量。

9.3.2   苹果酸-乳酸发酵与葡萄酒的风味改良

苹果酸-乳酸发酵（MLF）是将苹果酸转化为乳酸，同时产生二氧化碳。由于苹果酸-乳酸发酵通常在酒精发酵结束后进行，因此，又称之为二次发酵。能够进行苹果酸-乳酸发酵主要有乳酸菌、明串珠菌、片球菌和酒球菌等属的细菌。其中，酒类酒球菌是葡萄酒中进行苹果酸-乳酸发酵最主要的乳酸菌，该属细菌对酒精和低 pH 具有较高的耐受性。

苹果酸-乳酸发酵是葡萄酒生物降酸的主要方法，可有效降低葡萄酒中的苹果酸。

苹果酸是一种具有强烈辛酸味的双羧基酸，常规的物理、化学降酸方法对苹果酸不起作用，而苹果酸−乳酸发酵可降解苹果酸，使之转化为单羧基的、口感酸味柔和的乳酸，使葡萄酒的有机酸含量降低，酒体协调性增加，并可提高其生物稳定性和风味复杂性。

关于酵母菌株的挑选以及对影响发酵过程主要因素的测试可以改进对苹果酸−乳酸发酵的控制。启动苹果酸−乳酸发酵的方式主要有两种。

1. 非接种发酵

苹果酸−乳酸发酵由葡萄酒中自然存在的苹果酸−乳酸菌群自发完成，但结果通常不够稳定、效率不高。

2. 接种发酵

苹果酸−乳酸发酵由接种经扩大培养的苹果酸−乳酸菌发酵剂完成。目前，接种发酵特性和酿酒适应性优良的乳酸菌已成为生产上启动苹果酸−乳酸发酵最普遍的方法。

9.3.3 果酒在陈酿过程中的变化

刚发酵出来的新酒，浑浊不清，味不醇和，缺乏芳香，不适饮用，必须经过一段时间的陈酿，使不良物质消除或减少，同时生成新的芳香物质。陈酿期的变化主要有以下两个方面。

1. 酯化作用

果酒中醇类与酸类化合生成酯，如醋酸和乙醇化合生成清香型的醋酸乙酯，醋酸与戊醇化合生成果香型的醋酸戊酯。

2. 氧化还原与沉淀作用

果酒中的色素、单宁等经氧化而沉淀，醋酸和醛类经氧化而减少，糖苷在酸性溶液中逐渐结晶下沉，以及有机酸盐、果屑细小微粒等的下沉，也都在陈酿期中完成。因此经过陈酿，可使果汁的苦涩味减少，酒汁进一步澄清。

9.4 果酒的加工工艺

每一种水果在酿酒过程中都有自己的特点，但许多工艺操作所遵循的原则是相通的。建议在生产某一种果酒之前，首先做小型试验，然后再进行生产。

9.4.1 加工工艺流程

果酒加工工艺流程如下：果品清洗→去皮→粉碎→榨汁→精密过滤→化验→发酵→

化验→勾兑→化验→超级过滤→灭菌→化验→灌装→封盖→二次灭菌→质检→冷冻→贴标→包装→出厂。

9.4.2　工艺技术特点

1. 原料选择与清洗

选择充分成熟、新鲜、无腐烂、无病虫害、含糖量高、出汁率高的原料，水少渣多的品种不适合酿酒。一般用于酿造的水果原料完全成熟、糖酸比适宜、果香浓郁。对原料要进行基本的成分分析，如总糖、还原糖、总酸、pH 及其他的营养成分等。必要时进一步测定其有机酸的种类以确定其主体酸的种类和含量。基本成分分析的目的是为以后糖度调整、酸度调整与果酒酵母营养成分调整做准备。用清水将水果冲洗干净、沥干。

2. 破碎

将挑选清洗后的水果用破碎机打成合适大小的均匀小块。将破碎的水果迅速泵入压榨机中进行压榨。果实破碎程度会影响出汁率，破碎后的颗粒太大，出汁率低，破碎过度颗粒太小，则会造成压榨时外层的果汁很快地被压榨出，形成一层厚皮，而内层果汁流出困难，反而降低了出汁率。破碎程度视果实品种而定，破碎果块大小可以通过调节机器来控制，如用辊压机破碎，即可调节轴辊的轧距。苹果、梨等用破碎机破碎时，破碎后大小以 3~5 mm 为宜。

容易氧化的水果原料，可以在破碎时添加 SO_2 以防止其褐变。SO_2 具体的添加量应根据果汁（浆）的 pH 来确定。不易氧化褐变的水果原料在破碎前后添加均可。因为果汁（浆）的 pH 会影响 SO_2 的存在形式。果汁（浆）约含 1.5 mg/L 的 SO_2 时可抑制大多数野生酵母菌的生长，所以在果汁（浆）pH 大于 3.8 时需要加入游离 SO_2 150 mg/L；pH大于 3.3 时需加入游离 SO_2 50 mg/L。在添加 SO_2 之前应该测定果汁 pH，果实含酸低，pH 高，SO_2 用量就多。SO_2 添加量还受果汁其他成分的影响，如 SO_2 与果汁成分如糖、色素等物质结合生成结合态 SO_2，因此果汁含糖、色素多，SO_2 用量就多。气温高，果汁中微生物含量高，果汁被污染的潜在危险大，SO_2 用量也多。

3. 静置澄清

用不锈钢饮料泵将果汁注满澄清罐后，计量。若果汁的 pH 大于 3.8，用其主体酸调整其果汁的 pH 至 3.8 以下。添加 SO_2、果胶酶，必要时添加淀粉酶，抑制微生物生长，分解果汁中的果胶与淀粉。最好将果汁温度降温至 10~15℃，以加速果汁澄清，防止微生物生长。果汁澄清后，将澄清后的果汁泵入发酵罐中发酵。果汁的澄清处理方法可参阅葡萄汁和白葡萄酒的相关资料。检测果汁成分，包括糖、酸、pH 等，根据产品要求确定所需加酸、白砂糖、浓缩汁或淀粉糖浆的量。

4. 调整成分

果汁入罐量不应超过罐有效容积的 85%，以免发酵液溢出灌顶，每罐尽量一次装足，不得半罐久放，以免杂菌污染。入罐后计量果汁的量，对果汁成分进行调整。将计算所得的糖在罐外完全溶解后再补加糖。果汁起发的标志是发酵液浑浊，在液面升起泡沫。

（1）调糖

如果原料含糖量达不到成品酒的酒度要求，则需要对果汁（浆）的含糖量进行调整，一般使用白砂糖进行调整，白砂糖添加量的计算方法是根据 17g/L 糖产生 1％ 的酒，如果成品果酒要求酒度为 11％，果汁重 W（kg），则果汁的潜在酒度 A = 果汁糖度（g/L）/17，加糖量（kg）=（11 − A）× 1.7％ × W。可以在接种酵母前加糖，最好在酵母刚开始发酵时加糖。因为这时酵母菌正处于旺盛繁殖阶段，能很快将糖转化为乙醇。如果加糖太晚，酵母菌发酵能力降低，常常会发酵不彻底。由于白砂糖的密度比果汁大，在加糖时，应先用果汁将糖在发酵容器外充分溶解后，再添加到发酵容器中，否则未溶解的糖将沉淀在容器底部，乙醇发酵结束后糖也不能完全溶解，造成新酒的酒度偏低。

（2）调酸

在酿造果酒时，果汁（浆）pH 宜为 3.0~3.8，pH 大于 3.8 对抑制杂菌生长和保障果酒的感官品质均不利，应该添加适量有机酸将果汁（浆）的 pH 调整到 3.8 以下，pH 低有利于抑制杂菌提高 SO_2 的活性，但过低会影响果酒酵母菌的生长与发酵，因此果汁酸度或 pH 不合适时就应对其进行适当调整。

5. 控温发酵

应该根据水果和酒的特点选择适合该果酒酿造的专用果酒酵母。既可使用培养酵母，也可以使用活性干酵母。将活化后或培养好的酵母加入发酵罐中，混匀。发酵温度控制在 15~20℃，每天测定发酵液糖度或相对密度及温度，一般以酒总糖含量不再下降时发酵结束，此时发酵液液面平静，有少量 CO_2 溢出，酒液有酵母香、口味纯正、无甜味。每种水果的最适发酵温度不同，具体应根据原料特征以及成品酒的要求来确定。发酵期间每天都应该测定发酵果汁含糖量和温度。发酵指标达到要求后，立即降温至 10℃ 以下，促使酵母尽快沉淀，酒液澄清。必要时该阶段可在罐顶冲入 CO_2 或 N_2，将酒液与空气隔离，防止酒液氧化。

6. 倒酒与贮酒

酒液澄清后立即倒酒，将澄清透明的酒液与酒脚分开。在倒酒过程中，补加 SO_2 使游离 SO_2 浓度为 30~40 mg/L。自此以后的操作尽量减少酒液与空气接触，应将贮酒罐装满，液面用少量高度食用乙醇或蒸馏乙醇封口。贮酒容器可以使用不锈钢罐、橡木桶或其他惰性材料制成的罐，如玻璃钢罐，贮酒管理同葡萄酒。大多数果酒中抗氧化物质含量少，酒液非常容易氧化，不适合长期陈酿，但发酵后陈酿时间不宜低于 3 个月，以促进酒液澄清，提高酒的非生物稳定性。一般要求在 15℃ 以下陈酿，具体陈酿时间应该根据产品特点来确定，看陈酿期是否有利于果酒品质的改善。

7. 净化处理

若在发酵前，果汁已经经过净化剂的净化处理，发酵后的酒可省略该步骤。若发酵前果汁未进行净化处理，该步骤则不能省略。果酒最佳净化剂为皂土。果汁（酒）进行澄清之前，要通过小试验选择最佳的澄清以及最适的添加量。一般颜色较浅的果酒较常用的澄清剂为皂土，澄清方法如下：先将皂土用 60~70℃ 水浸泡 24 h，然后加入澄清的果酒配成 5%~10% 的悬浮液，边搅拌边加到酒中。加完后搅拌 20 min，待 24 h 后再搅拌一次，静置澄清。果酒也可采用单宁-明胶法进行澄清处理。澄清良好时用硅藻土过滤机进行过滤，也可以采用错流过滤。

8. 冷冻、过滤

果酒冷冻的目的是加速冷却不溶性物质的沉淀析出，提高果酒的稳定性。具体操作是将果酒降温至酒液冰点以上 0.5~1℃，保温 1 周左右，具体冷处理时间应该通过果酒冷稳定性试验进行确定。冷处理后同温下过滤。果酒冰点的简单计算方法：果酒冰点=0.5×果酒酒度。经过冷冻、过滤后，澄清的果酒进入下一步操作。

9. 调配

根据成品酒要求与需要配制的成品酒的量，计算出需要原酒、乙醇、糖、酸等的量。将各种组分在配酒罐中混匀。

10. 装瓶与灭菌

将调配好的果酒在装瓶前进行无菌过滤，过滤后的果酒应清亮透明、有光泽。对于 12% 以上的干酒，可采用无菌灌装，补加 SO_2 抑菌。为了防止果酒的氧化，可以添加维生素 C，加量应符合 GB 2760—2011 的要求。对于低度酒或甜型酒，可采用灌装后巴氏灭菌或热灌装。

9.4.3   工艺卫生要求

果酒生产必须建立健全完整的工艺卫生管理制度，做到文明生产。各车间、技术部门应明确工艺卫生职责，在关键工序设置醒目的卫生标志。

1. 添加剂

配制果酒所用的辅料（如二氧化硫、亚硫酸及盐类、明胶、鞣质、硅藻土、酒石酸钾、二氧化碳、柠檬酸等），必须符合食品卫生要求，不得使用工业级产品。不得使用任何合成染胶料（包括国家规定可食用的合成染料），用于葡萄酒生产的食品添加剂必须符合 GB 2760—2011 的规定。

2. 调酒室

调酒室的容器、管道、工器具等每次冷却后要刷洗干净，冷却前应按工艺卫生要求进行清洗，冷却温度要按工艺要求控制。调酒室内必须保持良好的通风和采光，地面应保持清洁，每周至少消毒、灭菌一次。

3. 发酵工艺卫生

1）发酵室、池及酵母培养室的设备、工具、管路、墙壁、地面要保持清洁，避免生长真菌和其他杂菌。贮酒室（池）、滤酒室、洗棉室的机器、设备、工具、管路、墙壁、地面要经常保持清洁，定期消毒。前后发酵要按工艺要求做好卫生管理。

2）过滤棉、硅藻土、过滤机的纸板应符合卫生要求。盛装和转运原酒的容器所用涂料，必须符合卫生标准并严格按工艺要求进行涂刷。

3）配料标准化。各种原料、辅料应严格按照标准化配方投料。以保证成品酒达到合格标准。

4）地下贮酒室卫生。地面要保持清洁、无积水、无异味，墙壁无真菌生长，下水沟畅通。每周至少消毒、灭菌一次。盛酒容器保持清洁。

5）露天缸卫生要求。露天发酵缸等要保持清洁，缸顶应加盖，出酒口应有卫生装置，使用前要严格清洗消毒。露天缸应有严格的管理制度和防火、防雨措施，缸群周围应有围墙，应砌水泥地面，以便于清扫和清洗，保持卫生清洁。

6）化糖室。室内应清洁，地面应干净、无糖迹、污物，墙壁应用浅色瓷砖砌成，室内应设通风防尘设备，化糖锅需用符合食品卫生标准的材料制成，工作后应将工作场所及用具清洗干净。冷冻果酒所用的容器必须用不锈钢材料制成，做到防腐蚀、防真菌。冷冻间内应经常清洗、消毒，保持清洁，无异味、无真菌滋生。冷冻容器应定期消毒和清洗。

4. 包装和贮运卫生

（1）包装容器材料

包装果酒的容器材料必须符合《中华人民共和国食品法（试行）》的有关规定和相关规范的要求。

1）容器的检查：对包装容器应制定检查方法和标准。所用容器必须经检验合格后方可使用。

2）酒瓶的清洗：硬质酒瓶（瓷瓶）在洗刷前，应先去除瓶中杂物。硬质酒瓶在装酒前，应经过清水浸泡、碱水刷洗、清水冲洗、沥干、空瓶检验的清洗流程。使用回收酒瓶，必须经过严格的检查和洗刷处理，清洗流程为热水浸泡、碱水刷洗、清水冲洗、沥干、空瓶检验。

3）酒瓶的使用：在场内不得使用空酒瓶盛放其他物品或用于其他用途，更不得盛放有害物，以免误入生产线造成不良后果。所用酒瓶在生产中尽可能避免碰撞，以免损坏瓶口而影响封口质量。在罐装车间只能存放即将使用的酒瓶，灌装后应立即将生产线上的酒瓶收回，以免被污染。打扫车间时，必须移去或遮盖好生产用酒瓶。

（2）灌酒、压盖

1）灌酒操作人员在操作前必须洗手。

2）灌酒机、压盖机使用前必须按工艺要求进行清洗，机械压盖或人工封口，必须保证不渗漏。

3）每次灌装的成品酒，必须按工艺要求连续装完，没有装完的酒应有严密的贮存防污染施。

（3）灭菌

果酒生产必须执行严格的灭菌工艺要求。

（4）包装标志、运输和保管

瓶装酒需装入绿色、棕色或无色玻璃瓶中，要求瓶底端正、整齐，瓶外洁亮。瓶口封闭严密，不得有漏气、漏酒现象。酒瓶外部要贴有整齐干净的标签，标签上应注明酒名称、酒度、精确度、含原汁酒量、注册商标、生产厂、生产日期及代码，并严格执行国家有关标签管理的规定。包装箱外应注明酒名称、毛重、包装尺寸、瓶装规格、生产厂及防冻、防潮、防热、小心轻放，放置方向的符号和字样。运输、保管过程中不得潮湿，不得与易腐蚀、有气味的物质放在一起，保管库内应清洁干燥，通风良好，不允许日光直射，用软木塞封口的果酒必须卧放。

5. 质量检验

果酒厂必须制定健全的质量检查制度，设有与生产能力相适应的质量检查机构，配备经专业培训考核合格的质量检查人员。检查机构应具备评酒室、检验室、无菌室、检测室及必要的仪器设备。检验机构应按规定的标准检验方法及检验规则进行检验，凡不符合标准的产品一律不准出厂。各项检验记录予编号存档，保存期为三年，以备考察。

9.5 果醋的酿造

9.5.1 果醋酿造原理

很多果实中含有丰富的糖质资源，是酿醋用的上等原料。与粮食所酿的醋相比，果醋富含醋酸、琥珀酸、苹果酸、柠檬酸、多种氨基酸、维生素及生物活性物质，营养成分更为丰富，且口感醇厚、风味浓郁、新鲜爽口、功效独特，能起到软化血管、降血压、养颜、调节体液酸碱平衡、促进体内糖代谢、分解肌肉中的乳酸和丙酮酸而降低疲劳等作用。

果醋在酿造过程中，水果中富含的维生素、矿物质、氨基酸等被很好地保存，同时在发酵过程中维生素也得到了强化，大大提高了原醋液的营养价值。实验表明，果醋中的醋酸、乳酸、氨基酸、甘油和醛类化合物，对人的皮肤有柔和的刺激作用，能使血液循环，从而起到延缓衰老的作用。

20 世纪 90 年代，在美国、法国等国家的市场上，醋饮料曾经一度受到时尚女性的追捧。以苹果、葡萄、山楂等为原料生产的果醋饮料迎合了现代都市人绿色、健康的消费理念，也同时满足了现代都市女性保健、美容的需求。

目前，我国食醋产量为 2.5 Mt，其中绝大部分为固态法生产的粮食醋，我国各种醋（包括传统醋、保健醋和果醋）的人均年消费量为 0.19 kg，仅相当于日本的 1/9，美国的 1/7。国内食醋市场中有 30%～40% 是果醋。这表明,我国的果醋市场有着巨大的开发潜力。而目前在我国,果醋饮料受越来越多的消费者,尤其是都市女性所青睐。

果醋发酵,如含糖果味原料,需经过两个阶段进行,先为酒精发酵阶段,其次为醋酸发酵阶段。

醋酸菌大量存在于空气中,种类也很多,对酒精的氧化速度有快有慢,醋化能力有强有弱,性能各异。当果酒或低度白酒暴露在空气中,常发现有两种好气性菌在其中繁殖,即酒花菌和醋酸菌。这两种微生物以酒精为营养,竞争生存极其剧烈,前者将酒精变成二氧化碳和水,后者将酒精变成醋酸。

目前醋酸工业应用的醋酸菌有许氏醋酸杆菌及其变种弯醋酸杆菌,它们是一种不能运动的杆菌,产醋力强,对醋酸没有进一步的氧化能力,用作工业醋生产菌株。我国食醋生产应用的醋酸菌亚种 *Acetobacter pasteurianus*,细胞呈椭圆形或短杆状,革兰氏阴性,无鞭毛不能运动,产醋力在 6% 左右,并伴有乙酸乙酯生成,增进醋的芳香,缩短陈酿期,但它能进一步氧化醋酸。

醋酸菌的繁殖和醋化与下列环境条件有关:果酒中的酒度超过 14% 时,醋酸菌不能忍受,繁殖迟缓,被膜变成不透明,灰白易碎,生成物以乙醛为多,醋酸产量甚少。而酒度若为 12%～14%,醋化作用能很好进行直至酒精全部变成醋酸。

果酒中的溶解越多,醋化作用越快速越完全。理论上 100 L 纯酒精被氧化成醋酸需要 38.0 m^3 纯氧,相当于 183.9 m^3 空气。实践上供给的空气量还需超过理论数 15%～20% 才能醋化完全。反之,缺乏空气,则醋酸菌被迫停止繁殖,醋化作用也受到阻碍。

果酒中的二氧化硫对醋酸菌的繁殖有阻碍作用。若果酒中的二氧化硫含量过多,则不适宜制醋,只有在解离其二氧化硫后,才能进行醋酸发酵。

温度在 10℃ 以下,醋化作用进行困难。20～32℃ 为醋酸菌繁殖最适宜温度,30～35℃ 条件下其醋化作用最快,达 40℃ 即停止活动。

果酒的酸度过大对醋酸菌的发育亦有妨碍。醋化时,醋酸量陆续增加,醋酸菌的活动也逐渐减弱,至酸度达到某限度时,其活动完全停止。醋酸菌一般能忍受 8%～10% 的醋酸浓度。

太阳光线对醋酸菌发育有害。而各种光带的有害作用,以白色为最烈,其次是紫色、青色、蓝色、绿色、黄色及棕黄色,红色危害最弱,与黑暗处醋化时所得的产率相同。

9.5.2 果醋加工技术

优良的醋酸菌种,可以从优良的醋醅或生醋(为消毒的醋)中采种繁殖,亦可用纯种培养的菌种,也可从食醋厂和科研单位处选购。其扩大培养的方法如下。

1. 固体培养

取浓度为 1.4% 的豆芽汁 100 mL,葡萄糖 3.0 g,酵母膏 1.0 g,碳酸钙 1.0 g,琼脂 2.0～2.5 g,混合,加热熔化,分装于干热灭菌的试管中,每管装量约 4.0～5.0 mL,在 98 kPa 的压力下杀菌 15～20 min,取出,趁未凝固前加入 50% 的酒精 0.6 mL,制成斜面，冷后，在无菌条件下接种优良醋醅中的醋酸菌种，26～28℃恒温下培养2～3天即成。

2. 液体扩大培养

取浓度为1%的豆芽汁15 mL、食醋25 mL、水55 mL、酵母膏1 g及酒精3.5 mL配制而成。要求醋酸含量为1%～1.5%，醋酸与酒精的总量不超过5.5%。装盛于500～1000 mL三角瓶中，常规方法消毒。酒精最好在接种前加入。接入固体培养的醋酸菌种1支，26～28℃恒温下培养2～3天即成。在培养过程中，每日定时摇动药瓶一次或用摇床培养，以充分供给空气及促使菌膜下沉繁殖。

培养成熟的液体醋母，即可接入再扩大20～25倍的准备醋酸发酵的酒液中培养，制成醋母供生产用。上述各级培养基也可直接用果酒配制。

9.5.3　酿醋及其管理

果醋酿制分固体酿制和液体酿制两种。

1. 固体酿制

以果品或残次果品、果皮、果心等为原料固态酿制果醋。

(1) 酒精发酵

取果品洗净，破碎，加入酵母液3%～5%，进行酒精发酵，在发酵过程中每日搅拌3～4次，约经5～7天发酵完成。

(2) 制醋坯

将酒精发酵完成的果品，加入麸皮或谷壳、米糠（添加量为原料量的50%～60%）作为疏松剂，再加培养的醋母液10%～20%（亦可用未经消毒的生醋接种），充分搅拌均匀，装入醋化缸中，稍加覆盖，使其进行醋酸发酵，醋化期中，控制品温在30～35℃。若温度升高至37～38℃，则将缸中醋坯取出翻拌散热；若温度适当，则每日定时翻拌1次，充分供给空气，促进醋化。经10～15天，醋化旺盛期将过，随即加入2%～3%的食盐，搅拌均匀，即成醋坯。将此醋坯压紧，加盖封严，待其陈酿后熟，经5～6天后，即可淋醋。

(3) 淋醋

将后熟的醋坯放在淋醋器中。淋醋器用一底部凿有小孔的瓦缸或木桶，距缸底6～10 cm处放置滤板，铺上滤布。从上面徐徐淋入约与醋坯量相等的冷却沸水，醋液从缸底小孔流出，即为生醋。将生醋在60～70℃温度下消毒10～15 min，即成熟醋。

2. 液体酿制

以果酒为原料酿制而得，质量较差或已酸败的果酒亦适宜酿醋。

(1) 开式醋化法

将酒度调整为7%～8%的果酒盛装在醋化器中，接种醋母液5%左右。醋化器为一浅木盆（搪瓷盆或耐酸水泥池均可），高20～30 cm，大小不定，盆面用纱窗遮盖，盆周壁近顶端处设有许多小孔以利通气并防醋蝇、醋鳗等侵入。酒精深度约为木桶高度的一半，液面浮以格子板，以防止菌膜下沉。在醋化期中。控制品温在 30~35℃，每天搅拌 1~2 次，约经 10 天即可醋化完成。取出大部分果醋，留下菌膜及少量醋液在盆内，再补加果酒，继续醋化。取出的生醋经消毒后即可食用。

（2）**气泡醋化法或深层发酵法**

这是一种新的醋化法。根据醋化速度与接触的空气量成正比关系，对发酵液连续地吹送大量细小的空气泡，使空气、发酵液和醋酸菌充分接触，就能迅速醋化。由于醋酸菌在断绝氧气的状况下，15 s 就会死亡，因此在全部醋化时间内必须使它与气泡流相接触。为了满足这一要求，需采用特殊的气泡发生器。为了防止醋化时热量的积累，须敷设冷热交换器。

此法具有以下优点：醋化率高，可达理论数的 98%，原因是醋化时气泡中的氧能较多地（约 50%）进入或溶入发酵液中；醋酸浓度高，甚易酿得醋酸浓度为 6%~8% 的果醋，也能酿得醋酸浓度为 10%~12% 的高浓度果醋；醋化迅速，可连续进料和出料，使操作连续化、自动化；能杜绝醋鳗、醋蝇和黏液菌等产生。

新酿成的果醋，有生味，需盛装于陈酿器内，酌情加入酒精（使其含量达 0.5%）及食盐（1%~2%），装满，密封，陈酿 1~2 个月或者半年，便成熟。经消毒后，即为熟醋。

9.5.4 果醋的陈酿和保藏

1. 陈酿

果醋的陈酿和果酒相同。通过陈酿，果醋变得澄清，风味更加纯正，香气更加浓郁。陈酿时将果醋装入桶或坛中，装满，密封，静置 1~2 个月完成陈酿过程。

2. 保藏

陈酿后的果醋需进行澄清处理。澄清剂可使用明胶、壳聚糖、琼脂等。配置 1% 的明胶溶液，边加热（不大于 70℃）边搅拌，直至明胶全部溶解为止，然后将明胶冷却到 10~15℃（明胶不凝固为度），以 2% 添加。也可以用壳聚糖进行处理，将壳聚糖溶于体积分数为 1% 的乙酸溶液中，配成 1% 溶液，以 3% 添加。澄清处理后进行精滤，60~70℃下杀菌 10 min，即可装瓶保藏。

第 10 章　腌制品加工

腌制保藏是人类最早采用的简单而有效的蔬菜保存方法，至今仍然被传承和发展。蔬菜腌制是指将新鲜蔬菜预处理后经部分脱水或不脱水，利用食盐渗入蔬菜组织内部，降低其水分活性，选择性控制微生物发酵，以保持其食用品质的保藏方法。蔬菜经过腌（盐）制加工后的产品称为蔬菜腌制品。因蔬菜原料、辅料、工艺条件及操作方法各异，腌制出来的产品风味也不同。

10.1　蔬菜腌制品的分类

我国的腌制蔬菜品种多，市场大，主要的分类方法有如下几种。

10.1.1　按腌制生产中是否发酵分类

1. 发酵性腌制品

其特点是腌制时食盐用量较低，有显著的乳酸发酵，并用醋液或糖醋香料液浸渍。发酵性腌制品可分为半干态发酵和湿态发酵。半干态发酵即发酵过程不加水，将粉末盐与蔬菜均匀混合，利用菜汁直接发酵的方法，如榨菜、冬菜等；湿态发酵是把调好的盐水浸泡蔬菜进行发酵，如东北酸白菜、泡菜等。

2. 非发酵性腌制品

其特点是腌制时食盐用量较高，乳酸发酵完全受到抑制或只能轻微地进行，其间还添加香料，产品往往感觉不到酸味。非发酵性腌制品分为四种：盐渍菜类（如咸菜）、酱渍菜类（如酱菜）、糖醋渍菜类（如糖醋蒜）以及酒糟渍菜类（如糟菜）。

10.1.2　按生产原料和工艺分类

1. 盐渍菜类

利用较高浓度的盐溶液腌制的方法简单、大众化的蔬菜腌制品，如咸菜。有时也进行轻微发酵，配以各种调味香辛料。

2. 酱渍菜类

以蔬菜为主要原料，经盐渍成咸坯后，浸入酱或酱油酱渍而成，如扬州酱黄瓜、北京八宝菜、天津什锦酱菜等。

3. 糖醋渍菜类

将蔬菜腌制成咸坯，再经过糖和醋腌制而成的蔬菜制品，如武汉的糖醋蒜头、南京的糖醋萝卜、糖醋大蒜等。

4. 糟糠渍菜类

将原料腌制后，再用酒糟、米糠等进行处理，使产品具有糟、糠的特有风味，如糟菜、糟萝卜等。

10.1.3 按产品的物理状态分类

1) 湿态腌菜。由于蔬菜腌制中有水分和可溶性物质渗透出来形成菜卤，伴有乳酸发酵，其制品浸没于菜卤中，即菜不与菜卤分开，所以称为湿态盐渍菜，如腌雪里蕻、盐渍黄瓜、盐渍白菜等。

2) 半干态腌菜。以不同方式脱水后，再经腌制成不含菜卤的蔬菜制品，如榨菜、大头菜、冬菜、萝卜干等。

3) 干态腌菜。以反复晾晒和盐渍的方式脱水加工而成的含水量较低的蔬菜制品，或利用盐渍先脱去一部分水分，再经晾晒或干燥使其产品水分下降到一定程度的制品，如梅干菜、干菜笋等。

10.2 腌制保藏理论

蔬菜腌制的基本原理是利用食盐在蔬菜腌制中的作用、有益微生物的发酵作用、蛋白质的分解作用及其他一系列的生物化学作用，抑制有害微生物的活动和增加产品的色香味，从而增强制品的保藏性能和感官性能。

10.2.1 食盐在蔬菜腌制中的作用

食盐是蔬菜腌制中最重要的一种腌制剂。食盐在蔬菜腌制过程中可赋予产品特殊的风味，在腌制加工中的作用主要包括脱水、抑菌防腐、改善品质（调味）等方面。

1. 食盐的脱水作用

蔬菜组织的细胞膜是一种半透膜，其渗透性的强弱与细胞膜内外的渗透压差的大小及细胞的活性有关。一般而言，细胞膜内外的渗透压差大，细胞膜的渗透作用就强，反之则弱。活细胞的渗透性比死亡细胞要小。在腌制过程中当食盐与蔬菜接触时，它将从蔬菜中吸收水分而溶解。食盐溶解后形成的食盐溶液的渗透压要比蔬菜组织中的渗透压大得多，因而在蔬菜内外形成较大的渗透压差。在渗透压差的作用下，溶液中的食盐逐步向蔬菜内部渗透，而蔬菜组织中的水分则向溶液中渗透。当蔬菜内外的渗透压达到平衡时，这种渗透作用才会停止。在腌制过程中，由于高浓度的食盐溶液的高渗透压和缺氧条件下的窒息作用，蔬菜的细胞组织大量脱水并逐步死亡，因而加大了细胞膜的渗透性，进而加快了蔬菜的脱水过程。

2. 食盐的调味与防腐保藏作用

在蔬菜腌制过程中，食盐使蔬菜组织脱水死亡并赋予腌渍品特有的风味。另外，它还可以使腌制品保藏较长时间而不败坏，这就是食盐的调味和防腐保藏作用。而食盐防腐保藏的实质在于它特殊的理化性质以及对微生物的影响。

(1) 高浓度食盐溶液的高渗透作用

食盐分子较小，由食盐形成的溶液具有很高的渗透压。一般而言，1%的食盐溶液可以产生相当于 6.1×10^2 kPa 的渗透压，而一般微生物细胞只相当于 $(3.5 \sim 16.7) \times 10^2$ kPa 的渗透压。根据渗透扩散原理，当溶液中的渗透压高于细胞中的渗透压时，溶液中的食盐成分就会向细胞内渗透，而细胞内的水分则会向溶液中扩散，因而使细胞失水，严重时会使细胞的膨压降低并出现质壁分离现象。细胞的各项生命活动都是在水中进行的，并依赖于细胞的膜系统才能够保持良好的生理状态。在腌制过程中，在高浓度食盐溶液（一般在 10%以上）的作用下，不仅蔬菜组织会出现脱水现象，同时也会使微生物细胞失水，并出现质壁分离，使有害微生物的活动受到抑制，甚至杀死微生物，从而使腌制品得以保藏。

(2) 离子的生理毒害作用

食盐溶液中的一些离子，如 Na^+、Mg^{2+}、K^+ 和 Cl^- 等，在高浓度时能对微生物发生生理毒害作用。微生物对 Na^+ 很敏感，少量的 Na^+ 对微生物有刺激生长的作用，但高浓度时就会产生抑制作用，Na^+ 能和细胞原生质中的阴离子结合产生毒害作用，且随着溶液 pH 的下降而加强，如酵母在中性食盐溶液中，食盐的质量分数要达到 20%其活动才会受到抑制，但在酸性溶液中，食盐的质量分数为 14%时其活动就受到抑制。有人认为，食盐溶液中的 Cl^- 能和微生物细胞的原生质结合，从而促进细胞死亡。

(3) 食盐的离子水合作用降低微生物环境的水分活度

食盐溶于水后，解离出 Na^+ 和 Cl^-，由于静电引力的作用，每个 Na^+ 和 Cl^- 周围都聚集一群极性的水分子，形成水化离子。食盐浓度越高，吸引的水分子也就越多，这些水分子就由自由水状态转变为结合水状态，导致 A_w 下降（表 10-1）。如欲使溶液的 A_w 降到 0.85，若溶质为理想的非电解质，其物质的量浓度需达 9.80 mol/kg，而溶质为食盐时，其物质的量浓度仅为 4.63 mol/kg。

表 10-1　水分活度与食盐含量的关系

食盐/%	0.87	1.72	3.43	9.38	14.2	19.1	23.1
A_w	0.995	0.990	0.980	0.940	0.900	0.850	0.800

A_w 随着食盐浓度的增大而下降，在饱和食盐溶液中（其质量分数为 26.5%），无论是细菌、酵母菌还是霉菌都不能生长，因为没有自由水可供微生物利用，所以降低环境的 A_w 是食盐能够防腐的一个重要原因。

（4）食盐对酶活力的影响

蔬菜中溶于水的大分子营养物质，微生物难以直接吸收，须先经过微生物分泌的酶转化为小分子之后才能利用。有些不溶于水的物质，更需要经微生物或蔬菜本身酶的作用，转变为可溶性的小分子物质。微生物酶的活性常在低浓度的盐液中就遭到破坏，这可能是由于 Na^+ 和 Cl^- 可分别与酶蛋白的肽键和 NH_3^+ 相结合，从而使酶失去其催化能力，如变形菌在食盐的质量分数为 3% 的盐液中就失去了分解血清的能力。

（5）食盐溶液中的氧气浓度下降对微生物的影响

氧气在水中具有一定的溶解度，蔬菜腌制使用的盐水或由食盐渗入蔬菜组织中形成的盐液其浓度较大，使得氧气的溶解度大大下降，从而造成微生物生长的缺氧环境。这样就使一些需要氧气才能生长的好气性微生物受到抑制，降低微生物的破坏作用，同时氧气浓度降低还起到抗氧化作用。

3. 蔬菜腌制中食盐用量的影响因素

不同情况下，食盐的用量不同。在生产实践中，用于蔬菜腌制时的用量一般为 15%~25%，甚至更高。了解蔬菜腌制中影响食盐用量的因素，对于正确使用食盐浓度，降低生产成本，保持良好的品质有着重要意义。

（1）保藏期对于腌制食盐用量的影响

要长期保存腌制品需要较大的用盐量，而只需要短期保存的腌制品则可以用较少的食盐。

（2）香料、发酵产物对腌制用盐量的影响

在蔬菜腌制中有时会加入一些香料和调味料，而这些香料、调味料本身含有一些抗菌物质，而发酵性腌菜在腌制过程中产生的乳酸、乙醇、醋酸等发酵产物对微生物也有抑制作用。在这些因素的共同作用下，发酵性腌制品在腌制时的食盐用量可以比非发酵性腌制品的用盐量要降低许多。例如，腌制非发酵性制品时，生产实际中的用盐量一般为 15%~25%，而腌制泡菜和酸菜时用盐量仅为 3%~8%。从防腐的角度来看，腌制时除食盐的防腐作用外，添加的香料和腌制过程中产生的酸对防腐也具有重要的作用。其中酸不但能增强食盐的防腐作用，同时它本身也对微生物具有很强的抑制作用。

（3）空气对腌制用盐量的影响

从对空气的要求方面看，酵母菌和霉菌对空气的要求较高。腌制时的隔氧，使得防止酵母菌和霉菌作用的用盐量降低，所以创造一种厌氧条件，就可抑制这些微生物的活动。例如，制作泡菜时，利用泡菜坛子的水密封方式，能够较好地保持腌制环境中的厌氧条件，因而腌制时的食盐用量就较低。此外，腌制时尽量使产品浸渍在腌制液中，也是防止酵母菌、霉菌等好气微生物败坏的有效措施。

（4）腌制期间的温度对腌制用盐量的影响

温度对微生物的生长繁殖有着重要的影响。在适宜的温度条件下，微生物的生长繁殖速度比较快。对大多数微生物而言，在 20～30℃ 的温度范围内，随着温度的升高，微生物的繁殖速度也加快。因此，在夏季较高的温度下进行腌制时，食盐的使用量应该大一些；而在冬天气温较低的情况下进行腌制时，食盐的使用量可以比夏季时低一些。

（5）原料对腌制用盐量的影响

在腌制加工时，作为腌制原料的蔬菜的质地、可溶性固形物含量、原料组织的老嫩程度等因素对腌制用盐量都有一定的影响。一般而言，固形物含量高的原料腌制时的用盐量要比固形物含量低的原料的用盐量低一些；质地较致密、组织较老的原料腌制时的用盐量要比质地较疏松、组织较嫩的原料的用盐量高一些。

4. 食盐质量和腌制的关系

食盐质量对腌制品的品质有重要的影响，其中食盐的杂质含量、含水量及食盐的受污染程度对腌制品质量的影响最为突出。

传统的腌制加工一般用质量低劣的粗盐。但现代腌制品的制作，主张使用高质量食盐。因为，低质量的粗盐中除 $NaCl$ 外，还含有大量的 Ca^{2+}、Mg^{2+}、Fe^{3+} 等杂质，会对产品质量产生不良影响。如 $CaCl_2$、$MgCl_2$ 可以使产品产生苦味，当溶液中 Ca^{2+}、Mg^{2+} 达到 1.5～1.8 g/L 时，就会造成产品有明显的苦味；Ca^{2+}、Mg^{2+} 还会使产品质地变得粗糙；$CaCl_2$、$MgCl_2$ 在水中溶解后，会大大降低 $NaCl$ 的溶解度；粗盐中的 Fe^{3+} 会与香料或者原料中的鞣质发生反应而产生褐变，使产品的色泽加深。

10.2.2　微生物的发酵作用

在蔬菜腌制过程中，由于蔬菜自然带入的微生物可能引起发酵作用，其中能够发挥防腐功效的主要是乳酸发酵、轻度的酒精发酵和微弱的醋酸发酵。这三种发酵作用还与蔬菜腌制品的质量、风味有密切的关系，因此被称为正常的发酵作用。现代蔬菜腌制发酵可以研究其发酵成熟机理和发酵微生物类群，采取人工接种纯种进行发酵的方式，以达到提高质量和缩短腌制时间等目的。

1. 乳酸发酵

乳酸发酵是蔬菜腌制过程中最主要的发酵作用，任何蔬菜在腌制过程中都存在乳酸发酵作用。乳酸发酵是指在乳酸菌的作用下，将单糖、双糖等可发酵性糖发酵生成乳酸或其他产物的过程。乳酸菌是一类兼性厌氧菌，种类很多，不同的乳酸菌产酸能力各不相同，蔬菜腌制中的几种乳酸菌的最高产酸能力为 0.8%～2.5%，最适合生长温度为 25～30℃。

蔬菜腌制中的主要微生物有肠膜明串珠菌、植物乳杆菌、乳酸片球菌、短乳杆菌、发酵乳杆菌等。引起发酵作用的乳酸菌不同，生成的产物也不同。将单糖和双糖分解生成乳酸而不产生气体和其他产物的乳酸发酵（产酸量高），称为同型乳酸发酵，如植物乳杆菌、发酵乳杆菌等的作用，其反应过程是十分复杂的，葡萄糖经过双磷酸化己糖途径分解产生乳酸，可简单用下式表示：

$$C_6H_{12}O_6 \xrightarrow[\text{发酵}]{\text{同型乳酸}} 2\,CH_3CHOHCOOH(乳酸)$$

蔬菜腌制过程中乳酸发酵除产生乳酸外，还产生醋酸、琥珀酸、乙醇、CO_2、H_2等，这类乳酸发酵称为异型乳酸发酵。例如，肠膜明串珠菌等可将葡萄糖经过单磷酸化己糖途径分解生成乳酸、乙醇和CO_2，其反应式如下：

$$C_6H_{12}O_6 \xrightarrow[\text{发酵}]{\text{异型乳酸}} CH_3CHOHCOOH(乳酸) + CO_2$$

蔬菜自然发酵初期，大肠杆菌参与活动，以单糖、双糖为发酵底物，生成乳酸的同时，还生成琥珀酸、醋酸、乙醇等，其反应式如下：

$$2C_6H_{12}O_6 \xrightarrow[\text{发酵}]{\text{异型乳酸}} CH_3CH_2OH + HOOCCH_2CH_2COOH(琥珀酸) + CH_3COOH +$$
$$CO_2 + H_2$$

在蔬菜腌制过程中，由于前期微生物种类很多，空气较多，以异型乳酸发酵为主。一般认为肠膜明串珠菌是一种起始发酵菌，虽产酸量低而不耐酸，但对腌制品风味有增进作用，产生的酸和CO_2等使pH下降和造成厌氧环境，阻止了其他有害微生物生长繁殖，使环境条件更宜于其他乳酸菌作用。发酵后期以同型乳酸发酵为主。

2. 酒精发酵

在蔬菜腌制过程中也存在着酒精发酵，酒精产生量可达$0.5\%\sim0.7\%$。酒精发酵是附着在蔬菜表面的酵母菌将蔬菜组织中的可发酵性糖分解，产生酒精和CO_2，并释放出部分热量的过程，其反应式如下：

$$C_6H_{12}O_6 \xrightarrow{\text{酵母菌}} 2\,CH_3CH_2OH + 2\,CO_2\uparrow + 1.0\times10^5 J$$

酒精发酵除生成酒精外，还能生成异丁醇、戊醇及甘油等。腌制初期蔬菜的无氧呼吸与一些细菌活动（如异型乳酸发酵），也可形成少量酒精。在蔬菜腌制品后熟存放过程中，酒精可进一步酯化，赋予产品特殊的芳香和风味。

3. 醋酸发酵

在腌制过程中，好气性的醋酸菌氧化乙醇生成醋酸的作用称为醋酸发酵，其反应式如下：

$$CH_3CH_2OH + O_2 \xrightarrow{\text{醋酸菌}} CH_3COOH + H_2O$$

除醋酸菌外，其他菌，如肠膜明串珠菌、大肠杆菌、戊糖醋酸杆菌等的作用，也可产生少量醋酸。蔬菜腌制过程中，微量的醋酸可以改善腌制品风味，过量则影响产品品质，如榨菜腌制中正常的醋酸含量为$0.2\%\sim0.4\%$，超过0.5%则表示榨菜酸败，品质下降，因此榨菜腌制要求及时装坛、严密封口，以避免在有氧情况下醋酸菌活动而大量产生醋酸。

在正常发酵的几种产物中，最主要的是乳酸。此外，还有乙醇、醋酸和 CO_2 等。酸和 CO_2 能使环境的 pH 下降，乙醇具有防腐能力，CO_2 具有一定的绝氧作用，这都有利于抑制有害微生物的生长，也是利用微生物发酵防止蔬菜腐烂变质的原因。同时也能减少腌制品维生素 C 和其他营养成分的损失。

10.2.3　蛋白质的分解及其他生化作用

在腌制过程及后熟期中，蔬菜所含蛋白质因受微生物和蔬菜原料本身蛋白酶的作用，逐渐分解为氨基酸。这一变化在蔬菜腌制过程和后熟期中是十分重要的，是腌制蔬菜产生特有的色香味的主要原因。蛋白质的分解十分缓慢而复杂，其过程如下：

$$蛋白质 \xrightarrow[\text{（蛋白酶）}]{\text{内切酶}} 多肽 \longrightarrow R—CH(NH_2)COOH（氨基酸）$$

氨基酸本身就具有一定的鲜味、甜味、苦味和酸味。如果氨基酸进一步与其他化合物作用就可以形成更复杂的产物。蔬菜腌制品色香味的形成过程既与氨基酸的变化有关，也与其他一系列生化变化和腌制辅料或腌制剂的扩散、渗透和吸附有关。

1. 鲜味的形成

氨基酸都具有一定的鲜味，如成熟榨菜氨基酸含量为 1.8～1.9 g/100 g（按干物质计），而在腌制前只有 1.2 g/100 g 左右。蔬菜腌制品的鲜味来源主要是由谷氨酸和食盐作用生成谷氨酸钠，其反应式如下：

$$HOOCCH_2\,CH_2CH(NH_2)COOH + NaCl \longrightarrow NaOOCH_2\,CH_2\,CH(NH_2)COOH + HCl$$

蔬菜腌制品中不只含有谷氨酸，还含有其他多种氨基酸，如天门冬氨酸、甘氨酸、丙氨酸等，这些氨基酸均可生成相应的盐。因此，腌制品的鲜味远远超过了谷氨酸钠单纯的鲜味，而是多种呈味物质综合的结果。蔬菜腌制的发酵产物，如乳酸及丝氨酸等甜味氨基酸本身也能赋予产品一定的鲜味和对鲜味的丰富有帮助。

2. 香气的形成

香气是评定蔬菜腌制品质量的一个指标。形成香气的风味物质在腌制品中的含量虽然很小，但是其组成和结构却十分复杂，至今尚未全部研究清楚。

产品中的风味物质，有些是蔬菜原料和调味辅料本身所具有的，有些是在加工过程中经过物理变化、化学变化、生物化学变化和微生物的发酵作用形成的。

（1）原料成分及加工过程中形成的香气

香气是由多种挥发性的芳香物质组成的。腌制品产生的香气有些是来源于原料及辅料中的芳香物质，有些则是由芳香物质的前体在风味酶或加热的作用下经水解或裂解而产生的。例如，十字花科蔬菜中含有具有辛辣味的芥子苷，芥子苷水解时生成葡萄糖和芥子油，芥子油的主要成分就是产生香气的烯丙基异硫氰酸；在甘蓝、萝卜、花椰菜等蔬菜中还含有一种类似胡椒辛辣成分的 S-甲基半胱氨酸亚砜；芦笋在风味酶作用下会产生芳香物质二甲基硫和丙烯酸。

蔬菜中的辛辣物质在没有分解为芳香物质时，对风味质量的影响是极为不利的。但在腌制过程中，蔬菜组织细胞大量脱水，这些物质也随之流出，从而降低了原来的辛辣味。由于这些辛辣成分大多是一些挥发性物质，在腌制中经常"倒缸"或"倒池"，将有利于这些异味成分的散失，改进制品的风味。

（2）发酵作用产生的香气

在蔬菜腌制过程中，大多数都经过微生物的发酵作用，腌制品的风味物质有些就是由于微生物作用于原料中的蛋白质、糖和脂肪等成分而产生的。

蔬菜腌制的主要发酵产物是乳酸、乙醇和醋酸等物质，这些发酵产物本身都能赋予产品一定的风味，如乳酸可以使产品增添爽口的酸味，醋酸具有刺激性的酸味，乙醇则带有酒的醇香。

蔬菜腌制品的风味物质远不只单纯的发酵产物。在发酵产物之间、发酵产物与原料或调味辅料之间还会发生多种多样的反应，生成一系列呈香、呈味物质，特别是酯类化合物。有的酯类含量虽低，甚至微弱，但由于其香气的阈值很低，产品易形成独特的风味。如果在发酵过程中，主体芳香物质没有形成或含量过低，就不能形成该产品的特殊风味。

（3）吸附作用产生的香气

依靠扩散和吸附作用，使腌制品从辅料中获得外来的香气。由于腌制品的辅料依原料和产品不同而异，而且每种辅料呈香、呈味的化学成分不同，因而不同产品表现出不同的风味特点。在腌制加工中往往采用多种调味配料，使产品吸附各种香气，构成复合的风味物质。

产品通过吸附作用形成香气，其品质高低与辅料质量及吸附量有密切的关系。为了增进产品的香气，就必须增大产品对风味物质的吸附量。

3. 色泽的形成

在蔬菜腌制加工过程中，色泽的变化和形成主要通过下列途径。

（1）褐变

蔬菜中含有多酚类物质、氧化酶类，所以在蔬菜腌制加工中会发生酶促褐变，如酪氨酸在酪氨酸酶和氧的作用下，经过一系列反应，生成黑色素（又称黑蛋白）。蔬菜腌制品装坛后虽然十分紧实，缺少氧气，但其中的促褐变物质依靠戊糖还原为丙二醛时所放出的氧，使腌制品逐渐变褐、变黑。此外，蔬菜中羰基化合物和氨基化合物等也会通过美拉德反应等非酶褐变形成黑色物质，而且具有香气。一般来说，腌制品后熟时间越长，温度越高，则黑色素形成越多越快。发生褐变的腌制品，浅者呈现淡黄、金黄色，深者呈现褐色、棕红色。褐变引起的颜色变化与产品色泽品质的关系依制品的种类不同和加工技术而异。

对于深色的酱菜、酱油渍和醋渍的产品来说，褐变反应所形成的色泽正是这类产品的正常色泽。如果在腌制过程中，褐变反应进行的速度过于缓慢或被抑制，则产品的色泽就会变淡，反而会降低这类产品的色泽品质。因此，对这类产品就需要根据褐变反应的条件和影响因素，在腌制加工中尽量创造有利于褐变反应的条件，使产品获得良好的色泽。而对于有些腌制品来说，褐变往往是降低产品色泽品质的主要原因，所以这类产品加工时，就要采取必要的措施抑制褐变反应的进行，以防止产品变褐、发暗。

抑制酶活性和采取隔氧措施是限制和消除盐渍制品酶促褐变的主要方法。而降低反应物的浓度和介质的 pH、避光和低温存放，则可抑制非酶褐变的进行。采用 SO_2 作为酚酶的抑制剂和羧基化合物的加成物，以降低羧氨反应中反应物的浓度，也能防止酶促褐变和非酶褐变，而且有一定的防腐能力和避免维生素 C 的氧化。但使用这种抑制剂也有一些不利的方面，它对原料的色素（如花青素）有漂白作用，浓度过高还会影响制品的风味，残留量过大甚至会有害于食品卫生。

抗坏血酸也可抑制酶促褐变的发生。它除有调节 pH 的作用外，还具有还原性，当原料中的酚类被氧化为醌后，醌会被抗坏血酸所还原，重新转化为相应的酚，而抗坏血酸本身被氧化，这一来回变化的结果是使褐变得以遏制。使用抗坏血酸作为抑制剂时，添加量必须足够，否则抗坏血酸被全部氧化后，褐变仍会继续发生。

引起酶促褐变的多酚氧化酶活性最强的 pH 范围为 6~7，降低介质的 pH 就可抑制酚酶的催化作用，而且美拉德反应在高酸度下也难以进行，所以在蔬菜腌渍过程中，保证乳酸发酵的正常进行，产生大量的乳酸，就可使菜卤 pH 下降，这是抑制盐渍品褐变的有效途径。

酶促反应必须有氧气参加，因此采取隔氧的方法，减少盐渍制品与空气接触的机会，能有效控制酶促褐变的发生。例如，把产品浸泡在菜卤中使之与空气隔绝；采用隔氧包装，如真空包装、充氮包装等。

（2）吸附

蔬菜腌制中使用的辅料，视不同的产品而异，有些辅料含有色素而带有颜色，如辣椒、酱或酱油等。蔬菜经盐腌之后，细胞膜变为透性膜，失去对进入细胞内物质的选择。腌制菜经撒盐换入清水后，细胞内溶液的浓度较低，在外界辅料溶液浓度大于细胞内溶液浓度的情况下，根据扩散作用的原理，辅料里的色素微粒就向细胞内扩散，扩散的结果使得蔬菜细胞吸附了辅料中的色素，导致产品具有类似辅料的色泽。因此，产品的色泽质量和颜色深浅与辅料有密切的关系。

若要加速产品色泽的形成，就必须提高扩散速度和增大原料对色素的吸附量。为此必须增加辅料中色素成分的浓度，增大原料与辅料的接触面积，适当提高温度，减小介质的黏度，采用颗粒微细的辅料和保证一定的生产周期，这些都可以加快扩散的速度和增大扩散量。影响扩散的诸因素有些是互相制约的，故在采用某一项措施时，必须考虑可能引起的其他后果。为了防止原料吸附色素不均匀造成"花色"，就需要特别注意生产过程中的"打扒"或翻动，这往往是保证产品色泽里外一致的技术关键。

10.2.4　腌制蔬菜的保脆与保绿

保持蔬菜腌制品的绿色和嫩脆的质地，是有关提高制品品质的重要问题。

蔬菜之所以呈现绿色是由于含有叶绿素，但在腌制过程中会逐渐失去鲜绿的色泽，特别是发酵性腌制品更易出现这种变化，这是因为在腌制过程中产生乳酸等，在酸性介质中叶绿素容易脱镁形成黄褐色的脱镁叶绿素，而使其绿色无法保存。在腌制非发酵性腌制品时，如咸菜类，在其后熟过程中，叶绿素消退后也会逐渐变成黄褐色或黑褐色。

为保持蔬菜原有的绿色，可在腌制前先将原料经沸水烫漂，以钝化叶绿素酶，防止叶绿素被酶催化而变成脱叶醇叶绿素（绿色褪去），可暂时地保持绿色。若在烫漂液中加入微量的碱性物质，如 Na_2CO_3 或 $NaHCO_3$，可使叶绿素变成叶绿素钠盐，也可使制品保持一定的绿色。

在生产实践中，有时将原料浸泡在井水中，待原料吐出泡沫后才取出进行腌制，也能保持绿色，并使制品具有较好的脆性。腌制黄瓜时先用 2% ~3% 的澄清石灰水浸泡数小时，再盐渍，可以起到很好的保绿效果。这是因为硬水或石灰水中的 Ca^{2+} 不仅能置换叶绿素中的 Mg^{2+}，使其变成叶绿素钙，而且还能中和蔬菜中的酸，使腌制时介质的 pH 由酸性变成中性或微碱性，使绿色可以保持不变。

质地脆嫩是大部分腌制品质量标准中的一项重要的指标。脆性的变化是由于鲜嫩组织细胞膨压的变化和细胞壁原果胶的水解引起的。当蔬菜组织细胞脱水时，呈现萎蔫状态，细胞的膨压状态就会下降，脆性也随之减弱。在蔬菜腌制的初期会出现这种情况，但到了中、后期，由于蔬菜细胞失活，通透性增加，外界的盐水、酱汁等浸渍液向细胞内扩散，又重新使细胞恢复膨压，细胞也相应得到了加强。因此，蔬菜在腌制过程中只要按要求进行渍制，就不会引起产品脆性的下降。

细胞壁原果胶的水解是影响产品脆性的另一个重要原因。原果胶存在于细胞壁的中胶层里，并与纤维素结合在一起，成为细胞的加固物质。如果果胶在酶的作用下发生水解，就会失去粘连作用，细胞彼此分离，使蔬菜组织的硬度下降，组织变软。

10.3 糖制制品加工工艺

10.3.1 蜜饯类制品加工工艺

蜜饯类制品的加工工艺流程如下：

原料→预处理→┬→糖渍→烘干→上糖衣→包装→干态蜜饯
　　　　　　├→糖渍→装罐密封→杀菌→冷却→湿态蜜饯
　　　　　　└→盐腌→干燥→盐坯保存→脱盐→烘干→浸渍→烘干→包装→凉果

1. 原料选择

原料质量优劣主要在于品种、成熟度和新鲜度等方面。蜜饯类制品因需保持果实或果块的形态，要求原料为肉质紧密、耐煮性强的品种，且在绿熟至坚熟时采收为宜。另外，还应考虑果蔬的形态、色泽、糖酸含量等因素。用来糖制的果蔬要求形态美观、色泽一致、糖酸含量高等。

2. 原料预处理

原料选择与处理对果蔬糖制品的品质和风味影响极大，而且关系到加工操作、劳动生产率和原辅材料的消耗率。原料的预处理包括原料选择、分级、清洗、去皮、去核、切分、盐腌、烫漂、硬化、护色、染色等工艺。总体来说，在进行糖煮或浸糖之前的处理都属于预处理。不同的原料和不同的产品需要进行的预处理工艺和程序各不相同。

（1）清洗、分级、去皮、去核、切分、切缝、刺孔

对果皮较厚或果皮含粗纤维较多的糖制原料应去皮，以保证产品可食性和均匀一致性，同时有利于渗糖。但不是所有果蔬都需要去皮，如芒果、苹果、桃、梨、菠萝、冬瓜、南瓜等需要去皮，而橄榄、梅子、杏、做橘饼的金橘和柿饼的柿子都不需要去皮。去皮方式可采用手工去皮、机械去皮、热力去皮或化学去皮等方法，随原料种类和表皮特性而定。

对于苹果、梨这样的大型果实需要切成一定的形状的小块状，以便于提高渗透效率，小型果实则不需要切分。为了加速糖液的渗透，对于肉质和表皮致密的果实需要刺孔或切缝。刺孔或切缝有如下方式：

1）手工操作。手工操作是一种古老而传统的操作方法。由于划线、切缝和刺孔的工艺难度较大，在很多中小型企业中还沿用这种手工操作方法。手工操作多用简单的工具实施，如刺孔工具可用大头针钉在木板上使用；划线和切缝工具可用缝衣针、刮脸刀片扎成月牙形排针使用。

2）机械操作。采用划线、切缝机在物料表皮上，顺着果实纵向划或切满一周，要求划线和切缝要致密，并要深达肉质部分。例如，生产蜜枣时，划线是一道重要的工序，有专门的刺孔机可以刺孔，划线深度为 0.3~0.5 cm。

（2）盐腌

对于凉果制品加工，通常用食盐或加用少量明矾或石灰腌制的盐坯（果坯），盐胚常作为半成品保存，以延长加工期限。同时，盐腌后可以改变果实原有品质，使其组织变得柔软，有利于以后糖制加工并可去除许多不良风味（如苦味、涩味、异味及过酸等）。盐坯腌渍包括腌渍、干燥、回软和再干燥四个过程。盐腌法有干盐法和盐水法两种。

1）腌渍。干盐法适用于果汁较多或成熟度较高的原料，用盐量依种类和贮存期长短而异，一般为原料重的 14%~18%。其方法如下：将预处理好的果蔬物料在池或缸中，放一层物料，撒一层盐，铺平压紧，下层用盐少，上层逐渐增多，表层用盐覆盖以隔绝空气。待盐溶解、卤水渗出后，立即加压，使物料浸没在卤水中即可。

2）干燥。盐腌结束后，即可捞出干燥，可用烘房烘烤或在阳光下进行曝晒干燥。干燥后，物料体积显著缩小，待表面有结晶盐霜时，干燥即告结束。

3）回软。干燥后的盐坯表里含水量不一，而回软可使其均匀。回软是在室内进行，将盐坯移到室内，任其盐坯内部的水分向外扩散，俗称"发汗"。当盐坯表面有水滴出现时，回软即告结束。

4）再干燥。回软后的盐坯尚需经过再次干燥，排除部分水分，即成为果坯。

腌制时，分批拌盐，拌匀，分层入池，铺平压紧，下层用盐较少，由下而上逐层增多，表面用盐覆盖隔绝空气，便能保存不坏。腌渍程度以果实呈半透明为度。

（3）保脆和硬化

为提高原料耐煮性，在糖制前对某些原料进行硬化处理，即将原料浸泡于石灰、氯化钙、亚硫酸氢钙等稀溶液中，使钙、镁离子与原料中的果胶物质生成不溶性盐类，细胞间相互黏结在一起，提高硬度和耐煮性。用 0.1% 的氯化钙与 0.2%～0.3% 的亚硫酸氢钠混合液浸泡 30～60 min，可以达到护色兼硬化的双重作用。

硬化剂的选用、用量及处理时间必须适当，过量会生成过多钙盐或导致部分纤维素钙化，使产品质地粗糙，品质劣化。

（4）护色或着色

在糖煮之前针对不同的原料，需要进行护色或着色处理。长期以来，常用熏硫或浸硫的方式进行护色处理。亚硫酸盐可以抑制酚酶的活性，能把醌类物质还原成酚，与羰基加成而防止羰基化合物的聚合作用。在食品加工贮藏过程中应用亚硫酸盐进行护色处理时常把它与柠檬酸和抗坏血酸合用，以达到长期保持原料原有色泽的目的，还具有抑菌防腐和促进糖液渗透的作用。

食品中 SO_2 残留对人体有一定的危害，糖制加工熏硫或浸硫以后很容易导致产品 SO_2 残留量超标（允许残留标准为 0.005 g/kg）。因此，硫黄或亚硫酸盐的使用量和使用范围一定要严格按照 GB 2760—2011 的规定执行，处理以后一定要反复漂洗。从食品安全和健康的角度出发，新的果蔬糖制工艺研究已开始不使用硫处理，使用无硫的护色剂和综合技术解决变色问题，如使用 EDTA、柠檬酸、抗坏血酸等组合配制的复合护色剂效果较好。

樱桃、草莓等原料，在加工过程中常失去原有的色泽，可以根据需要进行人工染色，以增进制品的感官品质。

（5）漂洗和预煮

凡经亚硫酸盐保藏、盐腌、染色及硬化处理的原料，在糖制前均需漂洗数次，洗掉残留的 SO_2、食盐、染色剂或石灰，避免对制品外观和风味产生不良影响。

预煮可以软化果实组织，有利于煮制时糖的渗入，对一些酸涩、具有苦味的原料，预煮可起到脱苦、脱涩的作用。预煮还可以钝化果蔬组织中的酶，防止氧化变色。

3. 糖制

糖制是蜜饯类加工的主要工艺。糖制过程是果蔬原料脱水吸糖的过程，糖液中糖分依赖扩散作用进入组织细胞间隙，再通过渗透作用进入细胞内，最终达到要求的含糖量。

糖制方法有蜜制和煮制两种，它们最大的差异在于加热与否。

（1）蜜制（糖渍）

蜜制是在常温下进行的糖制，因此又称冷制。此方法适用于含水量高、不耐煮制的原料，如青梅、杨梅、樱桃、无花果等。多数凉果也都是采用蜜制法制成的。此法的基本特点在于分次加糖，不用加热，能很好地保存产品的色泽、风味、营养成分和应有的形态。

在未加热的蜜制过程中，原料组织保持一定的膨压，当与糖液接触时，由于细胞内外渗透压存在差异而发生内外渗透现象，使组织中水分向外扩散排出，糖分向内扩散渗入。

1）蜜制过程渗糖速度的影响因素。在室温条件下糖的扩散和渗透速度较慢，主要受下列因素的影响：

①果蔬组织结构。新鲜果蔬组织有完整的细胞壁和细胞膜，糖分子难以透过。经过热烫处理，组织结构破坏的冬瓜片比未经热烫处理、同样大小的冬瓜片在相同糖液中的渗糖速度快 2~3 倍。因此，糖渍前热烫处理破坏果蔬组织结构，可以显著提高糖的扩散速度。组织致密的原料不宜蜜制。

②糖液温度。糖渍尽量在室温下进行，但室温受气温影响甚大，地域温差和四季温差直接影响糖液温度，进而影响糖液黏度，使得扩散速度变化很大。在北方的冬天，糖渍数月都不能达到理想的效果，因此在北方的冬季不适宜蜜制。

③糖液浓度。黏度与糖液浓度有直接关系，浓度越大，黏度越大。如在糖渍的开始即用高浓度糖液来浸渍，由于外部浓度太高、太黏，使得糖分难以向果蔬内部扩散，而组织内外的渗透压差大，使得内部靠近表皮的水分能很快地扩散到外面，造成果块表层组织迅速失水收缩，堵塞毛细管和细胞膜孔，阻止糖的进一步渗入。

稀糖液的扩散速度较快，浓糖液的扩散速度较慢，因此要保证糖渍的效果，糖液宜稀不宜浓。糖液浓度应当渐次增高，使糖液均匀地渗入组织中。

2）蜜制方法。

①分次加糖法。在蜜制过程中，首先将原料投入 40% 的糖液中，剩余的糖分 2~3 次加入，每次提高糖液浓度 10%~15%，直到制品糖浓度达 60% 以上时出锅。

②一次加糖多次浓缩法。蜜制开始以足够高浓度的糖液浸渍果蔬物料，随着水分渗出，糖液浓度下降。浸渍一段时间后，将糖液沥出并加热浓缩提高其浓度，再将原料加入热糖液中继续糖渍。冷果蔬组织加入热糖液中形成内外温差，加速糖分的扩散渗透，缩短了糖制的时间。开始浸渍使用的糖液浓度一般为 30% 左右，第一次浸渍后浓缩至 45% 左右，反复 3~4 次浸渍浓缩，最终糖制品浓度可达 60% 以上。

③减压蜜制法。果蔬在真空锅内抽空，使果蔬内部蒸汽压降低，内外压力差可以促进糖分快速渗入果蔬组织，然后破除真空度。初次糖液浓度约 30%，抽空 40~60 min 后，破除真空，浸渍 8 h，然后将原料转入糖液浓度为 45% 的真空锅中，再抽空 40~60 min 后，破除真空，浸渍 8 h，再在 60% 的糖液中抽空、浸渍至终点。

（2）煮制

煮制的方法有多种类型。常压煮制包括一次煮制、多次煮制和快速煮制。减压煮制包括减压煮制和扩散法煮制。

对于肉质较紧密的果蔬，受热后质地不会过于软烂，宜采用煮制法提高糖制加工生产效率。因为在加热时，糖分渗透迅速，可加快糖制过程。在生产中，经常采用的糖煮方法主要有以下几种：

1）一次煮制法。一次煮制法是把预处理好的果蔬原料置于糖液中一次性地煮制成功，是糖制加工的最基本方法。与糖液一起加热，可使果蔬组织因加热而疏松软化，使纤维素与半纤维素之间松散。同时，糖液因加热而黏度降低，分子因加热而运动加快，易于渗入组织。例如，苹果脯、蜜枣等的加工，先配好40％的糖液，倒入处理好的果实。加热使糖液沸腾，果实内水分外渗，糖进入果肉组织，糖液渐稀，然后分次加糖，使糖液浓度缓慢增高至60％～65％。分次加糖的目的是保持果实内外糖液浓度差异不致过大，以使糖逐渐均匀地渗透到果肉中去，这样煮成的果脯才显得透明饱满。此法操作简单，省工，糖制速度快。但持续加热时间长，原料易煮烂，色、香、味差，维生素破坏严重，糖分难以达到内外平衡，致使组织局部失水过多而出现干缩现象。因此，初次加糖不宜多，以30％～40％为宜。

2）多次煮制法。多次煮制法是将处理过的原料经过多次糖煮和浸渍，逐步提高糖浓度的糖制方法。一般煮制的时间短，浸渍时间长。适用于细胞壁较厚而难以渗糖或易煮烂或含水量高的原料，如桃、杏、梨和西红柿等。将处理过的原料投入30％～40％的沸糖液中，热烫2～5 min，然后连同糖液倒入缸中浸渍10～20 h，使糖液缓慢渗入果肉内。当果肉组织内外糖液浓度接近平衡时，将糖液浓度提高到40％～60％，煮沸5～10 min，再浸渍10～20 h，使果实内部的糖液浓度进一步提高。根据含糖量升高的情况，可反复进行多次煮制和浸渍。直到果肉含糖量增至接近成品的标准，完成糖煮。多次煮制法所需时间长，煮制过程不能连续化，费时，费工。但由于煮制时间减少，原料形态、营养成分和色、香、味都保持较好。

3）冷热交替糖渍法。先把果蔬原料置于30％的糖液中煮沸5～8 min，然后立即捞出放入40％冷糖液中，果蔬组织中的水蒸气分压因突然受冷而降低，使得组织收缩，糖液也就被迫渗入组织内部，加速了组织内外浓度平衡的进程。待原料温度降低，再将原料移入煮沸的40％的糖液中，煮沸5～8 min。接着又移入浓度约为55％的冷糖液中，冷却后，移入60％～65％的沸糖液中，煮沸20 min左右，即可达到糖煮的最后浓度，完成糖煮过程。在多次煮制法中，原料随糖液一起从高温降至室温，原料组织经受的温差较小，不利于渗糖。而变温法则创造温差的特殊环境，使原料组织受到冷热交替的变化，果蔬组织内部的水蒸气分压时大时小，这种压力差的存在和变化，促使糖分更快地渗入组织中，加快内外糖液浓度的平衡速度，缩短糖煮时间，快速完成糖制。

4）真空糖煮法。真空糖煮法是在一定的真空度下进行的，有如下优点：

①在真空环境下，液体的沸点大为降低，可使组织在不受高温影响的条件下提高渗糖速率，避免产生焦糖化现象，维生素等营养物质保留较多。

②由于果蔬组织内部的空气被抽走，有利于糖液的渗入，加速渗糖速度。

③糖液在真空下沸腾，水分蒸发速度快，可使糖液较早达到终点糖浓度，提高生产效率。

④减少或避免组织成分分解和氧化变色，产品品质稳定，色泽浅淡鲜明，风味纯正。

真空糖煮法一般所用的真空度是80～87 kPa，温度约为60℃。真空糖煮法需要在真空设备中进行，常用的设备有真空浓缩锅或真空罐。基本操作程序如下：将经过预处理的原料放入糖煮容器中，加入30％～40％的糖液（如果蔬组织较疏松，糖液浓度提高至50％～60％），然后将窗口密封，通入蒸汽加热，加热至60℃后即开始抽真空减压，使糖液沸腾（若有搅拌器可及时开动），并加速组织内水分蒸发和外渗，沸腾约5 min后，可降低真空度或破除真空，在外压增大的条件下糖分将加速向果实组织内部扩散和渗透。

当糖液浓度达到 60%~65% 时，即可破除真空，完成糖煮过程，或者再在常压下浸渍一定时间直至渗透平衡。

4. 糖煮后的处理

完成糖煮后，不同的果脯、蜜饯有不同的处理方法。

(1) 糖霜果脯、蜜饯

需要表面成霜的果脯、蜜饯，在煮制到合适浓度时捞出，沥去多余糖液，置于不锈钢操作台上，进行翻动、炒拌，同时开动大电扇，及时散热。在冷却和炒拌过程中，糖霜面逐渐形成。要严防炒拌过甚，形成大晶粒。有时在炒拌时可加一些细糖粉，能促进糖霜面的形成，但一般以自然成霜较好。也可以将沥干的糖制品在 65℃ 烘干，干燥至适合的程度洒上糖粉拌匀即成。

(2) 透明糖衣果脯、蜜饯

透明糖衣果脯、蜜饯的糖衣液由蔗糖、淀粉糖和水按 3∶1∶2 的比例构成。将这些组分置于锅中搅拌加热，煮沸至 113~115℃，停止加热，冷却至 93℃ 左右。将沥干的果脯、蜜饯浸入此糖液中约 1 min，再捞出置于筛面上，于 50℃ 下晾干，即可形成透明的糖衣层。此法是利用一定量的还原糖来抑制过饱和糖液的结晶。另外，也有将沥干的果脯、蜜饯浸渍于 1.5% 的果胶溶液中，取出后在 50℃ 下干燥 2 h，可形成一层透明的胶质薄膜，但此膜较薄，虽外观相似，但口感不同。

(3) 湿态果脯、蜜饯

对于湿态果脯、蜜饯，煮制完成后，按照罐头生产工艺进行装罐、密封、杀菌、冷却。装罐的糖液浓度和糖液量按产品标准配置和加入。

10.3.2　果酱类制品加工工艺

果酱类制品是以果品为主要原料，经过清洗、去皮、去核、软化、打浆或压榨取汁，加糖及其他配料，经过浓缩、装罐、密封、杀菌、冷却而成的一类半流体或固体食品。

果酱类制品加工工艺流程如下：

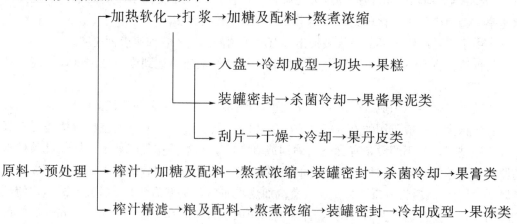

```
                  ┌→加热软化→打浆→加糖及配料→熬煮浓缩
                  │                    ┌→入盘→冷却成型→切块→果糕
                  │                    │
                  │                    ├→装罐密封→杀菌冷却→果酱果泥类
                  │                    │
                  │                    └→刮片→干燥→冷却→果丹皮类
原料→预处理 ──────┼→榨汁→加糖及配料→熬煮浓缩→装罐密封→杀菌冷却→果膏类
                  │
                  └→榨汁精滤→粮及配料→熬煮浓缩→装罐密封→冷却成型→果冻类
```

1. 原料选择及预处理

制作果酱果泥类制品应选择柔软多汁、易于破碎的原料品种,果泥制品的原料一般在充分成熟时采收,果酱制品的原料要求果胶质丰富,并于成熟早期或中期采收。不同产品对原料的要求有所不同,应该根据所生产的产品选择适合的原料种类和品种。原料需要经过清洗、去皮、切分、去核、护色等预处理。

2. 加热软化

果酱因制品加工工艺与果脯、蜜饯有一个重要的差异,即果脯、蜜饯加工需要硬化处理,尽量保持形态完好,而果酱加工则需要软化果肉组织,以便于打浆,促使果肉组织中果胶溶出,以利于凝胶的形成。加热也可以破坏氧化酶、果胶酯酶和半乳糖醛酸酶等的活性,防止原料变色和果胶水解。

软化前先将夹层锅洗净,放入清水(或稀糖液)和一定量的果肉。一般软化用水为果肉重的20%~50%。若用糖水软化,糖水浓度为10%~30%。开始软化时,升温要快,蒸气压力为0.2~0.3 MPa,沸腾后可降至0.1~0.2 MPa,不断搅拌,使上下层果块软化均匀,果胶充分溶出。软化时间依品种不同而异,一般为10~20 min。

3. 打浆或榨汁

根据产品需要的原料种类,确定原料加热软化以后是否打浆或榨汁。组织柔软的果实,如草莓酱加工,加热软化与熬煮可以一次完成,无须再打浆。但组织致密坚硬的果实,如苹果、枣、山楂、胡萝卜等,软化后需要打浆或榨汁。柑橘去皮后还有囊衣、种子等,需要通过榨汁将这些不可食部分去除。

大多数果冻类产品取汁后无须澄清精滤,如果要求完全透明的果冻产品则需用澄清果汁,澄清方法同澄清果汁生产工艺。

4. 配料

配料依原料种类和产品要求而异。一般要求果肉(果浆)占总配料量的40%~55%,砂糖占45%~60%(允许使用淀粉糖浆,用量占总糖量的20%以下)。果肉与加糖量的比例为1:1~1:2。为使果胶、糖、酸形成恰当的比例,有利于凝胶的形成,必要时可根据原料所含果胶及酸的多少添加适量柠檬酸、果胶或琼脂。柠檬酸补加量一般以控制成品含酸量在0.5%~1%为宜。果胶补加量,以控制成品含果胶量为0.4%~0.9%较好。

一般将砂糖配制成70%~75%的浓糖液,柠檬酸配制成45%~50%的溶液,并过滤。果胶与适量砂糖充分混匀,加10~15倍水。加热溶解。琼脂用50℃的温水浸泡软化,洗净杂质,加相当于琼脂质量的19~24倍的水,加热溶解后过滤。

果肉加热软化后,在浓缩时分次加入浓糖液,临近终点时,依次加入果胶液或琼脂液、柠檬酸和香精,充分搅拌均匀。

5. 浓缩

果肉经加热软化或取汁以后，需要加糖熬煮浓缩。其目的在于通过加热，排除果肉中大部分水分，使糖、酸、果胶等配料与果肉充分混匀、扩散均匀、提高浓度。改善酱体的组织形态及风味。加热浓缩还能杀灭有害微生物，破坏酶的活性，有利于制品的保藏。

（1）常压浓缩

常压浓缩的主要设备是带搅拌器的夹层锅或浓缩锅。物料在锅内，通过夹层内的蒸汽加热浓缩。开始时需要较高的蒸汽压力（0.3~0.4 MPa），以便快速升温。后期因物料可溶性固形物含量提高，极易因高温而发生焦化，蒸汽压应降至 0.1~0.2 MPa。为缩短浓缩时间，保持制品良好的色、香、味和胶凝力，每锅下料量控制在出成品 50~60 kg 为宜，浓缩时间以 30~60 min 为好。时间太短浓缩度不够，可溶性固形物含量不足。另外，还会因转化糖不足而在贮藏期发生蔗糖结晶现象。浓缩过程要注意不断搅拌，防止锅底焦化，出现大量气泡时，可洒入少量冷水，防止汁液外溢损失。

常压浓缩的主要缺点是温度高，水分蒸发慢，芳香物质和维生素 C 损失严重，制品色泽差。欲制优质果酱，宜选用减压浓缩。

（2）减压浓缩（真空浓缩）

分单效、双效浓缩装置。单效浓缩锅是一个带搅拌器的封闭式双层锅（罐），配有真空装置。工作时，先通入蒸汽于锅内赶走空气，再开动离心泵，使锅内产生真空，当真空度达 0.053 MPa 以上时，才能开启进料阀，待浓缩的物料靠锅内的真空吸力将物料吸入锅中，达到容量要求后，停止进料。开启蒸汽阀和搅拌器进行浓缩。保持真空度在 0.096~0.098 MPa，料温在 60℃左右。在浓缩过程中，若泡沫上升剧烈，可开启锅内的空气阀，使空气进入锅内抑制泡沫上升，待正常后再关闭。浓缩过程应保持物料超过加热面，防止与锅接触的物料焦糊。当浓缩至接近终点时，关闭真空泵开关，破除锅内真空。在搅拌下将果酱加热升温至 90~95℃，然后迅速关闭进气阀出锅。

采用真空浓缩可以充分利用能源，提高生产效率，提高产品质量。

6. 装罐密封

果酱类制品大多以玻璃瓶或防酸涂料铁皮罐为包装容器，果丹皮、果糕等干态制品均用玻璃纸包装。果酱、果膏、果冻出锅后，应及时快速装罐密封，密封时的酱体温度不低于 80~90℃，封罐后应立即杀菌冷却。

7. 杀菌冷却

采用常压浓缩的果酱，在加热浓缩过程中，微生物绝大多数被杀死，加上果酱高糖高酸对微生物也有很强的抑制作用，一般装罐密封后，残留于果酱中的微生物是难以繁殖的。在工艺卫生条件好的生产厂家，可在封罐后倒置数分钟，利用酱体余热进行罐盖消毒。但减压浓缩果酱，浓缩温度低，在封罐后还需进行杀菌处理，一般杀菌温度条件为 100℃，时间为 5~10 min。

铁皮罐包装的制品，在杀菌结束后迅速用冷水冷却至常温，但玻璃罐（或瓶）包装的制品宜分段降温冷却，然后用干布擦去罐（瓶）外的水分和污物，入库保存。

10.4 腌制类制品加工工艺

10.4.1 盐渍菜类制品加工工艺

盐渍菜类制品是我国蔬菜腌制品中量最大、品种最多、风味各异、加工最普遍的一类，它不仅以成品直接销售，而且可作为其他腌制菜的半成品。有些传统名产，畅销国内外，如榨菜、萝卜干、冬菜、大头菜、梅干菜等。

1. 榨菜

加工榨菜所利用的原料是一种茎用芥菜，俗称为青菜头。茎用芥菜的膨大茎部组织细嫩，营养丰富，最适于腌制。曾使用木榨以便压去菜块中多余的水分，故取名为榨菜。

（1）重庆涪陵榨菜的腌制法

重庆涪陵榨菜具有鲜香嫩脆、咸辣适当、回味返甜、色泽鲜红、没有异味（苦味和酸味）的特点。现在习惯称长江下游（江苏、浙江）的榨菜为盐脱水榨菜，涪陵的则为风脱水榨菜，以示区别。其实涪陵榨菜也有盐脱水的过程。传统涪陵榨菜腌制的工艺流程如下：搭架→ 原料选择及收购→剥皮穿串→晾晒→下架→ 头道盐腌制→二道盐腌制→修剪菜筋→整形分级→淘洗上囤→拌料装坛→后熟及清口→成品成件及运输。

（2）浙江榨菜的腌制法

用盐腌制脱去青菜头中的部分水分，因此也叫盐脱水榨菜。江苏、浙江、上海等均以此法生产，统称浙江榨菜。其加工工艺流程如下：原料收购→ 剥菜→盐腌制脱水→ 修剪菜筋→ 分级整形→ 淘洗上榨→ 拌料装坛→覆口封口 →捆绳装壳→验收保存。

2. 四川冬菜腌制法

四川冬菜主要产区为南充和资中两地，其原料均属于叶用芥菜类，但品种不同，加工工艺也有区别。

（1）南充冬菜

南充顺庆冬菜（因南充原名顺庆府而得名）的生产始于清朝光绪年间，已有百年历史，它的特点是色泽乌黑而有光泽，组织嫩脆，香气浓郁，风味鲜美，呈条状，以嫩叶及嫩尖为原料（15～20 cm），无老筋、老梗、老叶，含水量为 $60\%\sim62\%$，含盐量为 $12\%\sim14\%$，无致病菌检出。其加工工艺流程如下：原料选择→ 晾晒→修剥 → 腌制→上囤→拌料装坛→后熟→成品。

（2）资中冬菜

资中冬菜首创于清朝道光年间，有 160 多年的历史。特点是色泽呈金黄或黄褐色，有光泽，其他指标基本上同南充冬菜。其加工工艺流程如下：原料选择→ 晾晒→炒盐 → 搓揉→装坛→晒坛后熟→成品。

10.4.2　酱菜类制品加工工艺

酱菜种类很多，口味不一，但其基本制造过程和方法是一致的。一般酱菜都要先经过盐渍，成为半成品，然后用清水漂洗去一部分盐，再酱制。若腌后即进行酱制可减少用盐量。也有少数的蔬菜，可以不经腌制直接制成酱菜。在酱制过程中，酱料中的可溶性物质通过蔬菜细胞的渗透而进入蔬菜组织内，制成滋味鲜甜、质地脆嫩的酱菜。各地均有酱菜传统制品，如扬州"四美"酱菜、北京"六必居"酱菜都很有名。优良的酱菜除因具有所用酱料色香味外，还应保持蔬菜固有的形态和质地脆嫩的特点。

1. 传统酱菜工艺

（1）工艺流程
原料选择→处理→盐腌→切制改形→脱盐→酱制→成品。

（2）操作要点
腌制操作要点前文已经叙述，这里仅介绍其后续工序。

1）切制。蔬菜腌制成咸坯后，有些咸坯需要进行切分，制成各种形状，如片、条、丝等，在酱制前将咸坯切成比原来形状小得多的各种形状。

2）脱盐。有的半成品盐分高，不容易吸收酱汁，还带有苦味，因此首先要将其放在清水中浸泡，一般为 1~3 天，使其析出部分盐，才能吸收酱汁，并除苦味和辣味，使酱菜口味更加鲜美。浸泡时要注意保持相当的盐分，以防腐烂。为使半成品全部接触清水，浸泡时要注意每天换水 1~3 次。

3）酱制。把脱盐后的菜坯放在酱（或酱油）内进行浸酱。各种蔬菜酱制时间有所不同，但是酱制完成后，要求达到的程度是一致的，即菜的表皮和内部全部变成酱黄色。酱制时将上述经脱盐和脱水的咸坯装入空缸内，在酱制期间，白天每隔 2~4h 需搅拌一次，使缸内的菜均匀吸收酱液，提高酱制效率，这对酱菜质量具有重要意义。搅拌时，用酱把在酱缸内上下搅动，使缸内的菜随着酱把上下更替旋转，把缸底的翻到上面，把上面的翻到缸底，使缸上的一层酱油，由深褐色变成浅褐色。搅缸一次，经 2~4h，缸面上一层又变成深褐色，即可进行第二次搅拌，以此类推，直到酱制完成。

（3）几种酱菜加工
1）什锦酱菜。什锦酱菜是一种最普通的酱菜，由多种咸菜配合而成。所选用的蔬菜种类有大头菜、萝卜、胡萝卜、草石蚕、辣椒、酱瓜、菊芋、苤蓝、榨菜、莴笋、藕、花生仁等。各地加工的什锦酱菜在种类配合和比例上有很大的不同，配比均是按当地原料供应情况和群众要求决定的。例如，扬州酱菜的配料比例如下（%）：甜瓜丁 15、大头芥丝 7.5、莴苣片 15、胡萝卜丝 7.5、乳黄瓜段 20、萝卜头丁 20、佛手姜 5、宝塔菜 5、花生仁 2.5、核桃仁 1、青梅丝 1、瓜子仁 0.5。去咸、漂淡、排卤后，进行初酱。将菜坯抖松后混合均匀，装入布袋内（装至口袋容量的 2/3，易于酱汁渗透），投入 1∶1 的二道甜酱内，漫头酱制 2~3 天，每天翻酱袋一次，使酱汁渗透均匀。初酱后，把酱菜袋子取出淋卤 4~5h，然后投入 1∶1 的新鲜甜酱内进行复酱，如按初酱的工艺操作，复酱

7~10 天即成色泽鲜艳、咸甜适宜、滋味鲜甜、质地脆嫩的酱菜。

2) 酱黄瓜。酱黄瓜原料用 10 cm 左右的鲜嫩小黄瓜。洗净后，每 100 kg 用盐 18 kg 腌制 45 天。时间不宜过短，否则会使第二次腌制时出卤多，对贮藏不利。准备贮藏咸坯，于第一次腌制后取出沥干，翻入另一缸中再加盐 12 kg，加竹栅和重物压实。如不需贮藏可随即酱制，第一次用盐量也可以酌减。用贮藏咸坯酱制时，先行去咸，每 100 kg 加头榨酱油 30 kg，酱制 24 h 后，取出沥干，翻入另一缸中，再加头榨酱油 30 kg，酱制 24 h 即为成品。

10.4.3 泡菜类制品加工工艺

泡菜类制品是指泡菜和酸菜，它是用食盐溶液或食盐来腌制或泡制各种鲜嫩蔬菜，利用乳酸发酵作用而制成的一种带酸味的腌制品。由于腌制操作容易，设备简单，成本低廉，成品营养卫生，风味可口，取食方便，所以泡菜类制品是我国民间最广泛、最大众化的蔬菜加工品之一。四川泡菜以其香味浓郁，组织细嫩，质地清脆，咸酸适度，稍有甜味和鲜味，能保持蔬菜原有色泽和原有香味而著称。

1. 四川泡菜

（1）工艺流程

泡菜盐水配制
↓

原料→选别→修整→清洗→入坛泡制→发酵成熟→成品

（2）操作要点

1) 原料选别。凡是组织致密、质地嫩脆、肉质肥厚而不易软化的新鲜蔬菜均可做泡菜原料，如胡萝卜、青菜头、紫姜、大蒜、藠头、豇豆、辣椒、蒜薹等，要求选无病虫、无腐烂蔬菜。

2) 修整、清洗。取出粗皮、老筋、飞叶、黑斑等不宜使用的部分，用清水淘洗干净，适当切分、整理，晾干明水，稍萎蔫，用 3%~4% 的食盐腌制蔬菜，达到预腌出坯的目的。

3) 泡菜坛选择。泡菜坛是我国大部分地区制作泡菜所使用的较标准的容器，以无裂纹、砂眼，不泄漏，火候老，形态美观的为好。陶制泡菜坛既能抗酸、抗碱、抗盐，又能密封且能自动排气，隔离空气，使坛内能形成一种嫌气状态，这样既有利于乳酸菌的活动，又防止了外界杂菌的侵害。泡菜坛是陶土烧成的，口小肚大，在距离坛口边缘 6~16 cm 处有一圈水槽，称之为坛沿。槽缘稍低于坛口，坛口上放一菜碟作为假盖以防生水进入。将坛沿灌满水，盖与水结合即可。初使用的坛子最好装满清水，静放几日再用。

4) 泡菜盐水配置。配制盐水应用硬水，硬度在 16 °H 以上，如井水、矿泉水，含矿物质较多，有利于保持菜的硬度和脆度。自来水硬度在 15 °H 以上，可以用来配置泡菜水，且不必煮沸，否则会降低硬度。水还应澄清透明，无异味和无臭味。软水、塘水和湖水均不适宜做泡菜水。盐以井盐为好，如四川自贡盐、五通盐。海盐含镁（味苦），需焙炒后，方可使用。配置比例：以水为准，加入食盐6%~8%，为了增进色香味，还可加入黄酒2.5%、白酒0.5%、醪糟汁1%、红糖或白糖2.5%、红辣椒3%~5%以及香料1%。香料组成为小茴香25%、花椒20%、八角15%、甘草5%、草果5%、桂皮10%、丁香5%、豆蔻5%等。香料混合后磨成粉，用白布包好，密封放入泡菜水中。

5）入坛泡制。新盐水的装坛方法：先把经预处理的原料，有次序地装入洗净的坛内，装到一半时放入香料包，继续装菜至距坛口15 cm左右，菜要装得紧实，坛口用竹片卡住，加入盐水淹没原料，切不可让原料露出液面，否则原料会因接触空气而氧化变质，盐水也不要装得过满，以距离坛口10 cm为宜。1~2天后原料因水分渗出而下沉，可补加原料，让其发酵。若是老盐水，在盐水中补加食盐、调味品或香料后，直接装菜入坛泡制。

6）炮制过程中管理。蔬菜原料入坛后，其乳酸发酵过程，也称为酸化过程，根据微生物的活动和乳酸发酵积累的多少，可分为三个阶段：①发酵初期，以异型乳酸发酵为主，原料入坛后原料中的水分渗出，盐水浓度降低，pH较高，主要是耐盐不耐酸的微生物活动，如大肠杆菌、酵母菌，同时原料的无氧呼吸产生二氧化碳，二氧化碳积累产生一定压力，冲起坛盖，气体经坛沿水排出，此阶段可以看出坛沿水有间歇性的气泡冲出，坛盖有轻微的碰撞声，乳酸积累量为0.2%~0.4%；②发酵中期，主要是正型乳酸发酵，由于乳酸积累，pH降低，大肠杆菌、腐败菌、丁酸菌活动受到抑制，而乳酸菌活动加快，进行正型乳酸发酵，含酸量可达0.7%~0.8%，坛内缺氧，形成一定的真空状态，霉菌活动因缺氧而受到抑制；③发酵末期，正型乳酸发酵继续进行，乳酸积累逐渐超过1.0%，当含量达到1.2%时，乳酸菌的活动也受到抑制，发酵停止。

上述酸化过程是指乳酸发酵作用所标志的品质成熟期。但原料的种类、盐水的种类以及气温对成熟期也有影响，如夏季气温高，用新盐水一般叶菜类需要3~5天，根菜类需要5~7天，而薤头等需要半个月以上，而冬季气温低，需要延长一倍的时间。若用老盐水则成熟期又可大大缩短，且品质较新盐水好。

2. 韩国泡菜

韩国泡菜不仅是朝鲜族群众喜食的蔬菜腌制品，也被许多汉族家庭奉为佳肴，其加工工艺如下：原料处理→腌制→水洗→沥干→配料→装缸→成熟。

（1）原料处理

腌制韩国泡菜要求选择有心的大白菜，剥掉外层老菜帮，砍掉毛根，在清水中洗净，大的菜棵顺切成四份，小的顺切成二份。

（2）腌制、水洗、沥干

将处理好的大白菜放进3%~5%的盐水中浸渍3~4天。待白菜松软时捞出，用清水简单冲洗一遍，沥干明水。

（3）配料

萝卜削皮、洗净后切成细丝。配料比例如下：腌制好的大白菜100 kg，萝卜50 kg，食盐、大蒜各1.5 kg，生姜400 kg，干辣椒250 kg，苹果、梨各750 kg，味精少许。将姜、蒜、辣椒、苹果、梨剁碎，与味精、盐一起搅成泥状。

（4）装缸

把沥干的白菜整齐地摆放在小口缸里，放一层盐一层菜，撒一层萝卜丝，浇一层配料，直至离缸口 20 cm 处，上面盖上洗净晾干的白菜叶隔离空气，再压上石块，最后盖上缸盖，两天后检查，如菜汤未淹没白菜，可加水浸没，10 天后即可食用。为使泡菜味更鲜美，可在配料中加一些鱼汤、牛肉汤或虾酱。

3. 酸菜

酸菜以清水、淡盐水或 6%～7% 的盐水腌制，进行乳酸发酵，含酸量达到 1%～2%，产品就可以保存。制作方法比较简单，但各地做法也有差异。

（1）北方酸菜

以大白菜或甘蓝为原料，腌制时不用食盐，只加清水。腌制过程中也不加任何香料和调味品。

1）原料处理。选优质大白菜或甘蓝，收获后晒 1～2 天或不晒，除去黄烂叶及老叶，削去菜根，用水冲洗干净，滴干明水，大棵菜切 1～2 刀，只切叶帮，叶肉部不切断，然后在沸水中烫 1～2 min，先烫叶帮，后放整株，使叶帮略成透明为度，捞出，在冷水中冷却或不冷却。

2）浸渍。烫好的原料层层交错排列或成辐射状排列在缸中，层层压紧，加压重石，灌入清水，淹没过原料 10 cm 左右，约 1 个月后即可食用，有的地方为了促使发酵，缩短浸渍时间，常在清水中加入少量米汤。腌制好的白菜帮为乳白色，叶肉为黄色，质地清脆而微酸，可作为炒菜、馅菜、烩菜、汤菜的原料。成熟的酸菜应贮放在温度较低的地方，并盖好缸盖，可保存半年。

（2）欧美酸菜

酸菜是世界各国的主要腌制蔬菜之一，加工方法和口味各地均有一定差异。世界市场上较多的为德国酸菜，生产量以德国为多，遍及整个欧洲和西方。选择肉质紧密，中心柱小，无病虫害的甘蓝，除去中心柱，清洗干净后切分，德国和美国多切分成条或碎片，俄罗斯、保加利亚等切成大块，装入大木桶，一层菜一层盐，加盐 2.25%，桶内压紧并在桶顶安设假顶盖加压固定，甘蓝的菜水不久即可淹没假顶盖，使原料处于有利于乳酸发酵的条件之下，含酸量可达 1.2% 以上（以乳酸计）。现在酸菜常被加工成罐头出口，采用抗酸涂料罐，酸菜加热后装入 2 号罐（固形物重 454 g）或 10 号罐（固形物重 2268 g），经排气、密封、杀菌、冷却后保藏。

10.4.4　其他腌制品加工

糖醋菜是将选用的蔬菜原料先用稀盐液或清水进行一定时间的乳酸发酵，以利于排除原料中不良风味、逐步提高食盐浓度浸渍及增强蔬菜组织的透性。大多数糖醋菜含醋酸 1% 以上，并与糖、香料配合调味，因此可以较长时间保存。下面以糖醋藠头为例进行介绍。

1. 工艺流程

藠头→第一次修剪→清洗→盐渍→第二次修剪→分粒→脱盐→漂洗→分选、装罐→
排气、密封→杀菌、冷却

2. 操作要点

（1）**去梗、修整、脱盐**

藠头腌制可参考盐渍藠头。腌制盐坯含盐量较高，使用时应用清水漂洗 10~12h，漂
至含盐量为 2%~5%，注意换水。腌制时若没有去梗，此时用剪刀去梗，留下部分为
1.5~2 cm。逐个修剪根部及梗，剔除软烂、青绿色和发暗的藠头，然后用擦洗机擦洗去
除外膜，并用流水漂洗。

（2）**分选、装罐**

藠头使用 755 型罐，净重 195 g，装藠头 140 g，装罐时选大小、色泽一致的装于同
一罐内。藠头常用各种玻璃瓶装盛，固形物重达 60% 以上。若采用复合塑料袋包装也
可，固形物达 90% 以上。

汤汁含盐 2%、醋酸 1.3%、糖 40%，汤汁应趁热灌入。若采用复合塑料袋包装，汤
汁含盐 2%~3%，醋酸 6%~8%，糖 70%。装罐或装袋前经过糖和醋液浸渍，则汤汁中
的糖醋可适当减少。

（3）**排气、密封**

采用抽气密封，真空度为 0.035 MPa，755 型罐汤汁热时有时不排气，直接密封。
若采用复合塑料袋，则真空度为 0.095 MPa。

（4）**杀菌、冷却**

198 g 装藠头在 100℃下杀菌 3~12 min，用冷水急速冷却，340 mL 玻璃瓶装藠头在
100℃下杀菌 5~25 min，分段冷却。

10.5　腌制品常见的败坏及控制

腌制过程中，由于原料不好、加工不当或腌制条件不良等原因，使制品遭受有害微
生物的污染，导致质量下降，甚至出现败坏或产生一些有害物质的现象，称为腌制品的
劣变。腌制中容易出现的劣变现象及其产生原因和防治方法如下。

10.5.1　腌菜常见的劣变现象及其原因

1. 腌菜变黑

蔬菜腌制后，色泽都会有所加深，但除一些品种的特殊要求外，腌菜一般为翠绿色
或黄、褐色，如果不要求产品色泽太深的腌菜变成了黑褐色，就是一种劣变。导致这种
劣变的原因主要有：①腌制时食盐的分布不均匀，含盐多的部位正常发酵菌的活动受到

抑制，而含盐少的部位有害菌又迅速繁殖；②腌菜曝露于腌制液的液面之上，致使产品氧化严重和受到有害菌的侵染；③腌制时使用了铁质器具，由于铁和原料中的单宁物质作用而使产品变黑；④由于有些原料中的氧化酶活性较高且原料中含有较多的易氧化物质，在长期腌制中使产品色泽变深。

2. 腌菜变红

当腌菜未被盐水淹没并与空气接触时，红酵母菌的繁殖会使腌菜的表面变成桃红色或深红色。

3. 腌菜质地变软

腌菜质地变软主要是蔬菜中不溶性的果胶被分解为可溶性果胶造成的，其原因如下：①腌制时用盐量太少，乳酸形成快而多，过高的酸性环境使腌菜易于软化；②腌制初期温度过高，使蔬菜组织破坏而变软；③腌制器具不洁，兼以高温，有害微生物的活动使腌菜变软。

4. 腌菜变黏

植物乳杆菌或某些霉菌、酵母菌在较高温度时迅速繁殖，形成一些黏性物质，使腌菜变黏。

5. 腌菜的其他劣变

腌菜在腌制时出现长膜、生霉、霉烂、变味等现象都与微生物的活动有关，导致这些败坏的原因与腌制前原料的新鲜度、清洁度差、腌制器具不洁、腌制时用盐量不当以及腌制期间的管理不当等因素有关。

10.5.2 控制腌制品劣变的措施

1. 减少腌制前的微生物含量

腌制品的劣变很多都与微生物的污染有关，而减少腌制前的微生物含量对于防止腌制品的劣变具有极为重要的意义。要减少腌制的微生物含量，一是要使用新鲜脆嫩，成熟度适宜，无损伤且无病害虫的原料；二是腌制前要将原料进行认真的清洗，以减少原料的带菌量；三是使用的容器、器具必须清洁卫生，同时要搞好环境卫生，尽量减少腌制前的微生物含量。

2. 腌制用水必须清洁卫生

腌制用水必须符合国家生活用水的卫生标准，使用不清洁的水，会使腌制环境中的微生物数量大大增加，使腌制品极易劣变，而使用含硝酸盐较多的水，则会使腌制品的硝酸盐、亚硝酸盐含量过高，严重影响产品的卫生质量。

3. 注意腌制用盐的质量

用于腌制的食盐，应符合国家食用盐的卫生标准，不纯的食盐不仅会影响腌制品的品质，使制品发苦，组织硬化或产生斑点，而且还可能因含有对人体健康有害的化学物质，如钡、氟、砷、铅、锌等，而降低腌制品的卫生安全性，因此用于腌制的食盐必须是符合国家用盐卫生标准的食用盐，而且最好用精制食盐。

4. 使用的容器适宜

供制作腌制品的容器应符合下列要求：便于封闭以隔离空气，便于清洗及杀菌消毒，对制品无不良影响并无毒无害。常用的容器有陶制的缸、坛和水泥池等。对于水泥发酵池，由于乳酸和水泥作用后使靠近水泥部分的腌制品容易变坏，所以应在池壁和池底的外表加一层不受乳酸影响的隔离物，如涂上一层抗酸涂料等。

5. 严格控制腌制的小环境

在腌制过程中会有各种微生物的存在。对于发酵性腌制品，乳酸菌为有益菌，而大肠杆菌、丁酸菌等腐败菌以及酵母菌等则为有害菌。在腌制过程中要严格控制腌制小环境，促进有益菌的活动，抑制有害菌的活动。对酵母菌和霉菌主要利用绝氧措施加以控制，对于耐高温又耐酸、不耐盐的腐败菌（如大肠杆菌、丁酸菌）则利用较高的酸度以及较低的腌制温度或提高盐液浓度来加以控制。乳酸菌的特点是厌氧或兼性厌氧，能耐较高的盐（一般可达 10%），较耐酸（pH 为 3.0~4.0），生长适宜温度为 25~40℃，而有害菌中的酵母和霉菌则属好气微生物，腐败菌中的大肠杆菌、丁酸菌等的耐盐、耐酸性能均较差。

6. 防腐剂的使用

防腐剂是抑制微生物活动，有利于延长食品保藏期的一类食品添加剂。由于微生物的种类繁多，且腌制过程基本为开放式，所以仅靠实验来抑制有害微生物的活动就必须使用较高的食盐浓度，但在低糖、低盐、低脂肪的趋势已成为食品发展主流的今天，高盐自然不符合当今潮流，所以，为了弥补低盐腌制带来的自然防腐不足的缺陷，在大规模生产中时常会使用一些食品防腐剂以保证制品的卫生安全。目前我国允许在酱腌菜中使用的食品防腐剂主要有山梨酸钾、苯甲酸钠、脱氢醋酸钠等，其用于酱腌菜制品时的使用剂量一般为 0.05%~0.3%，具体用法与用量，可查阅国家标准 GB 2760—2011。

第 11 章 冷冻品加工

食品的冷冻保藏是指新鲜原料经过预处理后，冻结并包装冻藏。冷冻食品包括冷却食品和冻结食品。冷却食品不需要冻结，是将食品的温度降到接近冻结点，并在此温度下保藏的食品。冻结食品则是冻结后在低于冻结点的温度保藏的食品。目前冷冻保藏主要是指食品的速冻保藏。速冻保藏是将经过预处理的果蔬原料用快速冷冻（$-35\sim-25℃$）的方法，将其温度迅速降低到冻结点以下的某一预定温度，使果蔬中的大部分水分形成冰晶体，然后在$-20\sim-18℃$的低温下保藏。冷冻保藏的食品按原料及消费形式分为果蔬类、水产类、肉禽蛋类、调理方便食品类四大类。

早在公元前一千多年，我国就有利用天然冰雪来贮藏食品的记载。冻结食品的产生则起源于 19 世纪上半叶冷冻机的发明。到 1877 年，Charles Tellier（法）将氨-水吸收式冷冻机用于冷冻阿根廷的牛肉和新西兰的羊肉并运输到法国，这是食品冷冻的首次商业应用，标志着冷冻食品的问世。20 世纪初，美国建立了冻结食品厂。20 世纪 30 年代，出现带包装的冷冻食品。二战的军需，极大地促进了美国冷冻食品业的发展。战后，冷冻技术和配套设备不断改进，冷冻食品业成为方便食品和快餐业的支柱行业。20 世纪 60 年代，发达国家构成完整的冷链，冷冻食品进入超市，冷冻食品的品种迅猛增加。

我国在 20 世纪 70 年代，因外贸需要冷冻蔬菜，冷冻食品开始起步；80 年代，家用冰箱和微波炉的普及，销售用冰柜和冷藏柜的使用，推动了冷冻冷藏食品的发展；90 年代，我国冷链初步形成，冻藏食品的品种不断增加，产量大幅度增加。

目前世界冷冻食品总产量已经超过 50 Mt，人均消费约为 10 kg。发达国家的冷冻食品已形成规模化的工业生产并在市场上普及，成为消费者生活中不可缺少的食品。发展较快的国家有美国、欧共体 13 国、日本和澳大利亚等国。

冷冻保藏作为目前园艺产品最佳保藏方法之一，具有其他保藏方法无可比拟的优点：①与罐藏相比，冷冻不经高温处理，保持着食品原有的品质；②与干藏相比，具有较好的复原性；③与化学保藏相比，食品内无任何残留添加剂；④与生物化学法相比，较多地保留了食品的固有成分。冷冻保藏能最大限度地保持食品的新鲜度、营养价值和原有风味。随着人们生活水平的提高，可以预见，果蔬的冷冻保藏将会得到更加迅猛的发展。

11.1 冷冻保藏理论

冷冻保藏是利用低温将预处理后的果蔬产品中的热量排出去，使其中大部分液态水分迅速变成固态的冰晶体。冷冻保藏包括冻结和冻藏两个过程，冻结是利用低温迅速将果蔬产品水分冻结，是个短时间的加工过程，而冻藏是利用低温使冻结后的果蔬一直保持在冻结状态，达到长期保藏的目的。

11.1.1　果蔬冻藏机理

果蔬水分含量很高，如果采摘后得不到及时的处理，微生物、酶等极易引起产品的腐败变质。

1. 冷冻对微生物的影响

任何微生物都有一定正常生长和繁殖的温度范围。温度越低，它们的活动能力也越弱。防止微生物繁殖的临界温度是 $-12℃$。根据微生物的适宜生长温度范围可将微生物分为三大类：嗜热菌、嗜温菌和嗜冷菌。在低温贮藏的实际应用中，嗜温菌、嗜冷菌是最主要的。

各类微生物的生长温度见表 11-1。冷冻保藏能使果蔬内部分水分结成冰晶，降低生物的生物活动和进行各种生化反应所必需的液态水含量，使其失去生长的基本条件。果蔬中的水被冻结成冰后，水分活度降至 0.86 以下，低于微生物存活所必需的最低水分活度值。

表 11-1　微生物的生长温度　　　　　　　　（单位：℃）

微生物类型		生长温度范围			分布的主要场所
		最低	最适	最高	
低温型	专性嗜冷	-12	$5\sim15$	$15\sim20$	两级地区
	兼性嗜冷	$-5\sim0$	$10\sim20$	$25\sim30$	海水、冷藏食品
终温型	室温	$10\sim20$	$20\sim35$	$40\sim45$	腐生菌
	体温		$35\sim40$		寄生菌
高温型		$25\sim45$	$50\sim60$	$70\sim95$	温泉、堆肥、土壤表层等

由于各种生化反应的温度系数不同，降温破坏了它们原来的协调一致性，温度降低越多，失调程度越高，从而影响微生物的生活机能。因此，冷冻保藏除可以抑制微生物的生长活动外，还可以促进微生物的死亡。冷冻条件下，微生物细胞内原生质黏度增加，胶体吸水性下降，蛋白质分散度改变，可能导致不可逆性蛋白质变性，从而破坏正常代谢。同时，冷冻时介质中冰晶体的形成会促使细胞内原生质或胶体脱水，使溶质浓度增加，促使蛋白质变性。同时冰晶体的形成还会使细胞遭受机械性破坏。这会造成微生物细胞的严重破坏，进而导致其死亡。果蔬冻结后，仅是部分对低温忍耐力较差的细菌营养体死亡，一些嗜冷性的微生物，如灰绿青霉菌、圆酵母菌和灰绿葡萄球菌的孢子体能忍受极低的温度，甚至在 $-44.8\sim-20℃$ 的低温下，也仅对其起到抑制作用。而肉毒杆菌和葡萄球菌的耐低温性更强。有研究报道指出，在 $-16℃$ 下肉毒杆菌能存活 12 个月，其毒素可保持 14 个月，在 $-79℃$ 下其毒素仍可保持 2 个月。在速冻蔬菜中经常检出产生肠毒素的葡萄球菌，它们对速冻低温的抵抗力比一般细菌要强。因此，低温冻藏只是抑制果蔬中腐败微生物的生长繁殖，并阻止果蔬的腐败变质，在实际工作中，不能指望利用

冻结低温对污染食品进行杀菌。因为一旦解冻，温湿度合适，残存的微生物活动加剧，会造成果蔬腐烂变质。冷冻食品中微生物的生存期见表11-2。

表11-2　冷冻食品中微生物的生存期

微生物	食品	贮藏温度/℃	生存期
芽孢菌：			
肉毒梭状芽孢杆菌	蔬菜	−16	2年以上
肉毒梭状芽孢杆菌	罐头	−16	1年
生芽孢梭状芽孢杆菌	水果	−16	2年以上
肠道菌：			
大肠埃希氏菌	冷冻鸡蛋	−9	14个月
大肠埃希氏菌	甜瓜	−20	1年以上
大肠埃希氏菌	蘑菇	−9.4	6个月
大肠埃希氏菌	樱桃汁	−17.8、−20	4个月以上
产气肠细菌	甜瓜	−20	1年以上
肠炎沙门氏菌	冰激淋	−23.2	7年
鼠伤寒沙门氏菌	鸡肉炒面	−25.5	贮藏270天，$1.7\times10^7\rightarrow3.4\times10^6$
伤寒杆菌	鸡蛋	−1、−9、−18	11个月以上
伤寒杆菌	青豆	−9	贮藏12周，$3.3\times10^7\rightarrow1.2\times10^5$
副伤寒杆菌	樱桃汁	−17.8、−20	4周
副志贺氏痢疾杆菌	冷冻鸡蛋	−9	3个月
普通变形杆菌	樱桃汁	−17.8及−20	4周以上
乳酸菌：			
生芽孢乳杆菌	蔬菜及青豆	−10	2年
粪链球菌	蔬菜	−20	贮藏1年，70个试样中89％生存
葡萄球菌、微球菌：			
金黄色葡萄球菌	冷冻鸡蛋	−9	12个月
金黄色葡萄球菌	糖渍草莓片	−18	按500个/g接种，6个月
生芽孢微球菌	青豆	−17.8	贮藏8个月，试样中44％生存
生芽孢微球菌	玉米	−17.8	贮藏8个月，试样中78.7％生存
生芽孢微球菌	橙汁	−4	50h
一般细菌	冷冻鸡蛋	−18	4年以上
一般细菌	冷冻蔬菜	−17.8	9个月以上
一般细菌	苹果汁	−21～−7	贮藏1个月，减少90％～96％
一般细菌	草莓	−18	贮藏6周，不减少
霉菌	果汁	−23.3	3年
霉菌	罐装草莓	−9.4	3年
酵母	罐装草莓	−9.4	3年
酵母	食品	−9.4	3～15个月

此外，冻结过程中的降温速度也会对微生物的活动产生影响。在果蔬冻结前的降温阶段，降温速度越快，微生物的死亡率越高。这是因为在迅速降温的过程中，微生物对环境的改变来不及做出适应性反应。但在冻结的过程中，缓慢冻结将导致大量微生物死亡。因为缓慢冻结会形成大颗粒的冰晶体，对微生物细胞产生的机械性破坏作用及促使蛋白质变性的作用更大，导致其死亡率增加。而速冻时形成的冰晶体颗粒较小，对细胞的机械性破坏作用小，所以微生物很少死亡。一般速冻果蔬的微生物死亡率仅占原菌数的 50% 左右。

微生物自身水分的结合状态也会影响冻结过程中微生物的死亡率。急速冷却时，如果水分能迅速转化成过冷状态，避免结晶形成固态玻璃体，就有可能避免因介质内水分结冰所遭受的破坏作用。微生物细胞内原生质含有大量结合水分时，介质极易进入过冷状态，不再形成冰晶体，有利于保持细胞内胶体的稳定性。在冷冻保藏过程中，微生物数量一般总是随着冻藏期的延长而有所减少，但贮藏温度越低，减少量越少，有时甚至未减少。贮藏初期微生物减少量最大，其后死亡率下降。一般冻藏 12 个月后微生物总数将达原菌数的 60%～90%。

当冷冻食品解冻后并在解冻状态下长时间存放时，腐败菌可能繁殖起来，足以使食品发生腐败，也可能使有害的微生物繁殖起来，产生相当数量的毒素。保证冷冻食品安全的关键是避免加工品与原料的交叉污染；在加工过程中应严格执行卫生标准；在流水线上避免物料积存和时间拖延；保持冷冻产品在合适的低温下贮藏。

2. 冷冻对酶活性的影响

冷冻产品的色泽、风味、营养等的变化，很多都是酶作用的结果，酶的作用会造成产品褐变、变味、软化等现象。酶的活性与温度密切相关，用 Q_{10} 表示，大多数酶的适宜活性温度为 30～40℃。大多数酶活性的 Q_{10} 值为 2～3，即温度每降低 10℃，酶活性就会降低 1/3～1/2。-18℃的低温冷冻保藏会使果蔬中的酶活性明显减弱，从而减缓了因酶促反应而导致的各种衰败，如颜色的改变、风味的降低、营养素的损失等。

低温能显著降低酶促反应，但不能破坏酶的活性，在-18℃以下，酶仍会进行缓慢活动，甚至有些酶在温度低至-73.3℃时仍有一定的活性。因此，在冷冻保藏过程中，果蔬体内的生化反应只是进行得非常缓慢，并未完全停止。冷冻果蔬一旦解冻，其酶活性增强，将加速导致变质的各种生化反应的发生。为使冷冻保藏果蔬在冻结、冻藏和解冻过程中的不良变化降到最低程度，需要在冻结前对果蔬进行处理以破坏或抑制酶的活性。对蔬菜常用烫漂的方式，对果品则常用护色剂，处理之后再进行冻结。由于过氧化物酶的耐热性较强，生产中常以其被破坏程度作为确定烫漂时间的依据。一般长期冻藏的温度不能高于-18℃，有些还采用更低的温度。

3. 冷冻对非酶作用的影响

果蔬加工保藏还有非微生物和酶作用所造成的变质，果蔬产品的这类变质主要是维生素 C、番茄红素和花青素等的氧化。维生素 C 很容易被氧化成脱氢维生素 C，进而继续分解生成二酮基古洛糖酸，失去维生素 C 的生理功能。番茄红素由于含有较多的共轭双键，也易被空气中的氧所氧化而变色。冻藏果蔬由于采用了塑料薄膜袋密封包装（多数在冻结后），隔绝了空气，对控制上述氧化变质非常有效。

11.1.2　果蔬冻结机理

果蔬的冻结是运用现代制冷技术，在尽可能短的时间内将其温度降低到它的冻结点（即冰点）以下的预期冻藏温度，使它所含的大部分水分随着果蔬内部热量的外散形成冰晶体，以减少生命活动和生化反应所必需的液态水分，并在相适应的低温下进行冻藏，抑制微生物的活动和酶的活性引起的生化变化，从而保证果蔬质量的稳定性。

1. 冻结时水的物理特性

1）水的冻结包括降温与结晶两个过程。当温度降至冰点，并排除了潜热时，游离水由液态变为固态，形成冰晶，即结冰；结合水则要脱离其结合物质，经过一个脱水的过程后，才冻结成冰晶。

2）1 kg 物质温度上升或下降 1℃所吸收或放出的热量，被称为该物质的比热容。水的比热容为 4.18 kJ/（kg·℃），冰的比热容为 2.09 kJ/（kg·℃），冰的比热容仅有水的 1/2。

水的冰点是 0℃，而 0℃的水要冻结成 0℃的冰时，每千克还要排除 334.72 kJ 的热量；反过来，当 0℃的冰解冻融化成为 0℃的水，每千克相应要吸收 334.72 kJ 的热量，这称为潜热。水的导热系数为 2.09 kJ/（m·h·℃），冰的导热系数为 8.368 kJ/（m·h·℃）。冰的导热系数是水的 4 倍，冻结时，冰层由外向里延伸，由于冰的导热系数高，有利于热量的排除使冻结快速完成。但采用一般的方法解冻时，却因冰由外向内逐渐融化成水，导热系数降低，因而解冻速度慢。

3）水结成冰后，冰的体积比水增大约 9%，冰的温度每下降 1℃，其体积会收缩 0.005%~0.01%，二者相比，膨胀比收缩大，因此含水量多的果蔬冻品，体积在冻结后会有所膨大。

冻结时，表面的水首先结冰，然后冰层逐渐向内扩展。当内部水分因冻结而膨胀时，会受到外部冻结的冰层的阻碍，因而产生内压，这就是所谓的冻结膨胀压，如果外层冰体不能承受过大的内压，就会破裂。冻品厚度过大、冻结过快往往会导致龟裂的发生。

2. 果蔬冻结过程

冻结过程是一种除热的过程。热量传递的动力是温度差，物质之间有温度差存在就会有热量传递现象。要除去果蔬组织中的热量，常要通过冷冻介质来传递，如空气。果蔬除去热量首先从表面开始，果蔬表面与冷冻介质之间是通过对流的形式来传递热量的，而果蔬内部则是通过传导的形式来传递热量的。果蔬冻结过程要经过如下几个阶段：

1）预冷阶段。果蔬物料由冷冻初温降低到冰点温度的降温过程。该阶段为果蔬冻结前的预备阶段。

2）冰晶核形成阶段。果蔬物料中的水分由冰点温度到形成冰晶核的过程。冰晶核是冰结晶的中心，是果蔬组织内极少一部分水分子以一定规律结合形成的微细颗粒。

3）冰结晶形成阶段。该阶段是由冰晶核到形成冰结晶的过程。这个过程中水分子有规律地聚集在冰晶核的周围，排列组成体积稍大些的冰结晶。此阶段是从冰点温度降低到大部分水分冻结成冰结晶的冻结终温过程，连同上一阶段为果蔬内水分冻结成冰的冻结过程。

4）冰结晶的再结晶阶段。该阶段是冰结晶体积由小逐渐增大的过程。再结晶为冻藏期间发生的现象。

5）解冻前的再结晶阶段。该阶段是果蔬由冻藏温度回升到解冻温度的过程。此时冰结晶会进一步再结晶，其体积变得更大。

由此可以看出，整个冻结（包括冻藏）的过程是果蔬组织中的水分或水蒸气以冰晶核为中心，冰结晶不断增大的过程。在大小不同的冰结晶之间，水分总是由较小的冰晶体向较大的冰晶体上转移，结果造成较小冰晶体的逐渐消失，较大的变得更大，总冰晶体数量不断减少。决定冻结过程冰结晶形状、体积和再结晶程度的主要影响因素是冻结和冻藏过程中的温度和降（升）温速度。

3. 冻结点和冻结率

(1) 冻结点

果蔬中的水分含有各种无机盐和有机物，在冻结时要将温度降至0℃以下才能结冰。冰晶开始出现的温度即为冻结点，也称冰点。水的冰点是0℃，但实际上水结冰要先经过过冷状态，即温度要先降到冰点以下才发生从液态的水向固态的冰的相变。结冰包括晶核的形成和冰晶体的增长两个过程。晶核的形成是极少一部分的水分子有规则地结合在一起，这种晶核是在过冷条件达到后才出现的。冰晶体的增长是其周围的水分子有次序地不断结合到晶核上，形成大的冰晶体。降温过程中开始形成稳定性晶核时的温度或再开始回升的最低温度称为过冷温度。水的冻结过冷温度总是低于冰点，过冷温度不是一个定值。只有温度很快下降至比冻结点低得多时，各种水分才几乎同时析出形成大量的结晶核，这样才会形成细小而分布均匀的冰晶体。

果蔬中所含自由水，能够自由地在液相区域内移动，其冻结点在冰点温度（0℃）以下，而所含的胶体结合水，其冻结点比自由水要低得多。表11-3列出了部分果蔬的冰点温度。

果蔬中的水分不会像纯水那样在一个冻结温度下全部冻结成冰，主要原因是由于水以水溶液的形式存在，一部分水先结成冰后，余下的水溶液浓度随之升高，导致其残留溶液的冰点不断下降。因此，即使在温度远低于初始冻结点的情况下，仍有部分自由水还是未冻结的。少数未冻结的高浓度溶液只有在温度降低到低共熔点时，才会全部凝结成冰。食品的低共熔点范围大致为−65～−55℃，而冻藏果蔬的温度仅在−18℃左右，因此冻藏果蔬中的水分实际上并未完全冻结成固体冰。

表11-3 部分果蔬的冰点温度

种类	含水率/%	冻结点/℃	种类	含水率/%	冻结点/℃
苹果	85	−2.8～−1.4	甘蓝	92.4	−0.5

种类	含水率/%	冻结点/℃	种类	含水率/%	冻结点/℃
葡萄	82	$-4.6\sim-3.3$	芹菜	94	-1.2
梨	84	$-3.2\sim-1.5$	菠菜	92.7	-0.9
桃	87	$-2.0\sim-1.3$	马铃薯	77.8	-1.7
李子	86	$-2.2\sim-1.6$	胡萝卜	83	$-2.4\sim-1.3$
杏	85.4	$-3.2\sim-2.1$	洋葱	87.5	-1.1
樱桃	82	$-4.5\sim-3.4$	番茄	94.1	$-1.6\sim-0.9$
草莓	90	$-1.2\sim-0.9$	青椒	92.4	$-1.9\sim-1.1$
西瓜	92.1	-1.6	茄子	92.7	$-1.6\sim-0.9$
甜瓜	92.7	-1.7	黄瓜	96.4	$-1.5\sim-0.8$
柑橘	86	-2.2	南瓜	90.5	-1.0
香蕉	75.5	-3.9	芦笋	93	-2.2
菠萝	85.3	-1.6	花椰菜	91.7	-1.9
杨梅	90	-1.3	萝卜	93.6	-1.1
柠檬	89	-2.1	韭菜	88.2	-1.4
椰子	83	-2.8	甜菜	72	-2.0
青豆	83.4	$-2.0\sim-1.1$	甜玉米	73.9	$-1.7\sim-1.1$
青刀豆	88.9	-1.3	蘑菇	91.1	-1.8

（2）**冻结率**

果蔬冻结过程中，当温度降到冻结点时，随着温度的不断降低，水分冻结会逐渐增多，但要使果蔬中的水分全部冻结，往往要使温度降到-60℃以下。冻藏一般要求把果蔬中 90％的水分冻结才能达到冻藏的目的。在-18℃时，已有 94％的水分冻结；在-30℃时，有 97％的水分冻结。从冷冻加工成本方面考虑，冻藏一般采用$-30\sim-18$℃的温度即可。

果蔬冻结终了时体内水分的冻结量通常用冻结率（又称结冰率）w（％）表示。冻结率是指在一定的冻结终温下所形成冰晶体的百分数（表 11-4），可用下式计算

$$w = \left(1 - \frac{t_{冰}}{t_{终}}\right) \times 100\%$$

式中，w——冻结率，％；

$t_{冰}$——果蔬的冻结点温度，℃；

$t_{终}$——果蔬的冻结终温，℃；

表 11-4　一些食品的冻结率

冻结率/% 食品 \ 温度/℃	−1	−2	−3	−4	−5	−6	−7	−8	−9	−10	−12.5	−15	−18
肉类	0~25	52~60	67~73	72~77	75~80	77~82	79~84	80~85	81~86	82~87	85	87~90	90~91
鱼类	0~45	0~68	32~77	45~82	84	85	87	89	90	91	92	93	95
蛋类、菜类	60	78	84.5	81	89	90.5	91.5	92	93	94	94.5	95	95.5
乳	45	68	77	82	84	85.5	87	88.5	89.5	90.5	92	93.5	95
西红柿	30	60	70	76	80	82	84	85.5	87	88	89	90	91
苹果、梨、土豆	0	0	32	45	53	58	62	65	68	70	74	78	80
大豆、萝卜	0	28	50	58	64.5	68	71	73	75	77	80.5	83	84
橙、柠檬、葡萄	0	0	20	32	41	48	54	58.5	62.5	69	72	75	76
葱、豌豆	10	50	65	71	75	77	79	80.5	82	83.5	86	87.5	89
樱桃	0	0	0	20	32	40	47	52	55.5	58	63	67	71

4. 冻结温度曲线

食品在冻结过程中，温度逐步下降，表示食品温度与冻结时间关系的曲线称为冻结温度曲线，如图 11-1 所示。曲线一般分为如下三个阶段。

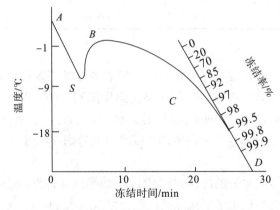

图 11-1　冻结温度曲线和冻结水分量

（1）初始阶段

初始阶段即温度从冻结初温到冰点温度的过程，此时放出的是显热，显热与冻结过程所排出的总热量相比，其量很少，故降温快，曲线较陡。此过程中还会出现过冷点，即温度稍低于冻结点（图 11-1 中 S 点）。由于食品大都有一定的厚度，冻结时其表面层温度降得最快，故一般食品不会有稳定的过冷现象出现。

（2）结冰阶段

结冰阶段即温度从冰点温度降到大部分水分成冰的温度的过程。一般食品从冰点下降至其中心温度为−5℃时，食品内部已有 80% 以上水分冻结。此阶段是产品中水分大部分形成冰结晶的阶段，即最大冰结晶生产区段。由于水转变成冰时需要排除大量潜热，整个冻结过程中的总热量大部分在此阶段放出，潜热比显热大 50～60 倍，故降温速度慢，曲线较平坦。

（3）**冻结终了阶段**

冻结终了阶段即温度从大部分水分成冰温度变化到冻结终温的过程。此期包括一部分水分（10％～15％）结冰放出的潜热和到冻结终温降温时所放出的显热，所以曲线既不陡，又不平坦。

在冻结过程中，要求中间阶段的时间要短，这样的冻结产品质量才理想。中间阶段冻结时间的快慢，往往与冷却介质导热快慢有很大关系，如在盐水中就比在空气中冻结得快，在流动的空气中比静止的空气中冻结得快。因此，在生产中应尽量采用导热性能高的冷冻介质，缩短冻结时间。

大部分食品在从 $-1℃$ 降至 $-5℃$ 时，近 $80％$ 的水分可冻结成冰，此温度范围为最大冰晶生成区，该区域是包装冷冻产品品质的最重要温度区间。研究表明，应以最快的速度通过最大冰晶生成带。速冻形成的冰结晶多且细小均匀，水分从细胞内向细胞外的转移少，不致对细胞造成机械损伤。

5. 冻结过程放出的热量

冻结过程是个放热过程，对应于冻结温度曲线，单位质量的果蔬冻结过程中所放出的热量由三部分组成。

（1）**冻结前冷却时的放热量**

冻结前冷却时的放热量即从冻结初温冷却到冻结点温度时所放出的显热量 $q_冷$，可用下式表示：

$$q_冷 = c_上 (t_初 - t_冰) m$$

式中，$c_上$——冰点以上果蔬食品的比热容，kJ/（kg·K）；

$t_初$——冻结初始温度，℃；

$t_冰$——冻结点温度，℃；

m——冻结果蔬的质量，kg。

（2）**形成冰结晶时的放热量**

形成冰结晶时的放热量即从冻结点温度降低到冻结终温时因形成冰结晶而放出的潜热量 $q_冰$，可用下式表示：

$$q_冰 = w\omega r m$$

式中，w——果蔬食品的含水量，kg/kg；

ω——水分冻结率，％；

r——水结冰时所放出的潜热，即相变热，kJ/kg。

（3）**冻结时降温过程中的放热量**

冻结时降温过程中的放热量即自冻结点温度降低到冻结终温过程所放出的显热量 $q_终$，可用下式表示：

$$q_终 = c_下 (t_冰 - t_终) m$$

式中，$c_下$——冰点以下果蔬食品的比热容，kJ/(kg·K)；

$t_终$——冻结终了温度，℃。

冻结过程中所放出的总热量 Q 为

$$Q = q_冷 + q_冰 + q_终$$

在冻结冷冻设备设计中此总热量即耗冷量。在实际应用设计中，还应将上述总热量增加 $10\% \sim 15\%$ 较为适宜。

上述冻结过程中各温度的比热容应根据果蔬食品中干物质、水分和冰的比热容并按照各成分在其中所占的比例推算确定。比热容 c 是单位 (kg) 物质温度每升高 （或降低）1℃时所吸收（或放出）的热量 （kJ/kg）。比热容与物质含水量关系很大，含水多的果蔬比热容很大，含水少的肉、蛋食品比热容小。水、冰、食品干物质的比热容值分别为 4.184 kJ/kg、2.092 kJ/kg、1.046～1.6736 kJ/kg。果蔬冻结过程中放热量计算式中的冰点以上和冰点以下的比热容分别为

$$c_上 = W + 0.2b$$
$$c_下 = 0.5W + 0.2b$$

式中，W——果蔬的含水率，%

b——果蔬中干物质含量，%。

冻结过程中所放出的三部分热量中，第二部分热量最大，因为水结冰的相变潜热为 336kJ/kg，且食品中含水量都大于 50%，因此 $q_冰$ 比 $q_冷 + q_终$ 还大。

6. 冻结速度

冻结过程中产生冰晶的数量和大小对于冻结过程的可逆性程度具有重要意义。冻结速度影响冰晶形成的数量、大小及其分布，从而影响冷冻食品的质量。冻结速度快，水分重新分布不显著，冰晶形成小而多（表 11-5），分布均匀，对细胞组织损伤小，复原性好，能最大限度地保持果蔬原有品质；冻结速度慢，水分重新分布显著，冰晶形成大而小，分布不均匀，对细胞组织损伤大，解冻后汁液流失严重，失去果蔬原有品质。

食品的中心温度从 -1℃下降至 -5℃所需的时间若在 30 min 以内则属于"快速冻结"，超过 30 min 则属于"缓慢冻结"。在 30 min 内通过 $-5 \sim -1$℃的温度区域内所形成的冰晶对食品组织影响最小，一般冻结速度越快，影响越小，冻品的质量就越好。尤其是果蔬组织比较脆弱，细胞壁较薄，含水量高，冻结速度应要求更快，以形成细小的冰晶体，而且让水分在细胞内原位冻结，使冰晶体分布均匀，才能避免组织受到损伤。

冻结速度还可用单位时间内 -5℃的冻结层从食品表面延伸向内部的距离来判断，并以此来将冻结速度分为三类：

快速冻结

$$v = (5 \sim 20)\ cm/h$$

中速冻结

$$v = (1 \sim 5)cm/h$$

缓慢冻结

$$v = (0.1 \sim 1)\ cm/h$$

目前应用的各种冻结设备可以用上述的标准来判断其性能。例如，冷冻库冻结速度为 0.2 cm/h，属缓慢冻结；送风冻结器为 0.5~2 cm/h，属中速冻结；悬浮冻结器（即流态床速冻器）为 5~10 cm/h，液氮冻结器为 10~100 cm/h，属快速冻结。

表 11-5　冻结速度与冰结晶形状之间的关系

冻结速度（通过 −5~−1℃温度区域的时间）/min	冰结晶				冰层推进速度 v_1 与水移动速度 v_w 的关系
	位置	形状	大小（直径×长度）/(μm×μm）	数量	
数秒	细胞内外	针状	(1~5) × (5~10)	无数	$v_1 \gg v_w$
1.5	细胞内外	杆状	(0~20) × (20~500)	多数	$v_1 > v_w$
40	细胞内外	柱状	(50~100) ×100 以上	少数	$v_1 < v_w$
90	细胞间隙	块粒状	(50~200) ×200 以上	少数	$v_1 \ll v_w$

11.1.3　果蔬冻结和冻藏期间的变化

1. 冻结对果蔬组织结构的影响

冻结对果蔬的组织结构的不利影响，如造成组织破坏，引起的软化、流汁等，并不是低温的直接影响，而是由于冰晶体的膨大而造成的机械损伤，细胞间隙的结冰引起细胞脱水、死亡，使其失去新鲜特性的控制能力。

（1）**机械损伤**

在冷冻过程中，细胞间隙中的游离水一般含可溶性物质较少，其冻结点高，所以首先形成冰晶，而细胞内的原生质体仍然保持过冷状态，细胞内过冷的水分比细胞外的冰晶体具有较高的蒸汽压和自由能，因而促使细胞内的水分向细胞间隙转移，不断结合到细胞间隙的冰晶核上，在这种情况下，细胞间隙所形成的冰晶体会越来越大，产生机械性挤压，使原来相互结合的细胞产生分离，解冻后果蔬组织不能恢复原状，不能吸收冰晶融解所产生的水分而流出汁液，引起组织变软。

（2）**细胞的溃解**

植物组织的细胞内有大的液泡，液泡内水分含量很高，易冻结成大的冰晶体，产生较大的冻结膨胀压，而植物组织的细胞壁比动物细胞膜厚而缺乏弹性，因而易被大冰晶体刺破或胀破，细胞即受到破裂损伤，解冻后组织就会软化流水，这也说明冷冻处理增加了细胞膜或细胞壁对水分和离子的渗透性。根据理论计算的膨胀压可达到 8.5MPa。冻结过程中的膨胀压的危害是产生龟裂，当食品外层承受不了内压时，便通过破裂的方式来释放内压。食品含水量高、厚度厚、表面温度下降极快时易产生龟裂。

（3）**气体膨胀**

组织细胞中融解于液体中的微量气体，在液体结冰时发生游离而体积增加数百倍，这样会损害细胞和组织，引起产品质地的改变。

（4）**干耗**

冻结过程会中，有一些水分从食品表面蒸发出来，从而引起干耗。干耗不仅会导致产品数量的损失，也会影响产品的外观质量。冻结过程温度较高（蒸汽压差大）、湿度低、风速大、食品表面积大等，都会使冻结时干耗增大。

2. 果蔬在速冻和冻藏过程中的化学变化

果蔬冷冻过程中除对其组织结构有影响外，还会发生色泽、风味等化学或生物变化，从而影响产品的质量。

（1）蛋白质变性

产品中的结合水主要是与原生质、胶体、蛋白质、淀粉等结合，在冻结时，水分与之分离而结冰，这也是一个脱水的过程，且这一过程往往是不可逆的。尤其是缓慢的冻结，其脱水程度更大，原生质胶体和蛋白质等分子过多地失去结合水，分子受压凝聚，会破坏组织结构；或者无机盐过于浓缩，产生盐析作用而使蛋白质等变性，这些情况都会使这些物质失去对水的亲和力，即使解冻后水分也不能重新结合。冻结食品解冻后，因内部冰晶融化成水，有一部分不能被细胞组织重新吸收恢复到原来的状态而造成体液流失。流失液中包含有溶于水的各种营养、风味成分，会使产品在质和量两方面受到损失。因此，流失液的产生率是评定速冻产品的质量的重要指标。一般流失液的多少与含水率相关，含水量多的叶菜类比豆类、薯类流失液量多，原料冻结前经加盐或加糖处理，则流失液量少，原料切分越细，流失液量越多，速冻比慢冻的流失液量少。

（2）酶引起的化学变化

果蔬在冻结和贮藏过程中的化学变化，多与酶的活性和氧化相关。有些未经烫漂处理的果蔬在冻结和冻藏期间，果蔬组织中会累积羰基化合物和乙醇等，产生挥发性异味。原料中含类脂物多的果蔬，由于氧和脂肪氧化酶的氧化作用也会产生异味。有报道指出，豌豆、四季豆和甜玉米在低温贮藏中发生类脂化合物的氧化，导致游离脂肪酸等显著增加。

冷冻果蔬的组织软化，原因之一是果胶酶的存在，使原果胶水解变成可溶性果胶，造成组织结构分离，质地变软。

维生素 C 是果蔬中最重要的维生素，是冷冻果蔬的一个重要营养指标，在冷冻保藏过程中由于氧化作用其含量逐渐降低。

果蔬在解冻时，尤其是组织受到损伤时，与呼吸作用有关的酶的活性会大大加强，因而引起一系列的生化反应，造成变色、变味、营养损失等变化。这需要在冻结前用热处理或化学处理等方法来破坏或抑制酶的活性。蔬菜一般采用热烫处理。对于果品，一般需硫处理或加入抗坏血酸作为抗氧化剂以减少氧化，或加入糖浆以减少其与氧接触的机会，有利于保护果品的风味和减少氧化。

11.2　果蔬冻结的方法和设备

生产速冻果蔬产品的关键是速冻的方法和设备。目前生产中应用的果蔬速冻方法很多，但按使用的冷冻介质与食品接触的状况可分成间接冻结和直接冻结两大类。间接冻结方式主要有静止空气冻结法、半送风冻结法、强风冻结法和接触冻结。从速冻要求来看，各种冻结方法各有利弊，应用前景不一。间接冻结中的静止空气和半送风冻结法的冻结时间过长，一般需要 5～10 h，属于典型的慢冻，制品不符合现代食品市场的要求，应用价值不高。直接冻结方法的三种液态冷媒冻结方法，虽然可以做到速冻果蔬，但冻结成本较高，也不实用。送风冻结法是利用低温和高速流动的空气，使果蔬食品快熟散热，可达到速冻要求。根据速冻果蔬 IFQ 单体冻结的要求，从生产实践出发，比较理想而经济的冻结方式是强风冻结中的悬浮式冻结，即流态床冻结。

11.2.1 间接冻结方法和装置

1. 静止空气冻结方法和装置

静止空气冻结法是利用低温空气的自然对流及原料与蒸发器间有一定接触面而进行热交换的一种冻结方法，它是最早使用的一种冻结方式。其特点如下：以空气为冷冻介质；空气与原料的接触面有限，放热系数小；空气自然对流速度低，一般只有 0.03～0.12 m/s；原料冻结时间长，常需 10 h 左右。因此，静止空气冻结法冻结效果差，效率低，劳动强度大，大型冷藏库已不采用这种方式，目前只在小冷藏库中应用，低温冰箱也是采用这种冻结方法。但该法对食品安全，且成本低，易于机械化操作。

静止空气冻结设备和操作相对简单，一般采用管架式结构，蒸发器做成货架式，上置托盘，原料直接放在托盘中，依靠空气的自然对流及接触面的热交换而降温冻结，如图 11-2 所示。

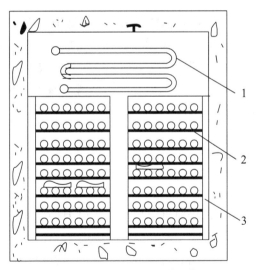

1. 顶管；2. 鱼盘；3. 蒸发管

图 11-2 静止空气冻结装置

2. 半送风冻结方法和装置

半送风冻结法是利用流动空气作冷冻介质的冻结方法，又称鼓风冻结法。该方法具有以下特点：以流动低温空气为冷冻介质，空气温度常为 $-37～-33$℃；空气流动速度较快，达 3 m/s，冻结速度显著提高；冷冻初期食品表面会发生明显的脱水干缩现象；速冻设备中的蒸发管经常有结露现象，要经常除霜。

半送风冻结的送风方式根据不同的果蔬原料有三种，即由下向上式、由上向下式和水平送风式。在静止空气冻结装置上安装风机即可将设备改造成半送风冻结装置，如图11-3所示。

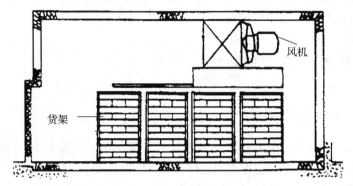

图11-3 半送风冻结装置

3. 强风冻结方法和装置

强风冻结法是以强大的风机使冷风以 3~5 m/s 的速度在冷冻装置内循环，使原料快速冻结的方法。强风冻结方法有多种冻结装置，包括隧道式、传送带式和悬浮式（流态床式）冻结装置。

（1）隧道式冻结装置

隧道式冻结装置主要用于冻结悬挂肉或鱼，专门用于果蔬冻结的很少。冻结果蔬时，常是对传送带和流态床进行改造，即在循环装置中增加一条冷冻隧道而形成，专供冻结体积较大的清蒸茄子、青玉米、甜玉米、番茄、桃瓣等果蔬产品。在隧道式冻结装置中，蒸发器和冷风机安装在隧道的一侧，风机使冷风从侧面通过蒸发器吹到原料上，加热的冷风再由风机吸入蒸发器冷却，如此反复循环。因此，该法总需冷量大，生产连续性不高。

（2）传送带式冻结装置

传送带式冻结装置是将处理过的原料置于传送带上，使原料随传送带移动并在冷风作用下快速冻结的冻结装置。温度为 −40~−35℃ 的冷风可与原料平行、垂直、顺向、逆向和侧向流动。不锈钢传送带运行速度可以根据冻结时间要求进行调整。传送带式冻结装置也有多种类型，如单向直走式、螺旋式、链条式等。

1）单向直走式传送带冻结装置：传送带底部与一组冷冻板（蒸发器）紧贴（图11-4），冷风机位于装置上部，传送带上部冷风温度为 −40℃，下部为 −35℃。这种装置冻结时间短，厚度为 15 cm 的原料在 12 min 内可以完成冻结。

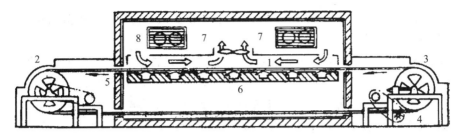

1. 不锈钢传送带；2. 主动轮；3. 从动轮；4. 传送带清洗器；
5. 调速电机；6. 冷冻板（蒸发器）；7. 冷风机；8. 隔热层

图 11-4 单向直走式传送带冻结装置

2）螺旋式传送带冻结装置：将常规的水平直走式传送带改成螺旋式向上盘旋传送的一种传送带式装置。中间是一个转筒，传送带一侧紧贴转筒并随之作螺旋式运动，经一定时间后，从装置的上部传出完成冻结的速冻品，如图 11-5 所示。冷风与传送带为逆向运动。该装置的特点是体积小，相同的传送面积，装置体积只有一般传送装置的 25%；功率高，干耗量比隧道式冻结装置少；冻结效率高，厚 5 cm 的原料在 40 min 内可以冻结好；生产量小，间歇生产时耗电量大，生产成本高。

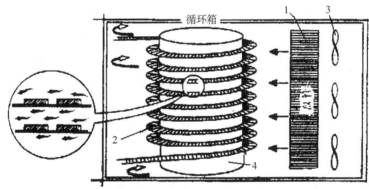

1. 转筒；2. 螺旋输送带；3. 风机；4. 制冷盘管

图 11-5 螺旋式传送带冻结装置

3）链条式传送带冻结装置：盛有原料、可脱卸的托盘挂在链条传送带上，冷风侧向流入原料。在传送带运行的头一段，托盘由最下层进入，随传送带呈 S 形上升，到最上层进入冻结的下一段，托盘随传送带回转下降至该段的最下层，送出托盘，随后托盘脱卸便完成冻结。其特点是冻结效率高，厚 2.5~4 cm 的原料在 40 min 内可冻结到−18℃；可以连续生产，通风性强，适合果蔬速冻。

（3）**悬浮式（流态床式）冻结装置**

该装置以多台强大风机从原料下面向上吹出高速冷风，将原料在不锈钢网状传送带上吹成悬浮式流体状态不断上下跳动，原料颗粒被急速冷风包围，迅速进行热交换，实现快速冻结。该装置冻结效率高，5~15 min 内可以完成冻结过程；冷风速度快，一般为 6~8 m/s；生产效率高，效果好，自动化程度高，耗能少；原料以颗粒状流体（即单体）形式进行冻结，不会发生粘连现象，适合于颗粒状、小片状、小块状、圆柱状、短段状的原料，大型原料应用受到限制。

流态床冻结装置属于强烈吹风快速冻结装置，按其机械传送方式可分为带式流态床、振动流态床和斜槽式流态床冻结装置。

1）带式流态床冻结装置：一段带式流态床冻结装置通常只有一个冻结区段，传输机构采用不锈钢传送带。传送带可以设置一层或多层，又称单流程或多流程。单流程一段带式流态化冻结装置是一种早期流态化冻结装置，其主要特点是机构简单，只设一条不锈钢传送带。其缺点是装机功率大、耗能高、食品颗粒易黏结。该装置适用于冻结软嫩供货易碎的果蔬，如草莓、黄瓜片、青刀豆、芦笋、油炸茄子等。多流程带式流态化冻结装置内设置两条或两条以上传送带，并且传送带为上下串联式。传送带为不锈钢网带，装置还附设振动滤水器、布料器、进料器、清洗器和干燥器等。装置的优点是装机功率减小，体积缩小，有利于防止物料黏结。该装置适用范围广，可以用于冻结青刀豆、豌豆、嫩蚕豆、辣椒块、黄瓜片、油炸茄块、芦笋、胡萝卜块、芋头、葡萄、李子、草莓、桃子、板栗等果蔬。

2）振动流态床冻结装置（图 11-6）。MA 型往复式振动流态床冻结装置具有结构紧凑、冻结能力大、耗能低、易于操作等特点，并设有气流脉动旁通机构和空气除霜系统，是目前国际上比较先进的冻结装置。该装置采用带有打孔地板的连杆式振动筛，取代了传送带结构，且由于其风门旋转速度可调，因而可以调节到适宜每种果蔬物料的脉动旁通气流量，以实现最佳流态化。直线振动流态化冻结装置运用直线振动原理，将机械传送机构设计成双轴惯性振动槽，取代了深温冻结区的传送带结构。物料经过第一段（传送带）表层冻结区，表层被迅速冻结后，在第二段深温冻结区借助于双质体同步激振振动槽的振动和上吹冷风实现全流态化操作，使传热系数 K 和有效换热面积 A 尽可能达到最大值，强化了物料与冷风之间的热交换，从而在短时间内获得高质量的速冻产品。此装置适宜冻结体积大的果蔬。

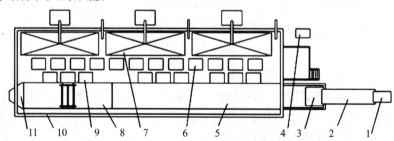

1. 上料阀；2. 提升机；3. 布料阀；4. 电控箱；5. 流化床；
6. 搁架小车；7. 蒸发器；8. 振动槽；9. 风机；10. 围护结构；11. 输料口

图 11-6　振动流态床冻结装置

3）斜槽式流态床冻结装置。该装置的冻结工艺为全流态化（或纯流态化）操作范围。物料颗粒完全依赖于上吹的高压冷气流形成像流体一样的流动状态，并借助于带有一定倾斜角的槽体（打孔底板）向出料端流动。料层厚度通过出料口导流板调整，以控制装置的冻结能力。该装置的优点是无传送带和振动筛等传输机构，因而结构紧凑、简单、维修量小、易于操作；缺点是装机功率大、单位耗电指标高，只适宜冻结表面不太潮湿的球状或圆柱状果蔬。

4. 接触冻结方法和装置

接触冻结装置在绝热的冷冻室内设置活动的空心金属平板，制冷剂以空心板为通路流动，不断蒸发使空心板表面和周围保持低温状态。处理好的原料放在上下两平板之间与板面紧密接触，直接吸热蒸发而冻结，如图 11-7 所示。其优点是冻结速度较快，原料紧贴上下低温金属板，热交换效率高，厚度为 6~8 cm 的原料在 2~4 h 内可以冻结好，要求原料形状应扁平，厚度要薄，适合小型加工，如渔船上水产品的速冻等；缺点是由于挤压冻结，冻结食品往往不能保持所需形状，因而较少应用于果蔬食品冻结。

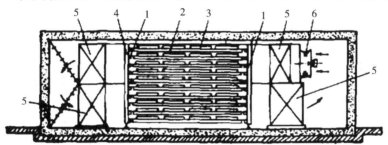

1. 滑道；2. 食品架；3. 被冻食品；4. 支承；5. 蒸发器；6. 风机

图 11-7　吹风接触式冻结装置结构示意图

11.2.2　直接冻结方法和装置

直接冻结法是原料与制冷剂直接接触进行热交换而冻结的方法。原料与制冷剂接触方式有冷冻剂浸渍和喷淋两种。原料可以包装和不包装，如果原料不包装，使用的制冷剂应该是无毒、无异味和惰性的。

浸渍主要是利用高浓度的低温盐水（其冰点可降至 $-50℃$ 左右）浸渍原料，使原料快速冻结的一种直接冻结方法。高浓度盐水的传热系数高，热交换强烈，故速冻快。但由于盐水浓度高，有咸味，不适用于果蔬的冻法，目前仅用于水产品的冻结。液态氮（$-196℃$）和液态 CO_2（$-78.9℃$）也可作为介质直接浸渍产品，但成本较高。因此，一般多采用喷淋冻结装置，利用不锈钢网状传送带，上装喷雾器搅拌小风机，能实现超快速的单体冻结，生产效率高，产品品质好，但同时成本也较高，对大而厚的产品还会因超快速冻结而造成龟裂。

11.3　果蔬速冻加工技术

速冻是一种快速冻结的低温保鲜法。所谓速冻果蔬，就是将经过处理的果蔬原料，采用快速冷冻的方法，使之冻结，然后在 $-20~-18℃$ 的低温下保存待用。速冻保藏是当前果蔬加工保藏技术中能最大限度地保存果蔬原有风味和营养成分的较理想的方法。

11.3.1　工艺流程

原料选择→预处理（清洗、去皮、去核、切分）→热烫、冷却、沥干→称量、包装→速冻

11.3.2　操作要点

1. 速冻前处理

（1）原料选择及整理

加工原料的质量和温度控制是影响冷冻果蔬质量的两个最重要因素，因此要注意选择适宜速冻加工的品种。

一般加工原料的品质特性要求有色泽均匀、风味独特、成熟度一致、抗病高产、适合机械采收。水果、蔬菜的品种不同，对冷冻的承受能力也有差别。一般含水分和纤维多的品种，对冷冻的适应能力差，而含水分少、淀粉多的品种，对冷冻的适应能力强，如有些纤维质的品种（如菜心），冻后品质易劣变，又如番茄的细胞壁薄而含水量高，冻后易流水变软，因此要注意选择适宜于速冻加工的品种。

应注意原料的适时采收，保证原料适当的成熟度和新鲜度，如豆类和甜玉米，其最优质量的收获期很短，如果采收不及时，则原料中的糖很快转化成淀粉，甜味减退，出现粗硬的质地，已不适宜速冻加工。

原料采收时要细致，避免机械损伤。采收后应立即运往加工地点，在运输中要避免剧烈颠簸，防日晒雨淋。新鲜果蔬采收后放置而未加工，虽然败坏不明显，但是由于采后呼吸作用消耗糖分，仍然很快丧失风味、甜味和组织硬化，质量下降，如甜玉米在21℃下 24 h 内损失其原含糖量的 50%，在 0℃下 24 h 之内只损失原糖量的 5%。一些果蔬在室外放置时间过长，不能保持原来新鲜的风味。因此，必要时可用冷藏保鲜，但时间不宜过长，以免鲜度减退或变质，以及微生物的污染。

速冻果蔬作为一种方便食品，在加工过程中没有充分的灭菌措施，因此微生物污染的检测指标要求很严格。原料在加工前应充分清洗干净，加工所用的冷却水要经过消毒，工作人员、工具、设备、场所的清洁卫生标准要求高，加工车间要加以隔离。

原料要经挑选，剔除病虫害、机械损伤、成熟度过高或过低的原料，以保证消费者食用方便以及有利于快速冻结。一般原料应予以去皮、去核及适当切分，切分后由于暴露于空气中会发生氧化变色，可以用 0.2% 的亚硫酸氢钠、1% 的食盐、0.5% 的柠檬酸或醋酸等溶液浸泡防止变色。有些蔬菜（如花椰菜、西兰花、菜豆、豆角、黄瓜等）要在 2%~3% 的盐水中浸泡 20~30 min，以将其内部的害虫驱出，浸泡后应再清洗。盐水与原料的比例不低于 2:1，浸泡时随时调整盐水浓度。浓度太低，害虫不出来；浓度太高，害虫会被腌死。

为防止果蔬在速冻后脆性减弱，可将原料浸入 0.5%~1% 的碳酸钙（或氯化钙）溶

液中浸泡 10~20 min，以增加其硬度和脆性。

考虑到对果品品质的影响，一般不采用热烫。但为了防止产品变色和氧化，可用适当浓度的糖液作填充液，淹没产品，在填充液中可加入 0.1％左右的抗坏血酸及 0.5％的柠檬酸等抗氧化剂与抑制酶活性的添加剂。

（2）**烫漂与冷却**

同干制保藏一样，果蔬特别是蔬菜需要经过烫漂处理以钝化酶的活性，防止产品在加工和贮藏过程中发生颜色和风味的改变，保证产品的颜色、质地、风味及营养成分的稳定，同时可杀灭微生物。

烫漂一般是进行短时间的热处理以钝化酶的活性，烫漂的温度一般为 90~100℃，品温要达到 70℃以上，烫漂时间一般为 1~5 min。烫漂的方法有热水烫漂和蒸汽烫漂等。由于过氧化物酶（POD）和过氧化氢酶（CAT）对热失活具有抵抗性，耐热性较其他酶强，因此常用它们做指示酶，衡量烫漂处理是否适度。果蔬过度受热会引起品质发生改变、部分可溶性固形物及营养损失、产生煮熟味等。烫漂往往造成组织的损伤，因而造成口感不良及营养的损失，必须避免烫漂过度。有些受酶活性影响不大的蔬菜，可以考虑缩短烫漂时间或不用热烫。

原料热烫后应迅速冷却，否则相当于将加热时间延长，会带来一系列不良反应。若将烫漂后的原料直接送进速冻装置，不仅会增加制冷负荷，还会造成冻结温度升高，从而降低产品质量。冷却措施要能够达到迅速降温的效果，一般有水冷和空气冷却，可以用浸泡、喷淋、吹风等方式，最好能冷却至 5~10℃。

经过清洗、烫漂以及冷却后的原料表面带有水分，如不除掉，在冻结时很容易形成块状冰晶，既不利于快速冷冻，又不利于冻后包装，所以在原料速冻前必须沥干。沥干的方法很多，可将蔬菜装入竹筐内放在架子上或单摆平放，让其自然晾干，有条件的可用离心甩干机或振动筛沥干。应注意的是，离心式沥水转速不能太高或沥水时间不能过长，以免原料组织失水。

2. 速冻

经过预处理的原料，在速冻之前可先预冷至 0℃，以有利于加快冻结。许多速冻装置设有预冷设施，或在进入速冻前先在其他冷藏库预冷，等候陆续进入冻结。由于果蔬品种、块形大小、堆料厚度、进入速冻设备时的品温以及冻结温度等的不同，冻结速冻往往存在差异，因此必须在工艺条件和工序安排上考虑紧凑配合。

经过预处理的果蔬应尽快冻结，速冻温度为 −35~−30℃，风速保持在 3~5 m/s，这样才能保证冻结以最短的时间（一般小于 30 min）通过最大冰晶生成区，使冻品中心温度迅速达到 −18~−15℃。只有这样才能使 90％以上的水分在原来位置上结成细小冰晶，大多均匀分布在细胞内，从而获得具有新鲜品质，且营养和色泽保存良好的速冻果蔬。

3. 速冻后处理

（1）**速冻果蔬的包装**

速冻食品之所以能迅速发展，除食用方便之外，包装也起了重要作用。包装能保持食品卫生，并能隔气，防止干耗，防止氧化变色、变味，保持品质、营养，延长保存期等。同时，包装还可以宣传产品，便于装卸、运输、贮存和销售。

通过对速冻果蔬进行包装，可以有效控制速冻果蔬在长期贮藏过程中发生冰晶升华，防止产品长期贮藏接触空气而氧化变色，便于运输、销售和食用；防止污染，保持产品卫生。果蔬速冻加工完成后，应进行质量检查及微生物指标检测，在包装前要经过筛选。一般采用先冻结后包装的方式，但有些产品为避免破碎可先包装后冻结。

由于速冻产品要经过长时间的低温冻藏，食用前还需解冻，对包装的要求与普通食品有区别，速冻食品包装材料的要求如下：

1）耐温性。速冻食品要在−30℃以下的低温条件下冻结和冻藏，所以包装材料要能耐低温，保持其柔软性，不硬脆、不破裂。要在100℃高温沸水中解冻时不破碎。

2）气密性。速冻食品除有普遍的隔气要求外，有些还需要空气或充气，因此要求包装材料透气性低，以利于保香，防止干耗、氧化。

3）抗老化。包装材料要经得住长时间冷藏，不老化、不破裂。

冻结果蔬的包装有内包装、中包装和外包装。包装材料有纸、玻璃纸、聚乙烯薄膜及铝箔等。在分装时，应保证在低温下工作。工序要安排紧凑，同时要求在最短时间内完成，重新入库。一般冻品在−4~−2℃条件下，即会发生重结晶，所以应在−5℃以下的环境中包装。

（2）速冻果蔬的冻藏

速冻果蔬的冻藏是指在合适的温度下贮藏，并在一定时间内保持其速冻终了时的状态及品质的贮藏方法。速冻果蔬的长期贮藏，要求贮藏温度控制在−18℃以下，冻藏过程应保持适宜的温度和相对湿度。若在冻藏过程中库温上下波动，会导致再结晶使冰晶体增大，这些大的冰晶体对果蔬组织细胞的机械损伤更大，解冻后产品汁液流失增多，严重影响产品质量。产品不应与其他有异味的食品混藏，最好采用专库贮存。速冻果蔬产品的冻藏期一般可达10~12个月以上，条件好的可达两年。

11.3.3 果蔬速冻质量控制

1. 果蔬速冻制品的质量问题

果蔬中含有较多的化学成分，这些成分多是人体所需要的营养成分，主要有水分、有机酸、纤维素、碳水化合物、含氮化合物、色素、芳香物质、脂肪酸类、多酚类、酶类、维生素类、矿物质类等，这些成分在加工中所表现出不同的加工特性与来自原料、器具、机械设备、人员、水及空气中氧气与微生物的影响，使速冻果蔬制品在生产、冻藏和流通、食用过程中会产生各种各样的质量问题。

1）变色。速冻果蔬制品的变色种类较多：①浅色果蔬或切片的果蔬切面色泽变红或变黑；②绿色果蔬的绿色渐渐褪去而变为灰绿色；③果蔬制品失去原有的色泽或原有色泽加深。这三种情况都称为褐变，其中主要原因是果蔬中含有多酚氧化酶类，这些酶在氧的作用下将酚氧化成红黑色的醌类化合物，叶绿素酶氧化分解叶绿素。

2）变味。速冻果蔬变味有四种情况：①具有刺激性气味的果蔬将气味传给味淡的果蔬造成制品串味；②冷藏库的冷臭传给食品造成变味；③速冻工艺不规范，如原料受冻或过分慢冻或烫漂不足，冻结或温度波动、反复冻结引起果蔬组织变化，胞液流失造成的变味；④含蛋白质和脂肪的果蔬氧化后发生的变味。后两种变味往往伴随着口感的下降。变味多发生在冻藏阶段。

3）冰霜、干耗。这两种现象都与水分有关。水分在冻结时发生轻微的膨胀，在冻藏过程中若温度有波动，冰晶就会逐渐增大，若温度高于－18℃，并有蒸汽压差，冰晶会附在制品表面，造成粘连，速冻前甩水不彻底也会造成冰霜。干耗是冰晶升华引起的，也是由于蒸汽压差的存在而产生的，水分从果蔬表面升华后，造成其表面干燥，质量减轻，严重时其内部呈海绵状。冰霜和干耗多发生在冻藏阶段。

4）口感劣变。口感劣变主要是指制品的变硬、变生和纤维化等。①发生在冻藏期间，主要是蛋白质冷冻变性后质地变硬，脂肪氧化变黏、水分蒸发及氧化造成纤维老化等；②发生在食用阶段，因食用方法不当，如缓慢解冻造成汁液流失，引起细胞结构的变化而发生纤维化，烹调后有生菜的感觉。

5）营养损失。好的速冻果蔬制品不仅色香味好，而且还应有较高的营养成分。而这一点往往被忽略，虽然营养成分的损失也多发生在制品出现色、香、味变化时，但是加工中还有很多工序会引起营养成分的损失，如切分后洗涤可引起矿物质与糖的损失，热烫、冻藏、烹调不当能造成维生素的损失，其中主要是维生素 C 的损失。营养损失发生在速冻、冻藏及食用阶段。

6）微生物超标。速冻果蔬制品无杀菌过程，它之所以能够长期保存是由于冷冻状态下微生物不能获得水分而其活动受到制约。速冻果蔬中的微生物主要是细菌，低温细菌在－10℃才停止繁殖，但并非死亡，在－18℃下一部分细菌死亡，随冻藏时间延长数量减少，但温度回升后仍可繁殖。微生物超标可在速冻、冻藏及流通期间发生，而往往不易被察觉，但它对企业造成的危害是很大的，可影响产品的出口销售。

2. 速冻果蔬质量控制

（1）速冻食品冻藏的 T. T. T. 概念

速冻食品的速冻食品冻藏的 T. T. T.（time，temperature，tolerance）是指速冻食品在生产、贮藏、流通的各个环节中，经历的时间（time）和经受的温度（temperature）对其品质耐贮性（tolerance）有决定性影响。通过大量试验及生产的总结，速冻果蔬商品从生产、贮藏至流通，其质量的优劣主要是由"早期质量"与"最终质量"来决定。冷冻食品从生产到消费的过程中，所经过的冻藏、输送、贩卖店的销售状况等保持的温度都不一致，自生产工厂出货时开始是同一温度和品质（早期质量），但转到消费者手中时的品质（最终品质）将有不同，因此以品质第一为前提，建立能保持一定温度的冷链系统尤为必要。

速冻果蔬的早期质量受 P. P. P. 条件的影响。即受到产品原料（product）的种类（品种）、成熟度和新鲜度、冻结加工（processing）、速冻条件、包装（package）等因素影响。

速冻果蔬的最终质量受 T. T. T. 条件的影响，即速冻果蔬在生产、贮藏及流通各个环节中，经历的时间和经受的温度对其品种的容许限度有决定性的影响。即使早期质量优秀的速冻果蔬产品，由于还要经过各个流通环节才能到消费者手中，如果在贮藏和流通中不按冷冻食品规定的温度和时间操作，也会失去其优秀的品质。也就是说速冻果蔬最终质量还取决于贮运温度、冻结时间和冻藏期的长短。因此，速冻食品的品质，实际上是由 P.P.P. 和 T.T.T. 双重条件决定的。

速冻果蔬的 T.T.T. 研究中常用的是感官评价配合理化指标测定。通过感官评价感知品质变化时，其间所经过的贮藏天数依贮运中的品温而异，温度越低越能保持品质的稳定。贮藏期的长短与贮运温度的高低之间的关系，一般称为品质保持特性。例如，同一品温的冷冻橙汁（浓缩）与冷冻蔬菜相比，感知冷冻橙汁品质变化需要较长的天数，这样的食品置于同一条件下而呈现不同的贮藏性，就称作品质保持特性。通过感官评价感知某一冷冻食品品质开始变化时所经过的天数（贮藏期），称为优质保持期（HQL），在此期间该冷冻食品仍保持其优良品质状态。在实际生产中，在评价冷冻食品品质时，常将条件放宽，以不失商品价值为度，这就是所谓的食用贮藏期（PSL）。HQL 和 PSL 的长短是由速冻食品在流通环节中所经历的时间和品温决定的，品温越低，HQL 和 PSL 越长。相同贮藏期的速冻食品相比较，则品温低的一方品质保持较好。

构成食品品质的诸要素，如风味、质地、颜色等，除感官评价评定外，还可进行一些理化方法的检测，如测定维生素 C 含量、叶绿素中脱镁叶绿素含量、蛋白质变性以及脂肪氧化酸败等。测定项目根据果蔬品种不同而有所不同。

大多数速冻食品的品种稳定性随食品温度的降低而呈指数关系提高。速冻食品在 $-30\sim-10$℃的温度范围内，贮藏温度与实用冷藏期之间的关系曲线称为 T.T.T. 曲线。根据 T.T.T. 曲线的斜率可知温度对于冻结食品品质稳定性的影响。把某种速冻食品在流通过程所经历的温度和时间记录下来，根据 T.T.T. 曲线按顺序标出各阶段品质的下降值，然后再确定冻结食品的品质，这种方法叫 T.T.T. 计算法。此外，T.T.T. 概念还告诉我们，速冻食品在流通中因经历的时间、温度而引起的品质降低值是累积的，也是不可逆的，且与所经历的顺序无关。例如，将相同的冻结食品分别放在两种温度下冻藏，一种在开始时放在 -10℃下贮藏一个月，然后放在 -30℃贮藏 6 个月；另一种是开始时放在 -30℃贮藏 6 个月，然后在 -10℃贮藏一个月，分别总共贮藏 7 个月之后，其品质下降值是相等的。不过，在进行 T.T.T. 计算时，还应考虑到品温上升时微生物入侵、温度在变动范围内的频繁波动对品质的影响。尽管 T.T.T. 计算法不能适用于所有速冻食品，而且近年来也受到冷冻食品玻璃化转化理论的挑战，但仍不失为推测品温与品质关系的有效方法。

（2）**速冻果蔬的 HACCP 管理**

速冻果蔬生产中，虽主要环节是速冻工序，但在其前后的原料处理及成品冻存等工序对产品质量也有较大的影响，因此，速冻果蔬制品生产中，必须建立完备的质量管理体系，才能确保其品质优良。国际上通行的 HACCP（危害分析和关键控制点）体系可以用来全面控制速冻果蔬质量。速冻果蔬食品 HACCP 体系首先要对速冻果蔬生产加工过程中的危害进行分析（HA），以便确定关键控制点（CCPs），并采取相应的措施进行质量控制。本节仅从关键控制点及其控制方面加以阐述。

1) 速冻果蔬生产的关键控制点。

①原料质量控制点。速冻果蔬食品在烹调中虽大都经过炖煮，但仍然要求原料要鲜嫩、脆、纤维含量少，因此速冻果蔬原料的生产操作规程要满足产品加工对原料的要求，在施肥、灌水、打药、栽培模式等方面都要有特殊要求。原料生产中应少施钙、镁肥，适当追施氮肥，保证正常的生长期灌溉，不喷洒促进成熟类的激素，这样可防止产品纤维化。原料生产出来还需进行选择，主要是采收成熟度的选择，速冻果蔬中的青菜类、果菜类都要在鲜嫩状态时采收，果类可按食用成熟度采收。

②前处理控制点。主要过程是烫漂，烫漂温度为 85～95℃，时间为 4～7 min，以烫至过氧化物酶失活为度。烫漂程度的检验可通过愈创木酚进行。将菜从中心一撕（切）两半，放入 0.1% 的愈创木酚液中浸泡片刻取出，在断面中心滴上 0.3% 的过氧化氢溶液，若变红则烫漂不足，不变色则表示酶已失活，这样可防止变色。烫漂切忌过度。烫漂后的冷却对速冻果蔬的食品安全有显著影响，其主要潜在危害是冷却水中的生物性致病菌产生的二次污染，冷却虽然不是关键控制点，但可以通过加工厂的卫生标准操作规程（SSOP）加以预防。

③速冻工序控制点。在速冻机或急冻间进行，温度为 -35～-32℃，时间为 30 min，使其快速通过最大冰晶生成带，而后转入 -18℃ 以下冷藏库中。

④冷冻保存控制点。冷藏库温度最好应在 -20℃ 以下，温度波动应在 ±1℃，尽量保持恒温，产品应包装严密，装满库，可防止干耗及氧化降质。冷藏库要定期除霜，包装库内清洁、无异味。

⑤流通及食用控制点。产品出库流通过程中，保持最低温度为 -12℃，且不宜长时间保存，食用前无须解冻，直接烹调，或沸水、微波解冻后凉拌食用。

2) 速冻果蔬生产的卫生控制。

速冻果蔬生产中的微生物主要有细菌、酵母菌及霉菌，它们来源于果蔬原料、设备、空气、工作人员及加工过程中的污染。因此，加工时应定期对库房工具、设备消毒杀菌；定期对冷藏库进行除臭、除霉。已经入库的速冻食品，应按照其种类及冻藏时间和温度分别存放。如果冻藏时间少而需要贮存的速冻食品种类很多不可能单独存放，或冻藏间容量大而某种速冻食品数量少，单独存放不经济时，也可以考虑将不同种类的速冻食品混合存放。混合存放时，应以不互相串味为原则，并应分别码放。具有强烈气味的速冻果蔬，如葱、蒜等，则严格禁止混放在一个冻藏间内。一般来说，动物类速冻食品与植物类速冻食品不可混合存放；同类食品可以混合贮藏，不同类食品则不能混合贮藏。

速冻食品在堆放时，货堆与货堆之间应保留有 0.2 m 的间隙，以便于空气流通。如系不同种类的货堆，其间隙应不小于 0.7 m。速冻食品在堆码时，不能直接靠在墙壁或排管上。

速冻食品在冻藏过程中应该经常进行质量检查并定期对食品、冻藏间的空气及设备进行微生物检测和分析。如发现某些速冻食品有腐败变质和有异味感染等情况时，应及时采取措施分别加以处理，以免感染其他食品造成更大的损失。

库内的速冻食品全部取出后，应对库房进行通风换气，将库内的浑浊空气排出，并从外部换入新鲜的空气，外部空气应先用空气过滤器过滤后才能进入冷藏库。

综上所述，速冻果蔬产品质量控制是一个系统工程，它涉及原料、速冻工艺、冷冻保存、流通食用等多个环节，必须根据冷冻食品生产的实践和现代食品加工的要求进行综合控制，才能保证其产品质量。定期对生产车间及环境中空气进行杀菌，这样才能保证速冻果蔬制品卫生质量。

（3）速冻果蔬生产标准

随着我国速冻行业的迅猛发展，国家相继制定了各种速冻果蔬的生产标准，部分速冻果蔬标准如下：

1）《食品安全管理体系　速冻果蔬食品生产企业要求》（GB/T 27307—2008）；

2）《速冻食品技术规程》（GB 8863—1988）；

3）《速冻水果和蔬菜　净重测定方法》（GB/T 10471—2008）；

4）《速冻花椰菜》（SB/T 10161—1993）；

5）《速冻甜椒》（SB/T 10028—1992）；

6）《速冻黄瓜》（SB/T 10027—1992）；

7）《绿色食品　速冻蔬菜》（NY/T 1406—2007）；

8）《出口速冻蔬菜检验规程》（SN/T 0626—1997）；

9）《出口速冻蔬菜检验规程　瓜类》（SN/T 0626.8—2002）；

10）《出口速冻蔬菜检验规程　油炸薯芋类》（SN/T 0626.6—1997）；

11）《出口速冻蔬菜检验规程　叶菜类》（SN/T 0626.4—1997）；

12）《出口速冻蔬菜检验规程　芦笋类》（SN/T 0626.3—1997）；

13）《出口速冻蔬菜检验规程　花椰菜类》（SN/T 0626.2—1997）；

14）《出口速冻蔬菜检验规程　荸荠》（SN/T 0626.1—1997）；

15）《无公害食品速冻豆类蔬菜》（NY 5195—2002）；

16）《无公害食品速冻瓜类蔬菜》（NY 5194—2002）；

17）《无公害食品速冻甘蓝类蔬菜》（NY 5193—2002）；

18）《无公害食品速冻葱蒜类蔬菜》（NY 5192—2002）。

11.3.4　速冻果蔬生产实例

1. 速冻桃

桃属于核果类果实，在我国有悠久的栽培历史。桃品种繁多，外观鲜艳肉质细腻，深受消费者喜爱，但是桃多数品种柔软多汁，不耐贮藏。

（1）工艺流程

原料选择→分级→清洗→去皮、切分、去核→浸渍糖液→冷却→速冻→包装→冻藏

（2）操作要点

1）选果。用于速冻加工的桃果要求肉质细致，粗纤维少，风味良好，大小均匀，果形整齐，无病虫害，无机械损伤，容易去核（最好为离核品种），不易褐变。采收成熟度稍低些，到厂后可贮备4~8天的加工量，若用冷藏库贮藏，加工期可更长，但要防止桃发生冷害。白桃和黄桃较适宜速冻加工，一般白肉桃以大久保、黄肉桃以阿尔巴特为好。

2）去皮。将清洗干净的桃放入 3% 的氢氧化钠水溶液中浸泡 1 min，捞出后在清水中去皮，并用 2% 的柠檬酸溶液浸泡，最后再用清水清洗干净。

3）切分、去核。沿合缝线切成两半并挑出果核，放入清水中保存。

4）加糖和浸酸。桃应在浓度为 40% 的糖液中加 0.1% 的抗坏血酸，浸泡 15～30 min，以增加桃片中维生素 C 的含量，同时有护色作用。浸泡后捞起沥干糖液。

5）速冻。将装盒并冷却的桃片送入冷冻室，在 −35℃ 的速冻装置中完成冻结后，进一步用纸箱包装，放入 −18℃ 的冷冻库中贮藏。保质期一般为 12 个月。

2. 速冻草莓

草莓是一种浆果，味美、芳香、酸甜适口，营养价值高，可食部分达 98%。草莓因多汁、娇嫩，耐贮性极差，在常温下草莓只能保存 1～3 天，冷藏草莓也只能保存一周左右。用速冻方法保存草莓，保鲜期可达 1 年以上，且能最大限度保存草莓的色、香、味和营养成分，解决了旺季草莓大量集中上市和不耐贮之间的矛盾。

（1）**工艺流程**

原料选择→挑选分级→去蒂→清洗→浸渍糖液→冷却→速冻→包装→冻藏

（2）**操作要点**

1）原料选择。选用成熟、色泽鲜红艳丽、肉质细嫩、无中空、籽少、香气浓郁的草莓。采收、运输时应轻拿轻放，装箱时不宜太满，避免太阳直射。冻结加工对草莓的选择比较严格，采摘时需精心操作，注意不带露水采摘，因为带有露水的草莓采摘后容易变质。

2）分级。按果实大小和色泽分级，剔除不合格的原料，挑出适宜冻结的果实。按大小分为 20 mm、20～24 mm、25～28 mm、28 mm 以上四级。果实红色应占果面的 2/3 以上。

3）去蒂。分级后去掉果蒂，一手拿果实，一手抓紧果柄，轻轻反向转动，即可除去果蒂，去蒂时注意不要损伤果肉。

4）清洗。去蒂后的草莓用流水漂洗 2～3 次除去泥沙、污物等。

5）加糖。清洗干净、沥干后的草莓整粒加糖浆浸渍，糖浆浓度为 30%～50%，也可按果：糖为 3：1 的比例加白砂糖均匀撒在果面，加入 0.5% 的柠檬酸，保护草莓新鲜色泽。

6）预冷。将经浸渍糖液的草莓迅速预冷至 10℃ 以下。

7）冻结。在 −35℃ 以下的温度条件下快速冻结，一般要求在 10 min 左右冻至 −18℃，即果实内心为 −18℃ 为止。

8）包装。需要切片的草莓切片厚度约为 4 mm，然后撒糖、在低温下迅速包装，于 −20～−18℃ 温度下贮藏。内包装可用耐低温、透气性低、不透水、无异味、无毒性、厚度为 0.06～0.08 mm 的聚乙烯袋。所有包装材料在包装前需在 −10℃ 以下低温间预冷。

9）冻藏。将速冻后包装好的草莓迅速放在 −18℃ 的冻藏库中冻藏。注意，每层堆积不宜过多，要求每 5 层加一木质垫盘。

3. 速冻葡萄

葡萄是我国六大水果之一，葡萄属于浆果，水分含量高达 $65\%\sim88\%$，含糖量达 $10\%\sim30\%$，并富含有机酸、果胶、维生素、矿物质及多种氨基酸等。速冻葡萄是将新鲜的葡萄经过一系列加工处理制成速冻制品，能保持葡萄原有风味、色泽和营养成分。速冻葡萄延长了葡萄的贮藏期，便于长途运输，满足不同地区、不同季节的消费需求。速冻葡萄也可作为高级宾馆、餐厅的甜点原料，或用于制作夏季冷饮。

（1）**工艺流程**

原料选择→脱粒、拣选→清洗→护色→预冷→速冻→包装、冻藏

（2）**操作要点**

1）原料选择。原料采用无病虫害、无疤痕、无机械损伤，着色好，饱满、果香浓郁，果实大小均匀整齐的葡萄穗。

2）脱粒。葡萄采收时均成串，要求用剪刀逐个剪下，不碰伤葡萄果粒，并剔除不合格果粒。

3）清洗。用自来水冲洗剪下的葡萄果粒 $5\sim6$ 遍，洗至无杂质后沥干水分。

4）护色。对原料进行浸渍处理，以抑制酶活性，控制氧化作用，防止褐变，将已消毒的葡萄放入配好的浓度为 $40\%\sim50\%$ 的糖水溶液中，浸泡 5 min 后，捞出，充分沥干。

5）冷却。将清洗沥干后的葡萄预冷至 10℃ 以下。

6）速冻。葡萄为颗粒状水果，适用于带式速冻机快速冻结，冻结温度为 $-35℃$，冻结时间为 10 min，冻至葡萄中心温度在 $-18℃$ 以下。葡萄对冻结速度较敏感，冻结速冻越快，其破裂损害程度越严重。因此，单体速冻时必须注意控制温度和风速。

7）包装。剔除冻裂的速冻葡萄，在低于 $-5℃$ 的环境下，用聚乙烯塑料袋抽真空包装，外包装用纸箱。

8）冻藏。将速冻包装好的葡萄迅速放入 $-18℃$ 以下的冻藏库中冻藏。

4. 速冻菠菜

菠菜属于叶菜类蔬菜，非常容易腐烂，不易贮存。在常温下 $1\sim2$ 天就失去新鲜品质，冷藏时间也不长，冻藏可保持较长时间。速冻菠菜常用于出口。

（1）**工艺流程**

原料验收→修整→清洗→烫漂、冷却→沥水→冻结→镀冰衣→包装→冻藏

（2）**操作要点**

1）原料选择及整理。原料要求鲜嫩、浓绿色、无黄叶、无病虫害，长度150$\sim$300 mm。初加工时应逐株挑选，除去黄叶，切除根须。清洗时也要逐株漂洗，一般洗 $2\sim3$ 遍，洗去泥沙等杂物。每次洗的数量不宜过多，用手轻轻摆动着洗，彻底洗净泥沙，特别是菜心中的泥沙。洗菜水应经常更换，一般每隔 1 h 更换一次。

2）烫漂与冷却。由于菠菜的下部与上部叶片的老嫩程度及含水率不同，因此烫漂时将洗净的菠菜叶片朝上竖放于筐内，下部浸入沸水中 30 s，然后再将叶片全部浸入烫漂 1 min。可在漂烫液中加入 $0.1\%\sim0.2\%$ 的盐，以根茎部烫透（检验酶失去活性），叶不揉

烂，色呈鲜绿为准。每次漂烫数量不能过多，漂烫用水要充足，以保证放入蔬菜后水温迅速恢复到规定温度，一般要求用水量应是原料的 30 倍。为了保持菠菜的浓绿色，烫漂后应立即将其冷却到 10℃以下。沥干水分，装盘。

3）速冻。菠菜装盘后迅速进入速冻设备进行冻结，用−35℃冷风，在 20 min 内完成冻结。

4）镀冰衣。用冷水脱盒，然后轻击冻盒，将盒内菠菜置于镀冰槽包冰衣，即在 3～5℃冷水中浸渍 3～5 s，迅速捞出。镀冰衣后的产品待表层水分结冰后再包装。

5）包装、冻藏。用塑料袋包装封口，装入纸箱，在−18℃下冻藏。

6）质量标准。呈青绿色；具有本品种应有滋味和气味，无异味；组织鲜嫩，茎叶肥厚，株型完整，食之无粗纤维感。

5. 速冻花椰菜

花椰菜又名花菜、椰花菜、甘蓝花、洋花菜，有白、绿两种，绿色的叫西蓝花、青花菜。花椰菜肉质细嫩，味甘鲜美，食用后很容易消化吸收。花椰菜具有抗癌，增强机体免疫力等功效。

（1）**工艺流程**

原料选择→去叶→浸盐水→漂洗→护色→切小花→烫漂、冷却→沥水→冻结→包装→冻藏

（2）**操作要点**

1）原料选择。原料要求鲜嫩洁白，花球紧密结实，无异色、斑疤，无病虫害。

2）去叶。用刀修除去菜叶，并削除表面少量霉点、异色部分，色泽呈白色或青色。

3）驱虫。将花椰菜置于 2%～3%的盐水中浸泡 10～15 min，以驱除菜花中间的小虫。

4）漂洗。用清水漂洗盐分，漂净小虫体和其他污物。

5）切小花。先从茎部切下大花球，再切小花球，按成品规格进行，勿损伤其他小花球，茎部切削要平正，小花球直径为 3～5 cm，茎长在 2 cm 以内。

6）烫漂。用 0.1%的柠檬酸沸水热烫 1～2 min，要上下轻轻翻动，使其受热均匀，同时又不损坏小花球。

6. 速冻蘑菇

蘑菇速冻后品质良好，肉质鲜美，是人们喜爱食用的一种速冻蔬菜。速冻蘑菇品质的好坏，除与菇色、菇体大小均匀性、嫩度、风味等方面密切相关以外，还与速冻工艺有关。

（1）**工艺流程**

原料挑选→护色→漂洗→热烫、冷却、沥干→速冻→分级、复选→镀冰衣→包装→冻藏

（2）**操作要点**

1）原料挑选。蘑菇原料要求新鲜、色白或淡黄、菌盖直径在 5～12 cm 以内，半球形，边缘内卷，无畸形，允许轻微薄菇，但菌褶不能发黑发红，无斑点、无磷片。菇柄

切削平整，不带泥根，无空心，无变色。

2）护色。将刚采摘的蘑菇置于空气中，一段时间后由于酶促褐变，在菇盖表面即出现褐色的采菇指印及机械伤痕，因此需要对蘑菇进行护色处理。方法是将采摘的蘑菇浸入 1% 的亚硫酸钠溶液中浸泡 2 min，捞出后用清水洗干净。这一方法能使蘑菇色泽在 24 h 以内变化不大，这样加工的蘑菇产品能符合质量标准。

3）热烫。蘑菇热烫的目的主要是破坏多酚氧化酶的活力，抑制酶促褐变，同时赶走蘑菇组织内的空气，使组织收缩，保证固形物含量的要求，还可增加弹性，减少脆性，便于包装。热烫方法有热水或蒸汽两种。热烫水温应保持在 96~98℃，水与蘑菇的比例应大于 3∶2，热烫时间应根据菇盖大小控制在 4~6 min 之内，以煮透为准。为减轻蘑菇烫煮后的色泽发黄变暗，通常可在热烫水中加 0.1% 的柠檬酸以调节煮液酸度，并注意定期更换新的煮液。热烫时间不宜过长，以免蘑菇色泽加深、组织老化、弹性降低、失水失重。菇体细胞骤然遇冷表面产生皱缩现象。为了防止菇色变暗，热烫溶液酸度应经常调整并注意定期更换热烫水。热烫后的蘑菇应马上冷却至蘑菇中心温度 10℃ 以下，并沥干水分。

4）速冻。蘑菇速冻采用流化床速冻机，温度保持在 -40~-35℃，蘑菇层厚度为 80~120 cm，冷气流速为 4~6 m/s，冻结时间为 12~18 min，使蘑菇中心温度达 -18℃ 以下。

5）分级。速冻后的蘑菇应进行分级，按菌盖大小可分为以下四级：①大大级，代号为"ll"，横径（菌盖）为 36~40 mm；②大级，代号为"l"，横径（菌盖）为 25~35 mm；③中级，代号为"m"，横径（菌盖）为 21~27 mm；④小级，代号为"s"，横径（菌盖）为 15~20 mm。分级可采用滚筒式分级机或机械振筒式分级机。

6）复选。复选是保证蘑菇成品品质的重要一环。将分级后的蘑菇置于不锈钢或无毒塑料台板上进行挑拣。剔除锈斑、畸形、空心、脱柄、开伞、变色菇、薄菇等不合格的劣质菇。

7）镀冰衣。把 5 kg 蘑菇倒进有孔塑料筐或不锈钢丝篮中，浸入 1~3℃ 的清洁水中 2~3 s，拿出后左右振动，摇匀沥干，再操作 1 次。冷却水要求清洁干净。

8）包装、冻藏。包装必须保证在 -5℃ 以下低温环境中进行，内包装选用聚乙烯薄膜袋包装，所有包装材料在包装前需在 -10℃ 以下低温间预冷。外包装用纸箱，包装完成后置于 -18℃ 环境下冻藏。

7. 速冻芦笋

芦笋又名石刁柏，属百合科长年生宿根草本植物，是烹制佳肴的珍稀蔬菜。芦笋质地细腻白嫩、清香可口、营养丰富，维生素和蛋白质的含量超过其他蔬菜。速冻芦笋由于口感好、营养成分保存量高，深受消费者的喜爱。

（1）**工艺流程**

原料选择→清洗、分级→去皮修整→烫漂→冷却、沥水→速冻→包装→冻藏

（2）**操作要点**

1）原料选择。要求原料芦笋品种优良，成熟适中，鲜嫩，花蕊不开，规格整齐，横

径在 0.6 cm 以上，长度为 12~18 cm，无病虫害，无农药和微生物污染，无斑疤，无机械损伤和挤压损伤，并要求不浸水，采摘后立即运往加工地点。鲜芦笋在运输中应避免剧烈的颠簸，避免日光暴晒，最好用冷藏车运输。

2）清洗，分级。将芦笋先在预洗池中预洗，然后用洗笋机清除泥沙、杂物，所用清水要求含有 8~10 mg/L 的有效氯。按生产标准规格在清洗后再次挑选，拣出过细、空心、畸形、虫害等劣质笋，按可利用情况分别处理，并将合格芦笋及时送下道工序。

3）去皮修整。从笋尖向下 3~5 cm 处去皮，要求厚薄均匀，去皮后整体笋无明显棱角，去皮厚度视芦笋收购期而定，一般前期笋较薄，后期笋较厚。去皮后的笋条、笋段应设专人检查，修除斑点、裂口、机械损伤、泥根等。按规格要求切段、分级，切段时应注意芦笋的最高利用率。分级时混级率不得超过 10%，严禁跨数级混级。

4）烫漂。预煮漂烫时，应在预煮水中加入 0.15‰~0.2‰ 的柠檬酸，水温控制在 (98±2)℃，漂烫时间根据笋体粗细、等级不同控制在 30~90 s，要求笋体煮透，确保杀菌，预煮水要根据生产量定时更换。

5）冷却沥干。采用流动的冰水作冷却剂，冷却水温在 4℃ 以下，冷却至笋体中心温度低于 20℃ 为最佳。冷却后的芦笋在速冻前要去除笋体表面的水分，采用人工或机械沥水，以确保速冻质量。

6）速冻。速冻的温度应控制在 -30℃ 以下，以笋体冻透为宜。人工抽查速冻质量，通常采用两条芦笋轻轻碰撞，若发出清脆的响声，即视为速冻合格。

7）包装、冻藏。包装必须保证在 -5℃ 以下低温环境中进行，包装完成后置于 -18℃ 环境下冻藏。

8. 速冻马铃薯

马铃薯是营养丰富的食品，速冻马铃薯食品以其营养成分保存好，贮存期长，运输方便，烹调省时等优点而得到广泛的关注。随着西方快餐食品进入中国，速冻马铃薯食品也越来越受到广大消费者特别是年轻消费者的青睐。

（1）**工艺流程**

原料选择→清洗→去皮修整→切条→分级→漂烫→干燥→油炸→沥油→预冷→速冻→包装→冻藏

（2）**操作要点**

1）原料选择。要求马铃薯原料淀粉含量适中，干物质含量较高，还原糖含量较低的白肉马铃薯；薯形要求为长柱形或长椭圆形，头部无凹，芽眼少而浅，表皮光滑，无裂纹空心；适合加工薯条的马铃薯品质要求休眠期长，抗菌性强。选择外观无霉烂、无虫眼、不变质、芽眼浅、表面光滑的马铃薯，剔除绿色生芽、表皮干缩的原料。理化指标中，还原糖含量应小于 0.3%，若还原糖过高，则应将其置于 15~18℃ 的环境中，进行 15~30 天的调整。

2）去皮。去皮方法有人工去皮、化学去皮、机械去皮和热力去皮等。生产上一般采用机械去皮或化学去皮。去皮时应防止去皮过度，增加原料的损耗，还要注意修整，去芽眼、黑点等。去皮后应立即浸渍清水或 0.1%~0.2% 的焦亚硫酸钠溶液护色。

3）切条。采用切割机切割成所需形状，产品规格应符合质量要求，马铃薯一般选择方形，截面尺寸为（5～10）mm ×（5～10）mm，长度为 50～75 mm。切条后应继续护色。

4）热烫。目的是使马铃薯条中的酶失活，防止产生酶促褐变而影响产品品质，同时使薯条表层淀粉凝胶化，减少油的吸收，用 0.2%的氯化钙溶液热烫约 4 min，至八成熟为宜。

5）干燥。目的是除去马铃薯条表面的多余水分，从而在油炸过程中减少油的损耗和分解。同时使烫漂过的马铃薯保持一定的脆性。但应注意避免干燥过度而造成黏结，通常采用压缩空气干燥。

6）油炸。控制油温在 170～180℃，油炸 1～2 min，至表面呈黄色即可。

7）速冻。油炸后的马铃薯经脱油、冷却和预冷后，进入速冻机速冻，速冻温度控制在−35℃以下，保证马铃薯产品中心温度在 18 min 内降至−18℃以下。

8）包装、冻藏。速冻后的薯条半成品应按规格迅速装入包装袋内，包装袋宜采用外表面涂有可耐 249℃高温的塑料膜的纸袋。包装完成后立即置于−18℃环境下冻藏。

11.4　解 冻 技 术

冷冻食品在食用之前要进行解冻复原，上升冻结食品的温度，融化食品中的冰结晶，使其恢复冻结前的状态称为解冻。解冻是速冻果蔬在食用前或进一步加工前必经的步骤。对于小包装的蔬菜，家庭中常采用烹调和自然放置下融化两种典型的解冻方式。从热交换看，解冻与速冻是两个相反的热传方向，而且速度也有差异，非流体食品的解冻比冷冻要慢。解冻时的温度变化趋向于有利于微生物的活度和理化变化的增强。由于冷冻并不能作为杀死微生物的措施，仅仅起到抑制微生物活动的作用，食品解冻后，温度升高，汁液渗出，有利于微生物的活动和理化特性的变化。因此，冷冻食品应在食用之前解冻，解冻后及时食用，切忌解冻过早或在室温下长时间搁置。

通常解冻食品在−1～5℃温度区中停留的时间长，会使食品变色，产生异味，因此解冻时应能快速通过此温度区。一般解冻介质的温度不宜过高，以不超过 10～15℃为宜。但对青豆这样的蔬菜，为防止淀粉 β 化，宜采用蒸汽、热水、热油等高温解冻。为防止解冻时质量变化，最好实现均一解冻，否则易造成产品局部损害。

目前有两类解冻方法：由温度较高的介质向冻品表面传递热量，热量由表面逐渐向中心传递，即外部加热法；在高频或微波场中使冻结品各部位同时受热，即内部加热法。常用的外部加热解冻法有：①空气解冻法，一般采用 25～40℃空气和蒸汽混合介质解冻；②水（或盐水）解冻法，一般采用 15～20℃的水介质浸渍解冻；③水蒸气凝结解冻法；④热金属面接触解冻法。常用的内部加热解冻法有欧姆加热、高频或微波加热、超声波、远红外辐射加热等。一般来说，解冻时低温缓慢解冻比高温快速解冻流失液少。但蔬菜在热水中快速解冻比自然缓慢解冻流失液少。

冷冻蔬菜可根据品质性状的不同和食用习惯，不必先洗、再切而直接进行炖、炒、炸等烹调加工，烹调时间以短为好，一般不宜进行过分的热处理，否则影响质地，口感不佳。冷冻水果一般解冻后不需要热处理就可食用。解冻终温因解冻用途而异，鲜吃的果实以半解冻较安全可靠。

第 12 章 果蔬轻度加工

12.1 净菜加工技术

12.1.1 净菜的定义及特点

1. 净菜的定义

净菜是指经过挑选、修整（去皮、去根等）、清洗、切分和包装等处理的生鲜蔬菜，可食率接近 100%，可达到直接烹食或生食的卫生要求，具有新鲜、方便、卫生和营养等特点。严格地讲，净菜只是中国特色的俗称，又名半加工蔬菜、调理蔬菜、轻度加工蔬菜，其学术名称在国际上还没有统一，一般情况下称为低度加工菜、轻度加工菜或部分加工菜等。净菜实际上是经过净化加工的新鲜蔬菜，仍进行着旺盛的呼吸作用和其他生命活动，在最大程度上方便消费者的购买和食用，满足消费者对蔬菜的新鲜、安全、营养和卫生的需求。

2. 净菜的特点

净菜最早起源于美国，当时主要供应餐饮业而后才进入零售业，20 世纪 90 年代初得到迅猛发展。我国的净菜加工业刚起步，其发展经历了 20 世纪 80 年代的"免摘菜"和 90 年代"免淘（切）菜"两个阶段，现在很多大学和研究单位对净菜加工的品种筛选、预处理、保鲜处理、延长货架期技术、设备包装技术等做了较为系统的研究开发，取得了阶段成果。据世界知名的市场调查公司 AC 尼尔森的一项研究报告表明，在我国沿海发达城市中，超市和大卖场作为现代生鲜食品流通的终端，已逐渐成为城市居民买菜的重要场所，我国净菜产业正在进入一个快速发展的阶段，具有良好的市场前景。

净菜具有以下特点：①新鲜，净菜从采收到销售均处于冷链系统，蔬菜活体一直保持在低温状态，使产品保持了生鲜蔬菜的新鲜风味；②方便、营养，方便是净菜产品最大的特点，消费者便于购买、携带，买后即可开袋烹调，净菜与其他蔬菜产品相比，最大限度地保持了生鲜蔬菜的风味物质及营养成分；③安全卫生，净菜生产以无公害蔬菜为原料，加工、运输、销售等环节均按净菜标准及其质量控制体系操作，保证了产品从田园到餐桌的安全卫生；④可食率高，净菜的可食率接近 100%。

12.1.2　净菜加工基本原理

净菜加工基本上都要进行切分处理，往往比没有加工整理的毛菜更容易变质败坏，切分处理引起了蔬菜本身的许多变化，如颜色变化，组织失水、软化、溃败、水解，微生物侵染造成腐败、长霉斑、菌丝等一系列不良反应。

1. 引起净菜褐变的原因

未切分的蔬菜中，底物、氧气、多酚氧化酶（PPO）同时存在并不发生褐变，这是因为在正常的组织细胞内由于多酚类物质分布在细胞的液泡内，而 PPO 则分布在各种质体或细胞质内，这种区域性分布使底物与 PPO 不能接触。而当细胞膜的结构发生变化和破坏时，则为底物创造了与 PPO 接触的条件，净菜在加工过程中的去皮及切分正为 PPO 提供了此条件。蔬菜在去皮及切分后，酶在氧存在的情况下使酚类物质氧化成醌，在进行一系列的脱水、聚合反应后，最后形成黑褐色物质，从而引起去皮及切分蔬菜的褐变。

2. 净菜去皮、切分后的组织变化

去皮、切分不仅会给净菜加工带来不良的物理变化，而且还会发生一系列不利于加工的生理生化反应。

（1）**物理变化**

新鲜蔬菜去皮、切分后，立即产生的物理变化有：①组织受到机械损伤；②失去了真皮层的保护作用，更易遭受各种污染；③切分造成蔬菜汁液外溢，为微生物的生长提供了有利的环境；④在去皮、切分处呼吸强度增大，切分产品气体扩散受到影响，导致二氧化碳浓度升高，氧气浓度降低，发生厌氧呼吸，同时也加快水分的损失。

（2）**生理变化**

蔬菜经切割后，发生的生理变化有：①酶促和非酶促褐变；②风味损失；③质地劣变，即失去脆性或纤维化，同时也造成各种营养成分的损失，如维生素 C 等；④蔬菜组织呼吸迅速增强，消耗大量的物质和能量，降低自身对逆境的抵抗力，并且伴随有大量的乙烯产生，加速其衰老的进程，为净菜加工带来了诸多不利因素。

在上述的这些变化中，有一些变化是在损伤之后立即发生的，如植物细胞产生伤信号，并传递给邻近细胞，在切割后几秒钟之内诱导产生无数个生理反应等变化。此外，类似的反应还有生物膜的去极化现象、细胞膜结构的破坏及原生质流动性的丧失等。而其他的反应如诱导产生乙烯、加强呼吸、促进氧化、诱导蛋白质和酶的合成及改变蔬菜的营养组成等则是在伤信号传递到整个组织之后才发生的，一般需要一段时间。这主要是因为伤信号从受伤部位传递到邻近组织的速率十分缓慢。

3. 净菜与微生物

蔬菜中含碳水化合物和水多，一般含水量为 $85\%\sim95\%$，碳水化合物占有机物的 $50\%\sim90\%$，易为微生物利用。从各类微生物的特性分析，各种微生物对营养物质都有

选择性，细菌、霉菌对蛋白质有显著分解能力，酵母菌、霉菌对碳水化合物的分解能力强，而霉菌和少数细菌对脂肪的分解作用显著。从 pH 来看，蔬菜的 pH 在 5～7。各种微生物在不同的 pH 条件下的适应能力也不同，如霉菌和酵母菌适宜在 pH 小于 4.5 的基质中生长，丙细菌适合生长于 pH 大于 4.5 的基质中。通过对加工原料的主要成分的分析及掌握的各种微生物的特性，为净菜加工打下良好的基础。

蔬菜经切割后，更易变质，其主要原因如下：①切割造成大量的机械损伤、营养物质外流，给微生物的生长提供了有利的生存条件，从而促进微生物的繁殖；②内部组织受到微生物的侵染；③切割增加了更多种类和数量的微生物对蔬菜的污染机会，净菜在加工、贮藏过程中发生的交叉污染，也是引起产品腐烂变质的一个不容忽视的原因；④加工器具及加工环境不洁净。

引起净菜变质的微生物主要是细菌和真菌。一般来说，蔬菜组织的 pH 为 5～7 时，易遭受土壤细菌的侵染，如欧文菌、假单胞菌、黄单胞菌等，净菜的表面一般无致病菌，而只有腐败菌，如欧文菌、假单胞菌等。因为这类细菌对致病菌有竞争优势。但在环境条件改变的情况下，可能会导致微生物菌落种类和数量的变化，使得致病菌的生长占主导优势。如在包装内部高湿度和极低氧浓度、低盐、低 pH、过高贮藏温度等条件下，可能会导致一些致病菌，如梭状芽孢杆菌、李斯特菌、耶尔森菌等的生长，并产生毒素，从而危及人类健康。由此可见，要保证净菜产品的品质，要求净菜在贮藏、加工过程中，应严格控制微生物的数量和种类，并且通过利用保鲜抑菌剂等措施以确保产品适宜的货架期和安全性。另外，在去皮、切割产品的加工和处理过程中，有可能染上人类致病菌，如大肠杆菌、李斯特菌、耶尔森菌、沙门菌等。净菜在贮藏过程中，产品表面的微生物数量会显著增加。经研究表明，净菜表面微生物数量的多少，会直接影响产品的货架期，早期微生物数量越多，货架期就越短。易引起净菜在加工过程中变质的微生物见表 12-1。

表 12-1 易引起净菜变质的几种微生物

微生物种类	感染的蔬菜
马铃薯疫霉	马铃薯、番茄、茄子
镰刀霉属	马铃薯、番茄、黄瓜、洋葱
软腐病、欧氏杆菌	马铃薯、洋葱、西芹
洋葱炭疽病、毛盘孢霉	洋葱
胡萝卜软腐病、欧氏杆菌	胡萝卜、番茄、白菜、花菜等

12.1.3 净菜加工品种要求

净菜加工与传统的蔬菜加工（如冷藏、冷冻、干制、腌制等）不同，其最大的特点就是产品经过一系列处理后仍能保持生鲜状态，能进行呼吸作用，较之罐装蔬菜、速冻蔬菜、脱水蔬菜，净菜具有品质新鲜、使用方便、营养卫生、可食率接近 100% 的特点。因此，对于进行净菜加工的蔬菜原料，有其特殊的要求。

净菜加工给蔬菜带来了一系列的变化，如生理、成分及微生物的变化，特别是切分直接给微生物提供了更多入侵的机会，同时增大了与空气的接触面积，导致净菜产品色泽、脆度等理化性质的劣变，极不利于净菜品质的保持。这些问题一方面可通过净菜加工过程中的护色、保脆技术解决，另一方面就是通过净菜加工品种的筛选解决，选择适宜加工的净菜专用品种，选择不易褐变、脆变且耐贮藏的品种，以保证净菜产品的品质，如马铃薯适宜于制作净菜，但若其还原糖含量大于等于 0.5%、淀粉含量小于等于 14%，加工成片、丝产品时易发生褐变，就不宜做成净菜产品。因此，净菜加工应选择淀粉含量大于等于 14%、还原糖含量小于等于 0.4%的马铃薯品种。净菜加工对原料品种的要求主要包括：为无公害蔬菜；容易清洗及修整；干物质含量较高；水分含量较低；加工时汁液不易外流；酚类物质含量较低；去皮切分后不易发生酶促褐变；耐贮运等。

　　因此，并不是所有的蔬菜种类和品种都适合于净菜加工生产，只有满足上述要求的蔬菜品种，才能加工出优质的净菜产品。

12.1.4　净菜加工工艺

1. 工艺流程

　　原料采收→预冷→分选→清洗→冷杀菌→漂洗→去皮→切分→护色保鲜→脱水→包装→入库

2. 操作要点

（1）预冷

　　预冷是对采购来的蔬菜原料进行冷却，以消除蔬菜的田间热，延缓蔬菜生理变化。预冷设备一般有冷藏库、真空预冷设备、冷水冷却机等几种。一次进库数量比较大，且短时间不做处理的大部分蔬菜可直接进入冷藏库进行冷却，冷却温度应控制在 5℃左右。净菜原料需要贮藏的可采用真空预冷，此法预冷的速度快。进来的原料立即进行净菜加工的，可采用冷水冷却机，它是由冰水传递系统、喷淋系统、物料传输系统、冷水回收系统等组成的。该设备自动化程度高，不需人工搬动蔬菜，冷却效果好，适合与净菜流水线配套使用。

（2）分选

　　分选就是将腐烂、虫蚀、斑疤或形状大小不符合要求的全部分拣出来，分选可采用多条专用分拣带组成，输送物料的输送带可由不锈钢网带式平皮带，两边应有工作台，这样易于分拣人员操作。同时分拣带根据清洗原料品种的不同可相应增加清洗装置，按照规定要求，根据蔬菜种类及外形进行分选。对根菜类是按自然形状，通过各类分级设备按大小、质量分类，可用各种分级设备完成；对叶菜、茎菜、菜花类等可通过人工进行分选。

（3）清洗

　　清洗就是清洗掉蔬菜上的各类杂物。清洗机根据蔬菜不同有多种设备，可单独使用，也可串联起来形成流水线使用，目前常用的清洗机有气泡清洗机、滚筒清洗机和毛刷清洗机。其中，根茎类蔬菜清洗强度要求比较大，可选用毛刷清洗机；果菜类蔬菜清洗强度不大，但外观要求比较高，清洗后要求保证完整的株型，可使用气泡清洗机；比较特殊的品种可配成专用的清洗生产线，如食用菌清洗生产线等。

（4）**杀菌及去除农药残留**

蔬菜杀菌是杀灭蔬菜表面的细菌、霉菌等微生物，清除蔬菜表面农药残存。为适应该工艺的多功能要求，一般不采用高温杀菌。净菜杀菌设备可采用多功能杀菌机。所谓多功能，是指在同一设备中配置多种杀菌（可选择使用）装置。例如，配置臭氧杀菌机的同时增设化学滴液装置，既可用于化学杀菌，也可加化学剂用于防褐变。

（5）**漂洗**

漂洗是将杀菌时在蔬菜表面含有的各类化学成分通过净水漂洗干净。漂洗设备结构比较简单，它是将物料浸在漂洗液（一般为净水）中，通过传送网带将物料自动通过，同时漂洗液可循环使用。可以用加入一定浓度无残留的抑菌剂的饮用水漂洗浸泡蔬菜，禁用污水等漂洗浸泡蔬菜。

（6）**切分**

按照不同的加工原料，采用蔬菜切片、切丝、切丁机进行切分处理，蔬菜切分机要做好消毒杀菌工作，此工艺中最易二次染菌。

（7）**护色保鲜**

通过在净菜中使用护色剂来抑制净菜的褐变及延长其保鲜期。

（8）**脱水**

脱水是将通过前面一系列工艺后的蔬菜表面水分除去，以防止微生物繁殖。根据净菜外形要求比较高的特点，脱水设备可采用强度比较小的三足式离心机等，或采用振动沥水机、强风沥水机或振动沥水和强风相结合的设备。

（9）**包装**

净菜包装目前有多种形式，根据蔬菜品种及货架期的要求可分为托盘包装，聚乙烯（PE）、聚氯乙烯（PVC）真空袋包装，充气包装。托盘包装的成本低，适合于多种蔬菜，但货架期比较短；充气包装的成本介于托盘包装和真空包装之间，货架期比较长，一般用于根茎类蔬菜，真空包装货架期长，适合于附加值比较高的蔬菜；充气包装能够使净菜产品的保鲜期达 5~15 天，且包装成本也较适中。

12.1.5 净菜加工设备

净菜加工的主要设备有预冷设备、清洗机、切分设备、输送机、杀菌设备、包装机、封箱机等。

1. 真空预冷设备

真空预冷是根据水随压力降低其沸点也降低的物理性质，将预冷食品置于真空槽中抽真空，当压力达到一定数值时，食品表面的水分开始蒸发。真空预冷装置分间歇式、连续式、移动式和喷雾式四种。间歇式真空预冷装置用于小规模生产；连续式真空预冷装置用于大型加工厂；移动式真空预冷装置由于其一体化，组装在汽车上机动灵活，可以异地使用；喷雾式装置用于表面水分较少的果实类、根茎类食品预冷。真空快速预冷保鲜与传统的冷却方法比较，主要有以下优点：

1）冷却速度快。一般只需 20~40 min，可将食品内外温度冷却到 0~4℃，如果用冷藏库冷却则需 10~20 h，差压式也要 5~10 h。

2）不受收获的气候条件的影响。雨天或早晨收获的蔬菜或洗过的蔬菜同样可以迅速排除表面水分，冷藏库只能处理干爽的蔬菜。

3）冷却均匀、迅速、清洁，不存在局部冻结，处理的时间短，不会产生局部干枯变形，无任何污染。

4）使用灵活、便于移动，适合多个生产基地轮流使用，生产成本较低。

5）操作简单，自动化程度高。

2. 分级处理设备

净菜加工原料需要通过分级处理，分级的目的是适应机械化操作工序，使后工序中的产品形状及品质基本相同。净菜加工的分级可采用人工分级，但人工分级不适应大规模的生产需要，对于工业化大生产还是应该通过机械进行分级处理。机械分级设备主要有滚筒式分级机、输送带式分级机等，滚筒式分级机比较适宜豆类的分级，输送带式分级机分级速度快，原料受的损伤小，广泛用在蔬菜加工的分级工序中。

3. 清洗设备

净菜加工原料在去皮、切分前必须进行清洗，洗去原料上的尘埃、沙土、微生物及其他污染物。净菜加工的清洗设备有气泡式清洗机、滚筒式清洗机和毛刷式清洗机等。

气泡式清洗机是把空气送进洗槽中，使清洗原料的水产生剧烈的翻动，物料就在空气的剧烈搅拌下进行清洗。利用空气进行搅拌，既可快速将污物从原料上洗去，又能使原料在强烈的翻动下不破坏其完整性，适合于蔬菜原料的清洗。

滚筒式清洗机主要由传动装置、滚筒、水槽等组成。该设备具有结构简单、生产效率较高、清洗能力强、对原料损伤小等特点，使用较为广泛。通过滚筒的不断旋转，使原料在滚筒内不断翻动。

毛刷式清洗机主要由可转动的毛刷、传送带、喷水管、进料斗、排水口等组成。通过电动机传动毛刷旋转，原料在装满水的槽中受到毛刷的洗刷，再由下面的输送带将其传送出去，清洗机槽内有喷水管，可喷射洗涤。该设备适合于耐摩擦蔬菜的清洗。

4. 杀菌设备

（1）臭氧杀菌设备

臭氧杀菌技术是现代食品工业采用的冷杀菌技术之一，利用臭氧水杀菌代替传统的消毒剂在食品工业中更显示出巨大的优越性，该技术具有杀菌谱广、操作简单、无任何残留及瞬时灭菌等特点，而且应用后剩余的是氧气，不存在二次污染，完全避免了化学消毒剂给环境带来的危害，是一种理想的杀菌新方法。臭氧及臭氧水的消毒灭菌技术在食品工业中的应用已被美国等许多国家批准。臭氧在液态下呈淡蓝色,具有特殊气味,易溶于水,常温下易分解还原为氧气;低温下(0℃以下)不易分解。臭氧的杀菌速度是氯的 600~3000 倍,是紫外线的 1000 倍。臭氧在自然界中广泛存在,众所周知的臭氧层由紫外线生成,雷雨时雷电可产生臭氧,某些化学法也可产生臭氧。工业臭氧的产生主要以空气中的氧气(空气中氧气含量约为 21%)为原料,在强电场的作用下,将氧气分子打开重新组合后产生臭氧。臭氧不易储存和运输,只能现产现用,因此,臭氧发生器成了臭氧技术的代表设备。

(2) 二氧化氯浸泡杀菌槽

将通过臭氧杀菌的净菜原料放入二氧化氯浸泡池中进行浸泡处理,在此过程中可以进行杀菌,同时可去除部分残留的农药。

5. 脱水设备

离心机是间隙操作的一种通用机械产品,适用于分离含固相颗粒大于 0.01 mm 的悬浮液,如粒状、结晶状或纤维物料的分离,也可用于食品的脱水等。

6. 包装设备

(1) 真空包装

真空包装广泛应用于食品保藏中,真空包装的作用主要有三个方面:一是抑制微生物生长,防止二次污染;二是减缓脂肪氧化速度;三是使食品整洁,提高竞争力。真空包装有三种形式:一是将整理好的食品放进包装袋内,抽掉空气,真空包装,然后吹热风,使受热材料收缩,紧贴于食品表面;二是热成型滚动包装;三是真空紧缩包装,这种方法在欧洲广泛应用。

(2) 充气包装

充气包装也称换气包装,是在包装容器中放入食品,抽掉空气。用选择好的气体代替包装内的气体环境,以抑制微生物的生长,从而延长食品货架期。充气包装常用的气体有三种:一是二氧化碳,它抑制细菌和真菌的生长,也能抑制酶的活性,在低温和 25% 含量时抑菌效果更佳;二是氧气,其作用是维持蔬菜基本的呼吸,并能抑制厌氧细菌生长,但也为许多有害菌创造了良好的环境;三是氮气,它是一种惰性填充气体,能防止氧化酸败、霉菌的生长和寄生虫害。在食品保鲜中,二氧化碳和氮气是两种主要的气体,一定量的氧气存在有利于延长食品保质期,因此,必须选择适当的比例进行混合。在欧洲鲜肉气调保鲜的气体比例为 $O_2 : CO_2 : N_2 = 7 : 2 : 1$ 或 $O_2 : CO_2 = 7.5 : 2.5$。

12.1.6 净菜加工质量控制

1. 原料的质量控制

(1) 原料的采收

采收的根本目的是尽可能获得优质、健全的产品。与采收直接相关的问题是采前田间管理、最适采收期的确定和采收的有关技术要求。在接近采收前，掌握正确的灌溉时间和灌溉量，严格按照蔬菜施药的相关法规进行。有的蔬菜在采前喷洒一定浓度的碳酸盐可使组织的硬度和弹性得以改善并减轻生理病害；一定浓度的乙烯利可改善果皮色泽并促进成熟；一定浓度的赤霉素可推迟成熟过程、延长货架期等。最适采收期因不同蔬菜种类品种、产地等的不同而有较大差异。就净菜而言，必须具有该品种特有的满足鲜食要求的色、香、味和组织结构特征，即达到商业成熟度；采收应避开雨天、高温及雨水未干时，人工采收必须精细，尽量保护产品，避免损伤及污染。采收中注意剔除各种杂质、未成熟果、病害果和伤果。

（2）原料选择及验收

土壤栽培的蔬菜自然带菌量很大，菌群较复杂，对各种理化处理的抗性强，严重污染的原料可能已潜藏腐败菌或含有某种毒素，安全隐患明显。在净菜加工厂，应该设置原料微生物学检验这一关键控制点，以便准确掌握主要污染微生物的种类和数量，为调整和加强工艺控制，及时采取措施提供依据。

（3）原料的预冷

预冷即根据原料特性采用自然或机械的方法尽快将采后蔬菜的体温降低到适宜的低温范围（喜温性蔬菜应高于冷害临界点）并维持这一低温，以利于后续加工。蔬菜水分充盈，比热容大，呼吸活性强，腐烂快，采收以后是变质最快的时期。青豌豆在20℃下经24h含糖量下降80%，游离氨基酸减少，失去鲜美风味且质地变得粗糙。因此，预冷是冷链流通的第一环节，也是整个冷链技术连接是否成功的关键。

快速冷却不仅可以使产品迅速通过多种酶促和非酶反应的最佳温度段，而且可将生化反应带来的影响减至最小。根据蔬菜的低温适应能力、收获季节、比表面积、组织结构、处理量、运行成本等可以选择合理的预冷方式。预冷方式及其特点如下：①自然空气冷却，适用于昼夜温差很大的地区；②冷水冷却，水的换热系数大于空气，廉价易得，用经冷却过的水作冷却介质，蔬菜降温均匀且快速省时，水冷却装置结构简单，使用方便，经济性好；③强制空气冷却，强制冷空气吹拂蔬菜，通过热传导和释放蒸发潜热使菜体降温，此法尤其适用于不耐浸水的种类，冷却速度相对较慢，但费用较低；④真空冷却，在真空室的减压条件下，蔬菜体内水分迅速气化吸热而快速冷却，每失水1%，品温可下降5.6℃，此法特别适合于经济价值较高，而采后品质极易劣变的种类，但对表皮厚、组织致密、比表面积小的蔬菜冷却效果有限，此处预冷还能增强产品抗低温冲击的能力，在冷藏期中会降低对温度的敏感性。

（4）原料暂存

据研究，原料贮温较高，其微生物繁殖快且抗热力更强，因此，在国外，制作生菜沙拉的蔬菜验收后即置于7℃以下、合乎卫生要求的贮藏室中贮藏。为了保证原料的卫生质量，净菜加工厂应配备原料冷藏库，也方便预冷后原料的暂存。

（5）选别与分级

按照相关质量标准由人工剔除长霉、虫蚀、未熟、过熟、畸形、变色的不合格品，进一步清除杂质；污物和不能加工利用的部分，再按质量、尺寸、形状指标逐步分级，使相同级别的产品具有相对一致的品质，强化蔬菜的商品概念。

2. 加工过程的质量控制

（1）清洗、消毒

清洗是去掉原料附着的杂质、泥土、污物，降低菌数的有效手段。要保证加工净菜的品质，其技术关键是清洗用水的卫生性、消毒剂的正确使用和科学的清洗方法。清洗用水应符合国家生活饮用水标准；在去皮及切分之前应使用一定浓度的臭氧水进行灭菌处理，采用 200~500 mg/L 的二氧化氯进行灭菌及去除农药残留。原料在水中浸泡时间应控制在 40 min 内，以防止软化、组织结构变化、酶的活化或色素流失。

（2）去皮及修整、切分

去皮及修整在于去掉蔬菜的不可食部分，使可食部分接近 100%。有的净菜还需切分成习惯的烹调形式，但刀具造成的伤口或创面破坏了组织内原有的有序空间分隔或定位，O_2 大量渗入，物质的氧化消耗加剧，呼吸作用异常活跃，C_2H_4 加速合成与释放，致使蔬菜的品质和抗逆力劣变，外观可以见到流液、变色、萎蔫或表面木栓化。组织的破坏同时为微生物提供了直接侵入的机会，污染也会迅速发展。这一点正是净菜贮藏保鲜与传统蔬菜贮藏保鲜的最大区别，也使净菜保鲜在技术上难度更大。去皮时采用薄型、刀刃锋利的不锈钢刀具及相应的去皮机械。

（3）净菜褐变及脆变

1）净菜加工中褐变的控制。控制净菜加工品的褐变是净菜加工的关键工艺之一。净菜加工中所造成的褐变，主要是去皮及切分后破坏了蔬菜体内的细胞，产生了以多酚氧化酶为主的酶促褐变，而酶促褐变的主要影响因素有温度、pH、底物及氧气浓度等。在净菜加工中控制褐变的方法主要是化学及物理方法。较为常用的有柠檬酸、抗坏血酸及其盐类、植酸及其盐类、曲酸等，SO_2 及其盐类也有一定的护色作用，但其残留对人体有副作用，使得净菜加工品达不到无公害食品的要求，现在已渐被淘汰。例如，0.01%~0.05%（质量分数）的曲酸可有效控制马铃薯及藕片这一类浅色蔬菜由多酚氧化酶造成的褐变，莴笋片及块用 0.05%~0.1% 的冰醋酸可控制其褐变的发生，金针菇用 0.05%~0.1% 的植酸钠可达到抑制其褐变的目的。将柠檬酸、抗坏血酸及其盐、植酸及其盐、曲酸、冰醋酸等进行复配使用，其护色效果更为明显。在使用这些物质作为护色剂时，也降低了护色液的 pH，达到抑制多酚氧化酶引起的褐变的目的。为了控制净菜加工过程中与氧少接触，在去皮、切分及护色处理后，首先要使净菜加工品尽量在空气中停留的时间短暂些，其次可通过真空包装及充气包装进行控制，一般真空度控制在 −0.09~−0.06 MPa 条件下，如莴笋、马铃薯、胡萝卜等可采用 −0.09 MPa 的真空度、芹菜可采用 −0.065 MPa 的真空度等，金针菇可采用充气包装，O_2 浓度为 3%~8%，CO_2 浓度为 10%~15%。为了降低蔬菜在切分后的酶的活性，在整个加工过程中的环境温度都控制在 0~10℃。

2）净菜加工中脆变的控制。蔬菜的细胞壁中含有大量的果胶物质，果胶是碳水化合物的衍生物，是一种高分子的聚合物，相对分子质量在 50000~300000。作为结构多糖，果胶决定了蔬菜的非木质化器官的细胞壁的强度与弹性，而钙是联结组成果胶的聚半乳糖醛酸和半乳糖醛酸鼠李糖的中介，该结构聚合度越高，果胶结构越牢固，净菜加工中的去皮、切分过程中，破坏了 Ca^{2+} 与果胶形成长链大分子果胶所起的"盐桥"作用，通过水解作用破坏细胞壁上果胶的结构，释放出游离钙，果胶分解，细胞彼此分离。使蔬菜开始变得柔软。为了克服这一矛盾，可将护色过程中的浸泡液中加入 $CaCl_2$、乳酸钙、葡萄糖酸钙，Ca^{2+} 的存在可以激活果胶甲酯酶，提高酶的活性，促使果胶转化为甲氧基果胶，再与 Ca^{2+} 作用生成不溶性的果胶酸钙，此盐具有凝胶作用，能在细胞间隙凝结，增强细胞间的连接，从而使蔬菜变得硬而脆，具有良好的咀嚼性。

（4）净菜加工中的微生物

净菜在加工过程中，在去皮前已进行了灭菌处理，但在去皮、切分等一系列工序中仍容易被微生物侵害，这不仅会导致产品的腐败，而且还会影响到食用的安全性。净菜加工中的微生物主要为细菌，同时也存在少量的霉菌和酵母菌。美国和意大利对净菜微生物种类和数量进行了研究，主要是好气性细菌、大肠杆菌、假单胞菌、乳酸菌等，分别为 10^6 cfu/g、5.6×10^6 cfu/g、1.5×10^7 cfu/g、10^6 cfu/g。

1）控制加工环境的洁净度及温度。净菜加工环境的洁净度直接影响净菜加工品的品质，净菜加工环境的洁净度要求达到 3×10^5 级的标准。这为净菜加工提供了良好的加工环境。微生物的生长与温度密切相关，随着温度的升高，微生物以对数级的形式递增，为有效控制净菜加工过程中微生物的生长，环境的温度控制在 $0\sim10℃$，但在净菜加工过程中大肠杆菌、肉毒梭状芽孢杆菌等，在低温环境下仍可以生长。

2）去皮前的抑菌处理。净菜在去皮前进行 0.1 g/kg 臭氧水灭菌处理，臭氧水浸泡时间为 5 min，再用 $200\sim500$ mg/L 的二氧化氯液浸泡 5 min，可大大降低来自蔬菜原料中的微生物，一般情况下细菌总数不大于 5×10^5 个/g。

3）加工工艺中的用水。加工工序中所用的水也直接影响净菜产品的微生物指标，特别是将净菜去皮或杀菌后的用水，净菜加工用水在去皮或杀菌及以后的工序中，应采用无菌水。

4）保鲜防腐剂的使用。细菌、霉菌、酵母菌等微生物是导致净菜加工品变质的主要因素，其中又以细菌为主。对所使用的保鲜防腐剂应具有对人类安全，对产品抑菌效果好，且无不良影响等特点。防腐剂分为化学防腐剂和生物防腐剂，化学防腐剂有山梨酸及其盐类、脱氢醋酸钠等，生物防腐剂有乳链球菌素、纳他霉素、溶菌酶等。其使用量执行无公害蔬菜所用的添加剂的标准。化学防腐剂的使用，使仍能在低温下生存的微生物得到了有效的控制，但对于净菜产品，化学防腐剂的使用有一定的限制，而生物防腐剂克服了化学防腐剂的不足之处，乳链球菌素对革兰氏阳性菌的抑制作用较强，纳他霉素对霉菌的抑制作用能力强，目前存在的问题是，生物防腐剂的售价较昂贵。通过防腐保鲜后的净菜产品的细菌总数不大于 5×10^5 个/g。

5）调节 pH。在不影响产品风味的条件下，适当用冰醋酸、柠檬酸、乳酸等调节净菜的 pH，将 pH 控制在 $4\sim7$，调节得不适当，会影响净菜的风味使净菜产品呈水浸状。

6）包装。用微波对包装用的保鲜袋进行杀菌处理，杀菌的温度为 $80\sim100℃$，在杀菌时注意将包装袋均匀平铺，以免造成局部发热。包装袋的以下性能至关重要：透气性，使过高的二氧化碳透出，需要的氧气透入，使组织产生的 C_2H_4 透出；选择透性，对二氧化碳的渗透能力大于对氧气；透湿性，不能过高，依净菜自身的特点而异。此外，还应有一定强度，耐低温，热封性、透明度好。这类材料主要是 PE、PP、EVA、丁基橡胶等。但净菜种类较多，影响呼吸强度的内外因素又十分复杂，实际上只能选择渗透比与蔬菜呼吸率尽可能接近的包装袋，获得较好的 MAP 效果。

7) 从业人员的卫生。从业人员也可能造成净菜加工中微生物的二次污染，要求工人在进入加工环境之前应做好清洁工作，以免人为地造成净菜产品的二次污染。

8) 冷藏配送。净菜成品应立即置于冷藏库中降温保存，耐寒性蔬菜的贮藏温度维持在 2~4℃，喜温性蔬菜 4~10℃。加大进库产品与冷气流的接触面积，使产品中心尽快降到规定低温。净菜保鲜期为 3~30 天。通过畅通的配送销售网络进行净菜的合理生产和快捷配送，运输销售采用冷藏车或冷藏货柜，其温度也应控制在 2~10℃。

（5）净菜质量体系的建立及应用

净菜的污染是指净菜在生产经营过程中，可能对人体健康产生危害的物质介入净菜的现象。污染物是构成净菜不安全的主要因素，解决这一问题一直是净菜加工的重要内容。在污染物中，生物性污染和化学性污染是目前我们面临的主要问题。生物污染又包括细菌性污染、真菌毒素污染、病毒性污染等；化学污染包括重金属污染、农药污染、其他化学物污染等。为了防止生物及化学污染，在净菜加工中建立 GMP 良好操作规范、HACCP 及 ISO 9000 族标准是确保加工品品质的基础。随着我国经济的发展和即将全面进入国际食品贸易大市场，在净菜生产与加工中为了保证净菜产品良好的品质，在净菜加工安全控制工作中实施 GMP 和 HACCP 已势在必行。GMP、SSOP、HACCP 及 ISO 9000 的管理概念已为国际社会普遍采纳。由于 HACCP 已被公认为一个必需的食品卫生的危害性管理手段，因而我们必须把 HACCP 的要求引入净菜的加工中。ISO 9000 族标准质量管理体系要求组织识别质量管理体系所需的过程及其在组织中的应用，确定这些过程的顺序和相互作用，有效运行和控制过程所需的准则和方法，获得必要的资源和信息来监视、测量和分析这些过程。HACCP 体系则要求企业通过对食品加工过程中的危害进行分析，确定加工过程的关键控制点（CCPs），对每一个关键点建立关键限值并确定预防措施，监测每一关键控制点，当监测显示已建立的关键限值发生偏离时，采取纠偏措施，并建立 HACCP 体系的验证程序，从而使食品安全卫生的潜在危害得到预防、消除或降低到可接受的水平。无论是 HACCP 体系还是质量管理体系，作为一种管理体系，两者在管理的理念、方法上都是相容的，都着眼于控制过程而不是结果，体现了持续改进、全员参与的管理思想等。因此，两个体系不能简单等同或取代，可以认为 HACCP 体系的应用与 ISO 9000 族标准质量管理体系的实施是相容的，只能将两种管理体系要求视为一个协调的有机整体、相辅相成。

12.1.7 净菜加工实例

1. 莴笋片（块）

（1）工艺流程

原料→预冷→分选→清洗→杀菌→漂洗→去皮→切分→护色保鲜→脱水→包装→入

库低温贮存

（2）**操作要点**

1）原料。选择符合无公害蔬菜安全要求的原料。

2）预冷。将原料及时地进行真空预冷处理，这样可以抑制加工原料的微生物的快速繁殖，为净菜加工提供良好的原料。

3）清洗。对准备加工的原料进行清洗，洗去污泥和其他污物。

4）杀菌。将洗净的莴笋通过输送机送入杀菌设备中，通过臭氧水进行浸泡杀菌处理，浸泡时间为 30 min，再放入 200 mg/L 的二氧化氯液中浸泡，浸泡时间为 15 min，除去莴笋中残留的农药，同时起到再次杀菌的作用。

5）漂洗。用灭菌水对处理好的莴笋进行漂洗。

6）去皮。使用消毒好的刀具对莴笋进行人工去皮。

7）切分。采用多用切菜机将莴笋切分成片、块等不同的形状。

8）护色保鲜及保脆。将切分好的莴笋放入护色保鲜及保脆液中进行浸泡处理，浸泡时间为 5~15 min。护色浸泡液的成分如下：0.05%~0.1% 的异抗坏血酸钠、0.03%~0.1% 的乙酸、0.3%~1.0% 的脱氢醋酸钠、0.1% 的乳酸钙。

9）脱水。将护色保鲜、保脆好的莴笋装入已消毒的袋子中，放入已灭菌的离心机中进行分离脱水，使净菜表面无水分，脱水时间为 3~5 min。

10）包装、贮藏。采用已灭菌的包装袋进行包装，真空度为 0.09 MPa。然后将加工好的莴笋净菜产品放入 4℃冷藏库中进行贮藏。

2. 马铃薯丝（片）

（1）**工艺流程**

原料→预冷→分选→清洗→杀菌→漂洗→去皮→切分→护色保鲜→甩水→包装→入库低温贮存

（2）**操作要点**

1）原料。符合无公害蔬菜安全要求的原料。

2）预冷。将原料及时地进行真空预冷处理，这样可以抑制加工原料的微生物的快速繁殖，为净菜加工提供良好的原料。

3）清洗。对准备加工的原料进行清洗，洗去污泥和其他污物。

4）杀菌。将洗净的马铃薯通过输送机送入杀菌设备中，通过臭氧水进行浸泡杀菌处理，浸泡时间为 30~40 min；再放入 200~300 mg/L 的二氧化氯液中浸泡，浸泡时间为 15~30 min，除去马铃薯中残留的农药，同时起到再次杀菌的作用。

5）漂洗。用灭菌水对处理好的马铃薯进行漂洗。

6）去皮。使用去皮机对马铃薯进行机械去皮。

7）切分。采用多用切菜机将马铃薯切分成片、丝等不同的形状。

8）护色保脆保鲜。将切分好的马铃薯放入护色保鲜及保脆液中进行浸泡处理，浸泡时间为 10~15 min。护色浸泡液的成分如下：0.05%~0.1% 的异抗坏血酸钠、0.03%~0.05% 的曲酸、0.03%~0.05% 的山梨酸钾。

9) 甩水。将护色保鲜、保脆好的马铃薯装入消毒好的袋子中,放入已灭菌的离心机中进行离心脱水,使净菜表面无水分,甩水时间为 3~8 min。

10) 包装、贮藏。采用已灭菌的包装袋进行包装,真空度为 0.09 MPa。然后将加工好的马铃薯净菜产品放入 4℃冷藏库中进行贮藏。

3. 青豆

(1) 工艺流程

原料→预冷→分级→清洗→杀菌→漂洗→甩水→包装→入库低温贮存

(2) 操作要点

1) 原料。符合无公害蔬菜安全要求的原料。

2) 预冷。将原料及时地进行真空预冷处理,这样可以抑制加工原料的微生物的快速繁殖,为净菜加工提供良好的原料。

3) 分级。将青豆通过滚筒式分级机进行分级处理。

4) 清洗。对分好级的原料进行清洗,洗去污物等。

5) 杀菌。将洗净的青豆通过输送机送入杀菌设备中,通过臭氧水进行浸泡杀菌处理,浸泡时间为 20~30 min,再放入 200 mg/L 的二氧化氯液中浸泡,浸泡时间为 5~10 min,同时起到再次杀菌的作用。

6) 漂洗。用灭菌水对处理好的青豆进行漂洗。

7) 甩水。将护色保鲜、保脆好的青豆装入已灭菌的袋子中,放入已灭菌的离心机中进行离心甩水,使净菜表面无水分,甩水时间为 5 min。

8) 包装。采用已灭菌的包装袋进行包装,真空度为 0.09 MPa。

9) 贮藏。将加工好的青豆净菜产品放入 4℃冷藏库中进行贮藏。

4. 花椰菜

(1) 工艺流程

原料选择→去叶→浸盐水→漂洗→切小花→护色→包装→冷藏或运销

(2) 操作要点

1) 原料选择。要求鲜嫩洁白,花球紧密结实,无异色、斑疤,无病虫害。

2) 去叶。用刀修去菜叶,并削除表面少量霉点、异色部分,按色泽分为白色和乳白色。

3) 浸盐水。置于 2%~3%的盐水溶液中浸泡 10~15 min,以驱净小虫为原则。

4) 漂洗。用清水漂洗盐分,漂净小虫体和其他杂质污物。

5) 切小花球。先从茎部切下大花球,再切小花球,按成品规格认真进行切分,勿损伤其他小花球,茎部切削要平整,小花球直径为 3~5 cm,茎长在 2 cm 以内。

6) 护色。切分后的花椰菜投入 0.2%的异抗坏血酸、0.2%的柠檬酸、0.2%的氯化钙混合溶液中浸泡 15~20 min。

7) 包装、预冷。护色后原料捞起沥去溶液,随即用 PA/PE 复合袋抽真空包装,真空度为 0.05 MPa,接着送到预冷装置预冷至 0~1℃。

　　8）冷藏、运销。预冷装箱后的产品冷藏或运销，冷藏、运销温度控制在 0~1℃。

5. 胡萝卜

　　（1）**工艺流程**

　　原料选择→清洗→去皮→切分→预冷→沥水→包装→冷藏或运销

　　（2）**操作要点**

　　1）原料选择。要求选用新鲜，色泽深，心髓小，无霉烂、无机械损伤的胡萝卜。

　　2）清洗、去皮。清洗后手工去皮或碱液去皮。

　　3）切分。一般用机械切分，按客户要求切割，如切粒、切片、切丝、切丁等。

　　4）预冷、沥水。切分后用 0~3℃ 的冷水清洗及预冷，然后捞起用离心脱水机沥水。

　　5）包装、冷藏、运销。用 PE 袋定量密封包装，再装塑料箱冷藏或运销，冷藏、运销温度控制在 0~1℃。

6. 甘蓝

　　（1）**工艺流程**

　　原料选择→整理→切分→清洗→真空预冷包装→冷藏或运销

　　（2）**操作要点**

　　选择新鲜甘蓝，去黄叶，用通心机去中心柱，用机械切成条或切碎，条和块的大小可随要求而定。将切分后的甘蓝清洗干净，装入塑料箱，送真空预冷装置预冷，然后用 PE 袋定量包装，也可采用抽真空包装，真空度为 0.03 MPa，装入塑料箱冷藏或运销，冷藏、运销温度控制在 -1~0℃。

12.2　鲜切果蔬的加工与保鲜

12.2.1　鲜切果蔬的定义及特点

　　鲜切果蔬是指新鲜的水果蔬菜原料经整理、清洗、切分、保鲜和包装等工艺制成的速食果蔬制品，在国外又被称为微加工产品、轻度加工果蔬等。鲜切果蔬有其显著的特点：①清洁卫生，达到即食或即用状态，方便快捷，适应快节奏生活的需要；②产品质量减轻、体积缩小，降低了产品的运输费用，减少了城市生活垃圾；③达到了即食或烹饪状态，方便了副食品市场的果蔬配送，也便于果蔬的品种和营养搭配。因此，鲜切果蔬产品进入市场受到消费者特别是速食业的欢迎。

　　鲜切果蔬的研究开始于 20 世纪 50 年代的美国，并以马铃薯为主要研究原料。60 年代初即出现了商品化生产的鲜切果蔬产品，开始供应餐饮业。80~90 年代鲜切果蔬在美国、欧盟、日本等发达国家和地区得到了迅速发展，品种不断增多，已成为果蔬产业化发展的新的领域和方向。目前，鲜切果蔬在发达国家的生产已形成了完备的体系，表现为技术规范化、产品标准化、设备专业化、市场网络化和管理现代化。据国际鲜切产品协会估计，2000 年美国鲜切产品销售额已达到 100 亿美元，并以年均 10%~15% 的速度增加。新鲜、方便的鲜切果蔬制品在日本也已经深入人们的日常饮食生活中。荷兰鲜切果蔬的品种多达近百种，且还在不断增加，市场的零售额也迅速超过 10%。

目前，鲜切果蔬的原料有苹果、梨、猕猴桃、甜瓜、菠萝、桃和油桃、草莓、西瓜、番木瓜、椰子、芒果等果品，甘蓝、生菜、芹菜、菠菜、莴苣、洋葱、番茄、黄瓜、青椒、马铃薯、胡萝卜、莲藕、山药、甘薯、花菜、青花菜和南瓜等蔬菜，其中以甘蓝、生菜、马铃薯、胡萝卜、苹果等应用最多。

我国鲜切果蔬还处于起步发展阶段，规模比较小，从 20 世纪 90 年代开始才在我国的大中型城市的超市中出现。经过十多年的发展，虽然规模有所扩大，但鲜切果蔬占整个新鲜果蔬市场的份额仍然很小。随着人们生活水平的提高和生活节奏的加快，以及食品安全意识的不断增强，全国各大城市相继建立了净菜与鲜切果蔬配送中心和生鲜食品冷链贮运系统，为鲜切产品的发展提供了有利条件。

12.2.2 鲜切果蔬加工的基本原理

新鲜果蔬经过切分后仍然是具有生命的鲜活组织，但经过切分等工序，不仅给产品组织带来很大的物理影响，同时加工造成的机械损伤会引发复杂的生理效应，导致营养物质消耗加剧、质地变软、代谢增强、风味等品质下降，而且，经过鲜切加工，微生物污染加剧，严重影响鲜切果蔬的品质和货架期，甚至影响到产品的食用安全性。

1. 鲜切加工对果蔬的物理效应

（1）组织的机械损伤
果蔬经过切割、去皮等工艺处理，导致组织损伤。

（2）天然保护层消失
完整的果蔬，由于表皮的存在，水分扩散的阻力较大，当经过去皮、切分等处理后，水分蒸腾速率显著增加。由于失去天然保护层，鲜切果蔬的气体交换显著加强，组织内部氧浓度增加，增加了氧与呼吸底物的接触，促进底物消耗。

（3）细胞残片影响
随表层水分散失、细胞残留物附着，鲜切果蔬的表层由透明转变成白色、半透明的状态，严重影响鲜切果蔬的外观质量。

2. 鲜切加工引发的生理效应

（1）乙烯产生增加
切分造成的机械损伤，会刺激果蔬组织内源乙烯的产生，从而促进组织的衰老和质地的软化。

（2）呼吸强度升高
鲜切果蔬加工过程中去皮、切分等处理造成的机械损伤，会大大增加呼吸强度。其增加幅度因果蔬种类和发育阶段不同而异，一般鲜切果蔬的呼吸强度为新鲜原料的 1.2~

6 倍。

（3）刺激次生代谢

鲜切果蔬组织受到机械损伤后合成一系列次生物质，主要有苯丙烷类、聚酮化合物类、黄酮类、萜类、生物碱、单宁、芥子油苷、长链脂肪酸和醇类等。薯类、莴苣等在切割部位形成许多黑色斑点，这是大量酚类物质累积所致。这些物质的生成一般会影响鲜切果蔬的香气、风味、外观和营养价值，有时甚至会改变产品的食用安全性。土豆损伤后茄碱合成加强，茄碱含量超过一定限度后有很强的毒性。有些香气和风味物质具有挥发性，短期贮藏后加工品的风味品质严重下降。

3．微生物侵染

鲜切果蔬保持了果蔬新鲜的特性，仍是活的有机体，但果蔬由于切分导致组织内的营养汁液大量外流，给微生物的生长提供了有利的生存条件，从而促进了微生物的生长繁殖。另外面，果蔬在去皮、切分过程中，由于产品表面积增大并暴露在空气中，更易受到细菌、霉菌、酵母菌等微生物的污染。因此，控制微生物污染是鲜切果蔬加工和保鲜的关键。

（1）微生物感染鲜切产品的途径

微生物对鲜切果蔬产品的侵染大致可分为田间污染、加工污染和产品贮运污染三个阶段。每个阶段微生物又通过多种途径污染果蔬。

（2）鲜切果蔬常见的微生物种类

鲜切果蔬的微生物种类繁多，以腐败微生物为主，同时还可能有部分致病菌。腐败微生物包括欧文氏菌、假单孢菌、黄单孢菌、乳酸菌等细菌和假丝酵母菌、黑曲霉菌、灰霉菌、青霉菌、根霉菌、黑腐菌、炭疽菌等真菌。如果不严格控制鲜切加工的卫生条件，产品会污染大肠杆菌、梭状芽孢杆菌、李斯特菌、耶尔森氏菌、沙门氏菌等致病菌，严重威胁鲜切果蔬的食用安全性。

12.2.3　鲜切果蔬的加工技术

1．主要设备

主要设备有切割机、浸渍洗净槽、输送机、离心脱水机、预冷装置（真空预冷装置、空气预冷装置、水预冷装置）、真空封口机、冷藏库等。果蔬运输或配送时一般要使用冷藏车（配有制冷机），短距离的可用保温车（无制冷机）。

2．加工技术

鲜切果蔬的生产，包括原料选择、预处理、去皮、切分、清洗、沥干、包装、冷藏等工序。

（1）原料选择

果蔬原料的品质决定了鲜切产品的质量，只有适合加工的优质果蔬原料才能加工出高质量的鲜切果蔬产品。一般来说，用作鲜切果蔬加工的原料必须品种优良、大小均匀、成熟度适宜，不能使用腐烂和带病虫斑疤的不合格原料；必须为易清洗、去皮，干物质含量较高，加工时汁液不易外流，酚类物质含量低，不易发生褐变的品种。胡萝卜、甜椒、萝卜等耐贮蔬菜适合加工。容易腐烂的青花菜、蘑菇、香菇，在生理发育早期采收的菜花、黄秋葵、甜玉米等通常生理代谢活跃，很容易发生品质劣变，均不宜作为鲜切加工原料。而大蒜、土豆、冬瓜等在发育晚期采收，代谢活动相对较弱，品质相对较稳定。跃变型果实的采收成熟度决定加工品的货架期和食用品质。过早采收，加工果实不能正常后熟，果实品质差；过晚采收，果实极易软化，贮藏性差。绿熟番茄的切片能正常后熟，达到完熟切片的食用品质，而货架期最长。因此，选择合适成熟度的原料，以期获得质量和贮藏寿命的综合平衡，是鲜切加工果蔬的考虑因素。

(2) 预处理

预处理包括大小、成熟度分级，去除缺陷，清洗，预冷等步骤。采收的原材料，在田间经过简单挑选处理后，应立即送到加工点，在包装车间进行大小和成熟度分级，进一步提出残次品，保证加工原料的品质。挑选的原料需要清洗时，一般先喷淋表面润湿剂，增强原料表面的去污能力，减少昆虫、病原微生物、农药残留，再喷水清洗干净。

(3) 去皮和切分

鲜切果蔬加工时，需要去除表皮等不可食用的部分。对于一些机械损伤敏感的果蔬原料，最好采用手工去皮方式，减少对组织的损伤；而对机械损伤不敏感的原料，可以采用机械方式去皮，提高工作效率。去皮后的果蔬，按产品的要求切成丁、块、片、条、丝等多种形状。切分的大小对鲜切产品的品质与货架寿命产生重要的影响，切分越小，产品呼吸强度越高，产品的保存性越差。采用锋利刀具切分的果蔬产品保存时间长，而用钝刀切分的果蔬由于切面受伤严重，容易引起褐变。因此，鲜切加工要采用锋利的刀具，并且在低温下（10℃以下）进行操作。

(4) 二次清洗和消毒

切分后的鲜切果蔬产品，由于机械损伤，细胞残片和汁液外流，影响产品的外观质量，因此需要再次清洗，除去切口表面的附着物。清洗的方式有浸泡式、搅动式、喷洗式和浮选式等，为了强化清洗效果，可以采用充气清洗方式。

为了控制微生物污染，通常在清洗水中添加各种杀菌剂进行消毒（sanitizing），杀菌剂的主要类型有以下四种：

1) 氯气、次氯酸钠或次氯酸钙。一般有效氯的浓度应达到 200 mg/L 才能防止感染，用水量为每千克产品 3 L，水温为 4℃以冷却产品，残留氯控制在 100 mg/L 以下。

2) 稳定性二氧化氯。杀菌活性更高，而且杀菌效果不受有机物影响。

3) 电解酸性水。pH 可达 2.7，具有很好的杀菌效果。

4) 臭氧。臭氧在 0.5~2 mg/L 浓度下是高效消毒剂，而且不产生残留。切分清洗后的果蔬应立即进行脱水处理，否则产品更容易腐烂，生产上常用低速离心机进行脱水处理。脱水后可以添加抗氧化剂来加强保护，主要有抗坏血酸及其盐、柠檬酸及其盐，浓度在 300 mg/L 以下，亚硫酸盐允许在马铃薯中使用，浓度为 50 mg/L。

(5) 产品包装

包装是鲜切果蔬生产的最后一道工序。生产上常用塑料薄膜袋包装，或者以塑料托盘盛装,外覆盖塑料薄膜包装。这样既可以保护产品,方便销售,又可以起到气调保鲜、防止失水和延长货架期的作用。用于鲜切果蔬的包装主要有以下几种类型。

1)自发气调包装。自发气调包装是利用产品自身的呼吸作用和塑料膜对气体的阻隔性,在包装袋内形成适宜的低 O_2、高 CO_2 环境,从而抑制产品的呼吸作用和组织褐变。一般鲜切果蔬自发气调包装的适宜的 O_2 和 CO_2 浓度为 2%~5%。由于鲜切产品呼吸强度大,选用透气率过低的聚乙烯包装,容易发生无氧呼吸而产生异味。为了避免这种现象的发生,应采用透气性更好的包装材料,如乙烯—乙酸乙烯共聚物材料,或者在聚乙烯包装袋上开一定数量的小孔,改善包装的通气性。

2)充气气调包装。充气气调包装是将包装袋内的空气抽出后,充入预先调配好的适宜比例的气体(低 O_2、高 CO_2),然后立即加以密封。不同种类和品种的鲜切果蔬都有不同的最佳气调包装条件,而且这些最佳气调条件与完整果蔬的气调条件有很大的不同,因此在参考原料最佳气体条件时应加以注意。

3)活性包装。活性包装是在包装袋内加入各种气体吸收剂,以除去过多的 CO_2、乙烯和水汽,并及时补充 O_2,使包装袋内维持适合鲜切果蔬贮藏保鲜的适宜气体环境。

(6)**贮运和销售**

鲜切产品的贮运和销售,必须在冷链条件下进行。因为低温不仅可以抑制产品的衰老和褐变,而且可以抑制微生物的生长。在不发生冷害和冻结的前提下,温度越低越有利于产品的贮藏保鲜。包装好的鲜切产品,应立即在 5℃ 以下的冷藏库中贮藏,以获得足够的货架期和确保产品的食用安全。配送运输鲜切产品时,需要使用带制冷设备的冷藏车,或者采用带隔热容器和蓄冷剂(如冰)保冷车运输。销售鲜切果蔬时,应将其置于冷藏货架上,温度控制在 5℃ 以下,以获得一定的货架期。

12.2.4 鲜切果蔬的质量控制

鲜切果蔬的货架期一般为 3~10 天,有的长达 30 天甚至数个月。产品贮藏过程中的质量问题主要是微生物的繁殖、褐变、异味、腐败、失水、组织结构软化等。如何保证产品质量是延长产品货架期的关键。因为鲜切果蔬经过加工后,组织结构受到伤害,原有的保护系统被破坏,富有营养的果蔬汁外溢,给微生物的生长提供了良好的基质,使得微生物容易侵染和繁殖;果蔬体内的酶与底物直接接触,发生各种各样的生理生化反应,导致褐变等不良后果;果蔬组织受伤后呼吸加强,乙烯生成量增加,产生次生代谢产物,加快鲜切果蔬的衰老和腐败。因此,为保证鲜切果蔬的质量,延长其货架期,应从以下方面加以控制。

1. 切分的大小与刀刃的状况

切分的大小是影响鲜切果蔬品质的重要因素之一,切分越小,切分面积越大,保存性越差。若需要贮藏时,应以完整的果蔬贮藏,到销售时再加工,加工后要及时配送,尽可能缩短切分后的贮藏时间。刀刃的状况与鲜切果蔬的保存时间也有很大关系,锋利的刀切分的果蔬保存时间长,钝刀切分的果蔬切面受伤多,容易引起变色、腐败。

2. 清洗与控水

病原菌数也与鲜切果蔬保存中的品质密切相关，菌数多的比菌数少的保存时间明显缩短。清洗是延长鲜切果蔬保存时间的重要工序，清洗干净不仅可以减少病原菌数，还可以洗去附着在切分果蔬表面的汁液，减轻变色。鲜切果蔬洗净后，若放置在湿润环境下，比不洗的更容易变坏或老化。因此，通常使用离心机对洗净的果蔬进行脱水，但过分脱水容易使鲜切果蔬干燥枯萎，反而使品质下降，故离心机脱水时间要适宜。

3. 包装

鲜切果蔬暴露于空气中，会发生失水萎蔫、切面褐变，通过适当的包装可防止或减轻这些不良变化。包装材料的厚度、透气率以及真空度对鲜切果蔬品质均有影响，在包装时应进行包装适用性试验，以便确定合适的包装材料或真空度。一般而言，透气率大或真空度低时鲜切果蔬易发生褐变，透气率小或真空度高时易发生无氧呼吸产生异味。因此，要选择厚薄适宜的包装材料来控制合适的透气率或真空度，以便保持最低限度的有氧呼吸和造成低 O_2、高 CO_2 环境，延长鲜切果蔬的货架期。

4. 防腐剂处理

防腐剂是指用以防止微生物活动的化学物质，理想的食品防腐剂应能有效抑制酵母菌、霉菌和细菌而对人体无害。常用的食品防腐剂有苯甲酸及其盐类、山梨酸及其盐类。另外，还有二氧化硫或亚硫酸及亚硫酸盐。使用防腐剂应经政府卫生部门许可，并按 GB 2760−2011 中的规定用量使用。

12.2.5 鲜切果蔬的种类与加工实例

1. 鲜切果蔬的种类

根据不同果蔬品种，鲜切果蔬的生产流程可分为两类。第一类是对无季节性生产的果蔬或不耐贮藏的果蔬，加工后立即销售，其工艺流程如下：采收→加工→运销→消费；第二类是对一些耐贮藏的季节性果蔬，其工艺流程如下：采收→采后处理→贮藏→加工→运销→消费。从两类果蔬的工艺流程来看，第二类的工艺流程比第一类增加了采后处理和贮藏两个步骤，其目的是延长这类果蔬的供应期。

鲜切果蔬加工工艺主要有挑选、去皮、切分、清洗、冷却、脱水、包装、冷藏等工序。无论是手工加工，还是机械加工，需要注意的是在整个加工过程中，尽可能地减少对果蔬组织的伤害。

2. 鲜切马铃薯的加工

(1) 工艺流程
原料选择→清洗→去皮→切分→护色→包装→冷藏或运销

（2）**操作要点**

1）原料选择。原料要求大小一致，芽眼小，淀粉含量适中，含糖少，无病虫害，不发芽。采收后马铃薯宜在 3~5℃ 的冷库中贮存。

2）去皮。可以采用化学去皮、机械去皮或人工去皮，去皮后应立即浸渍清水或在 0.1%~0.2% 焦亚硫酸钠溶液中护色。

3）切分、护色。采用切分机切分成所需的形状，如片、块、丁、条等。切分后的马铃薯随即投入 0.2% 的维生素 C、0.3% 的植酸、0.1% 的柠檬酸、0.2% 的氯化钙混合溶液中，浸泡 15~20 min 进行护色处理。

4）包装、预冷。护色后的原料捞起沥干溶液，立即用 PA/PE 复合袋抽真空包装，真空度为 0.07 MPa，然后送预冷装置预冷至 3~5℃。

5）冷藏、运销。预冷后的产品再用塑料箱包装，送冷藏库冷藏或配送销售，温度控制在 3~5℃。

3. 鲜切菠萝的加工

（1）**工艺流程**

原料选择→清洗→去皮→修整→切分→浸渍→包装→预冷→冷藏或运销

（2）**操作要点**

1）原料选择。要求选用成熟度为 80%~90%，新鲜，无病虫害，无机械损伤的菠萝。

2）洗涤、分级。用清水洗去附着在果皮表面的泥沙和微生物等，按果实的大小进行分级。

3）去皮、修整。用机械去皮，用不锈钢刀去净残皮及果上斑点，然后用水冲洗干净。

4）切分。根据用户要求切分，如横切成厚度为 1.2 cm 的圆片、半圆片、扇片等，也可以切成长条状或粒状等。

5）浸渍。把切分后的原料用 40%~50% 的糖液浸渍 15~20 min，糖液中加入 0.5% 的柠檬酸、0.1% 的山梨酸钾、0.1% 的氯化钙。

6）包装、预冷。捞起后用 PE 袋包装，按果肉与糖液之比为 4∶1 的比例加入糖液。然后送至预冷装置预冷至 5~6℃。

7）冷藏、运销。产品装箱后在 5~6℃ 的冷藏库中贮存，或在 5~6℃ 的环境下销售。

第 13 章　花卉食品加工

13.1　我国食用花卉的历史和现状

13.1.1　食用花卉的历史

食用花卉是直接食用花的叶或花朵的花卉植物。不少食用花卉，不仅根、茎、叶、花以及果实可观赏，还可供食用、制药、酿酒和提取香精等。在中国可供食用的花卉品种很多，如菊花、百合、芦荟等，在人们日常生活中经常用到的就有 50 余种。

我国自古即有食用花卉的传统，如早在《诗经·豳风》中就有记载"采蘩祁祁"，"蘩"即白色小野菊。古人于入秋之际采集菊花或入馔或入药。屈原的《离骚》中也有记载"朝饮木兰之坠露兮，夕餐秋菊之落英"。以后的书籍中也断断续续记载了食用花卉之事宜。宋代后始有专著详细记载食用花卉菜肴。值得一提的是，古人食用花卉与花卉的药用价值是分不开的，如《本草纲目》及《神农本草经》中都记载不同花卉植物的药性及其食用方法等。

目前，我国部分地区仍保留食花这一传统，如苏州农历 2 月 12 日有"花朝节"，鹤庆白族立夏有"花宴节"。我国不少少数民族都有取食花卉的习惯。随季节的变化食用花卉种类不同，如春天食用花卉有款冬、一枝黄花、虎仗、酸模、艾草、月季、玉兰、梅花、牡丹等，夏天食用花卉有荷花、玫瑰、柳叶菜、马齿苋、水蓼、忍冬、茉莉花、黄花菜、鸡冠花等，秋天食用花卉有风花菜、薯蓣、菊花、桂花、虎耳草等，冬天有蜡梅、茶花及有些花卉的块根等。花卉食品种类繁多，仅桂花就开发出桂花粥、桂花糕、桂花茶、桂花酒、桂花月饼等食品。一些高级餐馆都推出花卉菜肴，花卉餐馆应运而生。我国食花方式繁多，如槐花饼、菊花糕、黄花菜、五花菜、五花茶、梅花粥、桂花酸汤等百余种鲜花盛宴，食用花卉加工出的油，被称为"21 世纪食用油"。

13.1.2　食用花卉的现状

在生活水平日益提高的今天，人们已不满足餐桌上的山珍海味、鸡鸭鱼肉，为了养生、减肥、保健、美容，具有特有芳香气味、丰富营养价值和保健作用的食用花卉加工产品已逐渐引起人们的重视。

1. 花卉饮料

近年来以花卉做原料制成的保健饮料已有几十种,常见的有仙人掌饮料、菊槐绿茶饮料、玫瑰茄保健饮料、蜂蜜茉莉绿茶饮料、蒲公英饮料、银杏叶菊花饮料、槐花菊花饮料、槐米澄清饮料、洋槐花饮料、刺槐花饮料、苹果花饮料、月见草花保健饮料、菊花饮料、金银花茶饮、灰树花发酵饮料、绿豆花饮料、葛花饮料、金莲花以及其他花卉清凉饮料等。鲜花饮料在欧洲市场上十分畅销,其因极为显著的保健美容功效在女性消费者中特别风行,并且大有供不应求之势。从这点上来说,鲜花饮料又有类似于当今市场风头正劲的功能饮料之处。

2. 花茶

我国是茶的故乡。茶香沁人心脾,我国生产的茶,包括花茶深受海内外消费者的欢迎。除人们熟知的茉莉花外,珠兰花、白兰花、玫瑰花、玳玳花、栀子花、桂、柚子花、荷花、梅花等,都具宜人的芳香,是制花茶的良好材料。例如,用茉莉花做原料熏制的花茶,既能保持浓纯爽口的茶味,又兼具馥郁宜人的花香,茶汤明净,鲜爽不浊,已被誉为有益于健康的饮料。最具特别的是桂花茶,既有茶的滋味浓厚,又溶入了桂花的清香,略带一丝甜意,使人百闻不厌,饮之爽口。现在,欧美越来越多的商店把咖啡和茶产品从货架上取下来,取而代之的是保健花茶,这种花茶帮助很多人摆脱了咖啡因依赖症和茶瘾。

3. 花卉酒

以花酿酒自古有之,至今而不衰,如桂花酒、菊花酒、玫瑰酒等。爱饮者称之为酒中贵族的桂花酒,因其酒味甘醇可口,饮后能平衡神经、驱除体内湿气而大受人们喜爱。北京葡萄酒厂生产的"桂花陈酒"畅销十几个国家和地区,在港澳被誉为"妇女幸福酒",在日本被称为"贵妃酒"。山东某公司最近研制成功的菏泽牡丹鲜花酒,酒味清醇,花香温馨,酸甜适中,为色香味俱佳的营养型保健美酒。

4. 花卉糖制品及糕点

食用鲜花中富含高效生物活性物质,可加工后食用,亦可做成糖制品,还是制作糕点的重要原料和佐料。例如,梅花可制成蜜饯和果酱;桂花可制桂花糖、糕点、桂花酱;槐花可制作多维低糖槐花果酱等。中秋节常吃的玫瑰月饼,就是用糖腌玫瑰花作为月饼馅制作而成的。桂花、茉莉花等都是制作糕点的重要佐料。

5. 花粉

花粉是"地球上最完美的食物",花粉食品也正在兴起。目前,我国的花粉研究已经进入开发应用阶段,部分产品已问世,如"活性花粉冷冻口服液"、北京的花粉酥点心、杭州的保健蜜等。花粉制品不仅能增进食欲、增强体力、预防和治疗各种疾病,而且能延缓衰老,延长寿命,所以花粉是一种浓缩型的完全营养剂,有"绿色黄金""全能营养库""微型营养库"之称。

6. 花卉的烹饪入馔

"食花"的现象今天更是随处可见,并已日渐成为一种时尚,如粤菜中的菊花鲈鱼和桂花汤,鲁菜中的桂花丸子、茉莉汤,京菜中的桂花鲜贝、芙蓉鸡,还有鞭蓉鸡片、桂圆子、菊花糕、冰糖百合汤等都是深受欢迎的花卉菜。这些独具特色的鲜花菜肴花香浓郁、滑嫩可口,又富含大量氨基酸和维生素,既有丰富的营养价值,又有外形美观新颖的特点。昔日入客房,今日入厨房的花卉,现在正以菜肴的方式与我们亲密地接触,渗透到我们的日常生活中。把这些红艳艳、黄灿灿、粉盈盈、白清清的花瓣或糖渍或盐腌或小炒或炖汤或制成甜点,五彩缤纷、芳香馥郁、争奇斗艳的鲜花便盛开在我们的餐桌上,使我们可以共享美丽与美味。

13.2　食用花卉的价值

13.2.1　食用花卉的营养价值

随着人们生活水平的提高,原有的蔬菜已不能满足人们的需要,人们越来越追求新奇、营养价值丰富、保健、无污染的新型食品。花卉正以其独一无二的优势越来越受到人们的青睐。花卉不仅具有强烈的美学色彩,而且许多花卉具有多种营养。花卉中营养元素含量丰富,主要有丰富的蛋白质、脂肪、氨基酸及人体所需的维生素 A、B、C、E,生物碱,有机酸,以及大量元素与微量元素 K、Ca、Mg、Na、Fe、Mn、Zn、Cu、Co、Cr 等,还含有酶、激素、黄酮类化合物等多种生物活性物质,这些物质能有效地调节人体的生理功能,增强体质,延年益寿。与现有蔬菜相比花卉植物中含有较多的营养元素。桃花、玫瑰、金银花、菊花中 Fe 含量是大白菜的 2～12 倍。

花卉是无污染的绿色食品,其营养丰富。某些花卉的蛋白质含量远远高于牛肉、鸡肉,维生素 C 的含量也高于水果,还含有一些人类尚未了解的高效活性物质,对增强体质和保持健康十分重要。例如,菊花、玫瑰、紫罗兰和南瓜等植物的花朵,对人的大脑发育大有帮助;玫瑰花的花托中含有非常丰富的维生素 C;蒲公英的花蕾中则不仅含有丰富的维生素 A 和维生素 C,矿物质 P 的含量也很高;大白花杜鹃中含有维生素 B_6,而且含量高于目前所知的其他所有植物;黄花菜中维生素 E 含量达 4.92 mg/100 g,居野菜之冠,食用它可获得健脑的效果。

研究还发现,可食花粉有极丰富的营养物质,其中蛋白质高达 25%,碳水化合物为3%～8%,脂肪为 5%～50%,水为 12%～20%,并含丰富的维生素 B_1、B_2、B_6、C、D、E、K,叶酸和泛酸,以及色氨酸等 21 种人体所需氨基酸,还含有 12 种微量元素和 50 种以上的天然酶和辅酶。花粉中的氨基酸以游离状态存在于蛋白质中,极易被人体吸收。因此,欧洲人称花粉为"完全营养品"。

13.2.2　食用花卉的药用价值

　　花卉不但营养丰富，而且有较高的医疗保健价值。有资料介绍，有几百种花卉可以入药，我国十大名花都有药用价值。早在两千多年前，百合就在中医中应用。《本草纲目》中记载说荷花全身是宝，能止血活血等。近百年来，花卉的药用研究和应用得到进一步发展，人们发现许多花卉有着极其显著和广泛的药理作用，并在临床实践中逐步扩大其应用范围。《全国中草药汇编》一书中，列举了 2200 多种药物，其中花卉入药约占 1/3。

　　金银花具有很好的清热解毒功效，对于热毒病症，无论是瘟病、痈肿、疮疡疔疖、毒痢脓血，疗效都较显著；食用菊花中含有菊苷、胆碱、腺嘌呤、水苏碱等，还含有龙脑、龙脑乙酯、菊花酮等挥发油，对痢疾杆菌、伤寒杆菌均有抑制作用；梨花则清热化痰；栀子花能清肺凉血；芍药能行血中气；月季花和冰糖炖服可以治肺虚咳嗽；鲜百合、杏仁与粳米同煮，加白糖适量温服，能润肺止咳、清心安神，可治病后虚热、干咳痨咳；火龙果花具有预防便秘、促进眼睛健康、抗氧化、抗自由基、抑制痴呆症的功效；玫瑰花有清热解渴、活血理气的功效。菊花历来被人们视为解暑、养颜、明目的佳品，还有降压、防止冠状动脉硬化的功效。慈禧晚年服用的延寿膏，其主要成分为菊花，有使人皮肤细嫩的作用。若长年饮菊花酒有养肝明目、抗衰老的作用。黄花菜也称忘忧草、萱草。日本抗衰老专家研究了其营养和药用价值后，将其排在 8 种抗衰老植物之首。鸡冠花中有丰富的蛋白质，有研究报告，若每天服 50g 鸡冠花可有效改善营养不良症状。

　　现已发现 300 多种鲜花的香味中含有不同杀菌素，其中许多是对人体有益的，不同的花香对不同的疾病有辅助治疗功效。

　　许多花卉制作的饮料对多种疾病有很好的辅助疗效。例如，金银花加水蒸馏，可制成金银花露，气味清香，具有良好的清暑解毒作用；菊花茶能生津润喉，清肝明目；茉莉花茶能滋阴养胃，平肝解郁，解疮毒，治目赤疼痛；扶桑花茶可补血、凉血解毒等。

　　有些鲜花还含有健体益智的生物活性物质，可以制成具有保健作用的美味佳肴。例如，九里香烧排骨能祛风活血，行气活络；玉兰花黑鱼汤能补心养阴，解热祛毒，消除浮肿，治疗鼻炎、疥癣等病。

　　花粉的医疗效果越来越被人们所重视。现代医学研究发现，花粉对心血管、内分泌系统等疾病有良好的防治效果。

13.2.3　食用花卉的美容功效

　　西方美容界经过长期研究发现，鲜花有抗衰老、减皱纹、养颜润肤等功效。食用鲜花，不仅能达到让身体散发幽香、美容养颜的功效，而且还可以使气血通畅，并有标本兼治、保健养生的作用。用花卉美容已越来越多地为更多的女性所熟悉，据说巴黎 80%的时装模特都食花。宋代的《太平圣惠方》中，有以杏桃洗面治斑点的记载。现代科学验证，杏的美容作用与其含有抑制皮肤细胞酶活性的有效成分有关。科学试验证实，芦荟不仅有药用价值，而且还有很好的美容功效，芦荟可收敛皮肤、增白、保湿、抑制黑色素的生成，并对消除黑斑、雀斑有较好疗效。传说埃及女王克利奥佩特拉的肌肤美丽动人，就是因长期用芦荟美容。

13.3　食用花卉的类别

13.3.1　根据食用部位分类

按食用花卉植物的器官（如花、叶、果、种子、根、茎）和整株植物所富含营养物质可供人们食用部位，可将食用花卉分为七类。

1. 食花花卉

花朵中富集了植物体中绝大多数的营养成分，它经不同方式加工，能烹调成各具风味的美食，如木槿、金针菜、桂花、荷花、玉兰等。

2. 食叶花卉

如芦荟、香椿、枸杞、睡莲、食用仙人掌、羽衣甘蓝等。

3. 食果花卉

有些花卉花小、叶无特色，但果实色艳、形美、可食，如朝天椒、金樱子、金豆、榆树、桑、波萝蜜、草莓等。

4. 食根花卉

有些花卉其根可食，有些是食用其部分组织，如金针菜、荷花、葛藤、桔梗、天门冬、麦冬等。

5. 食茎花卉

依据茎类型不同，可将食茎花卉分为五类。

（1）**食用球茎**

有些花卉其地下茎产生变态，形成球茎，球茎上有根盘、短缩的节、芽眼，这些球茎可食用，如山慈姑、唐菖蒲、番红花等。

（2）**食用鳞茎**

有些花卉其地下茎由鳞片组成，这些鳞片可食用，如麝香百合等。

（3）**食用块茎**

有些花卉其地下部分膨大形成不规则的块状，其上有根点、节、芽眼，即块茎。可食块茎的花卉有菊芋（洋姜）等。

（4）**食用根状茎**

有些花卉其地下茎产生变态，形成横卧地下、节间伸长、外形似根的根状茎。可食用根状茎的花卉有蕨类、荷花、射干、美人蕉等。

（5）食用地上茎和木本枝条

茎上或枝条上的幼嫩茎叶可食，如荠菜、刺五加、香椿、香豌豆尖等。

6. 食籽花卉

有些花卉其种子可食，如银杏、荷花、波萝蜜等。

7. 整株食用花卉

有些花卉植株可全株供用，如酢浆草、石竹（洛阳花）等。有些是可食其分泌物，如花蜜、蒲公英等。有些可食其富有营养的花粉，如山茶、荷花等。

13.3.2　根据用途分类

食用花卉的用途多种多样，有的可直接食用，有的需要加工或烹调后食用，有些可入药。

1. 果用花卉

花卉既可观赏其果实又可作为水果食用的种类很多。作为水果食用的有无花果、桃、金枣、金桔、石榴、番木瓜、柑橘、洋蒲桃等；作为干果食用的有腰果、板栗、向日葵等。

2. 菜用花卉

菜用花卉植物很多，有食叶、食花、食根的，如朝天椒、番茄、猕猴桃、羽衣甘蓝、西番莲（又名洋荷花）等；有些花卉植物的嫩株、嫩叶、花、根、茎等部位，经加工烹调后，可制成菜肴或羹汤，如木槿、仙人掌、昙花、百合、桔梗、玉兰、紫罗兰、荠菜、蕨类、萱草等。有的花卉可用于制作饮料，如做茶用的银杏叶、茉莉花、菊花、玫瑰、鸡蛋花、兰花的花，制饮料用的枸杞、柑橘、橙、芦荟、荷花、玫瑰、仙人掌等，制酒的葡萄、芦柑、枸杞、芦荟、芡实、佛手等。

3. 药用花卉

有些花卉植物的器官、组织或体内代谢物质，含有一些特殊的物质成分，对人体有一定的药理作用，可以起到预防、治疗疾病和保健的作用，如射干、番红花、万寿菊、麦秆菊、虞美人（罂粟属）、凤仙花（指甲花）、牵牛、曼陀罗、芍药、连翘、鸢尾（剑兰）、金鱼草等。

4. 食品添加剂花卉

有些花卉植物其色、香、味特殊，可作食品添加材料，如枸杞、竹叶、玉竹叶、荷花、桂花、玫瑰、百合的鳞片等。

5. 食品加工原材料

有些花卉可作为食品加工原材料，加工成各种食品，如加工成无花果蜜饯、蜜制金桔、杜鹃花蜜饯、桂花糕、玫瑰晶等。

13.4 食用花卉的制作工艺

13.4.1 花酒

制作花酒有酿造法和浸泡法两种。酿造法是将花粉或完整的花做成酒曲，然后与其他原料一起发酵。浸泡法是将花、花粉浸泡于酒中而成。花发酵酒，酒香浓郁，但在发酵过程中花粉的营养成分和香气成分有一定的消耗和破坏，这无疑降低了花粉酒的营养价值和质量。花浸泡酒，工艺简单，其营养成分和香气不易被破坏，因此其营养价值高，且可保持其艳美的色泽。花浸泡酒的加工工艺如下：

花与花粉 —→ 去杂 —→ 白酒浸泡 —→ 过滤 —→ 陈酿 —→ 勾兑

成品 ←— 灌装

下面以菊花枣酒为例，简要介绍其加工方法。

制备菊花枣酒的主要原料有水（符合国家规定的地下饮用矿泉水为好）、菊花、大枣（要求色泽枣红、无腐烂变质、无虫蛀）、红曲、酒药（主要有白药和黑药两种，它们在酿酒过程中起糖化和发酵作用），按照干枣 100 kg，干菊花 0.3 kg，红曲 3.8 kg，白药 240 g 的配料比进行配料。主要设备有破碎机、蒸笼、发酵罐、板框过滤机、列管式煎酒器。

制备菊花枣酒的工艺流程如下：

菊花 —→ 清洗

大枣 —→ 清洗 —→ 破碎 —→ 蒸煮 —→ 降温 —→ 拌药搭窝 —→ 拌曲并罐

成品 ←— 灌装 ←— 过滤 ←— 煎酒 ←— 压滤 ←— 搅拌

菊花枣酒的制备过程中需要注意的事项：

1）清洗。除去菊花上沾有的可溶性杂质及沙石等杂物。清洗大枣时，首先在容器中放入干枣，然后冲入符合饮用水标准的干净水，浸泡 4h 后，再经搅拌捞出，捞出的大枣再用流动干净水冲洗一遍即可。

2）破碎。清洗后的菊花和大枣为有利于糖化和发酵，进行破碎。破碎设备为普通破碎机，破碎后的大枣皮及核无须除去。

3）蒸煮。将破碎后的菊花和大枣倒入蒸笼中，置于气灶上开蒸汽进行蒸煮，蒸汽透出的时间应控制在 15 min 以上。

　　4）降温。蒸煮的菊花和大枣置于空气中自然凉冷至 30~32℃时，便可倒入发酵罐中。

　　5）拌药搭窝。以每 100 kg 干枣原料 240 g 白药的比例拌入降温后的菊花枣泥中，枣泥在发酵罐中搭成"U"字形的圆窝后，保温约 18 h，至窝中出现甜液。此时保持品温不超过 30~32℃，每天用勺从圆窝中取甜液浇枣泥面 3~5 次。40 h 后品温逐渐下降到 24~26℃。

　　6）拌曲并罐。菊花枣泥拌入白药 60 h 后，每 100 kg 干枣加入 3.8 kg 红曲、15 kg 水搅拌均匀。然后将两罐合并为一罐，以增加体积，使拌曲后的品温保持稳定。

　　7）搅拌。拌曲开罐 20 h，品温上升到 30℃左右，即需要进行搅拌。搅拌后品温下降至 28~29℃，搅拌的次数和时间要根据罐内发酵情况而定。约经 14 天酒醅成熟，进行压滤。

　　8）压滤。将成熟的发酵醅灌入绢袋，置于压榨机内进行压榨，慢慢加重压力，保持淌出的酒液清亮。压榨后的清酒贮入缸内，经 8 天以上的澄清，进行煎酒。

　　9）煎酒。生酒中含有多种微生物和酶，不能长期贮存，必须经过加热杀菌灭酶。另外，加热还可以促进菊花枣酒的熟化和蛋白质的凝结，使产品清亮透明。煎酒的时间为 15 min，温度为 85℃。因为煎酒时温度高，酒精要挥发，所以煎酒器必须要装有回收酒精的冷凝器，以减少酒精的损耗。

　　10）过滤。煎好的熟酒通过板框过滤机精滤后，得到具有保健作用的菊花枣酒，过滤得到的清酒，直接进行灌装。

13.4.2　花汁饮料

　　花汁饮料是将花破碎，均质后制成饮料，主要原料有芦荟、玉兰花、仙人掌、枸杞、百合花等。花汁饮料分纯花汁饮料和混合花汁饮料。混合花汁饮料是花汁与各种水果汁或茶汁、其他花卉的浸提液混合调配制成的饮料。常用的花有洋槐花、荷花、金银花、木棉花、玉兰花、红景天、菊花、桂花、白兰花、蜡梅花等。其制作工艺如下：

　　花 ─→ 挑选 ─→ 破碎 ─→ 浸提 ─→ 澄清过滤 ─→ 调配

　　成品 ←─ 冷却 ←─ 杀菌 ←─ 灌装 ←─ 脱气

纯花汁饮料的制作工艺如下：

　　花 ─→ 挑选 ─→ 破碎 ─→ 浸提 ─→ 过滤 ─→ 澄清

　　成品 ←─ 贴标 ←─ 杀菌 ←─ 灌装 ←─ 调配 ←─ 稳定

　　成品 ←─ 贴标 ←─ 灌装 ←─ 汽水混合 ←─ 杀菌

　　下面以金银花饮料为例，简要介绍花汁饮料的加工方法。

　　金银花是半常绿灌木，茎、叶、藤都有极高的药用价值。金银花饮料以花蕾制作为最佳，主要成分是绿原酸，现已出口十几个国家和地区，市场上供不应求。据现代药理分析报告：金银花的花、茎、叶中所含的主要有用成分为绿原酸，绿原酸在临床上被证明具有广谱的抗菌消炎和杀灭病毒作用。金银花中还含有皂苷、肌醇、挥发油及黄酮等；茎中含有皂苷、木犀草素和纤维素等；叶中含有忍冬苷、鞣质、番木鳖苷、紫丁香苷等；果实中还含有还原糖等有用物质。

目前，金银花除作为制备银翘解毒丸、复方大青叶等中成药的主要原料外，还被广泛应用到饮料、啤酒等行业，制成多种保健饮料和日用化工产品，如金银花茶、金银花饮料、银麦啤酒等。

制备金银花饮料的主要原料有金银花、白砂糖、甘草、柠檬酸、AK糖、增溶矫味剂、异抗坏血酸钠、β-CD（环状糊精）等。主要设备有砂芯过滤器、中空纤维超滤器、浸提罐、调配罐、膜过滤器、灌装封口机组、连续喷淋杀菌机和喷码机等。

制备金银花饮料的工艺流程如下：

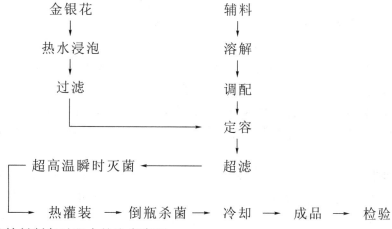

金银花饮料制备过程中的注意事项：

1）水处理。所有配料用水全部要经过软化处理，并经超滤后方可用于配料。超滤后的水必须用不锈钢或塑料管输送，不得与铜、铁等金属接触。

2）金银花浸提。金银花先用清水清洗泥沙等杂物，用100倍85℃左右的超滤水浸提40~45 min（甘草亦可加入一起浸提），中间搅拌数次。浸提应在密闭器内进行。浸提后，趁热用过滤机过滤、去渣，滤液备用。

3）化糖。白砂糖加水煮沸5~10 min，过滤后加入调配罐中。

4）配料。将金银花提取液及其他原辅材料用去离子水溶解后泵入调配罐中，定容至所需体积，60~80℃下充分混匀。

5）超滤。调配好的金银花饮料采用膜过滤器进行过滤。

6）超高温灭菌。采用超高温瞬时灭菌机对物料进行杀菌，控制温度为120℃，时间为3~5 s。

7）热灌装。热灌装温度为85~90℃，即时封盖。

8）喷淋杀菌。用连续式喷淋杀菌机倒瓶杀菌，温度为84~86℃，时间为30~40 min，然后冷却至室温。

9）喷码、入库。打印生产日期后入库贮藏。

13.4.3　固体花饮料

固体花饮料（即花晶）如金银花晶、菊花晶、枸杞晶等。花卉固体饮料的加工工艺如下：

下面以金银花晶为例，简要介绍其加工方法。

金银花又叫银花、双花、二花，是常用的传统植物中药材，其主要药用部分是花蕾。我国南北各地均有栽植，以广西、河南出产的为上乘。

保健饮——金银花晶，是近年来发展起来的一种既清凉消暑，又有保健功效的饮料。它以金银花为主要原料，采用渗提过滤、汁液浓缩、沸腾干燥等工序制成。它保持了金银花所特有的色、香、味，是一种芬芳型的保健饮料。

据现代医学测定，金银花含有木犀草素、肌醇和忍冬苷，有疏散风热、清肝明目、清热解毒等作用，尤其对抑制各种病菌，治疗风热感冒、咽喉肿痛、小儿排毒等有特殊的功效。

制作金银花晶的配方如下：干金银花 15 kg，柠檬酸钠 0.4 kg，白砂糖 55 kg，苯甲酸钠 6 g，柠檬酸 2 kg，柠檬黄 0.2 g，苹果酸 1.5 kg。制备金银花晶的工艺流程如下：

干金银花 ── 粗碎 ── 浸提── 过滤 ── 浓缩 ── 取汁 ── 拌和

成品 ── 包装 ── 贮存检验 ── 冷却 ── 沸腾干燥── 造粒

金银花晶制备过程中的注意事项：

1) 对来料的干金银花一定要进行挑选，选用一级品：花蕊整齐，不得有烂花头、杂质以及污染现象。

2) 用粉碎机粗碎，要求物料一般不得团在一起，也不能太细，做到基本分开即可。

3) 把 95% 的食用酒精用温水（30～45℃）稀释为 25% 的酒精溶液，将粗金银花放入。盛放容具以搪瓷桶、陶缸为宜，不能与金属用具接触，以免发生颜色变黑的化学反应。渗汁时间一般控制在 24 h 以内，用具用纱布覆盖，以防杂质入侵。

4) 经过 24 h 浸湿后，用尼龙布去渣留汁，加柠檬黄。

5) 将汁水放入夹层锅内，加温。温度控制在 50～60℃，时间控制在 45～60 min。汁水加温，温度不宜过高，否则会发生氧化，使汁液内部成分遭到破坏。温度也不能太低，以免出现沉淀现象。在加温停止时，再加入苯甲酸钠，不断搅拌至均匀。浓缩程度至可溶性固形物含量达 25% 即可。

6) 糖粉碎。粉碎前，选用无杂质、无变味的一级品白砂糖，用粉碎机进行粉碎，粉碎后用振动筛过滤，振动筛网为 100 目铜筛网。

7）拌和。开动搅拌机，将糖粉倒入，进行搅拌，同时将金银花汁放入，再加入柠檬酸、苹果酸一起搅拌，然后加柠檬酸钠，这时物料中的水分为 10%～12%，搅拌时间应掌握在 12 min 左右。物料不能太湿，以免影响造粒。水分也不能太少，使之不能形成颗粒状。

8）将混合物直接放入摇摆式颗粒机，用 20～30 目铜筛，摇摆速度约为 140r/min，使有 10%～12%水分的物料逐步成粒。造粒时，不宜过多放料，否则容易造粒堵塞。含水太多，也容易堵塞筛网。同时及时更换铜筛网，造粒后用热水冲洗，始终保持清洁。

9）成型后的颗粒即可流入沸腾干燥机内进行干燥，沸腾干燥采用蒸汽加热，物料随热风在干燥室内沸腾，温度为 60℃，时间一般掌握在 15 min 左右，干燥至物料含 2%的水分。温度、时间要求很严。如果时间过长、温度过高，容易使物料产生焦味，干燥温度低，容易产生凝结，物料水分高，不易沸腾。

10）经过冷却，即可进行包装。包装一般分为尼龙袋装、马口铁罐装。

13.4.4　花茶

花茶是由茶叶和鲜花窨制而成的，是我国人民创制的一种独特的茶类，具有七百多年的悠久历史。用来窨制花茶的香花种类很多，有茉莉、红花、白兰、珠兰、枇杷花、柚花、桂花、菊花、玫瑰等，其中以茉莉为最常见，其次为白兰。用于窨制花茶的茶叶以绿茶为主。花茶窨制工艺流程如下：

下面以金银花茶为例，简要介绍其加工方法。

金银花属忍冬科木质藤本植物，用其花与茶叶制成的金银花茶，具有清凉解毒、舒经活络等功效。常饮此茶，可以健身防病，延年益寿。

制备金银花茶需要 90%的茗茶作主料。将采来的一芽二叶或一芽三叶的鲜嫩茶叶，按照绿茶的制作方法制成干茶，要求含水量不超过 4%（手捻叶子成粉，手折茶梗即断），并要去除老叶、碎叶、茶末和杂质。

金银花茶制备过程中需要注意的事项：

1）金银花采收。5～7 月为金银花采收期。在此期间，当花蕾由绿变白，上部膨大，下部青色时，即可采摘，如有已开放的花朵也要一同采收。在同一天内，应在上午 9 时以前采摘，此时露水未干，不致伤及未成熟的花蕾，而且花的香气最浓，也便于保持花色。

2）茶叶吸香。将干茶与金银花鲜花置于密封容器中隔层摊放，即一层茶叶一层鲜花（金银花必须平摊于窗纱网袋中），加盖把容器口密封好。此后每隔 2～3 h，将金银花提出，把茶叶拌匀，再重复进行二次茶叶与金银花的隔层摊放。这样茶叶就能吸附金银花的香气。

3）花茶配制。茶叶吸香完成后，把金银花提出，置于阳光下曝晒，当金银花手搓可成粉时，即可与茶叶按 1：10 的比例混合均匀，即为金银花茶。金银花必须在阳光下晒干，不宜烘干，否则不能保持其原有色泽。上述方法制成的花茶，可达到色香味俱佳的效果。

13.4.5　花粉

花粉是一种营养价值很高的食品。我国是食用花粉最早的文明古国。两千多年前，《神农本草经》中就将蒲黄列为上品，即营养保健剂。

但是，由于蜜蜂采集花粉的环境以及收集、干燥、运输等环节的污染，花粉原料常带有不同程度的杂菌。因此，一般不能直接食用，必须经过严格的杀菌处理。另外，花粉的细胞壁是一个坚韧的"甲壳"，保护着它所携带的植物的各种遗传信息和完成其生物学全过程所需的营养成分。它耐酸、耐碱、不易破碎，不易被人体消化吸收，生物利用度不高。故应予以破壁粉碎，使其营养成分充分流露，便于吸收。因此，作为一种高级营养食品，其生产工艺必须具备杀菌和破壁两道关键性工艺。

1. 杀菌工艺

采用花粉自身发酵杀菌法，就是利用花粉自身具有的各种酵素、微生物使花粉进行发酵，即模拟蜜蜂配置蜂粮法。此法设备简单、方法简便，适宜于工业化生产。发酵杀菌工艺流程如下：

原料花粉 ⟶ 花粉预粉碎 ⟶ 调整水分 ⟶ 装盘进箱 ⟶ 控制发酵

干燥处理 ⟵ 无菌出箱

1）花粉预粉碎。采用万能粉碎机对花粉进行预粉碎。

2）调整水分。调整水分即花粉标准化。将干燥的花粉（含水量在 5% 左右），少量多次地加入无菌水，调整花粉含水量在 14%～30%（含水量小于 14% 或大于 30% 都会出现异常），充分拌和，花粉发酵的最佳含水量为 20%～25%。

3）把调好水分的花粉分装铺入烘盘，厚度为 2～4 cm，放在培养箱或发酵房，把温度严格控制到 36～38℃，发酵时间为 48～72 h，以 72 h 为理想。

4）经过几小时发酵，箱内温度上升，发酵产生的 CO_2 气体充满其间，故需每隔 10～12 h 翻盘一次，进行换气以维持发酵温度合适，使发酵均匀完全。

5）花粉发酵完全破壁后出箱，可直接经机械湿法磨碎成花粉乳。若不直接进行粉碎处理则需经干燥，干燥方法为冷冻干燥。然后采用无菌包装贮存。

2. 破壁

花粉粒的破壁与否，直接关系到人体对花粉营养消化吸收利用率的问题。破壁工艺采用发酵与机械相结合的方法，即向经上述发酵处理的花粉中加入添加剂，进球磨机或胶体磨粉碎，可获得理想的破壁效果，可使花粉内容物基本流露。

破壁设备可选用食品用陶瓷球磨机，采用湿法磨碎，用蜜或水调湿，控制好最佳水料比、球料比，也可采用多级串联机组粉碎，均可获得破壳率达 90% 以上的花粉乳。

花粉常用来生产花粉片，如百合粉、芦荟粉等，其生产工艺如下：

13.5 可食用花卉产品加工副产物的综合利用

可食用花卉除色、香、味俱佳外，还富含原花色素等黄酮类物质、高活性酶类、多糖和抗生素等丰富而全面的营养成分，具有抗氧化、消除自由基、抗致癌物活性、增进智力、抗病毒、延缓衰老、美容等生理保健功效。同时，不同品种花卉的叶、茎中黄酮类化合物等活性成分的含量与鲜花基本相似，具有较高的开发利用价值。

13.5.1 黄酮类化合物

黄酮类化合物广泛存在于自然界中，是一类重要的天然有机化合物，大多具有颜色。黄酮对心血管疾病有治疗作用；具有优良的抗自由基、抗氧化、抗衰老、降血脂、免疫调节等生物学功效，在人类的营养健康和疾病防治上有着广阔的应用前景。

1. 微波法提取黄酮类物质

微波法的原理是利用磁控管所产生的 24.5 亿次 /s 的超高频率快速震动，使材料的分子间相互碰撞、挤压，利于有效成分的浸出。此法不仅具有反应高效性和强选择性等特点，还具有操作简单，产率高及产物易提纯等优点。浸出过程中材料细粉不凝聚，不糊化，克服了热水法易凝聚、糊化的不足。有研究人员产物少，用微波法提取雪莲黄酮类物质，提高了雪莲的利用率。

2. 酶解法提取黄酮类物质

酶解法对于一些黄酮类物质被细胞壁包围、不易提取的原料比较实用。其原理是能够充分破坏以纤维素为主的细胞壁结构及其细胞间相连的果胶，使植物中的果胶完全分解成小分子物质，减小提取的传质阻力，使植物中的黄酮类物质能够充分地释放出来。有研究人员用复合酶提取山楂叶中的黄酮类物质，提取率比常用的方法提高了 2%～3%。还有研究人员将纤维素酶用于葛根总黄酮的提取，比较加酶和不加酶提取葛根总黄酮的得率，结果表明，用纤维素酶提取葛根总黄酮的得率提高了 13%，效果很好。

13.5.2 绿原酸

绿原酸具有较强的药理活性。研究表明，它对消化系统、血液系统和生殖系统均有药理作用，具有广泛的抗菌消炎、利胆、止血及增高白细胞数量的作用。绿原酸在植物中分布广泛，从高等双子叶植物到蕨类植物均有报道，但含量较高的植物不多，主要存在于金银花、向日葵中。

1. 超声波法提取绿原酸

利用超声波能击碎细胞壁，使细胞内组分渗透到溶液中，从而达到分离的目的。该方法综合成本低，污染较小，工艺简易，没有水提法难以过滤的制约因素，没有醇提法因溶剂使用而带来的成本高、溶剂回收难之弊端，而且绿原酸的得率和纯度都有所提高，适合于工业生产。

2. 超临界法

用超临界条件提取绿原酸的方法具有操作范围广、便于调节的特点，可以通过控制压力或温度，有针对性地将绿原酸萃取出来。同时萃取和蒸馏合为一体，不需要回收溶剂，可以大大提高生产效率，节约能耗，制取的产品纯度高。

13.5.3　花卉精油

植物精油可以说是植物的灵魂，它萃取自植物的花、叶、根、籽、皮、果、茎等部位。精油在植物界分布很广，在植物科属中含精油较为丰富的有松科、柏科、木兰科、樟科、芸香科、伞形科、唇形科、姜科、菊科、桃金娘科、樟科、禾本科等。此外，在蔷薇科、胡椒科、瑞香科、杜鹃花科、木犀科、毛茛科的植物中，也有丰富的精油成分。

各种植物所能萃取出的精油量，根据植物的不同而有所差异，有的全株植物中都含有，有的则在花、果、叶、根或根茎、籽部分器官中含量较多。例如，鸢尾属植物精油集中分布在根部和块茎内；松、柏以茎杆中精油含量最高；薄荷则以叶中含量高；茉莉、桂花以花中含量最高；而茴香和芫荽以果实中含量最高。玫瑰花苞只含有极少的可被萃取的部分，通常要约 100 朵玫瑰花才能萃取出一滴玫瑰精油，可见其珍贵。精油护肤与任何护肤品不同的是，其在保养肌肤的同时，还有调理身心的作用。

精油具有一定抗菌消炎和防腐作用，如佩兰精油的主要成分麝香草酚甲醚和乙酸香橙酯对流感病毒有直接抑制作用。荜澄茄、水菖蒲、华荠苧等的精油亦有抗病毒作用。牡丹皮和徐长卿中含有的牡丹酚也有镇痛作用，临床上用于治疗各种内脏疼痛、风湿痛、皮肤瘙痒、过敏性皮炎、湿疹等。

精油的提取方法主要有蒸馏法、溶剂提法、压榨法等，具体方法见第 14 章。

13.6　高新技术在花卉食品中的应用

近年来我国食品工业有了很大发展，其中高新技术的开发应用，已成为食品工业发展的一个重要方向，它不仅可提高生产率，降低成本，而且可改善食品品质，开发新食品。随着越来越多的高新技术应用于食品加工领域，食品加工业也呈现出前所未有的繁荣景象。利用高新技术手段，开发出新一代的高档可食性花卉食品，是世界各国食品技术专家的奋斗目标，也是食品工业的主要发展趋势。

13.6.1 微波技术

微波是指波长为 1~1000 mm（不含 1000 mm），频率在 30 MHz~30 GHz 的电磁波，在食品加工业中常用的频率有 915 MHz 和 2450 MHz。微波食品加工技术是应用微波对物质的场致作用来进行食品的加热、干燥、灭菌、膨化、抑酶等加工，是一种特殊的加工工艺，是当今食品加工的高新技术之一。1960 年以前，微波技术的应用只限于在食品烹调和解冻方面。1960 年以后，微波技术尤其是微波加热和微波杀菌技术在食品工业中的应用得以广泛发展。目前在食品微波干燥、微波膨化、微波杀菌、微波灭酶保鲜、微波萃取等方面的研究都有了一定的进展。

微波具有磁场效应和热效应的共同作用，对物料的干燥不仅是使其失水，还有增强物料性能的作用，如在茶叶的处理中，韩国、日本用微波蒸热制成的绿茶氨基酸、维生素 C 含量都有所增加。微波灭菌有速度快，适用范围广的特点，对沙门氏杆菌、大肠杆菌、乳酸菌等都有杀伤作用。同样还可以使酵母菌、霉菌、霉菌孢子失活。

微波辐照诱导萃取法是近年发展起来的从植物中提取香料的新技术，它利用一种波长极短、频率很高的辐射能来加热植物叶片，叶片组织内部的水是极性分子，能吸收微波透过介质的能量，并产生热量。由于植物材料内部温度突然升高，并保持此温度直至其内部压力超过细胞壁膨胀的能力，细胞破裂，细胞系统中所含的精油从细胞壁中自由流出、传递、转移至周围萃取介质，所选用的介质具有很强的透过微波的能力，相对于植物材料来说它尚处于较低的温度，所以香料物质很容易被萃取介质捕获并溶解其中。国外有专利介绍了用微波辐照诱导萃取薄荷精油、芹菜脑、香柏油、大蒜油的实例，而国内尚无人对其进行探讨。据有关资料报道，微波具有极好的穿透能力，可施加于任何天然物，如银莲花属植物、锐叶木兰、海藻、地衣，以及动物组织，如肝、肾、蛋黄等，进而提取有用物质。

鸢尾制品是名贵的天然香料，鸢尾浸膏的传统生产方法加工工艺复杂，浸提时间长，溶剂消耗量大。微波萃取法更适用于提取鸢尾香精，与传统的索氏提取法相比具有萃取时间短，溶剂用量少，溶剂回收率高，产品提取率高，香气纯正等优点。而与超临界二氧化碳萃取法相比，又具有成本低，投资少，产品质量相当等优点。该技术的特点在于萃取用时很短，能防止热敏物质散失，还能直接采用新采集的香料植物进行提取，不必像其他常规方法那样要在萃取前对物料进行干燥等预处理。

微波技术作为一种现代高新技术在食品中的应用将越来越广泛，这将在很大程度上促进食品工业的发展，以其独特的加热特点，在食品工业中的应用前景将十分广阔。

13.6.2 微胶囊造粒技术

微胶囊是指一种具有聚合物壳壁的微型容器和包装物。微胶囊造粒技术又称微胶囊技术，就是将固体、液体和气体包埋、封存在一个微型胶囊内成为一种固体微粒产品的技术，它能够使被包囊的物料与外界环境隔离，达到最大限度地保持其原有的色、香、味、性能和生物活性，防止营养物质破坏和损失的目的，并具有缓释功能。微胶囊技术应用于食品工业始于 20 世纪 80 年代中期，这一新技术正为食品工业开发新产品、更新传统工艺和改善产品质量等发挥着越来越大的作用。

微胶囊具有保护物质免受环境影响，降低毒性，掩蔽不良味道，控制核心释放，延长贮存期，改变物态，便于携带和运输，改变物性，使不能相容的成分均匀混合，易于降解等功能。这些功能使微胶囊技术成为工业领域中有效的商品化方法。美国 NRC 公司利用微胶囊技术于 1954 年研制成第一代无碳复写纸微胶囊，并投放市场，从此微胶囊技术得到突飞猛进的发展。

随着微胶囊技术的发展，其在食品工业中的应用越来越广泛，目前主要应用于食品配料，如香精、香料、脂肪、甜味剂、酸味剂、维生素、矿物质、具生理功能物质等。其中，以香料和脂肪的微胶囊化研究最为广泛，对于生理活性物质的微胶囊化研究在将来也会成为一个重要的课题。食用花卉所含有的一些营养强化剂、色素、矿物质、多肽、膨松剂、抗氧化剂、风味剂等不稳定的成分都可以采用微胶囊技术增加其稳定性，拓展其应用范围。

13.6.3 真空冷冻干燥技术

真空冷冻干燥为世界上公认的最先进的食品加工高新技术，该技术具有能保留新鲜食品的色、香、味及营养成分，产品有良好的速溶性和复水性，及易于运输、贮藏成本低等优点，在食品工业中得到了广泛的应用。

目前，冷冻干燥食品在国际市场的价格是热风干燥食品的 4~6 倍，在一些发达国家的民用食品中确立了稳固的地位。近年来，冷冻干燥食品的年消费量，美国在 5 Mt 以上，日本在 1.6 Mt 以上，法国在 1.5 Mt 以上，还有许多国家的消费量也很可观。冷冻干燥食品质量轻，复水快，色、香、味俱佳，与罐装食品、冷冻食品相比，以其运输、储存等经常性费用较低等优点，日益受到人们的青睐，但其生产成本高的缺点，一直是人们致力加以改善的研究热点。

近几年，国外有一些关于真空冷冻干燥与其他方法组合的干燥试验研究报道，人们在不断认识冷冻干燥过程本质的基础上，正在探索采用联合干燥，如微波-冷冻干燥联合，远红外-冷冻干燥联合，热风-冷冻干燥联合等方法，其目的都是期望能在保证制品质量的前提下，提高干燥速率，缩短干燥时间，降低能耗。

13.6.4 超高压技术

超高压技术是指将食品密封于弹性容器或置于无菌压力系统中（常以水或其他流体介质作为传递压力的媒介），在高静压（一般为 100~900 MPa）下处理一段时间，以达到加工保藏的目的。超高压加工食品的原理是，在超高压下食品中的小分子（如水分子）之间的距离将缩小，而蛋白质等大分子团组成的物质仍保持原状。这时水分子就要产生渗透和填充效果，进入并黏附在蛋白质等大分子团内的氨基酸周围，改变了蛋白质的性质，变性的大分子链在压力下降为常压后被拉长，而导致其部分立体结构被破坏。超高压技术的一个独特性质就是它只作用于非共价键，而保证共价键完好无损，这在保持食品原有品质是非常有益的。通过超高压处理激活或灭活食品中的食品品质酶，非常有利于食品色泽、香味及品质的提高。

早在 1895 年，H. Royer 就进行了利用超高压处理杀死细菌的研究；1899 年，Berthite 报道了利用 450 MPa 或更高压力能延长牛奶的保存期；1914 年高压物理学家 P. W. Bridgman 首先发现，超高压会产生蛋白质的加压凝固和酶的失活，还能杀死微生物。后来陆续也有一些报道，但大多数研究只是在单纯培养基上进行的，而且在很长时间里，并没有人把这种技术应用到食品行业的研究领域中。1991 年日本首次将超高压技术处理产品——果酱投放市场，其独特风味立即引起了发达国家政府、科研机构及企业界的高度重视。

同时超高压技术保证共价键完好无损，是解决热敏性物质风味变化的有效方法，这对于保持花卉食品原有品质是非常有益的。

13.6.5　膜分离技术

膜分离技术是指利用高分子半透膜的选择性，使溶剂与溶质或溶液中不同组分分离的一种方法，包括反渗透、超滤、微滤、纳滤、电渗析、膜电解、扩散渗析、透析等第 1 代膜过程和气体分离、蒸汽渗透、全蒸发、膜蒸馏、膜接触器和载体介导等第 2 代膜过程。在食品工业中主要应用有效成分的分离、浓缩、精制和除菌等技术，反渗透也用于食品工业中水溶液的浓缩，它的最大优点是风味和营养成分不受影响。电渗析主要用于电解质的分离和电解质与非电解质之间的分离，如水的纯化、海水浓缩制食盐、食品工业中物料的脱盐等。

膜分离技术具有如下特点：①膜分离过程不发生相变化，因此膜分离技术是一种节能技术；②膜分离过程是在压力驱动下，在常温下进行分离的，特别适合于对热敏感物质，如酶、果汁、某些药品的分离、浓缩、精制等；③膜分离技术适用分离范围极广，从微粒级到微生物菌体，甚至离子级等都有其用武之地，其关键在于选择不同的膜类型；④膜分离技术由于只是以压力差作为驱动力，因此，该项技术所采用的装置简单，操作方便。

膜分离技术是一项新型高效的、精密的分离技术，它是材料科学与介质分离技术的交叉结合，具有高效分离、设备简单、节能、常温操作、无污染等优点，广泛应用于各个工业领域。膜分离技术首先应用于乳品加工和啤酒无菌过滤，随后应用于果汁生产、料质无菌超滤、酒类精制和酶制剂提纯及浓缩方面。据报道，微滤膜技术在茶饮料澄清工艺中能有效保留茶汁中的有效成分，除浊效果好，膜通量恢复率高，较超滤膜适合于茶饮料澄清工艺。

膜分离技术是当代国际上公认的最具经济效益和社会效益的高新技术之一。虽然分离膜存在一些缺点，但其优势非常明显，为了提高产品附加值及开发新产品而采用膜分离技术是食品加工的发展方向之一。

13.6.6　超微粉碎技术

随着现代食品（尤其是保健食品）工业的不断发展，以往普通的粉碎手段已越来越不适应生产的需要。超微粉碎技术作为一种高新技术加工方法，已运用于许多食品的加工中。超微粉碎一般是指将直径为 3 mm 以上的物料颗粒粉碎至 $10\sim25$ μm 的过程。由于颗粒向微细化发展，导致物料表面积和孔隙率大幅度增加，因此超微粉体具有独特的物理和化学性质，如良好的溶解性、分散性、吸附性、化学活性等，其应用领域十分广泛。许多可食动植物、微生物等原料都可用超微粉碎设备加工成超微粉，甚至动植物的不可食部分也可以通过超微化后被人体吸收。

膳食纤维是一种重要的功能性食品基料。自然界中富含纤维的原料很多，如小麦麸皮、燕麦皮、玉米皮、豆皮、豆渣、米糠等，都可用来制备膳食纤维。其生产工艺包括原料清洗、粗粉碎、浸泡漂洗、脱除异味、漂白脱色、脱水干燥、微粉碎、功能活化和超微粉碎等主要步骤，其中超微粉碎技术在高活性纤维的制备过程中起着重要作用，因膳食纤维的生理功能在很大程度上与膳食纤维的持水性和膨胀力有关，而持水性与膨胀力除与纤维源和功能活化工艺有关外，还与成品的颗粒度有很大的关系。颗粒度越小则膳食纤维颗粒比表面积越大，其持水性和膨胀力也相应增大，膳食纤维生理功能的发挥越显著。

食品超微粉碎技术是食品加工业中的一种新的粉碎技术，对于传统工艺的改进、新产品的开发必将带来巨大的推动力。目前日本、美国市场上销售的果味凉茶、冻干水果粉、超低温速冻龟鳖粉等都是应用超微粉碎技术加工而成的。随着现代食品工业的发展，生产设备和技术不断改进和完善，超微粉碎技术必将得到大力的推广和应用，为食品工业做出更大的贡献。

13.6.7　超临界流体萃取技术

超临界萃取是一种新兴的单元分离技术，已广泛应用于从食品原料中提取香料、油脂、色素、生理活性物质以及除去食品中的不良物质。超临界流体萃取是利用液体在超临界区域兼有气液两性（即与气体相当的高渗透能力和低黏度及与液体相当的密度和对物质优良的溶解力）的特点，和它对溶质溶解能力随压力和温度改变并在相当宽的范围内变化这一特性而实现溶质溶解、分离的技术。利用这种超临界流体可从多种液态或固态混合物中萃取出待分离的组分，一般采用二氧化碳作为萃取剂。

利用超临界流体萃取技术目前已成功地从许多香花、香料植物（如从桂花、茉莉花、菊花、梅花、米兰花、百里香、野百里香、薰衣草、迷迭香、胡椒、肉桂、芹菜籽、芫荽籽、砂仁等）中提取了花香精、香辛料和精油。此外，运用超临界流体萃取技术还可以对某些化妆品原料，如甘油单酯、表面活性剂等进行浓缩、精制萃取。

13.7　食用花卉的开发前景

以食用花卉为原料制成的保健食品和休闲食品深受消费者的喜爱。世界各地正在悄然兴起食用花卉的热潮。在日本、美国时兴"花卉大餐"，在法国、意大利、新加坡等国食用花卉已成为新的饮食时尚。因此，花卉食品无论是内销还是出口创汇前景看好。

利用高新技术提取花卉中有效的成分，制成香油、香料和药品，能产生较高的效益，其开发利用的价值很大，将成为开发花卉利用的重要途径。例如，玫瑰精油在国内外市场供不应求，价格昂贵，国内市场的价格为 8000~10000 元/kg；香子兰中的香兰素含量为 1.5%~3.0%，香兰素是调制高级香烟、名酒、冰激淋、巧克力、糕点等必不可少的调香原料。可见，利用现代化分离技术从鲜花中提炼出有价值的成分，既可满足食品工业等行业的需求，又可增加花卉的附加值，促进花卉产业的发展。到目前为止，可食性花卉的开发利用不是很充分，还有很大的发展空间，所以开发可食性花卉的前景一片光明。

第14章 副产物综合利用

我国园艺产品种类繁多,种植面积广,产量大,每年通过加工处理常剩余各种废料,我们称之为下脚料。下脚料包括残次果、破损果、果肉碎片、果梗、果皮、果心、果核、种子等,这些副产物通常因不能及时加工及合理利用而造成资源浪费,甚至是造成环境污染,降低了原料的综合利用率和企业的经济效益。

园艺产品副产物综合利用,是根据各种果蔬不同部分含有的成分不同进行的,即将副产物的加工提取与产品的生产看作一个整体,使其连接成为一条龙的加工体系,通过一系列的加工工艺,对果蔬进行全植株高效利用,变废为宝,使原料各部分所含成分都能够物尽其用。通过副产物的综合利用,可以变无用为有用,变小用为大用,变一用为多用,不但可以减轻对环境的污染,还可以提高原料的综合利用率,提高企业的经济效益,实现园艺产品的梯度利用、工业值的增长和企业的可持续发展,使经济效益、社会效益和生态效益实现共赢。

我国是农业大国,园艺产品资源丰富,每年果蔬加工量都十分巨大,加工技术随科技进步也日趋成熟化,自动化。然而对副产物的综合利用还远远不够,原料浪费严重,企业运行成本增加,效益低下。只有少数大型的实力较强的企业在这方面投入较大精力,并取得较好的效果。

我们对副产物的利用主要集中在从果皮、果梗、果核、种子等部分中提取果胶、香精油、色素、有机酸、膳食纤维等有效成分,以及对残次品、剩余品的深加工上。例如,可以从柑橘类果皮中提取果胶、香精油、柠檬酸等,从葡萄等的种子中提取种子油、蛋白质等。不同的副产物提取的有效成分也不同,见表14-1(尹明安,2010)。

表 14-1 果蔬加工材料综合利用途径

果蔬原料	下脚料	综合加工产品
柑橘类、枇杷	果皮、皮渣	香精油、果胶、柠檬酸
柑橘类、枇杷	种子	种子油、蛋白质
葡萄	种子、果梗	酒石酸、单宁、白藜芦醇
核果类	果核(核壳和核仁)	活性炭、种子油、香精油
柑橘类	橘络	维生素 A
苹果、梨、凤梨	残次品及剩余品	果酒、果胶、有机酸
番茄	残次品及剩余品	番茄制品
胡萝卜	残次品及剩余品	色素、胡萝卜素

果蔬原料	下脚料	综合加工产品
马铃薯	残次品及剩余品	淀粉和其他制品
各种蔬菜	菜叶	叶蛋白
食用菌	菇柄及碎菇	调味料、饮料、酒、菇松等

目前，我国研究和建立的园艺产品综合利用系统主要有柑橘皮渣利用体系、苹果综合利用体系、猕猴桃皮渣综合利用体系及胡萝卜皮渣综合利用体系等。

14.1　园艺产品副产物中果胶的提取

果胶是一种亲水性植物胶，由 α-1，4 糖苷键连接的半乳糖醛酸与鼠李糖、阿拉伯糖、半乳糖等中性糖聚合而成，是重要的食品添加剂之一。除用作食品添加剂外，果胶还广泛应用于化妆品、医药等领域。我国每年的果胶需求量都很大，并且在逐年增加，而生产量却很有限，无法满足国内需求，大部分依靠进口。因此，大力发展果胶的制取以及应用方面的研究，探索能够提高果胶产量的新方法与新资源，不仅对果胶的广泛应用起到促进作用，还为果胶的生产提供技术保障。

果胶的分子量在 10000～400000，以原果胶、果胶和果胶酸三种状态存在于果实的组织中。这三种状态的果胶物质在果实内可由酶（原果胶酶与果胶酶）的作用而分解，通常伴随着果实的成熟进行转变。未成熟的果蔬中，果胶主要以原果胶的状态存在，是果胶和纤维素的化合物；果蔬成熟时，原果胶逐渐分解成果胶与纤维素，以果胶为主；果蔬过熟时，果胶又进一步分解为果胶酸及甲醇，因此，过熟的果蔬中，果胶主要以果胶酸的状态存在。在果蔬成熟过程中，三种状态的果胶物质同时存在，只是在果蔬不同的成熟时期，每一种果胶状态含量有所不同。

在果实组织中，果胶物质存在的形态不同，会影响果实的食用品质和加工性能。果胶物质中的原果胶及果胶酸不溶于水，只有果胶可溶于水。果胶溶液遇酒精和某些盐类（硫酸铝、氯化铝、硫酸镁、硫酸铵等）易凝结沉淀，可以使果胶从溶液中分离出来，生产中通常利用这些特性来提取果胶。

果胶是一种白色或淡黄色的胶体，无色无味，在酸、碱条件下能发生水解，不溶于乙醇和甘油。果胶最重要的特性是胶凝化作用，即果胶水溶液在有适当的糖、酸存在时，加热后可凝结成胶冻。果胶的这种特性与其酯化度（DE）有关。所谓酯化度，就是酯化的半乳糖醛酸基与总的半乳糖醛酸基的比值。DE 大于 50%（相当于甲氧基含量在 7%以上），称为高甲氧基果胶（HMP）；DE 小于 50%（相当于甲氧基含量在 7%以下），称为低甲氧基果胶（LMP）。一般而言，果品中含有高甲氧基果胶，大部分蔬菜中含有低甲氧基果胶。

在果胶提取中，真正富有工业提取价值的是柑橘类的果皮、苹果渣、甜菜渣等，如柑橘皮（含果胶 30%）、柠檬皮（含果胶 25%）与苹果皮（含果胶 15%），其中最富有提取价值的首推柑橘类的果皮。此外，胡萝卜的肉质根、向日葵的花盘等也富含果胶，甘薯渣的果胶含量达 31%，且甘薯果胶凝胶特性与苹果相似。

14.1.1　高甲氧基果胶的提取

1. 基本工艺流程

原料选择与处理 ⟶ 抽提 ⟶ 压滤 ⟶ 脱色 ⟶ 浓缩 ⟶ 沉淀

成品 ⟵ 烘干 ⟵ 洗涤

2. 操作要点

（1）原料选择与处理

积存时间过长会使果胶分解而招致损失，因此一般尽量选用新鲜、果胶含量高的原料。如果不能及时进入抽提工序，原料应迅速进行热处理，以钝化果胶酶防止果胶分解，通常是将原料加热至 95℃以上，保持 5～7 min 即可达到要求。还可以将原料干制后保存，但在干制前也需及时进行热处理。但是干制保存的原料，通常其提取率会低一些。

在提取果胶前，要将原料清洗干净，以除去其中的糖类及杂质，提高果胶的质量。通常将原料破碎成 3～5 mm 的小块，然后加水进行热处理钝化果胶酶，再用清水淘洗几次，以进一步除去糖类、色素、苦味及杂质等成分，用 50～60℃的热水进行可以提高淘洗效率，将原料淘洗至色泽较浅、无不快气味时压干备用。上述清洗方法会造成原料中原有的可溶性果胶流失，因此也有用酒精来浸洗的。

（2）抽提

1）酸提取法。酸提取法的原理是利用稀酸将果皮细胞中的非水溶性原果胶转化成水溶性果胶，然后在果胶溶液中加入乙醇或多价金属盐类，使果胶沉淀析出。目前常用的酸有盐酸、六偏磷酸、草酸、EDTA、磷酸、亚硫酸等。酸提取法正向混合酸提取方向发展。

我们以应用最多的盐酸为例介绍其操作要求。按原料的质量，加入 4～5 倍 0.15% 的盐酸，以原料全部浸没为标准，并将 pH 调整至 2～3，加热至 85～90℃，保持 1～1.5 h。过程中不断搅拌，后期温度可适当降低。在保温抽提过程中，pH、温度、时间是影响抽提的主要因素，一定要控制好。温度过高或时间过久，均会使果胶进一步分解而降低其含量。反之，则会使原料中的果胶成分不能够被充分利用。幼果（即未成熟的果实）中原果胶含量较多，可适当增加盐酸用量，延长抽提时间，但以增加抽提次数为宜，并应分次及时将抽提液加以处理。

2）离子交换树脂法。该法是先用酸将果胶溶解出来，通过阳离子交换树脂吸附果皮中溶出的多价阳离子，从而加速原果胶的溶解；阳离子交换树脂可以吸附相对分子量在 500以下的低分子量物质，解除果胶的一些机械性束缚，从而提高果胶的质量和得率。该法与酸提取法相比，果胶质量稳定，提取率高，生产周期短，工艺简单，但成本较高。

其具体操作如下：将粉碎、洗涤、压干后的原料，加入 30～60 倍原料的水，同时按原料的 10%～50% 加入离子交换树脂，调节 pH 至 1.3～1.6，在 65～95℃下加热 2～3 h，过滤得到果胶液。

3）微波萃取法。该法是利用微波辅助提取，即用微波能加热与样品相接触的溶剂，将所需化合物从样品基体中分离使其进入溶剂。将原料加酸进行微波加热萃取果胶，然后向萃取液中加入 $Ca(OH)_2$，生成果胶酸沉淀，而后用草酸处理沉淀物进行脱钙，离心分离，然后用酒精沉析，干燥即得果胶。该法选择性强，操作时间短，溶剂使用量小，受热均匀，目标得率高，得到的果胶质量好，灰分较传统方法低。

除以上三种方法外，还有微生物法、酶提取法及超声波提取法等方法。

（3）压滤与脱色

由以上所得的抽提液含果胶 1% 左右，先用压滤机过滤，除去其中杂质，再加入 1.5%～2% 的活性炭，80℃保温 20 min，然后压滤，以除去颜色，改善果胶的商品外观。如果抽提液黏度高、不易过滤，可加入硅藻土 2%～4% 助滤。

（4）浓缩

因为果胶提取液中果胶含量较低，如果直接沉淀则干燥量太大，故多用浓缩处理。传统的方法一般采用真空浓缩。将滤清的果胶抽提液送入真空浓缩锅中，保持真空度在 88.93 kPa 以上，温度为 40～50℃，浓缩至总固形物含量达 7%～9%，制成果胶浓缩液。但是，真空浓缩易导致果胶溶液变褐，影响品质。目前开始采用膜分离法浓缩。20 世纪 80 年代国外开始用超滤法生产果胶，效果很好。超滤法可将果胶液浓缩至 4.12%，且生产用地面积小，生产费用低。

（5）沉淀与洗涤

1）醇析法。其基本原理是利用果胶不溶于有机溶剂的特点，向果胶提取液中加入大量的醇，形成醇－水混合剂将果胶沉淀出来。常用的是乙醇，将 95% 的乙醇加入浓缩提取液中，使提取液的乙醇含量达到 60% 以上，果胶即可从提取液中以棉絮状凝结析出，过滤后可得到团块状的湿果胶，然后将其中的溶液压出，再用 60% 的乙醇洗涤 1～3 次，并用清水洗涤几次，最后经压榨除去过多的水分。该法得到的果胶色泽好、灰分少、胶凝力强，但成本较高，溶剂回收困难。

2）盐析法。其原理是盐溶液中的盐离子带有与果胶中游离羧基相反的电荷，两种相反电荷的电中和作用产生沉淀。采用盐析法生产果胶时不必进行浓缩处理。一般使用铝、铁、铜、钙等金属盐，其中以铝盐沉淀果胶的方法应用最多。先用氨水将果胶提取液 pH 调整为 4～5，然后加入饱和明矾 $[KAl(SO_4)_2 \cdot 12H_2O]$ 溶液，然后重新用氨水调整 pH 为 4～5，即可见果胶沉淀析出。沉淀完全后滤出果胶，用清水洗涤，除去其中的明矾。本法的优点是生产成本低、产率高，但是生产工艺较醇析法复杂，并且后续脱盐难度大，容易导致大量金属离子的残留，使得最终得到的果胶灰分高，色泽深。

（6）烘干粉碎

干燥技术对果胶的品质有重要影响。常用的有低温干燥、真空干燥、冷冻干燥及喷雾干燥。低温干燥即在 60℃下将果胶干燥至含水量在 10% 以下，低温干燥设备简单，但干燥后的产品溶解性差，色泽较深。最好采用真空干燥，此法所得果胶色泽较浅，溶解性好，且果胶性质改变小，但技术设备费用大，生产成本高。

干燥后的果胶用球磨机粉碎、过筛（40～120 目）即为果胶成品。必要时可进行标准化处理。所谓标准化处理，是指为了应用方便，在果胶粉中加入蔗糖或葡萄糖等均匀混合，使产品的胶凝强度、胶凝时间、温度、pH 达到一致，使用效果更加稳定。

14.1.2 低甲氧基果胶的提取

低甲氧基果胶甲氧基含量在 7% 以下，通常为 2.5%～4.5%，因此，低甲氧基果胶的提取主要是脱去一部分果胶原来所含的甲氧基。一般是利用酸、碱和酶等的作用，促使甲氧基分解，或用氨与果胶作用，使酰胺基取代甲氧基。这些脱甲氧基的工序可以在稀果胶提取液压滤之后进行。主要方法有酸化法、碱化法、酶化法等，现将简单的酸化法和碱化法介绍如下。

1. 酸化法

在果胶溶液中，用盐酸将果胶溶液的 pH 调整为 0.3，在 50℃ 条件下保温大约 10h 进行水解脱脂，直至甲氧基减少到所要求的程度。然后加入酒精将果胶沉淀，过滤并用水洗去余留的酸液，用稀碱液中和溶解，用酒精沉淀，过滤洗净；最后压干烘干。

2. 碱化法

用 0.5 mol/L 的氢氧化钠溶液调整果胶溶液的 pH 为 10 左右，并在过程中用碱液保持其酸碱值，作用 1 h 左右。水解脱脂完成后，用盐酸调整 pH 至 5，再用酒精沉淀果胶并放置 1 h，期间不断搅拌，过滤分离后用酸性酒精浸洗，并用清水反复洗涤以除去盐类，最后压榨除水进行干制。该法的优点是作用迅速，但要注意 pH 与温度的关系。一般在 pH 为 8.5 时，温度应在 35℃ 以下，如果提高 pH，则要降低温度。

14.1.3 果胶提取实例

1. 柑橘皮中果胶的提取

（1）工艺流程

橘皮 ⟶ 破碎 ⟶ 洗涤 ⟶ 酸浸提 ⟶ 过滤 ⟶

⟶ 减压浓缩 ⟶ 沉淀 ⟶ 烘干 ⟶ 粉碎 ⟶ 成品

⟶ 滤液超滤 ⟶ 喷雾干燥 ⟶ 成品

（2）操作要点

1）将橘皮粉碎后，用 5 倍原料的水冲洗 2 次，再加入 2～3 倍原料的水，用盐酸调整 pH 至 2.5 左右，在 85℃ 的条件下加热搅拌 1 h。

2）浸提液用滚筒式过滤机或压滤机过滤后，在 45~50℃下减压浓缩，使果胶浓度达 3%。

3）若要喷粉干燥制得果胶，需要用阻断相对分子质量为 8000 的超滤膜进行超滤，以精制浓缩果胶。喷粉干燥的条件如下：平板旋转速度为 2000 r/min，果胶液进料量为 4 L/h，热风入口温度为 140℃，热气出口温度为 70℃，风量为 5 m³/m。

4）若不施行喷粉干燥，可先将滤液减压浓缩，然后加入酒精进行沉淀，酒精浓度达到 68%，再用 75% 和 80% 的酒精将果胶沉淀物各洗涤一次。

5）在 45~50℃温度条件下真空干燥 2 h，粉碎过 60 目筛，即得果胶粉。

2. 微波辅助法提取苹果渣中的高酯果胶

（1）工艺流程

苹果渣 ⟶ 灭酶 ⟶ 漂洗 ⟶ 烘干 ⟶ 粉碎 ⟶ 微波辅助提取

真空干燥 ⟵ 过滤 ⟵ 沉淀 ⟵ 脱色 ⟵ 真空浓缩 ⟵ 抽滤

果胶

（2）操作要点

1）先将苹果渣用 80~90℃水煮 10 min，以钝化其中的果胶酶防止果胶水解，再用 30℃的温水反复漂洗，除去原料中的糖苷、色素等，70℃烘干，粉碎过 60 目筛待用。

2）微波辅助提取果胶的最佳工艺条件如下：料液比为 1:40，提取时间为 35 min，pH 为 1.3，提取温度为 65℃。

3）浓缩液用 X-5 树脂进行脱色，即按浓缩液质量的 20% 添加经过预处理的树脂，50℃水浴静置 12 h。

4）向脱色后的果胶提取液中加入一定体积的无水乙醇进行沉淀，然后过滤，在 60℃下真空干燥 4 h 后即得果胶成品。

3. 甜菜渣中果胶的提取

（1）工艺流程

脱脂甜菜渣 ⟶ 预处理 ⟶ 酸浸提 ⟶ 过滤 ⟶ 沉析 ⟶ 过滤

成品 ⟵ 烘干粉碎 ⟵ 洗涤离心 ⟵ 沉淀

（2）操作要点

1）原料磨碎后加入 pH 为 7.5、0.1 mol/L 的磷酸盐缓冲液和少量蛋白酶，在 37℃下保温 8 h，之后用 20 μm 尼龙网过滤。

2）酸浸时调整 pH 为 1.5，在 80℃温度条件下保温 4 h，其间不断搅拌。

3）用 2 μm 尼龙网过滤后，滤液在 60~70℃下，真空浓缩至果胶含量达 5%~10%，然后加入 4 倍体积的 95% 的酒精，放置 1 h 使果胶沉淀，离心处理 20 min。

4) 用 95% 的酒精洗涤 2 次，沥干，在 50℃ 下烘干，然后粉碎、混合，再进行标准化处理，即得果胶成品。

5) 若使用铝盐沉淀法，用氨水将果胶浸提液 pH 调节到 3~5，然后加入 pH 为 3~5 的铝盐溶液，使果胶沉淀，在 pH 为 3~10 的条件下除铝后，烘干粉碎，再进行标准化处理，即得果胶成品。

4. 香蕉皮中果胶的提取

（1）工艺流程

原料 → 预处理 → 酸提 → 过滤 → 活性炭脱色 → 过滤

成品 ← 干燥 ← 压滤 ← 沉淀 ← 浓缩

（2）操作要点

1) 收集新鲜香蕉皮洗净晒干，粉碎，加入 3 倍量的清水，用盐酸调节至 pH 为 2，加热至 90~95℃，保温搅拌 1 h，趁热过滤。

2) 滤液用 6 mol/L 的 NaOH 调节 pH 至 3~4，加热至 60~70℃，搅拌下加入总液量的 3% 的活性炭，保温搅拌 30 min，趁热过滤。

3) 滤液用水浴加热至 60~70℃，减压浓缩至固形物含量达 5%~10%，趁热加入等体积的 95% 的乙醇，冷却至室温，放置 24 h。

4) 将放置后的浓缩液进行压滤，用 95% 的乙醇洗涤滤渣 4 次，抽干、自然凉干，于 60~70℃ 真空干燥，粉碎，过 60 目筛，即得成品。

14.2 园艺产品副产物中香精油的提取

香精油是植物体内的次生代谢产物，是天然的、具有易挥发特性的复杂化合物。人类利用香精油的历史由来已久，古代埃及人就将香精油用在木乃伊的防腐上。如今香精油已被广泛用于杀菌、杀毒、抗生剂、杀虫剂、医疗和化妆品方面，尤其在制药、保健、美容、农业和食品工业方面得到了广泛的应用。

在果蔬原料中，能提取香精油的主要是柑橘类的果实，其香精油存在于橘皮、花、叶之中。以橘皮外层（即油胞层）的油胞中含量最高，可达 2%~3%。香精油成分很复杂，含有多种醇、醛、酸、酯、萜烯类等物质。不同品种含有的成分又有差异，所以呈现的香味亦不同。香味最好的是柠檬皮油，橙皮油、橘皮油次之，柚皮油香味欠佳。

14.2.1 香精油的提取

果蔬香精油的提取方法主要有以下几种。

1. 蒸馏法

蒸馏法的原理是每种挥发性成分都有固定沸点且不同温度下具有相应蒸汽压，一般香精油的沸点较低，可随水蒸气挥发，在冷却时水蒸气同时冷凝下来。但由于香精油与水的密度不同，大多比水轻，从而较易分离，因此可利用这一特性将油水分离，得到香精油。

通常将原料用破碎机分成 3~5 mm 的细粒，然后放入蒸馏装置内提取精油，温度以 50~60℃为宜。在柑橘类中，蒸馏所得的香精油统称为"热油"，一般含水量较大，又因加热致使部分醛类和脂类被破坏了一部分（氧化和转化），所以所得香精油品质较差。由于原料色素不能蒸馏带出，所以这种香精油为白色透明。

柑橘类的花及叶、核果类的种仁中含有大量的苦杏仁苷，其在苦杏仁苷酶的作用下，水解成苯甲醛（即杏仁香精，约占 76%）及氢氰酸、葡萄糖等，随即将之蒸馏提取得到苯甲醛。但氢氰酸为剧毒物质，如若逸出会使人中毒，因此蒸馏装置的封口一定要严密。初馏出的杏仁香精中含有 2%~4% 的氢氰酸，要加入亚硫酸氢钠使之形成盐类，然后再蒸馏分离得较纯的杏仁香精油。

提取的香精油应过滤，装于能密封的有色瓶中，贮放在阴凉处，以防止香精油的挥发损失或氧化变质。

2. 浸提法

该法的原理是根据果蔬中各种成分在溶剂中的溶解性质，选用对活性成分溶解度大，对不需要溶出成分溶解度小的有机溶剂，将有效成分从组织内溶解出来。常用的有机溶剂有石油醚、乙醚、酒精等。这个方法比较容易，但生产效率较低。最好用沸点低的石油醚，所得的香精油品质较好。如用酒精则较为方便，成本也较低。

用浸提法提取香精油，应先将原料破碎，花瓣则不需破碎。再用有机溶剂在密封容器中进行浸渍，为避免浸出的香精油挥发损失，此工序应在较低的温度条件下进行。浸渍的时间不宜过长，否则会造成香味变劣，如用酒精，一般要浸渍 3~12 h。然后滤出浸提液，并将原料中所含的浸液轻轻压出，这些浸液可再浸渍新的原料，如此重复进行 3 次，最后得到较浓的带有原料色素的酒精浸提液，过滤后可以作为带酒精的香精油来保存。

以上所得浸提液需要进一步用蒸馏装置以较低温度（70℃以下）进行蒸馏，将有机溶剂回收，如用减压真空装置在 50~60℃以下的温度进行浓缩，可浓缩成为浓郁的香精油。而从回收的有机溶剂中还能提取植物中的蜡质和其他一些成分。浓缩后的香精油多呈黏稠的软膏状，因此，该法所得的成品称为浸膏，品质较好。浸提后的原料还有一定的出油率，可用蒸馏法取油。

3. 压榨法

压榨法的原理是根据柑橘类果实的香精油主要是以油滴状集中在外果皮的油胞中，可施加压力将油胞压破，挤出香精油来。

最简易的方法是将新鲜的柑橘类果皮以白色皮层朝上，晾晒一天，使果皮的水分减少到 15%~18%，然后破碎至 3 mm 的细粒，再进行压榨，最好用水压机。每 1 kg 上述湿度的干皮，可得 6~12 g 纯净的香精油。另一方法是将柑橘类的外皮（即有色皮层）削下，为有利于榨油，一定要削得均匀，榨出的香精油约占有色皮层质量的 1%。

如果原料为含水量较高的新鲜果皮，因水分较多，且有较多的果胶物质及碎屑等，压榨出来的油水混合物难以自然分离。可加入 2% 的碳酸氢钠和 0.5% 的硫酸钠，充分搅拌使之溶解完全，以此增加水相的相对密度，同时将胶体破坏，从而促使香精油分离。但此法得到的香精油色泽较差。也可以将油水混合物放在接近 0℃ 的低温下，静置 24h 使杂质沉淀，分离后再过滤得香精油。

现在工厂中对柑橘类香精油的提取多采用机械操作，即先将新鲜果皮用饱和石灰水浸泡 6~8 h，可以使果皮变得脆硬，油胞容易破碎，以利于压榨取油。浸泡的时间要适当，浸泡时间过短，则果皮硬度不够，时间过长，则果皮变韧，两种情况都会影响出油率。然后用橘油压榨机对处理后的果皮进行榨油，这种压榨机是在螺旋推进式压榨机的基础上改进而成的，同时具有破碎和压油两种性能，能连续流水作业。用高压水冲下压出的香精油，过滤除去杂质，离心（6000 r/min）分出香精油。分出的水则用水泵循环，重新用来冲洗压出的香精油。该法称为压榨离心法。

由于这一类提取方法不用加热，在柑橘类香精油提取中所得到的油统称为"冷油"，一般为深橙黄色，品质优良，相比"热油"而言其价值要高出一倍左右，并且压榨后的残渣还可用蒸馏法再行取油。

4. 超临界流体萃取

超临界流体萃取是根据超临界流体对脂肪酸、植物碱、醚类、甘油酯等具有特殊溶解作用，利用超临界流体的溶解能力与其密度的关系，即利用压力和温度对超临界流体溶解能力的影响而进行的。在超临界状态下，将超临界流体与待分离的物质进行接触，使之有选择性地把极性大小、沸点高低和分子量大小不同的成分依次萃取出来。超临界流体萃取可以有效保护精油中热敏性、易氧化分解成分不被破坏，从而保持精油原有的品质，因此，传统的精油萃取是无法与之相比的。

5. 超声波辅助萃取

该法的原理是利用超声波辐射压强产生的强烈空化效应和次级效应，提高萃取成分分子的运动速度和频率，增强溶剂穿透力，从而使萃取成分与溶剂充分混合，加大了萃取的效率。目前该法已大量应用于开发植物精油的萃取。

14.2.2 香精油提取实例

1. 生姜油的提取

（1）工艺流程

原料处理 → 装料 → 水蒸气蒸馏 → 冷凝 → 静置分离 ↓
生姜油 ← 水浴蒸馏

（2）操作要点

1）选择无腐烂的生姜用清水洗净，除去根须，用刀切成 $4\sim5$ mm 的姜片，晒干，然后粉碎成米粒状的姜粒，待用。

2）将干净的原料装入蒸馏釜的隔板上，厚度不能太大，一般为蒸馏釜的 9/10。

3）点火加热，当蒸汽产生后，姜油气与水蒸气从蒸馏管中逸出，导入油水分离器。一直保持蒸汽状态至蒸馏完成。

4）蒸馏液在油水分离器中静置，液体分为上下两层，分出下层的水层，上层倒入干净容器中。

5）用一定量的乙醚萃取分出水层 2 次，合并萃取液，于水浴上蒸馏除去乙醚，得到的油状物即为生姜油。

2. 柑橘香精油的超临界 CO_2 萃取

（1）工艺流程

柑橘皮 ⟶ 粉碎 ⟶ 过筛 ⟶ 超临界CO_2萃取 ⟶ 柑橘皮香精油

（2）操作要点

1）柑橘皮洗净干燥后，粉碎过筛，取过 40 目筛和 20 目筛之间的橘皮粉。

2）以无水乙醇为夹带剂，直接加入橘皮粉，每 100 g 物料加无水乙醇 200 mL。工艺条件如下：萃取压力 15 MPa，萃取温度 35℃，萃取时间 150 min，CO_2流量 23 L/h。

14.3　园艺产品副产物中天然色素的提取

近年来合成色素的安全性问题已引起人们的关注，合成色素鲜艳稳定，但一般都具有不同程度的毒性，甚至有的还具有致癌危险，而天然色素不仅使用相对安全，且还具有营养或药理作用，深受广大消费者的信赖和欢迎。因此，天然资源中无毒色素的开发利用已成为一个重要的研究课题。

园艺产品之所以呈现各种不同的颜色，是因为其体内存在多种多样的色素。色素按溶解性来分，可分为脂溶性色素和水溶性色素，如叶绿素和类胡萝卜素属于脂溶性色素，而花青素和花黄素就属于水溶性色素。按化学结构来分，可分为卟啉类衍生物（如叶绿素）、异戊二烯衍生物（如类胡萝卜素）、多酚类衍生物（如花青素、儿茶素、花黄素等）、酮类衍生物（如红曲红素、姜黄素）和醌类衍生物（如胭脂虫红）五大类。在果蔬中最为常见的色素有叶绿素、类胡萝卜素、花青素及花黄素。

14.3.1　天然色素的提取和纯化

1. 提取工艺及操作要点

（1）提取工艺

园艺植物中主要含有水溶性、醇溶性的花色苷、黄酮类色素以及脂溶性色素，为了保持园艺产品色素的固有优点和产品的安全性、稳定性，一般提取工艺大多采用物理方法，较少使用化学方法。目前的提取工艺主要有浸提法、浓缩法和超临界流体萃取法等。

1）浸提法。该法工艺设备简单，关键是如何提高最终产品的得率及其纯度，其生产工艺流程如下：

选料 —→ 清洗 —→ 浸提 —→ 过滤 —→ 浓缩 —→

—→ 干燥成粉或添加溶媒制成浸膏 —→ 成品

2）浓缩法。主要用于天然果蔬汁的直接压榨、浓缩提取色素。由该法所得到的产品也存在纯度和精度的问题，其工艺流程如下：

选料 —→ 清洗 —→ 压榨果汁 —→ 浓缩 —→ 干燥 —→ 成品

3）超临界流体萃取法。该方法是现代高新技术用于果蔬色素提取的先进方法，其工艺流程如下：

选料 —→ 清洗 —→ 萃取 —→ 分离 —→ 干燥 —→ 成品

（2）**操作要点**

1）原料处理。园艺产品中的色素含量与品种、生长发育阶段、生态条件、栽培技术、采收手段以及贮存条件等密切相关。例如，不同品种以及不同成熟度的葡萄，其葡萄皮色的差别很大。对于浸提法，收购到的原料需要及时晒干和烘干，并合理贮存。为提高提取效率，有些原料还需进行粉碎等特殊的前处理。提取不同的色素，对原料要进行不同的处理，生产前可进行严格试验，以寻找到最适宜的预处理方法。浓缩法的原料处理以及榨汁过程可参考果汁的加工。而对于超临界流体萃取法，同其他方法一样，要将原料洗净、沥干以及进行适当的破碎。

2）萃取。浸提法和超临界流体萃取法均涉及萃取过程。对于浸提法，第一，要选用理想的萃取剂，该萃取剂应满足不影响所提取色素的性质和质量、提取效率高、价格低廉，并且在回收或废弃时不会对环境造成污染等要求；第二，要选择适宜的萃取温度，既要能够加快色素的溶解，又要能防止非色素类物质的溶解增多；第三，萃取过程中应随时搅拌；第四，大型工业化生产应采用进料与溶剂成相反梯度运动的连续作业方式，以提高效率并节省溶剂。对于超临界流体萃取法，一般所选的溶剂为 CO_2，在萃取时则需要控制好萃取压力和温度。

3）过滤。过滤是浸提法提取果蔬色素的关键工序之一，成品色素出现混浊或产生沉淀，通常都是由于过滤不当造成的，尤其是一些水溶性多糖、果胶、淀粉、蛋白质等，如不过滤除去，将会使色素溶液的透明度极大降低，同时还会对产品的质量和稳定性产生不利影响。通常采用的过滤方法有离心过滤、抽滤，目前还有超滤技术等。另外，诸如调节 pH、用等电点法除去蛋白质、用酒精沉淀提取液中的果胶等一些物理方法，常用来处理提取液，以提高过滤效果。

4）浓缩。色素浸提过滤后，若有有机溶剂，多采用真空减压浓缩先回收溶剂，以减少溶剂损耗，降低产品成本，之后继续浓缩成浸膏状；若无有机溶剂，为加快浓缩速度，大多采用高效薄膜蒸发设备进行初步浓缩，然后再真空减压浓缩。为使产品的质量稳定，真空减压浓缩要控制在 60℃左右进行，而且也可隔绝氧气，切忌用火直接加热浓缩。

5）干燥。为了使产品便于贮藏、包装、运输等，有条件的工厂都尽可能把产品制成粉剂，但出于生产成本和技术等原因，国内大多数产品都是液态型。由于多数色素产品未能找到喷雾干燥的有效载体，而直接制成的色素粉剂易吸潮，特别是花苷类色素，在保证产品质量的前提下，制成粉剂有一定的难度，对这类色素可以保持液态。干燥工艺主要有塔式喷雾干燥、离心喷雾干燥、真空减压干燥以及冷冻干燥等。

6）包装。包装材料应满足轻便、牢固、安全、无毒等特性，目前对于液态产品多用不同规格的聚乙烯塑料瓶包装，粉剂产品多用薄膜包装；为防污染产品，包装容器必须进行灭菌处理。另外，为了色素的质量稳定和长期贮存，产品一般应放在低温、干燥、通风良好的地方避光保存。

2. 天然色素的纯化

由于园艺产品及其副产物本身成分十分复杂，使得所提得的色素往往还含有果胶、淀粉、多糖、脂肪、蛋白质、有机酸、矿物质、重金属离子等非色素物质。经过以上的提取工艺得到的仅仅是粗制天然色素，这些产品色价低、杂质多，有的甚至还有特殊的臭味、异味，直接影响着产品的稳定性、染色性，限制了其使用范围，所以必须对粗制品进行精制纯化。其方法主要有以下几种。

1）膜分离纯化技术。详见第 13 章。

2）离子交换树脂纯化。利用阴阳离子交换树脂的选择吸附作用，可以进行色素的纯化精制。例如，葡萄果汁和果皮中的花色素就可以用磺酸型阳离子交换树脂进行纯化，除去其粗制品浓缩液中所含的多糖、有机酸等杂质，从而得到稳定性高的产品。

3）大孔树脂吸附分离技术。采用大孔树脂吸附精制天然园艺产品色素，是提高色素纯度的有效方法。此法精制过程易于控制，并且树脂吸附洗脱后可以反复使用。大孔树脂的优点主要表现在物理化学稳定性高，吸附选择性强，不受无机物存在的影响，解析条件温和，使用周期长，易于构成闭路循环，节省费用等方面。其在红花黄色素、葡萄色素、虎杖色素、蜀葵花、栀子黄、栀子蓝、紫荆花色素等的精制与纯化中都有应用。

4）酶法纯化。该法是利用酶的催化作用使色素粗制品中的杂质通过酶促反应而被除去，从而达到纯化的目的。例如，由蚕沙中提取的叶绿素粗制品，可由此法来进行纯化。在 pH 为 7 的缓冲液中加入脂肪酶，30℃下搅拌 30 min，以使酶活化，然后将活化后的酶液加入 37℃的叶绿素粗制品中，搅拌反应 1 h，就可除去令人不愉快的刺激性气味，得到优质的叶绿素。

14.3.2 天然色素提取实例

1. 酸枣红色素的提取

（1）工艺流程

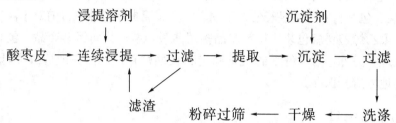

将酸枣皮用自来水洗干净，再用蒸馏水冲洗，滤出多余水分，用2％的 NaOH 或5％的 Na_2CO_3 溶液浸泡，并加热煮沸数分钟，用 80 目和 200 目的尼龙纱先后过滤，除去滤渣，再用稀盐酸调整 pH 为 7~8，然后加氯化钙溶液至沉淀完全，并加热至老化沉淀。之后将老化好的沉淀用定性滤纸过滤，并用蒸馏水洗涤沉淀，直至无氯根。将洗涤好的沉淀物平放在瓷盘上，于 105~110℃ 的烘箱中干燥或无灰尘的条件下自然干燥，粉碎后再通过 140 目的尼龙纱即得成品酸枣红色素。

（2）操作要点

1）提取溶剂的选择。酸枣皮中的色素不溶于酸和醇，微溶于热水，易溶于碱类。因此，选用 2％的 NaOH 或 5％的 Na_2CO_3 作为提取溶剂。这两种提取剂各有利弊，用 Na_2CO_3 作为提取溶剂时，在调整 pH 的过程中会逸出 CO_2 气体，给操作带来不便，但加入沉淀剂后，沉淀速度快，易于过滤和洗涤，且色素沉淀松散，易于干燥、粉碎和过筛；用 NaOH 作为提取溶剂时，调整 pH 时不会有 CO_2 气体逸出，操作顺利，但加入沉淀剂后生成的色素暗且黏，不易过滤、洗涤和干燥。试验发现，采用 Na_2CO_3 作为提取剂效果较好，调整 pH 时产生 CO_2 气体的问题可通过两种方法解决：一是采用较大容器和慢速滴加稀盐酸调整 pH，并不断搅拌使 CO_2 气体慢慢排出；二是减少 Na_2CO_3 的用量。

2）pH 对提取率的影响。色素提取率会随溶液 pH 的增大而明显提高，从试验中发现，当 pH 小于 8 时，色素沉淀的颜色为深棕褐色；当 pH 大于 10 时，色素沉淀的颜色变浅，并且提取率明显提高，说明此条件下已有少量 $Ca(OH)_2$ 和 $CaCO_3$ 生成，所以提取酸枣红色素的最佳 pH 为 7~8。此时既没有 $Ca(OH)_2$、$CaCO_3$ 生成，保证了酸枣红色素的纯度，又可以减少中和时盐酸的消耗量，有利于色素沉淀洗涤至无氯根。

3）酸枣红色素的稳定性。天然色素大多用在食品加工中，故应具有较好的耐热性。研究发现，酸枣红色素在 100℃ 内加热有利于色素的显色，但在煮沸的情况下再持续加热，会使其颜色变浅。

2. 葡萄红色素的提取

紫色葡萄的果皮中含有非常丰富的红色素，酿酒后的葡萄皮渣，特别是酿造白葡萄酒时的皮渣，可用于提取红色素。

(1) **工艺流程**

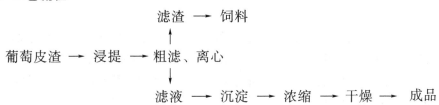

(2) **操作要点**

1) 葡萄皮可用酿酒或制汁的皮渣，除去种子，也可用含红色素的葡萄直接分离出皮，将葡萄皮渣洗干净，待用。

2) 浸提溶剂有用水的，也有用酸化甲醇或酸化乙醇的，水的用量一般为葡萄皮重的1.2 倍；酸化甲醇或酸化乙醇要求葡萄皮干燥至含水量为 10%，按等量重的原料加入。前者浸提温度为 75~80℃，后者多在常温下完成，即便要加热也应控制温度在溶剂沸点以下。

3) 在溶剂的沸点温度下，pH 为 3~4，浸提 1 h 左右，得到色素提取液。然后速冷，以免氧化。

4) 通常在色素提取液中加入维生素 C、吐温 60 或聚磷酸盐等护色剂（用量为0.2%~0.3%），进行护色。

5) 粗滤后进行离心（3400 r/min，15 min），以便去除部分蛋白质和杂质。

6) 离心后的提取液中加入适量的酒精，可使果胶、蛋白质等沉淀分离出来。

7) 在 45~50℃、93 kPa 真空度下，对滤液进行真空浓缩，并回收乙醇等有机溶剂。

8) 浓缩后进行喷雾干燥或减压干燥，即可得到葡萄皮红色素粉剂。

葡萄皮色素在 pH 为 3 时呈红色，pH 为 4 时则呈紫色，其稳定性随 pH 的降低而增加。因此，该色素可作为高级酸性食品的色素应用于果冻、果酱、饮料等的着色，其特点是着色力强，效果好。

3. 沙棘果皮中沙棘黄色素的提取

沙棘果实营养丰富，榨汁后通常还有 20%左右的果皮和果肉未得到充分利用，可从中提取天然色素沙棘黄。

(1) **工艺流程**

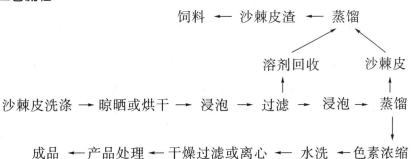

（2）操作要点

1）清洗。将榨汁后经干燥过的沙棘皮去除沙棘籽，用水洗净，以免混入杂物影响成品质量。

2）浸提。烘干或晒干的沙棘皮，用 95％ 的食用酒精在密闭的容器中浸提。溶剂的添加量一般为沙棘皮质量的 5～6 倍，通常在 30～40℃ 下浸提 5～6 h。

3）浓缩。通过蒸馏装置对浸提液进行浓缩，将溶液加热至溶剂的沸点温度，恒温蒸发至黏稠状。如采用真空低温浓缩，效果更好。

4）干燥。在低于 100℃ 的温度下烘干，也可自然风干，有条件的最好采用喷雾干燥。

伴随着超临界流体萃取技术的发展，目前也有用超临界 CO_2 流体萃取沙棘黄色素的。

14.4　有机酸的提取

果实中所含的有机酸主要有柠檬酸、苹果酸、酒石酸。有机酸在酸味浓的果实如柠檬之中的含量很高，其含量达 5％ 以上，菠萝、葡萄、杏、李等果实中含量也较高。此外，未成熟的果实中含酸量也较多，因此常常利用未成熟的落果及残次果作提取有机酸的原料；在果坯（梅坯、柑坯、李坯）半成品加工中排出的汁液及葡萄酒酿造过程中所产生的酒石，都有较高的含酸量，也可以作为提取有机酸的原料。

果实有机酸在食品工业上用途很广，是制作饮料、蜜饯、糖果、果酱等不可或缺的原料，也是医药、化学工业常用的原料之一。

14.4.1　柠檬酸的提取

1. 工艺流程

榨汁 →发酵澄清→ 中和 → 酸解 → 晶析 → 离心 → 烘干 → 成品

2. 操作要点

1）榨汁。将原料捣碎后用压榨机榨取橘汁，残渣加清水浸湿，进行第二次压榨，以充分榨出其含有的柠檬酸。

2）发酵澄清。发酵处理后，有利于澄清、过滤、提取柠檬酸。给混浊橘汁加 1％ 的酵母液，发酵 4～5 天，使橘汁变清，再加适量单宁，并搅拌均匀，加热，以促使胶体物质沉淀，过滤后即得澄清液。

3）中和。这是提取柠檬酸最关键的工序，直接关系到柠檬酸的得率与质量。先将澄清橘汁加热煮沸，然后用 CaO、$Ca(OH)_2$、$CaCO_3$ 中和，其用量以质量比来计算：柠檬酸 10 份，用 CaO 4 份，或 $Ca(OH)_2$ 5.3 份，或 $CaCO_3$ 7.1 份。中和时，将石灰乳慢慢加入，不断搅拌，终点以柠檬酸钙完全沉淀后汁液呈微酸性时为准，检验柠檬酸钙是否完全沉淀，可以加少许碳酸钙于汁液中，如果未见泡沫产生说明反应完全。将沉淀的柠檬酸钙分离出来，再将溶液煮沸，以促进残余的柠檬酸钙沉淀，最后用虹吸法将上部黄褐色清液排出。余下的柠檬酸钙用沸水反复洗涤，过滤后再次洗涤。

4）酸解、晶析。将上述洗涤后的柠檬酸钙放入有搅拌器及蒸汽管的木桶中，加入清水，加热煮沸，其间不断搅拌，再缓缓加入 1.262 kg/L 的硫酸（每 50 kg 柠檬酸钙干品用 40～43 kg 该浓度的硫酸进行酸解）。继续煮沸，搅拌 30 min，以加速分解，使之尽快生成硫酸钙沉淀（取试液 5 mL，加入 5 mL 45％的氯化钙溶液，若仅有很少硫酸钙沉淀，说明加入的硫酸用量恰当）。然后用压滤法将硫酸钙沉淀分离，用清水洗涤沉淀，并将洗液加到溶液中。滤清的柠檬酸溶液用真空浓缩法浓缩至 1.3835～1.4106 kg/L，冷却。将此浓缩液倒入洁净的容器中，经 3～5 天结晶析出。

5）离心、干燥。上述柠檬酸结晶还含有一定的水分与杂质，可用离心机进行清洗处理，在离心时每隔 5～10 min 喷入一次热蒸汽，可冲掉一部分残存的杂质，甩干水分，得到比较洁净的柠檬酸结晶。随后在不超过 75℃的温度条件下进行干燥，直至含水量达到 1％以下。最后过筛、分级、包装，即得成品。

3. 剩余物综合利用

如果用柑橘类果坯加工前及菠萝加工中所榨出的果汁来提取柠檬酸，其余液仍保留相当的糖分，可供酿酒用。另外，如果用腌制果坯后的腌渍液来提取柠檬酸，则在中和工序之后吸出的余液中，仍含有相当的盐分，且具有一定的风味，可将其浓缩、加色做成酱油。

14.4.2 酒石酸的提取

酒石酸在植物中以葡萄含量最为丰富。可利用葡萄的皮渣、酒脚、桶壁的结垢及白兰地蒸馏后的废水提取的粗酒石作原料，然后从中提取酒石酸。

1. 粗酒石的提取

1）从葡萄皮渣中提取粗酒石。当葡萄皮渣蒸馏白兰地后，随即放入热水，水没过皮渣。然后将甑锅密闭，开始通入蒸汽，煮沸 15～20 min。将煮沸的水放入开口的木质结晶槽，木质结晶槽内悬吊多条麻绳。经水冷却 24～28 h 后，在桶壁、桶底、绳上便结晶出粗酒石（含纯酒石酸 80％～90％）。

2）从葡萄酒酒脚中提取粗酒石。葡萄酒酒脚就是葡萄酒发酵后贮藏换桶时桶底的沉淀物。但是这些沉淀物不能直接用来提取酒石，因为它还含有葡萄酒，应先将酒滤出，再蒸馏出白兰地，之后将酒脚装入甑锅中，按每 100 kg 酒脚用水 200 L 进行稀释，然后用蒸汽直接煮沸。将煮沸过的酒脚压滤，待滤液冷却，产生的沉淀即为粗酒石（每 100 kg 酒脚可得粗酒石 15～20 kg，含纯酒石酸 50％左右）。

3）从桶壁的结垢中提取粗酒石。葡萄酒在贮藏过程中，其不稳定的酒石酸盐在冷却的作用下会在桶壁与桶底析出沉淀。时间一久这些酒石酸盐结晶紧贴在桶壁上，成为粗酒石（含纯酒石酸 70％～80％）。

2. 从粗酒石提取纯酒石

(1) 工艺流程

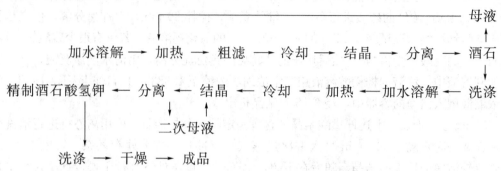

(2) 操作要点

纯酒石即为酒石酸氢钾。纯的酒石酸氢钾是白色透明的晶体，当含有酒石酸钙时，色泽呈现乳白色。酒石酸氢钾的溶解度随温度的升高而加大，提纯酒石酸氢钾的工艺就是根据这个特点来完成纯化的。

将粗酒石倒入大木桶中，按 100 kg 粗酒石添加 200 L 水进行稀释，充分浸泡和搅拌，去除浮于液面的杂物，然后加热至 100℃，保持 30~40 min，使粗酒石充分溶解。为了加速酒石酸氢钾的溶解，也可以按 100 L 溶液中加入 1~1.5 L 的盐酸。当粗酒石充分溶解后，再去除浮在液面的杂物。将已除去杂物并且溶解充分的粗酒石溶解液倒入木质结晶槽中，静置 24 h 以后，冷却完全，结晶已全部完成。抽去结晶槽中的水，这个水叫母液，在溶解粗酒石时使用，再取出结晶体。此结晶体再按前法加入蒸馏水溶解结晶一次，但不再使用盐酸，得到第二次结晶体。第二次结晶体用蒸馏水清洗一次，即得精制的酒石酸氢钾，洗过的蒸馏水倒入二次母液中作再结晶用。精制的酒石酸氢钾再经过烘干就成了纯酒石。

3. 从纯酒石中提取酒石酸

(1) 工艺流程

$$纯酒石 \rightarrow 溶解 \rightarrow 加热 \rightarrow 中和 \xrightarrow{\;滤液加CaCl_2\;} 过滤 \rightarrow 酒石酸钙 \rightarrow 洗涤$$

$$成品 \leftarrow 真空浓缩 \leftarrow 过滤 \leftarrow 脱色 \leftarrow 过滤 \leftarrow 溶解 \leftarrow 烘干$$

(2) 操作要点

1) 取经一次结晶的酒石酸氢钾 100 kg，加水 500 L，加热至 100℃，保持 30~40 min，使酒石酸氢钾彻底溶解。可于每 100 L 溶液中加入盐酸 1.5 L，以使酒石酸氢钾易于溶解。

2) 缓慢加入碳酸钙或加入能通过 100 目筛的石灰粉，中和溶液至中性或微酸性，用石蕊试纸测定，pH 等于 7 时为好。然后静置 24~30 h，这时溶液中产生的沉淀是酒石酸钙，溶液中则含有酒石酸钾。

3) 静置完成后，将容器中的清液放出，下部沉淀的酒石酸钙仍放于原容器中。放出的清液加入氯化钙，其目的是使存在于溶液中的酒石酸钾经反应生成酒石酸钙沉淀。其加入量是按碳酸钙或石灰的加入量来计算的，加入的氯化钙必须含 2 分子结晶水并且是工业纯的。氯化钙加入后搅拌 15 min，静置 2 h，抽出上层清液。该液含有钾盐可作肥料，浓缩后也可结晶出来。将这次沉淀的酒石酸钙与原存容器中的酒石酸钙合并。

4）用大于其体积 4 倍的水对合并后的酒石酸钙进行洗涤，先搅拌 10 min，然后静置 20 min，待酒石酸钙沉淀后，抽出上层清液，再加大于其体积 4 倍的水进行搅拌。这样反复洗涤 4 次，最后将酒石酸钙过滤压榨，迅速烘干备用。

5）取干燥后的酒石酸钙，按 1 kg 酒石酸钙加入 4 L 水的比例进行加水，然后进行搅拌。此时应加入硫酸，加入硫酸时应注意，加入量可按照计算出的数量先加入 4/5，其余的要慢慢地加。硫酸加入量宁可稍少一些，也不要过量，因为加入过多又要加入酒石酸钙来加以调整。溶液中加入硫酸后即生成白色的硫酸钙。静置 2~3 h 后即进行过滤，过滤后的沉淀用清水洗涤 2~3 次，并将洗过沉淀的水合并于滤液中。

6）在滤液中加入 1% 的活性炭，在 80℃ 的温度下保持 30~60 min，然后趁热过滤，其沉淀用水洗涤 1~2 次。洗过的沉淀水与滤液合并。洗过后的活性炭可以活化再用。

7）滤液最好用单效真空减压蒸发器来浓缩，也可在常压下直接加热浓缩，温度保持在 80℃。滤液浓缩到相对密度为 1.71~1.94 时，冷却，即可得结晶体。将其再溶解结晶 3~5 次便成为精制品，然后进行干燥、称量、封装，即为成品。

14.5 园艺产品副产物综合利用实例

14.5.1 苹果果实皮渣的综合利用

我国盛产苹果，早在 1992 年，我国的苹果年产量已居世界首位，现在年产量占世界年总产量的 40% 以上。西方国家，如美国、德国、波兰等的苹果生产及其综合利用都处于世界前列，而我国苹果加工业相对滞后，每年仅有 6% 左右的苹果用于加工，对苹果的综合利用还远远不够。

在苹果加工上，其主要产品有浓缩果汁、糖水罐头、果脯、果酒、果酱、果冻、果醋等。但在苹果加工中还会产生大量的苹果皮渣，这些皮渣可以用于提取果胶、香精、色素、纤维素、柠檬酸、苹果籽油，生产酒精、食用菌、单细胞蛋白、饲料、活性炭及用作制造天然气的能源等。

1. 提取果胶

（1）**工艺流程**

苹果皮渣 → 清洗 → 干燥 → 粉碎 → 酸液水解 → 过滤

标准化处理 ← 检验 ← 粉碎 ← 干燥 ← 沉析 ← 浓缩

成品

(2) **操作要点**

1）苹果皮渣原料来源于苹果浓缩汁厂或罐头厂，一般新鲜的苹果皮渣含水量较高，极易腐烂变质，要及时处理。将苹果皮渣清洗去杂后，在温度为 65~70℃的条件下烘干，烘干后，进行粉碎，过 80 目筛待用。

2）在粉碎后的苹果皮渣粉末中，加入约为 8 倍皮渣粉末重的水，用盐酸调节 pH 为 2~2.5 进行酸解。在温度为 85~90℃的条件下，酸解 1~1.5 h。

3）酸解完毕后进行过滤，弃渣留液。将过滤液在温度为 50~54℃，真空度为 0.085 MPa 的条件下进行浓缩。

4）浓缩后得到的浓缩液要及时冷却并进行沉析。一般沉析有盐沉析、酒精沉析等方法，这里用酒精沉析法。向冷却后的浓缩液中加入 95% 的乙醇，加入量与浓缩液量的比例为 1∶1，待沉析彻底后，过滤或离心分离，脱去并回收乙醇，最后得到湿果胶。

5）将所得湿果胶在 70℃以下进行真空干燥 8~12 h，然后粉碎到 80 目左右，即成为果胶粉。为达到商品果胶的要求，必要时可添加 18%~35% 的蔗糖进行标准化处理。

2．提取膳食纤维

(1) **工艺流程**

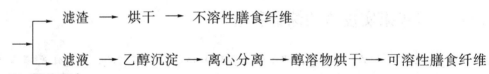

苹果皮渣 ⟶ 预处理 ⟶ 浸泡 ⟶ 水洗 ⟶ 酶解 ⟶ 灭酶 ⟶ 过滤 ⟶

⟶ 滤渣 ⟶ 烘干 ⟶ 不溶性膳食纤维

⟶ 滤液 ⟶ 乙醇沉淀 ⟶ 离心分离 ⟶ 醇溶物烘干 ⟶ 可溶性膳食纤维

(2) **操作要点**

1）剔除苹果渣中的杂物，皮渣粉碎后过 60 目筛。

2）浸泡首先用 pH 为 12 的 NaOH 溶液，料液比为 1∶9，在 70℃的温度条件下，提取 60 min。碱液浸提结束后，用水洗至中性，再用淀粉酶（用量 0.6%）在温度为 75℃，pH 为 7.0 的条件下处理 1 h。

3）浓缩后的滤液用无水乙醇进行沉淀，乙醇用量与滤液体积比为 1∶4，然后以 4000 r/min 的转速离心 15 min，将沉淀物烘干后即得可溶性膳食纤维，滤渣烘干后即得不溶性膳食纤维。

3．提取苹果多酚

最近研究发现，苹果多酚具有抗氧化作用，能够防止维生素、色素等的劣变，对龋齿、高血压等症有预防作用，对变异原性物质有抑制作用。

(1) **乙醇提取法**

果渣 ⟶ 醇提 ⟶ 过滤 ⟶ 蒸发 ⟶ 真空干燥 ⟶ 粉碎 ⟶ 成品

称取冷冻果渣，按 1∶（10~12）的料液比加入 60% 的乙醇，在 60℃的温度条件下，浸提 4 h，然后过滤。将滤液在 30℃的温度条件下旋转蒸发，除去有机溶剂，再真空干燥，粉碎，即得成品。

（2）微波萃取法

果渣 → 乙醇 → 微波萃取 → 蒸发 → 过滤 → 真空干燥
　　　　　　　　　　　　　　　　　　　　　↓
　　　　　　　　　　　　　　成品 ← 粉碎

将苹果渣粉碎过 140 目筛，放入微波萃取仪的容器中，按料液比 1:50 加入 60% 的乙醇溶液，微波辅助功率设置为 750 W，萃取时间为 60 s，将提取液置于离心机中，以 4200 r/min 的转速离心 15 min，然后真空抽滤、真空干燥，粉碎后即得成品。

（3）超高压法

果渣 → 真空封袋 → 超高压处理 → 过滤 → 真空浓缩
　　　↑　　　　　　　　　　　　　　　　　↓
　　乙醇　　　　　　成品 ← 粉碎 ← 真空干燥

将苹果渣粉碎过 140 目筛，按料液比 1:50 加入 80% 的乙醇溶液，在 200 MPa 压力下处理 2 min，将提取液置于离心机中，以 4200 r/min 的转速离心 15 min，然后真空抽滤、真空干燥，粉碎后即得成品。

4. 发酵生产蛋白饲料

苹果渣是鲜苹果加工后的下脚料，主要由果皮、果核和部分残余果肉组成。苹果渣经过适当加工处理即可用作畜禽的饲料。苹果渣的营养价值较高，适口性好，各种畜禽都喜欢采食。据分析，风干的苹果渣粉富含粗蛋白质（3%～5%），粗脂肪（5%～7%），粗纤维（13%～16%），无氮浸出物（65%～75%，包括各种糖类、淀粉、黏液物质、水果酸、果胶、单宁、色素等物质）等。苹果渣中的赖氨酸量是玉米粉的 1.7 倍，精氨酸是玉米粉的 2.75 倍，其消化能为 11388 kJ/kg，代谢能为 9337 kJ/kg。1.5～2.0 kg 的苹果渣粉相当于 1.0 kg 玉米粉的营养价值。

（1）菌株筛选

采用苹果渣双层平板法筛选。从长期堆放的甜菜渣、苹果渣、淀粉渣等富含半纤维素、果胶的原料中采集出 15 个样品，分别配成 1% 的悬浮液，取少量悬浮液混入上层培养基中，30℃下培养 2～3 天，挑选菌落直径最大的酵母菌，经纯化、镜检，保存在斜面培养基上。

将经初步筛选的数株酵母菌装入有 30 mL 培养基的 300 mL 培养瓶中，在 30℃ 的摇床上培养适当时间，离心收集菌体，测粗蛋白含量并分析氨基酸组分，最后得到粗蛋白含量最高、氨基酸组成齐全的一株酵母菌，作为固态发酵的菌种。

（2）发酵

向苹果渣中添加 2.5%～3% 苹果渣重的尿素作为氮源，同时调节 pH 为 6～6.5，保持苹果渣的水分含量为 55% 左右，添加已筛选出的酵母菌，在 35℃ 下，发酵 24～36 h 后，即为蛋白动物饲料。

14.5.2　柑橘果实皮渣的综合利用

我国柑橘年产量仅次于巴西、美国，居第三位。但我国的柑橘大部分用于鲜食或贮藏后食用，用于加工的柑橘仅占 5％左右，柑橘加工的附加值较低。巴西是柑橘综合加工利用最好的国家，除果汁外，还有果油、香精、化学药品等加工副产品，柑橘的利用十分彻底，几乎没有废弃物。美国用于加工的柑橘也占大约 70％，柑橘的皮渣等下脚料用于生产柑橘糖蜜、酒精、饲料等。

目前，我国柑橘加工的主要产品有柑橘汁、糖水橘瓣罐头、柑橘果冻和果酱、柑橘果酒、柑橘蜜饯等，可是在加工中还剩 40％～55％的柑橘皮渣，未能得到充分的加工利用。据分析，这些柑橘皮渣含有大量对人体有益的维生素、胡萝卜素、蛋白质、糖类和多种微量元素等。若将这些柑橘皮渣或质次的柑橘整果经过适当的物理、化学处理，可得到具有很高使用价值的柑橘香精、果胶、天然类胡萝卜素、黄酮苷（如橙皮苷、柚皮苷）、柑橘籽油、膳食纤维素、饲料等。因此，近年来国内非常重视柑橘加工新产品和新技术的研究。

1. 提取果胶

柑橘果皮渣中含有 20％～30％的果胶，是提取果胶的主要原料。提取的主要方法有酸提法、离子交换树脂法等，其具体工艺见"园艺产品副产物中果胶的提取"一节。

2. 提取香精油

从柑橘果皮渣中提取香精油的方法通常有压榨法、水蒸气蒸馏法、萃取法，其具体工艺见"园艺产品副产物中香精油的提取"一节。

3. 提取橙黄色素

柑橘果皮渣含有橙黄色素，可通过浸提法、浓缩法和超临界流体萃取法等将其提取出来，其具体工艺见"园艺产品副产物中天然色素的提取"一节。

4. 提取纤维素

柑橘皮渣经过提取精油、果胶、色素、糖苷等以后，还剩占柑橘果皮渣重 50％左右的残渣，这些残渣的主要成分为纤维素及半纤维素。利用这些残渣或柑橘皮渣可以提取食用纤维素。目前从柑橘果皮渣中直接提取纤维素还没有形成规模化生产，多数是从柑橘果皮渣中提取果胶后，再制取食用纤维素。

（1）**工艺流程**

果渣 ⟶ 清洗 ⟶ 干燥 ⟶ 粉碎 ⟶ 酸液浸提 ⟶ 压滤 ⟶ 洗涤
　　　　　　　　　　　　　　　　　　　　　　　　　　　　　↓
食用纤维素 ⟵ 真空干燥 ⟵ 压滤 ⟵ 乙醇洗涤 ⟵ 脱色

（2）**操作要点**

1）柑橘果皮渣经过清洗去杂质以后，风干或低温干燥，然后粉碎到粒度为 1~2 mm 的粉末。

2）将柑橘果皮渣粉末加入 2~3 倍皮渣粉末重的水中，用盐酸调节 pH 为 2~2.5，浸提 1 h 后，进行压滤，滤液用于提取果胶，渣用于制取食用纤维素。

3）用 50~60℃的热水浸泡压滤后的余渣，然后反复冲洗至中性，再用 5%的过氧化氢在 pH 为 5~7，温度为 30℃左右的条件下脱色 10 min。

4）脱色后压滤去除滤液，用清水及 20%~50%的乙醇洗涤余渣，再施压滤，滤渣进行真空干燥，真空干燥后就成了食用纤维素。

5. 提取柑橘籽油

柑橘中籽的含量为柑橘整果的 4%~8%。柑橘籽中油脂含量一般可达籽的 20%~25%。粗制柑橘籽油可作为工业用油；精炼后的柑橘籽油，色泽浅黄而透明，无异味，有类似橄榄油的芳香气息，可食用。

（1）**工艺流程**

原料 ⟶ 炒籽 ⟶ 粉碎去壳 ⟶ 加水拌和 ⟶ 蒸料 ⟶ 制饼坯

脱色压滤 ⟵ 碱炼 ⟵ 粗制油 ⟵ 过滤 ⟵ 沉淀澄清 ⟵ 压榨

干燥脱水 ⟶ 真空脱臭 ⟶ 透明精炼油

（2）**操作要点**

1）原料处理。用清水反复洗涤柑橘籽，以便去除附着在柑橘籽表面上的果肉碎屑、污物等，然后晒干或烘干。将干籽进行筛选去杂。

2）炒籽。将选好的柑橘籽倒入炒锅中进行炒制，控制其温度，炒至柑橘籽外表面呈均匀的橙黄色为度，不得炒焦。

3）粉碎去壳。炒制后的柑橘熟籽立即冷却，用粉碎机进行粉碎，再用 20 目的粗筛或风选机除去干壳。

4）加水拌和。按 8%左右籽粉的量，加清水入粉碎去壳的柑橘籽粉中，用混合机混合均匀，但以籽粉不成团为度。

5）蒸料。将拌和好的籽粉加入蒸料锅，用水蒸气蒸料，蒸至籽粉可用手捏成粉团为佳。

6）制饼坯与压榨。蒸好的籽粉制成籽粉饼进入压榨机进行压榨。

7）澄清过滤。榨出的柑橘籽油送入贮油罐自然澄清并过滤，或用板框式压滤机进行过滤，或用离心分离机进行分离。过滤后得到柑橘籽油粗品。

8）粗制油。柑橘籽油粗品尚含有少量的植物胶质、游离脂肪酸、植物蛋白、苦味成分等，外观色泽较深、稠度大、有不愉快的特殊气味，因而只能作为一般工业原料应用。若要食用，还需进行精炼处理。

9）碱炼。测定柑橘籽油粗品的酸度（一般为 2.29 左右），通过计算确定浓度为 5%

的 NaOH 溶液的加入量。按计算出的量,向柑橘籽油粗品中加入浓度为 5% 的 NaOH 溶液,充分搅拌、乳化,使原油中的杂质发生皂化作用而析出。碱炼的时间一般 40 min 左右,若碱炼的温度为 50~55℃,则时间可控制在 15~20 min。然后让其自然澄清,待析出的皂化沉淀物等杂质彻底沉降后,分离出上层澄清的碱炼油。

10) 脱色压滤。在充分搅拌下,按油量的 4%~5% 向澄清的碱炼油中加入粉状活性炭和少量的硅藻土,加热至 80~85℃,脱色处理 1~2 h。取样检查脱色合格后,用板框式压滤机进行过滤,以达到脱色的目的。

11) 干燥脱水。脱色后,将上述清油加热至 105~110℃,维持 30~40 min,以便除去清油中所含有的少量水分及低沸点杂质成分。当清油再次呈现透明清晰状态时,即达到干燥脱水终点。

12) 真空脱臭。将干燥脱水的清油送入真空脱臭器进行脱臭处理。一般油温为 60~65℃,真空度为 0.065~0.07 MPa。脱臭处理进行 30~35 min 后,即可得到合格的柑橘籽油。

第 15 章　园艺产品贮藏加工安全控制

园艺产品包括水果、蔬菜及花卉，水果、蔬菜是人们日常生活中不可缺少的副产品以及农产品，同时也是重要的食品加工原料。而近年来，随着社会经济的日益发达，用花卉美化城市日益兴旺，因此世界市场和国际市场对园艺产品的需求量与日俱增。众所周知，这些园艺产品属鲜活易腐农产品，其安全性直接关系到人们的生命健康与企业的兴衰以及我国和谐社会的建设。

食源性疾病严重危害着人类的健康，无论是发达国家还是发展中国家都受此威胁，目前在所有国家中食源性疾病的发病率都有上升趋势。据世界卫生组织调查，全球每年约有 1000 万人死于食源性疾病，我国近 10 年平均每年仅因蔬菜农药超标发生中毒事故就高达约 10 万人。同时，食品安全问题也影响到我国食品的出口贸易，全国每年因农产品有毒有害污染问题造成的直接经济损失高达 160 亿元，严重削弱了我国农产品的国际竞争力。因此，食品质量与安全成为我国政府的一项重要战略举措以及食品工业的核心问题。现阶段，由于园艺产品生产过程中不合理使用农药、化肥，而导致果蔬产品农药、硝酸盐污染问题仍比较突出，环境污染使园艺产品存在一定程度的重金属污染，园艺产品不合理的采后处理、贮藏、保鲜及加工保藏而遭受二次污染。

园艺产品安全标准是园艺产品的质量安全的基础，并决定园艺产品质量安全的水平。园艺产品安全标准是园艺产品的加工、贮藏和运销、资源的开发与利用、监督与监测以及园艺产品质量管理体系与合格评估认证必须遵守的行为准则，从而实现园艺产品安全监督管理，并规范市场经济秩序，设置和打破国际技术性贸易壁垒，使园艺产品行业持续健康发展。由于供应链的日益复杂化、国际化和多元化，园艺产品在生产、贮藏、加工、运输、销售的任何一个环节均有可能存在质量安全风险。溯源系统可以用来识别疾病暴发和危害因子的源头，收回或召回受污染的或危险的园艺产品，为监管部门提供基础的数据参考和技术支持，帮助执法者追踪污染的源头，从市场上消除污染园艺产品。实施园艺产品质量溯源是园艺产品贮藏加工、流通消费安全风险管理的重要工具。通过溯源可向消费者提供真实可靠的信息，保证消费者的知情权，提高农业数字化和信息化水平，有利于扩大园艺产品经营规模、提高企业标准化程度和劳动生产率，最终为社会提供更多安全可靠的园艺产品，同时可以大大提高企业的国际竞争力。

15.1　园艺产品安全体系

15.1.1　园艺产品安全技术支撑体系

1）评价园艺产品的土壤环境质量、灌溉水质量、环境空气质量，进行农药残留危害物的风险分析。掌握生产中农药田间降解规律，结合农药的本底调查数据和农药的降解变动方程，建立农药残留预测模型。在此基础上，建立园艺贮藏加工的产品标准和标准化生产体系。通过建立重要农药在种植区的土壤和不同蔬菜中的预测模型，可为园艺产品中农药残留的风险分析提供理论支持。风险评估报告可为园艺产品的安全生产、加工及运输提供依据和保障。

2）园艺产品生产、加工与流通过程中的快速检测技术及设备应用。研究、引进农药残留、重金属和硝酸盐及亚硝酸盐快速检测技术与设备，建立和完善种植、贮藏、加工与流通环境园艺产品中农药残留、重金属和硝酸盐与亚硝酸盐等成套检测技术、快速检测试剂盒、快速检测设备。

3）园艺产品生产、贮藏加工、流通过程中化学性污染和表面有害微生物控制技术。化学性污染是影响果蔬安全的关键，果蔬化学性污染受种植、贮运、加工、包装、流通过程等因素的影响，搞好果蔬化学污染安全性控制，是保证果蔬消费安全的主要途径之一。开展安全无残留臭氧、二氧化氯表面杀菌技术、气调保鲜技术、低温＋减压组合加工技术、非油炸膨化技术、膜技术、无公害微生物控制技术、生物源抑菌剂灭菌剂、生物拮抗菌剂等技术。

4）科学制定园艺产品的生产、加工、贮藏、包装、分等定级、运输、交易等系列的标准，并建立良好操作规范及相关检测标准规范。强化"基地生产、贮藏加工、市场流通"三个层面一个链条全过程系统的检测监控体系。

三个层面的侧重点如下：①基地生产，综合技术示范为核心，标准化生产认证和产品可追溯为重点；②贮藏加工，以提高安全运行能力为核心，自我管理规范建立和产品可追溯为重点；③市场流通，以市场准入制为核心，提高检测能力和水平为重点。

15.1.2　园艺产品安全监控体系

1. 实施园艺产品安全认证管理

园艺产品无公害栽培，包括环境优化选择技术、园艺产品健康栽培技术、园艺产品无公害施肥技术、无公害园艺产品病虫害综合防治技术，实施安全园艺产品认证管理，实现"从农田到餐桌"的全程监控，全面实施园艺产品基地生产、贮藏加工、市场流通的 GAP、GMP、SSOP 和 HACCP 等的认证与管理，完善园艺产品安全生产监控管理网络体系。

2. 建立推广园艺产品安全追溯技术

园艺产品安全追溯技术系统能够实现园艺产品从农田到餐桌产销信息公开、透明及可追溯的一体化，在园艺产品的生产、加工处理及流通、销售过程各阶段，由生产者及流通业者分别将各环节相关信息详细记录、保管并公开标志。加强基地、企业内部质量控制，积极开展园艺产品产地追溯系统、贮藏加工追溯系统、市场流通追溯系统和市场终端追溯系统，构建园艺产品安全数据平台，推行批发市场、超市等销售端终端查询系统建设应用，构建园艺产品安全追溯系统和追溯平台，增强园艺产品质量安全信息的透明度，保障园艺产品安全，提高质量安全水平。

3. 实施园艺产品的市场准入制和召回制

对园艺产品实行 QS 认证标志，实行信息化编码管理。实施园艺产品的市场准入制和市场召回制。此外，还要重视和实施农业生产资料投入产品、贮藏加工添加剂、包装物流材料与设备、市场销售的设施与环境的准入制。

4. 园艺产品安全社会化管理保障体系

园艺产品安全社会化管理保障体系的核心是严格执行《中华人民共和国农产品质量安全法》和《中华人民共和国食品安全法》（简称《食品安全法》）。在政府的主导作用下，科研机构与消费者共同参与，结合行业协会和企业，依照《食品安全法》，在食品安全管理委员会的领导下，整合各种资源，发挥各有关职能部门的作用，协调食品整个生物链条的科学管理。

园艺产品产业的行业协会、企业要积极主动地学习、宣传和实践《食品安全法》。制定和严格执行相关园艺产品安全标准化生产规章、规程。培训从事园艺产品生产、贮藏加工、市场流通的管理人员。对消费者进行宣传，提升消费者的园艺产品安全生产意识和安全消费意识。

15.2 园艺产品贮藏加工安全控制

15.2.1 园艺产品贮藏加工安全控制原则与技术

园艺产品贮藏加工安全控制是从园艺产品的种植、收获、运输、生产、加工、贮藏、销售及食用等全过程的安全控制，是一种由国家或地方当局从事的强制性规范行为，为消费者提供保护。

园艺产品贮藏加工安全控制体系是指为确保园艺产品安全卫生而建立的包括园艺贮藏加工产品安全法规体系、管理体系和科技体系为一体的监管控制系统。该体系必须是建立在法制基础上，并强制实行。园艺产品贮藏加工安全控制体系覆盖所有园艺产品的生产、制造过程和市场行为，并包括进口的园艺贮藏加工产品。

要达到园艺产品贮藏加工安全控制的目标，就需要对园艺产品贮藏加工中存在的潜在危害因素进行分析，并在此基础上建立一个统一、协调、高效和有活力的园艺贮藏加工产品控制体系。

1. 园艺产品贮藏加工安全控制原则

园艺产品安全控制技术体系的核心是园艺产品贮藏加工生产过程中以及消费者食用园艺贮藏加工产品时采取的预防性手段与卫生措施。当需升级、强化或改变园艺产品贮藏加工控制体系时，必须对支撑园艺产品贮藏加工控制行动的原理和价值取向给予考虑，包括：

1）在食物链中尽可能充分地应用预防原则，有效地控制、降低食品的安全风险或使这种风险最小化。

2）一体化的"从农田到餐桌"链条的定位。

3）建立应急机制以应对特殊的风险，如产品的召回制度。

4）发展基于科学原理的园艺产品贮藏加工控制策略。

5）确定实施风险分析的优先权和确定风险管理的效果。

6）建立以经济利益为目标的、全面的统一行为。

7）园艺产品贮藏加工控制是一种多环节具有广泛责任的工作，需利益各方的积极互动。

2. 园艺产品贮藏加工安全控制技术

园艺产品贮藏加工的安全风险和品质的丧失可能发生在园艺产品贮藏加工链上很多不同的点。与主要依靠对最终产品的检验和测试的传统食品控制方式相比，立足于早期阶段的预防、源头控制和对有问题产品的甄别显然更加科学，也更经济，是一种很好组织起来的，对生产流程中多环节进行控制的预防性的方法，可以有效地增进园艺产品的质量与安全。

国际标准化组织、各发达国家及我国为了提高企业整体素质和产品质量水平，已通过了一系列的食品质量控制体系。认为园艺产品贮藏加工安全控制技术体系的最佳模式是从"农田到餐桌"的全过程控制，在良好农业规范（GAP）、良好操作规范（GMP）和/或良好卫生规范（GHP）或卫生标准操作程序（SSOP）实施的基础上，推行危害分析和关键控制点（HACCP）以及在这些控制技术实施的基础上产生的 ISO 22000 园艺贮藏加工产品控制体系标准。根据这些技术体系能最大限度地保证园艺贮藏加工产品的卫生安全，并可以明显节省园艺贮藏加工产品安全管理中的人力和经费开支。

15.2.2　园艺产品原料生产过程中的安全控制

进入 21 世纪，国际上对农产品质量安全要求从要求最终产品合格转向要求种植养殖环节规范、安全、可靠，积极推崇和推行农产品质量安全的"从农田到餐桌"全过程控制，随之在农产品生产过程中相继出现了如良好农业规范（GAP）、良好操作规范

（GMP）、危害分析和关键点控制体系（HACCP）、园艺贮藏加工产品质量安全体系（SQF）、田间园艺产品安全体系（On Farm）等生产管理和控制体系及相应的体系认证。

GAP 代表了一般公认、基础广泛的农业指南，主要针对为加工和最简单加工（生的）出售给消费者和加工企业的大多数果蔬的种植、采收、清洗、摆放、包装和运输过程中常见的微生物的危害控制，其关注的是新鲜果蔬的生产和包装，包含从农田到餐桌的整个食品链的所有步骤。推行 GAP 是国际通行的从生产源头加强农产品、园艺贮藏加工产品质量安全控制的有效措施，是确保农产品和园艺产品质量安全工作的前提保障。

1. 良好农业规范的概念

根据联合国粮农组织的定义，GAP 是应用现有的知识来处理农业生产和产后的环境、经济和社会可持续性，从而获得安全而健康的食物和非食用农产品。GAP 是一套针对农产品生产（包括作物种植和动物养殖等）的操作标准，是提高农产品生产基地质量安全管理水平的有效手段和工具。它关注农产品种植、养殖、采收、清洗包装、贮藏和运输过程中有害物质和有害生物的控制及其保障能力，保障农产品质量安全，同时还关注生态环境、动物福利、职业健康等方面的保障能力。

GAP 的核心和实质是农产品规范化管理、标准化生产。以 Eurep GAP（全称是欧洲零售商农产品工作集团良好农业操作）为例，其标准的制定是以 HACCP 原理为基础，将综合虫害管理（IMP）和综合作物管理（ICM）结合起来，以减少植保产品的使用，保持消费者对食品质量和安全的信心，减少对环境的有害影响；同时保护自然和野生动植物，改善对自然资源的效率，确保以负责的态度对待工人的健康和安全。EurepGAP认证的范围包括农产品从种植到收获的全过程。当产品在包装和加工过程未发生所有权变化时，包括从种植到包装/加工的全过程。

2. 良好农业规范的基本原理

1998 年 10 月，美国食品与药物管理局（FDA）和美国农业部（USDA）联合发布了《关于降低新鲜水果与蔬菜微生物危害的企业指南》。在该指南中，首次提出良好农业操作规范的概念。GAP 试图通过全程质量控制体系的建立，从根本上解决食品质量与安全问题。FDA 和 USDA 强烈建议鲜果蔬生产者采用 GAP。

GAP 的建立是在某些基本原理和实践的基础上，贯穿于减少新鲜果蔬从农田到销售全过程的生物危害。现将八个原理简要介绍如下。

原理 1：对新鲜农产品的微生物污染，防范优于治理。

原理 2：为降低新鲜农产品的微生物危害，种植者、包装者或运输者应在他们各自控制范围内采用良好农业操作规范。

原理 3：新鲜农产品在农田到餐桌园艺产品贮藏加工链中的任何一点，都有可能受到生物污染，主要的生物污染源是人类活动或动物粪便。

原理 4：任何时候与农产品接触的水，其来源和质量形成了潜在的污染，应减少来自水的微生物污染。

原理 5：生产中使用的农家肥应认真处理以降低对新鲜农产品的潜在污染。

原理6：在生产、采收、包装和运输中，工人的个人卫生和操作卫生在降低微生物潜在污染方面起着极为重要的作用。

原理7：良好农业操作规范的建立应遵守所有法律法规或相应的操作标准。

原理8：必须配备有资格的人员对各层农业责任进行有效的监控，以确保计划的所有要素运转正常，并有助于通过销售渠道溯源到前面的生产者。

3. 良好农业规范的重要性

1）完善质量管理体系并统一标准。我国对农产品的生产只重视产品质量标准，缺乏全面的质量控制。而GAP系列标准的制定，完善并发展了我国农业标准体系，对提高农产品质量安全、农业生产力水平，促进我国农业持续健康发展起到积极的作用。

2）从源头确保农产品质量。一方面，实行GAP是从源头抓起，严格生产全过程的监控与管理，保证农产品达到质量安全标准。GAP是国际上针对农产品种植者指定的一种科学生产管理体制。它通过对影响产品质量安全各因素的HACCP分析，确定生产最佳操作基本要素，进而采取一系列措施对整个生产过程实施监控，从源头上解决农产品质量安全问题。另一方面，GAP也对动物福利予以了关注。动物在传统宰杀方式下，由于极度恐惧，分泌大量肾上腺激素形成毒素，可严重影响肉质。根据GAP的要求，在屠宰动物时采取人道的方式进行宰杀，这既可提高肉类品质，又符合发达国家动物福利的要求。

3）提高农产品出口的竞争力。农产品贸易的技术壁垒包括技术法规差别、技术标准差异和繁杂的安检程序以及绿色环境标志。拥有绿色环境标志，表明该农产品不但质量符合标准，而且在生产、加工、运输、消费等过程都符合环保要求，对生态环境和人类健康无损害。目前Eurep GAP是农产品进入欧洲市场的"准入证"。国家认证认可监督委员会正在积极推广China GAP认证，进一步促进农产品生产企业的出口。

4）打造农产品出口的生产基地。目前，"公司+基地+农户"是我国大多数生产企业采取的生产模式。这种模式，不仅难以做到种植、养殖全过程的质量控制，而且成本相对较高。要以较低的成本实现生产全过程的质量控制，"公司+基地"的模式是最合适的，最终实现规模效应，增强企业竞争力。

5）推动农业的可持续发展。我国存在农业用地资源占有量低、农用资源质量下降、农业用水资源匮乏、污染日益加重等问题，严重阻碍了我国农业的可持续发展。GAP系列标准的大量条款都关注农业的可持续发展，因此，GAP体系的建立、应用和认证是支持农业可持续发展的强有力的措施。

6）补充公共卫生安全体系。随着社会的发展，社会对员工职业健康安全和福利愈加关注，而GAP系列标准除关注园艺贮藏加工产品安全外，还关注从业人员的职业健康安全和人畜共患病的防控。

GAP体系的建立和实施，将进一步提高出口农产品质量安全水平，完善农业标准并加强农业体系方面的认证，推动农业的可持续发展。

4. 良好农业规范认证的意义

为了保障园艺产品贮藏加工的安全、质量、生产效率以及环境的受益，各国的政府、园艺产品加工业、园艺产品零售业、种植和养殖业以及消费者都应进行管理和监督，并以政府和行业规范的形式得到建立和发展。

为改善我国目前农产品生产现状，增强消费者信心，提高农产品安全质量水平，促进农产品出口，填补我国在控制园艺贮藏加工产品生产源头的农作物生产领域中 GAP 的空白，国家认证认可监督管理委员会会同有关部委研究制定了《中国良好农业规范系列国家标准》和《中国良好农业规范认证实施规则》。根据 2005 年 5 月国家认证认可监督委员会与 Eurep GAP 签署的《中国国家认证认可监督管理委员会与 Eurep GAP/Foodplus 技术合作备忘录》的有关规定，China GAP 与 Eurep GAP 经过基准性比较后，China GAP 认证结果将得到国际组织和国际零售商的承认。我国农产品生产者获得 China GAP 认证后，可以把其农产品供应的信誉转化为得到 China GAP 认可的资源，因为 China GAP 认证是对农产品安全生产的一种商业保证，这样这些生产者的产品有更多的机会进入国际市场。

良好农业规范按种类（作物、果蔬、肉牛、肉羊、生猪、奶牛、家禽）和基础（农场基础、作物基础和禽畜基础）划分为种类模块和基础模块。认证机构在开展作物、水果、蔬菜、肉牛、肉羊、奶牛、生猪和家禽生产的良好农业规范认证活动中都将依据新规则。用于认证的良好农业规范系列国家标准（GB/T 20014.1～GB/T 20014.10）已经发布，其中对作物、畜禽、水果和蔬菜等的控制点与符合性都做出了规定。

15.2.3 园艺产品贮藏加工企业的良好操作规范

1. 企业良好操作规范简介

GMP（Good Manufacturing Practice）即良好操作规范，是一种特别注重在生产过程中实施对食品卫生安全的管理规范。其宗旨在于确保在产品制造、包装和贮藏等过程中的相关人员、建筑、设施和设备均能符合良好的生产条件，防止产品在不卫生的条件下或在可能引起污染的环境中操作，以保证产品安全和质量稳定。食品 GMP 是在从原材料到产品的整个食品制造过程中，为了充分进行卫生和质量管理，排除可能产生的不卫生因素，确保食品的高质量而制定的管理措施，它同以产品抽样检查为中心的质量管理制度是不相同的，强调了食品生产条件的管理。

GMP 是适用于制药、食品加工、化妆品等行业，要求企业从原材料、人员、生产设备、生产过程、包装运输、质量控制等方面按国家有关法规达到卫生质量要求，形成一套可操作的作业规范，帮助企业改善卫生环境，及时发现生产过程中存在的问题并加以改善。实施 GMP，不仅仅是通过最终产品的检验来证明达到质量要求，而是在产品生产的全过程中实施科学的全面管理和严密的监控来获得预期质量。

随着社会的发展、科技的进步，GMP 在执行过程中不断地进行修改和完善，同时各国均制定了执行 GMP 过程中的细则和各种指导原则。目前，已有 100 多个国家实行了 GMP 制度，日本、英国、新加坡和很多先进国家也都引入了园艺贮藏加工产品 GMP。

GMP 要求生产企业应具有良好的生产设备、合理的生产过程、完善的质量管理和严格的检测系统。其主要内容包括：

1）先决条件。合适的加工环境、工厂建筑、道路、行程、地表水供水系统、废物处理等。

2）设施。制作空间、贮藏空间、冷藏空间、冷冻空间的供给，排风、供水、排水、排污照明等设施，合适的人员组成等。

3）加工、贮藏、分配操作。物质购买和贮藏，机器、配件、配料、包装材料、添加剂、加工辅助品的使用及合理性，成品外观、包装、标签和成品保存，成品仓库、运输和分配，成品的再加工，成品申请、抽检和试验，良好的实验室操作等。

4）卫生和食品安全检测。特殊的贮藏条件，热处理、冷藏、冷冻、脱水、化学保藏；清洗计划、清洗操作、污水管理、害虫控制；个人卫生和操作；外来物控制、残存金属检测、碎玻璃检测以及化学物质检测等。

5）管理职责。提供资源、管理和监督、质量保证和技术人员；人员培训；提供卫生监督管理程序；调查质量满意程度；负责不合格产品撤销等。

2. 企业良好操作规范分类

从适用范围来看，现行的 GMP 可分为三类：

1）具有国际性质的 GMP，包括 WHO 制定的 GMP、北欧七国自由贸易联盟制定的 PIC-GMP 及东南亚国家联盟制定的 GMP 等。

2）国家权力机构颁布的 GMP，如中华人民共和国卫生部及国家食品药品监督管理局、美国 FDA、英国卫生和社会保险部、日本厚生省等政府机关制定的 GMP。

3）工业组织制定的 GMP，如美国制药工业联合会制定的 GMP、中国医药工业公司制定的 GMP、甚至还包括药厂或公司自己制定的 GMP。

从制度的性质来看，GMP 可分为两类：

1）将 GMP 作为法典规定，如美国、日本、中国的 GMP。

2）将 GMP 作为建议性的规定，如联合国的 GMP。

总之，各国的 GMP 内容基本一致，但也各具特点，按照不同产品特点制定独立的 GMP 是必要的。实践证明 GMP 是一套科学化、系统化的管理制度，对保证园艺贮藏加工产品质量起到了积极作用。

3. 企业良好操作规范的基本原则

具体的 GMP 基本原则有：

1）明确各岗位人员的工作职责。

2）在厂房、设施和设备的设计、建造过程中，充分考虑生产能力、产品质量和员工的身心健康。

3）对厂房、设施和设备进行适当的维护，以保证其始终处于良好的状态。

4）将清洁工作作为日常的习惯，防止产品污染。

5）开展验证工作，证明系统的有效性、正确性和可靠性。

6）起草详细的规程，为取得始终如一的结果提供准确的行为指导。

7）认真遵守批准的书面规程，防止污染、混淆和差错。

8）对操作或工作及时、准确地记录归档，以保证可追溯性，符合 GMP 要求。

9）通过控制与产品有关的各个阶段，将质量建立在产品生产过程中。

10）定期进行有计划的自检。

4. 实施企业良好操作规范的意义

1）有利于食品质量的提高。GMP 从原料进厂直至成品的贮运及销售整个生产的各个环节，均提出了具体控制措施、技术要求和相应的检测方法及程序，有力地保证了食品质量。

2）有利于提高食品企业和产品的声誉，提高竞争力。企业实施 GMP，势必会提高产品的质量，从而带来良好的市场信誉和经济效益，这样必然会提高企业的形象和声誉，提高市场的竞争力，占有更大的市场。

3）有利于食品进入国际市场。GMP 作为国际通用的生产及质量管理所必须遵循的原则，也是通向国际市场的通行证。企业实施 GMP，有利于产品走出国门，扩大出口，提高食品在国际贸易中的竞争力。

4）促进食品企业质量管理的科学化和规范化。目前我国许多食品企业质量意识不强，质量管理水平较低，条件设备落后。实行 GMP 规范化管理制度将会提高我国广大企业加强自身质量管理的自觉性，提高质量管理水平，从而推动我国食品工业质量管理体系向更高层次发展。

5）提高卫生行政部门对食品企业进行监督检查的水平。对食品企业进行 GMP 监督检查，可使食品卫生监督工作更具科学性和针对性，提高对食品企业的监督管理水平。

6）为企业提供生产和质量遵循的基本原则和必需的标准组合。促进企业强化征税管理和质量管理，有助于企业管理现代化。采用新技术、新设备，提高产品质量和经济效益。

15.2.4　园艺产品贮藏加工企业的卫生标准操作程序

1. 卫生标准操作程序的概念

对园艺产品贮藏加工企业而言，SSOP 是指企业为了满足 GMP 的要求，在卫生环境和加工过程等方面实施的具体程序，是实现 HACCP 的前提条件。

20 世纪 90 年代美国的食源性疾病频繁暴发，造成每年大约七百万人次感染，7000人死亡。这促使美国农业部（USDA）决心建立一套包括生产、加工、运输、销售所有环节在内的农畜产品生产安全措施，从而保障公众的健康。1995 年 2 月颁布的《美国肉、禽类产品 HACCP 法规》中第一次提出了要求建立一种书面的常规可行的程序——卫生标准操作程序（SSOP），确保生产出安全的食品。同年 12 月，美国 FDA 颁布的《美国水产品 HACCP 法规》中进一步明确了 SSOP 必须包括的八个方面及验证等相关程序，从而建立了 SSOP 的完整体系。

此后，SSOP 一直作为 GMP 或 HACCP 的基础程序加以实施，成为完成 HACCP 体系的重要前提条件。

2. 卫生标准操作程序的主要内容

为确保园艺贮藏加工产品在卫生状态下加工，充分保证达到 GMP 的要求，SSOP 计划最重要的是具有八个卫生方面的内容：

1）与园艺贮藏加工产品接触或与园艺贮藏加工产品接触物表面接触的水（冰）的安全，生产用水（冰）的卫生质量是影响园艺贮藏加工产品卫生的关键因素。

①园艺贮藏加工产品加工者必须提供在适宜的温度下足够的饮用水（符合国家饮用水标准）。城市供水及自备水源都必须有效地加以控制，有合格的证明后方可使用，并定期进行清洗和消毒。

②对于公共供水系统必须提供供水网络图，并清楚标明出水口编号和管道区分标记。

③与园艺贮藏加工产品或园艺贮藏加工产品表面接触的冰，必须以一种卫生的方式生产和贮藏。因而，制冰用水必须符合饮用水标准，制冰设备应确保清洁并不存在交叉污染。

2）与园艺贮藏加工产品接触的表面（包括设备、手套、工作服）的清洁度和卫生状况。保持与产品接触的表面清洁是为了防止污染园艺贮藏加工产品。

①园艺贮藏加工产品接触表面在加工前和加工后都应彻底清洁，并在必要时消毒。

②检验者需要判断是否达到了适度的清洁，因而，需要检查和监测难清洗的区域和产品残渣可能出现的地方。

③设备的设计和安装应易于清洁，并对经试用后不符合要求的设备及时修理或替换。

④手套和工作服也是园艺贮藏加工产品接触表面，选择不易破损的产品并每天清洗消毒，不使用时它们必须贮藏于不被污染的地方。

3）防止发生交叉污染。交叉污染是通过生的园艺贮藏加工产品、园艺贮藏加工产品加工者或园艺贮藏加工产品加工环境把生物或化学的污染物转移到园艺贮藏加工产品的过程。

①加工人员卫生操作要求：洗手、首饰、化妆、饮食等的控制及培训。

②隔离：为防止交叉污染，工厂的合理选址和车间的合理布局至关重要。另外，明确人流、物流、水流和气流的方向，要从高清洁区到低清洁区，要求人走门、物走传递口。

4）手的清洗与消毒、厕所设施的维护与卫生保持。员工的手易被不良微生物和有害物质污染，因此，员工在操作和接触园艺产品时，进行手部清洗和消毒是必须的。企业应设置数量足够的洗手消毒设施，并保证正确的洗手方法和频率。卫生间需要进入方便、卫生和良好维护，具有自动关闭、不能开向加工区的门，设施要求一般情况下要达到三星级酒店的水平。

5）防止园艺贮藏加工产品被污染物污染。园艺贮藏加工产品加工企业经常要使用一些如润滑剂等的化学物质，生产过程中还会产生一些如冷凝物和地板污物等的污物和废弃物。可能产生外部污染的原因有：①有毒化合物的污染；②因不卫生的冷凝物和死水产生的污染。工厂的员工必须经过培训，达到防止和认清这些可能造成污染的间接途径。加工者需要了解可能导致园艺贮藏加工产品被间接或不被预见的污染，而导致食用不安全的所有途径。

6）有毒化学物质的标记、贮存和使用。园艺贮藏加工产品加工需要特定的有毒物质，不正当的使用有毒有害物质是导致产品外部污染的一个常见原因。主要包括洗涤剂、消毒剂、杀虫剂（如1605）、润滑剂、试验室用药品，以及园艺贮藏加工产品添加剂、护色剂等。因此，必须保证有毒有害化学物质的正确标记、正确贮存和正确使用，并且要由经过培训的人员进行管理。

7）从业人员的健康与卫生控制。园艺贮藏加工产品加工者（包括检验人员）是直接接触产品的人，其身体健康及卫生状况直接影响园艺贮藏加工产品的卫生质量。对员工的健康要求一般包括：

①不得患有碍园艺贮藏加工产品卫生的疾病，手部不能有外伤。
②发现有患病的员工，应及时调离操作岗位。
③保持个人卫生，注意加工过程中手的清洁和卫生。
④制定健康体检计划，建立员工健康档案。
⑤加强对员工的教育培训。

8）虫害的防治。虫害的防治对园艺产品贮藏加工企业是至关重要的。害虫的灭除和控制包括加工厂（主要是生区）全范围，包括加工厂周围，重点是厕所、下脚料出口、垃圾箱周围、食堂、贮藏室等。园艺贮藏加工产品和其加工区域内保持卫生对控制这种危害至关重要。

3. 卫生标准操作程序的卫生监控与记录

企业在建立SSOP之后，还必须设定监控程序，实施检查、记录和纠正措施。企业要在设定监控程序时描述如何对SSOP的卫生操作实施监控。它们必须指定何人、何时及如何完成监控。对监控结果要检查，检查结果不合格的还必须要采取措施加以纠正。对以上所有的监控行动、检查结果和纠正措施都要记录，通过这些记录说明企业不仅制定而且遵守了SSOP。

园艺产品加工企业日常的卫生监控记录是工厂重要的质量记录和管理资料，应使用统一的表格，并归档保存。

卫生监控记录表格基本要素如下：
1）被监控的某项具体卫生状况或操作。
2）以预先确定的监测频率来记录监控状况。
3）记录必要的纠正措施。

监控的主要内容包括：水的监控记录；表面样品的检测记录；雇员的健康与卫生检查记录；卫生监控与检查纠偏记录；化学药品的购置、贮存和使用记录；顾客意见处理和成品收回记录。

15.2.5　园艺产品贮藏加工企业的危害分析与关键控制点体系

1. 危害分析与关键控制点体系的内容

危害分析与关键控制点即 HACCP，是一种科学、简便、专业性强的预防性园艺产品贮藏加工产品质量安全控制体系。该体系通过危害分析和关键控制点控制，将园艺产品安全问题预防、消除、降低到可接受水平。

1959 年美国率先提出 HACCP 体系，同年对国内的食品工业全面推行。1993 年，CAC 推荐 HACCP 体系为目前保障食品安全最经济有效的途径。HACCP 是以预防园艺贮藏加工产品安全问题为基础的防止园艺贮藏加工产品引起疾病的最有效的方法。因而，可以说 HACCP 体系的推行已成为当今国际园艺产品贮藏加工行业安全质量管理不可逆转的发展趋向与必然要求。

HACCP 体系是一种建立在良好操作规范（GMP）和卫生标准操作程序（SSOP）的基础之上的预防性体系，且具有充分的灵活性和高度的技术性，其灵活性不仅体现在对具体产品具体分析，没有统一的蓝本可以套用，还体现在鼓励采用新的方法和新的发明，不断改进工艺和设备，这种灵活性也表明了 HACCP 的高度技术性。

下面介绍几个与 HACCP 有关的概念：

1）关键控制点（CCP）。园艺产品贮藏加工安全危害能被控制的、能预防、消除或降低到可以接受的水平的一个点、步骤或过程。

2）控制点（CP）。能控制生物的、物理的或化学的因素的任何点、步骤或过程。

3）关键限值（CL）。与关键控制点相联系的预防性措施必须符合的标准。

4）操作限值（OL）。比关键限值更严格的、由操作者使用来减少偏离的风险标准。

5）纠偏行动（CA）。当关键控制点从一个关键限值发生偏离时采取的行动。

6）监控（M）。进行一个有计划的连续的观察或测量来评价 CCP 是否在控制之下，并为将来验证时使用做出准确记录。

7）验证（V）。除监控的那些方法之外，用来确定 HACCP 体系是否按 HACCP 计划运作或计划是否需要修改及再被确认生效所使用的方法、程序或检测及审核手段。

2. 危害分析与关键控制体系的原理

1999 年联合国食品法典委员会 CAC 在《食品卫生准则》的附录"危害分析和关键控制点体系应用准则"中确定了七个原理。

（1）进行危害分析并确定预防措施

危害分析是建立 HACCP 体系的基础，只有通过危害分析，找出可能发生的潜在危害，才能在随后的步骤中加以控制。危害分析划分为自由讨论和危害评估两种活动。自由讨论应对从原料接收到成品的加工过程（工艺流程图）的每一个操作步骤危害发生的可能性进行讨论。危害评估是对每一个危害的风险及其严重程度进行分析，以决定园艺贮藏加工产品安全危害的显著性。

危害分析工作单

工厂名称：＿＿＿＿＿＿＿　　　　产品描述：＿＿＿＿＿＿＿

工厂地址：＿＿＿＿＿＿＿　　　　销售和贮存方法：＿＿＿＿＿

预期用途和消费者：＿＿＿＿＿

配料/加工步骤	确定该步中引入的、增加的或需要控制的潜在危害	潜在危害是否为显著危害	判断危害显著性的科学依据	防止显著危害的预防措施	该步骤是否为关键控制点？（是/否）
	生物的				
	化学的				
	物理的				
	生物的				
	化学的				
	物理的				

（2）确定关键控制点（CCP）

关键控制点是 HACCP 控制活动将要发生过程中的点，即确定能够实施控制且可以通过正确的控制措施达到预防危害、消除危害或将危害降低到可接受的水平的 CCP。对危害分析期间确定的每一个显著的危害，必须由一个或多个关键控制点来控制危害。只有这些点作为显著的园艺贮藏加工产品安全危害而被控制时才认为是关键控制点。

1）当危害能被预防时，这些点可以被认为是关键控制点。

2）能将危害消除的点可以确定为关键控制点。

3）能将危害降低到可接受水平的点可以确定为关键控制点。

（3）确定关键限值（CL）

对确定的关键控制点的每一个预防措施确定关键限值。关键限值是与一个 CCP 相联系的每个预防措施所必须满足的标准，每个 CCP 必须有一个或多个关键限值用于显著危害，当加工偏离了关键限值，则可能导致产品的不安全，此时必须采取纠偏行动保证园艺贮藏加工产品的安全。

（4）建立监控程序

通过一系列有计划的观察和测定活动来评估 CCP 是否在控制范围内，同时准确记录监控结果，以备将来核实或鉴定。当一个关键限值受影响时，就要采取一个纠偏行动，来确定问题需要纠正的范围。一个好的监控计划包括四个部分，即监控什么、如何监控、监控频率和谁来监控等，以确保关键限值得以完全符合。

（5）建立纠正措施

纠正措施应该在制定 HACCP 计划时预先确定，其内容包括两个部分：①纠正和消除偏离的起因，重新对加工进行控制；②确定在加工出现偏差时所生产的产品，并确定这些产品的处理方法。

当发生关键限值偏离时，必须采取纠偏行动并做好记录，以确保恢复对加工的控制，并确保没有不安全的产品销售出去。负责实施纠偏行动的人员应该对生产过程、产品和 HACCP 计划有全面理解。

（6）**建立验证程序**

验证是指除监控之外，用来确定 HACCP 体系是否按 HACCP 计划运作或计划是否需要修改及再确认、生效所使用的方法、程序或检测的审核手段。

HACCP 计划的宗旨是防止园艺贮藏加工产品安全的危害，验证的目的是提高置信水平，要确保园艺产品安全的关键在于：①确认整个 HACCP 计划的全面性和有效性；②验证各个 CCP 是否都按照 HACCP 计划严格执行；③验证 HACCP 体系是否处于正常、有效的运行状态。这三项内容构成了验证程序。

（7）**建立有效的记录保存管理体系**

保持程序准确的记录是一个成功的 HACCP 计划的重要部分。记录提供关键限值得到满足或当偏离关键限值时采取的适宜的纠偏行动。同样地，也提供一个监控手段，这样可以调整加工，防止失去控制。HACCP 体系的记录有四种：①HACCP 计划和用于制定计划的支持性文件；②关键控制点监控的记录；③纠偏行动的记录；④验证活动的记录。

3.　制定危害分析与关键控制点体系计划的步骤

HACCP 是一个大的控制程序体系的一部分。设计 HACCP 体系是用来预防和控制与园艺产品贮藏加工相关的安全危害。HACCP 体系必须建立在良好操作规范（GMP）和卫生标准操作程序（SSOP）的基础之上。

制定 HACCP 计划包括五个预先步骤：①组建 HACCP 小组；②描述园艺贮藏加工产品和销售；③确定预期用途和园艺贮藏加工产品的消费者；④建立流程图；⑤验证流程图。如果没有适当地建立这五个预先步骤，可能会导致 HACCP 计划的设计、实施和管理失效。

（1）**组建 HACCP 小组**

组建 HACCP 小组是建立企业 HACCP 计划的重要步骤。该小组应由不同专业的人员组成，包括生产管理、质量控制、卫生控制、设备维修、化验人员以及生产操作人员。HACCP 小组的职责是制定 HACCP 计划，修改、验证 HACCP 计划，监督实施 HACCP 计划，书写 SSOP 文本和对全体人员的培训等。

教育和培训是制定和贯彻一个 HACCP 计划的重要因素。因此，HACCP 小组也需要接受一些正规培训。培训内容包括 HACCP 原理，所从事生产的园艺贮藏加工产品安全风险的危害与预防，GMP 和 SSOP 等。HACCP 小组成员应有较强的责任心和认真、实事求是的态度。

（2）**描述园艺贮藏加工产品和销售**

由于不同的产品、不同的生产方式，其存在的危害及预防措施也不同，因此，当一个 HACCP 小组建立之后，成员们首先应进行产品的全面描述，包括相关的影响安全的信息，如成分、物理/化学结构、加工方式、包装、保质期、贮存条件和销售方法，还包括预期消费者和消费者如何使用该产品。对产品进行描述，是便于进行危害分析，确定关键控制点。

描述产品可以用园艺贮藏加工产品中主要成分的商品名称或拉丁名称，也可以用最终产品名称或包装形式等。

描述销售和贮存的方法是为了确定产品是如何销售、如何贮存的，以防止错误地处理造成的危害，但这种危害不属于 HACCP 计划的控制范围。

（3）**确定预期用途和消费者**

对于不同用途和不同消费者，园艺贮藏加工产品的安全保证程度不同。对即食园艺贮藏加工产品，在消费者食用后，某些病原体的存在可能是显著危害；而对食用前需要加热的园艺产品，这种病原体就不是显著危害。同样，对不同消费者，对园艺贮藏加工产品的安全要求也不一样。

（4）**建立流程图**

产品流程图是一个对加工过程的清楚、简明和全面的说明。流程图是 HACCP 计划的基本组成部分，有助于 HACCP 小组了解生产过程，进行危害分析。流程图包括所有原（辅）料的接收、加工直到贮存步骤，应该足够清楚和完全，覆盖加工过程的所有步骤。

流程图的准确性对进行危害分析是关键，因此在流程图中列出的步骤必须在工厂被验证，并且应和实际加工流程完全吻合。

（5）**验证流程图**

在各个操作阶段、操作时间内，HACCP 小组应确定操作过程是否与流程一致，并对流程图做适当修改。

15.2.6　质量管理和质量保证体系

1. ISO 9000 简介

ISO 9000 不是一个标准，是一族标准的统称。ISO 9000 族标准是国际标准化组织（ISO）制定和通过的指导各类组织建立质量管理和质量保证体系的系列标准。

国际标准化组织（ISO），成立于 1947 年 2 月 23 日，是世界上最大的非政府性国际标准化组织。ISO 通过它的技术机构开展技术活动。其中，技术委员会（TC）共 176 个，分技术委员会（SC）共 624 个，工作组（WG）1883 个。ISO/TC l76 成立于 1980 年，是 ISO 中第 176 个技术委员会，全称为"质量保证技术委员会"，1987 年更名为"质量管理和质量保证技术委员会"。

ISO/TC 176 专门负责制定质量管理和质量保证技术的标准。ISO/TC 176 最早制定的一个标准是 ISO 8402—1986，名为《品质—术语》，于 1986 年 6 月 15 日正式发布。1987 年 3 月，ISO 又正式发布了 ISO 9000—1987《质量管理和质量保证标准——选择和使用指南》、ISO 9001—1987《质量体系——设计/开发，生产、安装和服务质量保证模式》、ISO 9002—1987《质量体系——生产和安装质量保证模式》，ISO 9003—1987《质量体系——终检验和试验的质量保证模式》、ISO 9004—1987《质量管理和质量体系要素——指南》共 5 个国际标准，与 ISO 8402—1986 一起统称为"ISO 9000 系列标准"。

1990—1993 年，ISO/TC 176 又补充发布了 9 个新标准。并于 1994 年对前述"ISO

9000 系列标准"统一做了修改，分别改为 ISO 8402—1994、ISO 9000-1—1994、ISO 9001—1994、ISO 9002—1994、ISO 9003—1994 和 ISO 9004-1—1994，并把 ISO/TC 176 制定的标准定义为"ISO 9000 族"。此后，ISO/TC 176 又陆续制定发布了一系列标准用以完善"ISO 9000 族"。至 1999 年，ISO 9000 族标准已多达 27 个。

1999 年 9 月中旬，ISO/TC 第 17 届年会决定对 ISO 9000 族标准的总体结构进行较大调整，将 1994 版 ISO 9000 族的 27 项标准进行重新安排。2000 版的 ISO 9000 族仅有 5 项标准，原有标准或并入新标准，或以技术报告、技术规范的形式发布，或以小册子的形式出版发行，或转入其他技术委员会。2000 版 ISO 9000 族标准包括 ISO 9000—2000《质量管理体系基础和术语》、ISO 9001—2000《质量管理体系要求》、ISO 9004—2000《质量管理体系业绩改进指南》、ISO 19011—2000《质量和环境审核指南》和 ISO 10012—2000《测量控制系统》五项，其中前四项标准是 ISO 9000 族标准的核心。

ISO 9000 质量管理体系标准，从 ISO 9001（1994 版）到 ISO 9001（2000 版），将近有 10 年的历史，又经历全球范围、不同规模和类别的组织实践，已经被公认为具有权威性的质量管理标准，是目前唯一的一套关于质量管理的国际标准，它凝聚了各国质量管理专家和众多成功企业的经验，蕴涵了质量管理的精华。

ISO 9000 族标准蕴涵的科学质量管理内涵几乎对每一家企业的经营管理都具有重要影响及意义，农业、食品、医药、航天、教育、建设等行业均适于推行 ISO 9000。我国于 1988 年发布了等效采用 ISO 标准的相关标准，1992 年发布了等同采用的 GB/T 19000 系列标准。在 ISO 9000 族标准 1994 版发布后，我国于当年发布了等同采用的 GB/T 19000 系列标准。2001 年 6 月 1 日起等同采用了 2000 版 ISO 9000 族标准。

2. ISO 22000 简介

随着全球经济的快速发展，国际食品贸易的数额急剧增加，各食品进口国政府纷纷制定强制性的法律、法规或标准来保护本国消费者的安全，但是，各国的法规及标准繁多且不统一，严重妨碍了食品国际贸易的顺利进行，而且很有可能成为隐藏的贸易壁垒。为了满足各方面的要求，2001 年，国际标准化组织（ISO）开发出一套合适的食品安全管理体系标准，即《ISO 22000——食品安全管理体系要求》，简称 ISO 22000。

ISO 22000 是按照 ISO 9001—2000 的框架构筑的，它覆盖了 CAC 关于 HACCP 指南的全部要求，并为 HACCP 提出了"先决条件"概念，制定了"支持性安全措施"（SSM）的定义。它在标准中更关注对食品生产全过程的安全风险分析、识别、控制和措施，具有很强的专业技术要求，非常具体地关注食品安全。该标准对全球必需的方法提供了一个国际上统一的框架。

ISO 22000—2005《食品安全管理体系——食品链中各类组织的要求》是 ISO 22000 族标准中第一个标准，于 2005 年 9 月 1 日发布实施。我国等同采用的 GB/T 22000—2006 也于 2006 年 3 月 1 日发布，并于同年 7 月 1 日实施。

ISO 22000—2005《食物安全管理系统——对整个食品供应链中组织的要求》的出台，可以作为技术性标准对园艺产品加工企业建立有效的安全管理体系进行指导。这一标准可以单独用于认证、内审或合同评审，也可与其他管理体系，如与 ISO 9001—2000

组合实施。

3. ISO 22000 与 ISO 9000、HACCP 体系的关系

从整个标准的框架和标准的条款章节来看，ISO 22000 除第 7 章的"安全产品的策划和实现"中，是利用 HACCP 原理中风险分析的方法，制定出符合企业本身适应的 HACCP 计划外，其余与 ISO 9001 基本是一样的，只是具体的条款更针对产品安全方面。

从标准认证的角度来看，ISO 22000 完全可以脱离 ISO 9000 独立获得认证。在 ISO 9001 中，对质量管理的所有活动和最基本的程序要求都进行了规定。但是在 ISO 22000 中就没有对如合同评审、采购、产品设计等予以规定。

ISO 22000 不仅仅是通常意义上的食品加工规则和法规要求，而是寻求一个更为集中、一致和整合的食品安全体系，为构筑一个食品安全管理体系提供给一个框架，并将其与其他管理活动相整合，如质量管理体系和环境管理体系，它并不是一个独立的体系，与 ISO 9000 及 HACCP 有着天然的联系，可以说是建立在两个体系之上。

ISO 22000 的发布与实施，是食品质量安全与控制的一大进步，在管理的框架内进行 HACCP，兼具 ISO 9001 及 HACCP 的优点，是一个优秀的体系。ISO 22000 是按照 ISO 9001-2000 的框架构筑的，覆盖了 CAC 关于 HACCP 的全部要求，并为 HACCP "先决条件"概念制定了"支持性安全措施"（SSM）的定义。ISO 22000 将要求食品企业建立、保持、监视和审核 SSM 的有效性。ISO 22000 将会帮助食品制造业更好地使用 HACCP 原则，它不仅针对食品质量，也将包括食物安全系统的建立，这也是首次将联合国有关组织的文件（HACCP）列入到质量管理系统中来。ISO 22000 将会是一个有效的工具，它帮助食品制造业生产出安全、符合法律和顾客以及企业自身要求的食品。

ISO 22000 体系建立在 HACCP、GMP、SSOP 的基础上，整合了 ISO 9001 的部分要求，但不等于说 ISO 22000 包括 ISO 9001。ISO 22000 标准完整的接受了 HACCP 体系原理的思想，并在条款形式上尽可能与原理保持一致。其中，HACCP 原理中关于危害识别、危害确认及危害控制的内容在 ISO 22000 标准中得以体现。要充分理解并掌握 ISO 22000 的相关要求，首先就应当了解 HACCP 体系，以具备一定的理论基础。

4. 推行 ISO 9000 族标准的典型步骤

ISO 9000 族标准牵涉到企业内从最高管理层到最基层的全体员工，规范了企业内从原材料采购到成品交付的所有过程，是非常全面而复杂的一套质量管理体系。因此，全面推行 ISO 9000 族标准是有一定难度的。一般来说，推行 ISO 9000 有如下五个必不可少的过程：知识准备－立法－宣贯－执行－监督、改进。

以下为企业推行 ISO 9000 的典型步骤：

1）企业原有质量体系识别、诊断。

2）任命管理者代表，组建 ISO 9000 族标准推行组织。

3）制定目标及激励措施。

4）各级人员接受必要的管理意识和质量意识训练。

5）进行 ISO 9000 标准知识培训。

6）质量体系文件编写（立法）。

7）质量体系文件大面积宣传、培训、发布、试运行。

8）内审员接受训练。

9）若干次内部质量体系审核。

10）在内审基础上的管理者评审。

11）质量管理体系完善和改进。

12）申请认证。

企业在推行 ISO 9000 族标准之前，应结合本企业实际情况，对上述各推行步骤进行周密的策划，以确保得到更有效的实施效果。

5. 推行 ISO 9000 族标准的作用

1）强化质量管理，提高企业效益；增强客户信心，扩大市场份额。

2）获得了国际贸易通行证，消除国际贸易壁垒。

3）节省第二方审核的精力和费用。

4）有利于企业在产品质量竞争中立于不败之地。

5）有利于有效避免产品质量责任。

6）有利于国际间的经济合作和技术交流。

主要参考文献

曹斌. 2006. 食品质量管理. 北京：中国环境科学出版社.

陈功，余文华，徐德琼，等. 2005. 净菜加工技术. 北京：中国轻工业出版社.

陈陶声. 1991. 葡萄酒、果酒与配制酒生产技术. 北京：化学工业出版社.

邓伯勋. 2002. 园艺产品贮藏运销学. 北京：中国农业出版社.

董启风. 1998. 中国果树实用新技术大全 落叶果树卷. 北京：中国农业科学出版社.

董全. 2007. 果蔬加工工艺学. 重庆：西南师范大学出版社.

窦志铭. 2001. 物流商品养护技术. 北京：人民交通出版社.

杜金华，金玉红. 2010. 果酒生产技术. 北京：化学工业出版社.

冯双庆. 2008. 果蔬贮运学. 北京：化学工业出版社.

高海生，常学东. 2007. 干果贮藏加工技术. 北京：化学工业出版社.

高海生，李汉臣. 2008. 果蔬产地保鲜与病害防治530问. 北京：化学工业出版社.

郭衍银，王相友. 2004. 园艺产品保鲜与包装. 北京：中国环境科学出版社.

郝利平. 2008. 园艺产品贮藏加工学. 北京：中国农业出版社.

胡小松，蒲彪，廖小军. 2002. 软饮料工艺学. 北京：中国农业大学出版社.

华景清. 2009. 园艺产品贮藏与加工. 苏州：苏州大学出版社.

李家庆. 2003. 果蔬保鲜手册. 北京：中国轻工业出版社.

李喜宏，胡云峰，陈丽，等. 2003. 果蔬经营与商品化处理技术. 天津：天津科学技术出版社.

刘恩岐，曾凡坤. 2011. 食品工艺学. 郑州：郑州大学出版社.

刘兴华，陈维信. 2002. 果品蔬菜贮藏运销学. 北京：中国农业出版社.

刘章武. 2007. 果蔬资源开发与利用. 北京：化学工业出版社.

龙兴桂. 2000. 现代中国果树栽培 落叶果树卷. 北京：中国林业出版社.

罗云波，生吉萍. 2010. 园艺产品贮藏加工学 贮藏篇. 2版. 北京：中国农业大学出版社.

罗云波，蒲彪. 2011. 园艺产品贮藏加工学 加工篇. 2版. 北京：中国农业大学出版社.

牛广财，姜桥. 2010. 果蔬加工学. 北京：中国计量出版社.

农业部市场与经济信息司. 2008. 农产品质量安全可追溯制度建设理论与实践. 北京：中国农业科学
    技术出版社.

潘静娴. 2007. 园艺产品贮藏加工学. 北京：中国农业大学出版社.

秦文，吴卫国，翟爱华. 2007. 农产品贮藏与加工学. 北京：中国计量出版社.

秦文，曾凡坤. 2011. 食品加工原理. 北京：中国质检出版社.

饶景萍. 2009. 园艺产品贮运学. 北京：科学出版社.

沈明浩，滕建文. 2008. 食品加工安全控制. 北京：中国林业出版社.

田惠光. 2004. 食品安全控制关键技术. 北京：科学出版社.

王颉，张子德. 2009. 果品蔬菜贮藏加工原理与技术. 北京：化学工业出版社.

韦三立. 2001. 花卉贮藏保鲜. 北京：中国林业出版社.

韦三立. 2002. 花卉产品采收保鲜. 北京：中国农业出版社.

大连轻工业学院，无锡轻工业学院，天津轻工业学院. 1982. 酿造酒工艺学. 北京：中国轻工业出
    版社.

郗荣庭，刘孟军. 2005. 中国干果. 北京：中国林业出版社.

夏文水. 2007. 食品工艺学. 北京：中国轻工业出版社.

夏延斌，钱和. 2008. 食品加工中的安全控制. 北京：中国轻工业出版社.

谢笔钧. 2011. 食品化学. 3 版. 北京：科学出版社.

杨家其. 2003. 现代物流与运输. 北京：人民交通出版社.

叶兴乾. 2009. 果品蔬菜加工工艺学. 3 版. 北京：中国农业出版社.

尹明安. 2010. 果品蔬菜加工工艺学. 北京：化学工业出版社.

于新，马永全. 2011. 果蔬加工技术. 北京：中国纺织出版社.

曾洁，李颖畅. 2011. 果酒生产技术. 北京：中国轻工业出版社.

曾宪科. 2002. 农副产品综合利用与开发：经济作物. 广州：广东科技出版社.

张存莉. 2008. 蔬菜贮藏与加工技术. 北京：中国轻工业出版社.

张惟广. 2004. 发酵食品工艺学. 北京：中国轻工业出版社.

张秀玲. 2011. 果蔬采后生理与贮运学. 北京：化学工业出版社.

赵晨霞. 2002. 果蔬贮运与加工. 北京：中国农业出版社.

赵晨霞. 2004. 果蔬贮藏加工技术. 北京：科学出版社.

赵晨霞. 2005. 园艺产品贮藏与加工. 北京：中国农业出版社.

赵晋府. 1999. 食品工艺学. 北京：中国轻工业出版社.

赵丽芹. 2007. 果蔬加工工艺学. 北京：中国轻工业出版社.

赵丽芹，张子德. 2009. 园艺产品贮藏加工学. 2 版. 北京：中国轻工业出版社.

赵志模. 2001. 农产品储运保护学. 北京：中国农业出版社.

郑建仙. 2006. 功能性食品学. 2 版. 北京：中国轻工业出版社.

中国科学技术协会，中国食品科学技术学会. 2009. 2 版. 2008－2009 食品科学技术学科发展报告. 北京：中国科学技术出版社.

周山涛. 1998. 果蔬贮运学. 北京：化学工业出版社.

周小江，窦建卫. 2009. 医药商品学. 北京：中国中医药出版社.

朱宝镛. 1995. 葡萄酒工业手册. 北京：中国轻工业出版社.